国家“十二五”规划重点图书

中国地质调查局
青藏高原1：25万区域地质调查成果系列

中华人民共和国

# 区域地质调查报告

比例尺1：250 000

麻扎幅　神仙湾幅
（J43C004004　I43C001004）

**项目名称**：新疆1：25万麻扎幅、神仙湾幅、塔吐鲁沟幅、斯卡杜幅区域地质调查
**项目编号**：200213000005
**项目负责**：计文化　郝俊武
**图幅负责**：计文化　尹宗义　李博秦
**报告编写**：计文化　尹宗义　李博秦　陈高潮
蔺新望　张俊良　郝俊武　张清盛
**编写单位**：陕西省地质调查院
**单位负责**：齐　文（院长）
张拴厚（总工程师）
**实施单位**：西安地质矿产研究所

中国地质大学出版社
ZHONGGUO DIZHI DAXUE CHUBANSHE

## 内 容 提 要

晚震旦世—早寒武世形成库地-其曼于特、康西瓦-苏巴什两个小洋盆，其间被昆南地块分隔。洋盆扩张持续到晚寒武世，至志留纪两个洋盆向北消减俯冲、局部碰撞，同时形成大量俯冲型、碰撞型花岗岩及后碰撞偏碱性花岗岩。其中康西瓦-苏巴什洋盆物质记录匮乏，该线为主要俯冲消减带。

泥盆纪—早二叠世伸展扩张，石炭纪形成北部库尔良-阿羌裂谷盆地、中部康西瓦-苏巴什有限洋盆、南部空喀山口-乔戈里峰洋盆，3个不同性质的盆地以西昆仑陆块、甜水海陆块相隔。中二叠世总体向北俯冲消减，沿康西瓦-苏巴什洋盆形成麻扎构造岩浆弧，最终以三叠系赛力亚克达坂群山间磨拉石沉积不整合在二叠纪火山弧上，该带赋存金银铜多金属矿产。

侏罗纪以后测区结束了洋盆发展历史，同时显示晚白垩世沉积盆地是在挤压走滑背景下的产物，并伴有火山喷发。古近纪以后测区转入差异隆起。

**图书在版编目(CIP)数据**

中华人民共和国区域地质调查报告. 麻扎幅(J43C004004)、神仙湾幅(I43C001004)：比例尺1∶250 000/计文化，尹宗义，李博秦等著. —武汉：中国地质大学出版社，2013.8

ISBN 978-7-5625-2821-0

Ⅰ.①中…
Ⅱ.①计…②尹…③李…
Ⅲ.①区域地质-地质调查-调查报告-中国②区域地质-地质调查-调查报告-新疆
Ⅳ.①P562

中国版本图书馆CIP数据核字(2012)第037071号

**中华人民共和国区域地质调查报告**
**麻扎幅(J43C004004)、神仙湾幅(I43C001004)**
**比例尺1∶250 000**

计文化　尹宗义　李博秦　**等著**

责任编辑：胡珞兰　刘桂涛　　责任校对：戴　莹

出版发行：中国地质大学出版社(武汉市洪山区鲁磨路388号)　　邮政编码：430074
电　话：(027)67883511　　传真：67883580　　E-mail：cbb @ cug. edu. cn
经　销：全国新华书店　　http://www. cugp. cug. edu. cn

开本：880毫米×1 230毫米 1/16　　字数：680千字　印张：21　图版：6　附件：1
版次：2013年8月第1版　　印次：2013年8月第1次印刷
印刷：武汉中远印务有限公司　　印数：1—1 500册

ISBN 978-7-5625-2821-0　　定价：480.00元

# 前　言

青藏高原包括西藏自治区、青海省及新疆维吾尔自治区南部、甘肃省南部、四川省西部和云南省西北部，面积达260万$km^2$，是我国藏民族聚居地区，平均海拔4 500m以上，被誉为地球第三极。青藏高原是全球最年轻、最高的高原，记录着地球演化最新历史，是研究岩石圈形成演化过程和动力学的理想区域，是“打开地球动力学大门的金钥匙”。

青藏高原蕴藏着丰富的矿产资源，是我国重要的资源后备基地。青藏高原是地球表面的一道天然屏障，影响着中国乃至全球的气候变化。青藏高原也是我国主要大江大河和一些重要国际河流的发源地，孕育着中华民族的繁生和发展。开展青藏高原地质调查与研究，对于推动地球科学研究、保障我国资源战略储备、促进边疆经济发展、维护民族团结、巩固国防建设具有非常重要的现实意义和深远的历史意义。

1999年国家启动了“新一轮国土资源大调查”专项，按照温家宝总理“新一轮国土资源大调查要围绕填补和更新一批基础地质图件”的指示精神。中国地质调查局组织开展了青藏高原空白区1∶25万区域地质调查攻坚战，历时6年多，投入3亿多，调集25个来自全国省（自治区）地质调查院、研究所、大专院校等单位组成的精干区域地质调查队伍，每年近千名地质工作者，奋战在世界屋脊，徒步遍及雪域高原，完成了全部空白区158$km^2$共112个图幅的区域地质调查工作，实现了我国陆域中比例尺区域地质调查的全面覆盖，在中国地质工作历史上树立了新的丰碑。

新疆1∶25万麻扎幅（J43C004004）、神仙湾幅（I43C001004）区域地质调查项目，由陕西省地质调查院承担，工作区位于新疆维吾尔自治区的叶城县、皮山县、塔什库尔干县等地区，南部与克什米尔（巴基斯坦控制区）接壤。目的是通过对调查区进行全面的区域地质调查，查清测区内不同地质单元，对不同的构造-地层单位采用不同的填图方法进行全面的区域地质调查，力争在成矿有利地段取得找矿新发现。最终通过盆地建造、岩浆作用、变质、变形及山盆耦合关系研究，反演区域地质演化历史，建立测区构造模式。

麻扎幅（J43C004004）、神仙湾幅（I43C001004）地质调查工作时间为2002—2004年，累计完成地质填图面积为19 800$km^2$，1∶50 000填图面积470$km^2$，1∶10万填图路线长度：3 250km，实测地质剖面：1∶2 000剖面，20km；1∶5 000剖面，76km；1∶10 000路线地质剖面，180km。采集样品：薄片1 061片，微量元素分析1 012件，稀土分析602块，硅酸盐、碳酸盐分析325件，化石40件，牙形刺样品分析、鉴定68件，孢粉样品分析、鉴定25件，SHRAMP分析2件，锆石U-Pb年龄样22件，化学分析25件，Ar-Ar同位素5件，K-Ar同位素分析4件，粒度分析40件，磷灰石裂变径迹12件，重砂分析29件，电子探针60点。超额完成了设计工作量。主要成果有：

（1）该项目在充分收集、研究前人资料的基础上，针对图幅内存在的主要地质问题，进行了认真的调查研究，全面地完成了设计的各项任务。

（2）厘定了测区岩石地层单位，建立了地层系统，部分地层划分到段；采集了大量显生宙生物化石，为确定地层时代提供了充分的依据。

（3）建立了4期、2区和5个构造-岩浆岩带，即以康西瓦结合带为界，其北为西昆仑加里东期、华力西期、印支期复合构造-岩浆岩带;其南为喀喇昆仑印支期、燕山期复合构造-岩浆岩带,并具有从北向南、由老变新的规律。

(4)对长期争论的库地蛇绿岩的时代,采用锆石 SHRIMP 测年,获得(502±13)Ma 的年龄;对康西瓦-麻扎混杂岩带进行了深入解剖,研究了它的物质组成、岩石学特征和形成时间;对乔戈里峰-空喀山口结合带进行了调研,研究了它的物质组成和断裂系统及沿构造部位右行走滑特征,较好地解决了图区的重大地质问题。

(5)建立了测区构造格架,厘定了造山带结构及组成,探讨了测区构造演化史。

(6)对矿产和其他国土资源进行了论述,尤其是鱼跃石一带层控型铜金成矿带,具有极大的找矿前景,指出了今后的找矿方向。

2005 年 3 月 25 日,中国地质调查局组织专家对项目进行最终成果验收,评审认为,该项目完成了任务书和设计的各项工作任务。报告章节齐全、内容丰富、文图并茂。采用了区调填图新理论、新方法,解决了区内存在的主要基础地质问题,取得了丰硕的地质调查成果,在西昆仑造山带物质组成与时代的研究等方面有新进展,提高了区域地质研究程度。符合《1∶25 万区域地质调查技术要求(暂行)》等有关技术规定及要求,通过成果评审,成果报告被评为优秀级。

参加报告编写的主要人员有计文化、尹宗义、李博秦、陈高潮、蔺新望、张俊良、郝俊武、张清盛,报告最终由计文化总纂。

先后参加野外工作的还有罗乾周、刘曦鹏、孔文年、王峰、王洁明、霍向光、闫振兴。在整个项目实施和报告编写过程中,得益于许多单位和领导的大力协助、支持,尤其要感谢的是:中国地质调查局、乌鲁木齐工作总站、拉萨工作总站、西安地质矿产研究所。地质图和报告插图计算机清绘由李海欣、邱荣艳、李春华同志完成,在此表示诚挚的谢意。

为了充分发挥青藏高原 1∶25 万区域地质调查成果的作用,全面向社会提供使用,中国地质调查局组织开展了青藏高原 1∶25 万地质图的公开出版工作,由中国地质调查局成都地调中心与项目完成单位共同组织实施。出版编辑工作得到了国家测绘局孔金辉、翟义青及陈克强、王保良等一批专家的指导和帮助,在此表示诚挚的谢意。

鉴于本次区调成果出版工作时间紧、参加单位较多、项目组织协调任务重以及工作经验和水平所限,成果出版中可能存在不足与疏漏之处,敬请读者批评指正。

“青藏高原 1∶25 万区调成果总结”项目组

2011 年 7 月

# 目 录

# 第一章　绪　言

新疆1∶25万麻扎幅(J43C004004)、神仙湾幅(I43C001004)区域地质调查为“麻扎幅(J43C004004)、神仙湾幅(I43C001004)、塔吐鲁沟幅(J43C004003)、斯卡杜幅(I43C001003)1∶25万区域地质调查”联测项目之一。

2002年国土资源部中国地质调查局以基[2002]001－18号“地质调查工作内容任务书”下达任务说明如下。

工作内容编号:200213000005

工作内容名称:1∶25万麻扎幅(J43C004004)、神仙湾幅(I43C001004)、塔吐鲁沟幅(J43C004003)、斯卡杜幅(I43C001003)区域地质调查

工作性质:基础地质调查

工作年限:2002年1月—2004年12月

承担单位:陕西省地质调查院

填图面积:27 656$km^2$

经费概算:总经费概算为554万元

所属实施项目:青藏高原北部空白区基础地质调查与研究

## 第一节　目的任务

基[2002]001－18号任务书中规定的总体目标任务是:按照《1∶25万区域地质调查技术要求(暂行)》和《青藏高原艰险地区1∶25万区域地质调查要求(暂行)》及其他相关的规范、指南,运用造山带填图的新技术、新方法、新手段,以区域构造调查与研究为先导,合理划分测区的构造单元,对测区不同地质单元、不同的构造-地层单位采用不同的填图方法进行全面的区域地质调查,力争在成矿有利地段取得找矿新发现。最终通过盆地建造、岩浆作用、变质、变形及山盆耦合关系研究,反演区域地质演化历史,建立测区构造模式。此外,强调在工作中应加强以下方面的工作:

(1)工作区位于青藏高原西北缘,是印度板块与欧亚板块的结合部位,地质构造复杂,成矿地质条件有利,具有良好的地质找矿前景,要加强多金属成矿带成矿地质背景调查,为本区经济发展提供基础资料。

(2)工作区有数条重要的构造边界,著名的库地蛇绿岩带由测区通过,加强对蛇绿构造带的构造组成与演化研究,为欧亚板块和古特提斯带的形成、发展演化研究提供基础地质资料依据。

要求于2004年12月提交的最终成果包括提交印刷地质图件及报告、专题报告,按中国地质调查局编制的《地质图空间数据库工作指南》提交以ARC/INFO、MAPGIS图层格式的数据光盘及图幅与图层描述数据、报告文字数据各一套。

## 第二节　自然地理、经济及交通

1∶25万麻扎幅、神仙湾幅隶属新疆维吾尔自治区喀什、和田地区管辖,主要隶属喀什地区叶

城县，东南部神仙湾一带隶属和田地区皮山县，西部隶属喀什地区塔什库尔干县，南部与克什米尔(巴基斯坦控制区)接壤。地理坐标：东经 76°30′—78°00′，北纬 35°00′—37°00′之国内部分。

测区地处昆仑高山与喀喇昆仑高山区，依中国自然地理区划，主要为青藏高原阿里-昆仑山地高寒荒漠草原区。

区内地形具有两山夹一沟的特点，即北部昆仑山，南部喀喇昆仑山，中部为狭窄的叶尔羌河谷。地区内山系东部呈近东西走向，西部转为北西西向。整个测区属高山区，测区内冰峰林立，海拔高程大于 8 000m、7 000m 的山峰分别为 2 座、6 座，大于 6 000m 的山峰达数十座。此外，地形相对高差大，山势极为险峻。

工作区主要为塔里木河内流区，水量较小。主要水系叶尔羌河、喀拉喀什河、塔什库尔干河由南往北流入塔里木盆地。

测区属寒冷、干旱型气候，降雨量地区分布不均匀，塔什库祖克山北坡年降水量可达 350～400mm，向北、向南迅速减少，麻扎达拉以南以降雪为主，年降水量不足 40mm，降雨(雪)多集中于春末到夏季。7—8 月冰雪融水、暴雨山洪常成灾害。测区年平均气温在 1.7～4.9℃，最高气温 24.6℃，最低气温达－36℃，除库地等少数地区外终年皆冬，一般缺氧 30%～50%。

区内人烟稀少，分布极为不均。叶尔羌河下游、库地以北及新藏公路沿线较为集中，居民有维吾尔族、克尔克孜族及塔吉克族，维族居多。

区内植被以高山区植被为主，植被稀少，只在河谷阶地有少量红柳类植被；亚高山区植被有高寒草甸及少量的山地草原草场，主要组成植物为莎草科、乔本科、菊科等杂类草，西合休一带有零星的云杉和昆仑圆柏。粮食作物主要为小麦，仅极少量分布在库地、塔吐鲁沟一带。高原野生动物主要有黄羊、藏羚羊以及狼等。

工作区唯一干线——新疆—西藏公路，呈“L”形穿越麻扎幅北部，另外还有通往边防站的简易公路。然而，由于恶劣的气候与地形条件，上述公路经常塌方，同时测区地形切割强烈，沟谷窄而坡度大，除公路外，汽车无法穿行，因此 99%的地质填图路线均需骆驼、毛驴运送物资和行李。总之测区交通条件极差，整个工作区除公路沿线及前山外，绝大部分地区人迹罕至。交通位置图见图 1-1。

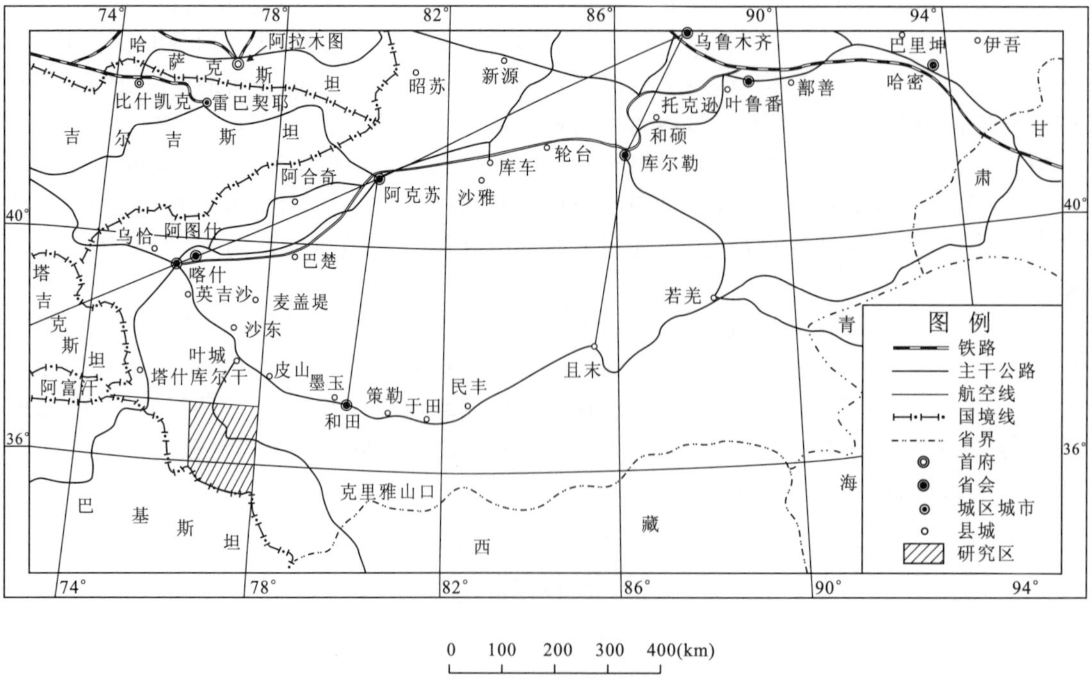


图 1-1 交通位置图

## 第三节　前人研究程度

测区地质调查起步不晚，清朝末期已有外国科考探险家进入。主要地质工作是解放以后，特别是20世纪80年代以后开展的，前人工作概况见表1-1。

**表1-1　测区及相邻地区地质调查历史简表**

| 类别 | 调查时间(年) | 成果名称 | 作者单位及姓名 | 出版时间及单位 |
|---|---|---|---|---|
| 矿产 | 1972 | 在新疆于田县以南昆仑山进行矿产调查报告 | 新疆地质局区测大队 | 内部资料，1972 |
| 专著 | 1973—1992 | 昆仑山-喀喇昆仑山地区冰川与环境 | 苏珍，等 | 科学出版社，1998 |
| 专著 | 1973—1992 | 青藏高原北部新生代板内火山岩 | 邓万明 | 地质出版社，1998 |
| 专著 | 1980—1983 | 昆仑开合构造 | 姜春发，等 | 地质出版社，1992 |
| 区调 | 1982—1983 | 1∶100万西昆仑山叶尔羌河上游地区地质矿产调查报告 | 新疆第一区调大队 | 内部资料，1983 |
| 区调 | 1982—1983 | 1∶100万西昆仑山康西瓦-喀喇昆仑山河尾滩地区区调报告 | 新疆第一区调大队 | 内部资料，1980 |
| 综合 | 1986—1988 | 昆仑山-喀喇昆仑山地区综合科学考察 | 孙鸿烈，等 | 科学出版社，1992 |
| 专著 | 1987—1989 | 昆仑山-喀喇昆仑山地区古生物 | 文世宜，等 | 科学出版社，1998 |
| 专著 | 1987—1989 | 中国新疆古生代地壳演化及成矿 | 何国琦，等 | 新疆人民出版社、香港文化教育出版社，1994 |
| 专著 | 1986年前 | 新疆古生界(上、下册) | 新疆地质矿产研究所、新疆第一区调大队 | 新疆人民出版社，1990 |
| 专著 | 1990—1993 | 塔里木板块周缘的沉积-构造环境 | 刘训，等 | 新疆科技卫生出版社，1997 |
| 专著 | 1985年前 | 中国西部第四纪冰川与环境 | 中国第四纪冰川与环境研究中心等 | 地质出版社，1991 |
| 编图 | 1987 | 1∶150万青藏高原及邻区地质图 | 成都地质矿产研究所 | 地质出版社，1987 |
| 修编 | 1989 | 和田地区1∶50万地质图、矿产图及说明书(新疆地区) | 新疆第十地质队 | 内部资料，1990 |
| 专著 | 1991—1993 | 西昆仑造山带与盆地 | 丁道桂，等 | 地质出版社，1996 |
| 总结 | 1993 | 新疆维吾尔自治区区域地质志 | 新疆地质矿产局 | 地质出版社，1993 |
| 专著 | 1978年前 | 新疆昆仑山和阿尔金山前寒武系及叠层石 | 缪长泉 | 新疆科技卫生出版社，1993 |
| 专著 | 1992—1994 | 中国主要成矿区带矿产资源远景评价 | 陈毓川 | 地质出版社，1999 |
| 专著 | 1993 | 塔里木盆地及其周缘地区新近系—第四系地层及晚新生代构造期次划分 | 滕志宏 | 内部刊物，1994 |
| 编图 | 1993—1994 | 1∶50万和田地区铜、金、玉石、稀有金属成矿规律 | 新疆第十地质队 | 内部刊物，1994 |
| 专著 | 1994 | 中国区域地质概论 | 程裕淇 | 地质出版社，1994 |
| 专著 | 1994—1996 | 新疆开合构造与成矿 | 陈哲夫，等 | 新疆科技卫生出版社，1997 |
| 专著 | 1993—1998 | 青藏高原大地构造特征及盆地演化 | 赵政璋，等 | 科学出版社，2001 |
| 总结 | | 新疆岩石地层清理 | 新疆地质矿产局 | 中国地质大学出版社，2001 |

**续表 1－1**

| 类别 | 调查时间(年) | 成果名称 | 作者单位及姓名 | 出版时间及单位 |
|---|---|---|---|---|
| 矿产 | 1995 | 西昆仑块状硫化物矿床成矿条件和成矿预测 | 贾群子 | 地质出版社,1999 |
| 总结 | 1995 | 1∶250万中国西部火山岩地质图及说明书 | 叶茂泉 | 西安地图出版社,1996 |
| 专著 | 1999 | 阿尔金断裂系 | 崔军文,等 | 地质出版社,1999 |
| 总结 | | 青藏高原隆升的地质记录及机制 | 国土资源部地质研究所 | 内部材料,2001 |
| 化探 | 2000—2002 | 1∶50万新疆西昆仑叶尔羌河地区地质矿产图 | 陕西省地质调查院 | 内部资料,2002 |
| 总结 | | 新疆构造体系与重要矿产和地震分布规律的研究(1∶100万) | 张道乐,等 | 内部资料,1980 |
| 总结 | | 1∶100万和田地区初步解译修编地质图 | 新疆第十地质队 | 内部资料,1980 |
| 总结 | | 1∶150万西昆仑-喀喇昆仑及帕米尔东缘地质图 | 尹集祥 | 内部资料,1992 |
| 总结 | | 新疆1∶50万编图 | 新疆地矿局 | 内部资料,2002 |
| 总结 | | 新疆地质图及说明书(1∶200万) | 陈哲夫 | 内部资料,1992 |
| 专著 | 1993—1996 | 青藏高原及邻区冈瓦纳相地层地质学 | 尹集祥 | 地质出版社,1997 |
| 论文 | | 西昆仑北缘冲断带桑株-策勒段的几何学与运动学分析 | 罗金海 | 内部资料,1999 |
| 论文 | | 新疆西昆仑库地混杂带中的弧前复理石沉积及其大地构造制约 | 方爱民 | 内部资料,1998 |
| 论文 | | 西昆仑库地剪切带动力学及岩石圈有效弹性厚度探讨 | 周辉 | 内部资料,1998 |
| 论文 | | 西昆仑-喀喇昆仑前陆褶冲断带中生代沉积构造演化 | 张国成 | 内部资料,1997 |

解放前有少数中、外地质学家：Hedin、Henning、Norin、刘慎谔、Belyaevsry等在调查区相邻地区进行过路线地质调查，虽然获得的地质资料比较零星，但是当时建立的某些岩石单元名称及其形成的时代依据目前仍在使用。

解放后至20世纪70年代新疆地质矿产局在调查区作了小区域矿产普查和区调简测。

1958—1960年，中国科学院组织进行过综合科学考察。

20世纪80年代以来，昆仑山区地质调查和科学研究渐趋高潮，主要有：

1980—1983年，中国地质科学院地质研究所姜春发等与青海、新疆区调大队联合对昆仑山进行野外地质调查，有许多重大进展，1992年、2002年两次出版了《昆仑开合构造》研究专著，对昆仑山地质进行了较为深入的研究。

1981年，新疆地质局、新疆石油管理局总结了昆仑山—阿尔金山一带地层，认为本区自中元古代—中生代以来地层都有不同程度的出露，海陆变迁频繁，奥陶纪以后生物发育，侏罗纪为重要的成煤期，白垩纪为潟湖膏泥沉积，新生代受喜马拉雅运动影响，昆仑山隆起，在山区形成一些大小不同、互不相连的断陷盆地，沉积了第三系(古近系＋新近系)和第四系，同时在河流两岸、冰川脚下、湖泊等地理景观区也有各种类型沉积。

1982—1983年，新疆第一区调大队完成的《西昆仑山叶尔羌河上游地区地质矿产调查报告》、《1∶100万西昆仑山康西瓦-喀喇昆仑山河尾滩地区区调报告》是测区首次系统的区域地质、矿产调查工作，对整个测区进行了较全面的调查，划分出前寒武纪地台结晶基底，古生代不同时期的沉积盖层，初步建立了测区的地层系统、岩浆岩系统和构造骨架。

1986—1988年，中国科学院青藏高原综合科学考察队深入图区，对地质、地理等进行了全面考察研究，1992年出版了《青藏高原昆仑山-喀喇昆仑山地区科学考察》丛书，共4套。

1987—1991年中国科学院潘裕生、法国Tapponnier等在图区狮泉河—叶城、喀什—红其拉甫进行了路线考察。

1990—1993年，刘训等在塔里木盆地进行了地质调查及剖面测制，1997年出版了《塔里木板块周缘的沉积-构造环境》专著。

1991—1993年，丁道桂、王道轩等也在图区进行了剖面调查，1996年出版了《西昆仑造山带与盆地》专著，对西昆仑造山带的认识水平有明显提高。

1993年，滕志宏等在塔里木盆地进行了地质调查，著有《塔里木盆地及其周缘地区新近系—第四系地层及晚新生代构造期次划分》(内部刊物)。

1994—1996年，陈哲夫等系统总结了新疆的地史演化与成矿，1997年出版了《新疆开合构造与成矿》专著。

1995年，由地质矿产部西安地质矿产研究所和新疆地质勘查局第二区调队联合承担了地质矿产部定向科研项目"西昆仑块状硫化物型铜(多金属)矿床成矿条件及成矿预测研究"，1999年贾群子等出版了《西昆仑块状硫化物矿床成矿条件和成矿预测》专著。

2000—2002年，陕西地质调查院完成了测区南部1∶50万化探工作。在塔吐鲁沟—麻扎一线南部，划出了两个乙类异常带，异常带总体呈东西向分布，北部为Cu、Au、Ag异常带，南部为Pb、Zn异常带。

此外，1996年以来，中外刊物上公开发表的涉及测区的科学论文不少于466篇，研究内容涉及地层、岩浆岩、变质岩以及第四纪沉积等方面。新藏公路沿线特别是库地两侧的研究程度很高，关于库地蛇绿岩、一些克沟火山岩以及库地北岩体等，前人积累了大量的测试数据。

由于自然条件所限，测区只完成了1∶100万区域地质调查及1∶50万地球化学勘查工作(资料不全)。上述的各项科学考察、研究成果，由于不同学者研究的出发点不同、占有的资料有别，对西昆仑造山带的认识也不尽相同。总之，西昆仑造山带在基础地质和矿产地质方面的工作程度在全国为最低，测区既是青藏高原艰险区，也是地质工作空白区。

## 第四节　工作完成情况

"麻扎、神仙湾、塔吐鲁沟和斯卡杜四幅1∶25万区调"项目由陕西省地质调查院咸阳区地质调查所具体实施，2002年4月底接受任务后立即组建队伍，收集各种资料，初编遥感解译地质图。同年5—9月按照任务书要求进行了贯通全测区的踏勘，同时完成了神仙湾幅东部和麻扎幅东南部共计8 000$km^2$的填图面积和部分剖面测制，该年12月在西安通过了设计评审，获良好(88分)。会后，根据专家组提出的意见，对项目总体设计进行了修改。2003年4—10月，完成填图面积17 656$km^2$，测制各类剖面长共计160km。2004年4—5月完成了1∶10万丘宛幅、麻扎达拉幅约2 000$km^2$的填图面积，同时进行了野外检查及补充工作，全面完成了设计工作量。2004年6月4日通过了野外资料验收，麻扎幅和神仙湾幅实际资料获优秀(91分)，塔吐鲁沟幅和斯卡杜幅获良好(87.5分)。在该次验收会上，首次明确了将麻扎幅和神仙湾幅、塔吐鲁沟幅和斯卡杜幅分别合并出版地质图和区调报告的方案。全项目和麻扎幅及神仙湾幅完成的实物工作量见表1-2。

表 1-2　主要实物工作量一览表

| 名称 | | 单位 | 全项目完成工作量 | | | 麻扎幅、神仙湾幅完成工作量 |
|---|---|---|---|---|---|---|
| | | | 设计工作量 | 完成工作量 | 完成比例(%) | |
| 1∶25 万填图面积 | | $km^2$ | 27 656 | 27 656 | 100 | 19 800 |
| 1∶5 万填图面积 | | $km^2$ | 400 | 470 | 118 | 470 |
| 1∶25 万遥感解译面积 | | $km^2$ | 27 656 | 27 656 | 100 | 19 800 |
| 剖面测量 | 1∶2 000 | km | 10 | 20 | 200 | 20 |
| | 1∶5 000 | km | 100 | 100 | 100 | 76 |
| | 1∶10 000 | km | 100 | 200 | 200 | 180 |
| 岩石化学 | | 件 | 150 | 378 | 252 | 325 |
| 化学样 | | 件 | 20 | 26 | 130 | 25 |
| 稀土分析 | | 件 | 154 | 635 | 412 | 602 |
| 基岩光谱 | | 件 | 450 | 1 131 | 251 | 1 012 |
| 薄片(含光片) | | 件 | 1 040 | 1 167 | 112 | 1 061 |
| 大化石 | | 件 | 60 | 66 | 110 | 40 |
| 微体化石 | | 件 | 50 | 71 | 142 | 68 |
| $^{14}C$ | | 件 | 10 | 0 | 0 | 0 |
| Ar-Ar | | 件 | 0 | 5 | — | 5 |
| K-Ar | | 件 | 10 | 4 | 40 | 4 |
| Rb-Sr | | 件 | 3 | 0 | 0 | 0 |
| U-Pb | | 件 | 20 | 23 | 115 | 22 |
| SHRAMP | | 件 | 0 | 2 | — | 2 |
| Sm-Nd | | 件 | 2 | 0 | 0 | 0 |
| 磷灰石裂变径迹 | | 件 | 10 | 15 | 150 | 12 |
| 重砂分析 | | 件 | 35 | 40 | 114 | 29 |
| 粒度分析 | | 件 | 40 | 40 | 100 | 40 |
| 电子探针 | | 件 | 10 | 60 | 600 | 60 |

注:稀土元素采用 ICP-MS,多数微量元素采用 ICP-MS,金采用原子炉石墨吸收法。

麻扎幅(J43C004004)、神仙湾幅(J43C004003)区域地质调查报告编写人员及分工为:计文化编写第一章、第五章、第六章;第二章由尹宗义、陈高潮、张清盛编写;第三章由李博秦、蔺新望、张俊良编写;第四章由陈高潮编写。最后由计文化总纂。

参加该项目工作的全体人员见表 1-3。

**表 1-3 参加项目的主要人员名单**

| 姓名 | 性别 | 出生年份（年） | 学历 | 技术职称 | 职务 | 工作时间（年） | 完成工作 |
| --- | --- | --- | --- | --- | --- | --- | --- |
| 计文化 | 男 | 1968 | 研究生 | 高级工程师 | 项目负责、技术负责 | 2002—2004 | 全面负责 |
| 尹宗义 | 男 | 1960 | 大学 | 高级工程师 | 副技术负责 | 2002—2004 | 地层、生产调度 |
| 李博秦 | 男 | 1966 | 研究生 | 高级工程师 | 副技术负责 | 2002—2004 | 矿产、质量 |
| 郝俊武 | 男 | 1955 | 中专 | 工程师 | 副项目负责 | 2002—2004 | 后勤、行政 |
| 陈高潮 | 男 | 1968 | 大学 | 工程师 | 大组长 | 2002—2004 | 变质岩、构造 |
| 蔺新望 | 男 | 1972 | 研究生 | 工程师 | 大组长 | 2002—2004 | 岩浆岩 |
| 张俊良 | 男 | 1965 | 大学 | 工程师 | 大组长 | 2002—2004 | 遥感、火山岩 |
| 罗乾周 | 男 | 1963 | 大学 | 高级工程师 | 小组长 | 2002 | 矿产 |
| 张清盛 | 男 | 1965 | 大学 | 工程师 | 小组长 | 2002—2004 | 地层 |
| 孔文年 | 男 | 1968 | 大学 | 工程师 | 小组长 | 2002—2003 | 火山岩 |
| 王　峰 | 男 | 1968 | 中专 | 工程师 | 小组长 | 2002—2003 | 地层 |
| 王洁明 | 男 | 1970 | 中专 | 工程师 | 技术员 | 2002 | 岩石 |
| 刘曦鹏 | 男 | 1963 | 大学 | 工程师 | 技术员 | 2002—2003 | 地层、岩石 |
| 闫振兴 | 男 | 1955 | 中专 | 工程师 | 技术员 | 2002—2004 | 地层、岩石 |
| 霍向光 | 男 | 1956 | 中专 | 工程师 | 小组长 | 2003—2004 | 地层、遥感 |
| 李　军 | 男 | 1969 | 高中 | 中级工 | 工人 | 2002—2003 | 助手 |
| 张满江 | 男 | 1966 | 高中 | 中级工 | 工人 | 2003 | 助手 |
| 陈　学 | 男 | 1957 | 高中 | 高级工 | 工人 | 2002—2004 | 驾驶员 |
| 谭苏敏 | 男 | 1963 | 高中 | 高级工 | 工人 | 2002—2003 | 驾驶员 |
| 姚　社 | 男 | 1965 | 高中 | 高级工 | 工人 | 2002—2003 | 驾驶员 |
| 李　智 | 男 | 1972 | 高中 | 中级工 | 工人 | 2002—2004 | 炊事员 |
| 黄保山 | 男 | 1970 | 高中 | 中级工 | 工人 | 2003 | 炊事员 |

# 第二章 地 层

## 第一节 地层分区及岩石地层划分

调查区位于青藏高原北缘印度板块与欧亚板块的结合部位，帕米尔构造结东侧弧形湾折地带，主体为西昆仑侏罗纪板内再生（叠加于晋宁、加里东、华力西和印支多期构造之上）造山带。区内地层发育比较齐全，地层时代从下元古界到第四系均有不同程度出露，地层类型有中深变质变形的构造-岩石地层，浅变质和未变质的岩石地层，也有大量未固结的地层。形成环境有深海、浅海及部分陆相地层。成因上有变质地层、沉积地层以及少量火山地层。

依据《中国地层指南》(2000)地层大区划分原则（以板块缝合带为地层大区的界线）以及测区地质特征，结合近年区调新成果，将测区的地层系统分别归属为塔里木-北山地层大区，秦祁昆地层大区、巴颜喀拉-北羌塘地层大区以及藏滇地层大区。在此基础上进一步划分地层区、分区和小区。地层区划图见图 2－1 及表 2－1，各地层分区地层总体特征见表 2－2。

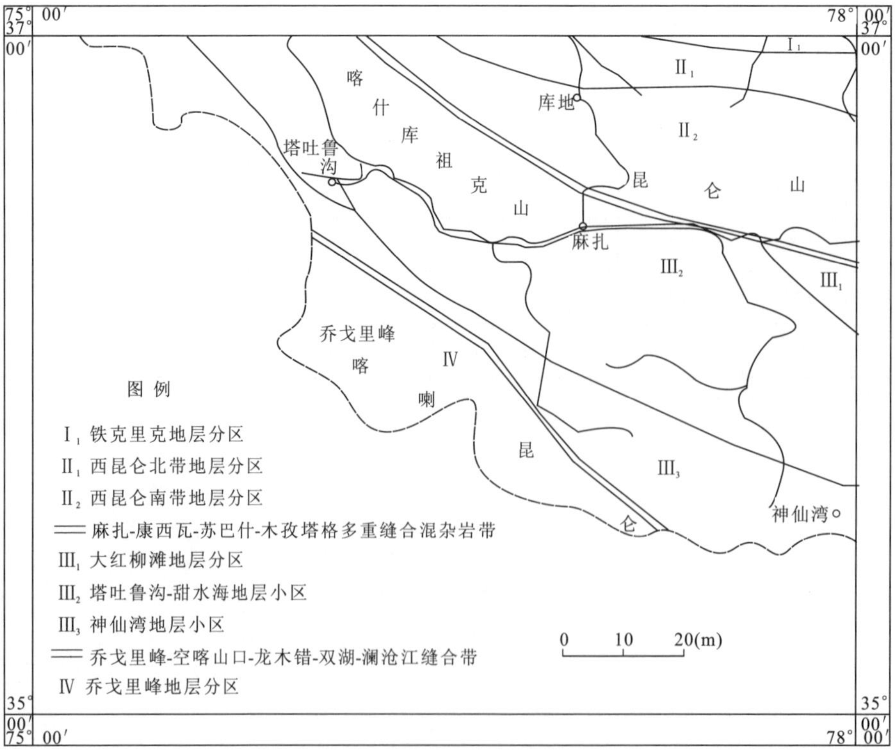


图 2－1　测区地层区划图

**表 2-1 测区地层区划表**

<table>
<tr><th>地层大区(Ⅰ级)</th><th>地层区(Ⅱ级)</th><th>地层分区(Ⅲ级)</th><th>地层小区(Ⅳ级)</th></tr>
<tr><td>塔里木-北山</td><td>塔南</td><td>铁克里克</td><td></td></tr>
<tr><td rowspan="2">秦祁昆</td><td rowspan="2">西昆仑</td><td>西昆仑北带</td><td></td></tr>
<tr><td>西昆仑南带</td><td></td></tr>
<tr><td rowspan="3">巴颜喀拉-北羌塘</td><td>巴颜喀拉</td><td>大红柳滩</td><td></td></tr>
<tr><td rowspan="2">北羌塘</td><td rowspan="2">喀喇昆仑</td><td>塔吐鲁沟-甜水海</td></tr>
<tr><td>神仙湾</td></tr>
<tr><td>藏滇</td><td>南羌塘</td><td>乔戈里峰</td><td></td></tr>
</table>

**表 2-2 各地层区特征简表**

<table>
<tr><th rowspan="2">大区</th><th rowspan="2">分区</th><th rowspan="2">小区</th><th colspan="4">地层特征</th></tr>
<tr><th>各时期建造类型组合</th><th>大地构造位置及属性</th><th>变质相系</th><th>构造位置</th></tr>
<tr><td>塔里木-北山</td><td>铁克里克</td><td></td><td>前震旦纪中深变质碎屑岩及碳酸盐岩构成主体,岩浆活动微弱</td><td>台地</td><td>元古宙中深变质</td><td>震旦纪以来的台地</td></tr>
<tr><td rowspan="2">秦祁昆</td><td>西昆仑北带</td><td></td><td>中元古界、早古生代变质地层、晚古生代裂谷沉积,火山岩发育</td><td>被动边缘,裂谷盆地</td><td rowspan="2">早古生代以前中深变质,晚古生代浅变质</td><td rowspan="6">震旦纪以来的造山带</td></tr>
<tr><td>西昆仑南带</td><td></td><td>中元古界、早古生代变质地层、陆相地层</td><td>活动大陆边缘及弧间盆地</td></tr>
<tr><td rowspan="3">巴颜喀拉-北羌塘</td><td>大红柳滩</td><td></td><td>二叠系、三叠系复理石</td><td>残留盆地</td><td rowspan="3">元古宇为深变质,古生界为连续的台地浅变质</td></tr>
<tr><td rowspan="2">喀喇昆仑</td><td>甜水海</td><td>中元古代变质地层、古生界及中生界台地相</td><td>活动大陆边缘</td></tr>
<tr><td>神仙湾</td><td>上古生界—中生界陆缘碎屑及台地相沉积</td><td>残留盆地</td></tr>
<tr><td>藏滇</td><td>乔戈里峰</td><td></td><td>二叠系台地、三叠系深水沉积</td><td>台地</td><td>二叠纪以后为浅变质</td></tr>
</table>

本次调查依据全国地层多重划分对比研究,新疆维吾尔自治区岩石地层(1998)成果以及中国科学院、中国地质科学院近年来在该地区的最新研究成果,结合区域资料对比,对测区地层进行了划分和厘定,测区共建立了(构造)岩石地层单位 42 个,新建地层单位 20 个,其中群级地层单位 23 个,(岩)组级地层单位 25 个,段级地层单位 6 个,非正式地层单位 14 个,第四系松散堆积物 8 个。测区地层区划与地层系统见表 2-3。

神仙湾幅和麻扎幅出露铁克里克地层分区、西昆仑北带地层分区、西昆仑南带地层分区、大红柳滩地层分区、喀喇昆仑地层分区、乔戈里峰地层分区。

**表 2-3　测区地层区划与地层系统综合表**

| 时代 | 沉积成因类型及地层、构造单元名称 | | | | | | | | 演化阶段隆升历史 | |
|---|---|---|---|---|---|---|---|---|---|---|
| Qh | 冲积、洪积、风积 | | | | | | | | 青藏高原隆升 | 整体加速隆升 |
| $Qp^3$ | 冲积、洪积　新疆群 | | | | | | | | | |
| $Qp^2$ | 冲积、洪积　乌苏群 | | | | | | | | | |
| $N_2$ | | | | 阿图什组 | | | | | | 喀喇昆仑山隆升 |
| $N_1$ | | | | 帕卡布拉克组 | | | | | | |
| $K_2$ | | | | 铁隆滩群 | | | | | | 昆仑山隆升 |
| $J_{1-2}$ | 叶尔羌河群 | | | 龙山组 | | | | | 板内调整 | |
| T | 赛力亚克达坂群 | | | 巴颜喀拉山群 | 河尾滩群 | | | | | |
| $P_3$ | | | 麻扎-康西瓦混杂岩 | 黄羊岭群 | | 温泉山组 | 空喀山口混杂岩 | 阿格勒达坂组 | | |
| $P_2$ | | | | | | 神仙湾群 | | 加温达坂群 | | 古特提斯演化 |
| $P_1$ | | | | | | | | 克勒青土布拉克组 | | |
| $C_2$ | | 依莎克群 库尔良群 | 提热艾力组 | | 恰提尔群 | | | | | |
| $C_1$ | | 他龙群 | | | 帕斯群 | | | | | |
| $D_3$ | | | 库地蛇绿混杂岩 | | 天神达坂组 | | | | | 古昆仑洋演化 |
| $D_{1-2}$ | | | | | 落石沟组 | | | | | |
| $S_2$ | | | | 下古生界（未分） | 达坂沟群 | | | | | |
| $S_1$ | | | | | 温泉沟群 | | | | | |
| O | | 玛列孜肯群　西合休岩组 | | | 冬瓜山群 | | | | | |
| $\in_3$ | | | | | 上寒武统（未分） | | | | | |
| Jx | 博查特塔格组 | 中元古界（未分） | 桑株塔格岩群 | | | | 前寒武系（未分） | | 过渡性基底 | |
| Ch | 塞拉加兹塔格岩群 | | 赛图拉岩群 | | | | | | | |
| Ar—$Pt_1$ | 埃连卡特岩群 | | | | 布伦阔勒岩群 | | | | 结晶基底 | |
| | 铁克里克地层分区 | 西昆仑北带分区 | 西昆仑南带分区 | 大红柳滩分区 | 甜水海小区 | 神仙湾小区 | 乔戈里峰分区 | | | |
| | 塔里木北山地层大区 | 秦祁昆地层大区 | | 巴颜喀拉-北羌塘地层大区 | | | 藏滇地层大区 | | | |

# 第二节　下元古界—中元古界($Pt_1$—$Pt_2$)

下元古界地层分别出露于铁克里克地层分区和塔吐鲁沟-甜水海地层小区，出露范围较小，铁克里克分区称埃连卡特岩群，塔吐鲁沟-甜水海地层小区称布伦阔勒岩群。分别构成这两个地块的基底。中元古界地层分别出露于铁克里克分区、西昆仑地层区和塔吐鲁沟-甜水海地层小区，分别构成塔里木地块、西昆仑地块和北羌塘地块的褶皱基地。变质相差别很大，从绿片岩相到低角闪岩相的变质岩均有出露。在铁克里克地层分区内称长城系塞拉加兹塔格群、蓟县系博查特塔格组，西昆仑北带地层分区称中元古界(未分)地层、西昆仑南带称长城系赛图拉岩群、蓟县系桑株塔格岩群。

## 一、埃连卡特岩群($Pt_1A$)

### (一)综述

在《新疆维吾尔自治区区域地质志》中将分布于铁克里克山至叶尔羌河间一套绿片岩相变质地层划为埃连卡特群，与上覆长城系断层接触。主要岩性为含绢云母、白云母、绿泥石的各种片岩。本书沿用此名和划分方案，按构造-岩石地层单位对待，将测区东北角一套高绿片岩相变质地层划为埃连卡特岩群。测区出露于拉木龙河和博斯腾塔河4100线附近，向东出图。拉木龙河一带北侧与上覆长城系塞拉加兹塔格岩群为角度不整合接触，南侧与博查特塔格组呈断层接触。博斯腾塔河一带，呈近东西向巨大透镜体，与长城系塞拉加兹塔格岩群、蓟县系博查特塔格组a段、石炭系他龙群和库尔良群断层接触。测区内出露面积$30km^2$。

### (二)地层特征

埃连卡特岩群高绿片岩相变质，岩石组合为黑云石英片岩、白云石英片岩夹石榴斜长二云石英片岩。博斯腾塔河一带区域上形成一向东倾伏的背形构造，现以新疆皮山县博斯腾塔河路线地质剖面(图2-2)介绍如下。

图2-2　新疆皮山县博斯腾塔河下元古界埃连卡特岩群路线地质剖面图

上覆地层：石炭系他龙群变长石石英砂岩

断　层

| | |
|---|---|
| **埃连卡特岩群** | **>1 082m** |
| 3.白云石英片岩夹(互)黑云石英片岩 | 765m |
| 2.石榴斜长二云石英片岩 | 15m |
| 1.黑云石英片岩 | 302m |

(未见底)

剖面未见顶、底，主要岩性为白云石英片岩、黑云石英片岩夹石榴斜长二云石英片岩(图版Ⅱ-2)，原岩为碎屑岩。剖面上岩性比较简单，主要由云母石英片岩组成，其中夹少量石榴斜长二云石英片岩。地层中片理褶皱比较发育，露头上可见同构造期石英脉与地层片理共同变形形成小型平卧褶皱(图 2-3)。叠置厚度大于1 082m。

拉木龙河一带的岩石组合、变质变形特征、原岩建造与剖面特征基本相似。区别仅为未见白云石英片岩，出露少量十字石石榴黑云石英片岩。

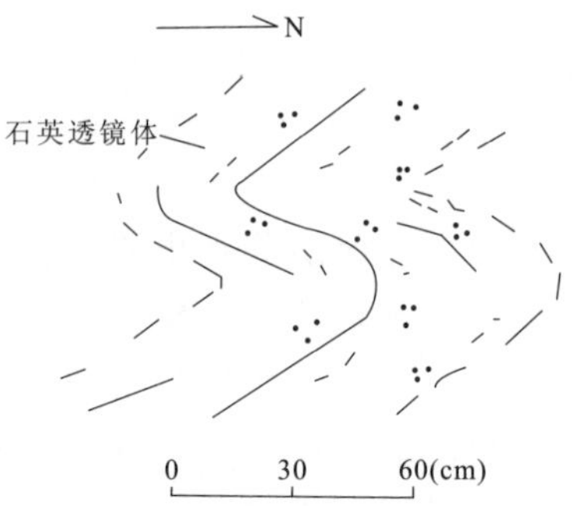


图 2-3　埃连卡特岩群黑云石英片岩中的变形构造素描图

### (三)岩石化学及地球化学特征

#### 1. 岩石化学

测区内埃连卡特岩群岩石化学成分见表 2-4。与新疆地区出露的白云石英片岩岩石化学成分对比，$SiO_2$、MgO、CaO、$Na_2O$、$K_2O$ 偏低，$Al_2O_3$、$Fe_2O_3$、FeO、$TiO_2$、MnO 偏高。反映原岩中泥质含量较高特点。

表 2-4　埃连卡特岩群、布伦阔勒岩群 B 岩组岩石化学特征表　(%)

| 地层单位 | 样品号 | 岩石名称 | $SiO_2$ | $Al_2O_3$ | $Fe_2O_3$ | CaO | MgO | MnO | $TiO_2$ | $P_2O_5$ | $K_2O$ | $Na_2O$ | FeO | $H_2O^+$ | $H_2O^-$ | LOI | Σ |
|---|---|---|---|---|---|---|---|---|---|---|---|---|---|---|---|---|---|
| 埃连卡特岩群 | D1168/1 | 白云石英片岩 | 64.48 | 14.57 | 2.02 | 2.70 | 1.45 | 0.10 | 0.80 | 0.25 | 2.67 | 1.59 | 5.78 | 3.17 | 0.12 | 1.28 | 100.98 |
| 布伦阔勒岩群 | D3504/1* | 石榴黑云石英片岩 | 66.66 | 14.49 | 0.99 | 1.28 | 3.77 | 0.03 | 0.70 | 0.21 | 2.05 | 2.88 | 5.39 | 1.36 | 0.05 | 0.92 | 100.78 |

* 样品分析结果来自《塔吐鲁构幅》。

#### 2. 微量元素特征

埃连卡特岩群微量元素特征见表 2-5。

表 2-5　埃连卡特岩群微量元素特征表

| 样品号 | 岩石名称 | Sr | Rb | Ba | Th | Ta | Nb | Zr | U | Hf | Y | Sc |
|---|---|---|---|---|---|---|---|---|---|---|---|---|
| D1168/1 | 白云石英片岩 | 104.0 | 111.0 | 569.0 | 12.7 | 1.37 | 25.8 | 193.0 | 2.36 | 3.17 | 29.0 | 19.10 |
| D1168/2 | 白云石英片岩 | 162.0 | 103.0 | 355.0 | 13.4 | 1.34 | 25.2 | 193.0 | 2.22 | 3.35 | 30.8 | 15.50 |
| D1168/3 | 白云石英片岩 | 46.8 | 136.0 | 482.0 | 13.9 | 2.34 | 44.8 | 353.0 | 3.25 | 5.76 | 37.4 | 25.30 |
| 变质碎屑岩平均值 | | 104.3 | 116.7 | 468.7 | 13.3 | 1.68 | 31.9 | 246.3 | 2.61 | 4.09 | 32.4 | 19.97 |
| 地壳克拉克值 | | 340.0 | 150.0 | 650.0 | 13.0 | 2.50 | 20.0 | 170.0 | 2.50 | 1.00 | 29.0 | 10.00 |

| 样品号 | 岩石名称 | Cr | Co | Ni | V | Ga | Au | Ag | Cu | Pb | Zn |
|---|---|---|---|---|---|---|---|---|---|---|---|
| D1168/1 | 白云石英片岩 | 119.0 | 19.10 | 42.6 | 139.0 | 19.7 | — | — | 60.5 | 8.92 | 123.0 |
| D1168/2 | 白云石英片岩 | 90.8 | 19.30 | 39.0 | 92.6 | 16.8 | 1.12 | 76 | 228.0 | 33.60 | 183.0 |
| D1168/3 | 白云石英片岩 | 61.6 | 6.49 | 29.4 | 119.0 | 23.3 | 8.94 | 92 | 189.0 | 12.10 | 157.0 |
| 变质碎屑岩平均值 | | 90.5 | 15.00 | 37.0 | 116.9 | 19.9 | 5.03 | 84 | 159.2 | 18.21 | 154.3 |
| 地壳克拉克值 | | 83.0 | 18.00 | 58.0 | 90.0 | 19.0 | 4.00 | 80 | 63.0 | 12.00 | 94.0 |

注：表中 Au、Ag 元素含量单位为$\times 10^{-9}$，其他元素含量单位为$\times 10^{-6}$。

从表2-5中可以看出，微量元素除Th、U、Ga变化较小外，其余变化较大。微量元素与地壳平均克拉克值相比，亲石元素Hf强富集，Nb、Zr、Th、U、Y富集，Rb、Ba、Ta亏损，Sr强亏损。过渡元素Sc强富集，Cr、Co、V富集，Ni亏损，Ga接近。微量元素复杂变化表明，原岩物源比较复杂。Sr/Ba<1说明原岩为古老的变质碎屑岩。

**3. 稀土元素**

埃连卡特岩群稀土元素含量特征见表2-6。表中反映稀土总量、轻稀土元素含量、轻重稀土比值、δEu、δCe、$(La/Yb)_N$变化大，重稀土含量、$(La/Sm)_N$、$(Gd/Yb)_N$值变化小，轻稀土强富集，Eu强亏损，Ce亏损-弱富集，表明源区母岩复杂。稀土配分模式曲线(图2-4)向右陡倾，与活动大陆边缘、被动陆缘稀土配分曲线特征相似。

**表2-6 埃连卡特岩群稀土元素特征表**

| 样品号 | 岩石名称 | 稀土元素含量($\times10^{-6}$) | | | | | | | | | | | | |
|---|---|---|---|---|---|---|---|---|---|---|---|---|---|---|
| | | La | Ce | Pr | Nd | Sm | Eu | Gd | Tb | Dy | Ho | Er | Tm | Yb |
| D1168/1 | 白云石英片岩 | 40.00 | 86.20 | 9.30 | 36.90 | 7.40 | 1.15 | 7.39 | 1.10 | 6.03 | 1.16 | 3.33 | 0.46 | 3.06 |
| D1168/2 | 白云石英片岩 | 66.70 | 119.00 | 15.10 | 53.60 | 11.40 | 1.57 | 9.98 | 1.24 | 6.82 | 1.13 | 3.67 | 0.41 | 2.84 |
| D1168/3 | 白云石英片岩 | 67.00 | 126.00 | 15.60 | 60.00 | 11.30 | 2.10 | 10.10 | 1.42 | 7.45 | 1.41 | 4.23 | 0.57 | 3.73 |

| 样品号 | 岩石名称 | 稀土元素含量($\times10^{-6}$) | | | | 特征参数值 | | | | | |
|---|---|---|---|---|---|---|---|---|---|---|---|
| | | Lu | ΣREE | LREE | HREE | LREE/HREE | δEu | δCe | $(La/Yb)_N$ | $(La/Sm)_N$ | $(Gd/Yb)_N$ |
| D1168/1 | 白云石英片岩 | 0.43 | 203.91 | 181.55 | 22.96 | 7.91 | 0.72 | 0.97 | 8.46 | 3.10 | 2.04 |
| D1168/2 | 白云石英片岩 | 0.38 | 293.84 | 267.37 | 26.47 | 10.10 | 0.44 | 0.81 | 15.20 | 3.36 | 2.97 |
| D1168/3 | 白云石英片岩 | 0.55 | 311.46 | 282.0 | 29.46 | 9.57 | 0.59 | 1.19 | 11.63 | 3.40 | 2.29 |

**4. 成矿元素**

成矿元素特征见表2-5，Au、Cu、Pb含量变化大，Zn、Ag含量变化小。Cu、Zn、Pb最大值是地壳克拉克值的2～3倍，平均值与地壳克拉克值相比，Au、Ag弱富集，Cu、Pb、Zn富集。表明埃连卡特岩群具有一定的Cu、Pb、Zn成矿背景。

(四)原岩恢复

埃连卡特岩群仅出露于测区东北角，岩性组合为白云石英片岩、黑云石英片岩夹石榴斜长二云石英片岩。通过野外观察，原岩为一套副变质岩石，证据有：①具有“似层状”特征；②露头上片状矿物含量有规律变化，反映出原岩成分差异；③出现副变质特征变质矿物石榴子石、十字石；④变质岩中出现泥质变质矿物白云母、黑云母。

埃连卡特岩群通过岩石化学计算，利用[(al+fm)-(c+alk)]-Si图解(图2-5)恢复原岩，投于砂质沉积岩区，再利用(Al+Fe+Ti)-(Ca+Mg)图解(图2-6)恢复原岩，投于杂砂岩区，进一步利用Log($Na_2O/K_2O$)-Log($SiO_2/Al_2O_3$)图解(图2-7)判别岩石类型，投于靠近杂砂岩区的岩屑砂屑岩区。

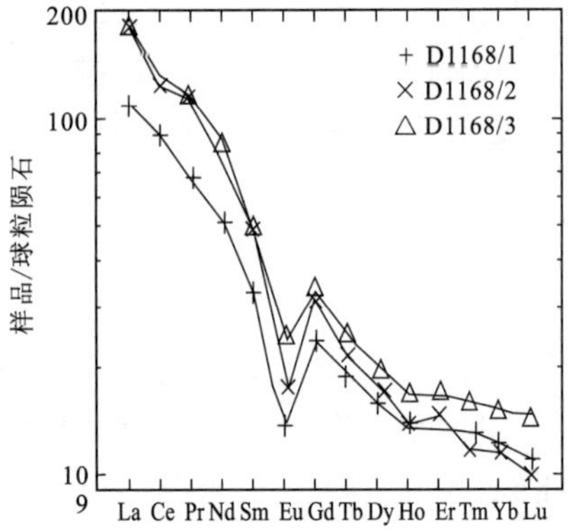


图 2-4　埃连卡特岩群稀土元素配分模式图

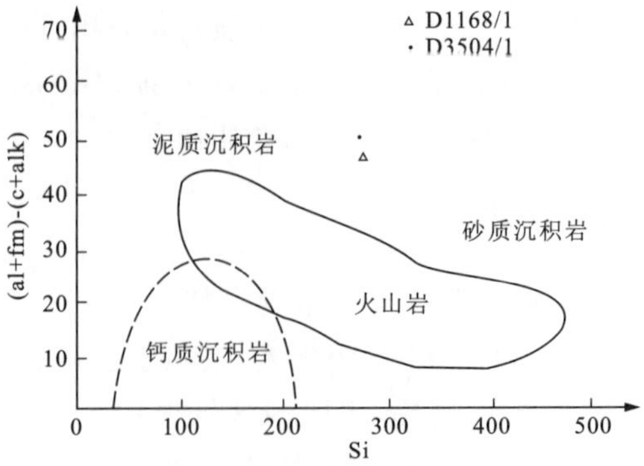


图 2-5　埃连卡特岩群、布伦阔勒岩群 B 岩组

[(al+fm)-(c+alk)]- Si 图解

(据西蒙南，1953)

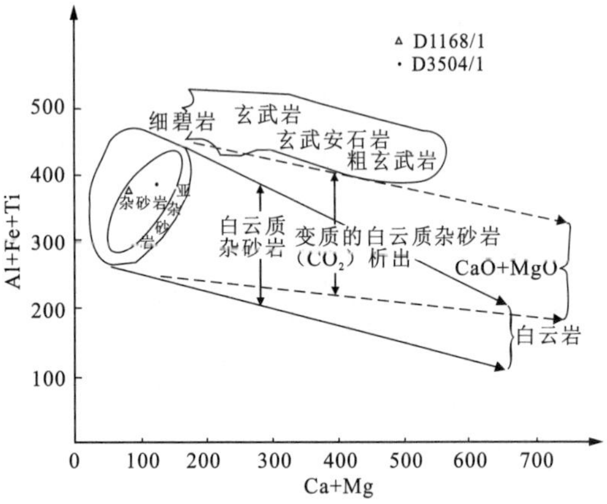


图 2-6　埃连卡特岩群、布伦阔勒岩群 B 岩组

(Al+Fe+Ti)-(Ca+Mg)图解

(据莫伊纳和罗谢，1968)

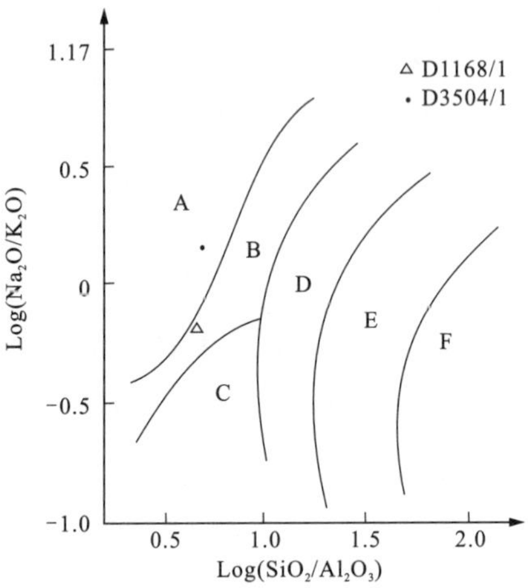


图 2-7　埃连卡特岩群、布伦阔勒岩群 B 岩组变质碎屑岩 Log($Na_2O/K_2O$)- Log($SiO_2/Al_2O_3$)图解

A. 杂砂岩；B. 岩屑砂屑岩；C. 长石砂岩；

D. 亚长石砂岩；E. 亚岩屑砂屑岩；F. 长石砂屑岩

(据佩蒂约翰等，1972 简化)

综合分析埃连卡特岩群变质碎屑岩原岩为泥质杂砂岩类。

## (五)构造环境

埃连卡特岩群变质程度较高，原生沉积构造基本未保留，因此通过岩石化学和地球化学特征进行构造环境讨论。

埃连卡特岩群变质碎屑岩岩石化学成分与 Bhatia(1985)不同构造环境沉积盆地杂砂岩平均值比较(表 2-7)，比较复杂，介于大洋岛弧、大陆岛弧和活动陆缘之间，主体与大陆岛弧接近。

利用常量元素 $TiO_2$-($Fe_2O_3^*$ + MgO)图解(图 2-8)，$Al_2O_3/SiO_2$-($Fe_2O_3^*$ + MgO)图解(图 2-9)，投于大洋岛弧或靠近大洋岛弧区，再利用 $K_2O/Na_2O$ - $SiO_2$图解(图 2-10)，投于活动大陆边缘(大陆岛弧)。

表 2-7 $Pt_1A$、$Pt_1B^b$、太古宙、元古宙与 Bhatia(1985)不同构造环境沉积盆地杂砂岩平均值比较 (%)

| 类型 | 太古宙 | 元古宙 | 大洋岛弧 | 大陆岛弧 | 活动陆缘 | 被动陆缘 | 埃连卡特岩群 | 布伦阔勒岩群B岩组 |
|---|---|---|---|---|---|---|---|---|
| $SiO_2$ | 65.7±2.2 | 70.0±3.4 | 58.83±1.6 | 70.69±2.6 | 73.86±4.0 | 81.95±6.2 | 64.48 | 66.66 |
| $TiO_2$ | 0.6±0.1 | 0.6±0.1 | 1.06±0.2 | 0.64±0.1 | 0.46±0.1 | 0.49±0.2 | 0.80 | 0.70 |
| $Al_2O_3$ | 14.9±1.3 | 14.5±1.7 | 17.1±1.7 | 14.04±1.1 | 12.89±2.1 | 8.41±2.2 | 14.57 | 14.49 |
| $Fe_2O_3$ | — | — | 1.95±0.5 | 1.43±0.5 | 1.30±0.5 | 1.32±1.6 | 1.80 | 0.99 |
| FeO | 6.4±1.5 | 5.5±1.9 | 5.52±2.1 | 3.05±0.4 | 1.58±0.9 | 1.76±1.2 | 5.78 | 5.39 |
| MnO | — | — | 0.15 | 0.10 | 0.10 | 0.05 | 0.10 | 0.03 |
| MgO | 3.6±1.0 | 2.1±0.5 | 3.65±0.7 | 1.97±0.5 | 1.23±0.5 | 1.39±0.8 | 1.45 | 3.77 |
| CaO | 3.3±1.1 | 1.7±0.7 | 5.83±1.3 | 2.68±0.9 | 2.48±1.0 | 1.89±2.3 | 2.70 | 1.28 |
| $Na_2O$ | 2.9±0.5 | 1.8±0.6 | 4.10±0.8 | 3.12±0.4 | 2.77±0.7 | 1.07±2.6 | 1.59 | 2.88 |
| $K_2O$ | 2.2±0.3 | 3.5±0.6 | 1.60±0.6 | 1.89±0.5 | 2.90±0.5 | 1.71±0.6 | 2.67 | 2.05 |
| $P_2O_5$ | — | — | 2.6±0.1 | 0.16±0.1 | 0.09 | 0.12 | 0.25 | 0.21 |
| $Fe_2O_3^*+MgO$ | — | — | 11.73 | 6.79 | 4.63 | 2.89 | 8.85 | 9.06 |
| $Al_2O_3/SiO_2$ | 0.23 | 0.21 | 0.29 | 0.20 | 0.18 | 0.10 | 0.226 | 0.22 |
| $K_2O/Na_2O$ | 0.76 | 0.18 | 0.39 | 0.61 | 0.99 | 1.60 | 0.596 | 0.71 |
| $Al_2O_3/(CaO+Na_2O)$ | 2.40 | 4.14 | 1.72 | 2.42 | 2.56 | 4.15 | 3.396 | 3.57 |

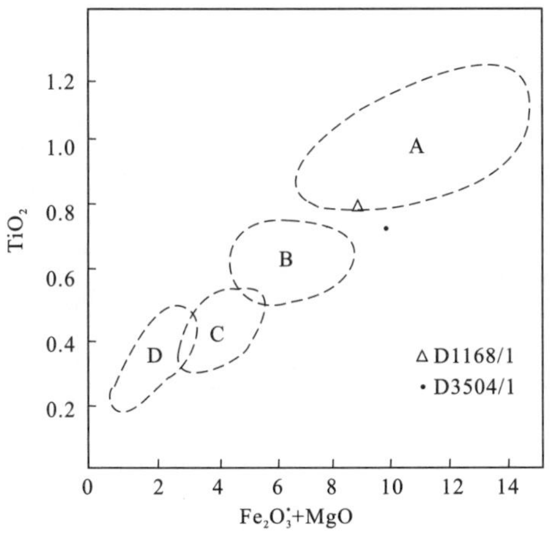


图 2-8 埃连卡特岩群、布伦阔勒岩群杂砂岩 $TiO_2$-($Fe_2O_3^*+MgO$)构造环境判别图

A. 大洋岛弧;B. 大陆岛弧;C. 活动大陆边缘;D. 被动大陆边缘

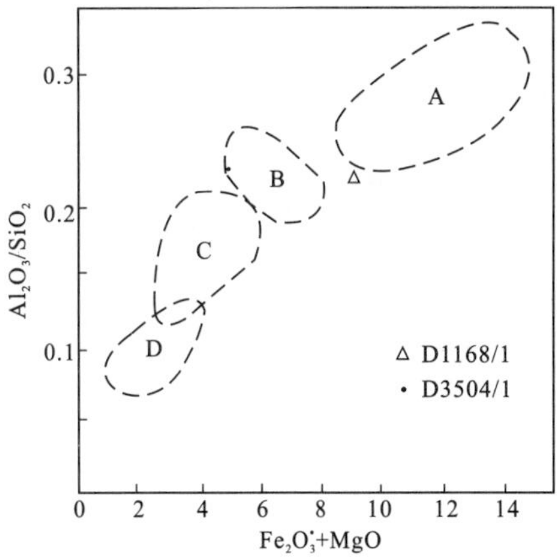


图 2-9 埃连卡特岩群、布伦阔勒岩群 $Al_2O_3/SiO_2$-($Fe_2O_3^*+MgO$)构造环境判别图

A. 大洋岛弧;B. 大陆岛弧;C. 活动大陆边缘;D. 被动大陆边缘

埃连卡特岩群微量元素平均值与 Bhatia (1985)不同构造环境沉积盆地杂砂岩微量元素平均值比较(表 2-8),比较复杂,介于活动陆缘和被动陆缘之间,主体与活动大陆边缘环境接近。利用微量元素 La-Th-Sc 图解(图 2-11)和 Th-Sc-Zr/10 图解(图 2-12)判别环境,投于大陆岛弧区。

稀土配分模式曲线与不同构造环境碎屑岩稀土配分模式曲线(图 2-13)对比,与活动陆缘、被动陆缘稀土配分模式曲线特征相似,与砂岩构造背景的 REE 判别函数(Bhatia,1985)对比(表 2-9),比较复杂,各类参数值普遍偏大,可能因为原岩中泥质成分较高对稀土元素吸附有关,部分值介于大陆岛弧和活动陆缘之间。

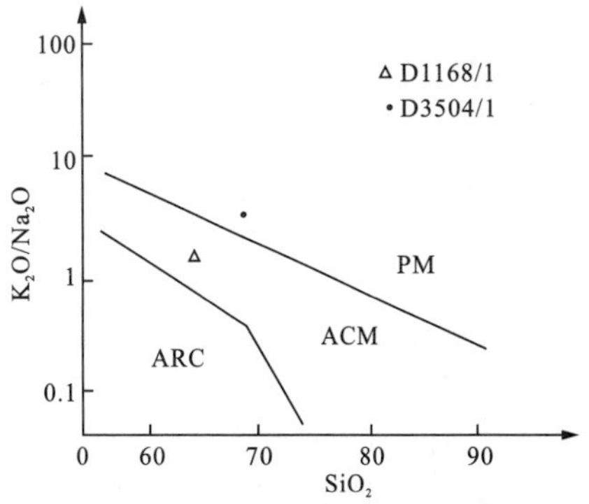


图 2-10 埃连卡特岩群、布伦阔勒岩群 B 岩组杂砂岩 $K_2O/Na_2O-SiO_2$ 构造环境判别图

ARC. 大洋岛弧边缘;ACM. 活动大陆边缘(大陆岛弧);PM. 被动大陆边缘

**表 2-8　$Pt_1A$、$Pt_1B^b$ 与 Bhatia(1985)不同构造环境沉积盆地杂砂岩微量元素平均值比较**

| 类型 | 大洋岛弧 | 大陆岛弧 | 活动陆缘 | 被动陆缘 | 埃连卡特岩群 | 布伦阔勒岩群 B 岩组 |
|---|---|---|---|---|---|---|
| Rb/Sr | 0.05±0.05 | 0.65±0.33 | 0.89±0.24 | 1.19±0.40 | 1.07 | 0.61 |
| Ba/Rb | 21.3±5.0 | 7.5±1.3 | 4.5±0.8 | 4.7±1.1 | 5.13 | 4.79 |
| Ba/Sr | 0.95±0.6 | 3.55±1.4 | 3.8±0.7 | 4.7±1.3 | 5.47 | 2.91 |
| Th($\times10^{-6}$) | 2.27±0.7 | 1.11±1.1 | 18.8±3.0 | 16.7±3.65 | 12.70 | 13.30 |
| U($\times10^{-6}$) | 1.09±0.21 | 2.53±0.24 | 3.90±0.5 | 3.20±0.8 | 2.36 | 2.68 |
| Zr($\times10^{-6}$) | 96±20 | 229±27 | 179±33 | 298±80 | 193.00 | 42.00 |
| Nb($\times10^{-6}$) | 2.0±0.4 | 8.5±0.8 | 10.7±1.4 | 7.9±1.9 | 25.80 | 21.10 |
| Y($\times10^{-6}$) | 19.5±5.6 | 24.2±2.2 | 24.9±3.6 | 27.3±5.3 | 29.00 | 25.70 |
| Th/U | 2.1±0.78 | 4.6±0.45 | 4.8±0.38 | 5.6±0.67 | 5.38 | 4.96 |
| Zr/Th | 48.0±13.4 | 21.5±2.4 | 9.5±0.7 | 19.1±5.8 | 15.19 | 3.16 |
| Zr/Y | 5.67±1.94 | 9.6±0.8 | 7.2±0.4 | 12.4±4.0 | 6.66 | 1.63 |
| Nb/Y | 0.11±0.03 | 0.36±0.04 | 0.43±0.04 | 0.30±0.06 | 0.89 | 0.82 |
| La($\times10^{-6}$) | 8.72±2.5 | 24.4±2.3 | 33.0±4.5 | 33.5±5.8 | 40.00 | 47.60 |
| Ce($\times10^{-6}$) | 22.53±5.9 | 50.5±4.3 | 72.7±9.8 | 71.9±11.5 | 86.20 | 92.60 |
| Nd($\times10^{-6}$) | 11.36±2.9 | 20.8±1.6 | 25.4±3.4 | 29.0±5.03 | 36.90 | 40.50 |
| Sc($\times10^{-6}$) | 19.5±5.2 | 14.8±1.7 | 8.0±1.1 | 6.0±1.4 | 19.10 | 13.10 |
| V($\times10^{-6}$) | 131±40 | 89±13.7 | 48±5.9 | 31±9.9 | 139.00 | 104.50 |
| Cr($\times10^{-6}$) | 37±13 | 51±6.5 | 26±4.9 | 39±8.5 | 119.00 | 107.00 |
| Co($\times10^{-6}$) | 18±6.3 | 12±2.7 | 10±1.7 | 5±2.4 | 19.10 | 12.90 |
| Ni($\times10^{-6}$) | 11±5.1 | 13±2.0 | 10±2.5 | 8±4.4 | 42.60 | 22.50 |
| Ga($\times10^{-6}$) | 17±1.9 | 13±1.3 | 14±1.5 | 8±1.6 | 19.70 | 15.00 |
| Ni/Co | 0.62±0.16 | 1.22±0.25 | 1.04±0.19 | 1.42±0.41 | 0.05 | 1.74 |
| Sc/Cr | 0.57±0.16 | 0.32±0.06 | 0.30±0.02 | 0.6±0.02 | 0.16 | 0.12 |

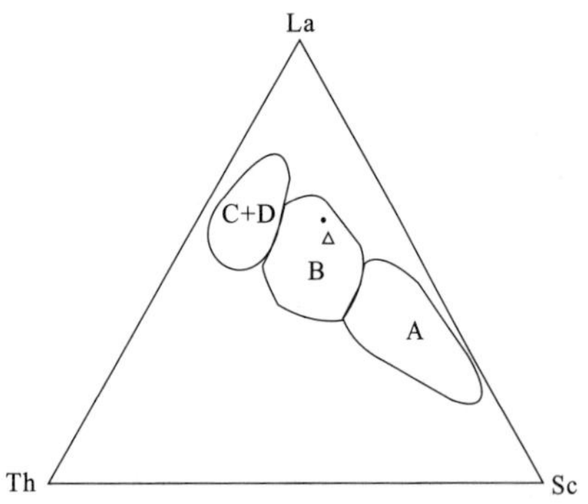


图 2-11　埃连卡特岩群、布伦阔勒岩群不同构造环境沉积盆地杂砂岩 La-Th-Sc 判别图
A. 大洋岛弧；B. 大陆岛弧；C. 活动大陆边缘；D. 被动大陆边缘

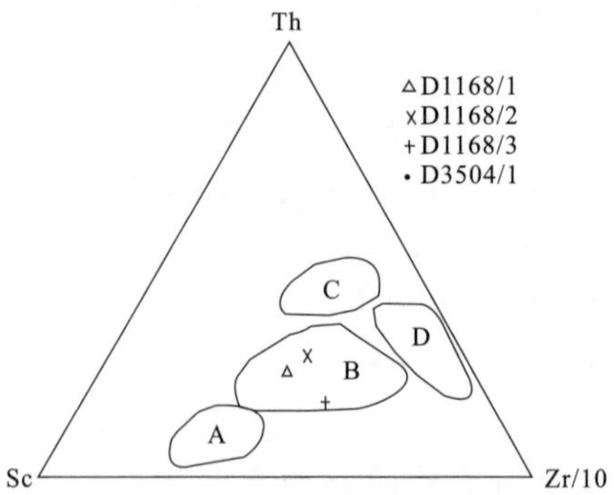


图 2-12　埃连卡特岩群、布伦阔勒岩群不同构造环境沉积盆地杂砂岩 Th-Sc-Zr/10 判别图
A. 大洋岛弧；B. 大陆岛弧；C. 活动大陆边缘；D. 被动大陆边缘

综合以上讨论结果，埃连卡特岩群形成环境类似活动陆缘环境。

（六）形成时代

埃连卡特岩群在测区内出露范围较小，变质碎屑岩岩石化学成分与太古宙和元古宙变质沉积碎屑岩对比（见表2-7），介于太古宙与元古宙之间，总体与元古宙接近。图幅东北角博斯腾塔河长城系塞拉加兹塔格岩群角度不整合于该群之上。比太古宇赫罗斯坦群角闪岩相变质的混合岩、片麻岩和片岩变质要浅，比中元古界长城系塞拉加兹塔格岩群低绿片岩相变质的细碧角斑岩夹碎屑岩变质要深。区域上与和田县波波昂至米提孜河剖面沉积建造相似，岩性稍有不同，变质程度比前者稍深，故将其划为下元古界。

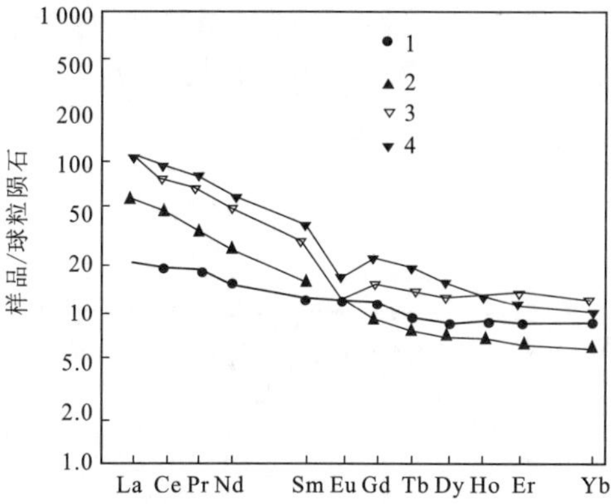


图2-13　各种构造背景砂岩稀土元素配分模式图

1.大洋岛弧；2.大陆岛弧；3.活动陆缘；4.被动陆缘

**表2-9　埃连卡特岩群、布伦阔勒岩群B岩组稀土元素特征与砂岩构造背景的REE判别函数（Bhatia，1985）对比表**

| 构造背景 | 源区类型 | REE参数 | | ∑REE | La/Yb | $(La/Yb)_N$ | LREE/HREE | Eu/Eu* |
|---|---|---|---|---|---|---|---|---|
| | | La | Ce | | | | | |
| 大洋岛弧 | 为切割岩浆弧 | 8±1.7 | 19±3.7 | 58±10 | 4.2±1.3 | 2.8±0.9 | 3.8±0.9 | 1.04±0.11 |
| 大陆岛弧 | 切割岩浆弧 | 27±4.5 | 59±8.2 | 146±20 | 11.0±3.6 | 7.5±2.5 | 7.7±1.7 | 0.79±0.13 |
| 活动陆缘 | 上隆基底 | 37 | 78 | 186 | 12.5 | 8.5 | 9.1 | 0.60 |
| 被动陆缘 | 克拉通内部构造高地 | 39 | 85 | 210 | 15.9 | 10.8 | 8.5 | 0.56 |
| 埃连卡特岩群 | | 57.9 | 110.4 | 269.94 | 18.04 | 11.76 | 9.19 | — |
| 布伦阔勒岩群B岩组 | | 47.6 | 92.6 | 220.75 | 19.96 | 12.52 | 9.54 | — |

## 二、布伦阔勒岩群B岩组（$Pt_1B^b$）

（一）综述

新疆区调队（1976）将分布于布伦口—木吉及塔什库尔干—阿孜尕尔一带的一套中深区域变质岩划为太古宇—元古宇，称为布伦阔勒岩群。《新疆维吾尔自治区区域地质志》根据前苏联在西南帕米尔与本群相当的变质岩地层中采用U-Pb和Rb-Sr等时线法测得年龄2 700～2 130Ma，将其暂定为古元古代早期。

本次调查依据该地层的变质变形特征，称为布伦阔勒岩群，划分A、B、C三个岩组。测区出露地层相当于B岩组，属于塔吐鲁沟-甜水海地层小区。出露于伊力克北部吾鲁特不勒吕克一带，呈三角状，面积约20km²，两侧以脆-韧性断层与志留纪温泉沟群接触。向西延入塔吐鲁沟幅叶尔羌河一带。

（二）地层特征

布伦阔勒岩群B岩组主要为一套中深变质的片岩，岩石组合为石榴二云片岩、石榴黑云石英片岩、黑云石英片岩。构造面理置换强烈，原岩面理被改造彻底，局部同斜小褶皱及片理褶皱比较发育，构成层状无序的构造-岩石地层单位。现以新疆塔什库尔干自治县塔吐鲁沟布伦阔勒岩群 B 岩组实测地质剖面为例(图 2-14)。

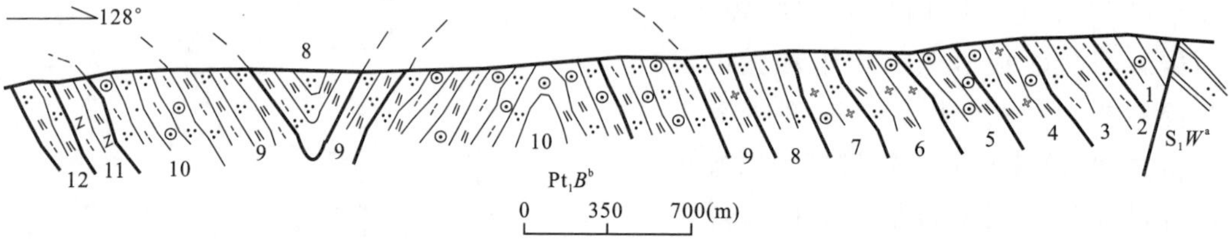


图 2-14　新疆塔什库尔干自治县塔吐鲁沟布伦阔勒岩群 B 岩组实测地质剖面图

$Q_4$ 冲洪积砂砾石层

| | |
|---|---|
| **布伦阔勒岩群 B 岩组** | **>2 219.58m** |
| 12. 浅灰色二云石英片岩 | 29.46m |
| 11. 深灰色含蓝晶石斜长黑云石英片岩 | 54.01m |
| 10. 灰色石榴黑云石英片岩、灰色二云石英片岩 | 325.37m |
| 9. 灰—浅灰色十字石石榴二云石英片岩夹石英变粒岩 | 175.66m |
| 8. 深灰色黑云石英片岩、灰色石英变粒岩 | 117.11m |
| 7. 灰色十字石石榴二云石英片岩 | 320.88m |
| 6. 灰色十字石石榴白云石英片岩 | 204.14m |
| 5. 灰色含十字石石榴白云石英片岩 | 272.18m |
| 4. 灰色十字石石榴白云石英片岩 | 178.75m |
| 3. 灰—深灰色黑云石英片岩偶夹石榴黑云石英片岩 | 178.75m |
| 2. 灰—深灰色黑云石英片岩 | 40.01m |
| 1. 灰色石榴黑云石英片岩 | 323.26m |

═══════ 断　层 ═══════

下伏地层：温泉沟岩群($S_1W^a$)：灰色粉砂质板岩

剖面未见顶、底，岩石组合为十字石石榴白云石英片岩、十字石石榴二云石英片岩、石榴黑云石英片岩、黑云石英片岩、二云石英片岩，夹含蓝晶石斜长黑云石英片岩、石英变粒岩。根据岩石组合可以分为两个岩性段：下岩段含大量十字石为特征，上岩段含石榴子石、黑云母的各种片岩。测区内出露部分相当于剖面上岩段。角闪岩相变质、变形复杂，“δ”形旋转碎斑、强变形带、紧闭褶皱发育。剖面总体为一复式单斜构造，片理产状北倾倒转。叠置厚度大于 2 219.58m。

（三）岩石化学及地球化学特征

### 1. 岩石化学

麻扎幅该群出露范围较小，利用塔吐鲁沟幅相同岩石分析结果。岩石化学特征见表 2-4，与新疆地区黑云石英片岩比较，$SiO_2$、MnO、CaO 较低，$Al_2O_3$、$Fe_2O_3$、FeO、MgO、$TiO_2$、$Na_2O$、$K_2O$ 较高。

### 2. 微量元素

微量元素特征见表 2-10，表中反映多数微量元素含量变化大，平均值与地壳克拉克值相比，亲石元素 Sr、Rb、Ba、Ta、Zr、Hf、Y 亏损，Th、Nb、U 接近。过渡元素 Co、Ni、Ga 亏损，Sc、Cr、V 富集。说明布伦阔勒岩群变质碎屑岩微量元素在变质过程中亲石元素有迁移。微量元素平均值 Sr/Ba<1，表明原岩为古老变质碎屑岩。

**表 2-10 布伦阔勒岩群 B 岩组微量元素特征表**

| 样品号 | 岩石名称 | Sr | Rb | Ba | Th | Ta | Nb | Zr | U | Hf | Y | Sc |
|---|---|---|---|---|---|---|---|---|---|---|---|---|
| D542/11 | 石榴黑云石英片岩 | 146.0 | 86.6 | 446.0 | 18.20 | 1.57 | 26.4 | 45.4 | 2.72 | 0.828 | 28.1 | 14.0 |
| D3504/1 | 石榴黑云石英片岩 | 84.6 | 53.3 | 225.0 | 8.34 | 0.82 | 15.8 | 38.5 | 2.64 | 0.635 | 23.2 | 12.2 |
| 碎屑岩平均值 | | 115.3 | 70.0 | 335.5 | 13.30 | 1.20 | 21.1 | 42.0 | 2.68 | 0.732 | 25.7 | 13.1 |
| 地壳克拉克值(维氏,1962) | | 340.0 | 150.0 | 650.0 | 13.00 | 2.50 | 20.0 | 170.0 | 2.50 | 1.000 | 29.0 | 10.0 |

| 样品号 | 岩石名称 | Cr | Co | Ni | V | Ga | Au | Ag | Cu | Pb | Zn |
|---|---|---|---|---|---|---|---|---|---|---|---|
| D542/11 | 石榴黑云石英片岩 | 83.9 | 13.5 | 27.1 | 95.0 | 16.9 | 2.09 | 160 | 561.0 | 34.00 | 94.3 |
| D3504/1 | 石榴黑云石英片岩 | 130.0 | 12.3 | 17.9 | 114.0 | 13.0 | — | — | 38.8 | 4.74 | 64.8 |
| 碎屑岩平均值 | | 107.0 | 12.9 | 22.5 | 104.5 | 15.0 | 2.09 | 160 | 299.9 | 19.40 | 79.6 |
| 地壳克拉克值(维氏,1962) | | 83.0 | 18.0 | 58.0 | 90.0 | 19.0 | 4.00 | 80 | 63.0 | 12.00 | 94.0 |

* 样品分析结果来自《塔吐鲁构幅》。表中 Au、Ag 元素含量单位为 $\times10^{-9}$，其他元素含量单位为 $\times10^{-6}$。

1)稀土元素

稀土元素含量见表 2-11，变质碎屑岩稀土总量、轻重稀土比值、$(La/Yb)_N$ 变化大，Eu、Ce、$(La/Sm)_N$、$(Gd/Yb)_N$ 值变化小。Eu 强亏损，Ce 显示弱亏损。轻稀土强富集，轻、重稀土分馏明显。稀土配分模式曲线(图 2-15)向右陡倾，与活动大陆边缘和被动大陆边缘碎屑岩稀土配分曲线特征相似。

**表 2-11 布伦阔勒岩群 B 岩组稀土元素特征表**

| 样品号 | 岩石名称 | 稀土元素含量($\times10^{-6}$) | | | | | | | | | | | | |
|---|---|---|---|---|---|---|---|---|---|---|---|---|---|---|
| | | La | Ce | Pr | Nd | Sm | Eu | Gd | Tb | Dy | Ho | Er | Tm | Yb |
| D542/11 | 石榴黑云石英片岩 | 66.8 | 126.0 | 14.70 | 55.5 | 10.70 | 1.56 | 9.09 | 1.26 | 6.08 | 1.10 | 3.13 | 0.43 | 2.73 |
| D3504/1 | 石榴黑云石英片岩 | 28.4 | 59.1 | 6.61 | 25.5 | 5.18 | 0.88 | 5.29 | 0.78 | 4.32 | 0.85 | 2.49 | 0.31 | 2.01 |

| 样品号 | 岩石名称 | 稀土元素含量($\times10^{-6}$) | | | | 特征参数值 | | | | | |
|---|---|---|---|---|---|---|---|---|---|---|---|
| | | Lu | ΣREE | LREE | HREE | LREE/HREE | δEu | δCe | $(La/Yb)_N$ | $(La/Sm)_N$ | $(Gd/Yb)_N$ |
| D542/11 | 石榴黑云石英片岩 | 0.42 | 299.50 | 275.3 | 24.2 | 11.36 | 0.48 | 0.87 | 15.85 | 3.58 | 2.82 |
| D3504/1 | 石榴黑云石英片岩 | 0.27 | 142.00 | 125.7 | 16.3 | 7.72 | 0.43 | 0.94 | 9.18 | 3.14 | 2.23 |

* 样品分析结果来自《塔吐鲁构幅》。

2)成矿元素

成矿元素含量见表 2-10，与地壳克拉克值对比，Ag、Cu、Pb 富集，Au、Zn 亏损。Cu 结合塔吐鲁沟幅该岩组成矿较差，部分层有利于 Cu 成矿。综合分析该岩群成矿背景较差。

(四)原岩恢复

布伦阔勒岩群 B 岩组主要分布于塔吐鲁沟幅、麻扎幅。岩石组合为石榴二云片岩、石榴黑云石英片岩、大理岩夹黑云石英片岩。变质原岩为碎屑岩，证据有：①野外露头上具有"层状"特征；②出现

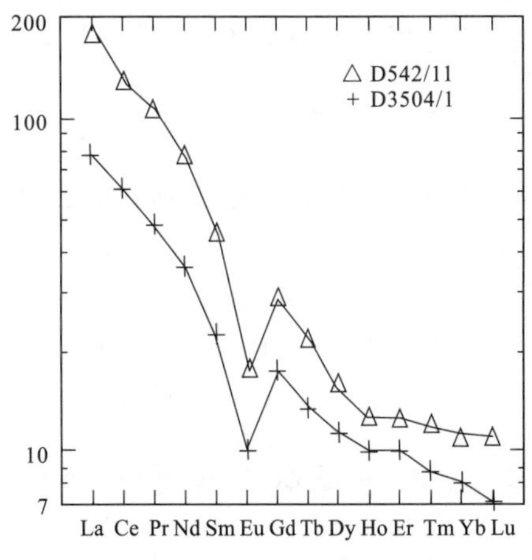


图 2-15 布伦阔勒岩群 B 岩组稀土配分模式图

副变质特征矿物石榴子石、黑云母；③露头范围内岩性有规律变化，片状矿物黑云母含量较高；④出现大理岩夹层。

通过岩石化学计算，利用[(al+fm)-(c+alk)]-Si图解(图2-5)恢复原岩，投于泥质砂岩区，利用(Al+Fe+Ti)-(Ca+Mg)图解(图2-6)投于杂砂岩区，进一步利用Log($Na_2O/K_2O$)-Log($SiO_2/Al_2O_3$)图解(图2-7)判别岩石类型，投于杂砂岩区。布伦阔勒岩群大理岩原岩为碳酸盐岩。

综合野外岩石宏观特征，布伦阔勒岩群变质碎屑岩主体为含泥质碎屑岩、杂砂岩夹碳酸盐岩。

### (五)大地构造环境

布伦阔勒岩群变质程度较高，原岩组构未保留，仅通过岩石化学和地球化学特征讨论大地构造环境。

#### 1. 岩石化学

布伦阔勒岩群B岩组变质碎屑岩岩石化学成分与Bhatia(1985)不同构造环境沉积盆地杂砂岩平均值比较(见表2-4)，介于活动大陆边缘和大陆岛弧之间，部分与大洋岛弧接近，但主体与活动陆缘接近。利用($K_2O/Na_2O$)-$SiO_2$图解(图2-10)，投于活动大陆边缘环境。

#### 2. 微量元素

通过微量元素特征与Bhatia(1985)不同构造环境沉积盆地杂砂岩微量元素平均值对比(见表2-5)，比较复杂，介于大陆岛弧、活动陆缘和被动陆缘之间，主体与活动陆缘接近。利用微量元素La-Th-Sc图解(图2-11)判别环境，投于大陆岛弧环境。

#### 3. 稀土元素

变质碎屑岩稀土配分模式曲线与活动大陆边缘和被动大陆边缘相似，与不同沉积盆地砂岩构造背景的REE判别函数(Bhatia，1985)对比(见表2-6)，与被动陆缘环境相似。

综合以上讨论，在结合野外宏观特征，测区西侧塔吐鲁沟幅夹较多基性火山岩，布伦阔勒岩群B岩组形成环境类似于活动大陆边缘环境。

### (六)变质变形特征

根据变质矿物组合分析，该群变质达到高绿片岩相-低角闪岩相。变形复杂，面理置换强烈，原层理未保留，在地层中大理岩经变形多呈构造透镜体出现，西侧塔吐鲁沟幅同一地层韧性变形比较发育。

### (七)形成时代

布伦阔勒岩群B岩组在麻扎幅出露较少，主体位于塔吐鲁沟幅。区域上向北岩性比较稳定，沉积建造、变质程度基本相似。变质碎屑岩岩石化学成分与太古宙和元古宙变质沉积碎屑岩对比(见表2-4)，接近元古宙。前苏联在西南帕米尔与本群相当的变质岩中采用U-Pb和Rb-Sr等时线法测得年龄2 700～2 130Ma，《新疆维吾尔自治区区域地质志》将其划为下元古界。塔吐鲁沟幅塔萨拉新元古代岩体侵入于本群中。故本次区调也将其划为下元古界。

## 三、塞拉加兹塔格岩群(ChS)

### (一)综述

原地质矿产部十三大队张良臣(1958)创名于叶城县塞拉加兹塔格，称为塞拉加兹塔格岩系。

原始定义为:该群属典型的细碧角斑岩系,主要有细碧岩、石英斑岩、石英角斑岩、霏细斑岩、霏细岩、正长斑岩、玄武岩、酸性和基性熔岩、凝灰岩和层凝灰岩;还有砂岩、千枚岩、页岩及灰岩,与上覆博查特塔格组呈平行不整合接触,下未见底。张良臣将其划为震旦系—寒武系,汪玉珍(1985)在阿其克河中游采样,测得钾质角斑岩同位素年龄(Rb－Sr法),获得年龄值1 764Ma,定为长城系。根据1∶200万编图、《新疆维吾尔自治区区域地质志》和新疆地层清理采用汪玉珍的意见,将其划为长城纪。现在定义为:平行不整合于博查特塔格组之下的细碧角斑岩系。主要有细碧岩、石英斑岩、石英角斑岩、霏细岩、霏细斑岩、正长斑岩、玄武岩、酸性和基性凝灰岩,此外还有砂岩、千枚岩及灰岩。正层型为叶城县苏玛兰河塞拉加兹塔格剖面。

本次区调采用汪玉珍的划分方案,称塞拉加兹塔格岩群,地层属于铁克里克地层分区。塞拉加兹塔格岩群在测区内出露比较零散,共见3处,分布于康矮孜达里亚沟4090线以北、博斯腾塔河4100线附近及阿依不龙5023高地北。其中康矮孜达里亚沟4090线以北,出露较全,呈近东西向长透镜体状展布,与下伏下元古界埃连卡特岩群、上覆蓟县系博查特塔格组、石炭系库尔良群均为断层接触。其余两处出露较少,呈东西向线状分布,大面积出露于北侧叶城幅中。出露面积约120km$^2$。

(二)地层特征

该群以康矮孜达里亚沟4090线以北出露为主,岩石组合为含石英长石绢云千枚岩、斜长绿泥石英片岩、绢云绿泥石英片岩。现以皮山县苏盖特康矮孜达里亚沟塞拉加兹塔格岩群路线地质剖面为例(图2－16)。

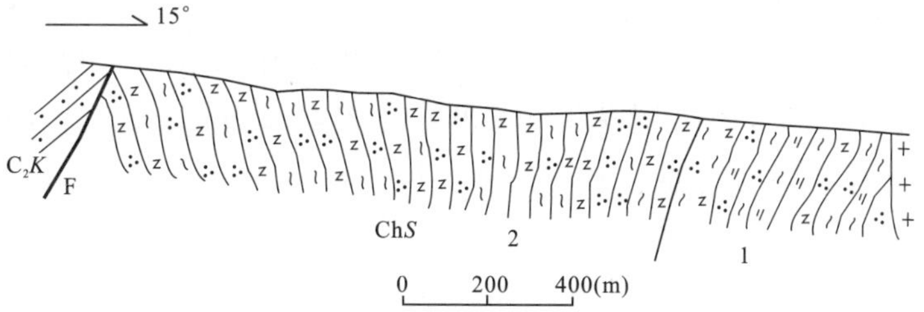


图2－16 皮山县苏盖特康矮孜达里亚沟塞拉加兹塔格岩群路线地质剖面图

上覆地层:石炭系库尔良群长石石英砂岩

═══════ 断 层 ═══════

| | |
|---|---|
| **塞拉加兹塔格岩群** | **>1 806.6m** |
| 2.灰绿色斜长绿泥石英片岩 | 1 366.7m |
| 1.灰绿色绢云绿泥石英片岩 | 439.9m |

——————— 侵入接触 ———————

中粗粒花岗岩

剖面上岩性比较简单,由片理构成一单斜构造,两侧均以断层与不同地质体接触。岩石为灰绿色斜长绿泥石英片岩、绢云绿泥石英片岩。岩石变形较强,片理发育,叠置厚度大于1 806.6m。

横向上岩性变化较大,分布于北侧图边两处的岩性主要为含石英长石绢云千枚岩,镜下残余组构恢复原岩为中性火山岩,但变形变质特征基本一致。

(三)原岩恢复

野外宏观特征和室内镜下鉴定残余组构反映原岩为中基性凝灰岩、含凝灰质碎屑岩,该群主体出露于测区北侧叶城幅，岩石组合为酸性火山岩、中基性凝灰岩和含凝灰质碎屑岩。

(四)大地构造环境

该群原岩含大量火山岩和火山凝灰岩，其形成环境类似于大陆边缘裂谷环境。

(五)变质变形特征

测区内塞拉加兹塔格岩群变形强，面理构成一单斜构造，根据变质矿物共生组合分析为低绿片岩相变质。

(六)形成时代

塞拉加兹塔格岩群测区内出露范围较小，测区北侧汪玉珍(1985)在阿其克河中游采样，测得钾质角斑岩同位素年龄(Rb－Sr 法)，获得年龄值 1 764Ma。该群角度不整合于埃连卡特岩群之上，蓟县系博查特塔格组平行不整合于该群之上，该群比埃连卡特岩群变质浅，比蓟县系博查特塔格组变质深，与地层清理所划该群原岩建造、改造，变质相均相似，相当于酸性火山岩和中基性凝灰岩、含凝灰质碎屑岩层。故将其划为长城系。

## 四、赛图拉岩群(Ch*St*)

(一)综述

毛国洪等(1960)创名于皮山县英西约 25km 的蒙古包，称赛图拉群，时代定为震旦纪。原定义为大理岩，含有绢云母、绿泥石、黑云母、角闪石等的石英片岩与绢云母绿泥石化长英质变砂岩不均匀互层，夹少量岩屑凝灰岩、霏细钠长斑岩，底部有变质砾岩。现在定义指，分布于皮山县南英西约 25km 蒙古包的一套大理岩，不同程度地含绢云母、绿泥石、云母、角闪石的石英片岩，砂质泥岩、薄层灰岩、细砂岩，部分地段有阳起石片岩、角岩、混合岩、变质砂岩、砾岩等，其中夹有霏细岩、凝灰岩。与上覆地层桑株塔格岩群不整合接触，下未见底。梁云海等(1981)将该群时代改为蓟县纪，汪玉珍等(1985)又改为长城纪，1：100 万河尾滩报告将赛图拉一带中深变质岩划为长城系巴什考贡群，《新疆维吾尔自治区区域地质志》中称其为蓟县系阿拉玛斯群，新疆岩石地层清理将其划为长城纪。

本次区调沿用前人划分方案及命名，称赛图拉岩群。但岩石组合与现在定义略有变化，即出露于康西瓦断裂以北、库地早古生代结合带以南的一套中深变质岩，局部发育混合岩化，原岩为碎屑岩、基性火山岩夹少量碳酸盐岩，内有新元古代中酸性岩体侵入。本次工作将新元古代中酸性岩体解体出来，仅将变质表壳岩划为赛图拉岩群，按岩石组合特征分为 A、B、C 三个岩组，它们之间并无新老关系，属于西昆仑南带地层分区。

赛图拉岩群主要分布于赛图拉、和平桥道班及库地、康矮孜达里亚沟一带，构成昆仑山主脊。各个岩组出露范围分别为：A 岩组于库地南侧和康矮子达里亚沟各出露一块，呈短透镜状近东向展布，库地南侧块体北与西昆仑北带中元古代(未分)地层断层接触，南侧和西侧与早古生代和印支期岩体侵入接触，东侧为新元古代侵入体侵入；康矮子达里亚沟 A 岩组北侧与早古生代侵入体和石炭系库尔良群、西侧与早古生代西合休岩组断层接触，南与蓟县系桑株塔格岩群脆韧性断层接触，东侧与早古生代岩体侵入接触。B 岩组分布于赛图拉—苏阿克布拉克道班一带，北与 C 岩组构造面理平行接触，南与二叠系黄羊岭群、印支期岩体、三叠系巴颜喀拉群断层接触，局部第四系覆盖，赛图拉以东出图幅，面上呈东西向带状，内部有二叠纪岩体侵入破坏。C 岩组分布于赛图拉—柯尔克孜阿堤达坂以北，北与下古生界(未分)地层断层接触，南侧与 B 岩组构造面理平行接触、与二叠系黄羊岭群断层接触，西侧被二叠纪岩体侵入，向东出图幅，面上呈东西向带状。该岩群出露面积 800km$^2$。

### （二）地层特征

赛图拉岩群岩石总体构造面理置换强烈，原岩层理已不存在，内部变形强烈（图版Ⅱ-1、图版Ⅱ-3），构成层状无序的构造-岩石地层单位。根据变质岩组合可分为 3 个岩组。

3 个岩组中 B、C 岩组以构造面理平行接触，其中混合岩化较发育。受印支期侵入体破坏，出露支离破碎。A 岩组与 B、C 岩组间未见直接接触。3 个岩组的地质特征如下。

#### 1. 赛图拉岩群 A 岩组（ChSt$^a$）

该岩组岩石组合为二云斜长片麻岩、二云斜长角闪片麻岩、斜长角闪片麻岩、黑云斜长片麻岩、眼球状混合片麻岩、黑云母片岩、斜长黑云石英片岩。现以叶城县库地长城系赛图拉岩群 A 岩组实测地质剖面为例（图 2-17）。

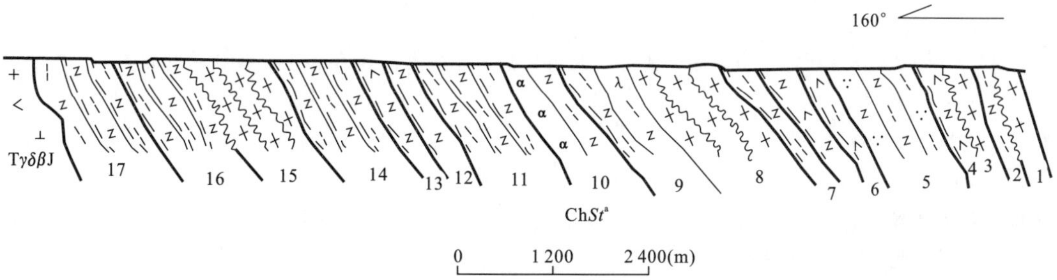


图 2-17 新疆叶城县库地长城系赛图拉岩群 A 岩组实测地质剖面图

中粗粒似斑状角闪花岗闪长岩

—————— 侵入接触 ——————

| | |
|---|---|
| **赛图拉岩群 A 岩组** | **>7 382.71m** |
| 17. 黑云斜长片麻岩 | 752.69m |
| 16. 黑云斜长片麻岩 | 732.61m |
| 15. 黑云斜长片麻岩夹眼球状混合岩 | 319.61m |
| 14. 黑云斜长片麻岩 | 595.56m |
| 13. 斜长角闪片麻岩 | 186.31m |
| 12. 黑云斜长片麻岩 | 383.02m |
| 11. 黑云斜长片麻岩 | 686.88m |
| 10. 黑云斜长片麻岩夹眼球状混合片麻岩 | 451.61m |
| 9. 混合岩化角闪黑云斜长片麻岩夹黑云斜长片麻岩 | 548.01m |
| 8. 黑云条痕状混合岩夹二云斜长角闪片麻岩 | 828.32m |
| 7. 黑云斜长片麻岩 | 302.48m |
| 6. 二云斜长角闪片麻岩夹二云斜长片麻岩 | 285.60m |
| 5. 斜长黑云石英片岩 | 509.03m |
| 4. 斜长角闪片麻岩夹大理岩透镜体 | 364.12m |
| 3. 黑云斜长片麻岩 | 229.46m |
| 2. 黑云斜长片麻岩 | 97.22m |
| 1. 黑云斜长片麻岩 | 110.18m |

══════ 韧性剪切带 ══════

下伏地层：中元古代（未分）地层（$Pt_2$）黑云母片岩

剖面未见顶、底，其北部为库地结合带，剖面南部混合岩化作用强，岩石组合为黑云斜长片麻岩、二云斜长片麻岩、混合岩化角闪黑云斜长片麻岩、斜长角闪片麻岩、斜长黑云石英片岩夹大理岩透镜体。总体变形较强，为高绿片岩相-角闪岩相变质。剖面中韧性剪切带、构造透镜体、长英质脉无根褶皱发育。内有新元古代中酸性侵入体(片麻岩套)侵入，与围岩共同经历变质变形，接触面面理平行。叠置厚度大于 7 382.71m。

A 岩组还出露于康矮孜达里亚河上游，岩石组合与库地一带该岩组略有差别，现以新疆皮山县康矮孜达里亚沟长城系赛图拉岩群 A 岩组路线地质剖面为例(图 2－18)。

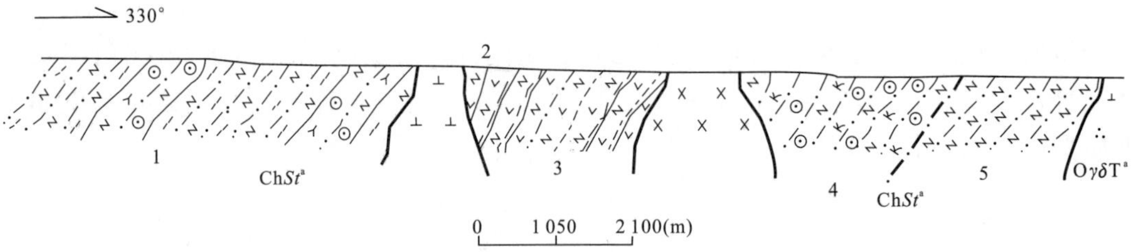


图 2－18　新疆皮山县康矮孜达里亚沟长城系赛图拉岩群 A 岩组路线地质剖面图

中粒英云闪长岩(PzrδoD)

侵入接触

| | |
|---|---|
| **赛图拉岩群 A 岩组** | **>7 538.0m** |
| 5. 浅灰色斜长变粒岩，有辉绿岩脉侵入 | 1 192.5m |
| 4. 灰白色石榴二长变粒岩夹斜长变粒岩 | 1 058.3m |
| 3. 灰白色、浅灰色角闪斜长片麻岩夹斜长浅粒岩 | 1 772.8m |
| 2. 灰绿色斜长角闪岩 | 23.7m |
| 1. 灰白色细粒黑云斜长变粒岩、矽线石榴斜长浅粒岩 | 3 490.7m |

(未见底)

剖面未见顶、底，岩石组合为矽线石榴斜长浅粒岩、黑云斜长变粒岩、石榴二长变粒岩、斜长变粒岩、斜长角闪岩。低角闪岩相变质、变形复杂，变质原岩为碎屑岩夹基性火山岩。地层中夹有斜长片麻岩、斜长浅粒岩，根据镜下鉴定分析原岩为石英闪长岩和花岗岩，与围岩共同经历变质变形，构成片麻岩套，与围岩面理平行。剖面中早古生代中基性侵入体(闪长岩、辉长岩)发育，造成剖面不连续。叠置厚度大于 7 538.0m。

### 2. 赛图拉岩群 B 岩组(ChSt^b)

B 岩组主要岩石组合为石榴白云石英片岩、石榴黑云石英片岩、含石榴子石长石浅粒岩、石榴斜长黑云石英片岩、黑云石英片岩、白云石英片岩、黑云母片岩、黑云斜长片麻岩、混合岩夹斜长黑云石英片岩和斜长角闪片岩、石英岩夹斜长角闪岩。现以新疆叶城县新藏公路 324 道班赛图拉岩群 B 岩组实测地质剖面为例(图 2－19)。

细粒二长花岗岩

断　层

| | |
|---|---|
| **赛图拉岩群 B 岩组** | **>756.97m** |
| 10. 灰色石榴白云石英片岩夹含石榴子石长石浅粒岩 | 473.01m |
| 9. 灰色含石榴子石长石浅粒岩 | 18.90m |
| 8. 深灰色斜长角闪片岩 | 2.21m |
| 7. 灰色斜长黑云石英片岩 | 30.01m |

6. 深灰色斜长角闪片岩 28.40m

5. 灰色石榴斜长石英片岩夹斜长角闪片岩 32.00m

4. 深灰色角闪片岩 4.71m

3. 灰色石榴斜长黑云石英片岩 55.12m

2. 灰色石榴黑云石英片岩 112.61m

断 层

1. 黄羊岭群：深灰色粉砂质板岩

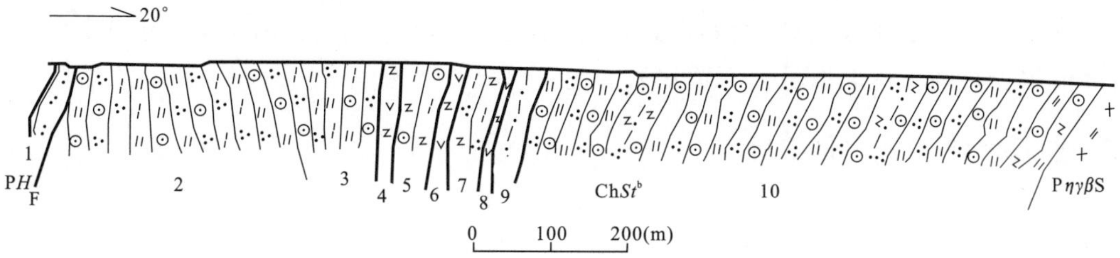


图 2－19　新疆叶城县新藏公路 324 道班赛图拉岩群 B 岩组实测地质剖面图

剖面未见顶、底，南侧与黄羊岭群、北侧与晚古生代侵入体均为断层关系。岩石组合：石榴黑云石英片岩、石榴斜长黑云石英片岩、斜长黑云石英片岩、含石英斜长浅粒岩夹斜长角闪片岩、角闪片岩。其中斜长角闪片岩、角闪片岩集中出露于剖面中部，岩石总体变形强烈，露头上见有大量的“δ”形旋转碎斑、糜棱面理、斜长角闪片岩构造透镜体、长英质脉体褶皱等构造变形形迹。属高绿片岩相-低角闪岩相变质，原岩为碎屑岩夹基性火山岩。横向上该岩组岩性变化不大，纵向上向北变质岩中石榴子石含量减少，斜长角闪岩透镜体增加。赛图拉北岩石为绢云石英片岩。剖面叠置厚度大于 756.97m。

### 3. 赛图拉岩群 C 岩组（$ChSt^c$）

赛图拉岩群 C 岩组岩石组合主要为黑云石英片岩、混合岩化黑云斜长片麻岩，底部与赛图拉岩群 B 岩组构造面理接触，顶部与下古生界（未分）地层接触。现以新疆叶城县新藏公路 352km 北沟长城系赛图拉岩群 C 岩组路线地质剖面为例（图 2－20）。

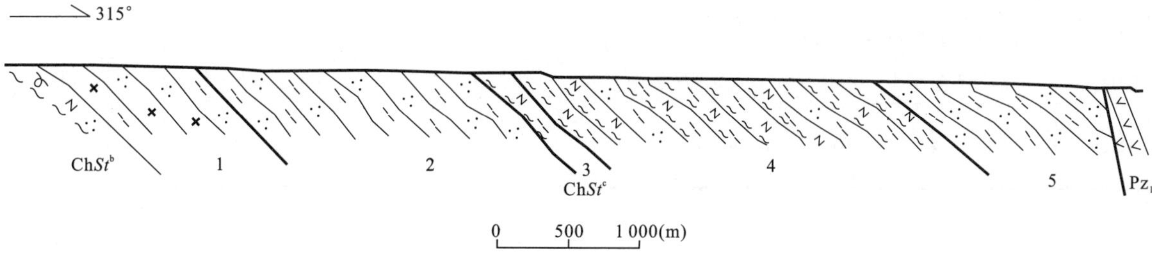


图 2－20　新疆叶城县新藏公路 352km 北沟长城系赛图拉岩群 C 岩组路线地质剖面图

上覆地层：下古生界（未分）灰绿色凝灰岩

断 层

**赛图拉岩群 C 岩组** **>3 294.7m**

5. 灰色黑云石英片岩 886.4m

4. 浅灰色混合岩化黑云斜长片麻岩夹黑云石英片岩 824.3m

3. 浅灰色混合岩化黑云斜长片麻岩 56.7m

2.灰色黑云石英片岩　　594.0m

1.浅灰色十字石黑云石英片岩　　933.3m

—————————— 构造面理 ——————————

下伏地层：赛图拉岩群B岩组浅灰色长英质眼球状混合岩

剖面未见顶，岩石组合为黑云石英片岩、混合岩化黑云斜长片麻岩、十字石黑云石英片岩，剖面上总体以黑云石英片岩为主，上部岩石中混合岩化比较发育。属高绿片岩相-角闪岩相变质，变形较强，顺层剪切变形比较普遍。叠置厚度大于3 294.7m。

C岩组横向岩性变化较大，东段赛图拉以北，岩石主要为绢云石英片岩，云母退变质形成绢云母。西部柯尔克孜阿提达坂以黑云石英片岩为主。

## (三)岩石化学和地球化学特征

### 1.岩石化学

赛图拉岩群岩石化学特征(表2－12)。从表中反映出A岩组$SiO_2$、$Fe_2O_3$、CaO、MgO、$K_2O$、$TiO_2$、FeO含量变化大，B岩组变质碎屑岩成分差别较大，部分岩石$SiO_2$、$Na_2O$偏低，而MgO、$K_2O$、$TiO_2$、FeO偏高，斜长角闪岩类除MnO、$TiO_2$、FeO、$Na_2O$外变化均较小，表明其形成于同一构造背景。A、B、C岩组成分差别大。A、C岩组原岩为变质碎屑岩，B岩组原岩为变质碎屑岩夹基性火山岩。3个岩组比较，A、C岩组$SiO_2$、$K_2O$、$Na_2O$总体含量较高，其余组分含量较低；B岩组$Al_2O_3$、$Fe_2O_3$、FeO、CaO、MgO含量较高，其余组分含量较低，反映B岩组原岩中泥质含量较高。

**表2－12　赛图拉岩群岩石化学特征**　　(%)

| | 样品号 | 岩石名称 | $SiO_2$ | $Al_2O_3$ | $Fe_2O_3$ | CaO | MgO | MnO | $TiO_2$ | $P_2O_5$ | $K_2O$ | $Na_2O$ | FeO | $H_2O^+$ | $H_2O^-$ | LOI | Σ |
|---|---|---|---|---|---|---|---|---|---|---|---|---|---|---|---|---|---|
| A岩组 | D538/2 | 黑云二长片麻岩 | 66.97 | 14.19 | 1.12 | 0.76 | 3.85 | 0.04 | 0.45 | 0.05 | 5.28 | 1.48 | 3.75 | 1.69 | 0.40 | 0.85 | 100.88 |
| | D2541/3 | 黑云斜长变粒岩 | 73.78 | 11.33 | 1.03 | 2.41 | 3.84 | 0.10 | 0.7 | 0.08 | 1.64 | 1.55 | 2.37 | 0.87 | 0.04 | 0.80 | 100.54 |
| | D2543/1 | 石榴二长变粒岩 | 60.33 | 15.09 | 4.67 | 1.79 | 3.51 | 0.06 | 2.04 | 0.16 | 2.40 | 1.37 | 5.45 | 0.32 | 0.03 | 1.35 | 98.57 |
| B岩组 | D1025/5 | 石榴斜长黑云石英片岩 | 55.04 | 19.77 | 3.29 | 4.80 | 3.04 | 0.13 | 1.05 | 0.19 | 2.64 | 2.92 | 4.95 | 1.38 | 0.10 | 1.11 | 100.41 |
| | D1026/2 | 斜长角闪岩 | 48.79 | 12.79 | 4.12 | 8.77 | 7.04 | 0.36 | 2.32 | 0.18 | 0.68 | 1.99 | 10.78 | 1.50 | 0.22 | 1.38 | 100.92 |
| | D1026/3 | 斜长角闪片岩 | 50.67 | 13.91 | 3.28 | 9.17 | 7.66 | 0.10 | 0.90 | 0.09 | 0.31 | 3.57 | 7.63 | 0.93 | 0.31 | 1.48 | 100.01 |
| | D1026/4 | 斜长黑云石英片岩 | 62.12 | 18.53 | 2.92 | 4.14 | 1.64 | 0.05 | 0.68 | 0.14 | 1.89 | 4.26 | 4.52 | 0.73 | 0.11 | 1.27 | 103.00 |
| | D3089/3 | 绢云石英片岩 | 64.08 | 17.68 | 3.47 | 0.56 | 1.80 | 0.10 | 1.40 | 0.06 | 3.85 | 0.67 | 4.14 | 2.05 | 0.14 | 0.13 | 100.13 |
| C岩组 | D526/1 | 斜长浅粒岩 | 70.90 | 14.10 | 0.74 | 2.25 | 1.40 | 0.03 | 0.30 | 0.10 | 4.11 | 2.64 | 2.59 | 0.36 | 0.23 | 0.85 | 100.60 |

### 2.微量元素特征

赛图拉岩群微量元素特征见表2－13，表中反映A岩组亲石元素含量变化大，过渡元素除Ga外其余变化均大。B岩组亲石元素Ba、Ta、Nb含量变化较小，其余均大，过渡元素Co、Ga含量变化小，Sc、Cr、Ni、V变化大。C岩组亲石元素含量变化大，过渡元素除Ga变化较小外，其余变化均大，表明变质碎屑岩物源和形成环境比较复杂。A岩组变质碎屑岩平均值与地壳克拉克值相比，亲石元素Sr、Rb、Ba、Ta、Th、Zr亏损，Nb、U、Hf、Y弱富集，过渡元素Sc、Co、V富集，Cr接近，Ni、Ga亏损；B岩组变质碎屑岩平均值与地壳克拉克值相比，亲石元素Rb、Ta、Th、Nb、Zr、Hf、Y亏损，Sr、

**表 2-13 赛图拉岩群微量元素特征表**

| | 样品号 | 岩石名称 | Sr | Rb | Ba | Th | Ta | Nb | Zr | U | Hf | Y | Sc |
|---|---|---|---|---|---|---|---|---|---|---|---|---|---|
| A岩组 | D538/2 | 黑云二长片麻岩 | 40.5 | 318.5 | 582 | 16.80 | 3.63 | 48.4 | 228.0 | 3.96 | 6.89 | 45.5 | 11.9 |
| | D538/3 | 黑云二长片麻岩 | 83.0 | 211.9 | 583 | 15.14 | 2.42 | 34.1 | 238.0 | 3.34 | 7.13 | 42.9 | 10.6 |
| | D538/4 | 黑云二长片麻岩 | 62.3 | 139.1 | 300 | 8.21 | 1.20 | 15.9 | 280.0 | 2.17 | 8.36 | 28.9 | 9.3 |
| | D584/2 | 二云斜长片麻岩 | 108.0 | 121.0 | 561 | 13.70 | 0.99 | 19.3 | 29.4 | 2.42 | 0.55 | 36.0 | 12.5 |
| | D585/5 | 黑云斜长片麻岩 | 101.0 | 128.0 | 463 | 8.26 | 0.98 | 17.3 | 59.0 | 1.27 | 0.96 | 42.1 | 19.7 |
| | D585/6 | 斜长黑云石英片岩 | 27.0 | 152.0 | 421 | 9.17 | 0.99 | 17.3 | 42.4 | 2.29 | 0.73 | 19.3 | 10.8 |
| | D2541/3 | 黑云斜长变粒岩 | 115.0 | 57.7 | 355 | 9.02 | 0.48 | 14.6 | 95.9 | 1.72 | 1.8 | 16.2 | 6.9 |
| | D2543/1 | 石榴二长变粒岩 | 92.8 | 59.3 | 346 | 2.33 | 1.22 | 32.2 | 104.0 | 1.30 | 2.44 | 40.3 | 54.2 |
| | D1025/5 | 石榴斜长黑云石英片岩 | 295.0 | 109.0 | 971 | 14.00 | 0.79 | 15.7 | 31.2 | 3.70 | 0.60 | 29.2 | 22.2 |
| | D1026/4 | 斜长黑云石英片岩 | 661.0 | 62.4 | 791 | 6.38 | 0.48 | 10.6 | 10.9 | 0.88 | 0.24 | 8.5 | 5.9 |
| A岩组变质碎屑岩平均值 | | | 87.2 | 143.4 | 462 | 9.70 | 1.57 | 23.2 | 124.6 | 2.09 | 3.17 | 33.6 | 15.7 |
| B岩组 | D1026/3 | 斜长角闪片岩 | 104.2 | 2.5 | 15 | 0.12 | 0.10 | 1.16 | 59.5 | 0.04 | 1.81 | 31.7 | 41.7 |
| | D2543/3 | 斜长变粒岩 | 149.0 | 140.0 | 697 | 6.55 | 1.23 | 19.8 | 129.0 | 1.08 | 1.95 | 32.1 | 6.9 |
| | D2543/2 | 斜长变粒岩 | 93.3 | 106.0 | 315 | 8.00 | 0.57 | 13.3 | 40.3 | 1.35 | 0.84 | 32.3 | 14.0 |
| B岩组变质碎屑岩平均值 | | | 478.0 | 85.7 | 881 | 10.20 | 0.64 | 13.2 | 21.1 | 2.29 | 0.42 | 18.9 | 14.1 |
| C岩组 | D526/1 | 斜长浅粒岩 | 95.0 | 193.8 | 730 | 39.88 | 5.16 | 64.0 | 368.0 | 6.84 | 11.40 | 102.0 | 8.8 |
| | D3090/1 | 二长浅粒岩 | 404.0 | 70.6 | 413 | 1.89 | 0.32 | 4.9 | 68.8 | 0.87 | 1.36 | 5.3 | 4.0 |
| | D3090/2 | 绢云石英片岩 | 51.5 | 84.2 | 358 | 20.50 | 0.43 | 10.7 | 9.6 | 1.84 | 0.18 | 15.3 | 4.6 |
| C岩组变质碎屑岩平均值 | | | 183.5 | 116.2 | 500 | 20.76 | 1.97 | 26.5 | 148.8 | 3.18 | 4.31 | 40.9 | 5.8 |
| 世界基性玄武岩平均值 | | | 440.0 | 4.5 | 300 | 3.00 | 0.48 | 20.0 | 100.0 | 0.50 | 1.00 | 20.0 | 2.4 |
| 地壳克拉克值(维氏,1962) | | | 340.0 | 150.0 | 650 | 13.00 | 2.50 | 20.0 | 170.0 | 1.00 | 2.50 | 29.0 | 10.0 |

| | 样品号 | 岩石名称 | Cr | Co | Ni | V | Ga | Au | Ag | Cu | Pb | Zn |
|---|---|---|---|---|---|---|---|---|---|---|---|---|
| A岩组 | D538/2 | 黑云二长片麻岩 | 35.0 | 83.00 | 15.2 | 52.5 | 23.3 | 1.20 | 110 | 4.3 | 5.9 | 55.1 |
| | D538/3 | 黑云二长片麻岩 | 35.0 | 116.00 | 9.6 | 36.4 | 21.6 | 2.90 | 130 | 8.1 | 10.6 | 47.9 |
| | D538/4 | 黑云二长片麻岩 | 31.0 | 93.00 | 16.6 | 35.3 | 18.5 | 1.80 | 150 | 194.0 | 6.2 | 40.6 |
| | D584/2 | 二云斜长片麻岩 | 62.7 | 22.00 | 28.3 | 65.4 | 16.6 | 1.34 | 120 | 109.0 | 17.1 | 99.7 |
| | D585/5 | 黑云斜长片麻岩 | 174.0 | 11.90 | 45.9 | 103.0 | 15.3 | 0.94 | 120 | 41.1 | 8.5 | 58.6 |
| | D585/6 | 斜长黑云石英片岩 | 34.9 | 9.37 | 11.0 | 44.1 | 16.0 | 1.07 | 86 | 86.8 | 11.0 | 118.0 |
| | D2541/3 | 黑云斜长变粒岩 | 84.0 | 10.30 | 29.9 | 67.4 | 11.9 | — | — | 33.8 | 15.3 | 147.0 |
| | D2543/1 | 石榴二长变粒岩 | 191.0 | 8.49 | 19.1 | 375.0 | 15.1 | — | — | 80.5 | 8.3 | 342.0 |
| | D1025/5 | 石榴斜长黑云石英片岩 | 104.0 | 10.50 | 27.3 | 191.0 | 26.1 | 1.70 | 200 | 87.3 | 31.8 | 150.0 |
| | D1026/4 | 斜长黑云石英片岩 | 35.4 | 8.24 | 17.1 | 48.2 | 20.3 | 1.80 | 170 | 35.2 | 19.8 | 67.1 |
| A岩组变质碎屑岩平均值 | | | 83.9 | 37.80 | 29.7 | 111.9 | 17.3 | 1.58 | 150 | 148.5 | 16.5 | 120.0 |
| B岩组 | D1026/3 | 斜长角闪片岩 | 136.0 | 53.80 | 69.0 | 339.0 | 16.2 | 0.70 | 130 | 23.6 | 7.3 | 56.2 |
| | D2543/3 | 斜长变粒岩 | 26.5 | 6.17 | 10.3 | 56.7 | 16.8 | 1.00 | 110 | 730.0 | 44.2 | 119.0 |
| | D2543/2 | 斜长变粒岩 | 165.0 | 17.90 | 111.0 | 283.0 | 17.7 | 2.39 | 370 | 197.0 | 38.2 | 172.0 |
| B岩组变质碎屑岩平均值 | | | 69.7 | 9.37 | 22.2 | 119.6 | 23.2 | 1.75 | 185 | 61.3 | 25.8 | 108.6 |
| C岩组 | D526/1 | 斜长浅粒岩 | 2.4 | 52.70 | 1.7 | 12.8 | 23.5 | 0.80 | 220 | 15.3 | 61.1 | 56.9 |
| | D3090/1 | 二长浅粒岩 | 12.2 | 2.89 | 5.8 | 53.1 | 15.4 | 1.98 | 110 | 325.0 | 34.1 | 62.6 |
| | D3090/2 | 绢云石英片岩 | 50.6 | 7.09 | 15.8 | 56.9 | 11.0 | 1.16 | 99 | 289.0 | 36.4 | 128.0 |
| C岩组变质碎屑岩平均值 | | | 21.7 | 20.90 | 7.8 | 40.9 | 16.6 | 1.31 | 143 | 209.8 | 43.9 | 82.5 |
| 世界基性玄武岩平均值 | | | 200.0 | 45.00 | 160.0 | 200.0 | 18.0 | — | — | — | — | — |
| 地壳克拉克值(维氏,1962) | | | 83.0 | 18.00 | 58.0 | 90.0 | 19.0 | 4.00 | 80 | 63.0 | 12.0 | 94.0 |

注:表中元素含量单位除 Au、Ag 为$\times 10^{-9}$外,其他元素含量单位均为$\times 10^{-6}$。

Ba、U 富集，过渡元素 Cr、Co、Ni 亏损，Sc、V、Ga 富集，变质基性火山岩与世界基性玄武岩平均值比较，亲石元素 Sr、Ba、Th、Ta、Nb、U 强亏损，Rb、Zr 亏损，Y、Hf 弱富集，过渡元素 Sc、Ni 强富集，Cr、Ga 亏损，Co、V 富集；C 岩组亲石元素 Sr、Rb、Ba、Ta、Zr 亏损，Th、Nb、U、Hf、Y 富集，过渡元素除 Co 富集外，其余元素全亏损。A、B、C 三个岩组比较，A 岩组 Rb、Ta、Nb、Zr、U、Hf、Y、Sc、Co、Cr、Ni 富集；B 岩组 Sr、Ba、Th、Nb、Sc、Cr、Co、Ni、V、Ga 富集，Rb、Ta、Zr、U、Hf、Y 亏损；C 岩组 Sr、Zr、V 富集，Rb、Ba、Ta、Nb、U、Hf、Y、Sc、Co、Cr、Ni、Ga 亏损。

### 3. 稀土元素特征

稀土元素特征见表 2－14，赛图拉岩群变质碎屑岩稀土元素含量、稀土总量、轻重稀土比值、Eu、$(La/Yb)_N$、$(Gd/Yb)_N$变化大。A岩组稀土元素含量、稀土总量、轻重稀土比值、$(La/Yb)_N$、

**表 2－14 赛图拉岩群稀土元素特征表**

| | 样品号 | 岩石名称 | 稀土元素含量($\times10^{-6}$) | | | | | | | | | | | | |
|---|---|---|---|---|---|---|---|---|---|---|---|---|---|---|---|
| | | | La | Ce | Pr | Nd | Sm | Eu | Gd | Tb | Dy | Ho | Er | Tm | Yb |
| A岩组 | D584/2 | 二云斜长片麻岩 | 84.4 | 174.0 | 21.1 | 76.4 | 14.50 | 2.21 | 12.60 | 1.61 | 8.19 | 1.39 | 4.41 | 0.53 | 3.65 |
| | D585/5 | 黑云斜长片麻岩 | 47.8 | 92.0 | 10.4 | 39.3 | 8.24 | 1.09 | 7.23 | 1.29 | 7.62 | 1.58 | 5.01 | 0.73 | 5.12 |
| | D585/6 | 斜长黑云石英片岩 | 41.0 | 85.2 | 10.3 | 40.6 | 7.57 | 0.81 | 6.82 | 0.91 | 4.48 | 0.76 | 2.31 | 0.27 | 1.80 |
| | D2541/3 | 黑云斜长变粒岩 | 37.9 | 66.6 | 7.5 | 25.4 | 4.59 | 0.85 | 5.04 | 0.65 | 3.40 | 0.616 | 1.97 | 0.26 | 1.84 |
| | D2543/1 | 石榴二长变粒岩 | 20.3 | 28.4 | 3.2 | 12.7 | 4.75 | 1.23 | 6.13 | 1.25 | 8.01 | 1.58 | 4.60 | 0.68 | 4.38 |
| | D2543/3 | 斜长变粒岩 | 57.9 | 113.0 | 12.1 | 42.9 | 8.96 | 1.49 | 9.59 | 1.31 | 6.40 | 1.14 | 3.75 | 0.44 | 3.05 |
| B岩组 | D1026/3 | 斜长角闪片岩 | 1.9 | 6.0 | 1.2 | 6.7 | 2.56 | 0.94 | 3.04 | 0.69 | 4.57 | 1.07 | 2.92 | 0.47 | 3.19 |
| | D1026/4 | 斜长黑云石英片岩 | 32.7 | 51.3 | 5.9 | 22.6 | 3.57 | 1.41 | 3.45 | 0.34 | 1.75 | 0.32 | 0.89 | 0.14 | 0.74 |
| | D1025/5 | 石榴斜长黑云石英片岩 | 37.6 | 71.9 | 8.5 | 34.5 | 6.56 | 1.56 | 6.39 | 0.88 | 5.54 | 1.17 | 3.33 | 0.62 | 3.62 |
| | D3089/3 | 绢云石英片岩 | 33.3 | 59.2 | 7.3 | 27.4 | 5.54 | 1.37 | 5.92 | 0.91 | 5.39 | 1.05 | 3.26 | 0.45 | 2.94 |
| C岩组 | D526/1 | 斜长浅粒岩 | 107.4 | 196.0 | 23.3 | 85.2 | 16.90 | 1.94 | 15.50 | 2.80 | 16.20 | 3.35 | 8.90 | 1.35 | 8.72 |
| | D3090/1 | 二长浅粒岩 | 10.9 | 22.5 | 2.5 | 9.3 | 2.02 | 0.65 | 1.71 | 0.23 | 1.10 | 0.19 | 0.58 | 0.07 | 0.47 |
| | D3090/2 | 绢云石英片岩 | 56.9 | 110.0 | 13.0 | 47.9 | 9.49 | 0.75 | 7.88 | 0.96 | 3.89 | 0.59 | 2.01 | 0.22 | 1.49 |

| | 样品号 | 岩石名称 | 稀土元素含量($\times10^{-6}$) | | | | 特征参数值 | | | | | |
|---|---|---|---|---|---|---|---|---|---|---|---|---|
| | | | Lu | ΣREE | LREE | HREE | LREE/HREE | δEu | δCe | $(La/Yb)_N$ | $(La/Sm)_N$ | $(Gd/Yb)_N$ |
| A岩组 | D584/2 | 二云斜长片麻岩 | 0.52 | 405.51 | 372.61 | 32.90 | 11.33 | 0.493 | 0.905 | 14.96 | 3.34 | 2.92 |
| | D585/5 | 黑云斜长片麻岩 | 0.70 | 228.11 | 198.83 | 29.28 | 6.97 | 0.426 | 0.893 | 6.04 | 3.33 | 1.19 |
| | D585/6 | 斜长黑云石英片岩 | 0.26 | 203.10 | 185.48 | 17.61 | 10.53 | 0.343 | 0.910 | 14.74 | 3.11 | 3.21 |
| | D2541/3 | 黑云斜长变粒岩 | 0.27 | 156.84 | 142.80 | 14.04 | 10.17 | 0.540 | 0.860 | 13.33 | 4.74 | 2.32 |
| | D2543/1 | 石榴二长变粒岩 | 0.66 | 97.90 | 70.62 | 27.28 | 2.59 | 0.350 | 0.720 | 3.00 | 2.45 | 1.18 |
| | D2543/3 | 斜长变粒岩 | 0.46 | 262.49 | 236.35 | 26.14 | 9.04 | 0.490 | 0.920 | 12.28 | 3.71 | 2.76 |
| B岩组 | D1026/3 | 斜长角闪片岩 | 0.52 | 35.70 | 19.23 | 16.47 | 1.17 | 1.038 | 0.876 | 0.38 | 0.42 | 0.81 |
| | D1026/4 | 斜长黑云石英片岩 | 0.11 | 125.20 | 117.46 | 7.83 | 15.00 | 1.223 | 0.739 | 28.63 | 5.25 | 3.95 |
| | D1025/5 | 石榴斜长黑云石英片岩 | 0.56 | 182.71 | 160.60 | 22.11 | 7.26 | 0.734 | 0.875 | 6.72 | 3.29 | 1.49 |
| | D3089/3 | 绢云石英片岩 | 0.44 | 154.50 | 134.13 | 20.37 | 6.59 | 0.367 | 0.821 | 7.33 | 3.48 | 1.70 |
| C岩组 | D526/1 | 斜长浅粒岩 | 1.37 | 488.96 | 430.77 | 58.19 | 7.40 | 0.363 | 0.847 | 7.97 | 3.65 | 1.50 |
| | D3090/1 | 二长浅粒岩 | 0.07 | 52.30 | 47.89 | 4.41 | 10.86 | 0.523 | 0.935 | 14.91 | 3.09 | 3.06 |
| | D3090/2 | 绢云石英片岩 | 0.22 | 255.29 | 238.04 | 17.25 | 13.80 | 0.262 | 0.880 | 24.72 | 3.44 | 4.48 |

(Gd/Yb)$_N$变化大，轻稀土富集—强富集，Eu强亏损，Ce亏损，轻、重稀土分馏好。稀土配分模式曲线向右陡倾，与活动陆缘和被动陆缘稀土模式曲线类似。B岩组稀土元素含量、稀土总量、轻重稀土比值、δEu、(La/Yb)$_N$、(La/Sm)$_N$、(Gd/Yb)$_N$变化大，Eu强亏损—富集，Ce亏损。轻稀土富集—强富集，轻、重稀土分馏好。稀土配分模式曲线右倾(图2-21)，稀土配分模式曲线与活动陆缘和被动陆缘稀土配分模式曲线相似，个别与大陆岛弧稀土配分模式曲线相似。变质基性玄武岩Eu稍微有富集，Ce亏损，轻重稀土比值小，轻稀土亏损，轻稀土分馏程度差，重稀土分馏程度较差。稀土配分模式曲线左倾，与洋中脊拉斑玄武岩稀土配分曲线相似。C岩组稀土含量、稀土总量、轻重稀土比值、Eu、Ce、(La/Yb)$_N$、(Gd/Yb)$_N$变化大。Eu强亏损，Ce亏损，轻稀土强富集，轻稀土分馏好，重稀土分馏较好。稀土配分模式曲线向右陡倾，稀土配分模式曲线总体与活动陆缘和被动陆缘稀土配分模式曲线相似。

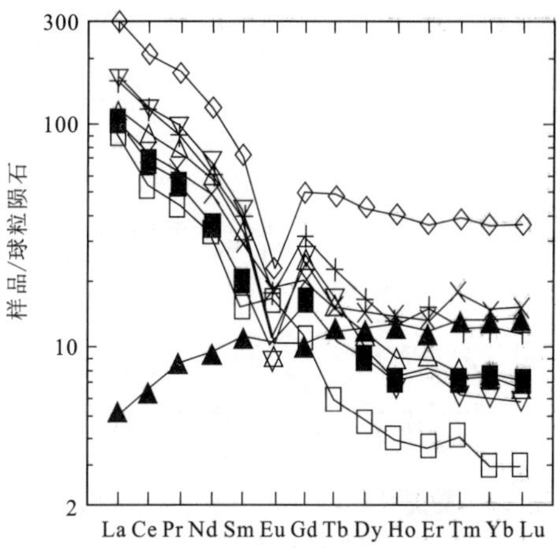


图2-21　赛图拉岩群稀土配分模式图

△ D585/6　■ D2541/3　+ D2543/3
× D1025/5　▲ D1026/3　□ D1026/4
◇ D526/1　▽ D3090/2

**4. 成矿元素**

成矿元素特征见表2-13，除Au外，Ag、Cu、Pb、Zn值变化大。A岩组成矿元素和地壳克拉克值相比，Au亏损，Ag、Zn、Cu、Pb富集。Ag、Zn、Cu、Pb部分样品比地壳克拉克值要低，部分元素比地壳克拉克值要高得多，Ag、Cu、Pb、Zn成矿背景较好。B岩组成矿元素和地壳克拉克值相比，Au亏损，Ag、Pb富集，成矿背景不好。C岩组成矿元素和地壳克拉克值相比，Au、Zn亏损，Ag、Cu、Pb富集，其中Cu、Pb平均值比地壳克拉克值高2～3倍，有利于Cu、Pb成矿。

(四)原岩恢复

赛图拉岩群主要为高绿片岩相-角闪岩相变质的岩石，岩石有黑云斜长片麻岩、二云斜长片麻岩、石榴二云石英片岩、石榴白云石英片岩、黑云斜长石英片岩、斜长黑云石英片岩、黑云母片岩、黑云斜长变粒岩、斜长浅粒岩、二云二长变粒岩、斜长变粒岩、石英岩夹斜长角闪岩。

根据野外岩石宏观特征、变质矿物共生组合特点，赛图拉岩群以副变质岩为主，原岩为一套泥质—长英质碎屑岩夹碳酸盐岩和中基性火山岩。根据野外宏观特征结合室内薄片鉴定，从以下几个方面反映其以副变质为主：①具有"层状"特征；②变质岩在露头上有规律变化，不同岩性界线多呈过渡关系，它们矿物组成有规律变化，代表原岩成分的差异；③该岩群中出现石英岩副变质岩和石榴子石、矽线石副变质岩变质矿物；④斜长角闪岩多呈构造透镜体产出，且与围岩界线截然，原岩为基性火山岩；⑤副变质岩中石英含量普遍较高，个别残留原碎屑岩构造；⑥该岩群中出现大量片岩，说明原岩有大量泥质成分。

通过岩石化学计算，利用[(al+fm)-(c+alk)]-Si图解(图2-22)恢复原岩，变质碎屑岩A岩组投于砂质沉积岩区和泥质沉积岩区，B岩组投于泥质沉积岩区，斜长黑云石英片岩投于火山岩区。但根据野外产状结合室内薄片鉴定应为沉积碎屑岩，可能含有火山质成分。斜长角闪岩投于火山岩区，C岩组投于砂质沉积岩区和泥质沉积岩区。(Al+Fe+Ti)-(Ca+Mg)图解(图2-23)恢复砂质沉积岩区原岩，A岩组投于杂砂岩和靠近亚杂砂岩，B岩组投于亚杂砂岩，基性火山岩投于玄武岩区，C岩组投于杂砂岩和亚杂砂岩。

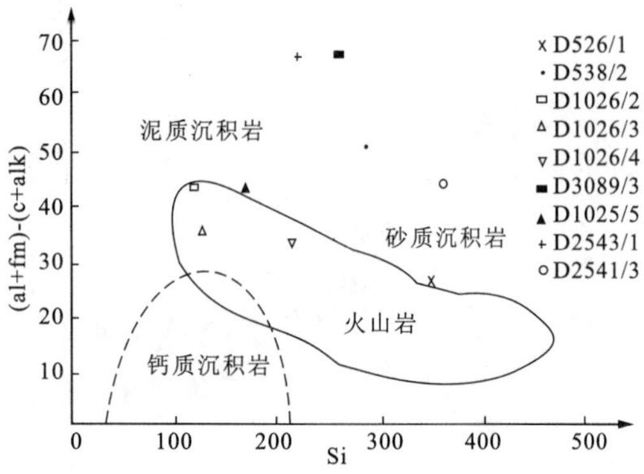


图 2-22　赛图拉岩群[(al+fm)-(c+alk)]-Si 图解

（据西蒙南，1953）

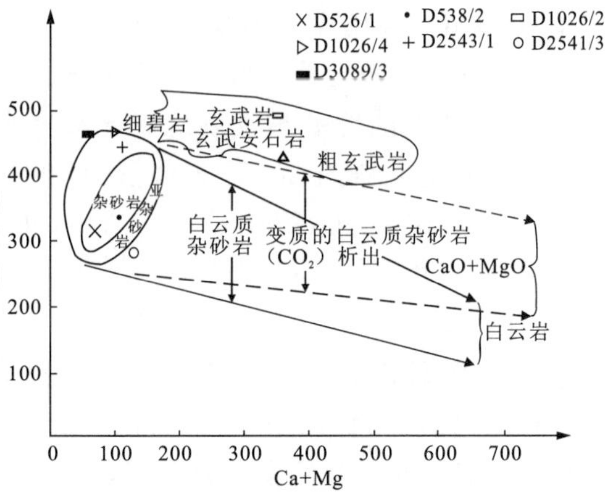


图 2-23　赛图拉岩群(Al+Fe+Ti)-(Ca+Mg)图解

（据莫伊纳和罗谢，1968）

综合分析，赛图拉岩群 A 岩组原岩为杂砂岩夹泥质岩，B 岩组原岩为泥质岩、杂砂岩夹基性火山岩，C 岩组原岩为长石砂岩、石英砂岩和岩屑砂屑岩。

## （五）大地构造环境

赛图拉岩群变质深，原岩结构构造被完全改造，仅通过岩石化学和地球化学特征进行大地构造环境讨论。

### 1. A 岩组

赛图拉岩群 A 岩组变质碎屑岩岩石化学成分平均值与 Bhatia(1985)的不同构造环境沉积盆地中的杂砂岩平均值比较(表 2-15)，显示比较复杂，介于大陆岛弧与活动陆缘之间，部分与大洋岛弧相似，显示碎屑物源复杂。利用 $TiO_2$-($Fe_2O_3^*$+MgO)，$Al_2O_3/SiO_2$-($Fe_2O_3^*$+MgO)图解(图 2-24、图 2-25)，投于或靠近大洋岛弧区。

**表 2-15　赛图拉岩群变质碎屑岩平均化学成分与 Bhatia(1985)太古宙、元古宙碎屑沉积岩及不同构造环境杂砂岩平均化学成分对比表**

（%）

| 类型 | 太古宙 | 元古宙 | 大洋岛弧 | 大陆岛弧 | 活动陆缘 | 被动陆缘 | 赛图拉岩群 | | |
|---|---|---|---|---|---|---|---|---|---|
| | | | | | | | A 岩组 | B 岩组 | C 岩组 |
| $SiO_2$ | 65.7±2.2 | 70.0±3.4 | 58.83±1.6 | 70.69±2.6 | 73.86±4.0 | 81.95±6.2 | 67.03 | 63.10 | 70.90 |
| $TiO_2$ | 0.6±0.1 | 0.6±0.1 | 1.06±0.2 | 0.64±0.1 | 0.46±0.1 | 0.49±0.2 | 1.06 | 1.04 | 0.30 |
| $Al_2O_3$ | 14.9±1.3 | 14.5±1.7 | 17.1±1.7 | 14.04±1.1 | 12.89±2.1 | 8.41±2.2 | 13.54 | 18.10 | 14.10 |
| $Fe_2O_3$ | — | — | 1.95±0.5 | 1.43±0.5 | 1.30±0.5 | 1.32±1.6 | 2.27 | 3.23 | 0.74 |
| FeO | 6.4±1.5 | 5.5±1.9 | 5.52±2.1 | 3.05±0.4 | 1.58±0.9 | 1.76±1.2 | 3.86 | 4.33 | 2.59 |
| MnO | — | — | 0.15 | 0.10 | 0.10 | 0.05 | 0.07 | 0.08 | 0.03 |
| MgO | 3.6±1.0 | 2.1±0.5 | 3.65±0.7 | 1.97±0.5 | 1.23±0.5 | 1.39±0.8 | 3.73 | 1.72 | 1.40 |
| CaO | 3.3±1.1 | 1.7±0.7 | 5.83±1.3 | 2.68±0.9 | 2.48±1.0 | 1.89±2.3 | 1.65 | 2.35 | 2.25 |
| $Na_2O$ | 2.9±0.5 | 1.8±0.6 | 4.10±0.8 | 3.12±0.4 | 2.77±0.7 | 1.07±2.6 | 1.41 | 2.47 | 2.64 |
| $K_2O$ | 2.2±0.3 | 3.5±0.6 | 1.60±0.6 | 1.89±0.5 | 2.90±0.5 | 1.71±0.6 | 3.11 | 2.87 | 4.11 |
| $P_2O_5$ | — | — | 2.6±0.1 | 0.16±0.1 | 0.09 | 0.12 | 0.10 | 0.10 | 0.10 |
| $Fe_2O_3^*$+MgO | — | — | 11.73 | 6.79 | 4.63 | 2.89 | 9.63 | 8.96 | 3.23 |
| $Al_2O_3/SiO_2$ | 0.23 | 0.21 | 0.29 | 0.20 | 0.18 | 0.10 | 0.20 | 0.29 | 0.20 |
| $K_2O/Na_2O$ | 0.76 | 0.18 | 0.39 | 0.61 | 0.99 | 1.60 | 2.21 | 1.16 | 1.56 |
| $Al_2O_3$/(CaO+$Na_2O$) | 2.40 | 4.14 | 1.72 | 2.42 | 2.56 | 4.15 | 4.42 | 4.45 | 2.87 |

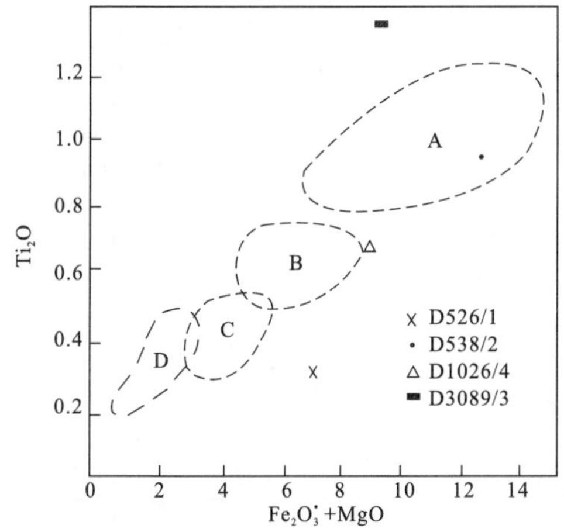


图 2-24 赛图拉岩群变质杂砂岩 $TiO_2$-($Fe_2O_3^*$+MgO)构造判别图

A. 大洋岛弧；B. 大陆岛弧；C. 活动大陆边缘；D. 被动大陆边缘

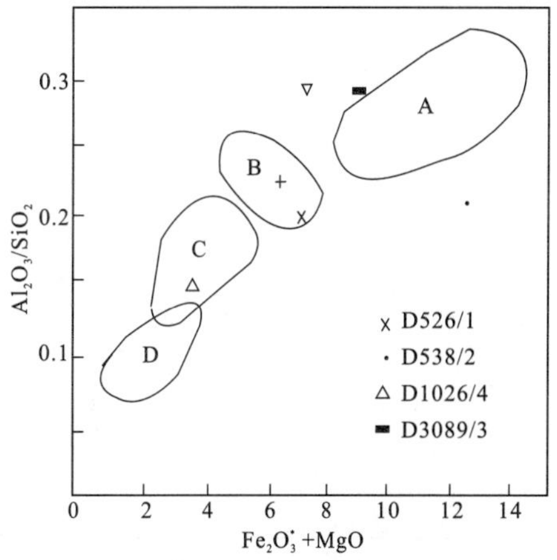


图 2-25 赛图拉岩群变质杂砂岩 $Al_2O_3/SiO_2$-($Fe_2O_3^*$+MgO)构造判别图

A. 大洋岛弧；B. 大陆岛弧；C. 活动大陆边缘；D. 被动大陆边缘

变质碎屑岩微量元素平均值与Bhatia(1985)不同构造环境沉积盆地杂砂岩平均值比较(表2-16)，比较复杂，部分元素与活动陆缘和被动陆缘相似，部分元素与大洋岛弧相似。利用微量元素La-Th-Sc图解和Th-Sc-Zr/10图解(图2-26)判别构造环境，投于大陆岛弧、活动大陆边缘+被动大陆边缘环境，部分样品投于区外，可能与后期变质微量元素迁移有关。

**表2-16 赛图拉岩群微量元素平均值与Bhatia(1985)不同构造环境沉积盆地杂砂岩平均值对比表**

| 类型 | 大洋岛弧 | 大陆岛弧 | 活动陆缘 | 被动陆缘 | 赛图拉岩群 | | |
|---|---|---|---|---|---|---|---|
| | | | | | A岩组 | B岩组 | C岩组 |
| Rb/Sr | 0.05±0.05 | 0.65±0.33 | 0.89±0.24 | 1.19±0.40 | 1.64 | 0.18 | 0.63 |
| Ba/Rb | 21.3±5.0 | 7.5±1.3 | 4.5±0.8 | 4.7±1.1 | 3.22 | 10.30 | 4.31 |
| Ba/Sr | 0.95±0.6 | 3.55±1.4 | 3.8±0.7 | 4.7±1.3 | 5.30 | 1.84 | 2.73 |
| Th($\times10^{-6}$) | 2.27±0.7 | 1.11±1.1 | 18.8±3.0 | 16.7±3.65 | 9.70 | 10.20 | 20.76 |
| U($\times10^{-6}$) | 1.09±0.21 | 2.53±0.24 | 3.90±0.5 | 3.20±0.8 | 2.09 | 2.29 | 3.18 |
| Zr($\times10^{-6}$) | 96±20 | 229±27 | 179±33 | 298±80 | 124.60 | 21.10 | 148.80 |
| Nb($\times10^{-6}$) | 2.0±0.4 | 8.5±0.8 | 10.7±1.4 | 7.9±1.9 | 23.20 | 13.20 | 26.50 |
| Y($\times10^{-6}$) | 19.5±5.6 | 24.2±2.2 | 24.9±3.6 | 27.3±5.3 | 33.60 | 18.90 | 40.90 |
| Th/U | 2.1±0.78 | 4.6±0.45 | 4.8±0.38 | 5.6±0.67 | 4.64 | 4.45 | 6.53 |
| Zr/Th | 48.0±13.4 | 21.5±2.4 | 9.5±0.7 | 19.1±5.8 | 12.85 | 2.07 | 7.17 |
| Zr/Y | 5.67±1.94 | 9.6±0.8 | 7.2±0.4 | 12.4±4.0 | 3.71 | 1.12 | 3.64 |
| Nb/Y | 0.11±0.03 | 0.36±0.04 | 0.43±0.04 | 0.30±0.06 | 0.69 | 0.70 | 0.65 |
| La($\times10^{-6}$) | 8.72±2.5 | 24.4±2.3 | 33.0±4.5 | 33.5±5.8 | 48.20 | 34.50 | 58.40 |
| Ce($\times10^{-6}$) | 22.53±5.9 | 50.5±4.3 | 72.7±9.8 | 71.9±11.5 | 93.20 | 60.80 | 109.50 |
| Nd($\times10^{-6}$) | 11.36±2.9 | 20.8±1.6 | 25.4±3.4 | 29.0±5.03 | 39.60 | 28.20 | 47.50 |
| Sc($\times10^{-6}$) | 19.5±5.2 | 14.8±1.7 | 8.0±1.1 | 6.0±1.4 | 15.70 | 14.10 | 5.79 |
| V($\times10^{-6}$) | 131±40 | 89±13.7 | 48±5.9 | 31±9.9 | 111.90 | 119.60 | 40.90 |
| Cr($\times10^{-6}$) | 37±13 | 51±6.5 | 26±4.9 | 39±8.5 | 83.90 | 69.70 | 21.70 |
| Co($\times10^{-6}$) | 18±6.3 | 12±2.7 | 10±1.7 | 5±2.4 | 37.80 | 9.37 | 20.90 |
| Ni($\times10^{-6}$) | 11±5.1 | 13±2.0 | 10±2.5 | 8±4.4 | 29.70 | 22.20 | 7.76 |
| Ga($\times10^{-6}$) | 17±1.9 | 13±1.3 | 14±1.5 | 8±1.6 | 17.30 | 23.20 | 16.60 |
| Ni/Co | 0.62±0.16 | 1.22±0.25 | 1.04±0.19 | 1.42±0.41 | 0.79 | 2.37 | 0.37 |
| Sc/Cr | 0.57±0.16 | 0.32±0.06 | 0.30±0.02 | 0.6±0.02 | 0.187 | 0.20 | 0.27 |

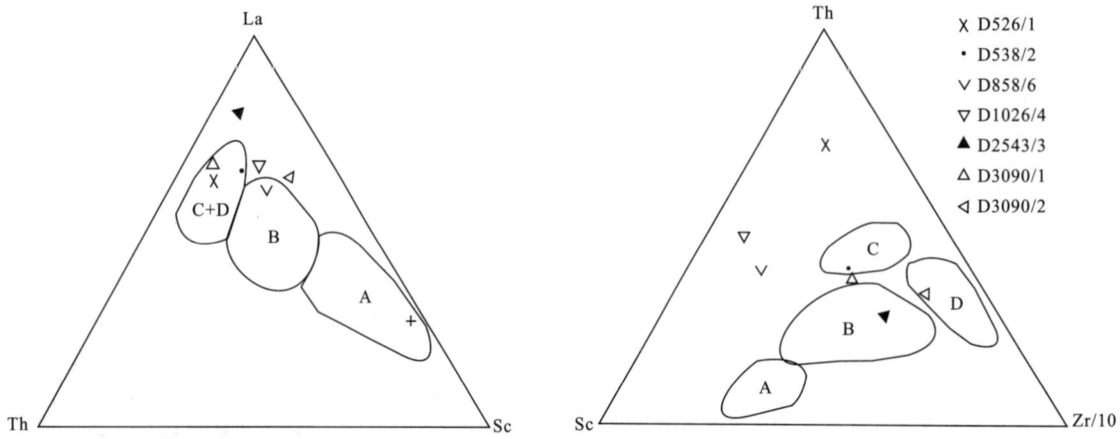


图 2-26　赛图拉岩群杂砂岩微量元素 La-Th-Sc、Th-Sc-Zr/10 判别图

A. 大洋岛弧；B. 大陆岛弧；C. 活动大陆边缘；D. 被动大陆边缘

变质碎屑岩稀土配分模式曲线与活动大陆边缘和被动大陆边缘相似，通过与砂岩构造背景的 REE 判别函数（Bhatia，1985）对比（表 2-17），其源区类型为上隆基底和克拉通内部高地。上述讨论的复杂性与元素变质过程中元素迁移和物源复杂有关。

**表 2-17　砂岩构造背景的 REE 判别函数（Bhatia，1985）与赛图拉岩群、桑株塔格岩群对比表**

| 构造背景 | | 源区类型 | REE 参数 | | ΣREE | La/Yb | $(La/Yb)_N$ | LREE/HREE | Eu/Eu* |
|---|---|---|---|---|---|---|---|---|---|
| | | | La | Ce | | | | | |
| 大洋岛弧 | | 为切割岩浆弧 | 8±1.7 | 19±3.7 | 58±10 | 4.2±1.3 | 2.8±0.9 | 3.8±0.9 | 1.04±0.11 |
| 大陆岛弧 | | 切割岩浆弧 | 27±4.5 | 59±8.2 | 146±20 | 11.0±3.6 | 7.5±2.5 | 7.7±1.7 | 0.79±0.13 |
| 活动陆缘 | | 上隆基底 | 37.0 | 78.0 | 186 | 12.50 | 8.5 | 9.1 | 0.60 |
| 被动陆缘 | | 克拉通内部构造高地 | 39.0 | 85.0 | 210 | 15.90 | 10.8 | 8.5 | 0.56 |
| 赛图拉岩群 | A 岩组 | | 48.2 | 93.2 | 225.70 | 14.56 | 10.7 | 8.4 | — |
| | B 岩组 | | 34.5 | 60.8 | 154.20 | 14.18 | 14.2 | 9.6 | — |
| | C 岩组 | | 58.4 | 109.5 | 265.50 | 16.46 | 15.9 | 10.7 | — |

综合分析 A 岩组形成于活动大陆边缘环境。

**2. B 岩组**

赛图拉岩群 B 岩组变质碎屑岩岩石化学成分平均值与 Bhatia（1985）的不同构造环境沉积盆地中的杂砂岩平均值比较（见表 2-14），显示比较复杂，介于大陆岛弧与大洋岛弧之间，部分元素与活动大陆边缘相似。同时也显示碎屑物源复杂，但主体与大洋岛弧接近。利用 $TiO_2$-（$Fe_2O_3^*$ + MgO）和（$Al_2O_3/SiO_2$）-（$Fe_2O_3^*$ + MgO）图解（见图 2-24、图 2-25），投于大陆岛弧区。变质碎屑岩微量元素平均值与 Bhatia（1985）不同构造环境沉积盆地杂砂岩平均值比较（见表 2-15），比较复杂，介于大陆岛弧和被动陆缘之间。

变质碎屑岩稀土配分模式曲线与活动大陆边缘和被动大陆边缘稀土曲线特征类似，通过与砂岩构造背景的 REE 判别函数（Bhatia，1985）对比（见表 2-16），与活动陆缘相似。

变质基性火山岩通过 A－F－M 图解(图 2－27),其为拉斑玄武岩。进一步利用 $FeO^*$－MgO－$Al_2O_3$图解(图 2－28)和 $TiO_2$－MnO×10－$P_2O_5$×10 图解(图 2－29),落于岛弧拉斑玄武岩和洋中脊玄武岩。变质作用造成元素迁移和多个成因复杂的源区,使得投影图比较复杂。

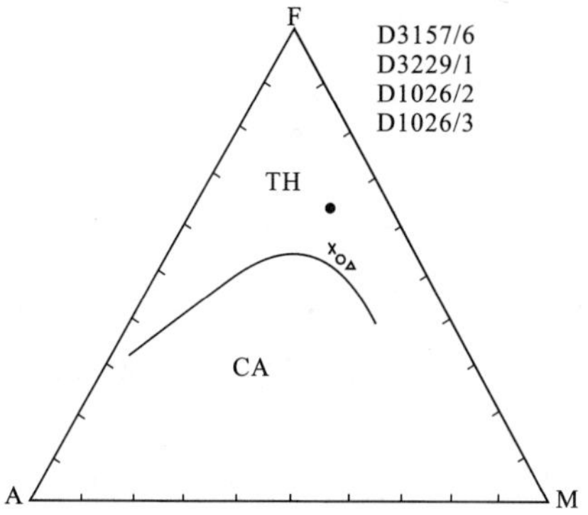


图 2－27 基性火山岩 A－F－M 图解
TH. 拉斑玄武岩;CA. 钙碱性系列

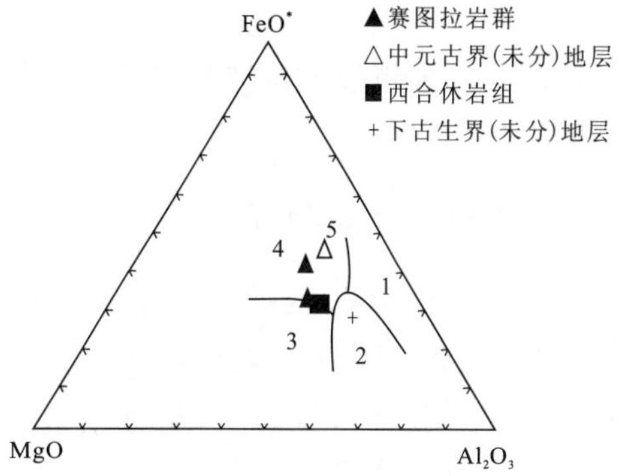


图 2－28 基性火山岩 $FeO^*$－MgO－$Al_2O_3$图解
1. 扩张中心洋岛玄武岩;2. 造山玄武岩(岛弧或活动陆缘);3. 洋脊和洋底玄武岩;4. 洋岛玄武岩;5. 大陆玄武岩

综合分析 B 岩组形成于活动大陆边缘环境＋大陆岛弧环境。

### 3. C 岩组

C 岩组变质碎屑岩岩石化学成分平均值与 Bhatia(1985)的不同构造环境沉积盆地中的杂砂岩平均值比较(见表 2－15),显示比较复杂,介于大陆岛弧与活动陆缘之间,部分元素与被动大陆边缘相似,显示碎屑物源复杂。利用 $TiO_2$－($Fe_2O_3^*$＋MgO),($Al_2O_3$/$SiO_2$)－($Fe_2O_3^*$＋MgO)图解(见图 2－24、图 2－25),投于靠近大洋岛弧区。

变质碎屑岩微量元素平均值与 Bhatia(1985)不同构造环境沉积盆地杂砂岩平均值比较(见表 2－16),比较复杂,介于大陆岛弧、活动大陆边缘和被动大陆边缘之间,部分元素与大洋岛弧相似。再利用微量元素 La－Th－Sc 图解(图 2－30)和 Th－Sc－Zr/10 图解(图 2－31)判别构造环境,投于活动大陆边缘＋被动大陆边缘和大陆岛弧区。

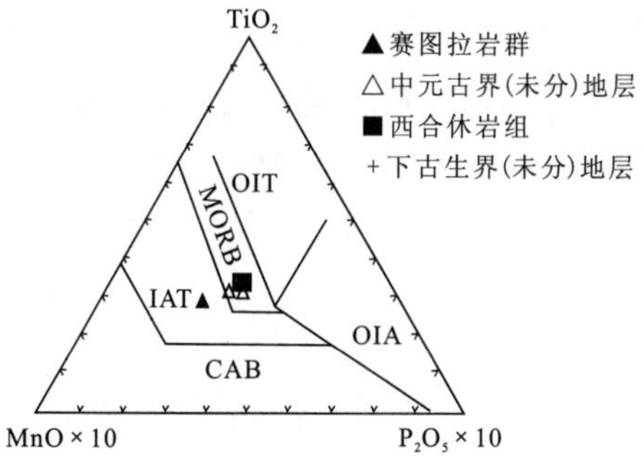


图 2－29 基性火山岩 $TiO_2$－MnO×10－$P_2O_5$×10 图解
OIT. 洋岛拉斑玄武岩;OIA. 洋岛碱性玄武岩;
CAB. 钙碱性玄武岩;
IAT. 岛弧拉斑玄武岩;MORB. 洋中脊玄武岩

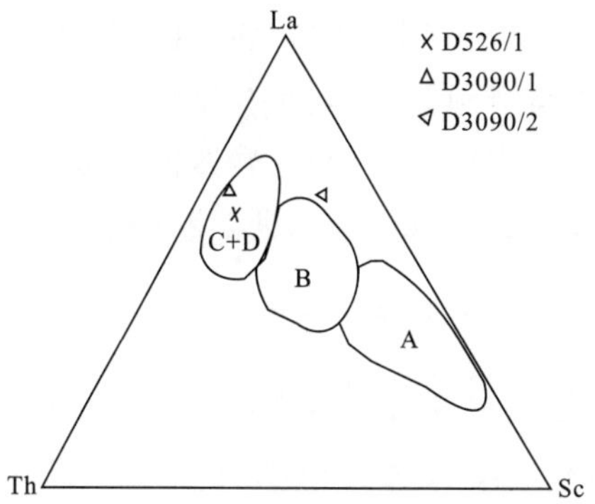


图 2－30 赛图拉岩群杂砂岩微量元素 La－Th－Sc 判别图
A. 大洋岛弧;B. 大陆岛弧;C. 活动大陆边缘;
D. 被动大陆边缘

变质碎屑岩稀土配分模式曲线与活动大陆边缘和被动大陆边缘相似，通过与砂岩构造背景的 REE 判别函数(Bhatia，1985)对比(见表 2-17)，与被动陆缘相似。

由于源区的复杂性造成岩石化学和地球化学投影图比较分散。

综合分析，C 岩组形成构造环境类似于活动陆缘和被动陆缘之间。

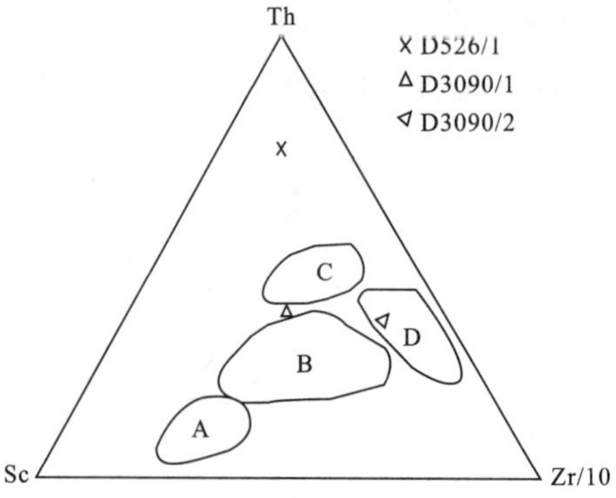


图 2-31 赛图拉岩群杂砂岩微量元素 Th-Sc-Zr/10 判别图

A. 大洋岛弧；B. 大陆岛弧；C. 活动大陆边缘；D. 被动大陆边缘

(六)变质变形特征简述

赛图拉岩群变质深，依据变质矿物共生组合，B 岩组变质最深，A 岩组和 C 岩组次之。A 岩组和 B 岩组顺层剪切、柔流褶皱发育，石英脉褶皱至少两次叠加变形，C 岩组仅见顺层剪切变形。

(七)形成时代

赛图拉岩群变质程度高，A 岩组中老侵入体片麻岩套测得变质年龄为(815±5.7)Ma，新疆第一区调队将赛图拉北中深变质的一套片岩划为长城系。3 个岩组变质碎屑岩岩石化学成分平均值与太古宙、元古宙变质碎屑沉积岩相比(见表 2-15)，介于太古宙和元古宙之间，主体与元古宙接近，它比区域上蓟县系桑株塔格岩群变质深。所以将赛图拉岩群暂划为中元古界长城系。

## 五、中元古界(未分)($Pt_2$)

(一)综述

中元古界(未分)是本次区调从前人所划长城系、蓟县系地层中划分出的一套地层，该套地层出露于西昆仑北带地层分区，夹于早古生代库地结合带和晚古生代库尔良裂谷沉积之间的一套中深变质岩。因其与铁克里克地层分区同时代地层差别大，与西昆南带地层分区同时代地层赛图拉岩群相似，但库地结合带将二者分开，所以本书单独将其划出未命名。原岩为一套副变质岩夹少量正变质岩岩石，主要岩石包括各种片岩、片麻岩、粒岩夹大理岩、石英岩。

该套地层在测区内共见两处，主体分布于西合休、库地一带，另外在乌鲁吾斯塘河克捷克库拉木北侧也有小范围出露。西合休、库地一带该套地层近东西向带状展布，北与石炭系依莎克群断层接触，南与赛图拉岩群、西合休岩组断层接触，向北西方向延出图幅，东与玛列兹肯群、库尔良群断层接触，被志留纪、三叠纪岩体侵入破坏。乌鲁吾斯塘河该套地层北西被奥陶纪岩体侵入，其余以断层与玛列兹肯群、库尔良群断层接触。出露面积 400km²。

(二)地层特征

该地层主要为一套片岩、粒岩、片麻岩、大理岩和石英岩，构造置换强烈，原岩层理被完全改造，构成层状无序构造岩石地层单位。现以新疆叶城县库地北中元古界(未分)实测地质剖面为例(图 2-32)。

上覆地层：长城系赛图拉岩群二云斜长片麻岩

════════ 韧性断层 ════════

**中元古界(未分)** **>783.15m**

5. 灰色黑云母片岩 148.56m

4. 灰色黑云石英片岩 181.53m
3. 浅灰色斜长二云石英片岩 172.56m
2. 浅灰绿色斜长白云石英片岩 129.42m
1. 灰色黑云石英片岩 151.08m

════════ 断 层 ════════

花岗闪长岩

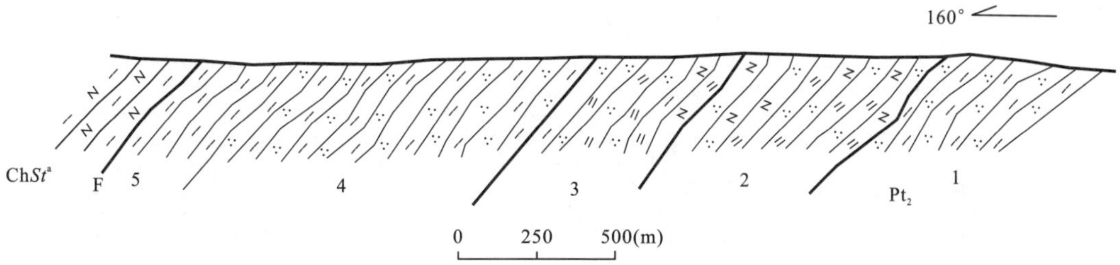


图 2-32 新疆叶城县库地北中元古界(未分)实测地质剖面图

剖面未见顶、底，岩石组合主要为黑云石英片岩、斜长白云石英片岩、黑云斜长石英片岩、黑云斜长片岩、斜长二云石英片岩、黑云母片岩。剖面上总体以黑云石英片岩为主，岩石变质变形较强，测区内片理面构成背形构造，属高绿片岩相-角闪岩相变质，变质原岩为泥质碎屑岩。叠置厚度大于 783.15m。

横向上岩性变化不大，西合休和帕河堡一带该套地层岩性主要为各种片岩、粒岩、大理岩、片麻岩，反映原岩中碎屑成分增多。岩石组合为黑云斜长片麻岩、斜长白云石英片岩、斜长浅粒岩、角闪黑云斜长变粒岩、黑云斜长变粒岩、二云石英粒岩、绿帘黑云石英片岩、长石黑云石英片岩、黑云角闪石英片岩、斜长二云石英片岩、白云石大理岩、石英岩，变形变质较强。

乌鲁吾斯塘河克捷克库拉木北该地层主要为斜长浅粒岩、黑云二长变粒岩。

## （三）岩石化学和地球化学特征

### 1. 岩石化学

中元古界(未分)地层岩石化学特征见表 2-18，表中反映白云石大理岩与世界碳酸盐岩值比较，$SiO_2$、$Al_2O_3$、MnO、CaO 亏损，MgO、$Fe_2O_3$、$Na_2O$ 富集，$TiO_2$、$P_2O_5$、$K_2O$ 接近，白云石大理岩原岩为白云质灰岩。变质碎屑岩 $SiO_2$、$Fe_2O_3$、CaO、MgO、$TiO_2$、$Na_2O$ 含量变化较大，$Al_2O_3$、FeO、MnO、$K_2O$、$P_2O_5$ 含量变化小，部分岩石 $SiO_2$ 较低，$Al_2O_3$、$Fe_2O_3$、FeO、$TiO_2$ 较高，说明原岩成分复杂。变质基性火山岩与世界基性岩比较，$Al_2O_3$、CaO、MgO、$K_2O$、$Na_2O$、MnO 偏低，$Fe_2O_3$、FeO、$TiO_2$ 偏高，$SiO_2$ 接近，$Fe_2O_3 < FeO$、$K_2O < Na_2O$、$MgO < CaO$ 等特征。

### 2. 微量元素

微量元素特征见表 2-19，变质碎屑岩微量元素含量变化大，平均值与地壳克拉克值比较，亲石元素 Ba、Nb、Hf 富集，Sr、Rb、Ta、Zr、Y 亏损，Th、U 基本一致，部分岩石 Ba 特别大，过渡元素 Sc 富集，Cr、Co、Ni、V、Ga 亏损，微量元素变化复杂。变质碳酸盐岩与世界碳酸盐岩(涂和费，1961)平均值比较，亲石元素 Ba、Nb 富集，Sr、Rb、Th、Ta、Zr、U、Hf 亏损，Y 强亏损，过渡元素 Co、V 富集，Sc、Cr、Ni、Ga 亏损，微量元素变化较复杂，说明形成环境可能复杂。变质基性火山岩与世界基性玄武岩对比，亲石元素 Rb、Th、Ta、U、Hf、Y 富集，Sr、Nb、Zr 亏损，过渡元素 Sc 强富集，Co 亏损，Cr、Ni、V 强亏损，Ga 相似。该地层微量元素变化复杂，说明物源复杂。

**表 2-18　中元古界(未分)地层岩石化学成分含量表**　　(%)

| 样品号 | 岩石名称 | $SiO_2$ | $Al_2O_3$ | $Fe_2O_3$ | CaO | MgO | MnO | $TiO_2$ | $P_2O_5$ | $K_2O$ | $Na_2O$ | FeO | $H_2O^+$ | $H_2O^-$ | LOI | Σ |
|---|---|---|---|---|---|---|---|---|---|---|---|---|---|---|---|---|
| D583/1 | 斜长白云石英片岩 | 69.64 | 14.30 | 1.08 | 2.11 | 1.15 | 0.05 | 0.55 | 0.09 | 3.46 | 3.29 | 2.56 | 0.58 | 0.05 | 0.93 | 99.84 |
| D3150/1 | 长石黑云石英片岩 | 58.67 | 14.77 | 1.42 | 4.90 | 6.67 | 0.07 | 0.43 | 0.10 | 3.22 | 1.32 | 4.91 | 1.42 | 0.04 | 2.75 | 100.69 |
| D3152/1 | 黑云角闪石英片岩 | 67.82 | 13.07 | 1.26 | 3.46 | 3.92 | 0.06 | 0.60 | 0.13 | 3.94 | 1.32 | 2.99 | 0.76 | 0.06 | 0.86 | 100.25 |
| D3152/2 | 透闪钾长变粒岩 | 61.37 | 12.66 | 1.86 | 8.15 | 6.04 | 0.11 | 0.65 | 0.14 | 3.30 | 0.95 | 3.42 | 0.86 | 0.02 | 0.73 | 100.26 |
| D3152/4 | 斜长二云石英片岩 | 70.73 | 13.29 | 1.59 | 1.30 | 2.41 | 0.05 | 0.72 | 0.07 | 2.81 | 2.48 | 3.20 | 0.93 | 0.04 | 0.56 | 100.18 |
| D3153/3 | 斜长二云石英片岩 | 68.94 | 14.43 | 2.37 | 0.69 | 1.76 | 0.05 | 0.80 | 0.04 | 3.27 | 1.33 | 4.52 | 1.06 | 0.08 | 0.65 | 99.99 |
| D3154/1 | 黑云斜长变粒岩 | 77.06 | 10.05 | 0.64 | 1.95 | 2.55 | $<0.01$ | 0.35 | 0.13 | 2.53 | 1.40 | 1.74 | 0.50 | $<0.01$ | 1.52 | 100.42 |
| D3143/1 | 黑云斜长片麻岩 | 64.92 | 14.39 | 1.78 | 2.39 | 3.35 | 0.11 | 1.25 | 0.12 | 3.93 | 0.85 | 4.88 | 0.89 | 0.12 | 0.85 | 99.83 |
| D3143/4 | 角闪绿泥石英片岩 | 61.37 | 12.20 | 2.18 | 6.94 | 4.45 | 0.23 | 1.25 | 0.18 | 2.05 | 0.68 | 5.98 | 1.83 | 0.06 | 0.98 | 100.38 |
| D3157/2 | 白云石大理岩 | 3.77 | 0.70 | 0.22 | 30.96 | 20.10 | 0.04 | 0.05 | 0.02 | 0.03 | 0.07 | 0.44 | 0.34 | 0.04 | 43.44 | 100.22 |
| D3157/6 | 斜长角闪岩 | 50.21 | 13.64 | 6.57 | 8.54 | 5.02 | 0.23 | 2.04 | 0.17 | 0.49 | 2.22 | 10.07 | 0.69 | 0.04 | 0.79 | 100.72 |
| 世界碳酸盐岩值(涂和费,1961) | | 5.19 | 0.81 | 0.15 | 42.61 | 7.90 | 0.12 | 0.06 | 0.03 | 0.03 | 0.04 | 0.16 | — | — | 42.25 | |
| 世界基性岩值(维氏,1962) | | 50.00 | 16.08 | 4.22 | 9.75 | 6.30 | 0.36 | 1.29 | 0.36 | 1.24 | 2.78 | 6.80 | — | — | — | |

**表 2-19　中元古界(未分)地层微量元素特征表**

| 样品号 | 岩石名称 | Sr | Rb | Ba | Th | Ta | Nb | Zr | U | Hf | Y | Sc |
|---|---|---|---|---|---|---|---|---|---|---|---|---|
| D583/1 | 斜长白云石英片岩 | 101.0 | 106.0 | 602.0 | 11.6 | 1.08 | 18.3 | 203.0 | 2.56 | 3.46 | 29.7 | 14.0 |
| D583/2 | 斜长白云石英片岩 | 55.2 | 143.0 | 573.0 | 13.5 | 1.41 | 22.7 | 203.0 | 3.09 | 3.71 | 24.4 | 14.3 |
| D583/3 | 斜长白云石英片岩 | 46.9 | 92.9 | 829.0 | 10.2 | 1.06 | 17.7 | 130.0 | 1.87 | 2.27 | 24.9 | 11.7 |
| D583/4 | 斜长白云石英片岩 | 106.0 | 116.0 | 1 118 | 11.7 | 1.20 | 21.4 | 93.9 | 3.43 | 1.59 | 28.4 | 14.2 |
| D3143/1 | 黑云斜长片麻岩 | 130.0 | 163.0 | 834.0 | 17.1 | 1.71 | 27.1 | 351.0 | 3.81 | 6.58 | 40.6 | 17.8 |
| D3143/4 | 角闪绿泥石英片岩 | 134.0 | 100.0 | 323.0 | 14.5 | 1.40 | 25.0 | 286.0 | 2.62 | 5.41 | 37.3 | 17.8 |
| D3152/1 | 黑云角闪石英片岩 | 99.5 | 164.0 | 747.0 | 13.3 | 0.96 | 14.1 | 172.0 | 2.42 | 3.40 | 31.3 | 11.2 |
| D3152/2 | 透闪钾长变粒岩 | 135.0 | 69.9 | 580.0 | 10.9 | 1.05 | 18.5 | 32.7 | 2.55 | 0.71 | 26.7 | 12.4 |
| D3152/3 | 斜长黑云石英片岩 | 157.0 | 106.0 | 748.0 | 10.9 | 1.12 | 17.6 | 69.2 | 2.17 | 1.36 | 27.7 | 13.8 |
| D3152/4 | 斜长二云石英片岩 | 53.2 | 150.0 | 2 288 | 14.5 | 1.09 | 24.1 | 103.0 | 3.07 | 1.80 | 23.1 | 12.8 |
| D3153/1 | 斜长黑云石英片岩 | 83.7 | 172.0 | 573.0 | 13.7 | 1.04 | 19.0 | 111.0 | 2.07 | 2.01 | 24.0 | 16.2 |
| D3153/3 | 斜长二云石英片岩 | 47.3 | 160.0 | 774.0 | 13.6 | 1.71 | 27.1 | 34.3 | 2.84 | 0.70 | 17.1 | 13.6 |
| D3154/1 | 黑云斜长变粒岩 | 62.0 | 88.5 | 877.0 | 7.6 | 0.64 | 10.5 | 70.2 | 1.31 | 1.40 | 15.5 | 5.9 |
| D3157/1 | 二云石英粒岩 | 57.5 | 196.0 | 946.0 | 18.2 | 2.99 | 52.0 | 38.1 | 0.63 | 0.77 | 28.5 | 10.6 |
| D3157/2 | 白云石大理岩 | 212.0 | 2.0 | 16.2 | 0.5 | 0.05 | 0.9 | 6.2 | 0.49 | 0.13 | 1.4 | 0.8 |
| D3157/6 | 斜长角闪岩 | 133.0 | 25.5 | 134.0 | 3.7 | 0.62 | 10.0 | 86.5 | 0.99 | 1.75 | 30.1 | 41.2 |
| 变质碎屑岩平均值 | | 83.3 | 138.1 | 909.1 | 13.0 | 1.33 | 22.6 | 131.6 | 2.44 | 2.42 | 26.3 | 13.0 |
| 变质中性火山岩平均值 | | 134.5 | 85.0 | 451.5 | 12.7 | 1.23 | 21.8 | 159.4 | 2.59 | 3.06 | 32.0 | 15.1 |
| 地壳克拉克值(维氏,1962) | | 340.0 | 150.0 | 650.0 | 13.0 | 2.50 | 20.0 | 170.0 | 2.50 | 1.00 | 29.0 | 10.0 |
| 世界基性玄武岩平均值 | | 440.0 | 4.5 | 300.0 | 3.0 | 0.48 | 20.0 | 100.0 | 0.50 | 1.00 | 20.0 | 2.4 |
| 世界碳酸盐岩平均值(涂和费,1961) | | 610.0 | 3.0 | 10.0 | 1.7 | 0.01 | 0.3 | 19.0 | 2.20 | 0.3 | 30.0 | 1.0 |

续表 2-19

| 样品号 | 岩石名称 | Cr | Co | Ni | V | Ga | Au | Ag | Cu | Pb | Zn |
|---|---|---|---|---|---|---|---|---|---|---|---|
| D583/1 | 斜长白云石英片岩 | 49.3 | 13.4 | 26.7 | 63.5 | 16.3 | 2.75 | 150.0 | 130.0 | 20.7 | 91.9 |
| D583/2 | 斜长白云石英片岩 | 52.0 | 7.8 | 17.0 | 75.3 | 19.1 | 1.72 | 140.0 | 13.7 | 22.2 | 96.2 |
| D583/3 | 斜长白云石英片岩 | 55.2 | 7.7 | 19.9 | 59.0 | 16.0 | 1.95 | 96.0 | 148.0 | 16.0 | 69.6 |
| D583/4 | 斜长白云石英片岩 | 65.5 | 11.9 | 20.4 | 65.9 | 19.2 | 2.95 | 130.0 | 198.0 | 28.6 | 71.4 |
| D3143/1 | 黑云斜长片麻岩 | 49.7 | 16.9 | 21.9 | 109.0 | 20.3 | — | — | 112.0 | 21.0 | 115.0 |
| D3143/4 | 角闪绿泥石英片岩 | 76.1 | 18.0 | 37.7 | 103.0 | 17.1 | — | — | 113.0 | 18.0 | 125.0 |
| D3152/1 | 黑云角闪石英片岩 | 73.7 | 9.4 | 28.9 | 67.4 | 16.4 | — | — | 56.8 | 17.4 | 82.0 |
| D3152/2 | 透闪钾长变粒岩 | 55.0 | 10.8 | 22.8 | 70.3 | 15.0 | 1.67 | 91.0 | 112.0 | 16.1 | 88.0 |
| D3152/3 | 斜长黑云石英片岩 | 157.0 | 14.9 | 36.2 | 118.0 | 17.3 | 2.53 | 140.0 | 76.6 | 25.1 | 108.0 |
| D3152/4 | 斜长二云石英片岩 | 53.3 | 9.4 | 12.7 | 59.1 | 18.5 | 1.78 | 130.0 | 384.0 | 15.7 | 98.9 |
| D3153/1 | 斜长黑云石英片岩 | 99.4 | 17.8 | 26.3 | 99.7 | 21.0 | — | — | 238.0 | 50.0 | 114.0 |
| D3153/3 | 斜长二云石英片岩 | 102.0 | 14.5 | 16.6 | 82.6 | 18.1 | — | — | 23.1 | 11.7 | 87.9 |
| D3154/1 | 黑云斜长变粒岩 | 69.1 | 4.3 | 9.0 | 54.2 | 10.1 | — | — | 18.9 | 3.3 | 29.0 |
| D3157/1 | 二云石英片岩 | 62.4 | 2.9 | 5.6 | 19.5 | 21.4 | 2.26 | 140.0 | 49.3 | 12.0 | 56.9 |
| D3157/2 | 白云石大理岩 | 4.6 | 1.9 | 18.3 | 22.4 | 0.6 | — | — | 24.0 | 6.8 | 11.8 |
| D3157/6 | 斜长角闪岩 | 15.2 | 46.7 | 67.4 | 516.0 | 18.2 | — | — | 397.0 | 20.3 | 171.0 |
| 变质碎屑岩平均值 | | 74.1 | 10.9 | 20.1 | 72.8 | 17.8 | 1.89 | 127.1 | 130.9 | 19.8 | 88.5 |
| 变质中性火山岩平均值 | | 65.6 | 14.4 | 30.3 | 85.2 | 15.6 | — | — | — | — | — |
| 地壳克拉克值(维氏,1962) | | 83.0 | 18.0 | 58.0 | 90.0 | 19.0 | 4.00 | 80.0 | 63.0 | 12.0 | 94.0 |
| 世界基性玄武岩平均值 | | 200.0 | 45.0 | 160.0 | 200.0 | 18.0 | — | — | — | — | — |
| 世界碳酸盐岩平均值(涂和费,1961) | | 11.0 | 0.1 | 20.0 | 20.0 | 4.0 | — | — | — | — | — |

注:表中 Au、Ag 元素含量单位为 $\times 10^{-9}$,其他元素含量单位均为 $\times 10^{-6}$。

### 3. 稀土元素

稀土元素特征见表 2-20,该岩群基性火山岩,轻重稀土比值较大,Eu 亏损,Ce 亏损,轻稀土富集,轻、重稀土有一定分馏,稀土配分曲线右倾,与洋岛碱性玄武岩稀土配分曲线相似,岩石形成过程中发生部分熔融。

表 2-20 中元古界(未分)地层稀土元素特征表

| 样品号 | 岩石名称 | 稀土元素含量($\times 10^{-6}$) | | | | | | | | | | | | |
|---|---|---|---|---|---|---|---|---|---|---|---|---|---|---|
| | | La | Ce | Pr | Nd | Sm | Eu | Gd | Tb | Dy | Ho | Er | Tm | Yb |
| D583/1 | 斜长白云石英片岩 | 40.1 | 84.3 | 9.78 | 37.7 | 7.21 | 1.23 | 6.51 | 1.00 | 5.64 | 1.15 | 3.51 | 0.50 | 3.46 |
| D3143/1 | 黑云斜长片麻岩 | 51.2 | 100.0 | 11.90 | 48.2 | 9.19 | 1.84 | 8.81 | 1.24 | 7.59 | 1.59 | 4.41 | 0.78 | 4.52 |
| D3143/4 | 角闪绿泥石英片岩 | 40.8 | 75.1 | 9.35 | 39.9 | 7.92 | 1.20 | 7.25 | 1.09 | 6.73 | 1.46 | 4.27 | 0.83 | 4.72 |
| D3150/1 | 长石黑云石英片岩 | 43.1 | 94.6 | 10.80 | 39.9 | 7.80 | 1.54 | 7.73 | 1.14 | 6.37 | 1.17 | 3.58 | 0.48 | 2.82 |
| D3152/1 | 黑云角闪石英片岩 | 44.8 | 84.4 | 10.30 | 41.1 | 7.55 | 1.38 | 7.10 | 0.96 | 5.91 | 1.24 | 3.50 | 0.65 | 3.62 |
| D3152/2 | 透闪钾长变粒岩 | 35.3 | 73.9 | 8.63 | 31.9 | 6.55 | 1.29 | 6.17 | 0.94 | 5.17 | 1.01 | 3.04 | 0.41 | 2.67 |
| D3152/4 | 斜长二云石英片岩 | 60.4 | 122.0 | 15.20 | 56.9 | 11.20 | 2.46 | 10.20 | 1.32 | 5.85 | 0.89 | 2.75 | 0.30 | 2.05 |
| D3154/1 | 黑云斜长变粒岩 | 22.7 | 48.4 | 5.73 | 20.8 | 3.93 | 1.07 | 3.94 | 0.57 | 3.11 | 0.61 | 1.95 | 0.27 | 1.66 |
| D3157/6 | 斜长角闪岩 | 14.4 | 29.3 | 4.28 | 19.1 | 4.69 | 1.33 | 4.76 | 0.79 | 5.40 | 1.16 | 3.23 | 0.59 | 3.46 |

续表 2-20

| 样品号 | 岩石名称 | 稀土元素含量($\times10^{-6}$) | | | | 特征参数值 | | | | | |
|---|---|---|---|---|---|---|---|---|---|---|---|
| | | Lu | ΣREE | LREE | HREE | LREE/HREE | δEu | δCe | $(La/Yb)_N$ | $(La/Sm)_N$ | $(Gd/Yb)_N$ |
| D583/1 | 斜长白云石英片岩 | 0.51 | 202.60 | 180.32 | 22.16 | 8.14 | 0.54 | 0.93 | 7.76 | 3.19 | 1.64 |
| D3143/1 | 黑云斜长片麻岩 | 0.79 | 252.06 | 222.33 | 29.73 | 7.48 | 0.62 | 0.88 | 7.35 | 3.20 | 1.65 |
| D3143/4 | 角闪绿泥石英片岩 | 0.81 | 201.43 | 174.27 | 27.16 | 6.42 | 0.48 | 0.84 | 5.58 | 2.96 | 1.30 |
| D3150/1 | 长石黑云石英片岩 | 0.40 | 221.43 | 197.74 | 23.69 | 8.35 | 0.61 | 0.96 | 9.91 | 3.17 | 2.32 |
| D3152/1 | 黑云角闪石英片岩 | 0.59 | 213.10 | 189.53 | 23.57 | 8.04 | 0.57 | 0.86 | 7.99 | 3.41 | 1.65 |
| D3152/2 | 透闪钾长变粒岩 | 0.40 | 177.38 | 157.57 | 19.81 | 7.95 | 0.62 | 0.94 | 8.58 | 3.09 | 1.96 |
| D3152/4 | 斜长二云石英片岩 | 0.30 | 291.81 | 268.16 | 23.65 | 11.34 | 0.70 | 0.88 | 19.10 | 3.09 | 4.22 |
| D3154/1 | 黑云斜长变粒岩 | 0.26 | 114.99 | 102.63 | 12.36 | 8.30 | 0.83 | 0.93 | 8.91 | 3.32 | 2.03 |
| D3157/6 | 斜长角闪岩 | 0.57 | 93.06 | 73.10 | 19.96 | 3.66 | 0.86 | 0.83 | 2.70 | 1.76 | 1.17 |

变质碎屑岩稀土总量、轻重稀土比值大、δEu、$(La/Yb)_N$、$(Gd/Yb)_N$值变化大，轻重稀土比值大，Eu强—弱亏损，Ce弱亏损，轻稀土强富集，轻、重稀土分馏明显，稀土配分模式曲线向右陡倾(图2-33)，与活动大陆边缘和被动大陆边缘碎屑岩稀土配分模式曲线相似。

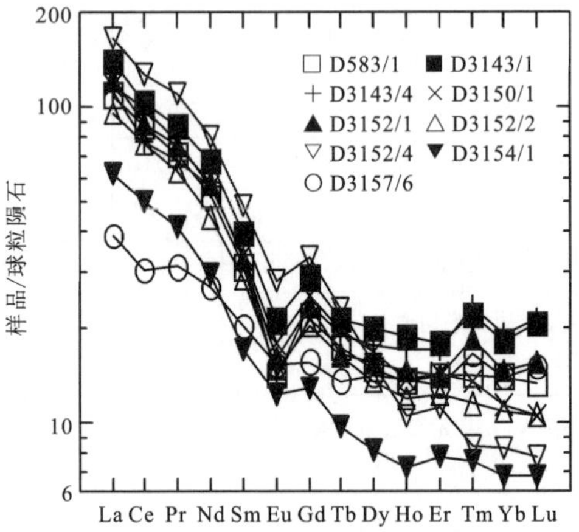

图2-33 中元古界(未分)地层稀土配分模式曲线

**4. 成矿元素**

成矿元素特征见表2-19，Au含量普遍小于地壳克拉克值，并且变化小。Ag大于地壳克拉克值。Cu含量变化大，部分样品值是地壳克拉克值的6倍多，部分值小于克拉克值，平均值大于地壳克拉克值。Pb含量变化较大，平均值大于地壳克拉克值，部分样品值小于克拉克值。Zn含量变化大，平均值小于地壳克拉克值，部分样品值大于克拉克值。综合分析该群有一定的成矿背景，尤其是Cu、Pb有利成矿。

(四)原岩恢复

中元古界(未分)地层根据野外宏观特征和室内薄片鉴定特征，原岩为变质碎屑岩夹基性火山岩，主要证据有：①野外露头尺度上岩性有规律变化，而且多呈渐变关系，岩石多为“层状”、似层状，未见大范围岩性均一岩石；②出现石英岩、白云石大理岩、大理岩等特征副变质岩；③变质岩以片岩类为主，反映原岩泥质含量较高特征；④地层中有少量斜长角闪岩透镜体。

通过岩石化学计算，利用[(al+fm)-(c+alk)]-Si图解(图2-34)恢复原岩，投于砂质沉积岩、泥质岩和火山岩区，火山岩夹于副变质岩石中，成层产出，而且多呈渐变关系，所以其应为火山沉积岩。利用(Al+Fe+Ti)-(Ca+Mg)图解(图2-35)恢复原岩，投影于杂砂岩、亚杂砂岩、白云质杂砂岩区，白云石大理岩原岩应为白云质灰岩。由此可见中元古界(未分)地层原岩为变质碎屑岩岩屑砂岩和长石砂岩类，局部白云质灰岩。

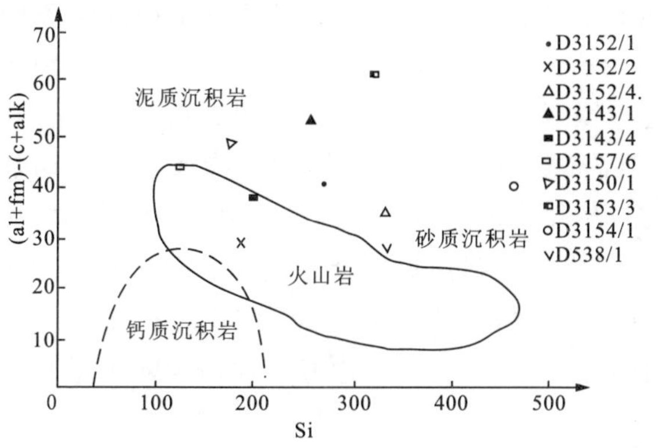


图 2-34 中元古界(未分)[(al+fm)-(c+alk)]-Si 图解
(据西蒙南,1953)

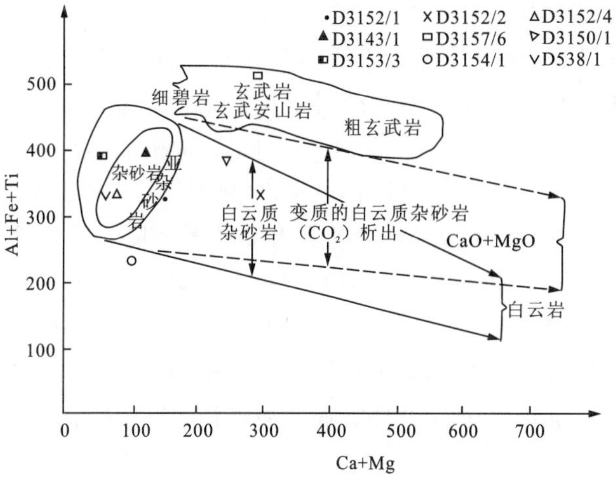


图 2-35 中元古界(未分)(Al+Fe+Ti)-(Ca+Mg)图解
(据莫伊纳和罗谢,1968)

变质基性火山岩通过[(al+fm)-(c+alk)]-Si 图解(图 2-34),投于火山岩区,(Al+Fe+Ti)-(Ca+Mg)图解(图 2-35)投于玄武岩区。

综合上述,中元古界(未分)原岩为岩屑砂岩、长石砂岩、泥质岩夹白云质灰岩、玄武岩等。

### (五)大地构造环境

中元古界(未分)地层原岩结构构造已完全改造,根据岩石化学和地球化学特征讨论其形成的大地构造环境。

变质碎屑岩岩石化学特征与 Bhatia(1985)不同构造环境沉积盆地杂砂岩平均值比较(表2-21),介于大陆岛弧与活动陆缘之间,主体接近大陆岛弧。利用常量元素($Fe_2O_3^*$ +MgO)-$TiO_2$

**表 2-21 Jx*S*、$Pt_2$、Jx*b* 变质碎屑岩平均化学成分与 Bhatia(1985)太古宙、元古宙碎屑沉积岩及不同构造环境杂砂岩平均化学成分对比表** (%)

| 类型 | 太古宙 | 元古宙 | 大洋岛弧 | 大陆岛弧 | 活动陆缘 | 被动陆缘 | 桑株塔格岩群 | 中元古界(未分)地层 | 博查特塔格组 | 西合休岩组 |
|---|---|---|---|---|---|---|---|---|---|---|
| $SiO_2$ | 65.7±2.2 | 70.0±3.4 | 58.83±1.6 | 70.69±2.6 | 73.86±4.0 | 81.95±6.2 | 68.22 | 68.25 | 72.52 | 47.16 |
| $TiO_2$ | 0.6±0.1 | 0.6±0.1 | 1.06±0.2 | 0.64±0.1 | 0.46±0.1 | 0.49±0.2 | 1.59 | 0.66 | 0.85 | 5.00 |
| $Al_2O_3$ | 14.9±1.3 | 14.5±1.7 | 17.1±1.7 | 14.04±1.1 | 12.89±2.1 | 8.41±2.2 | 13.46 | 13.47 | 8.78 | 14.01 |
| $Fe_2O_3$ | — | — | 1.95±0.5 | 1.43±0.5 | 1.30±0.5 | 1.32±1.6 | 1.72 | 1.45 | 2.95 | 12.56 |
| FeO | 6.4±1.5 | 5.5±1.9 | 5.52±2.1 | 3.05±0.4 | 1.58±0.9 | 1.76±1.2 | 4.44 | 3.54 | 2.61 | 6.04 |
| MnO | — | — | 0.15 | 0.10 | 0.10 | 0.05 | 0.09 | 0.06 | 0.065 | 0.35 |
| MgO | 3.6±1.0 | 2.1±0.5 | 3.65±0.7 | 1.97±0.5 | 1.23±0.5 | 1.39±0.8 | 3.15 | 3.10 | 2.46 | 4.99 |
| CaO | 3.3±1.1 | 1.7±0.7 | 5.83±1.3 | 2.68±0.9 | 2.48±1.0 | 1.89±2.3 | 1.57 | 2.40 | 2.88 | 1.38 |
| $Na_2O$ | 2.9±0.5 | 1.8±0.6 | 4.10±0.8 | 3.12±0.4 | 2.77±0.7 | 1.07±2.6 | 0.26 | 1.72 | 1.21 | 0.55 |
| $K_2O$ | 2.2±0.3 | 3.5±0.6 | 1.60±0.6 | 1.89±0.5 | 2.90±0.5 | 1.71±0.6 | 3.33 | 3.31 | 1.76 | 4.19 |
| $P_2O_5$ | — | — | 2.6±0.1 | 0.16±0.1 | 0.09 | 0.12 | 0.11 | 0.10 | 0.17 | 0.49 |
| $Fe_2O_3^*$ +MgO | — | — | 11.73 | 6.79 | 4.63 | 2.89 | 9.14 | 7.95 | 7.73 | 18.95 |
| $Al_2O_3/SiO_2$ | 0.23 | 0.21 | 0.29 | 0.20 | 0.18 | 0.10 | 0.20 | 0.20 | 0.12 | 0.30 |
| $K_2O/Na_2O$ | 0.76 | 0.18 | 0.39 | 0.61 | 0.99 | 1.60 | 12.81 | 1.92 | 1.45 | 7.62 |
| $Al_2O_3/(CaO+Na_2O)$ | 2.40 | 4.14 | 1.72 | 2.42 | 2.56 | 4.15 | 7.36 | 3.27 | 2.15 | 7.26 |

图解(图 2-36),($Fe_2O_3^*$ +MgO)-($Al_2O_3/SiO_2$)图解(图 2-37)判别构造环境,多数样品投于大陆岛弧区,部分样品投于活动陆缘和大洋岛弧区。变质碎屑岩微量元素平均值与 Bhatia(1985)不同构造环境沉积盆地杂砂岩微量元素平均值对比(表 2-22),介于大陆岛弧与活动陆缘之间,个别元素接近于被动陆缘,主体与大陆岛弧相似,进一步通过微量元素 La-Th-Sc 图解(图 2-38)和 Th-Sc-Zr/10图解(图 2-39)判别环境,多数投于大陆岛弧区,部分投于活动陆缘或靠近活动陆缘。综合上述,主要形成于大陆岛弧环境。基性玄武岩利用 $TiO_2$-MnO×10-$P_2O_5$×10 图解(见图 2-29)和 FeO$^*$-MgO-$Al_2O_3$图解(见图 2-28),投于靠近岛弧拉斑玄武岩的洋中脊玄武岩和大陆玄武岩区,利用 A-F-M 图解(见图 2-27)投于拉斑玄武岩。通过微量元素 Nb×2-Zr/4-Y 图解(图 2-30)和(Zr/Y)-Zr 图解(见图 2-31)判别环境,投于活动大陆边缘+被动大陆边缘和大陆岛弧区。综合野外宏观地质特征,应为大陆岛弧环境。

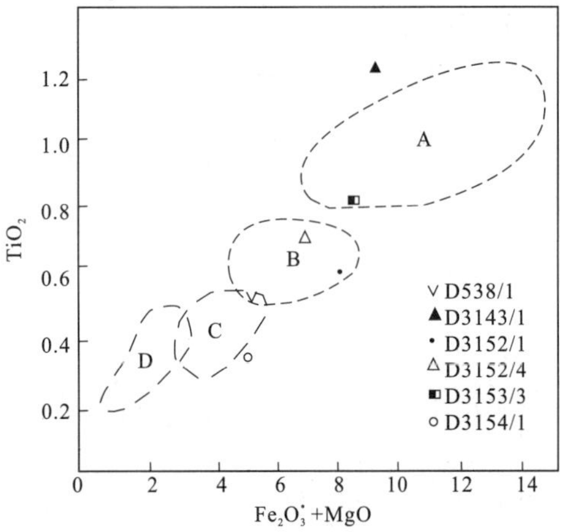


图 2-36　中元古界(未分)变质碎屑岩

($Fe_2O_3^*$ +MgO)-$TiO_2$构造环境判别图解

A. 大洋岛弧;B. 大陆岛弧;C. 活动大陆边缘;D. 被动大陆边缘

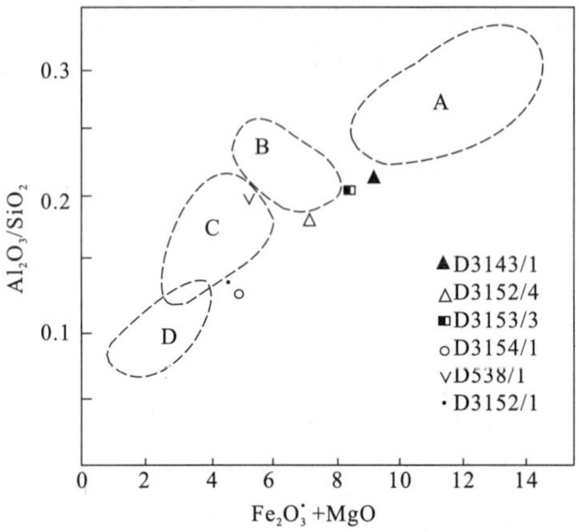


图 2-37　中元古界(未分)变质碎屑岩

($Fe_2O_3^*$ +MgO)-($Al_2O_3/SiO_2$)构造环境判别图解

A. 大洋岛弧;B. 大陆岛弧;C. 活动大陆边缘;D. 被动大陆边缘

**表 2-22　Jx*S*、$Pt_2$ 变质碎屑岩与 Bhatia(1985)不同构造环境沉积盆地杂砂岩微量元素特征对比表**

| 类型 | 大洋岛弧 | 大陆岛弧 | 活动陆缘 | 被动陆缘 | 桑株塔格岩群 | 中元古界(未分)地层 | 西合休岩组 |
|---|---|---|---|---|---|---|---|
| Rb/Sr | 0.05±0.05 | 0.65±0.33 | 0.89±0.24 | 1.19±0.40 | 1.29 | 1.66 | 1.73 |
| Ba/Rb | 21.3±5.00 | 7.5±1.30 | 4.5±0.80 | 4.7±1.10 | 1.31 | 6.58 | 4.89 |
| Ba/Sr | 0.95±0.60 | 3.55±1.40 | 3.8±0.70 | 4.7±1.30 | 1.69 | 10.90 | 8.45 |
| Th($\times10^{-6}$) | 2.27±0.70 | 1.11±1.10 | 18.8±3.00 | 16.7±3.65 | 14.90 | 13.00 | 9.82 |
| U($\times10^{-6}$) | 1.09±0.21 | 2.53±0.24 | 3.90±0.50 | 3.20±0.8 | 3.58 | 2.44 | 1.57 |
| Zr($\times10^{-6}$) | 96±20 | 229±27 | 179±33 | 298±80 | 263.00 | 131.60 | 133.70 |
| Nb($\times10^{-6}$) | 2.0±0.40 | 8.5±0.80 | 10.7±1.40 | 7.9±1.90 | 21.60 | 22.60 | 19.80 |
| Y($\times10^{-6}$) | 19.5±5.60 | 24.2±2.20 | 24.9±3.60 | 27.3±5.30 | 38.70 | 26.30 | 26.00 |
| Th/U | 2.1±0.78 | 4.6±0.45 | 4.8±0.38 | 5.6±0.67 | 4.16 | 5.33 | 6.25 |
| Zr/Th | 48.0±13.40 | 21.5±2.40 | 9.5±0.70 | 19.1±5.80 | 17.65 | 10.12 | 13.62 |
| Zr/Y | 5.67±1.94 | 9.6±0.80 | 7.2±0.40 | 12.4±4.00 | 6.80 | 5.00 | 5.14 |
| Nb/Y | 0.11±0.03 | 0.36±0.04 | 0.43±0.04 | 0.30±0.06 | 0.56 | 0.86 | 0.76 |
| La($\times10^{-6}$) | 8.72±2.50 | 24.4±2.30 | 33.0±4.50 | 33.5±5.80 | 73.10 | 43.72 | 33.12 |

**续表 2-22**

| 类型 | 大洋岛弧 | 大陆岛弧 | 活动陆缘 | 被动陆缘 | 桑株塔格岩群 | 中元古界（未分）地层 | 西合休岩组 |
|---|---|---|---|---|---|---|---|
| Ce($\times10^{-6}$) | 22.53±5.90 | 50.5±4.30 | 72.7±9.80 | 71.9±11.5 | 140.50 | 88.95 | 69.26 |
| Nd($\times10^{-6}$) | 11.36±2.90 | 20.8±1.60 | 25.4±3.40 | 29.0±5.03 | 67.85 | 40.77 | 19.30 |
| Sc($\times10^{-6}$) | 19.5±5.20 | 14.8±1.70 | 8.0±1.10 | 6.0±1.40 | 22.70 | 13.00 | 15.80 |
| V($\times10^{-6}$) | 131±40 | 89±13.70 | 48±5.90 | 31±9.90 | 146.50 | 72.80 | 100.10 |
| Cr($\times10^{-6}$) | 37±13 | 51±6.50 | 26±4.90 | 39±8.50 | 85.00 | 74.10 | 50.40 |
| Co($\times10^{-6}$) | 18±6.30 | 12±2.70 | 10±1.70 | 5±2.40 | 10.43 | 10.90 | 13.40 |
| Ni($\times10^{-6}$) | 11±5.10 | 13±2.00 | 10±2.50 | 8±4.40 | 12.92 | 20.10 | 17.48 |
| Ga($\times10^{-6}$) | 17±1.90 | 13±1.30 | 14±1.50 | 8±1.60 | 25.85 | 17.80 | 17.90 |
| Ni/Co | 0.62±0.16 | 1.22±0.25 | 1.04±0.19 | 1.42±0.41 | 1.24 | 1.84 | 1.30 |
| Sc/Cr | 0.57±0.16 | 0.32±0.06 | 0.30±0.02 | 0.6±0.02 | 0.27 | 0.18 | 0.31 |

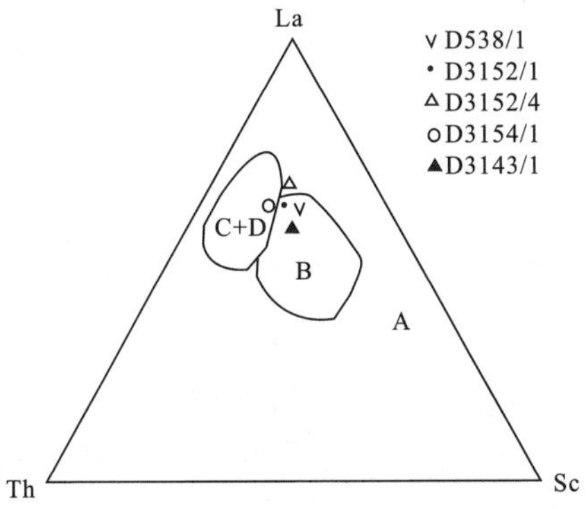


图 2-38　中元古界（未分）地层微量元素 La-Th-Sc 判别图

A. 大洋岛弧；B. 大陆岛弧；C. 活动大陆边缘；D. 被动大陆边缘

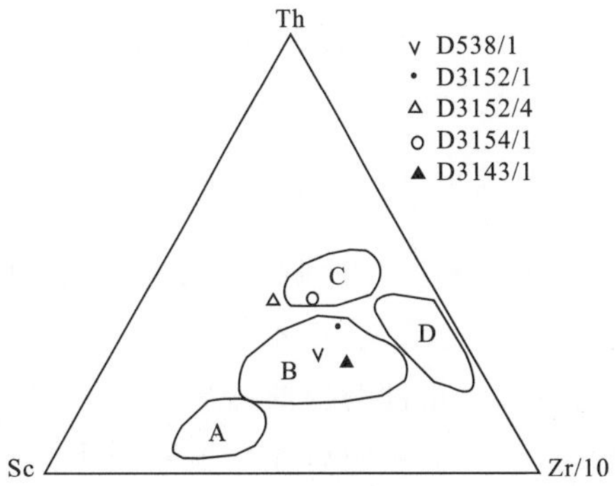


图 2-39　中元古界（未分）地层微量元素 Th-Sc-Zr/10 判别图

A. 大洋岛弧；B. 大陆岛弧；C. 活动大陆边缘；D. 被动大陆边缘

稀土配分模式曲线与活动陆缘和被动陆缘环境碎屑岩稀土配分模式曲线相似，部分样品与大陆岛弧环境相似。与砂岩构造背景的 REE 判别函数（Bhatia，1985）对比（表 2-23），与被动陆缘环境比较接近。

**表 2-23　砂岩不同构造背景的 REE 判别函数（Bhatia，1985）与桑株塔格岩群、中元古界（未分）地层对比表**

| 构造背景 | 源区类型 | REE 参数 | | ΣREE | La/Yb | $(La/Yb)_N$ | LREE/HREE | Eu/Eu* |
|---|---|---|---|---|---|---|---|---|
| | | La | Ce | | | | | |
| 大洋岛弧 | 为切割岩浆弧 | 8±1.7 | 19±3.7 | 58±10 | 4.2±1.3 | 2.8±0.9 | 3.8±0.9 | 1.04±0.11 |
| 大陆岛弧 | 切割岩浆弧 | 27±4.5 | 59±8.2 | 146±20 | 11.0±3.6 | 7.5±2.5 | 7.7±1.7 | 0.79±0.13 |
| 活动陆缘 | 上隆基底 | 37.00 | 78.00 | 186.00 | 12.50 | 8.50 | 9.10 | 0.60 |
| 被动陆缘 | 克拉通内部构造高地 | 39.00 | 85.00 | 210.00 | 15.90 | 10.80 | 8.50 | 0.56 |
| 桑株塔格岩群 | | 73.05 | 140.50 | 345.66 | 16.01 | 10.36 | 9.42 | — |
| 中元古界（未分）地层 | | 43.72 | 88.95 | 215.98 | 14.47 | 10.17 | 8.61 | — |
| 西合休岩组 | | 31.17 | 65.40 | 157.92 | 14.08 | 9.10 | 8.19 | — |

综合以上讨论，中元古界(未分)变质碎屑岩形成环境，介于大陆岛弧与活动陆缘之间，主体为大陆岛弧环境。碎屑岩物源来自多个成因复杂源区。

(六)变质变形特征简述

该地层变质变形较强，原岩组构已完全改造，主要表现为中深层次的韧性剪切变形，即顺层剪切、紧闭同斜褶皱(图 2-40)，强面理置换形成一系列鞘褶皱，构造透镜体、旋转碎斑、石香肠构造、长英脉形成的无根小褶皱等变形构造。属高绿片岩相变质，变质带为黑云母带。

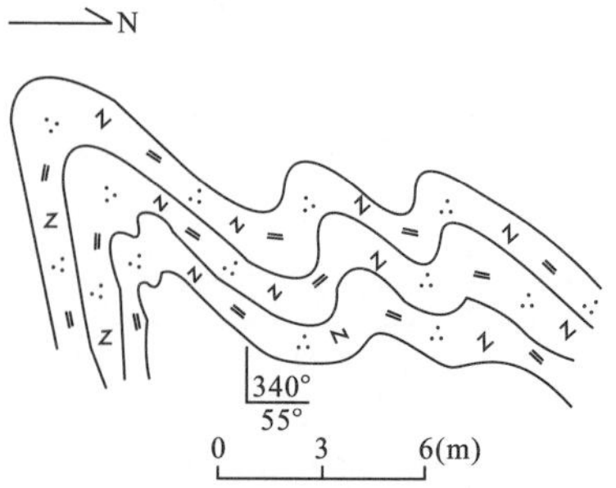


图 2-40 中元古界(未分)地层中斜长白云石英片岩褶皱素描图

(七)形成时代

该套地层被奥陶纪、志留纪岩体侵入，其变质碎屑岩与太古宙、元古宙变质碎屑岩岩石化学成分平均值比较(见表 2-21)，介于太古宙与元古宙之间，主体与元古宙相似。前人将其划分为中元古界长城系的一部分，变质变形、原岩建造及形成环境与西昆仑地块赛图拉岩群比较相似，故将其暂划为长城系。

## 六、博查特塔格组(Jx*b*)

地质矿产部十三地质大队旲文奎等(1958)创名于叶城县阿克其克 乌斯坦河谷，定名为博查特塔格岩系。原始定义：以不整合覆于赫罗斯坦岩体之上，与上覆苏玛兰岩系整合关系，时代为寒武纪—早奥陶世，东部为碳酸盐岩类，向西为碳酸盐岩类与泥质物和喷出岩、绢云母石英片岩、页岩互层。现在定义：为不整合于长城系或下元古界之上，整合伏于苏玛兰组之下的一套杂色岩层，主要岩性为白云岩、白云质灰岩、泥质灰岩、砂岩、页岩、泥板岩，以底砾岩及不整合面与塞拉加兹塔格岩群中酸性火山岩及桑株塔格岩群中深变质岩为界，上界以泥质物质增多、白云岩消失及鲜艳色的苏玛兰组相区别，富含叠层石。层型剖面位于阿克其克-乌斯坦河谷。汪玉珍、马世鹏等(1984—1991)多次将博查特塔格组置于蓟县系，新疆岩石地层清理经过对比将其划为青白口系。测区北侧叶城幅发现博查特塔格组之上整合关系的苏玛兰组与其上覆青白口系苏库罗克组为角度不整合，所以本次区调将博查特塔格组划为蓟县系，属塔南地层区铁克里克地层分区。

博查特塔格组依据岩性组合划分为 A、B 两个岩性组，测区内分布于北部阿克其乌斯塘—拉木龙河一带，呈东西向带状展布，向北、向东延入邻幅。出露面积约 450km$^2$。

(一)地层特征

### 1. 博查特塔格组 A 段

博查特塔格组 A 段出露于乌鲁吾斯塘河、康矮孜达里亚沟、博斯腾塔河、拉木龙河 4090 线以北，呈 4 个透镜体近东西向展布，南侧与下元古界埃连卡特岩群，长城系塞拉加兹塔格岩群，石炭系他龙群、库尔良群等地层以脆韧性或脆性断层接触，北侧与该组 B 段、埃连卡特岩群等地层断层接触，向东出图；该组岩石组合主要为灰白色、浅灰色白云岩，白云质灰岩，砾岩，砂砾岩，变质长石石英砂岩，绢云母板岩，岩石组合较简单，显示粒序层理。现以新疆皮山县博斯腾塔河蓟县系博查特塔格组 A 段实测地质剖面为例(图 2-41)。

上覆地层：蓟县系博查特塔格组 B 段灰白色白云岩

═══════ 断 层 ═══════

**蓟县系博查特塔格组 A 段** **>804m**

3. 灰色、浅灰色中厚层状变质石英砂岩 690m

2. 灰绿色砂砾岩夹中层状变质细粒石英杂砂岩 38m

1. 复成分砾岩、砂砾岩 76m

断 层

下伏地层:埃连卡特岩群白云石英片岩

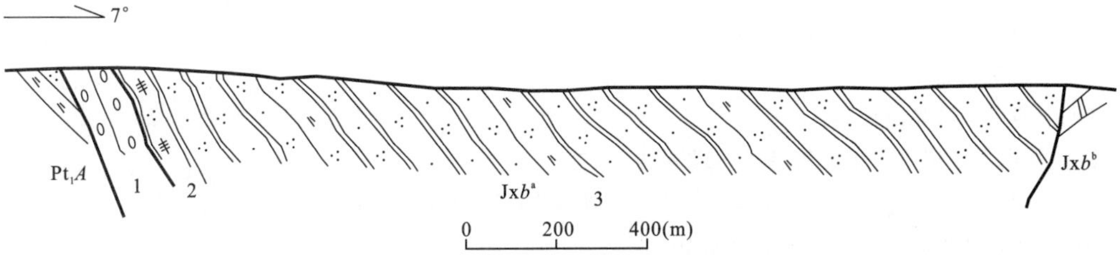


图 2-41 新疆皮山县博斯腾塔河蓟县系博查特塔格组 A 段实测地质剖面图

剖面未见顶、底,岩石组合主要为变质石英砂岩、砂砾岩、砾岩。剖面上、下部发育大量的砾岩、砂砾岩,砾岩成分复杂,露头上可见大量的粒序层理,由砾岩、砂砾岩、(细)砂岩、粉砂岩组成,向上碎屑岩粒度变细,而且分选较好。横向上岩性略有变化,向西乌鲁吾斯塘河一带变为变质长石石英砂岩和灰质砾岩。厚度大于 804m。为滨浅海相碎屑沉积,可见反映海进沉积过程。

## 2. 博查特塔格组 B 段

博查特塔格组 B 段出露于乌鲁吾斯塘河、康矮孜达里亚沟、博斯腾塔河、拉木龙河 4090 线以北,北侧与埃连卡特岩群、塞拉加兹塔格岩群等地层断层接触,仅在阿依不龙以北平行不整合于塞拉加兹塔格岩群之上;南侧与塞拉加兹塔格岩群、博查特塔格组 A 段、石炭系库尔良群断层接触。现以新疆叶城县乌鲁吾斯塘河蓟县系博查特塔格组 B 段实测剖面为例(图 2-42)。

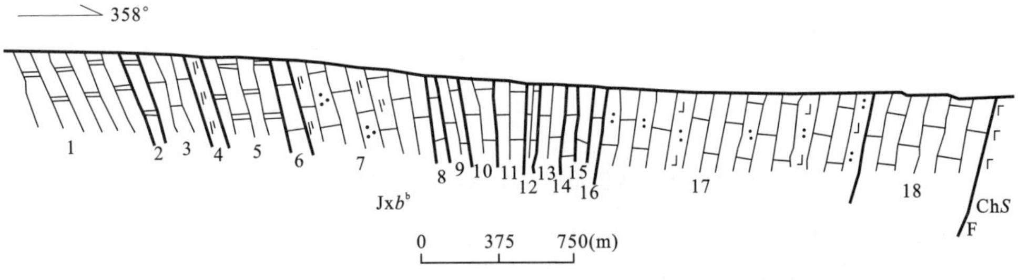


图 2-42 新疆叶城县乌鲁吾斯塘河蓟县系博查特塔格组 B 段实测地质剖面图

上覆地层:长城系塞拉加兹塔格岩群玄武岩

断 层

**博查特塔格组 B 段** **>4 588.82m**

18. 灰白色、白色中厚层结晶灰岩 823.85m

17. 浅灰色薄层状粉晶含粉砂灰岩、钙质粉砂岩夹灰色薄层细晶灰岩 1 318.85m

16. 灰白色、白色中厚层粉晶灰岩 96.66m

15. 紫红色薄层粉晶灰岩 29.33m

14. 灰白色、白色结晶灰岩 68.24m

13. 浅灰色薄层状灰岩、紫红色薄层粉晶灰岩互层状 37.40m

12. 紫红色极薄层条纹状含石英灰岩 48.45m

11. 紫红色、浅灰色薄层灰岩 108.06m
10. 灰白色、白色中厚层细晶灰岩 196.76m
9. 灰色、紫红色薄层灰岩 69.28m
8. 白色薄层灰岩 77.17m
7. 灰白色、白色中厚层状细晶含白云母石英灰岩，粉晶灰岩 663.98m
6. 灰色、浅灰色中薄层状灰岩 46.18m
5. 灰白色、白色中厚层状粉晶含灰质白云岩 289.41m
4. 灰绿色绢云母板岩夹灰色薄层粉晶灰岩 67.23m
3. 白色中层状灰岩 115.25m
2. 灰色中薄层状细晶白云岩 49.68m
1. 白色、灰白色厚层块状粗晶灰岩，细晶灰岩 483.04m

═══════ 断 层 ═══════

下伏地层：博查特塔格组 A 段灰色钙质砾岩

剖面未见顶、底，该组岩石组合为灰岩、白云质灰岩、白云岩夹灰绿色绢云母板岩，剖面上依据泥质岩石及紫红色薄层灰岩出露特征，可划分出 5 个不完整的沉积韵律，泥质岩石及紫红色薄层灰岩代表浅表环境下沉积。每个韵律的下部均以中—厚层状碳酸盐岩开始，以泥质岩石或紫红色薄层灰岩结束。剖面下部有灰岩、白云岩交替出现的特点，反映沉积环境变化频繁。沉积厚度大于 4 588.82m。

横向岩性基本稳定，康矮孜达里亚沟以东碳酸盐岩中很少夹变质细碎屑岩，由于断层破坏，地层出露宽度有变化。

## （二）岩石化学和地球化学

### 1. 岩石化学

博查特塔格组岩石化学成分见表 2－24、表 2－25，表中反映 A 段 $SiO_2$、$Al_2O_3$、FeO、CaO、MgO、$K_2O$ 变化大，其余成分变化较小，$K_2O>Na_2O$、$Fe_2O_3>FeO$，反映物源较复杂。根据野外宏观特征，A 段为被动陆缘环境。

**表 2－24 博查特塔格组 A 段岩石化学特征表** （%）

| 样品号 | 岩石名称 | $SiO_2$ | $Al_2O_3$ | $Fe_2O_3$ | CaO | MgO | MnO | $TiO_2$ | $P_2O_5$ | $K_2O$ | $Na_2O$ | FeO | $H_2O^+$ | $H_2O^-$ | LOI | Σ |
|---|---|---|---|---|---|---|---|---|---|---|---|---|---|---|---|---|
| D1169/2 | 变质细粒石英砂岩 | 68.05 | 12.50 | 3.89 | 0.44 | 3.54 | 0.03 | 0.90 | 0.21 | 2.38 | 1.60 | 3.78 | 2.82 | 0.13 | 0.49 | 100.76 |
| D1169/5 | 变质中粒石英砂岩 | 76.99 | 5.05 | 2.01 | 5.32 | 1.37 | 0.10 | 0.80 | 0.12 | 1.13 | 0.81 | 1.44 | 1.23 | 0.09 | 4.14 | 100.60 |

**表 2－25 博查特塔格组 B 段岩石化学特征表** （%）

| 样品号 | 岩石名称 | $SiO_2$ | $Al_2O_3$ | $Fe_2O_3$ | CaO | MgO | MnO | $TiO_2$ | $P_2O_5$ | $K_2O$ | $Na_2O$ | FeO | $H_2O^+$ | $CO_2$ | Σ |
|---|---|---|---|---|---|---|---|---|---|---|---|---|---|---|---|
| D3214/2 | 含云质石英灰岩 | 20.18 | 0.21 | 0.03 | 40.12 | 3.91 | 0.01 | $<0.01$ | 0.02 | 0.05 | 0.05 | 0.04 | $<0.01$ | 35.61 | 100.23 |
| D3216/2 | 粗晶白云岩 | 24.13 | 1.26 | 0.17 | 23.33 | 14.67 | 0.02 | 0.05 | 0.03 | 0.12 | 0.70 | 0.50 | 0.07 | 34.74 | 99.79 |
| 碳酸盐岩平均值 | | 22.16 | 0.74 | 0.10 | 31.73 | 9.29 | 0.02 | — | 0.03 | 0.09 | 0.38 | 0.27 | — | 34.67 | 99.46 |
| 世界碳酸盐岩值（涂和费，1961） | | 5.19 | 0.81 | 0.15 | 42.01 | 7.90 | 0.12 | 0.06 | 0.03 | 0.03 | 0.04 | 0.16 | — | 42.25 | 98.74 |

B段$SiO_2$、$Al_2O_3$、CaO、MgO、$K_2O$、$Na_2O$、FeO含量变化大，其余组分含量变化较小。平均值与世界碳酸盐岩值相比，$SiO_2$、MgO、$K_2O$、$Na_2O$、FeO明显偏高，CaO、$Al_2O_3$、$Fe_2O_3$明显偏低，其余组分含量相当。说明原岩在沉积过程中有较多碎屑物加入，形成于滨浅海环境。

**2. 微量元素**

微量元素特征见表2-26、表2-27，从表中可以看出，A段微量元素中亲石元素Sr、Rb、Zr、Ba含量变化大，其余元素含量变化小，过渡元素Sc、Co、Ni含量变化小，其余含量变化大。碎屑岩微量元素平均值与地壳克拉克值(维氏，1962)比较，亲石元素Rb、Ba、Sr、Zr强亏损，Th、U、Ta、Y弱亏损，而Nb富集，过渡元素Sc、V、Cr、Co、Ni、Ga亏损。除Nb外几乎所有的微量元素发生亏损，说明A段源区微量元素亏损。

**表2-26　博查特塔格组A段微量元素特征表**　　($\times 10^{-6}$)

| 样品号 | 岩石名称 | Sr | Rb | Ba | Th | Ta | Nb | Zr | U | Hf | Y | Sc |
|---|---|---|---|---|---|---|---|---|---|---|---|---|
| D1169/2 | 变质细粒石英杂砂岩 | 193.0 | 37.2 | 189 | 6.54 | 0.96 | 16.40 | 64.0 | 1.00 | 1.06 | 15.3 | 6.43 |
| D1169/3 | 变质细粒石英砂岩 | 32.3 | 74.0 | 325 | 8.58 | 1.59 | 26.20 | 95.7 | 1.25 | 1.64 | 12.2 | 10.20 |
| D1169/4 | 变质细粒石英砂岩 | 82.3 | 69.8 | 339 | 8.90 | 1.49 | 25.40 | 103.0 | 1.58 | 1.76 | 14.5 | 11.10 |
| D1169/5 | 变质中粒石英砂岩 | 51.9 | 39.1 | 193 | 5.82 | 1.23 | 21.50 | 79.6 | 1.15 | 1.42 | 14.1 | 7.30 |
| 碎屑岩平均值 | | 89.9 | 55.0 | 262 | 7.46 | 1.32 | 22.38 | 85.6 | 1.24 | 1.47 | 14.0 | 8.76 |
| 地壳克拉克值(维氏，1962) | | 340.0 | 150.0 | 650 | 13.00 | 2.50 | 20.00 | 170.0 | 2.50 | 1.00 | 29.0 | 10.00 |

| 样品号 | 岩石名称 | Cr | Co | Ni | V | Ga | Au | Ag | Cu | Pb | Zn |
|---|---|---|---|---|---|---|---|---|---|---|---|
| D1169/2 | 变质细粒石英杂砂岩 | 30.8 | 8.67 | 22.6 | 48.3 | 6.66 | 2.28 | 150 | 100.0 | 23.50 | 104 |
| D1169/3 | 变质细粒石英砂岩 | 65.4 | 9.89 | 35.3 | 78.2 | 12.00 | — | — | 33.5 | 6.25 | 166 |
| D1169/4 | 变质细粒石英砂岩 | 52.0 | 12.20 | 34.1 | 69.1 | 11.30 | 1.80 | 130 | 110.0 | 15.40 | 151 |
| D1169/5 | 变质中粒石英砂岩 | 121.0 | 10.80 | 26.5 | 65.6 | 7.98 | — | — | 22.1 | 7.44 | 123 |
| 碎屑岩平均值 | | 67.3 | 10.39 | 29.6 | 65.3 | 9.48 | 2.04 | 140 | 66.4 | 13.15 | 136 |
| 地壳克拉克值(维氏，1962) | | 83.0 | 18.00 | 58.0 | 90.0 | 19.00 | 4.00 | 80 | 63.0 | 12.00 | 94 |

**表2-27　博查特塔格组B段微量元素特征表**

| 样品号 | 岩石名称 | Sr | Rb | Ba | Th | Ta | Nb | Zr | U | Hf | Y | Sc |
|---|---|---|---|---|---|---|---|---|---|---|---|---|
| D3212/1 | 粉晶含粉砂灰岩 | 356 | 4.28 | 204 | 1.59 | 0.231 | 5.42 | 43.20 | 0.48 | 0.710 | 14.20 | 5.13 |
| D3212/2 | 细晶灰岩 | 438 | 7.02 | 2 151 | 3.84 | 0.378 | 8.60 | 228.00 | 6.52 | 3.700 | 39.80 | 3.63 |
| D3212/3 | 细晶灰岩 | 475 | 118.00 | 702 | 22.70 | 1.420 | 27.70 | 21.90 | 1.89 | 0.629 | 10.10 | 3.97 |
| D3213/1 | 粉晶灰岩 | 154 | 3.69 | 387 | 0.51 | 0.031 | 0.83 | 6.33 | 0.22 | 0.112 | 2.64 | 0.70 |
| D3213/2 | 粉晶灰岩 | 98 | 1.71 | 34 | 0.23 | 0.022 | 0.51 | 4.24 | 0.21 | 0.065 | 1.13 | 0.54 |
| D3213/3 | 粉晶灰岩 | 156 | 13.50 | 255 | 1.68 | 0.145 | 2.65 | 22.30 | 0.35 | 0.413 | 4.86 | 1.77 |
| D3213/4 | 粉晶灰岩 | 232 | 11.00 | 875 | 1.40 | 0.118 | 2.15 | 15.70 | 0.27 | 0.285 | 8.28 | 1.58 |
| D3213/5 | 细晶含石英灰岩 | 296 | 18.10 | 862 | 3.03 | 0.321 | 5.55 | 44.30 | 1.51 | 0.739 | 10.50 | 5.01 |
| D3214/1 | 细晶灰岩 | 195 | 4.46 | 123 | 0.42 | 0.033 | 0.77 | 4.84 | 0.34 | 0.075 | 2.77 | 0.60 |
| D3214/2 | 细晶含云质石英灰岩 | 1 070 | 1.30 | 22 | 0.13 | 0.017 | 0.43 | 2.10 | 0.61 | 0.036 | 0.99 | 0.39 |
| D3215/1 | 粉晶含灰质白云岩 | 108 | 1.56 | 35 | 0.29 | 0.036 | 1.02 | 3.82 | 0.03 | 0.078 | 11.70 | 0.68 |
| D3215/2 | 绢云母板岩 | 190 | 31.80 | 112 | 2.38 | 0.386 | 7.14 | 51.50 | 0.66 | 0.853 | 19.60 | 6.40 |

**续表 2-27**

| 样品号 | 岩石名称 | Sr | Rb | Ba | Th | Ta | Nb | Zr | U | Hf | Y | Sc |
|---|---|---|---|---|---|---|---|---|---|---|---|---|
| D3215/3 | 粉晶灰岩 | 202.0 | 24.10 | 87.6 | 1.63 | 0.301 | 5.79 | 38.10 | 0.47 | 0.645 | 18.20 | 5.38 |
| D3216/1 | 细晶白云岩 | 96.1 | 17.80 | 61.2 | 1.62 | 0.332 | 6.19 | 43.80 | 0.69 | 0.739 | 6.07 | 3.89 |
| D3216/2 | 粗晶白云岩 | 85.9 | 1.44 | 15.7 | 0.11 | 0.013 | 0.41 | 2.70 | 0.68 | 0.052 | 1.41 | 0.38 |
| D3216/3 | 细晶白云岩 | 84.2 | 2.99 | 26.5 | 0.62 | 0.102 | 2.17 | 12.10 | 0.95 | 0.190 | 3.00 | 1.27 |
| D3216/4 | 含石英绿泥绢云千枚岩 | 44.9 | 198.00 | 768.0 | 15.80 | 1.360 | 26.77 | 175.00 | 2.33 | 3.000 | 12.00 | 20.20 |
| 碳酸盐岩平均值 | | — | 269.73 | 15.4 | 389.35 | 1.036 | 0.23 | 4.53 | 32.90 | 1.036 | 0.57 | 9.04 |
| 变质碎屑岩平均值 | | — | 117.45 | 114.9 | 440.00 | 9.090 | 0.87 | 16.92 | 113.25 | 1.497 | 1.93 | 15.80 |
| 世界碳酸盐岩平均值(涂和费,1961) | | — | 610.00 | 3.0 | 10.00 | 1.700 | 0.01 | 0.30 | 19.00 | 2.200 | 0.30 | 30.00 |
| 地壳克拉克值(维氏,1962) | | 340.0 | 150.00 | 650.0 | 13.00 | 2.500 | 20.00 | 170.00 | 2.50 | 1.000 | 29.00 | 10.00 |

| 样品号 | 岩石名称 | Cr | Co | Ni | V | Ga | Au | Ag | Cu | Pb | Zn |
|---|---|---|---|---|---|---|---|---|---|---|---|
| D3212/1 | 粉晶含粉砂灰岩 | 18.90 | 4.50 | 39.6 | 28.7 | 1.87 | 1.46 | 70 | 111.0 | 16.6 | 51.2 |
| D3212/2 | 细晶灰岩 | 5.53 | 9.45 | 22.9 | 25.5 | 3.66 | 0.68 | 77 | 263.0 | 29.4 | 76.3 |
| D3212/3 | 细晶灰岩 | 19.50 | 4.33 | 8.13 | 39.1 | 16.00 | — | — | 43.0 | 29.0 | 65.0 |
| D3213/1 | 粉晶灰岩 | 6.52 | 2.06 | 31.0 | 25.7 | 0.32 | 1.53 | 91 | 35.8 | 18.6 | 56.3 |
| D3213/2 | 粉晶灰岩 | 7.13 | 2.05 | 32.7 | 28.5 | 0.06 | 1.42 | 65 | 254.0 | 16.3 | 39.2 |
| D3213/3 | 粉晶灰岩 | 11.20 | 3.24 | 27.8 | 28.8 | 1.57 | 1.67 | 98 | 48.4 | 11.8 | 27.5 |
| D3213/4 | 粉晶灰岩 | 9.34 | 2.77 | 27.6 | 26.7 | 1.17 | 1.40 | 78 | 71.1 | 22.0 | 23.1 |
| D3213/5 | 细晶含石英灰岩 | 18.40 | 6.72 | 27.9 | 32.7 | 3.39 | 2.16 | 160 | 57.7 | 16.3 | 42.1 |
| D3214/1 | 细晶灰岩 | 6.29 | 2.40 | 30.7 | 23.1 | 0.24 | 1.54 | 100 | 197.0 | 13.3 | 29.3 |
| D3214/2 | 细晶含云质石英灰岩 | 5.80 | 2.90 | 29.9 | 25.2 | — | 1.14 | 100 | 26.7 | 4.2 | 69.7 |
| D3215/1 | 粉晶含灰质白云岩 | 5.40 | 2.65 | 22.2 | 27.5 | 0.14 | 1.07 | 170 | 34.0 | 11.7 | 73.5 |
| D3215/2 | 绢云母板岩 | 14.00 | 4.24 | 26.8 | 44.4 | 5.00 | 1.72 | 160 | 79.3 | 24.9 | 67.1 |
| D3215/3 | 粉晶灰岩 | 9.96 | 3.32 | 22.3 | 33.6 | 3.51 | 1.74 | 81 | 47.7 | 10.3 | 65.3 |
| D3216/1 | 细晶白云岩 | 20.90 | 3.00 | 18.2 | 33.9 | 2.61 | 1.93 | 51 | 43.4 | 10.7 | 52.4 |
| D3216/2 | 粗晶白云岩 | 6.61 | 1.84 | 19.7 | 27.4 | — | 1.57 | 160 | 61.6 | 12.2 | 85.9 |
| D3216/3 | 细晶白云岩 | 11.70 | 2.75 | 17.0 | 38.1 | 1.45 | 1.74 | 140 | 96.1 | 11.8 | 116.0 |
| D3216/4 | 含石英绿泥绢云千枚岩 | 111.00 | 19.50 | 47.6 | 132.0 | 23.90 | 1.66 | 62 | 60.1 | 13.3 | 116.0 |
| 碳酸盐岩平均值 | | 10.88 | 3.30 | 25.2 | 29.6 | 2.77 | — | — | 94.8 | 15.6 | 58.2 |
| 变质碎屑岩平均值 | | 62.50 | 11.87 | 37.2 | 88.2 | 14.45 | 1.53 | 104 | 69.7 | 19.1 | 91.6 |
| 世界碳酸盐岩平均值(涂和费,1961) | | 11.00 | 0.10 | 20.0 | 20.0 | 4.00 | — | — | — | — | — |
| 地壳克拉克值(维氏,1962) | | 83.00 | 18.00 | 58.0 | 90.0 | 19.00 | 4.00 | 80 | 63.0 | 12.0 | 94.0 |

注:表中 Au、Ag 元素含量单位为 $\times10^{-9}$,其他元素含量单位均为 $\times10^{-6}$。

B段碳酸盐岩微量元素含量变化大,表明碳酸盐沉积过程中有陆源细碎屑泥质物混入影响,使得微量元素含量变化大。碳酸盐岩微量元素与世界碳酸盐岩平均值(涂和费,1961)比较,过渡元素Co强富集,V富集,Cr相似,Ga亏损。亲石元素Rb、Ba、Ta、Nb强富集,Zr、Hf富集。浅变质碎屑岩平均值与地壳克拉克值(维氏,1962)比较,亲石元素Sr强亏损,Rb、Ba、Th、Ta、Nb、Zr、Y亏损,过渡元素Sc富集,Cr、Co、Ni、Ga、U亏损。变质碎屑岩微量元素除Sc外基本都亏损,说明碎屑岩形成环境简单,而且物源单一。

碳酸盐岩与世界碳酸盐岩平均值比较相对复杂,说明碳酸盐岩不纯。形成环境为台地相同时有较多陆缘碎屑供给。A、B段碎屑岩微量元素与地壳克拉克值对比基本都亏损，表明碎屑物源可能来自微量元素亏损的构造剥蚀源区。

### 3. 稀土元素

本书仅对A段和B段的变质碎屑岩稀土元素说明，稀土元素特征见表2-28。

**表2-28　博查特塔格组稀土元素特征表**

| | 样品号 | 岩石名称 | 稀土元素含量($\times10^{-6}$) | | | | | | | | | | | | |
|---|---|---|---|---|---|---|---|---|---|---|---|---|---|---|---|
| | | | La | Ce | Pr | Nd | Sm | Eu | Gd | Tb | Dy | Ho | Er | Tm | Yb |
| A段 | D1169/2 | 变质细粒石英杂砂岩 | 27.7 | 58.1 | 6.18 | 21.8 | 4.09 | 0.86 | 3.97 | 0.55 | 2.97 | 0.54 | 1.81 | 0.23 | 1.59 |
| | D1169/3 | 变质细粒石英砂岩 | 22.8 | 46.7 | 5.16 | 20.0 | 3.69 | 0.90 | 4.15 | 0.51 | 2.49 | 0.49 | 1.48 | 0.20 | 1.33 |
| | D1169/4 | 变质细粒石英砂岩 | 26.9 | 55.8 | 6.27 | 22.7 | 4.43 | 0.90 | 3.96 | 0.57 | 3.09 | 0.54 | 1.84 | 0.25 | 1.75 |
| | D1169/5 | 变质中粒石英砂岩 | 19.5 | 42.8 | 4.76 | 17.6 | 3.52 | 0.77 | 3.92 | 0.51 | 3.02 | 0.55 | 1.74 | 0.23 | 1.59 |
| B段 | D3215/2 | 绢云母板岩 | 17.2 | 35.8 | 4.25 | 16.0 | 3.65 | 0.75 | 3.79 | 0.64 | 3.66 | 0.74 | 2.24 | 0.31 | 2.22 |
| | D3216/4 | 含石英绿泥绢云千枚岩 | 42.1 | 86.9 | 9.69 | 34.8 | 6.07 | 1.53 | 5.72 | 0.69 | 2.91 | 0.50 | 1.67 | 0.23 | 1.67 |

| | 样品号 | 岩石名称 | 稀土元素含量($\times10^{-6}$) | | | | 特征参数值 | | | | | |
|---|---|---|---|---|---|---|---|---|---|---|---|---|
| | | | Lu | ΣREE | LREE | HREE | LREE/HREE | δEu | δCe | $(La/Yb)_N$ | $(La/Sm)_N$ | $(Gd/Yb)_N$ |
| A段 | D1169/2 | 变质细粒石英杂砂岩 | 0.22 | 130.61 | 118.73 | 11.88 | 9.99 | 0.647 | 0.963 | 11.27 | 3.89 | 2.11 |
| | D1169/3 | 变质细粒石英砂岩 | 0.20 | 110.10 | 99.25 | 10.84 | 9.15 | 0.709 | 0.935 | 11.08 | 3.54 | 2.64 |
| | D1169/4 | 变质细粒石英砂岩 | 0.26 | 129.26 | 117.00 | 12.25 | 9.55 | 0.652 | 0.937 | 9.95 | 3.48 | 1.92 |
| | D1169/5 | 变质中粒石英砂岩 | 0.22 | 100.72 | 88.95 | 11.78 | 7.55 | 0.635 | 0.973 | 7.93 | 3.17 | 2.09 |
| B段 | D3215/2 | 绢云母板岩 | 0.34 | 91.59 | 77.65 | 13.94 | 18.56 | 0.613 | 0.918 | 5.01 | 2.70 | 7.74 |
| | D3216/4 | 含石英绿泥绢云千枚岩 | 0.25 | 194.72 | 181.09 | 13.63 | 13.28 | 0.789 | 0.937 | 16.31 | 3.98 | 25.21 |

表2-28反映A段稀土元素含量、稀土总量、δEu、δCe、$(La/Sm)_N$变化不大，轻重稀土比值、$(La/Yb)_N$、$(Gd/Yb)_N$值变化较大，轻重稀土比值大，轻稀土强富集，Eu亏损，Ce弱亏损，轻、重稀土分馏明显。稀土配分模式曲线向右陡倾(图2-43)；B段碳酸盐岩变质碎屑岩中稀土元素含量、稀土总量、轻重稀土比值、$(La/Yb)_N$、$(La/Sm)_N$、$(Gd/Yb)_N$变化大，δEu、δCe变化小。轻重稀土比值大，轻稀土强富集，Eu负亏损，Ce弱亏损，轻、重稀土分馏明显。

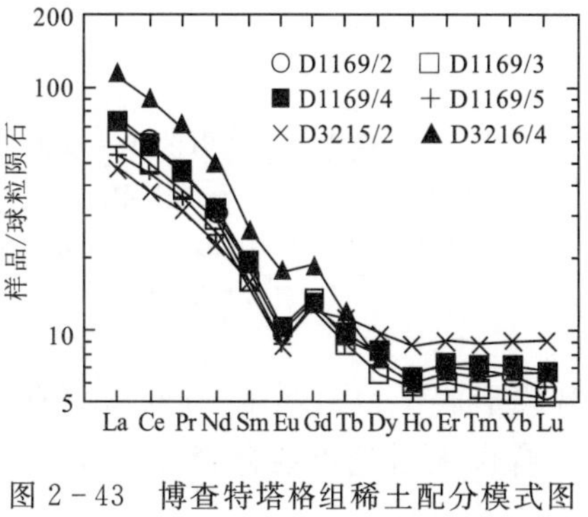


图2-43　博查特塔格组稀土配分模式图

### 4. 成矿元素

成矿元素含量见表2-26、表2-27，A岩段成矿元素Ag、Cu、Pb含量变化大，Au、Ag、Cu、Pb、Zn平均值与地壳克拉克值相比，除Au亏损外，其他元素弱富集，成矿条件较差。B岩段变质碎屑岩成矿元素Ag、Cu、Zn变化较大，Cu、Pb、Zn平均值与地壳克拉克值对比，比较接近，不利于成矿。碳酸盐岩平均值与地壳克拉克值相比，Ag、Cu、Pb弱富集，Au、Zn亏损，不利于成矿。

## (三)沉积相和大地构造环境

博查特塔格组变质浅，原岩组构保留，通过岩石组合和原岩组构分析。A段下部发育大量的粒序层理，上部总体为中厚层状碎屑岩，层理清晰，沉积环境为浅海斜坡相；B段以灰岩、白云岩为主，沉积韵律清晰，其中紫红色岩石代表浅表环境下的沉积，从沉积物分析环境为台地相，距碎屑物源较近(沉积物含泥质等碎屑物)，水体深度变化较大。

A段变质碎屑岩平均化学成分与 Bhatia(1985)不同构造环境沉积盆地杂砂岩平均值比较(见表2－21)，主体与被动陆缘相似。利用 $TiO_2$－($Fe_2O_3^*$＋MgO)图解(图2－44)，投于大洋岛弧和靠近大陆岛弧区，碎屑岩微量元素平均值与 Bhatia(1985)不同构造环境沉积盆地杂砂岩平均值比较(见表2－26)，介于大陆岛弧、活动大陆边缘和被动大陆边缘之间，主体与被动大陆边缘接近。利用微量元素 La－Th－Sc 图解(图2－45)和 Th－Sc－Zr/10 图解(图2－46)判别环境，均投于大陆岛弧区。

碎屑岩稀土配分模式曲线与活动大陆边缘和被动大陆边缘碎屑岩稀土配分模式曲线相似，与不同沉积盆地砂岩构造背景的 REE 判别函数(Bhatia，1985)对比(见表2－27)，与被动大陆边缘和大陆岛弧接近。

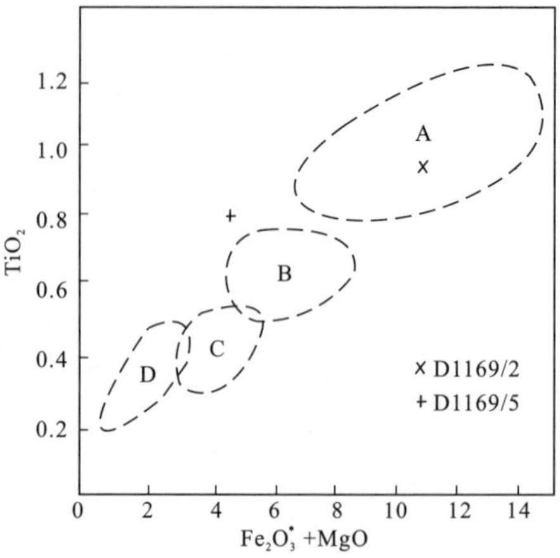


图2－44 博查特塔格组杂砂岩 $TiO_2$－($Fe_2O_3^*$＋MgO)构造环境判别图

A. 大洋岛弧；B. 大陆岛弧；C. 活动大陆边缘；D. 被动大陆边缘

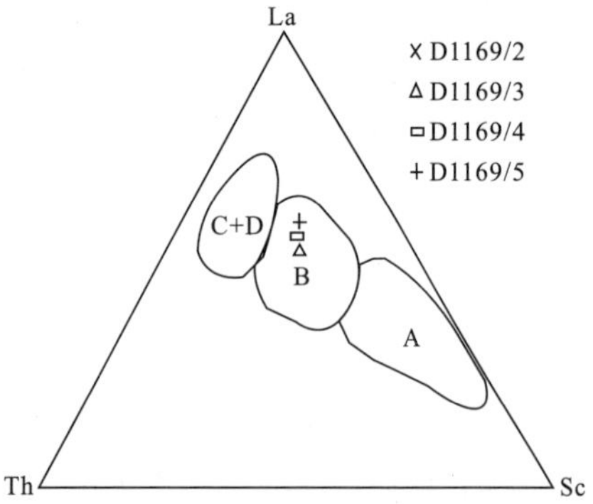


图2－45 博查特塔格组杂砂岩微量元素 La－Th－Sc 差别图

A. 大洋岛弧；B. 大陆岛弧；C. 活动大陆边缘；D. 被动大陆边缘

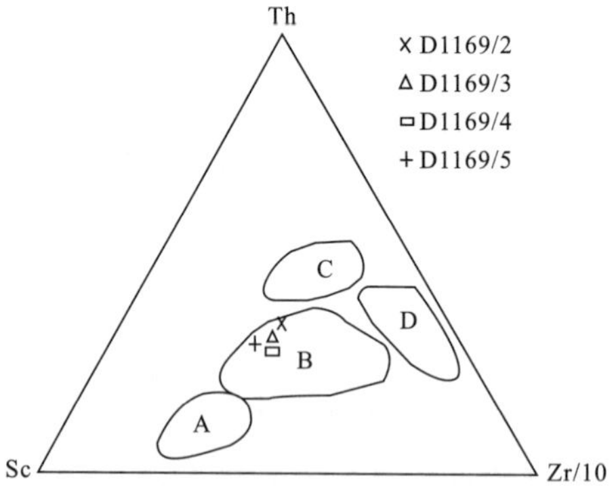


图2－46 博查特塔格组杂砂岩微量元素 Th－Sc－Zr/10 判别图

A. 大洋岛弧；B. 大陆岛弧；C. 活动大陆边缘；D. 被动大陆边缘

B段形成于台地环境，碳酸盐岩有陆缘碎屑混入和泥质细碎屑夹层。

综合以上讨论再结合野外宏观特征，博查特塔格组大地构造环境类似于被动大陆边缘浅海环境到碳酸盐台地环境。

### (四)变质变形特征简述

博查特塔格组变质较浅，低绿片岩相变质。变形较强，B段中局部形成紧闭小褶皱、同斜褶皱、构造透镜体等，薄层灰岩中褶劈理发育。

### (五)形成时代

依据在测区北侧叶城幅中，博查特塔格组之上整合的苏玛兰组与其上覆青白口系苏库罗克组角度不整合，又平行不整合于长城系塞拉加兹塔格群之上的空间关系，以及与新疆地层清理层型剖面在岩性组合、沉积环境均有可对比性。故将博查特塔格组划为蓟县系。

## 七、桑株塔格岩群(JxS)

### (一)综述

新疆和田地质大队(1960)在编 1∶100 万和田地区地质图时,将叶尔羌河—喀什河一带的变质地层创名为桑株塔格群,其时代为太古宙—元古宙。原始定义:叶尔羌河—喀什河一带的一套较复杂的变质岩,包括各种片麻岩、片岩、变质碳酸盐岩。现在定义为:上与侏罗纪地层不整合,下与花岗岩为侵入接触,主要岩性为变质碳酸盐岩(大理岩)和变质碎屑岩(板岩、石英砂岩)不均匀互层。新疆区调大队梁云海、张志德等(1982 — 1989)均将西昆仑山的一套变质碎屑岩和碳酸盐岩不均匀互层的地层命名为塔昔达坂群,时代定为蓟县纪,但塔昔达坂群原始创名于阿尔金地区。在新疆岩石地层清理中将其命名为桑株塔格群,时代为蓟县纪。《1∶100 万河尾滩幅》报告将西昆仑主脊该套地层划为蓟县系。新疆区调队在阿拉马斯玉石矿一带发现 *Jacutophyton* sp. 等叠层石,在《新疆维吾尔自治区区域地质志》中将其命名为阿拉玛斯群,时代为蓟县纪。

本次区调采用新疆岩石地层清理划分,称桑株塔格岩群,指出露于西昆仑南带地层分区的一套石英岩、大理岩、变粒岩、片岩等高绿片岩相变质地层。该岩群被古生代及印支期岩体侵入破坏,出露不完整。测区出露面积 730km$^2$。

### (二)地层特征

桑株塔格岩群在测区内主要出露于吐日苏河上游、克里阳河上游和乌鲁吾斯塘河太坎一带,近东西向展布。北侧与西合休岩组、赛图拉岩群 A 岩组断层接触,南侧与下古生界(未分)地层呈断层关系,西侧和北侧被早古生代侵入体侵入,向东延伸出图。现以新疆皮山县克里阳河上游蓟县系桑株塔格岩群路线地质剖面为例(图 2－47)。

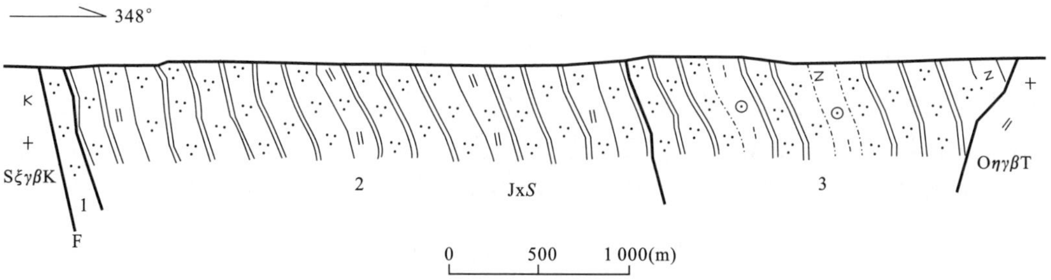


图 2－47 新疆皮山县克里阳河上游蓟县系桑株塔格岩群路线地质剖面图

细粒黑云二长花岗岩

—————— 侵入接触 ——————

| | |
|---|---|
| **桑株塔格岩群** | **>4 211.6m** |
| 3.浅灰色石英岩夹石榴黑云斜长变粒岩 | 1 711.7m |
| 2.浅灰色石英岩夹灰色白云石英片岩 | 2 334.5m |
| 1.浅灰色石英岩夹灰色黑云石英片岩,底部夹大理岩 | 165.4m |

══════ 断 层 ══════

中粒黑云钾长花岗岩

剖面未见顶、底,剖面上主要岩石为石英岩夹石榴黑云斜长变粒岩、白云石英片岩、黑云石英片岩及大理岩。岩性以碎屑岩为主,变化较小。岩石变质较深,达高绿片岩相。变形复杂,多见紧闭褶皱、构造透镜体,糜棱面理较发育。变质原岩为石英砂岩、长石石英杂砂岩夹碳酸盐岩。叠置厚度大于 4 211.6m。

乌鲁吾斯塘河上游太坎和克里阳河上游大理岩块体,是西昆仑玉石成矿带,现以新疆皮山县克里阳河蓟县系桑株塔格岩群路线地质剖面作为补充(图 2-48)。

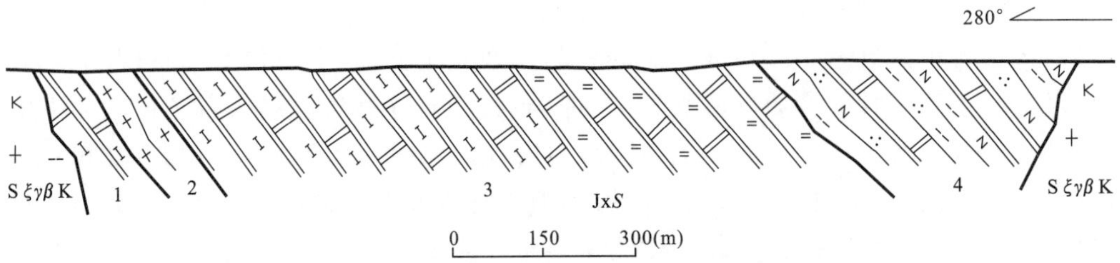


图 2-48　新疆皮山县克里阳河蓟县系桑株塔格岩群路线地质剖面图

中粗粒钾长花岗岩

———————— 侵入接触 ————————

| | |
|---|---|
| **桑株塔格岩群** | **>1 427.1m** |
| 4.灰色斜长黑云石英片岩夹灰白色大理岩 | 374.8m |
| 3.灰白色白云石大理岩、含透辉大理岩 | 943.4m |
| 2.灰色透闪片岩 | 72.6m |
| 1.灰白色白云石大理岩 | 36.3m |

———————— 侵入接触 ————————

中粗粒黑云钾长花岗岩

剖面两侧被钾长花岗岩侵入破坏,未见顶、底,主要岩石为白云石大理岩、大理岩、斜长黑云石英片岩,受钾长花岗岩体侵入影响,外接触带发生接触变质作用。高绿片岩相变质,原岩为碳酸盐岩夹泥质碎屑岩。叠置厚度大于 1 427.1m。

吐日苏河上游大理岩出露范围小,岩石为石英岩夹石榴长石二云石英片岩、大理岩,与剖面岩性基本一致,岩性横向变化较小。由于强烈的构造变形,大理岩被拉成长透镜体,夹于石英岩中。太坎一带大理岩出露较宽,内部紧闭褶皱较发育,岩性为白云石大理岩、大理岩夹黑云石英片岩。

## (三)岩石化学和地球化学特征

### 1.岩石化学

桑株塔格岩群岩石化学特征见表 2-29、表 2-30。表中反映出桑株塔格岩群变质碎屑岩岩石化学成分变化大,部分岩石化学成分 $SiO_2$ 偏低,$Al_2O_3$、$Na_2O$、$K_2O$、FeO 偏高,个别岩石 $SiO_2$ 含量较低,CaO、MgO 含量较高,原岩为钙质泥岩,反映物源比较复杂。变质碳酸盐岩平均值与世界碳酸盐岩值比较,$SiO_2$、$Al_2O_3$、$Fe_2O_3$、FeO 偏高,CaO、MgO 含量接近,其余偏低,说明它为较纯碳酸盐岩,含少量砂质。

表 2-29　桑株塔格岩群大理岩岩石化学特征表　　(%)

| 样品号 | 岩石名称 | $SiO_2$ | $Al_2O_3$ | $Fe_2O_3$ | CaO | MgO | MnO | $TiO_2$ | $P_2O_5$ | $K_2O$ | $Na_2O$ | FeO | $H_2O^-$ | $CO_2$ | Σ |
|---|---|---|---|---|---|---|---|---|---|---|---|---|---|---|---|
| D1559/3 | 大理岩 | 10.09 | 1.66 | 0.79 | 47.34 | 0.74 | 0.06 | 0.10 | 0.07 | 0.35 | 0.24 | 0.11 | 0.05 | 37.51 | 99.91 |
| D3097/3 | 含透辉大理岩 | 9.47 | 4.22 | 1.14 | 46.07 | 3.00 | 0.05 | 0.40 | 0.04 | 0.29 | 0.07 | 0.72 | 0.09 | 34.27 | 100.20 |
| D3232/3 | 白云石大理岩 | 0.63 | 0.14 | 0.02 | 31.18 | 21.1 | 0.01 | $<0.01$ | 0.02 | 0.02 | 0.05 | 0.05 | 0.01 | 46.79 | 100.04 |
| 平均值 | | 6.73 | 2.01 | 0.65 | 41.53 | 8.28 | 0.04 | 0.05 | 0.04 | 0.22 | 0.12 | 0.29 | 0.05 | 39.52 | |
| 世界碳酸盐岩(涂和费,1961)值 | | 5.19 | 0.81 | 0.15 | 42.01 | 7.90 | 0.12 | 0.06 | 0.03 | 0.025 | 0.036 | 0.16 | — | 42.25 | |

表 2-30　桑株塔格岩群碎屑岩岩石化学特征表　　(%)

| 样品号 | 岩石名称 | $SiO_2$ | $Al_2O_3$ | $Fe_2O_3$ | CaO | MgO | MnO | $TiO_2$ | $P_2O_5$ | $K_2O$ | $Na_2O$ | FeO | $H_2O^+$ | $H_2O^-$ | LOI | Σ |
|---|---|---|---|---|---|---|---|---|---|---|---|---|---|---|---|---|
| D3097/1 | 斜长黑云石英片岩 | 54.91 | 15.66 | 2.32 | 3.78 | 5.43 | 0.24 | 2.94 | 0.17 | 4.41 | 0.41 | 7.31 | 1.49 | 0.10 | 1.03 | 100.20 |
| D3097/4 | 透闪片岩 | 46.29 | 15.28 | 2.40 | 15.07 | 12.76 | 0.09 | 0.82 | 0.16 | 0.61 | 1.12 | 2.70 | 1.11 | 0.07 | 1.37 | 100.85 |
| D3099/1 | 石英岩 | 85.48 | 5.59 | 0.98 | 0.47 | 2.21 | 0.01 | 0.35 | 0.05 | 1.12 | 0.16 | 1.96 | 1.32 | 0.04 | 0.31 | 100.05 |
| D3099/2 | 白云石英片岩 | 64.27 | 19.12 | 1.87 | 0.45 | 1.80 | 0.03 | 1.50 | 0.10 | 4.47 | 0.20 | 4.06 | 1.99 | 0.09 | 0.30 | 100.25 |

## 2. 微量元素

桑株塔格岩群微量元素特征见表 2-31，表中反映出大理岩微量元素平均值与世界碳酸岩盐平均值比较，亲石元素 Sr、Y 强亏损，Th、Zr、U、Hf 亏损，Rb、Ba、Nb 富集，Ta 强富集；过渡元素 Co 强富集，Sc、Ni、V 富集，Cr、Ga 弱亏损，部分样品元素含量很高，可能与后期接触交代变质作用有关，总体分析大理岩段微量元素含量变化较大。碎屑岩微量元素含量变化较大，微量元素平均值与地壳克拉克值比较，亲石元素 Hf 强富集，Rb、Th、Nb、Zr、U、Y 富集，Sr、Ta 亏损，Ba 强亏损，过渡元素 Sc、Cr、V 富集，Co、Ni、Ga 亏损。

表 2-31　桑株塔格岩群微量元素特征

| 样品号 | 岩石名称 | Sr | Rb | Ba | Th | Ta | Nb | Zr | U | Hf | Y | Sc |
|---|---|---|---|---|---|---|---|---|---|---|---|---|
| D3097/1 | 斜长黑云石英片岩 | 205.0 | 228.00 | 269.0 | 18.70 | 1.24 | 20.20 | 146.00 | 1.37 | 2.86 | 37.00 | 23.40 |
| D3097/2 | 白云石大理岩 | 177.0 | 3.78 | 18.5 | 0.43 | 0.05 | 0.93 | 6.17 | 3.20 | 0.12 | 4.10 | 0.76 |
| D3097/3 | 含透辉石大理岩 | 719.0 | 15.80 | 25.7 | 3.03 | 0.26 | 4.28 | 34.80 | 3.35 | 0.74 | 13.50 | 4.99 |
| D3232/1 | 白云石大理岩 | 50.8 | 4.36 | 30.9 | 0.27 | 0.04 | 0.85 | 2.84 | 0.17 | 0.05 | 1.65 | 0.98 |
| D3233/1 | 大理岩 | 243.0 | 8.94 | 28.1 | 0.22 | 0.03 | 0.86 | 3.06 | 0.51 | 0.06 | 2.52 | 1.07 |
| D3099/2 | 白云石英片岩 | 76.1 | 134.00 | 205.0 | 27.10 | 0.55 | 23.00 | 381.00 | 5.79 | 6.73 | 40.30 | 22.20 |
| 碳酸盐岩平均值 | | 297.5 | 8.22 | 25.8 | 0.99 | 0.09 | 1.72 | 11.72 | 1.81 | 0.24 | 5.44 | 1.95 |
| 变质碎屑岩平均值 | | 140.6 | 181.00 | 237.0 | 22.90 | 0.90 | 21.60 | 263.50 | 3.58 | 4.80 | 38.65 | 22.80 |
| 世界碳酸盐岩平均值(涂和费,1961) | | 610.0 | 3.00 | 10.0 | 1.70 | 0.01 | 0.30 | 19.00 | 2.20 | 0.30 | 30.00 | 1.00 |
| 地壳克拉克值(维氏,1962) | | 340.0 | 150.00 | 650.0 | 13.00 | 2.50 | 20.00 | 170.00 | 2.50 | 1.00 | 29.00 | 10.00 |

**续表 3-31**

| 样品号 | 岩石名称 | Cr | Co | Ni | V | Ga | Au | Ag | Cu | Pb | Zn |
|---|---|---|---|---|---|---|---|---|---|---|---|
| D3097/1 | 斜长黑云石英片岩 | 76.50 | 11.60 | 31.1 | 137.0 | 24.70 | — | — | 35.2 | 13.00 | 63.6 |
| D3097/2 | 白云石大理岩 | 7.56 | 5.24 | 19.2 | 30.7 | 0.71 | 2.00 | 120 | 147.0 | 10.80 | 22.7 |
| D3097/3 | 含透辉石大理岩 | 16.90 | 9.44 | 46.5 | 41.7 | 4.69 | 2.26 | 230 | 123.0 | 25.80 | 32.8 |
| D3232/1 | 白云石大理岩 | 7.78 | 2.06 | 22.3 | 28.0 | 0.50 | 0.66 | 45 | 222.0 | 7.37 | 41.9 |
| D3233/1 | 大理岩 | 8.43 | 2.85 | 46.4 | 29.8 | 0.64 | 1.37 | 94 | 131.0 | 6.83 | 43.6 |
| D3099/2 | 白云石英片岩 | 93.40 | 9.25 | 20.6 | 156.0 | 27.00 | — | — | 81.5 | 26.60 | 207.0 |
| 碳酸盐岩平均值 | | 10.17 | 4.90 | 33.6 | 24.9 | 1.64 | 1.57 | 123 | — | — | — |
| 变质碎屑岩平均值 | | 84.95 | 10.45 | 25.9 | 146.5 | 25.85 | — | — | 123.3 | 15.07 | 68.6 |
| 世界碳酸盐岩平均值（涂和费，1961） | | 11.00 | 0.10 | 20.0 | 20.0 | 4.00 | — | — | — | — | — |
| 地壳克拉克值（维氏，1962） | | 83.00 | 18.00 | 58.0 | 90.0 | 19.00 | 4.00 | 80 | 63.0 | 12.00 | 94.0 |

注：表中 Au、Ag 元素含量单位为 $\times10^{-9}$，其他元素含量单位均为 $\times10^{-6}$。

### 3. 稀土元素

桑株塔格岩群稀土元素特征见表 2-32，表中反映出大理岩稀土元素含量、稀土总量、轻重稀土元素比值、δEu、δCe、$(La/Yb)_N$、$(La/Sm)_N$、$(Gd/Yb)_N$变化大，轻重稀土比值大，Eu 强亏损，Ce 亏损。轻稀土强富集，轻、重稀土分馏明显。碎屑岩稀土元素含量、稀土总量、轻重稀土元素比值、δEu、δCe、$(La/Yb)_N$、$(La/Sm)_N$、$(Gd/Yb)_N$变化大，轻重稀土比值大，Eu 强亏损，Ce 亏损，轻稀土强富集，轻、重稀土分馏明显，稀土配分模式曲线向右陡倾（图 2-49），与被动陆缘变质碎屑岩稀土配分模式曲线相似。

**表 2-32　桑株塔格岩群稀土元素特征表**

| 样品号 | 岩石名称 | 稀土元素含量（$\times10^{-6}$） | | | | | | | | | | | | |
|---|---|---|---|---|---|---|---|---|---|---|---|---|---|---|
| | | La | Ce | Pr | Nd | Sm | Eu | Gd | Tb | Dy | Ho | Er | Tm | Yb |
| D3097/1 | 斜长黑云石英片岩 | 61.50 | 113.00 | 13.80 | 56.80 | 11.10 | 1.86 | 10.70 | 1.38 | 7.78 | 1.47 | 4.01 | 0.66 | 3.86 |
| D3097/2 | 白云石大理岩 | 5.62 | 13.30 | 1.76 | 6.34 | 1.33 | 0.28 | 1.21 | 0.17 | 0.80 | 0.14 | 0.37 | 0.04 | 0.25 |
| D3232/1 | 白云石大理岩 | 2.50 | 4.09 | 0.60 | 1.64 | 0.35 | 0.09 | 0.36 | 0.06 | 0.30 | 0.06 | 0.18 | 0.02 | 0.15 |
| D3233/1 | 大理岩 | 2.46 | 3.89 | 0.63 | 1.81 | 0.43 | 0.08 | 0.43 | 0.07 | 0.43 | 0.09 | 0.28 | 0.04 | 0.24 |
| D3099/2 | 白云石英片岩 | 84.60 | 168.00 | 20.00 | 78.90 | 13.70 | 2.15 | 12.20 | 1.47 | 8.24 | 1.64 | 4.85 | 0.86 | 5.26 |

| 样品号 | 岩石名称 | 稀土元素含量（$\times10^{-6}$） | | | | 特征参数值 | | | | | |
|---|---|---|---|---|---|---|---|---|---|---|---|
| | | Lu | ΣREE | LREE | HREE | LREE/HREE | δEu | δCe | $(La/Yb)_N$ | $(La/Sm)_N$ | $(Gd/Yb)_N$ |
| D3097/1 | 斜长黑云石英片岩 | 0.64 | 288.56 | 258.06 | 30.50 | 8.46 | 0.52 | 0.84 | 10.31 | 3.18 | 2.34 |
| D3097/2 | 白云石大理岩 | 0.03 | 31.64 | 28.63 | 3.01 | 9.49 | 0.72 | 0.94 | 14.35 | 2.42 | 4.06 |
| D3232/1 | 白云石大理岩 | 0.02 | 10.41 | 9.27 | 1.14 | 8.11 | 0.75 | 0.73 | 10.97 | 4.15 | 2.09 |
| D3233/1 | 大理岩 | 0.04 | 10.89 | 9.30 | 1.59 | 5.83 | 0.57 | 0.69 | 6.77 | 3.26 | 1.53 |
| D3099/2 | 白云石英片岩 | 0.89 | 402.76 | 367.35 | 35.41 | 10.37 | 0.50 | 0.89 | 10.41 | 3.54 | 1.96 |

**4. 成矿元素**

成矿元素特征见表 2－31，成矿元素与地壳克拉克值对比，Au 亏损，Ag 富集，含量变化大，最大为 230，是地壳克拉克值的 2.9 倍，但此样品附近有岩体，发生接触交代作用。Cu 富集，含量变化大，最大为 222，是地壳克拉克值的 3.5 倍。Pb 富集，值变化大，部分样品大于克拉克值，部分样品小于克拉克值。Zn 亏损，仅个别样品大于克拉克值，多数样品小于克拉克值。

综合以上成矿元素特征分析，该岩群总体成矿不好，仅部分层位有利于铜矿成矿。

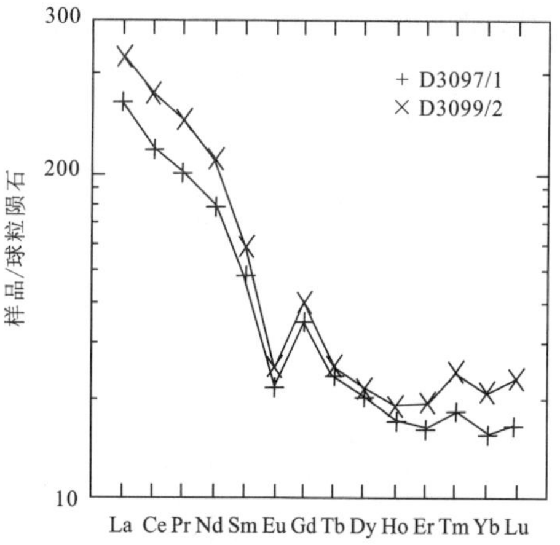


图 2－49　桑株塔格岩群稀土元素配分模式图

（四）原岩恢复

根据野外宏观特征及室内镜下薄片观察，桑株塔格岩群原岩为一套稳定环境的碎屑岩夹碳酸盐岩，主要依据有：①露头上岩石呈似层状，而且在露头尺度上岩性有规律的变化、不同岩性间呈渐变关系；②原岩残余碎屑组构及矿物特征表明原岩为碎屑岩；③地层中出现大量石英岩、大理岩等副变质岩石和石榴子石特征副变质矿物；④碎屑岩和大理岩之间出现石英岩夹大理岩层，反映原岩呈渐变特征。综合以上特征，桑株塔格岩群原岩为稳定环境的副变质岩。

（五）大地构造环境

桑株塔格岩群原岩已完全变质，原岩结构构造已完全改造，根据岩石化学和地球化学特征讨论大地构造环境。

桑株塔格岩群变质碎屑岩化学成分平均值与 Bhatia(1985)的不同构造环境沉积盆地杂砂岩值比较(见表 2－21)，显示复杂，介于大陆岛弧、活动陆缘和被动陆缘之间，主体与被动陆缘接近。利用 $TiO_2$－($Fe_2O_3^*$ ＋MgO)图解(图2-50)和$K_2O/Na_2O$-$SiO_2$图解(图2-51)判别环境，均投于被

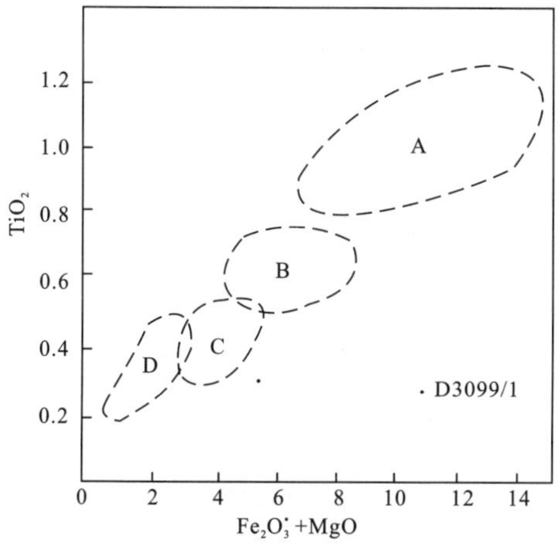


图 2－50　桑株塔格岩群变质杂砂岩

$TiO_2$－($Fe_2O_3^*$ ＋MgO)构造环境判别图

A. 大洋岛弧；B. 大陆岛弧；C. 活动大陆边缘；D. 被动大陆边缘

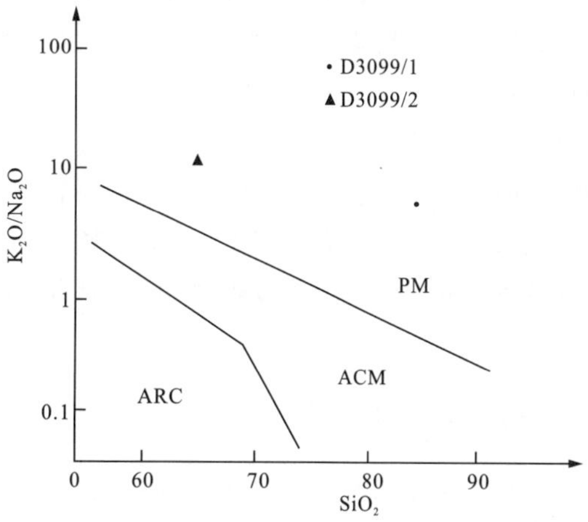


图 2－51　桑株塔格岩群变质杂砂岩构造环境

$K_2O/Na_2O$－$SiO_2$ 判别图

ARC. 大洋岛弧；PM. 被动大陆边缘；

ACM. 活动大陆边缘(大陆岛弧)

动大陆边缘，形成环境为被动大陆边缘。变质碎屑岩微量元素平均值与 Bhatia(1985)不同构造环境沉积盆地中杂砂岩平均值比较(见表 2-22)，介于被动陆缘、活动陆缘和大洋岛弧之间，主体与被动陆缘相似，利用微量元素 La-Th-Sc 图解(图 2-52)和 Th-Sc-Zr/10 图解(图 2-53)判别构造环境，投于活动陆缘区。

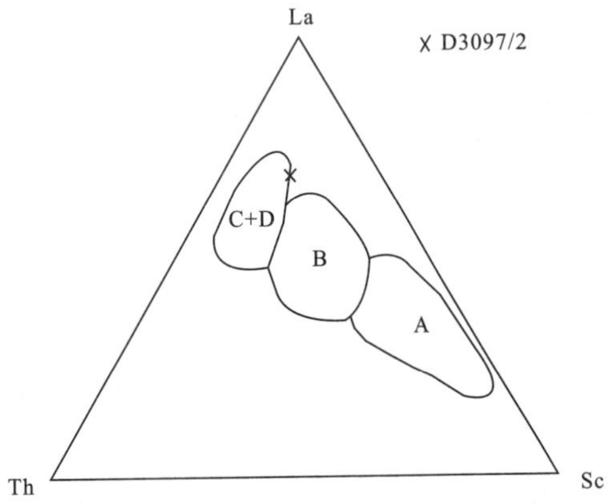


图 2-52　桑株塔格岩群杂砂岩微量元素 La-Th-Sc 判别图解

A. 大洋岛弧；B. 大陆岛弧；C. 活动大陆边缘；D. 被动大陆边缘

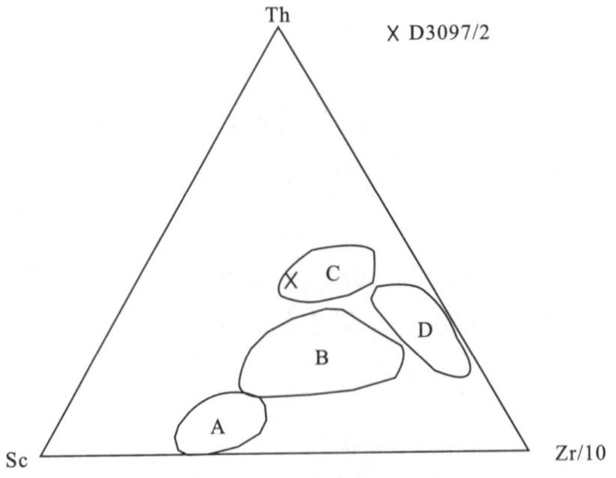


图 2-53　桑株塔格岩群杂砂岩微量元素 Th-Sc-Zr/10 判别图解

A. 大洋岛弧；B. 大陆岛弧；C. 活动大陆边缘；D. 被动大陆边缘

碎屑岩稀土配分模式曲线与活动陆缘和被动陆缘碎屑岩稀土配分模式曲线特征相似，与不同沉积盆地砂岩构造背景的 REE 判别函数(Bhatia，1985)对比(见表 2-23)，与被动陆缘相似，物源来自克拉通内部高地。

综合上述，桑株塔格岩群变质碎屑岩形成环境类似于被动陆缘。

## (六)变质变形特征简述

该岩群变形较强，面理置换强烈，大理岩在地层中呈巨大透镜体，变形表现为构造透镜体、紧闭褶皱、鞘褶皱、平卧褶皱(图版Ⅱ-4)、糜棱面理、石香肠构造等。根据变质矿物组合分析，属于黑云母带和石榴子石带，高绿片岩相变质。

乌鲁吾斯塘河上游太坎和克里阳河上游出露大理岩块体，与变质碎屑岩构造面理平行。变质较深，达高绿片岩相变质，变形复杂，见紧闭褶皱、鞘褶皱(图 2-54)、"δ"形旋转碎斑、构造透镜体等，糜棱面理发育。

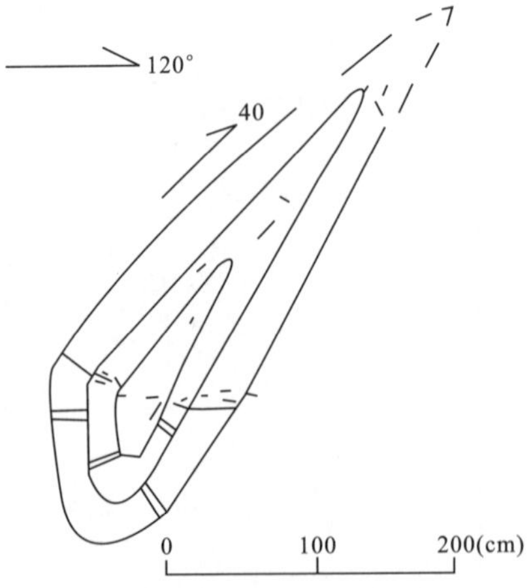


图 2-54　蓟县系桑株塔格岩群大理岩层中的鞘褶皱素描图

## (七)形成时代

桑株塔格岩群被奥陶纪岩体侵入，变质碎屑岩岩石化学平均值与太古宙、元古宙碎屑岩值比较，主体与元古宙特征相似，而且在《1：100 万河尾滩幅报告》中也将西昆仑主脊该套地层划为蓟县系。沉积建造、改造、变质变形特征与新疆地层清理所划桑株塔格群中深变质岩相似，变质比赛图拉岩群稍浅，沿用前人划分方案，将其划入蓟县系。

# 第三节 下古生界

下古生界地层出露于测区内西昆仑地层区和北羌塘地层区，以北羌塘地层区出露为主。它们分别是西昆仑北带地层分区下中奥陶统玛列兹肯群，西昆仑南带地层分区寒武系—奥陶系西合休岩组、下古生界(未分)，塔吐鲁沟-甜水海地层分区上寒武统(未分)、奥陶系冬瓜山群、志留系温泉沟群、达坂沟群等。

## 一、西合休岩组[(∈—O)*x*]

### (一)综述

西合休岩组是本次工作中新创名的组级地层单位，从前人划分的长城系地层中分出一套浅变质地层。系指出露于西昆仑地层区沿库地结合带分布的一套绿片岩相变质地层，主要岩石为各种片岩、变粒岩、变质火山岩、千枚岩，与相邻地层均以断层接触。分布于库地托排士达坂和乌鲁吾斯塘河上游，呈透镜状近东西向展布。托排士达坂一带，北侧与中元古界(未分)地层断层接触，南侧与库地蛇绿混杂岩、寒武纪侵入体断层接触；乌鲁吾斯塘河上游一带，北与中元古界(未分)地层、蛇绿混杂岩、奥陶系玛列兹肯群、石炭系库尔良群断层接触，南侧与志留纪岩体断层接触，东与赛图拉岩群、桑株塔格岩群断层接触。属于西昆仑南带地层分区，出露面积112km$^2$。

### (二)地层特征

西合休岩组总体受断层破坏出露不全，总体为一套变质碎屑岩、基性火山沉积岩夹基性—酸性火山岩。现以新疆叶城县库地托排士达坂西合休岩组路线地质剖面为例(图2-55)。

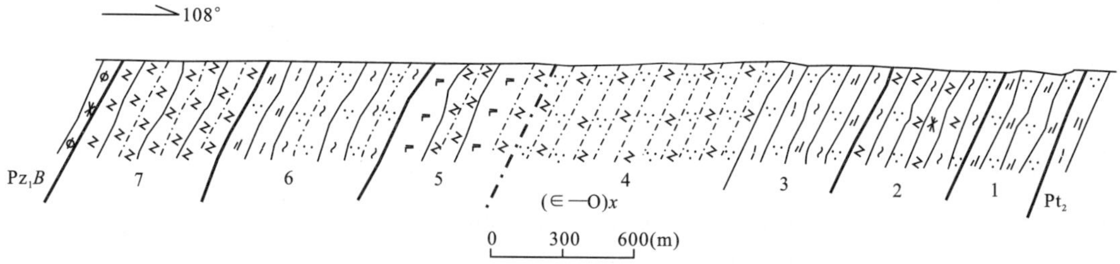


图2-55 新疆叶城县库地托排士达坂西合休岩组路线地质剖面图

上覆地层：库地蛇绿混杂岩灰绿色绿帘阳起片岩

断 层

| | |
|---|---|
| **西合休岩组** | **>1 408.7m** |
| 7.灰绿色钠长浅粒岩 | 76.2m |
| 6.灰色二云石英片岩夹(互)绿泥石英变粒岩 | 75.1m |
| 5.灰色强蚀变粗玄岩夹钠长浅粒岩 | 249.2m |
| 4.灰白色钠长石英粒岩 | 272.3m |
| 3.灰色黑云石英片岩、绢云绿泥石英片岩互层状 | 339.3m |
| 2.灰绿色钠长绿泥石英片岩夹斜长阳起片岩 | 346.3m |
| 1.浅灰绿色绢云石英片岩 | 50.3m |

断 层

下伏地层：中元古界(未分)浅灰色二云石英片岩

剖面上岩石组合为绢云石英片岩、钠长绿泥石英片岩、斜长阳起片岩、二云石英片岩、钠长浅粒岩、钠长石英粒岩、强蚀变粗玄岩。下部以石英片岩为主，矿物粒度较细；上部岩石中粒岩较多，矿物粒度相对较粗。岩石变质变形较强，面理置换强烈，局部"δ"形旋转碎斑、无根褶皱、强变形带发育，原岩为火山沉积岩夹火山岩。叠置厚度大于 1 408.7m。

横向上该岩组岩性较稳定，位于托排士达坂以西的片岩中夹变质粗面流纹岩、石英岩、白云质大理岩。

位于乌鲁吾斯塘河上游的西合休岩组，南段岩性为绢云石英千枚岩、钠长绢云千枚岩、斜长浅粒岩，原岩为含凝灰质碎屑岩—碎屑岩；北段为阳起片岩、黝帘透闪片岩夹斜长浅粒岩，原岩为基性火山岩夹凝灰质碎屑岩。与剖面上岩性基本一致。

### （三）岩石化学和地球化学特征

#### 1. 岩石化学

西合休岩组岩石化学特征（表 2－33），西合休岩组原岩为变质碎屑岩和基性火山岩夹酸性火山岩。变质碎屑岩 $SiO_2$ 较低，$Fe_2O_3$、FeO、$K_2O$ 较高。变质基性火山岩与世界基性岩对比，$SiO_2$、$Al_2O_3$、$Fe_2O_3$、MnO、$K_2O$、$Na_2O$ 偏低，CaO、MgO、$TiO_2$、FeO 稍偏高。变质酸性火山岩与中国流纹岩平均值对比，除 $SiO_2$、$Fe_2O_3$、$K_2O$ 偏高外，其余均偏低，显示硅铝壳加入。

表 2－33　西合休岩组岩石化学特征表　（%）

| 样品号 | 岩石名称 | $SiO_2$ | $Al_2O_3$ | $Fe_2O_3$ | CaO | MgO | MnO | $TiO_2$ | $P_2O_5$ | $K_2O$ | $Na_2O$ | FeO | $H_2O^+$ | $H_2O^-$ | LOI | Σ |
|---|---|---|---|---|---|---|---|---|---|---|---|---|---|---|---|---|
| D3229/1 | 阳起片岩 | 48.55 | 15.32 | 2.29 | 10.66 | 7.65 | 0.20 | 2.00 | 0.17 | 0.61 | 2.65 | 8.54 | 0.60 | 0.05 | 0.56 | 99.85 |
| D3138/3 | 绢云绿泥片岩 | 47.16 | 14.01 | 12.56 | 1.38 | 4.99 | 0.35 | 5.00 | 0.49 | 4.19 | 0.55 | 6.04 | 3.40 | 0.13 | 0.96 | 101.21 |
| D3139/1 | 变质粗面流纹岩 | 77.19 | 11.21 | 2.02 | 0.46 | 0.24 | 0.03 | 0.25 | 0.03 | 6.65 | 0.54 | 0.61 | 0.41 | 0.01 | 0.08 | 99.73 |
| 世界基性玄武岩值（维氏，1962） | | 50.00 | 16.08 | 4.22 | 9.75 | 6.30 | 0.36 | 1.29 | 0.36 | 1.24 | 2.78 | 6.80 | — | — | — | |
| 中国流纹岩平均值 | | 72.06 | 13.40 | 1.81 | 0.75 | 0.28 | 0.08 | 0.29 | 0.10 | 4.55 | 3.74 | 2.11 | — | — | — | |

#### 2.微量元素

微量元素特征见表 2－34，变质碎屑岩微量元素值变化大，平均值与地壳克拉克值对比，亲石元素除 Hf 富集外，其余元素全亏损，过渡元素 Sc、U 富集，Cr、Co、Ni、Ga 亏损。变质基性火山岩与世界基性岩平均值比较，亲石元素 Rb、Ta、Y 富集，Sr、Ba、Th、Nb、Hf、U 亏损，Zr 强亏损，过渡元素 Sc 强富集，Cr、V 富集，Co、Ni、Ga 亏损。变质粗面流纹岩与世界基性岩对比，亲石元素 Sr 亏损外，其他均富集，过渡元素 Sc、Ga 富集，Cr、Co、Ni、V 亏损，基性元素偏低，岩石偏酸性。

#### 3. 稀土元素

稀土元素特征见表 2－35。变质碎屑岩稀土含量、稀土总量、轻重稀土比值、Eu、$(La/Yb)_N$ 变化大，轻重稀土比值大，Eu 强亏损—亏损，Ce 亏损，轻稀土富集，部分轻稀土强富集，轻稀土分馏明显，重稀土有一定程度分馏，部分重稀土分馏明显。稀土配分模式曲线向右陡倾（图 2－56），与活动陆缘和被动陆缘稀土配分模式曲线特征相似；变质基性火山岩轻重稀土比值较小，轻稀土富集，Eu 弱富集，Ce 亏损，轻、重稀土分馏较明显。稀土配分模式曲线右倾，与岛弧拉斑玄武岩稀土配分模式曲线相似；变质粗面流纹岩轻重稀土比值大，轻稀土富集，Eu 强亏损，Ce 亏损，轻、重稀土分馏明显。稀土配分模式曲线向右陡倾，与地壳重熔型花岗岩稀土配分曲线相似。

表 2-34 西合休岩组微量元素特征表

| 样品号 | 岩石名称 | Sr | Rb | Ba | Th | Ta | Nb | Zr | U | Hf | Y | Sc |
|---|---|---|---|---|---|---|---|---|---|---|---|---|
| D3134/1 | 钠长石英粒岩 | 67.4 | 70.5 | 464.0 | 6.15 | 0.62 | 8.9 | 57.3 | 0.87 | 1.09 | 19.8 | 6.5 |
| D3138/3 | 绢云绿泥片岩 | 30.1 | 128.0 | 1 472.0 | 7.45 | 2.39 | 31.1 | 454.0 | 1.22 | 9.05 | 43.4 | 41.6 |
| D3139/1 | 变质粗面流纹岩 | 27.5 | 187.0 | 790.0 | 18.40 | 2.53 | 45.5 | 254.0 | 2.51 | 6.36 | 43.0 | 7.2 |
| D3229/1 | 阳起片岩 | 175.0 | 5.6 | 56.0 | 0.80 | 0.52 | 10.0 | 7.6 | 0.33 | 0.35 | 23.4 | 41.3 |
| D3230/2 | 斜长浅粒岩 | 101.0 | 68.0 | 618.0 | 10.00 | 0.99 | 17.3 | 37.4 | 1.74 | 0.69 | 25.6 | 10.9 |
| D3230/3 | 石英绢云千枚岩 | 40.0 | 128.0 | 464.0 | 12.80 | 1.27 | 22.4 | 49.0 | 1.59 | 0.90 | 26.4 | 14.1 |
| D3231/1 | 钠长绢云千枚岩 | 20.4 | 126.0 | 38.7 | 9.24 | 1.08 | 19.5 | 55.7 | 1.38 | 0.99 | 16.0 | 11.4 |
| D3231/2 | 绢云石英千枚岩 | 107.0 | 111.0 | 34.7 | 13.30 | 1.09 | 19.7 | 149.0 | 2.63 | 2.80 | 25.0 | 10.6 |
| 变质碎屑岩平均值 | | 61.0 | 105.3 | 515.2 | 9.82 | 1.24 | 19.8 | 133.7 | 1.57 | 2.58 | 26.0 | 15.8 |
| 地壳克拉克值(维氏,1962) | | 340.0 | 150.0 | 650.0 | 13.00 | 2.50 | 20.0 | 170.0 | 2.50 | 1.00 | 29.0 | 10.0 |
| 世界基性岩平均值(涂和费,1961) | | 440.0 | 4.5 | 300.0 | 3.00 | 0.48 | 20.0 | 100.0 | 0.50 | 1.00 | 20.0 | 2.4 |

| 样品号 | 岩石名称 | Cr | Co | Ni | V | Ga | Au | Ag | Cu | Pb | Zn |
|---|---|---|---|---|---|---|---|---|---|---|---|
| D3134/1 | 钠长石英粒岩 | 81.2 | 4.21 | 16.6 | 48.4 | 9.4 | 1.80 | 210 | 50.3 | 53.3 | 40.8 |
| D3138/3 | 绢云绿泥片岩 | 59.1 | 42.30 | 36.1 | 292.0 | 30.8 | 1.27 | 57 | 139.0 | 18.7 | 299.0 |
| D3139/1 | 变质粗面流纹岩 | 41.6 | 1.04 | 16.6 | 19.0 | 18.3 | — | — | 32.2 | 12.6 | 49.1 |
| D3229/1 | 阳起片岩 | 214.0 | 41.40 | 69.8 | 250.0 | 14.9 | — | — | 84.2 | 4.1 | 142.0 |
| D3230/2 | 斜长浅粒岩 | 47.9 | 6.56 | 14.2 | 71.8 | 13.7 | 1.22 | 100 | 140.0 | 10.1 | 81.6 |
| D3230/3 | 石英绢云千枚岩 | 39.0 | 10.40 | 15.1 | 74.8 | 21.4 | 2.15 | 51 | 187.0 | 12.8 | 82.6 |
| D3231/1 | 钠长绢云千枚岩 | 45.8 | 9.97 | 14.6 | 60.6 | 15.3 | 1.54 | 130 | 39.9 | 13.3 | 103.0 |
| D3231/2 | 绢云石英千枚岩 | 29.5 | 6.97 | 8.3 | 53.1 | 16.8 | 2.25 | 98 | 70.1 | 24.5 | 113.0 |
| 变质碎屑岩平均值 | | 50.4 | 13.40 | 17.5 | 100.1 | 17.9 | 1.71 | 108 | 92.8 | 18.7 | 113.9 |
| 地壳克拉克值(维氏,1962) | | 83.0 | 18.00 | 58.0 | 90.0 | 19.0 | 4.00 | 80 | 63.0 | 12.0 | 94.0 |
| 世界基性岩平均值(涂和费,1961) | | 200.0 | 45.00 | 160.0 | 200.0 | 18.0 | — | — | — | — | — |

注:表中 Au、Ag 元素含量单位为 $\times 10^{-9}$,其他元素含量单位均为 $\times 10^{-6}$。

表 2-35 西合休岩组稀土元素特征表

| 样品号 | 岩石名称 | 稀土元素含量($\times 10^{-6}$) | | | | | | | | | | | | |
|---|---|---|---|---|---|---|---|---|---|---|---|---|---|---|
| | | La | Ce | Pr | Nd | Sm | Eu | Gd | Tb | Dy | Ho | Er | Tm | Yb |
| D3134/1 | 钠长石英粒岩 | 21.7 | 40.2 | 5.21 | 21.9 | 4.40 | 0.88 | 4.49 | 0.650 | 3.71 | 0.780 | 2.04 | 0.380 | 2.18 |
| D3138/3 | 绢云绿泥片岩 | 40.9 | 84.4 | 11.10 | 48.7 | 10.60 | 3.35 | 10.40 | 1.480 | 9.05 | 1.780 | 4.68 | 0.840 | 5.00 |
| D3139/1 | 变质粗面流纹岩 | 75.1 | 137.0 | 17.80 | 73.8 | 14.40 | 2.28 | 13.20 | 1.610 | 9.06 | 1.750 | 4.94 | 0.900 | 5.24 |
| D3229/1 | 阳起片岩 | 7.9 | 18.8 | 2.88 | 12.5 | 3.62 | 1.28 | 3.83 | 0.740 | 4.76 | 0.947 | 2.85 | 0.385 | 2.35 |
| D3230/2 | 斜长浅粒岩 | 30.2 | 62.8 | 7.58 | 28.5 | 5.65 | 1.30 | 5.64 | 0.887 | 4.95 | 0.967 | 2.99 | 0.410 | 2.66 |
| D3231/1 | 钠长绢云千枚岩 | 38.7 | 83.5 | 9.67 | 36.2 | 7.06 | 1.19 | 6.46 | 0.826 | 3.67 | 0.603 | 1.96 | 0.237 | 1.67 |
| D3231/2 | 绢云石英千枚岩 | 34.1 | 75.4 | 8.84 | 31.8 | 6.23 | 1.39 | 6.38 | 0.940 | 5.08 | 0.975 | 3.05 | 0.424 | 2.88 |

| 样品号 | 岩石名称 | 稀土元素含量($\times 10^{-6}$) | | | | 特征参数值 | | | | | |
|---|---|---|---|---|---|---|---|---|---|---|---|
| | | Lu | ΣREE | LREE | HREE | LREE/HREE | δEu | δCe | $(La/Yb)_N$ | $(La/Sm)_N$ | $(Gd/Yb)_N$ |
| D3134/1 | 钠长石英粒岩 | 0.370 | 108.89 | 94.29 | 14.60 | 6.46 | 0.607 | 0.827 | 6.44 | 2.82 | 1.75 |
| D3138/3 | 绢云绿泥片岩 | 0.860 | 233.14 | 199.05 | 34.09 | 5.84 | 0.972 | 0.875 | 5.30 | 2.21 | 1.76 |
| D3139/1 | 变质粗面流纹岩 | 0.910 | 357.99 | 320.38 | 37.61 | 8.52 | 0.501 | 0.818 | 9.28 | 2.99 | 2.13 |
| D3229/1 | 阳起片岩 | 0.327 | 63.17 | 46.98 | 15.80 | 2.97 | 1.051 | 0.881 | 2.17 | 1.25 | 1.37 |
| D3230/2 | 斜长浅粒岩 | 0.386 | 154.92 | 136.03 | 18.89 | 7.20 | 0.709 | 0.911 | 7.34 | 3.12 | 1.79 |
| D3231/1 | 钠长绢云千枚岩 | 0.218 | 191.96 | 176.32 | 15.64 | 11.27 | 0.534 | 0.948 | 14.97 | 3.14 | 3.26 |
| D3231/2 | 绢云石英千枚岩 | 0.427 | 177.92 | 157.76 | 20.16 | 7.83 | 0.674 | 0.956 | 7.66 | 3.14 | 1.87 |

**4. 成矿元素**

成矿元素特征见表 2－34，平均值与地壳克拉克值比较，Au 亏损，Ag、Cu、Pb、Zn 富集。Ag、Cu、Pb、Zn 含量变化大，部分样品值低于地壳克拉克值，有一定成矿背景。

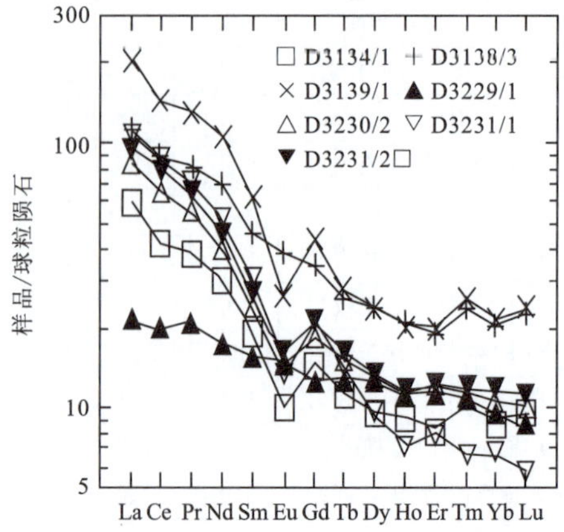


图 2－56　西合休岩组稀土配分模式曲线

(四)原岩恢复

西合休岩组测区内出露两处，分布局限，变质浅，变形强，岩石组合为绢云石英片岩、钠长绿泥石英片岩、斜长阳起片岩、钠长透闪片岩、绢云绿泥片岩、钠长绿泥黑云片岩、阳起片岩、黝帘透闪片岩、钠长石英粒岩、钠长浅粒岩、绿泥钠长变粒岩、绢云石英千枚岩、钠长绢云千枚岩、斜长浅粒岩夹变质粗面流纹岩和强蚀变粗玄岩。根据野外宏观特征及岩石组合特征，原岩为正常沉积碎屑岩、中基性火山沉积岩夹中酸性火山岩。主要依据有：①出现基性火山岩、火山沉积岩变质形成的钠长石＋绿泥石＋阳起石变质矿物组合；②中酸性火山岩变质后残留火山岩组构；③露头范围内岩性有规律变化，且多为渐变关系；④岩石残余组构反映原岩为正常沉积碎屑岩；⑤浅变质千枚岩原岩为碎屑岩和火山沉积岩，具有“层状”特征。

通过岩石化学计算，利用[(al＋fm)－(c＋alk)]－Si 图解(图 2－57)恢复原岩，绢云绿泥片岩投于泥质沉积岩区，阳起片岩投于火山岩区，火山岩进一步利用(Al＋Fe＋Ti)－(Ca＋Mg)图解(图 2－58)恢复原岩，为玄武岩。根据野外调查和岩石变质矿物组合，部分岩石原岩为火山沉积岩和碎屑岩。西合休岩组原岩为正常沉积碎屑岩、火山沉积岩夹基性—酸性火山岩。

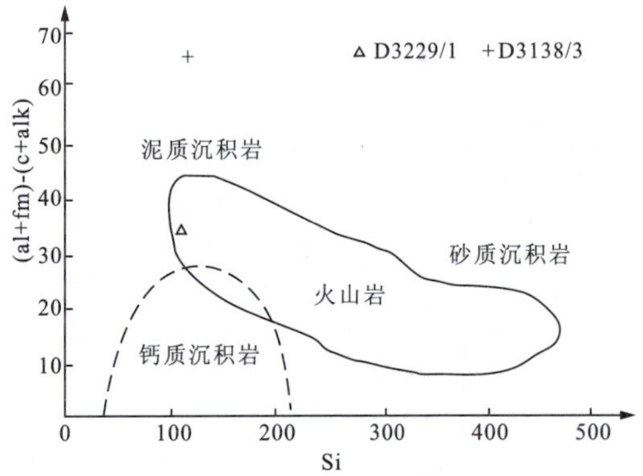


图 2－57　西合休岩组[(al＋fm)－(c＋alk)]－Si 图解
(据西蒙南，1953)

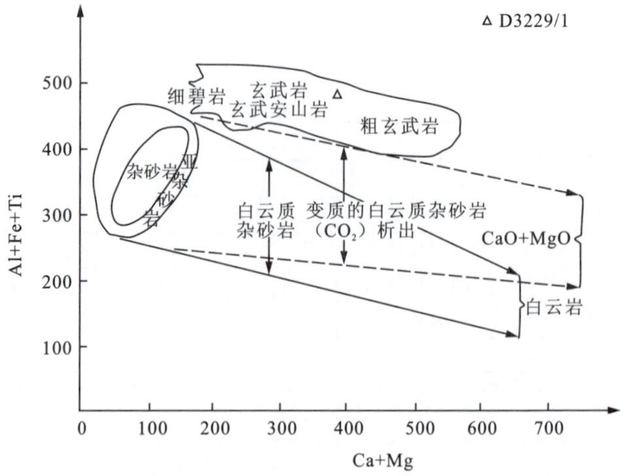


图 2－58　西合休岩组(Al＋Fe＋Ti)－(Ca＋Mg)图解
(据莫伊纳和罗谢，1968)

(五)大地构造环境

西合休岩组变质较浅，部分原岩结构构造保留，野外宏观特征反映其为活动大陆边缘环境沉积。下面通过岩石化学和地球化学特征，讨论该地层形成的大地构造环境。

变质碎屑岩岩石化学成分与 Bhatia(1985)不同构造环境杂砂岩平均成分对比(见表 2－21)，很复杂，介于大洋岛弧和被动大陆边缘之间。对于基性火山岩，利用 $TiO_2 - MnO \times 10 - P_2O_5 \times 10$ 图解（见图 2－29）投于洋中脊玄武岩，利用 $FeO^* - MgO - Al_2O_3$ 图解（见图 2－28）投于靠近洋岛玄武岩的洋中脊玄武岩，利用 A－F－M 图解（见图 2－27）投于拉斑玄武岩系列。

西合休岩组变质碎屑岩微量元素平均值与 Bhatia（1985）不同构造环境平均成分对比（见表 2－22），介于大洋岛弧、大陆岛弧、活动大陆边缘之间，主体与大陆岛弧接近，进一步利用微量元素 La－Th－Sc 图解（图 2－59）和 Th－Sc－Zr/10 图解（图 2－60）判别环境投于大陆岛弧和靠近大陆岛弧环境。

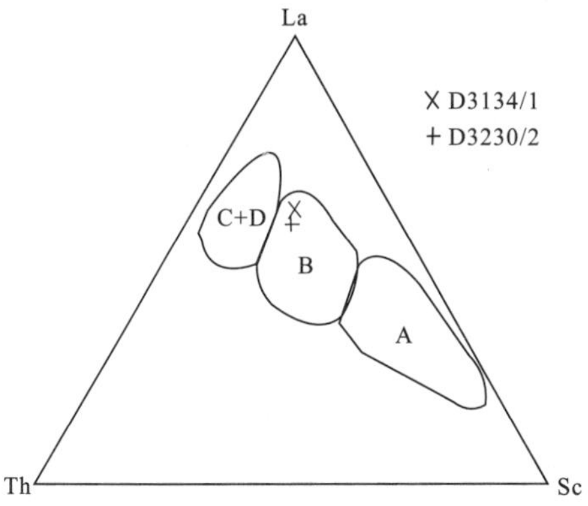


图 2－59 西合休岩组杂砂岩微量元素 La－Th－Sc 判别图

A. 大洋岛弧；B. 大陆岛弧；C. 活动大陆边缘；D. 被动大陆边缘

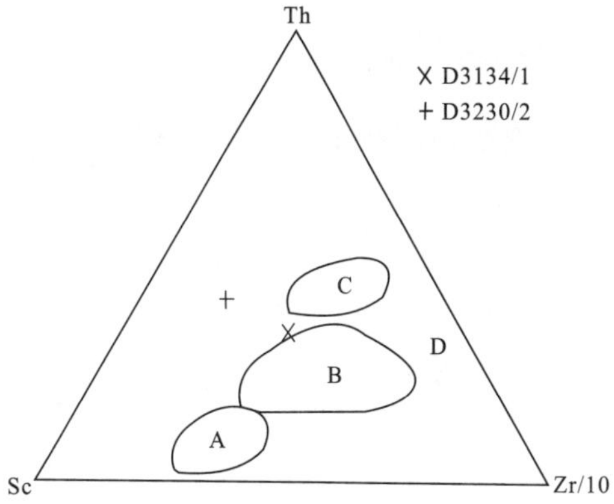


图 2－60 西合休岩组杂砂岩微量元素 Th－Sc－Zr/10 判别图

A. 大洋岛弧；B. 大陆岛弧；C. 活动大陆边缘；D. 被动大陆边缘

稀土配分曲线与活动大陆边缘和被动大陆边缘稀土配分曲线特征相似，与砂岩构造背景的 REE 判别函数（Bhatia，1985）对比（见表 2－23），与大陆岛弧环境相似。基性火山岩稀土配分模式曲线与岛弧拉斑玄武岩稀土配分模式曲线相似。

综合以上讨论，西合休岩组形成环境复杂，主体为大陆岛弧和活动大陆边缘环境，物源可能来自多个源区。

（六）变质变形特征简述

西合休岩组由于沿库地结合带出露，变形强，变质较浅。变形主要表现为中层次下的韧性变形、构造透镜体、紧闭褶皱，面理置换强烈，可见长英脉形成的无根褶皱、镜下“W”形褶皱发育，局部见褶皱轴面劈理与片理平行（图 2－61）。根据变质矿物组合分析为绿片岩相变质。

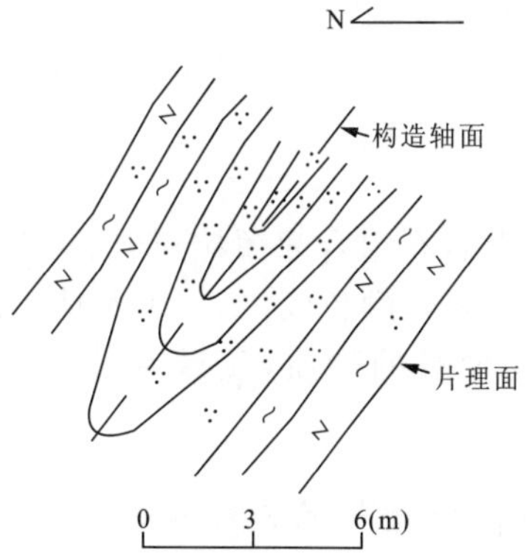


图 2－61 西合休岩组钠长绿泥石英片岩中向形构造轴面与片理平行关系素描图

（七）形成时代

西合休岩组没有确切时代依据，它沿着早古生代库地蛇绿混杂岩分布，与同期碰撞-俯冲型花岗岩伴生，其形成于大陆岛弧和活动大陆边缘环境，与库地洋俯冲-碰撞可以对应起来。其变质变形特征、岩石组合与相邻的元古宇地层明显不同，比后者变质浅，比南侧石炭系他龙群变质深。与玉田幅库拉甫河岩群沉积建造、变质变形比较相似。故将其时代划为寒武纪—奥陶纪。

## 二、上寒武统(未分)($\in_3$)

### (一)综述

在《新疆维吾尔自治区区域地质志》中将叶尔羌河上游支流阿克塔河南的黑色灰岩中产三叶虫化石 *Pagodia*? *kunlunensis* 划为晚寒武世。本书采用此方案。测区内该套地层出露于阿克塔河南侧,与北侧侏罗系龙山组、南侧奥陶系冬瓜山群均为断层接触。呈长透镜状近东西展布,出露面积 $10km^2$。属塔吐鲁沟-甜水海地层小区。

### (二)地层特征

该套地层出露范围小。现以新疆皮山县阿克塔河南上寒武统(未分)地层路线地质剖面为例(图 2-62)。

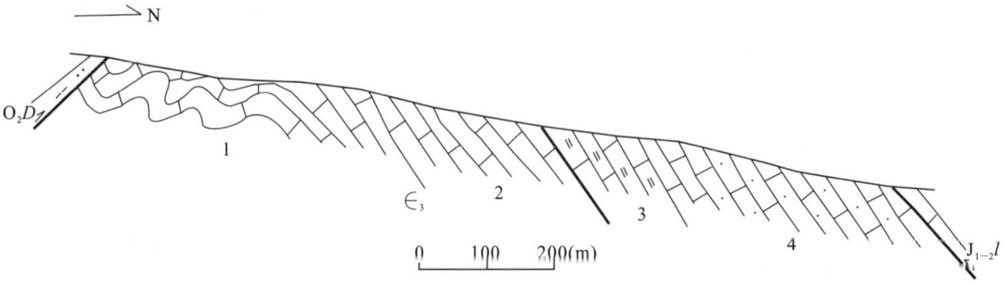


图 2-62 新疆皮山县阿克塔河南上寒武统(未分)地层路线地质剖面图

上覆地层:冬瓜山群紫红色钙质粉砂岩

断 层

| | |
|---|---|
| **上寒武统(未分)** | **>588.8m** |
| 4.浅灰—灰白色含砂质结晶灰岩 | 213.5m |
| 3.灰—浅灰色白云质灰岩 | 73.2m |
| 2.深灰色厚层鲕粒灰岩 | 222.1m |
| 1.灰色中厚层状灰岩 | >80.0m |

断 层

龙山组:结晶灰岩

剖面上岩石组合为鲕粒灰岩、灰岩,总体为碳酸盐沉积。下部发育大量的鲕粒灰岩,单层厚度大于 30cm,总体颜色较深,反映水体深度、能量变化大;上部岩石颜色较浅,以结晶灰岩、白云质灰岩为主,含少量的砂质,反映水体较浅,近碎屑物源。该套岩石在横向上变化不大。厚度大于 588.8m。

### (三)沉积相和沉积环境

该套地层岩石为中厚层状灰岩和鲕粒灰岩,总体为碳酸盐岩台地相沉积。沉积水盆地深度变化较大,早期为动荡环境水体较浅;晚期沉积物反映水体相对较浅。以上特征反映沉积水盆地比较局限,自下而上沉积环境由台地浅滩相向开阔台地相转变。

### (四)形成时代和大地构造背景

前人在该套地层中采到三叶虫化石 *Pagodia*? *kunlunensis*,将其划为晚寒武世(未分)地层。本次工作该套地层与前人所采化石地层颜色、岩性相似，故将其划为晚寒武世。

## 三、玛列兹肯群($O_{1-2}M$)

### (一)综述

地质矿产部十三大队吕正等(1958)创名玛列兹肯岩系，创名地在玛列兹肯山南坡。原始定义：指一套暗色由粗到细的具明显韵律特征的碎屑岩和碳酸盐岩地层。现在定义：指一套下与苏库罗克组不整合接触，上部接触关系不明的深灰色、灰黑色下粗上细的砂砾岩，石英砂岩，生物碎屑灰岩，白云质灰岩，细晶灰岩夹少量硅质岩和粉砂岩，中部产腕足类、头足类、腹足类等化石，具明显韵律特征的地层。《西北地区区域地层表新疆维吾尔自治区分册》(1981)改为玛列兹肯群，时代为早奥陶世。新疆第二地质大队汪玉珍等根据所采的化石将其划为早中奥陶世。新疆地层清理将其命名为玛列兹肯群，时代划为早中奥陶世。本书采用地层清理划分方案，属于西昆仑北带地层分区。

测区内玛列兹肯群与定义略有差异，主要为碎屑岩、碳酸盐岩和中酸性火山岩。出露于乌鲁吾斯塘河克捷克库拉木、阿克其乌斯塘河上游一带，呈透镜状近东西向展布，与相邻库地蛇绿混杂岩带、西合休岩组、库尔良群、中元古界(未分)等地层断层接触。地层内小断裂比较发育，造成地层的不连续，出露面积 110km$^2$。

### (二)地层特征

测区内玛列兹肯群出露面积小，岩性较简单，现以新疆叶城县乌鲁吾斯塘河克捷克库拉木奥陶系玛列兹肯群实测地质剖面为例(图 2-63)。

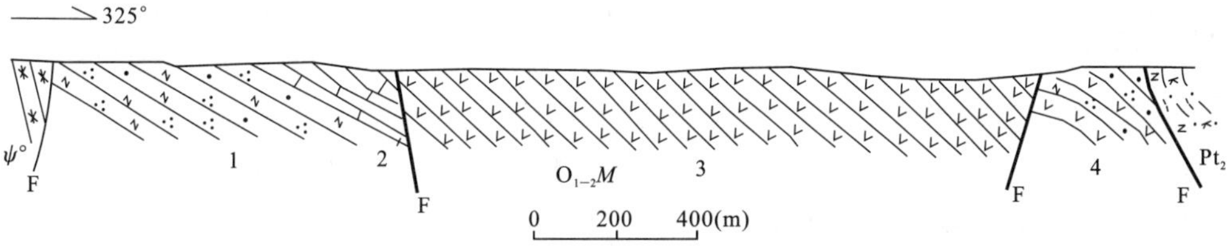


图 2-63 新疆叶城县乌鲁吾斯塘河克捷克库拉木奥陶系玛列兹肯群实测地质剖面图

中元古界(未分)：浅灰色黑云二长变粒岩

——————— 断 层 ———————

| | |
|---|---|
| **玛列兹肯群** | **>1 444.2m** |
| 4. 灰白色中细粒长石石英砂岩夹(互)灰色安山岩 | 184.2m |
| 3. 灰绿色蚀变英安岩 | 792.4m |
| 2. 浅灰色薄层状粉晶灰岩，产化石：*Discoceras*? sp.，*Loxonematidae*? 及海百合茎和腕足碎片 | 178.1m |
| 1. 浅灰色中层状中粒长石石英砂岩 | 289.5m |

——————— 断 层 ———————

灰色阳起片岩

剖面上岩性组合为长石石英砂岩、粉晶灰岩、蚀变英安岩、安山岩。其下部发育大量的碎屑岩及生物灰岩，含海相化石；上部发育大量的中酸性火山岩及碎屑岩。其砂岩中局部见平行层理、粒序层理。沉积厚度大于 1 444.2m，为滨浅海相沉积。该群横向上岩性比较稳定。变质浅，变形弱，仅形成宽缓褶皱，小断裂较发育，对地层破坏并不明显。粉晶灰岩局部具“δ”形斑，反映强变形特征。

### （三）沉积相和沉积环境

测区内玛列兹肯群出露面积小，岩性主要为中层状中粒长石石英砂岩，粉晶灰岩，自下向上，夹有大量的中酸性火山岩，上部砂岩与中酸性火山岩呈夹互状出现。砂岩中粒序层清晰，反映层序正常，依据沉积物和生物分析为浅海相沉积。依据盆地在沉积过程中有大量中酸性火山岩喷发，其形成于活动大陆边缘环境。

### （四）形成时代

玛列兹肯群沿早古生代库地结合带分布，新疆第一区调队在该群粉晶灰岩中采有化石：*Discoceras*? sp.，*Loxonematidae*?，本次工作中采有大量海百合茎化石，另外，奥陶纪岩体侵入该套地层。故将其划为早中奥陶世。

## 四、下古生界（未分）($Pz_1$)

### （一）综述

该套地层是本次工作中从前人所划中元古界蓟县系地层中划出的一套裂谷相碳酸盐岩-火山沉积岩-火山岩建造的一套岩石，低绿片岩相变质。主要岩石为变质粗面流纹岩、玄武岩、薄层灰岩、白云岩、凝灰质变细砂岩，与两侧地层断层接触。属于西昆南带地层分区。

该套地层主要分布于昆仑山脊南侧，近东西向带状展布。南侧与蓟县系桑株塔格岩群、北侧与赛图拉岩群均呈断层接触，西侧被印支期岩体侵入，东部被中基性岩浆岩侵入破坏，出露不完整，向东延入邻幅。出露面积 62km$^2$。

### （二）地层特征

该套地层变质浅、变形较弱。下部为碳酸盐岩，向上为玄武岩、变质粗面流纹岩夹凝灰质变细砂岩和大理岩透镜体。地层中由火山岩、含凝灰质变细砂岩韵律清楚，火山岩具双峰式特征。现以新疆皮山县喀拉喀什河无依别克下古生界（未分）路线地质剖面为例（图 2－64）。

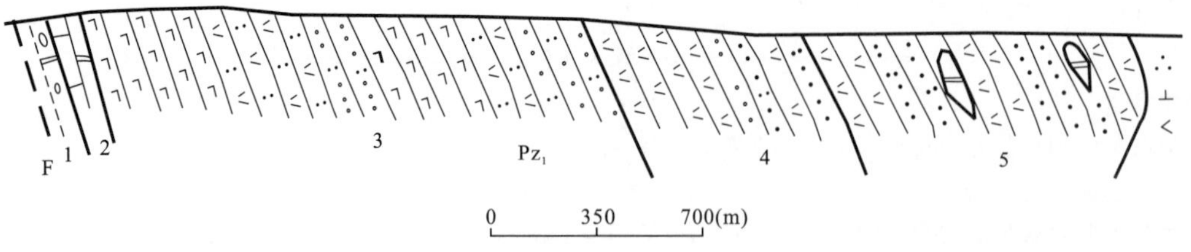


图 2－64　新疆皮山县喀拉喀什河无依别克下古生界（未分）路线地质剖面图

中细粒角闪石英闪长岩

———————— 侵入接触 ————————

| | |
|---|---|
| **下古生界(未分)** | **>3 230.2m** |
| 5. 灰色变质粗面流纹岩、含凝灰质变细砂岩夹大理岩透镜体 | 856.3m |
| 4. 浅灰色变质粗面流纹岩夹(互)灰绿色凝灰质变细砂岩，二者构成韵律，局部偶含角砾 | 447.1m |
| 3. 灰绿色玄武岩、凝灰岩夹凝灰质变细砂岩 | 1 777.0m |
| 2. 灰色条纹状灰岩、中层状灰岩、粉晶白云岩 | 57.0m |

1. 灰白色含砾大理岩、大理岩 92.8m

断 层

浅灰色糜棱岩化闪长岩

剖面由于岩体和断层破坏，未见顶、底。岩石组合为玄武岩、变质粗面流纹岩夹凝灰质变细砂岩、灰岩、粉晶白云岩、大理岩。剖面下部碳酸盐岩比较发育，中上部火山岩比较发育，并夹大理岩透镜体。其中火山岩、含凝灰质变细砂岩韵律较清楚，火山喷发具双峰式特征，早期以基性喷发为主，晚期以酸性喷发为主。沉积环境为较深水裂陷盆地，低绿片岩相变质。厚度大于 3 230.2m。

横向上岩性比较稳定，基本无变化。

## （三）岩石化学和地球化学特征

### 1. 岩石化学

岩石化学特征见表 2-36。玄武岩与世界基性玄武岩值（维氏，1962）对比，$Al_2O_3$、FeO 偏高，$SiO_2$、$Fe_2O_3$、MnO、$TiO_2$、$P_2O_5$、$K_2O$、$Na_2O$ 偏低，CaO、MgO 基本接近，显示其来源较深，可能是上地幔产物。变质粗面流纹岩与中国流纹岩对比，CaO、MgO、$TiO_2$ 偏高，$SiO_2$、$Al_2O_3$、$Fe_2O_3$、MnO、$P_2O_5$、$K_2O$、$Na_2O$ 偏低，FeO 基本接近。玄武岩通过 $FeO^*$-($Na_2O+K_2O$)-MgO 图解（图 2-65）为拉斑玄武岩，$K_2O+Na_2O=2.73$，$\sigma=3.67$，碱性和钙碱性过渡类型，通过基性火山岩 $FeO^*$-MgO-$Al_2O_3$图解（图 2-66）和基性火山岩 $TiO_2$-MnO-$P_2O_5$图解（图 2-67），为岛弧拉斑玄武岩。变质粗面流纹岩通过全碱-氧化硅图解为英安岩（图解见第三章第二节火山岩），$K_2O+Na_2O=6.2$，$\sigma=1.58$，钙碱性系列岩石。综合上述，早古生代（未分）地层火山岩为碱性—钙碱性系列岩石。

表 2-36 下古生界（未分）地层岩石化学特征表 （%）

| 样品号 | 岩石名称 | $SiO_2$ | $Al_2O_3$ | $Fe_2O_3$ | CaO | MgO | MnO | $TiO_2$ | $P_2O_5$ | $K_2O$ | $Na_2O$ | FeO | $H_2O^+$ | $H_2O^-$ | LOI | Σ |
|---|---|---|---|---|---|---|---|---|---|---|---|---|---|---|---|---|
| D3092/4 | 玄武岩 | 45.03 | 19.87 | 2.33 | 9.63 | 6.51 | 0.20 | 0.72 | 0.08 | 0.68 | 2.05 | 7.40 | 4.10 | 0.04 | 2.18 | 100.88 |
| D3093/1 | 变质粗面流纹岩 | 67.39 | 12.36 | 1.70 | 2.91 | 2.06 | 0.06 | 0.35 | 0.08 | 3.51 | 2.69 | 2.18 | 1.81 | 0.13 | 2.42 | 99.65 |
| 世界基性玄武岩值（维氏，1962） | | 50.00 | 16.08 | 4.22 | 9.75 | 6.30 | 0.36 | 1.29 | 0.36 | 1.24 | 2.78 | 6.80 | — | — | — | |
| 中国流纹岩平均值 | | 72.06 | 13.40 | 1.81 | 0.75 | 0.28 | 0.08 | 0.29 | 0.10 | 4.55 | 3.74 | 2.11 | — | — | — | |

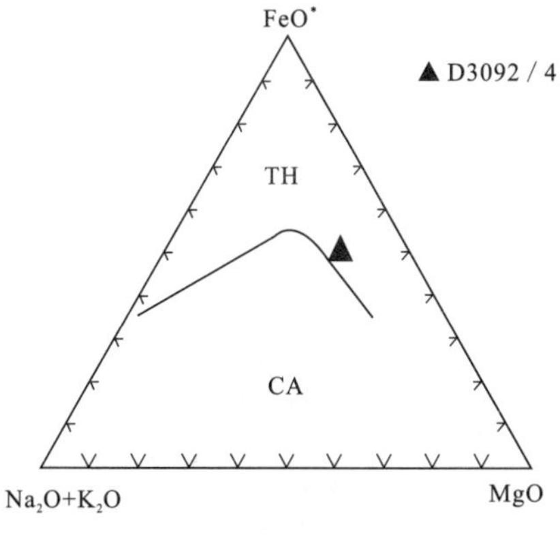


图 2-65 下古生界（未分）地层玄武岩 $FeO^*$-($Na_2O+K_2O$)-MgO 图解
TH. 拉斑玄武岩；CA. 钙碱性系列

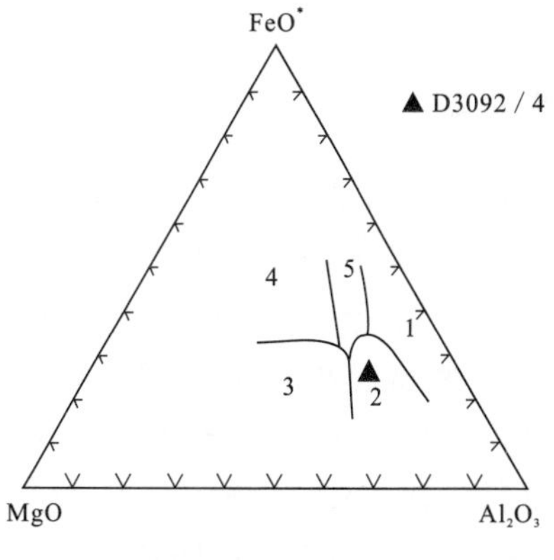


图 2-66 基性火山岩 $FeO^*$-MgO-$Al_2O_3$图解
1. 扩张中心洋岛玄武岩；2. 造山玄武岩（岛弧或活动陆缘）；3. 洋脊和洋底玄武岩；4. 洋岛玄武岩；5. 大陆玄武岩

### 2. 微量元素

微量元素特征见表 2-37，玄武岩与世界基性玄武岩平均值对比，除大离子亲石元素 Sc、Rb 强富集—富集外，其余元素亏损—强亏损。变质粗面流纹岩与地壳克拉克值对比，除 Ba、Hf、Th 富集外，其余元素弱亏损—亏损。均反映火山岩源岩微量元素大多亏损。

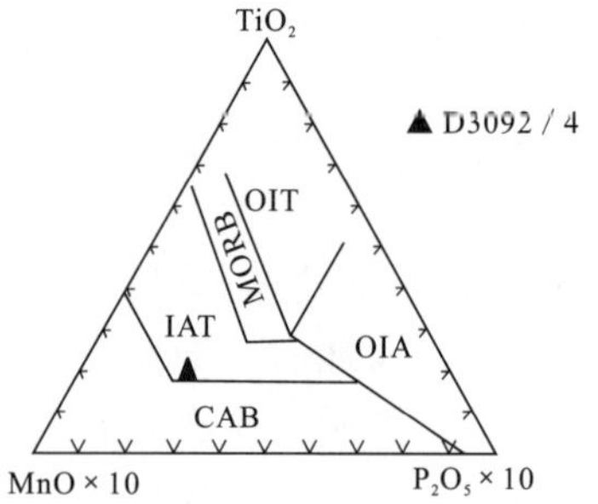


图 2-67　基性火山岩 $TiO_2-MnO-P_2O_5$ 图解

OIT. 洋岛拉斑玄武岩；OIA. 洋岛碱性玄武岩；CAB. 钙碱性玄武岩；IAT. 岛弧拉斑玄武岩；MORB. 洋中脊玄武岩

**表 2-37　下古生界(未分)地层火山岩微量元素特征表**

| 样品号 | 岩石名称 | Cr | Ni | Co | Sc | Ba | Sr | Rb | Zr | Nb | Hf |
|---|---|---|---|---|---|---|---|---|---|---|---|
| 3092/4 | 玄武岩 | 27.1 | 8.61 | 18.70 | 38.10 | 77 | 246 | 11.1 | 4.05 | 2.1 | 0.15 |
| 3093/1 | 变质粗面流纹岩 | 76.4 | 4.87 | 6.26 | 6.88 | 839 | 199 | 143.0 | 51.70 | 13.3 | 1.12 |
| 3093/3 | 变质粗面流纹岩 | 27.1 | 6.37 | 6.06 | 6.82 | 603 | 101 | 154.0 | 118.00 | 13.8 | 2.18 |
| 变质粗面流纹岩平均值 | | 51.8 | 5.62 | 6.16 | 6.85 | 721 | 150 | 148.5 | 84.90 | 13.6 | 1.65 |
| 地壳克拉克值 | | 83.0 | 58.00 | 18.00 | 10.00 | 650 | 340 | 150.0 | 170.00 | 20.0 | 1.00 |
| 世界基性岩平均值(涂和费，1961) | | 200.0 | 160.00 | 45.00 | 2.40 | 300 | 440 | 4.5 | 100.00 | 20.0 | 1.00 |

| 样品号 | 岩石名称 | Ta | Th | Bi | Sb | As | Au | Ag | Cu | Pb | Zn |
|---|---|---|---|---|---|---|---|---|---|---|---|
| 3092/4 | 玄武岩 | 0.11 | 0.5 | — | — | — | — | — | 54.3 | 16.7 | 119.0 |
| 3093/1 | 变质粗面流纹岩 | 1.00 | 24.4 | — | — | — | — | — | 24.0 | 33.7 | 69.2 |
| 3093/3 | 变质粗面流纹岩 | 1.01 | 24.4 | 0.04 | 1.18 | 4.19 | 1.15 | 120 | 340.0 | 27.9 | 113.0 |
| 变质粗面流纹岩平均值 | | 1.00 | 24.4 | 0.04 | 1.18 | 4.19 | 1.15 | 120 | 139.4 | 26.1 | 100.4 |
| 地壳克拉克值 | | 2.50 | 13.0 | 0.01 | 0.50 | 1.70 | 4.00 | 80 | 63.0 | 12.0 | 94.0 |
| 世界基性岩平均值(涂和费，1961) | | 0.48 | 3.0 | — | — | — | — | — | — | — | — |

注：表中 Au、Ag 元素含量单位为 $\times10^{-9}$，其他元素含量单位均为 $\times10^{-6}$。

### 3. 稀土元素

稀土元素特征见表 2-38，玄武岩轻重稀土比值较大，轻稀土富集，Eu 富集，Ce 亏损，轻、重稀土分馏一般。稀土配分模式曲线向右缓倾(图 2-68)，与大陆玄武岩稀土配分模式相似，但稀土总量比大陆玄武岩要低很多。变质粗面流纹岩轻重稀土比值较大，轻稀土强富集，Eu 强亏损，Ce 亏损，轻、重稀土分馏明显，稀土配分模式曲线向右陡倾，与花岗岩稀土配分模式曲线不同，可能与酸性岩浆物源有关，Eu 负异常反映岩浆分离结晶作用强，物源较深。

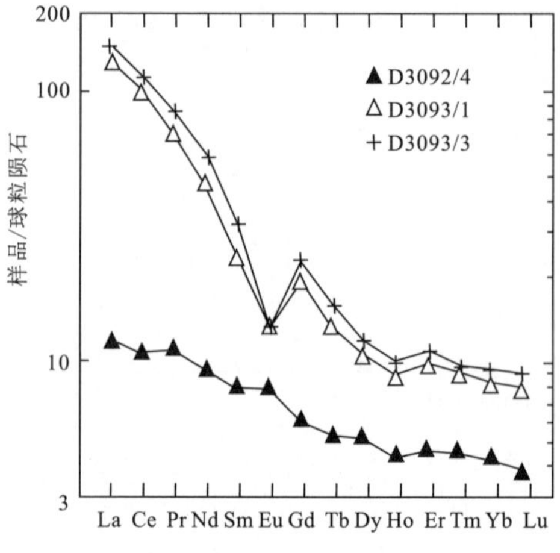


图 2-68　下古生界(未分)地层火山岩稀土元素模式图

**表 2-38　下古生界(未分)地层稀土元素特征表**

| 样品号 | 岩石名称 | 稀土元素含量($\times10^{-6}$) | | | | | | | | | | | | |
|---|---|---|---|---|---|---|---|---|---|---|---|---|---|---|
| | | La | Ce | Pr | Nd | Sm | Eu | Gd | Tb | Dy | Ho | Er | Tm | Yb |
| D3092/4 | 玄武岩 | 4.4 | 10.12 | 1.5 | 6.5 | 1.79 | 0.68 | 1.79 | 0.305 | 1.95 | 0.373 | 1.16 | 0.160 | 1.04 |
| D3093/1 | 变质粗面流纹岩 | 48.4 | 94.70 | 10.2 | 33.4 | 5.66 | 1.21 | 6.01 | 0.781 | 3.99 | 0.749 | 2.38 | 0.325 | 2.04 |
| D3093/3 | 变质粗面流纹岩 | 55.5 | 109.0 | 11.7 | 40.5 | 7.36 | 1.16 | 7.16 | 0.921 | 4.57 | 0.845 | 2.70 | 0.345 | 2.34 |

| 样品号 | 岩石名称 | 稀土元素含量($\times10^{-6}$) | | | | 特征参数值 | | | | | |
|---|---|---|---|---|---|---|---|---|---|---|---|
| | | Lu | ΣREE | LREE | HREE | LREE/HREE | δEu | δCe | $(La/Yb)_N$ | $(La/Sm)_N$ | $(Gd/Yb)_N$ |
| D3092/4 | 玄武岩 | 0.146 | 31.98 | 25.05 | 6.92 | 3.62 | 1.17 | 0.870 | 2.76 | 1.42 | 1.45 |
| D3093/1 | 变质粗面流纹岩 | 0.307 | 210.15 | 193.57 | 16.58 | 11.67 | 0.64 | 0.918 | 15.36 | 5.02 | 2.49 |
| D3093/3 | 变质粗面流纹岩 | 0.345 | 244.45 | 225.22 | 19.23 | 11.71 | 0.49 | 0.922 | 15.34 | 4.33 | 2.59 |

#### 4. 成矿元素

成矿元素特征见表 2-37，Au 低于地壳克拉克值；Ag 大于地壳克拉克值；Cu 值变化大，多数样品低于地壳克拉克值，个别值是地壳克拉克值的 5 倍，与构造蚀变有关；Pb、Zn 变化较大，平均值大于地壳克拉克值。综合分析该套地层成矿条件一般，部分层位有利于 Cu 成矿。

### (四)原岩恢复

该地层变质浅，通过野外观察和室内镜下鉴定，恢复原岩为基性和酸性火山岩、凝灰岩、凝灰质变砂岩和碳酸盐岩。

### (五)沉积相和沉积环境

该套地层下部碳酸盐岩层薄，底部含砾大理岩(深水滑塌成因)形成于较深水环境，向上火山岩具双峰式特征，形成于陆内裂谷环境，玄武岩投于岛弧拉斑玄武岩，与样品内蚀变辉长岩脉侵入和蚀变有关。可能是西昆仑地块的陆内裂谷，库地洋在打开时在其南侧稍晚形成该裂谷沉积。

### (六)形成时代

该套地层变质比蓟县系要浅，与北侧库地结合带奥陶系玛列兹肯群酸性火山岩比较相似。所以将其暂划为早古生代。

## 五、冬瓜山群($O_2D$)

冬瓜山群由新疆地质局第一区调队四分队张志德等(1984)于河尾滩地区 1∶100 万地质调查中创名，地点在冬瓜山。原始定义：指一套上与那克十七江干将群连续过渡，下部不整合覆于甜水海岩群之上，主要由浅海相碳酸盐岩及少量碎屑岩组成，含三叶虫、角石等化石的地层。时代为早中奥陶世。现在定义：指一套与上部关系不明，下部不整合于甜水海群之上，以灰色、深灰色灰岩砂泥质灰岩、生物灰岩为主夹千枚状页岩、钙质砂岩、泥质粉砂岩以及少量基性火山岩，产腹足类、三叶虫、腕足类、头足类等化石的地层。本次调查沿用该群命名，岩性与现在定义相近，依据本次采集的化石将其置于中奥陶世。

测区内位于塔吐鲁沟-甜水海地层小区，出露于阿克塔河一带，地层间断裂比较发育，出露面积约为 $20km^2$。

### (一)地层特征

测区出露较为破碎。北测以断层覆于上寒武统地层之上,南侧以逆冲断层伏于石炭系地层之下,出露厚度大于1 174.25m。以新疆皮山县阿克塔河奥陶系冬瓜山群路线地质剖面为例(图2-69)。

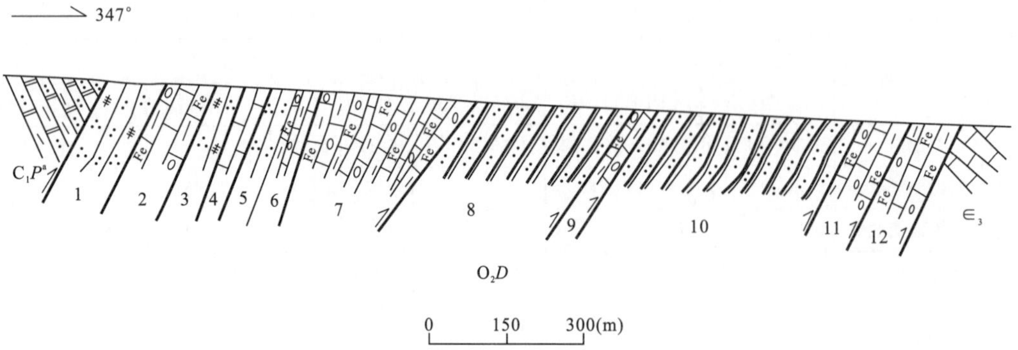


图2-69 新疆皮山县阿克塔河奥陶系冬瓜山群路线地质剖面图

上寒武统:土黄色含砾泥灰岩

════════ 断 层 ════════

| | |
|---|---|
| **冬瓜山群($O_2D$)** | **>1 174.25m** |
| 12.紫红色中层状微晶铁泥质灰岩夹紫红色薄层灰岩 | 58.53m |
| ════════ 断 层 ════════ | |
| 11.紫红色中层状微晶铁泥质灰岩夹紫红色薄层灰岩 | 50.35m |
| ════════ 断 层 ════════ | |
| 10.淡绿色粉砂质板岩夹薄层变细砂岩 | 302.12m |
| ════════ 断 层 ════════ | |
| 9.紫红色中层状微晶铁泥质灰岩夹紫红色薄层灰岩 | 28.77m |
| ════════ 断 层 ════════ | |
| 8.淡绿色粉砂质板岩夹薄层变细砂岩 | 205.6m |
| ════════ 断 层 ════════ | |
| 7.紫红色中层状微晶铁泥质灰岩夹紫红色薄层灰岩含化石 | 245.84m |
| 6.深灰色薄层灰岩 | 34.78m |
| 5.淡绿色中薄层状细粒石英杂砂岩夹粉砂岩 | 48.69m |
| 4.深灰色薄层状灰岩 | 27.82m |
| 3.淡绿色中薄层状细粒石英杂砂岩夹粉砂岩 | 27.19m |
| 2.紫红色中层状微晶铁泥质灰岩夹紫红色薄层灰岩含生物化石 | 45.26m |
| 1.淡绿色中薄层状细粒石英杂砂岩夹粉砂岩 | 99.30m |

════════ 断 层 ════════

帕斯群灰岩组:深灰色中厚层状生物灰岩

该组出露的岩石为泥灰岩、灰岩、粉砂质板岩、变细砂岩、细粒石英杂砂岩等。剖面上以淡绿色中薄层状细粒碎屑岩与紫红色中层状灰岩组成5个不完整的沉积旋回。单个旋回底部以细粒碎屑岩开始,顶部以微晶铁泥质灰岩、灰岩结束,不同程度含生物化石。单个旋回厚度为150～350m不等,其第二个旋回中发育沉积韵律。该组总体为由下向上变浅的进积层序组成,以旋回性基本层序为主,顶部不同程度表现为暴露或浅水环境,岩石呈氧化紫红色或含生物化石为特征。

灰岩中含少量生物化石，种属单调，仅见头足类及海百合茎。其中头足类化石个体较大，约为2cm×10cm大小，群体出现，露头上含量达20%左右。海百合茎相对较少，个体小。

### （二）地球化学特征及含矿性

该组中碎屑岩微量元素含量见表2-39，由表中可见大部分元素含量变化不大，仅Cr含量变化较大，为$18.5\times10^{-6}\sim77.6\times10^{-6}$。微量元素均值与地壳克拉克值相比，大离子活泼元素Sr、Rb、Ba、Th、Ta、Nb、Zr明显偏低，而过渡性不活泼元素Cr偏高，Sc、Co、Ga明显偏低，其余则相差不大。

表2-39 冬瓜山群微量元素含量特征表

| 序号 | 样品号 | 岩石名称 | Sr | Rb | Ba | Th | Ta | Nb | Zr | Hf | Sc | Cr |
|---|---|---|---|---|---|---|---|---|---|---|---|---|
| 1 | D2020/1G | 细石英杂砂岩 | 260.00 | 34.60 | 148 | 4.41 | 0.32 | 5.31 | 53.50 | 0.99 | 4.58 | 77.60 |
| 2 | D2020/2G | 钙质粉砂岩 | 305.00 | 30.10 | 148 | 4.11 | 0.29 | 5.19 | 41.40 | 0.78 | 4.87 | 18.50 |
| 平均值 | | | 282.50 | 32.30 | 148 | 4.26 | 0.31 | 5.20 | 47.50 | 0.89 | 4.70 | 48.10 |
| 地壳克拉克值 | | | 340.00 | 150.00 | 650 | 13.00 | 2.50 | 20.00 | 170.00 | 1.00 | 10.00 | 18.00 |
| 序号 | 样品号 | 岩石名称 | Co | Ni | V | Ga | U | Au | Ag | Cu | Pb | Zn |
| 1 | D2020/1G | 细石英杂砂岩 | 6.64 | 50.10 | 30.70 | 4.93 | 0.55 | — | 0.13 | 114 | 27.90 | 35.30 |
| 2 | D2020/2G | 钙质粉砂岩 | 6.29 | 54.40 | 28.70 | 4.19 | 0.45 | — | 0.19 | 47.10 | 23.30 | 35.40 |
| 平均值 | | | 6.40 | 52.30 | 29.70 | 4.60 | 0.50 | — | 0.16 | 80.60 | 25.60 | 35.40 |
| 地壳克拉克值 | | | 58.00 | 83.00 | 18.00 | 58.00 | 90.00 | 4.00 | 0.08 | 19.00 | 16.00 | 63.00 |

注：表中Au元素含量单位为$\times10^{-9}$，其他元素含量单位均为$\times10^{-6}$。

主要成矿元素Cu、Pb、Ag等富集（矿化），除Cu含量变化较大外，其他元素变化不大。其均值与地壳克拉克值相比，Cu、Pb、Ag较高外，Zn低于地壳克拉克值，贵金属Ag含量高出地壳克拉克值2倍，Cu、Pb含量高出地壳克拉克值4～12倍，背景较高，有利于成矿。

### （三）生物特征及地层时代

该组中所含生物化石主要为头足类及海百合茎。经西北大学地质系郭洪祥、张兴亮鉴定，有头足类：珠角石？*Actinoceras*? sp.，凹形珠角石 *Actinoceras concareum* Endo（图版Ⅰ-1），盘角石（未定种）*Discoceras* sp.，米契林角石 *Michelinoceras densam*（Yu).，米契林角石（未定种）*Michelinoceras* sp.；海百合茎：*Cyclocyclicus*? sp.。其中头足类化石 *Michelinoceras densum*（Yu）的时代为中奥陶世晚期（$O_2^2$），即达威尔期，年代地层位置与新疆柯坪地区中奥陶统坎岭组—其浪组可比；前人曾在该地采有三叶虫、层孔虫、苔藓虫、腕足、珊瑚及角石碎片等化石，将地层时代定为早中奥陶世，本次工作仅作参考。依据本次所采化石时代特征将冬瓜山群时代置于中奥陶世。

### （四）沉积环境分析

冬瓜山群由于受断层破坏，地层极不连续，仅从出露的淡绿色细粒碎屑岩与紫红色灰岩及生物化石分析，其沉积环境为浅海相。该组中可识别出5个相当于五级旋回的基本层序组、2个相当于六级旋回的基本层序组，基本层序总体为向上变浅的进积模式，顶部不同程度为暴露或浅水环境。

## 六、温泉沟群（$S_1W$）

温泉沟群由新疆地质局区调大队张玉谦、赵明钰、焦生瑞（1976）创名，创名地叶尔羌河上游，原始定义：与上覆达坂沟群整合接触，由一套海相碎屑岩夹碳酸盐岩组成，碎屑岩中含黄铁矿，纵、横向稳定。现在定义:岩性以浅变质的碎屑岩为主,有钙质粉砂岩、石英砂岩、千枚岩,顶界与达坂沟群整合接触,与下伏地层接触关系不明。

1984 年,新疆地质局第一区调大队四分队、十分队西昆仑 1∶100 万地质调查,1990 年《新疆古生界》(上)均使用温泉沟群,1993 年《新疆维吾尔自治区区域地质志》改用温泉沟组。本次调查沿用温泉沟群,时代为早志留世。

图区内温泉沟群位于喀喇昆仑地层分区,塔吐鲁沟-甜水海地层小区,出露于叶尔羌河麻扎、麻扎大拉及库拉那古河垴一带,地层北侧与康西瓦构造混杂岩带接触,南侧与不同地层以断层接触,两侧受断裂控制,出露不全。温泉沟群总体呈北西西向展布,出露面积约 2 800km$^2$。该岩群自下而上可进一步划分为 A、B、C、D 四个岩组,岩性主要由变质长石石英杂砂岩、变质细砂岩、变质石英粉砂岩、变质细粒长石砂岩、砂质绢云母板岩夹少量火山岩、硅质岩、粉晶灰岩等组成。剖面以 4 个岩组分别描述。

### (一)温泉沟群 A 岩组($S_1W^a$)

#### 1. 地层特征

温泉沟群 A 岩组出露于伊力克、麻扎及拐弯达坂南部一带,呈西宽东窄的三角状分布,图区西侧以断层覆于布伦阔勒岩群之上,伏于 B 岩组之下。出露厚度大于 8 260m。剖面以新疆叶城县麻扎达拉温泉沟群 A 岩组路线地质剖面为例(图 2-70)。

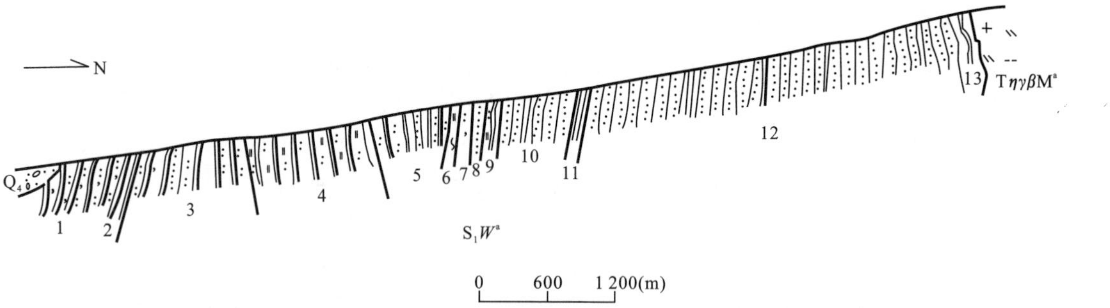


图 2-70 新疆叶城县麻扎达拉温泉沟群 A 岩组路线地质剖面图

岩体黑云二长花岗岩

—————— 侵入接触 ——————

| | |
|---|---|
| **温泉沟群 A 岩组($S_1W^a$)** | **>8 260m** |
| 13. 深灰色绢云母板岩夹变质长石石英砂岩 | 140m |
| 12. 灰色变质细砂岩夹深灰色粉砂质板岩 | 3 110m |
| 11. 深灰色粉砂质板岩 | 130m |
| 10. 灰色变细砂岩夹深灰色粉砂质板岩 | 870m |
| 9. 土红色粉砂质绢云母板岩 | 20m |
| 8. 灰色变细砂岩夹深灰色粉砂质板岩 | 190m |
| 7. 深灰色斑点状绢云母板岩夹土红色变细砂岩 | 60m |
| 6. 灰绿色绿泥绢云板岩 | 20m |
| 5. 深灰色斑点状粉砂质板岩夹土红色变砂岩、变细砂岩 | 730m |
| 4. 灰绿色含粉砂质绢云母板岩 | 1 170m |
| 3. 深灰色斑点状粉砂质板岩夹变细砂岩 | 1 040m |
| 2. 灰色大理岩 | 20m |

1.深灰色斑点状粉砂质板岩夹变细砂岩　　760m

（未见底）

该岩组岩性为绢云母板岩、粉砂质板岩、绿泥绢云板岩、变质长石石英砂岩、变砂岩、变细砂岩、大理岩等。下部以斑点状为特征，粉砂质较高，不同程度夹变细砂岩；上部砂质较高。地层中可见到变细砂岩、绢云母板岩组成的沉积韵律，其中变砂岩出露单层厚度20～40cm，板岩单层厚度200～400cm。剖面上以细粒沉积物为主，大的沉积韵律不太清楚。横向上在东部地层中可见到少量火山岩，即强绢云母化英安岩、片理化安山质角砾熔岩、片理化蚀变安山岩等，反应当时有小范围的火山活动。该套地层中未见生物化石。

**2. 地球化学特征及含矿性**

该岩组中碎屑岩微量元素含量见表2－40，由表中可见大部分元素含量变化不大。微量元素均值与地壳克拉克值相比，大离子活泼元素Sr、Rb、Ba、Th、Ta、Nb明显偏低，而过渡性不活泼元素Sc、Cr偏高，Co偏低，其余则相差不大。

**表2－40　温泉沟群A岩组微量元素含量特征表**

| 序号 | 样品号 | 岩石名称 | Sr | Rb | Ba | Th | Ta | Nb | Zr | Hf | Sc | Cr | La |
|---|---|---|---|---|---|---|---|---|---|---|---|---|---|
| 1 | D2027/1G | 绢云母板岩 | 114.0 | 157 | 452 | 14.4 | 0.71 | 13.4 | 204 | 3.60 | 17.1 | 110.00 | 30.9 |
| 2 | D2027/2G | 长石石英砂岩 | 96.1 | 87 | 640 | 10.2 | 0.77 | 13.2 | 128 | 2.35 | 11.7 | 219.00 | 42.6 |
| 平均值 | | | 105.1 | 122 | 546 | 12.3 | 0.74 | 13.3 | 166 | 2.98 | 14.4 | 82.66 | 36.8 |
| 地壳克拉克值 | | | 340.0 | 150 | 650 | 13.0 | 2.50 | 20.0 | 170 | 1.00 | 10.0 | 83.00 | 29.0 |
| 序号 | 样品号 | 岩石名称 | Co | Ni | V | Ga | U | Au | Ag | Cu | Pb | Zn | Y |
| 1 | D2027/1G | 绢云母板岩 | 12.50 | 32.6 | 136.0 | 22.0 | 2.67 | — | 0.14 | 152.0 | 43.70 | 144.0 | 23.7 |
| 2 | D2027/2G | 长石石英砂岩 | 11.20 | 41.5 | 96.4 | 17.0 | 1.92 | — | 0.14 | 107.0 | 23.80 | 99.3 | 23.1 |
| 平均值 | | | 11.58 | 37.1 | 116.2 | 19.5 | 2.30 | — | 0.14 | 129.5 | 33.75 | 121.5 | 23.4 |
| 地壳克拉克值 | | | 18.00 | 58.0 | 90.0 | 19.0 | 2.50 | 4.00 | 0.08 | 63.0 | 12.00 | 94.0 | 29.0 |

注：表中Au元素含量单位为$\times10^{-9}$，其他元素含量单位均为$\times10^{-6}$。

主要成矿元素Cu、Pb、Zn、Ag等未见富集（矿化），含量变化不大，其均值与地壳克拉克值相比较高。贵金属Ag含量高出地壳克拉克值2倍，Cu、Pb含量高出地壳克拉克值2倍，背景较高，有利于成矿。

（二）温泉沟群B岩组（$S_1W^b$）

**1. 地层描述**

温泉沟群B岩组出露于麻扎、拐弯达坂一线，呈东西带状分布，以构造面理覆于A岩组之上，伏于C岩组之下。出露厚度大于4 434.3m，以新疆叶城县麻扎志留系温泉沟群B岩组实测地质剖面为例（图2－71）。

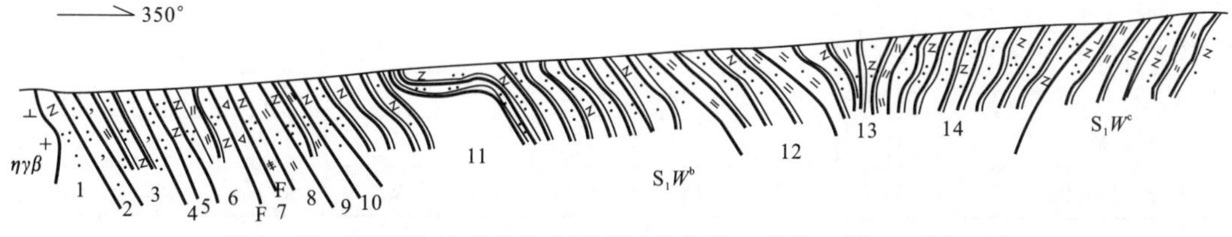


图2－71　新疆叶城县麻扎志留系温泉沟群B岩组实测地质剖面图

上覆地层：温泉沟群C岩组灰色含钙长石石英粉砂岩

——————— 构造面理 ———————

**温泉沟群B岩组($S_1W^b$)** **>4 434.3m**

14. 灰色、深灰色变质细粒长石石英砂岩夹(互)斑点状粉砂绢云母板岩 1 206.8m
13. 深灰色绢云母板岩夹变质细粒长石砂岩 747.7m
12. 灰色、深灰色变质细粒长石砂岩、粉砂质板岩、砂质绢云母板岩构成韵律层 647.6m
11. 灰色、深灰色粉砂质板岩、变质细粒长石砂岩互层 669.3m
10. 灰色变质长石石英细砂岩夹少量粉砂质板岩 30.1m
9. 灰色、深灰色含粉砂绢云母板岩夹(互)变质细粒长石砂岩 148.6m
8. 灰色、深灰色粉砂质绢云母板岩夹变质细粒长石杂砂岩 71.7m

═══════ 断 层 ═══════

7. 灰绿色千枚状长石石英杂砂岩夹绢云母板岩 22.7m

═══════ 断 层 ═══════

6. 灰色细粒长石砂岩夹绢云母板岩 220.3m
5. 灰色、浅灰色长石石英粉砂岩夹斑点状绢云母板岩 217.2m
4. 灰色变质石英粉砂岩 87.6m
3. 灰—灰绿色长石石英粉砂岩、含砂质绢云母板岩夹石英粉砂岩、斑点状含粉砂绢云母板岩 282.6m
2. 灰色、灰绿色斑点状粉砂质板岩夹石英粉砂岩 48.4m
1. 灰色变质长石石英粉砂岩夹变质细粒长石石英砂岩 33.7m

——————— 侵入接触 ———————

岩体黑云二长花岗岩

该岩组的岩性组合为细粒长石石英砂岩、变质长石石英粉砂岩、细粒长石砂岩、细粒长石杂砂岩、粉砂质板岩、砂质绢云母板岩等。岩石以细粒碎屑岩为主，内部保存有大量的由5～10cm细砂岩、10～20cm粉砂质绢云母板岩组成的沉积韵律，可见沉积构造以水平层理为主，偶见平行层理。横向上岩性变化不大，仅在黑卡达坂南部一带见有少量的薄层状硅质岩。沉积总厚度大于4 434.3m。

### 2. 地球化学特征及含矿性

该岩组中碎屑岩微量元素含量见表2-41，由表中可见大部分元素含量变化不大，其中Sr、Rb、Cr、Co的变化范围：Sr $20.5\times10^{-6}\sim216\times10^{-6}$、Rb $40.16\times10^{-6}\sim120.8\times10^{-6}$、Cr $54\times10^{-6}\sim155\times10^{-6}$、Co $4.74\times10^{-6}\sim61\times10^{-6}$。微量元素均值与地壳克拉克值相比，大离子活泼元素Sr、Rb、Ba、Th、Ta明显偏低，而过渡性不活泼元素Sc、Co偏高，Cr偏低，其余则相差不大。

**表2-41 温泉沟群B岩组微量元素含量特征表** ($\times10^{-6}$)

| 序号 | 样品号 | 岩石名称 | Sr | Rb | Ba | Th | Ta | Nb | Zr | Hf | Sc | Cr |
|---|---|---|---|---|---|---|---|---|---|---|---|---|
| 1 | D1055/1G | 长石石英砂岩 | 48.4 | 46.1 | 371 | 10.10 | 0.57 | 14.6 | 202 | 2.03 | 10.4 | 96.3 |
| 2 | D1569/4G | 长石石英砂岩 | 20.5 | 60.4 | 152 | 7.33 | 0.18 | 7.5 | 85 | 1.47 | 9.8 | 155.0 |
| 3 | D3053/3G | 石英粉砂岩 | 181 | 120.8 | 541 | 10.87 | 1.03 | 14.2 | 192 | 8.08 | 15.7 | 63.0 |
| 4 | D3053/4G | 粉砂质绢云板岩 | 215 | 114.0 | 584 | 10.44 | 1.09 | 15.3 | 198 | 5.38 | 15.6 | 65.0 |
| 5 | D3053/6G | 长石石英粉砂岩 | 216 | 40.2 | 230 | 7.67 | 0.73 | 9.1 | 193 | 4.98 | 9.0 | 54.0 |
| 6 | D3055/1G | 绢云母板岩 | 114 | 100.2 | 453 | 13.14 | 1.27 | 17.3 | 164 | 4.62 | 16.8 | 70.0 |
| 7 | D3055/2G | 长石石英杂砂岩 | 232.0 | 69.9 | 349 | 8.65 | 0.79 | 10.4 | 203 | 5.38 | 10.2 | 61.0 |
| 平均值 | | | 146.7 | 78.8 | 383 | 9.74 | 0.80 | 12.6 | 177 | 4.56 | 12.5 | 80.6 |
| 地壳克拉克值 | | | 340.0 | 150.0 | 650 | 13.00 | 2.50 | 20.0 | 170 | 1.00 | 10.0 | 83.0 |

续表 2-41

| 序号 | 样品号 | 岩石名称 | Co | Ni | V | Ga | U | La | Y | Cu | Pb | Zn |
|---|---|---|---|---|---|---|---|---|---|---|---|---|
| 1 | D1055/1G | 长石石英砂岩 | 4.74 | 16.5 | 87.5 | 12.4 | 1.65 | 25.9 | 20.0 | 23.8 | 28.70 | 86.5 |
| 2 | D1569/4G | 长石石英砂岩 | 5.97 | 27.5 | 75.0 | 12.1 | 1.40 | 32.6 | 12.5 | 497.0 | 8.41 | 113.0 |
| 3 | D3053/3G | 石英粉砂岩 | 21.70 | 36.0 | 96.0 | 21.0 | 2.72 | 29.3 | 31.0 | 33.8 | 26.79 | 77.7 |
| 4 | D3053/4G | 粉砂质绢云板岩 | 28.70 | 40.0 | 93.0 | 22.3 | 2.60 | 23.7 | 32.6 | 9.2 | 15.69 | 13.3 |
| 5 | D3053/6G | 长石石英粉砂岩 | 51.10 | 24.4 | 61.0 | 12.2 | 1.78 | 25.6 | 23.0 | 18.2 | 11.28 | 58.6 |
| 6 | D3055/1G | 绢云母板岩 | 21.60 | 43.0 | 91.0 | 22.8 | 2.23 | 38.8 | 28.7 | 34.8 | 8.24 | 91.0 |
| 7 | D3055/2G | 长石石英杂砂岩 | 61.00 | 26.2 | 69.0 | 14.4 | 2.02 | 25.6 | 27.1 | 21.4 | 24.20 | 47.9 |
| 平均值 | | | 27.83 | 30.5 | 81.8 | 16.7 | 2.06 | 28.8 | 25.0 | 91.2 | 17.62 | 69.7 |
| 地壳克拉克值 | | | 18.00 | 58.0 | 90.0 | 19.0 | 2.50 | 29.0 | 29.0 | 63.0 | 12.00 | 94.0 |

主要成矿元素 Cu、Pb、Zn 等未见富集(矿化),含量变化不大,其均值与地壳克拉克值相比,Cu、Zn 较高,有利于成矿。

## (三)温泉沟群 C 岩组($S_1W^c$)

温泉沟群 C 岩组出露于买地格里克、252 道班、拐弯达坂北侧呈带状分布,以构造面理覆于 B 岩组之上,伏于 D 岩组之下,其中西部北侧以断层与康西瓦构造混杂岩带接触。剖面以新疆叶城县麻扎温泉沟群 C 岩组实测地质剖面为例(图 2-72)。

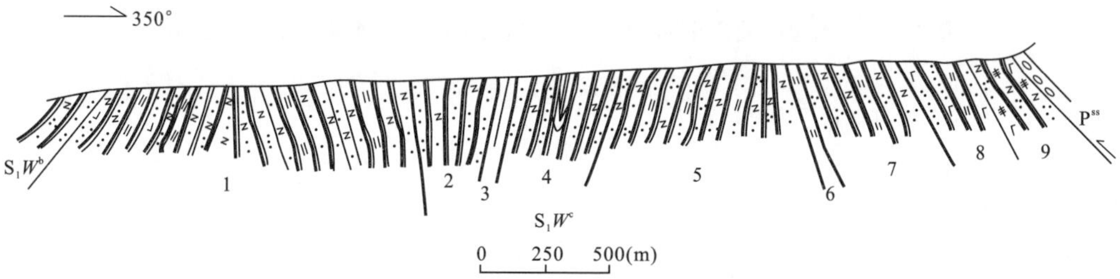


图 2-72 新疆叶城县麻扎志留系温泉沟群 C 岩组实测地质剖面图

康西瓦构造混杂岩带:灰绿色、紫红色角砾岩

———— 断 层 ————

**温泉沟群 C 岩组($S_1W^c$)** **>2 221.1m**

9. 灰色中薄层变质细粒钙质长石石英杂砂岩 422.1m
8. 灰绿色薄层状变细砂岩夹砂质绢云母板岩 365.7m
7. 灰色、深灰色变质细粒长石石英砂岩夹粉砂绢云母板岩,底部为变质石英粉砂岩 361.8m
6. 深灰色斑点状绢云母板岩 27.7m
5. 深灰色、灰色变质细粒长石石英砂岩夹少量绢云母粉砂质板岩 304.3m
4. 深灰色、灰色变质细粒长石石英砂岩夹少量粉砂质板岩,大理岩透镜体 189.2m
3. 灰色薄层状粉晶灰岩 5.1m
2. 灰色变质细粒长石砂岩、粉砂质板岩互层 264.3m
1. 灰色含钙长石石英粉砂岩、变质细粒长石砂岩夹(互)绢云母板岩 280.9m

———— 构造面理 ————

下伏地层:温泉沟群 B 岩组($S_1W^b$)变细砂岩夹砂质绢云母板岩

剖面上该岩组出露的岩性主要为细粒长石石英砂岩、细粒钙质长石石英杂砂岩，夹少量绢云母粉砂质板岩，岩石总体为以细粒级为主，砂岩单层厚度变化较大。变化范围 10～100cm 不等。地层中可见沉积构造有平行层理、水平层理及粒序层理，局部可见到冲刷面构造。

该套地层中可见到大量的沉积韵律，主要由 10～100cm 厚层细长石石英砂岩、2～10cm 绢云母粉砂质板岩组成；局部可见到由 3～5cm 薄层细粒长石石英杂砂岩、10～100cm厚层细粒长石石英砂岩、2～10cm 绢云母粉砂质板岩组成的沉积旋回(图 2－73)。该岩组在横向上变化较大，西部绢云母粉砂质板岩较多，长石石英砂岩较少；东部长石石英砂岩较多，绢云母粉砂质板岩较少。局部可见到几丁虫微体化石。总厚度大于 2 221.1m。

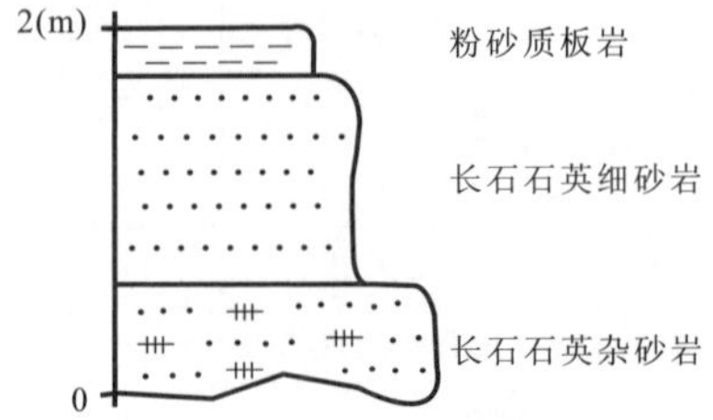


图 2－73　C 岩组中的沉积韵律柱状图

(四)温泉沟群 D 岩组($S_1W^d$)

温泉沟群 D 岩组出露于黑恰道班东南一带，南侧以构造面上覆于 C 岩组，北侧以断层与不同地层接触。以新疆叶城县叶尔羌河志留系温泉沟群 D 岩组路线地质剖面为例(图 2－74)。

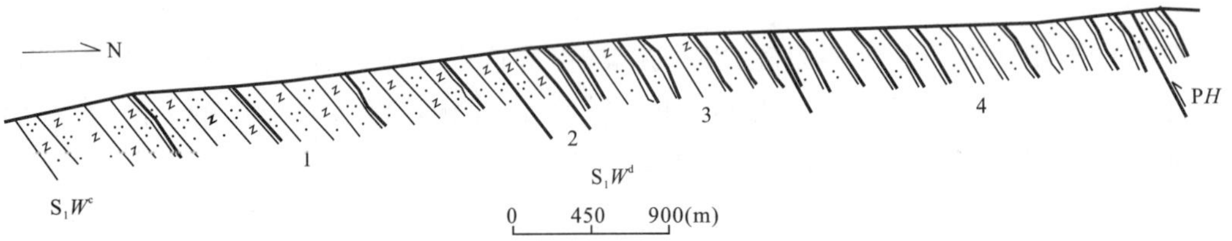


图 2－74　新疆叶城县叶尔羌河志留系温泉沟群 D 岩组路线地质剖面图

上覆地层：二叠系黄羊岭群深灰色粉砂质板岩

═══ 断　层 ═══

| | |
|---|---|
| **温泉沟群 D 岩组 $S_1W^d$** | **＞6 100m** |
| 4.灰色粉砂质板岩 | 2 000m |
| 3.灰色粉砂质板岩夹厚层状细粒长石石英砂岩 | 1 400m |
| 2.灰色中厚层状变质细粒长石石英砂岩 | 200m |
| 1.灰色中厚层状变质细粒长石石英砂岩夹粉砂质板岩 | 2 500m |

－－－－ 构造面理 －－－－

下伏地层：温泉沟群 C 岩组变质细粒长石石英砂岩

剖面上出露的岩性为粉砂质板岩、变质细粒长石石英砂岩。岩性比较单一，粒度较细，由下向上表现为下粗上细的特点。下部以砂岩为主，板岩较少；上部以板岩为主，砂岩较少。下部砂岩单层厚度为 50～100cm，板岩为 10～50cm 不等；上部板岩单层厚度相对较大，一般为 100cm 以上，砂岩小于 50cm。横向上在西部靠近断层部位出露少量的斑点状板岩，精尼克盖曼附近可见到大量的硅质岩及少量的变质英安岩。该套地层上部从卫片上解译出颜色相对较深，平行地层分布的一套地层，推测为板岩相对集中地段。该岩组未见生物化石，沉积厚度大于 6 100m。

(五)温泉沟群的生物特征及沉积环境分析

**1. 生物特征**

温泉沟群为一套细碎屑沉积，在以往地质调查中从未见到过生物化石。本次调查中在麻扎以北深灰色板岩中发现有微体化石，经中国地质科学院地质研究所高联达鉴定，有几丁虫：漂砾链几丁虫 *Desmochitina* cf. *erratica* Eisenack，球形球几丁虫（相似种）*Sphaerochitina* cf. *sphaerocephala*（Eisenack），锥几丁虫 *Conochitina* sp.，棒几丁虫 *Rhabdochitina* sp.。时代为志留纪。同时在测区的东邻区以及西邻区均采到大量的几丁虫类、藻类化石，时代为晚奥陶世至志留纪，但主要是早志留世的常见分子。因此依据微体化石特征将温泉沟群的地质时代划分为早志留世。

**2. 物源区分析**

温泉沟群砂岩碎屑成分含量见表 2－42，从表中可以看出，砂岩成分成熟度较低。石英含量在70%左右，长石含量较高，在 20%～30%之间，主要由斜长石及部分钾长石组成；岩屑在 1%～3%之间，主要以变质岩屑为主，次为沉积岩屑（硅质岩屑）、火山岩岩屑。表中仅有一个样品岩屑较高，为16.7%，成分除上述岩屑外主要为碳酸盐岩，占总岩屑的 73%。从岩屑成分统计分析，物质来源于变质岩源区。

**表 2－42　温泉沟群砂岩碎屑成分统计表**

| 剖面 | 样品号 | Qt | F | L | Qm | Lt | 备注 |
|---|---|---|---|---|---|---|---|
| 麻扎剖面 | D3003/3 | 73.9 | 24.6 | 1.5 | 73.3 | 2.1 | B 岩组 |
| | D3054/2 | 73.8 | 25.5 | 0.7 | 70.1 | 4.4 | |
| | D3054/4 | 69.1 | 30.5 | 0.4 | 68.6 | 0.9 | |
| | D3055/6 | 70.4 | 28.6 | 1.0 | 70.2 | 1.2 | |
| | D3061/5 | 62.9 | 20.4 | 16.7 | 60.5 | 19.1 | C 岩组 |
| | D3062/5 | 73.7 | 23.3 | 3.0 | 72.7 | 4.0 | |

将上述统计投点到 Dickinson（1983）的 QtFL 和 QmFLt 图解（图 2－75）中，主要落在过渡陆壳源区以及造山再旋回源区、混合物源区。将砂岩微量元素分析结果投入 Bhatia（1986）的 La/Y－Sc/Cr 构造背景判别图中（图 2－76），样品落入大陆岛弧源区。综合上述投影结果，温泉沟群的物源具多元性特征，物质主要来自过渡陆壳源区，即南侧或西侧的北羌塘陆块，以及北侧的昆仑地块。

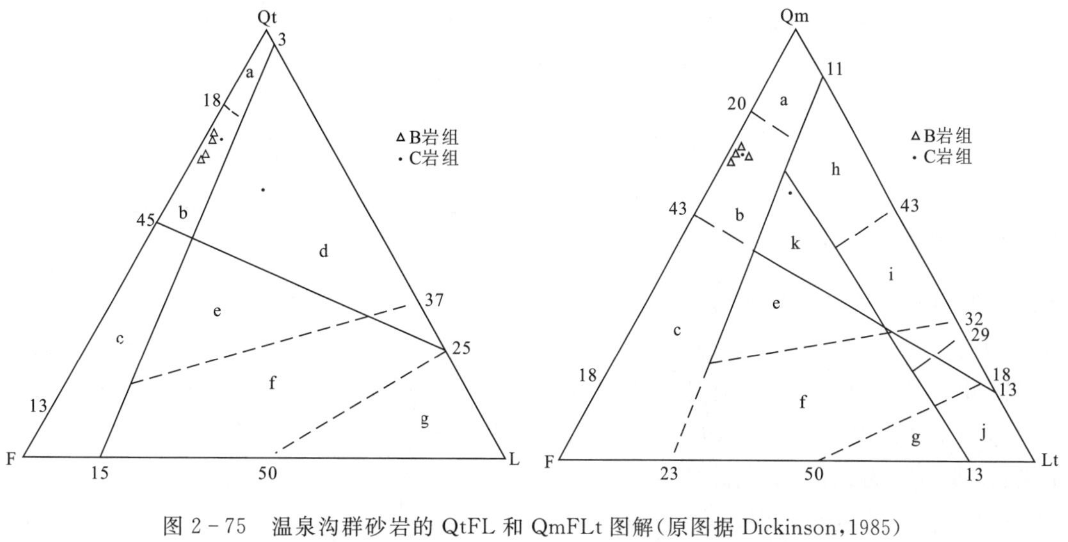


图 2－75　温泉沟群砂岩的 QtFL 和 QmFLt 图解（原图据 Dickinson，1985）

a. 内部克拉通源区；b. 过渡陆壳源区；c. 隆升基底源区；d. 造山再旋回源区；e. 切割弧源区；f. 过渡弧源区；g. 未切割弧源区；h. 再旋回石英质源区；i. 再旋回过渡源区；j. 再旋回岩屑源区；k. 混合物源区

### 3. 沉积环境分析

该群出露的岩性为绢云母板岩、粉砂质板岩、变细砂岩、变质细粒长石石英砂岩、变细粒长石杂砂岩、变细粒钙质长石石英杂砂岩，极少量大理岩、强绢云母化英安岩、片理化安山质角砾熔岩、片理化蚀变安山岩、硅质岩等。岩石以细粒碎屑岩为主，地层中保留有大量的沉积韵律，由砂岩与粉砂质板岩组成，纵向上叠覆出现，构成旋回性沉积层序；沉积构造有水平层理、平行层理及少量的冲刷面构造(C 岩组中)；总体具有深水相浊积岩的特征，露头上见有大量的鲍马序列 B、C、E 段及 C、E 段。

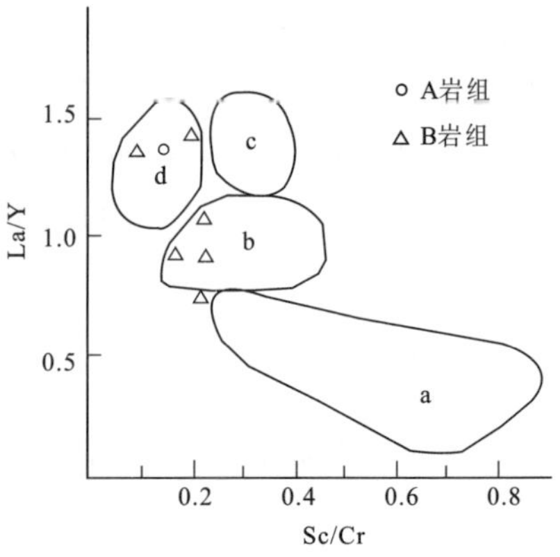


图 2-76　温泉沟群砂泥岩 La/Y-Sc/Cr 构造背景判别图

(据 Bhatia，1986)

a. 大洋岛弧；b. 大陆岛弧；c. 活动大陆边缘；d. 被动大陆边缘

Floyd 等(1991)通过对世界范围内显生宙和元古宙的不同构造背景下所形成的杂砂岩微量元素数据的分析发现，利用杂砂岩微量元素分析数据经上地壳平均值标准化后作出的多元素模式图(图 2-77)可有效地区分出形成的不同构造背景，将温泉沟群中砂岩微量元素标准化蛛网图(图 2-78)与之比较，可看出其与被动陆缘环境下砂岩图特征相似，V、Cr、Ni 弱富集，Ta 亏损，其余则变化不大，曲线总体较平直。综合上述特征，温泉沟群的沉积环境应形成于被动陆缘环境下的深海相-俯冲带海沟中。

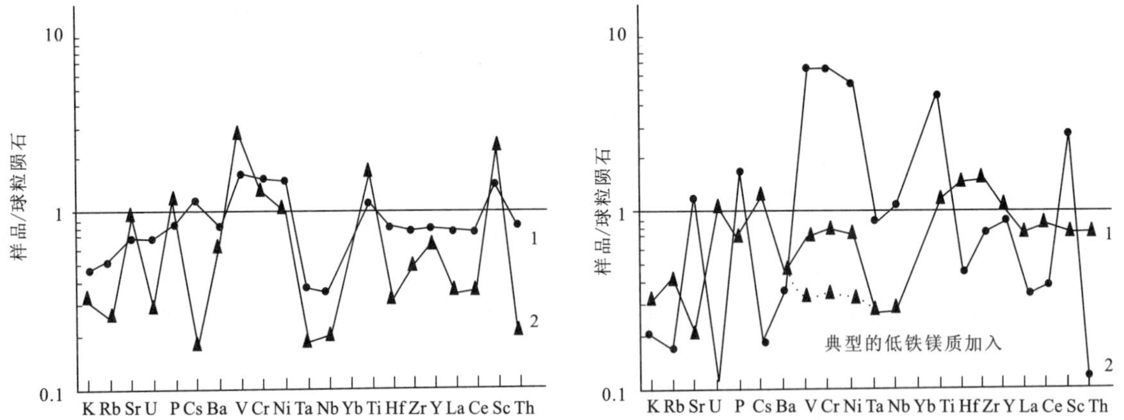


图 2-77　不同构造背景下杂砂岩的微量元素分布模式图

(Floyd 等，1991)

左图：1. 大陆岛弧+活动陆缘；2. 大洋岛弧　右图：1. 被动陆缘；2. 大洋板块内部

## 七、达坂沟群($S_{2-3}D$)

达板沟群由新疆区域地层表编写组(1981)创名，是根据新疆和田地质大队一分队《新疆维吾尔自治区叶城-皮山县 1∶100 万地质测量与普查工组报告》中达坂沟剖面的地名而创名。原始定义：主要岩性为红色、灰色碎屑岩夹少量灰岩，含珊瑚等化石的地层。现在定义：指一套含头足类、三叶虫等化石的碳酸盐岩地层，顶界与不同的地层呈不整合接触，底界与温泉沟群整合接触。

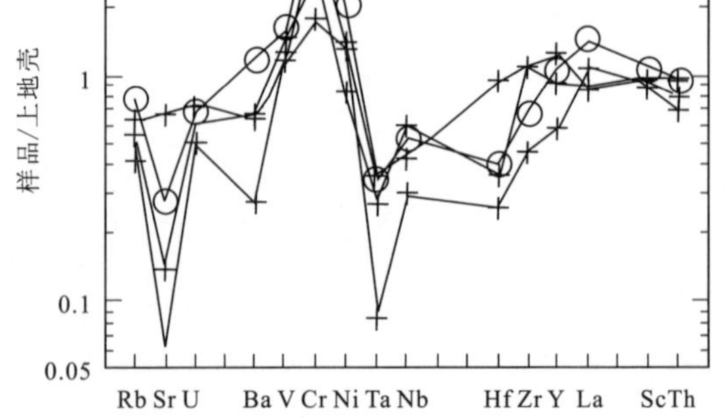


图 2-78　温泉沟群砂岩微量元素标准化配分蛛网图

1984 新疆地质局第一区调大队四分队、十分队在西昆仑地区 1∶100 万地质调查中沿用此名。本次调查沿用该群命名，岩性与定义基本一致，时代为中晚志留世。

图区内该群位于喀喇昆仑地层分区，塔吐鲁沟-甜水海地层小区，出露于玛雷克恰塔格北侧，呈透镜状出露于断层之间，并以断层与泥盆系、石炭系等地层接触。出露面积约 180km$^2$。

### （一）地层描述

该群缺少实测剖面，以新疆叶城县叶尔羌河上游玛雷克恰塔格北侧达坂沟群路线地质剖面为例(图 2-79)。

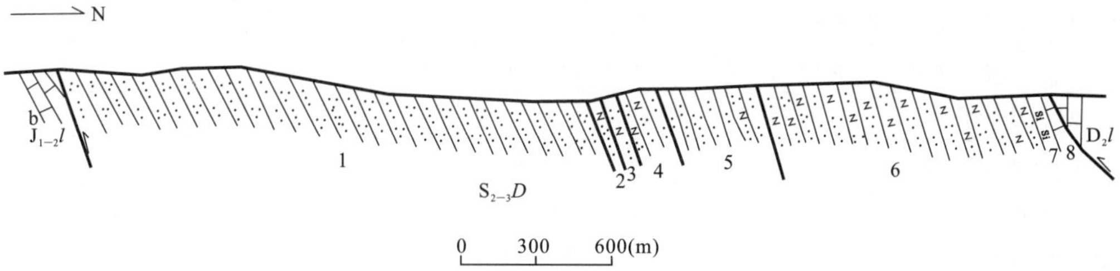


图 2-79　新疆叶城县叶尔羌河上游玛雷克恰塔格北侧达坂沟群路线地质剖面图

上覆地层：泥盆系落石沟组紫红色中厚层状含砾灰岩

═══════ 断　层 ═══════

| | |
|---|---|
| **达坂沟群($S_{2-3}D$)** | **>3 880m** |
| 8. 灰色薄层状灰岩 | 10m |
| 7. 深灰色薄层状泥质钙质硅质岩 | 20m |
| 6. 灰色厚层状细粒长石石英砂岩夹薄层状粉砂岩 | 1 100m |
| 5. 灰色薄层状粉砂岩夹中厚层状长石石英砂岩 | 450m |
| 4. 灰色中厚层状细粒长石石英砂岩夹少量薄层粉砂岩 | 145m |
| 3. 深灰色中薄层状中细粒长石石英砂岩 | 40m |
| 2. 灰色中厚层状中粒长石石英砂岩 | 35m |
| 1. 灰色中厚层状中粒石英细砂岩夹深灰色薄层状粉砂岩 | 2 080m |

═══════ 断　层 ═══════

龙山组：深灰色中薄层状灰岩

剖面上出露的岩性为中粒长石石英砂岩、中粒石英细砂岩、粉砂岩、灰岩。岩性以中细粒碎屑岩石为主，具下粗上细的特点。总体表现以大型沉积旋回为特征，即下部为碎屑岩，向上逐渐变细并以灰岩结束。地层中长石石英砂岩一般出露厚度为 30～100cm，粉砂岩为 10～50cm，岩石单层厚度自下而上逐渐变薄，具有进积特征，上部以低速沉积形成薄层状泥质钙质硅质岩、薄层状灰岩结束。剖面上未见生物化石。沉积厚度大于 3 880m。

### （二）地球化学特征及含矿性

该群中碎屑岩微量元素含量见表 2-43，由表中可见大部分元素含量变化不大，其中 Th、Zr 变化范围：Th $7.55\times10^{-6}\sim18.3\times10^{-6}$、Zr $101\times10^{-6}\sim309\times10^{-6}$。微量元素均值与地壳克拉克值相比，大离子活泼元素 Sr、Rb、Ba、Th、Ta、Nb、Sc 明显偏低，而过渡性不活泼元素 Cr 偏高，Co 偏低，其余则相差不大。

**表 2-43 达坂沟群微量元素含量特征一览表**

| 序号 | 样品号 | 岩石名称 | Sr | Rb | Ba | Th | Ta | Nb | Zr | Hf | Sc | Cr |
|---|---|---|---|---|---|---|---|---|---|---|---|---|
| 1 | D2016/2G | 杂砂岩 | 98.6 | 72.1 | 728 | 7.55 | 0.38 | 8.64 | 221 | 3.80 | 5.57 | 170 |
| 2 | D2017/1G | 细粒杂砂岩 | 38.4 | 127.0 | 422 | 16.10 | 0.32 | 10.60 | 177 | 3.03 | 8.99 | 185 |
| 3 | D2017/2G | 长石石英砂岩 | 49.9 | 67.9 | 302 | 18.30 | 0.65 | 12.20 | 309 | 5.74 | 9.17 | 201 |
| 4 | D2017/3G | 石英砂岩 | 54.7 | 56.1 | 348 | 5.93 | 0.08 | 4.09 | 101 | 1.50 | 3.70 | 162 |
| 平均值 | | | 60.4 | 80.8 | 450 | 12.00 | 0.40 | 8.90 | 202 | 3.50 | 6.90 | 180 |
| 地壳克拉克值 | | | 340.0 | 150.0 | 650 | 13.00 | 2.50 | 20.00 | 170 | 1.00 | 10.00 | 83 |
| 序号 | 样品号 | 岩石名称 | Co | Ni | V | Ga | U | Au | Ag | Cu | Pb | Zn |
| 1 | D2016/2G | 杂砂岩 | 4.86 | 18.3 | 38.5 | 9.49 | 1.64 | — | 0.16 | 100.0 | 24.9 | 73.9 |
| 2 | D2017/1G | 细粒杂砂岩 | 8.92 | 26.3 | 70.1 | 13.30 | 2.15 | — | 0.15 | 79.8 | 23.5 | 91.6 |
| 3 | D2017/2G | 长石石英砂岩 | 11.40 | 31.1 | 69.3 | 11.40 | 2.81 | — | 0.18 | 156.0 | 48.4 | 81.2 |
| 4 | D2017/3G | 石英砂岩 | 4.77 | 17.4 | 37.3 | 6.36 | 1.12 | — | 0.17 | 102.0 | 22.9 | 70.9 |
| 平均值 | | | 7.50 | 23.3 | 53.8 | 10.10 | 1.93 | — | 0.17 | 109.5 | 29.9 | 79.4 |
| 地壳克拉克值 | | | 18.00 | 58.0 | 90.0 | 19.00 | 2.50 | 4.00 | 0.08 | 63.0 | 12.0 | 94.0 |

注:表中 Au 元素含量单位为 $\times10^{-9}$,其他元素含量单位均为 $\times10^{-6}$。

主要成矿元素 Cu、Pb、Zn 等未见富集(矿化),含量变化不大,其均值与地壳克拉克值相比 Cu 较高,有利于成矿。贵金属 Ag 含量高于地壳克拉克值 2 倍,有利于成矿。

(三)地层时代

该群在本次调查中未见到生物化石,1984 年,新疆地质局第一区调大队四分队、十分队在本地区1∶100万地质调查中,在同地层中曾采集到较丰富的生物化石:*Encrinurus* sp.,*Michelinoceras* sp.,*Chonetes* sp.,*Fenestella* sp. 等。其中 *Fenestella* sp. 的时代为志留纪—泥盆纪。依据化石组合及与相邻地层的关系,将达坂沟群的地层时代置于中晚志留世。

(四)沉积环境

图区内该群岩石以灰色中细粒碎屑岩为主,室内岩矿鉴定分析结果,岩石中的矿物成分为石英、长石、硅质岩屑等;砂屑形态以次棱角状为主,个别为棱角状;填隙物成分为粘土矿物杂基、粉砂碎屑杂基、铁泥质杂基等,杂基含量为 13%～30%,总体反映岩石的成分成熟度、结构成熟度均较差。地层中发育平行层理、粒序层理及少数水平层理,偶见交错层理。

将达坂沟群中砂岩微量元素标准化蛛网图(图 2-80)与 Floyd 等(1991)多元素模式图(见图 2-77)比较,可看出其与大陆岛弧+活动陆缘环境下砂岩图特征相似,Cr 弱富集,Ta 亏损,其余则变化不大,曲线总体较平直。综合上述特征,达坂沟群的沉积环境应形成于浅海-半深海相。

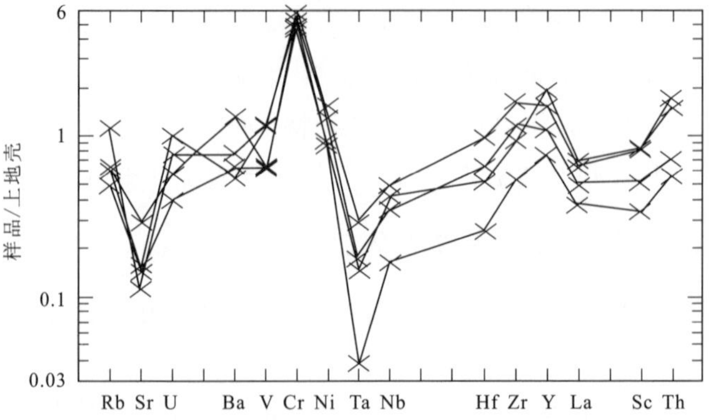

图 2-80 达坂沟群砂岩微量元素标准化配分蛛网图

# 第四节　上古生界

## 一、落石沟组($D_{1-2}l$)

落石沟组由新疆地质局第一区调大队四分队张志德等(1984)在西昆仑康西瓦—喀喇昆仑山河尾滩一带进行 1∶100 万区调时创名。创名地为皮山县楚隆斯帕坦—落石沟—冬瓜山一带。原始定义:为一套碳酸盐岩夹碎屑岩,下伏地层下中奥陶统、中上志留统,上覆地层上泥盆统、上三叠统,皆为不整合。岩性为灰岩、生物灰岩夹砂岩、石英岩屑粗砂岩。时代为中泥盆世。现在定义:该组为一套碳酸盐岩夹碎屑岩建造,由灰色、浅灰色灰岩,生物碎屑灰岩夹钙、泥质灰岩,石英岩屑粗砂岩,不整合在冬瓜山群或达坂沟群之上,含丰富的珊瑚、层孔虫及头足类化石。本次工作沿用该组命名,岩性与定义基本一致,依据化石时代将其划为早中泥盆世。

测区内该组位于喀喇昆仑地层分区,塔吐鲁沟-甜水海地层小区,出露于窝甫吉勒尕一带,地层受断裂破坏严重,出露面积约为 $200km^2$。

### (一)地层描述

区内地层受断层控制,未见顶、底,总体为一向西倾覆的背斜构造,岩石较为破碎。北侧以断层伏于帕斯群地层之下,南侧以逆冲断层覆于不同地层之上。落石沟组出露厚度大于 2 178.12m。现以新疆皮山县鱼跃石窝浦吉勒尕泥盆系落石沟组实测地质剖面为例(图 2-81)。

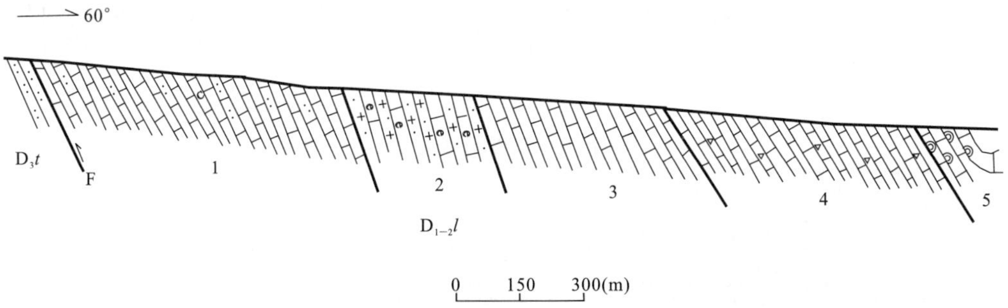


图 2-81　新疆皮山县鱼跃石窝浦吉勒尕泥盆系落石沟组实测地质剖面图

上覆地层:帕斯群深灰色中厚层状细晶灰岩

═══════ 断　层 ═══════

| | |
|---|---|
| **落石沟组($D_2l$)** | **>2 178.12m** |
| 5.灰色中厚层状含珊瑚微晶灰岩夹生物碎屑灰岩 | 255.18m |
| 4.灰色中层状细晶灰岩夹角砾状灰岩 | 472.14m |
| 3.灰色、深灰色中薄层状微晶灰岩 | 387.87m |
| 2.浅灰、灰白色厚层块状亮晶砂屑灰岩夹生物碎屑灰岩 | 323.41m |
| 1.灰色、深灰色中层状微晶灰岩夹(互)灰色中薄层含粉砂灰岩 | 739.52m |

═══════ 断　层 ═══════

天神达坂组:灰绿色薄层粉砂岩

落石沟组岩石组合为一套含大量的生物化石的碳酸盐岩,岩石以灰色、灰白色为主,岩性为微晶灰岩、亮晶砂屑灰岩、细晶灰岩、含粉砂灰岩夹生物碎屑灰岩。剖面上表现为由微晶灰岩、亮晶砂屑灰岩开始，生物碎屑灰岩结束，构成旋回性基本层序，总体为向上变浅的退积层序。横向上岩性变化不大，纵向上在剖面线的东部出露少量的栉壳状白云质灰岩，相当于地层的下部层位；在北部相当于地层的上部出露少量紫红色砂质灰岩。含大量的珊瑚、苔藓虫、腕足类、层孔虫、海百合茎等生物化石，珊瑚化石含量可达 20%～40%，局部呈礁体状出现。

### （二）岩石化学特征

该组灰岩的化学分析结果见表 2-44，由表中可以看出岩石化学组分以 CaO 和 $CO_2$ 为主，约占岩石的 97%。其均值与碳酸盐岩平均值（涂和费，1961）相比，$SiO_2$、MgO、MnO 明显偏低，而 CaO 明显偏高，说明岩石中的陆源碎屑物含量较少，灰岩成分较纯。

**表 2-44　落石沟组碳酸盐岩化学分析结果表**　（%）

| 样品号 | 岩石名称 | $SiO_2$ | $Al_2O_3$ | $Fe_2O_3$ | FeO | CaO | MgO | MnO | $TiO_2$ | $P_2O_5$ | $Na_2O$ | $K_2O$ | $CO_2$ | Σ |
|---|---|---|---|---|---|---|---|---|---|---|---|---|---|---|
| D3124/3CS | 灰岩 | 0.63 | 0.24 | 0.07 | 0.11 | 54.68 | 0.54 | 0.01 | 0.05 | 0.01 | 0.13 | 0.15 | 43.11 | 99.73 |
| 碳酸盐岩平均值（涂和费，1961） | | 5.19 | 0.81 | 0.15 | 0.16 | 42.01 | 7.9 | 0.12 | 0.06 | 0.03 | 0.04 | 0.03 | 42.25 | 98.74 |

### （三）地球化学特征及含矿性

该组岩石中微量元素含量见表 2-45，由表中可见除含粉砂质灰岩外，其他样品元素含量变化不大。微量元素均值与地壳克拉克值相比，大离子活泼元素、过渡性不活泼元素均明显偏低。主要成矿元素 Cu、Pb、Zn 等未见富集（矿化），含量变化不大，其均值与地壳克拉克值相比均相对较低，不利于成矿。贵金属 Ag 含量略高于地壳克拉克值。

**表 2-45　落石沟组微量元素含量特征一览表**

| 序号 | 样品号 | 岩石名称 | Sr | Rb | Ba | Th | Ta | Nb | Zr | Hf | Sc | Cr |
|---|---|---|---|---|---|---|---|---|---|---|---|---|
| 1 | D3122/1G | 含粉砂灰岩 | 774.00 | 45.10 | 159.0 | 6.320 | 0.512 | 10.00 | 123.00 | 2.230 | 5.210 | 28.30 |
| 2 | D3122/3G | 微晶灰岩 | 662.00 | 4.85 | 30.7 | 0.804 | 0.053 | 1.10 | 8.57 | 0.152 | 1.030 | 7.59 |
| 3 | D3123/1G | 砂屑灰岩 | 87.60 | 1.51 | 8.4 | 0.124 | 0.016 | 0.47 | 2.99 | 0.052 | 0.571 | 7.28 |
| 4 | D3123/3G | 微晶灰岩 | 182.00 | 2.82 | 14.7 | 0.373 | 0.056 | 1.17 | 7.80 | 0.136 | 0.791 | 8.78 |
| 5 | D3124/1G | 微晶灰岩 | 182.00 | 1.51 | 7.4 | 0.089 | 0.016 | 0.45 | 2.69 | 0.048 | 0.499 | 7.89 |
| 6 | D3124/3G | 微晶灰岩 | 187.00 | 1.52 | 10.2 | 0.095 | 0.018 | 0.40 | 3.16 | 0.055 | 0.556 | 6.32 |
| 平均值 | | | 345.77 | 9.55 | 38.4 | 1.300 | 0.110 | 2.27 | 24.70 | 0.450 | 1.440 | 11.03 |
| 地壳克拉克值 | | | 340.00 | 150.00 | 650.0 | 13.00 | 2.500 | 20.00 | 170.00 | 1.000 | 10.000 | 83.00 |
| 序号 | 样品号 | 岩石名称 | Co | Ni | V | Ga | U | Au | Ag | Cu | Pb | Zn |
| 1 | D3122/1G | 含粉砂灰岩 | 6.91 | 25.2 | 40.2 | 6.080 | 1.69 | 2.92 | 0.09 | 70.00 | 16.20 | 143.0 |
| 2 | D3122/3G | 微晶灰岩 | 2.41 | 23.2 | 24.3 | 0.589 | 3.02 | 3.44 | 0.12 | 44.00 | 12.30 | 25.7 |
| 3 | D3123/1G | 砂屑灰岩 | 2.19 | 26.8 | 25.2 | 0.074 | 0.29 | 1.82 | 0.13 | 53.10 | 6.97 | 18.1 |
| 4 | D3123/3G | 微晶灰岩 | 2.74 | 31.5 | 27.6 | 0.42 | 0.78 | 2.58 | 0.08 | 58.50 | 6.61 | 21.5 |
| 5 | D3124/1G | 微晶灰岩 | 2.53 | 33.7 | 26.4 | 0.057 | 1.36 | 1.88 | 0.15 | 33.70 | 6.63 | 22.7 |
| 6 | D3124/3G | 微晶灰岩 | 2.25 | 27.6 | 25.5 | 0.074 | 1.61 | 1.52 | 0.13 | 49.00 | 25.10 | 32.3 |
| 平均值 | | | 3.17 | 28.0 | 28.2 | 1.220 | 1.46 | 2.36 | 0.12 | 51.38 | 12.30 | 43.9 |
| 地壳克拉克值 | | | 18.00 | 58.0 | 90.0 | 19.000 | 2.50 | 4.00 | 0.08 | 63.00 | 12.00 | 94.0 |

注：表中 Au 元素含量单位为 $\times 10^{-9}$，其他元素含量单位为 $\times 10^{-6}$。

（四）地层时代

落石沟组建组于测区东部，在测区内原 1∶100 万地质调查中划分为石炭系。本次调查采集丰富的化石资料，有珊瑚类、腕足类、苔藓虫、层孔虫、海百合茎等，经西北地质研究所曹宣铎研究员分析鉴定：蠕状枝孔珊瑚 *Cladopora verlnicularis*（Mcloy），圆柱海绵枝孔珊瑚 *Cladopora cylindrocellularis* Dubatolov.，矮小灌木孔珊瑚 *Thamnopora nana* Dubatolov.，时代为中泥盆世，小网格层孔虫*Clathrodicfyella* sp.，时代为中泥盆世早期。同时产有灌木珊瑚 *Thamnopora* sp.（图版Ⅰ-3），窗格苔藓虫 *Fenestella* sp.，多孔苔藓虫 *Polypora* sp.，双腔贝 *Ambocoelia* sp. 等化石，时代为奥陶纪—二叠纪；青藏高原科学考察队在国庆桥—神仙湾公路 80km 处（黄羊头东端）灰白色致密灰岩中分析出牙形刺 *Panderinellina steinhornensis*（Ziegier），*Hideodella* sp.，*Ozarkodina derkmanni* Ziegler，*Pseudooneotodus becknanni*（Bischoff et Sounemann）等属种。此灰岩以断层与产角石、三叶虫和腕足类化石的下奥陶统冬瓜山群接触。上述牙形刺中，*Panderinellina steinhornensis*（Ziegier），限于早泥盆世晚期 Emsian 期，其他种属为 O—$D_1$ 或 S—$D_1$ 的分子。依据上述化石的时代分布，将落石沟组划分为早中泥盆世。

（五）沉积环境

落石沟组出露大量的微晶灰岩、亮晶砂屑灰岩夹生物碎屑灰岩，并呈韵律出现，地层中含有大量的生物化石，所见生物化石以固着生活的珊瑚、苔藓虫、海百合茎为主，局部可见到少量礁体，栉壳状白云质灰岩等；靠近上部见有少量紫红色泥质生屑灰岩。据此分析，落石沟组的沉积环境应为浅海-潮下带沉积环境，局部可见有暴露的氧化环境。

## 二、天神达坂组（$D_3t$）

该组为本次 1∶25 万区域地质调查工作新建的岩石地层单位，定义为“出露于玛雷克恰塔格一带，为高能环境沉积，岩性为灰白—灰色砾岩、砂砾岩、细粒石英砂岩夹少量泥岩，与下伏落石沟组、上覆龙山组均为断层接触，时代为晚泥盆世”。

该组位于喀喇昆仑地层分区，塔吐鲁沟-甜水海地层小区，出露于玛雷克恰塔格一带，夹于断层之间，呈断续带状分布，与相邻地层断层接触。向西断层尖灭，向东延出图区。出露面积约 60km²。

（一）地层描述

该组剖面上地层构造简单，为一单斜构造，受断层影响未见顶、底，现以新疆皮山县鱼跃石泥盆系天神达坂组实测地质剖面为例（图 2-82）。

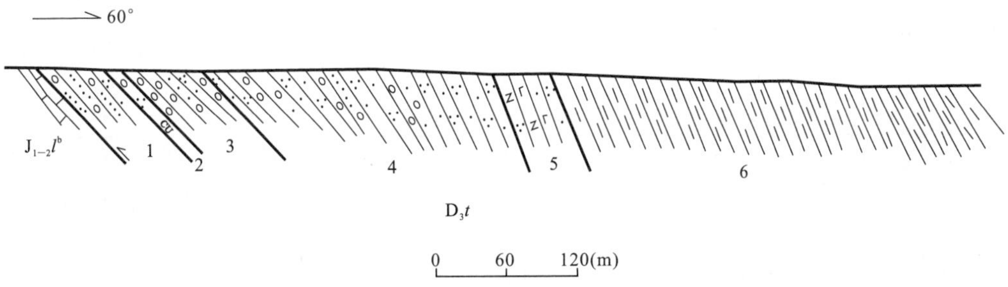


图 2-82 新疆皮山县鱼跃石泥盆系天神达坂组实测地质剖面图

**天神达坂组($D_3t$)　　>640.88m**

（未见顶）

6. 浅灰—灰色薄层状泥岩　　188.76m

5. 浅灰—灰色中层状中细粒含钙长石石英砂岩夹砾岩　　22.89m

4. 浅灰—灰白色中层状不等粒石英砂岩夹砾岩、含砾砂岩　　273.78m

3. 灰白色中层状砾岩、含砾砂岩、细粒石英砂岩　　108.47m

2. 灰白色中层状含铜粗粒石英砂砾岩　　5.71m

1. 灰色中层状砂砾岩、含砾砂岩、细粒石英砂岩构成韵律　　41.27m

═══════ 断　层 ═══════

侏罗系龙山组：灰色、深灰色粉晶灰岩

剖面上该组未见顶、底，岩性变化不大，总体为一套碎屑岩，自下而上由粗变细。中下部由砾岩、含砾砂岩、细粒石英砂岩构成大小不等的沉积旋回组成；上部由细粒碎屑岩、泥岩夹少量砾岩、泥灰岩组成。砾岩单层厚度变化：50～200cm，含砾砂岩厚度变化：2～10m。砾岩的砾石成分：硅质85%、砂岩15%，砾石大小：2～10cm；磨圆度中等偏上，分选性较差，以接触式胶结为主，基底式胶结为辅，胶结物为砂质、硅质。地层中未见生物化石。该组在横向上岩性变化不大，向东延入邻区。

### （二）地球化学特征及含矿性

该群中碎屑岩微量元素含量见表2-46，由表中可见大部分元素含量变化不大，仅Rb变化较大，变化范围Rb $30.9\times10^{-6}\sim154\times10^{-6}$。微量元素均值与地壳克拉克值相比，大离子活泼元素Sr、Rb、Ba、Th、Ta、Nb、Sc明显偏低，而过渡性不活泼元素Cr偏高，Co偏低，其余则相差不大。

**表2-46　天神达坂组微量元素含量特征一览表**

| 序号 | 样品号 | 岩石名称 | Sr | Rb | Ba | Th | Ta | Nb | Zr | Hf | Sc | Cr | Co |
|---|---|---|---|---|---|---|---|---|---|---|---|---|---|
| 1 | D3119/1G | 砂砾岩 | 31.9 | 49.8 | 640 | 4.95 | 0.35 | 6.2 | 92.5 | 1.71 | 2.78 | 36 | 1.99 |
| 2 | D3119/2G | 细粒石英砂岩 | 37.0 | 121.0 | 397 | 11.10 | 1.12 | 20.5 | 193.0 | 3.56 | 9.87 | 111 | 9.37 |
| 3 | D3119/3G | 细粒石英砂岩 | 31.0 | 105.0 | 287 | 7.87 | 0.83 | 15.1 | 148.0 | 2.61 | 7.28 | 103 | 6.50 |
| 4 | D3119/4G | 不等粒石英砂岩 | 75.5 | 79.0 | 241 | 10.40 | 1.01 | 17.8 | 136.0 | 2.70 | 9.86 | 116 | 14.90 |
| 5 | D3119/5G | 中粒石英砂岩 | 39.3 | 30.9 | 111 | 3.74 | 0.30 | 5.1 | 58.8 | 1.16 | 2.81 | 26 | 3.45 |
| 6 | D3120/1G | 长石石英砂岩 | 69.2 | 56.6 | 190 | 8.53 | 0.81 | 15.0 | 167.0 | 3.23 | 8.65 | 163 | 5.57 |
| 7 | D3120/2G | 泥岩 | 114.0 | 154.0 | 368 | 16.00 | 1.34 | 23.7 | 206.0 | 3.83 | 18.30 | 101 | 20.30 |
| 平均值 | | | 56.8 | 85.2 | 319 | 8.90 | 0.82 | 14.8 | 143.0 | 2.70 | 8.50 | 94 | 8.87 |
| 地壳克拉克值 | | | 340.0 | 150.0 | 650 | 13.00 | 2.50 | 20.0 | 170.0 | 1.00 | 10.00 | 83 | 18.00 |
| 序号 | 样品号 | 岩石名称 | Ni | V | Ga | U | La | Y | Au | Ag | Cu | Pb | Zn |
| 1 | D3119/1G | 砂砾岩 | — | 28.1 | 5.20 | 0.76 | 31.1 | 15.0 | 1.89 | 0.19 | 13.4 | 7.70 | 84.2 |
| 2 | D3119/2G | 细粒石英砂岩 | 26.9 | 81.3 | 11.90 | 1.76 | 28.3 | 15.7 | 2.02 | 0.19 | 38.7 | 13.00 | 167.0 |
| 3 | D3119/3G | 细粒石英砂岩 | 23.9 | 76.1 | 10.40 | 1.44 | 42.9 | 16.2 | 1.99 | 0.25 | 37.6 | 5.59 | 93.5 |
| 4 | D3119/4G | 不等粒石英砂岩 | 42.4 | 63.2 | 12.20 | 1.65 | 39.9 | 17.6 | 2.64 | 0.11 | 91.6 | 17.00 | 121.0 |
| 5 | D3119/5G | 中粒石英砂岩 | 2.73 | 25.0 | 4.99 | 0.67 | 22.2 | 9.5 | 1.31 | 0.13 | 35.6 | 9.48 | 43.7 |
| 6 | D3120/1G | 长石石英砂岩 | 20.9 | 70.3 | 9.06 | 1.25 | 44.0 | 18.4 | 1.56 | 0.15 | 53.2 | 10.4 | 86.4 |
| 7 | D3120/2G | 泥岩 | 65.2 | 42.9 | 22.70 | 2.53 | 42.0 | 24.7 | 2.39 | 0.14 | 91.5 | 39.40 | 190.0 |
| 平均值 | | | 30.3 | 55.3 | 10.90 | 1.40 | 35..8 | 16.7 | 1.97 | 0.17 | 51.7 | 14.70 | 112.3 |
| 地壳克拉克值 | | | 58.00 | 90.0 | 19.00 | 2.50 | 29.0 | 29.0 | 4.00 | 0.08 | 63.0 | 12.00 | 94.0 |

注：表中Au元素含量单位为$\times10^{-9}$，其他元素含量单位均为$\times10^{-6}$。

主要成矿元素 Cu、Pb、Zn 等未见富集(矿化),含量变化不大,其均值与地壳克拉克值相比 Zn 较高,有利于成矿。贵金属 Ag 含量高于地壳克拉克值 2 倍,有利于成矿。

(三)地层时代

测区内原 1∶100 万区域地质调查时,没有划分出该套地层。该组为本次调查新建地层单位,该地层为一套碎屑岩,目前缺少生物化石依据,划分依据主要以岩性特征,上下地层接触关系,以及与东邻区地层的延伸对比等,将天神达坂组划分为晚泥盆世。

(四)沉积环境

天神达坂组为一套碎屑岩,中下部由砾岩、含砾砂岩、细粒石英砂岩构成大小不等沉积旋回组成;上部由细粒碎屑岩、泥岩夹少量砾岩、泥灰岩组成。砾岩的砾石成分:硅质 85%、砂岩 15%,砾石大小:2~10cm,磨圆度中等偏上,分选性较差。填隙物为砂质、硅质,形态为次棱角状,个别为次圆状,分选性差。砂岩成分:石英 80%,岩屑 8%~12%,岩石的分选性、成熟度较低。砾岩形成于相对能量高的环境,砂岩形成于相对稳定环境。将天神达坂组中砂岩微量元素标准化蛛网图(图 2-83)与 Floyd 等(1991)多元素模式(见图 2-77)比较,可看出其与大陆岛弧+活动陆缘环境下砂岩图特征相似。综合上述特征,天神达坂组的沉积环境应形成于活动陆缘环境下的滨海-浅海环境。

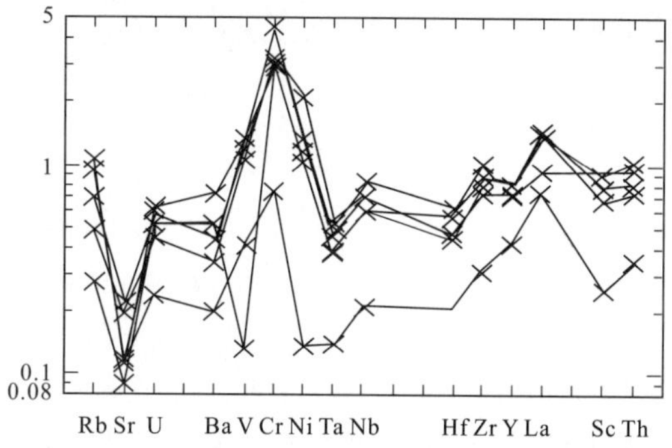

图 2-83 天神达坂组砂岩微量元素标准化配分曲线图

## 三、他龙群($C_1T$)

该群由地质部第十三大队二中队张良臣等(1958)在昆仑山西北部进行 1∶20 万地质测量及普查工作时创名“塔仑岩系”。原始定义:塔仑岩系呈北西西—南东东向的带状延伸,与下伏岩系关系不清,与上覆岩层未见直接接触。下部沉积物是由黑色泥质碳质页岩所组成,占全岩系的 30%,其中夹有砂岩、石灰岩。大理岩以及绿色绢云绿泥片岩和细砂岩,上部沉积物主要由黑色、灰黑色碳质泥质页岩和砂岩组成。现在定义:指与上覆库尔良群断层接触,与下伏其自拉夫组不整合接触的一套海相细碎屑岩夹少量碳酸盐岩和粗碎屑岩及火山碎屑岩沉积。岩性为灰黑色碳质泥质粉砂岩、石英砂岩夹大理岩、晶屑岩屑凝灰岩,局部夹绢云绿泥石英片岩。

1984 年,新疆地质局区调大队四分队、十分队分别在西昆仑康西瓦—喀喇昆仑河尾滩地区、叶尔羌河上游地区进行 1∶100 万区域地质调查时,将该套地层命名为他龙群。本次工作沿用该群命名,岩性与定义相同,依据生物化石将其时代置于早石炭世。

他龙群位于西昆仑北带地层分区,出露于测区北部呈东西带状分布,两侧受断层控制,出露不全,测区未见顶、底。出露面积约 400km$^2$。

(一)地层描述

他龙群剖面以新疆叶城县博斯腾塔河他龙群路线地质剖面为例(图 2-84),剖面出露厚度大于 3 450m。

上覆地层:库尔良群($C_2K$)紫红色长石石英砂岩

断 层

**他龙群($C_1T$)** **>3 450m**

7.灰黑色粉砂质板岩夹灰色变质石英砂岩(透镜体) 1 100m

6.灰绿色变质砂岩 150m

5.灰色、灰黑色粉砂质板岩夹灰色变质石英砂岩 800m

4.灰色粉砂质板岩 200m

3.浅灰绿色石英绿泥绢云千枚岩 100m

2.灰色变细粒石英砂岩 250m

1.深灰色、灰黑色粉砂质板岩夹变砂岩,偶夹厚层大理岩透镜体 850m

═══════ 断 层 ═══════

下伏地层:埃连卡特岩群灰色含石榴子石黑云石英片岩

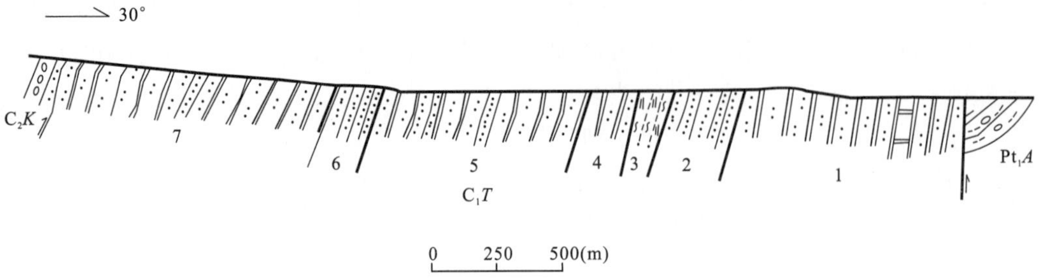


图 2-84 新疆叶城县博斯腾塔河他龙群路线地质剖面图

剖面上他龙群整体出露于断层带之间,地貌上呈现仅东西向负地形。所见岩性为变质石英砂岩、粉砂质板岩、石英绿泥绢云千枚岩,偶夹大理岩透镜体,上述各岩性之间不同程度地以断层错动面接触,露头不清楚者居多。个别露头上可见到砂岩、粉砂质板岩形成的沉积韵律,砂岩单层厚度为 10~25cm,板岩出露厚度为 20~50cm 不等。露头上沉积粒序显示地层产状北倾正常。从剖面上看,地层中的岩石颜色较深,下部主要为细粒碎屑岩,向上夹少量碳酸盐岩,总体反映为一套海相沉积。地层中仅见微体化石(孢粉),未见大化石(前人资料有显示)。横向上主体岩性变化不大,仅在阿克齐乌斯塘河一带见有少量的(英安岩)火山岩出露。

### (二)地球化学特征及含矿性

该组中碎屑岩微量元素含量见表 2-47,由表中可见大部分元素含量变化较大,其中 Sr、Rb、Ba、Zr 变化范围:Sr $67.5\times10^{-6}$~$376\times10^{-6}$,Rb $38.4\times10^{-6}$~$194\times10^{-6}$,Ba $245\times10^{-6}$~$1\,312\times10^{-6}$,Zr $26.4\times10^{-6}$~$330\times10^{-6}$。微量元素均值与地壳克拉克值相比,大离子活泼元素 Sr、Rb、Th、Ta、Zr 明显偏低,而过渡性不活泼元素 Sc、Cr 偏高,Co、Ga 明显偏低,其余则相差不大。

**表 2-47 他龙群微量元素含量特征一览表**

| 序号 | 样品号 | 岩石名称 | Sr | Rb | Ba | Th | Ta | Nb | Zr | Hf | Sc | Cr |
|---|---|---|---|---|---|---|---|---|---|---|---|---|
| 1 | D1163/1G | 细粒石英砂岩 | 67.5 | 57.20 | 379 | 9.24 | 1.370 | 22.7 | 26.4 | 2.86 | 7.0 | 41.80 |
| 2 | D1163/2G | 粉砂质板岩 | 126.0 | 194.00 | 1 312 | 20.20 | 1.990 | 38.7 | 330.0 | 5.78 | 25.7 | 130.00 |
| 3 | D1150/2G | 绢云千枚岩 | 188.0 | 96.60 | 911 | 8.43 | 0.838 | 16.6 | 204.0 | 3.60 | 12.7 | 18.90 |
| 4 | D1150/3G | 细粒石英砂岩 | 164.0 | 38.40 | 245 | 4.82 | 0.437 | 7.1 | 77.7 | 1.47 | 10.6 | 139.00 |
| 5 | D1150/4G | 细粒石英砂岩 | 376.0 | 78.60 | 678 | 11.60 | 0.978 | 17.7 | 157.0 | 2.82 | 18.3 | 92.60 |
| 平均值 | | | 184.3 | 92.96 | 705 | 10.86 | 1.120 | 20.6 | 159.0 | 3.42 | 14.9 | 84.46 |
| 地壳克拉克值 | | | 340.0 | 150.00 | 650 | 13.00 | 2.500 | 20.0 | 170.0 | 1.00 | 10.0 | 18.00 |

续表 2-47

| 序号 | 样品号 | 岩石名称 | Co | Ni | V | Ga | U | Au | Ag | Cu | Pb | Zn |
|---|---|---|---|---|---|---|---|---|---|---|---|---|
| 1 | D1163/1G | 细粒石英砂岩 | 10.30 | 23.3 | 44.50 | 7.88 | 2.59 | 1.77 | 0.11 | 106.0 | 23.0 | 98.0 |
| 2 | D1163/2G | 粉砂质板岩 | 3.49 | 14.4 | 17.00 | 29.50 | 5.03 | 3.52 | 0.16 | 101.0 | 66.8 | 98.5 |
| 3 | D1150/2G | 绢云千枚岩 | 8.80 | 18.4 | 63.90 | 14.30 | 1.94 | 1.80 | 0.12 | 50.0 | 12.5 | 99.1 |
| 4 | D1150/3G | 细粒石英砂岩 | 13.10 | 48.8 | 71.70 | 9.44 | 1.05 | 1.31 | 0.12 | 77.8 | 14.1 | 66.3 |
| 5 | D1150/4G | 细粒石英砂岩 | 15.60 | 42.2 | 103.00 | 17.00 | 2.55 | 0.84 | 0.10 | 178.0 | 38.3 | 115.0 |
| 平均值 | | | 10.26 | 29.4 | 60.02 | 15.60 | 2.03 | 1.85 | 0.10 | 102.6 | 30.9 | 95.4 |
| 地壳克拉克值 | | | 18.00 | 58.0 | 90.00 | 19.00 | 2.50 | 4.30 | 0.07 | 47.0 | 16.0 | 83.0 |

注：表中 Au 元素含量单位为 $\times10^{-9}$，其他元素含量单位为 $\times10^{-6}$。

主要成矿元素 Cu、Pb、Zn、Ag 等富集(矿化)，含量变化较大。其均值与地壳克拉克值相比，均大于地壳克拉克值，其中 Ag 高出 2 倍，Cu 高出 5 倍，Pb 高出 10 倍，Zn 高出仅 2 倍。Cu、Pb 有利于成矿。

### (三)地层时代

本次地质调查中，在该群黑色粉砂质板岩内发现微体化石，经中国地质科学院地质研究所高联达鉴定有：小光面三缝孢 *Leiotriletes minutus* (Wilson and Coe) Schopf, Wilson and Bentall.，弱小石松孢 *Lycospora pusilla* (Ibrahim) Somers.，小斧一头沉孢? *Torispora secures* (Balme) Alpern, Doubinger and Horst.，其中弱小石松孢是石炭纪典型种，开始于早石炭世大唐阶(相当西欧维宪阶)，消失于石炭纪末期，在中国早二叠世也有个别出现；小斧一头沉孢也是石炭纪的典型种，开始于晚石炭世早期，在我国北部该种可延至晚二叠世。

前人在本群中(阿克齐乌斯塘河上游)采有大化石珊瑚：*Syringopora* sp.，*Multithecopora* sp.，*Kueichowpora* sp.；䗴：*Eostaffella* sp.，*Endothyra* sp.，*Eostaffella* cf. *amabilis* Grozdilova et Lebedeva.；螺：?Loxonematidae；有孔虫：*Tournayella dircodea* Dain；海百合茎：*Pentagonocyclicus* sp.。其中 *Eostaffella* sp. 的时代为早石炭世晚期至中石炭世早期，但在此集中出现，未见其他中石炭世䗴出现，时代划为早石炭世晚期为宜。珊瑚 *Kueichowpora* sp. 是早石炭世的特征分子。综上所述，化石特征将石炭系他龙群的地层时代划分为早石炭世。

### (四)沉积环境

本群的岩石主要为一套细粒碎屑岩夹少量碳酸盐岩，碎屑岩主要以板岩为主，砂岩相对较少。岩石中发育水平层理、粒序层理，反映海水较深。生物化石有珊瑚、螺、有孔虫、䗴、海百合茎等，均反映海水较浅。以上岩石及生物特征反映他龙群的沉积环境为浅海-深海相。

## 四、依莎克群($C_1Y$)

该群由新疆第二地质大队汪玉珍等(1985)在《新疆南疆西部地质图、矿产图说明书》中称依莎克群，命名地不详。缺少原始定义。本书定义为：出露于西昆仑北带上的一套火山熔岩及火山碎屑复理石，依据岩性特征，划分为 A、B 两岩性段。A 段为块状安山岩，杏仁、气孔状安山岩，安山质火山砾岩；B 段为火山碎屑复理石，其下部为灰绿色、紫红色安山质砾岩、凝灰质砂岩、细砂岩构成韵律；上部为灰绿色砂质凝灰岩与浅灰绿色凝灰质粉砂岩互层，未见顶，整合覆于火山熔岩之上。缺少生物大化石，仅见微古化石放射虫。

新疆第十三大队 1957 年在《昆仑山西北部 1∶20 万地质测量与普查工作报告》中建立了依莎

克-阿特岩系，时代为早古生代，缺少实测剖面。新疆第二地质大队汪玉珍等(1985)在《新疆南疆西部地质图、矿产图说明书》中称依莎克群，时代为青白口纪，剖面自上而下划分为上、中、下三个组。本次调查仅相当于汪玉珍等划分的下组部分，沿用其命名，依据所含化石，地层时代定为早石炭世。

测区该群分布于西昆仑北带地层分区，出露于测区北侧，总体构成一宽缓的向斜构造。出露面积约 200km$^2$。

### (一)地层描述

该群剖面上地层构造简单，为一向斜构造。A 段为块状安山岩，杏仁、气孔状安山岩，安山质火山砾岩(地质特征见第三章第二节火山岩部分)。B 段剖面位于向斜构造的北翼，以断层与 A 段接触，翼部产状较陡，核部比较平缓。现以新疆叶城县一些克沟石炭系依莎克群 B 段实测地质剖面为例(图 2-85)。厚度大于 517.08m。

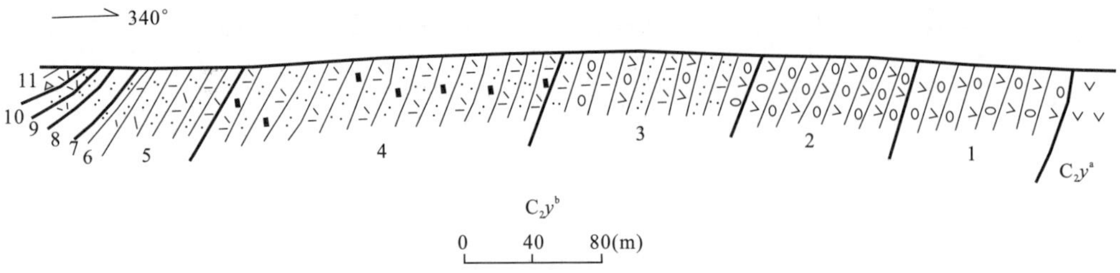


图 2-85　新疆叶城县一些克沟石炭系依莎克群 B 段实测地质剖面图

| | |
|---|---|
| **依莎克群 B 段($C_1Y^b$)** | **>517.08m** |
| (未见顶) | |
| 11. 灰绿色安山质火山角砾岩夹岩屑凝灰岩 | 2.02m |
| 10. 浅灰绿色凝灰质粉砂岩 | 3.38m |
| 9. 紫红色与灰绿色凝灰质粉砂岩互层 | 1.50m |
| 8. 灰绿色块状安山质岩屑凝灰岩、灰绿色凝灰质细砂岩、粉砂岩 | 15.93m |
| 7. 灰绿色与浅灰绿色凝灰质细砂岩、粉砂岩互层 | 2.26m |
| 6. 紫红色粉砂质泥岩与浅紫红色凝灰质细砂岩互层 | 9.17m |
| 5. 灰绿色砂质凝灰岩与浅灰绿色凝灰质粉砂岩互层 | 45.02m |
| 4. 紫红色条带状安山质晶屑凝灰岩、粉砂岩与灰绿色凝灰质粉砂岩互层 | 170.33m |
| 3. 灰绿色安山质火山砾岩、灰绿色块状凝灰质砂岩、细砂岩 | 104.35m |
| 2. 灰绿色、紫红色块状安山质火山砾岩 | 80.39m |
| 1. 灰绿色块状安山质火山砾岩 | 82.73m |

═══════ 断　层 ═══════

下伏地层：依莎克群 A 段($C_1Y^a$)灰绿色块状安山玄武岩

剖面上总体由火山碎屑岩构成，出露的岩性主要为安山质火山砾岩、凝灰质砂岩、安山质晶屑凝灰岩、凝灰质粉砂岩等，自下而上岩石粒度由粗变细。下部由灰绿色安山质火山砾岩、凝灰质砂岩、细砂岩构成沉积旋回；上部由紫红色砂质凝灰岩与浅灰绿色凝灰质粉砂岩构成沉积韵律(图版Ⅲ-2)，叠覆出现。该段岩石未见顶。地层中未见大化石，前人曾采集有放射虫。

### (二)地球化学特征及含矿性

依莎克群 B 段的碎屑岩微量元素含量见表 2-48，由表中可见，元素含量变化不大。微量元素均值与地壳克拉克值相比，大离子活泼元素 Sr、Rb、Ba、Th、Ta 明显偏低，而过渡性不活泼元素 Cr、

Zr 偏高，其余则相差不大。

主要成矿元素 Cu、Pb、Zn 等未见富集（矿化），含量变化不大。其均值与地壳克拉克值相比，均大于地壳克拉克值。

**表 2－48　依莎克群 B 段微量元素含量特征表**

| 序号 | 样品号 | 岩石名称 | Sr | Rb | Ba | Th | Ta | Nb | Zr | Hf | Sc | Cr | La |
|---|---|---|---|---|---|---|---|---|---|---|---|---|---|
| 1 | D104/5G | 安山质晶屑凝灰岩 | 102.0 | 24.70 | 183.0 | 1.77 | 0.56 | 12.1 | 197.0 | 3.09 | 31.5 | 147.0 | 10.4 |
| 2 | D104/7G | 安山质晶屑凝灰岩 | 123.0 | 9.18 | 94.7 | 2.88 | 0.85 | 19.1 | 308.0 | 4.69 | 29.3 | 150.0 | 25.4 |
| 平均值 | | | 112.5 | 16.94 | 138.9 | 2.33 | 0.71 | 15.6 | 252.5 | 3.89 | 30.4 | 148.5 | 17.9 |
| 地壳克拉克值 | | | 340.0 | 150.00 | 650.0 | 13.00 | 2.50 | 20.0 | 170.00 | 1.00 | 10.0 | 83.0 | 29.0 |

| 序号 | 样品号 | 岩石名称 | Co | Ni | V | Ga | U | Au | Ag | Cu | Pb | Zn | Y |
|---|---|---|---|---|---|---|---|---|---|---|---|---|---|
| 1 | D104/5G | 安山质晶屑凝灰岩 | 27.2 | 41.30 | 170.0 | 16.1 | 0.78 | 3.23 | 0.11 | 69.4 | 16.6 | 129 | 26.5 |
| 2 | D104/7G | 安山质晶屑凝灰岩 | 20.8 | 43.40 | 133.0 | 17.7 | 1.83 | 3.17 | 0.13 | 99.6 | 11.9 | 143 | 46.5 |
| 平均值 | | | 24.0 | 42.35 | 151.5 | 16.9 | 1.31 | 3.20 | 0.12 | 84.5 | 14.2 | 136 | 36.5 |
| 地壳克拉克值 | | | 18.0 | 58.00 | 90.0 | 19.0 | 2.50 | 4.00 | 0.08 | 63.0 | 12.0 | 94 | 29.0 |

注：表中 Au 元素含量单位为$\times 10^{-9}$，其他元素含量单位为$\times 10^{-6}$。

### （三）地层时代

本次调查从前人划分的库地蛇绿岩中将一些克沟火山碎屑复理石划分出来。依据为岩性组合，变质变形特征及所含化石与库地蛇绿岩相差很大。该组依据方爱民博士在放射虫硅质岩所得到的放射虫组合：*Spumellaria* sp.；F716－4：*Archocyrtium ormistoni* Cheng；*Astroentactinia* cf. *stellata* Nazarov；*Astroentactinia valentiniae*? Nazarov；*Entactinosphaera* aff. *hystricosa* Foreman；*Entactinosphaera palimbola* Foreman，*Entactinosphaera riedeli* Foreman，*Entactinosphaera tretactinia* Foreman，*Polyentactinia*? sp.，*Pylentonema* cf. *typica* Cheng *Pylentonema* sp.，*Spumellaria* sp.；F715－2：*Astroentactinia* cf. *paronae* （Hinde），*Cubaxonium*? *octaedrospongiosum* Won，*Entactinia* cf. *vulgaris* Won，*Entactinosphaera* cf. *euthlasta* Foreman，*Pylentonema* sp.；*Polyentactinia* sp.，*Spongentactinia*? sp.，*Spongentactinia* cf. *nupera* Nazarov；*Spumellaria* sp.；*Staurodruppa*（?） cf. *prolata* Foreman；*Tetrentactinia* cf. *gracilispinosa* Foreman。主要为晚泥盆世—早石炭世的组合。故将依莎克群划分为早石炭世。

### （四）沉积环境

依莎克群 A 段岩性为块状安山岩，杏仁、气孔状安山岩（图版Ⅲ－1），安山质火山砾岩等，依据岩石地球化学特征及构造环境分析，认为形成于岛弧环境。B 段为一套火山质复理石，下部为相对粗粒碎屑，沉积韵律清楚；上部主要为紫红色、灰绿色相间形成的细粒碎屑岩，局部为硅质岩，代表深水环境下的产物。综合上述，依莎克群早期为岛弧环境，晚期向弧后盆地构造环境过渡，并且盆地有早期浅、晚期深的特征。

## 五、帕斯群（$C_1P$）

该群由别良耶夫斯基（1946）创名“帕斯岩系”，因缺少资料无原始定义。现在定义：指与上覆恰提尔群整合接触，未见底的一套含化石门类单调、种属较少的碳酸盐岩夹碎屑岩沉积。岩性为浅灰色白云质灰岩、灰红色厚层块状和灰黑色燧石灰岩、黄灰色角砾状灰岩、灰色生物灰岩和灰色、紫色页岩组成，局部有薄层状中基性火山岩出现。

新疆地质局区调大队十分队西昆仑叶尔羌河上游卡帕浪沟一带划分出帕斯群。本次工作沿用该群命名，岩性与定义基本一致，依据岩性及生物特征将该群划分为3个组级单位。时代为早石炭世。

该群位于喀喇昆仑地层分区，塔吐鲁沟-甜水海地层小区，出露于叶尔羌河上游大黄山—卡帕朗沟一带，呈北北西向，向东延入邻区，地层总体为一复式背斜构造，自下而上划分为3个岩性组，下部为灰岩组，中部为白云岩组，上部为碎屑岩组。中、下部地层之间为断层接触，中、上部地层之间为整合接触，总体出露不全。该群地层未见底，上部与恰提尔群整合接触。出露总面积约1 300km²。帕斯群的地层特征，按以下3个岩性组自下而上分别描述如下。

## (一)灰岩组($C_1P^a$)

### 1. 地层描述

灰岩组出露于阿克塔河南部，呈东西带状分布于断层之间。南侧以断层与白云岩组接触，北侧以断层与不同地层接触。出露面积为150km²。该组缺失实测剖面，现以新疆皮山县大黄山石炭系帕斯群灰岩组路线地质剖面为例(图2-86)。

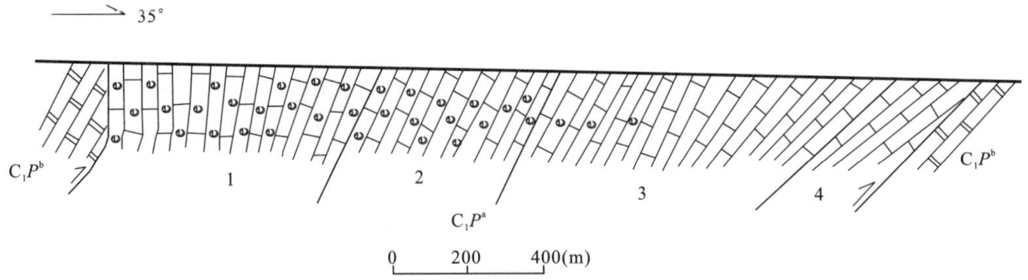


图2-86　新疆皮山县大黄山石炭系帕斯群灰岩组路线地质剖面图

帕斯群白云岩组 $C_1P^b$：灰白色厚层状白云岩

断　层

| | |
|---|---|
| **灰岩组 $C_1P^a$** | **＞2 500m** |
| 4. 深灰色厚层状生物微晶灰岩 | 250m |
| 3. 深灰色中厚层状含生物粉晶灰岩 | 770m |
| 2. 深灰色厚层状生物微晶灰岩(珊瑚礁体) | 480m |
| 1. 深灰色中厚层状生物粉晶灰岩 | 1 000m |

(未见底)

剖面上该组出露的岩性比较简单，总体为一套浅海相碳酸盐岩，岩性为粉晶灰岩、生物微晶灰岩，局部可见珊瑚礁体。剖面上可见到两个大型沉积旋回，即下部由粉晶灰岩、上部由生物微晶灰岩组成。下部的生物灰岩中见大量的珊瑚群体，局部呈礁体出现，并见有少量腕足类；上部生物微晶灰岩中可见大量的腕足、珊瑚，珊瑚以单体珊瑚为主，个体较大(图2-87)。横向上，在西部地层中见有数层紫红色砂质灰岩、灰色灰岩呈韵律出现，代表碳酸盐岩台地起伏振荡频繁；在南部出露少量的深灰色板岩夹厚层状细晶灰岩。

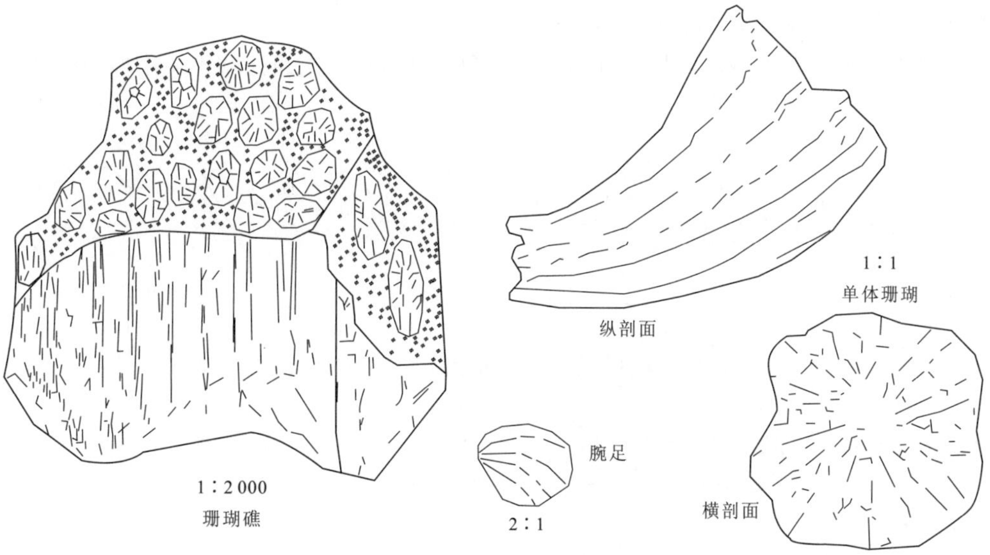


图 2-87　帕斯群灰岩和生物灰岩中的珊瑚、腕足化石素描图

### 2. 岩石化学特征

该组岩石化学分析结果见表 2-49，由表中可以看出，岩石化学组分以 CaO 和 $CO_2$ 为主，约占岩石的 100%。其含量与碳酸盐岩平均值(涂和费，1961)相比，灰岩中的 $SiO_2$、$TiO_2$、MgO 明显偏低。说明在灰岩中陆源碎屑物含量较少，岩石成分纯净，沉积环境稳定；灰岩已构成可用矿产资源(CaO：54.37%)。

**表 2-49　灰岩组碳酸盐岩化学分析结果表**　　(%)

| 样品号 | 岩石名称 | $SiO_2$ | $Al_2O_3$ | $Fe_2O_3$ | FeO | CaO | MgO | MnO | $TiO_2$ | $P_2O_5$ | $Na_2O$ | $K_2O$ | $CO_2$ | Σ |
|---|---|---|---|---|---|---|---|---|---|---|---|---|---|---|
| D1021/2CS | 微晶灰岩 | 0.25 | 0.16 | 0.24 | 0.14 | 54.37 | 0.74 | 0.01 | 0.05 | <0.01 | 0.09 | 0.07 | 46.62 | 102.74 |
| D1021/3CS | 粉晶灰岩 | 3.36 | 1.64 | 0.51 | 0.33 | 47.05 | 4.94 | 0.01 | 0.10 | <0.03 | 0.02 | 0.08 | 40.07 | 98.11 |
| 平均值 | | 1.81 | 0.90 | 0.38 | 0.24 | 50.71 | 2.84 | 0.01 | 0.08 | 0.02 | 0.06 | 0.08 | 43.35 | |
| 碳酸盐岩平均值(涂和费，1961) | | 5.19 | 0.81 | 0.15 | 0.16 | 42.01 | 7.90 | 0.12 | 0.06 | 0.03 | 0.04 | 0.025 | 42.25 | |

### 3. 沉积环境

该组出露的岩性主要为碳酸盐岩，含大量的生物化石，局部见有紫红色灰岩。地层中发育水平层理，以及波痕、遗迹化石等。生物化石主要为固着生存的珊瑚类、腕足类，局部具有礁体特征。地层中出露的紫红色灰岩，代表浅水氧化环境。根据以上特征分析，帕斯群灰岩组的沉积环境应为碳酸盐岩台地边缘生物礁-盆地边缘相。

## (二)白云岩组($C_1P^b$)

### 1. 地层描述

白云岩组以断层接触平行出露于灰岩组的两侧，总体构成复式背斜的核部，呈东西向出露，背斜向西倾伏。东部被第四系覆盖。该组被断层切割，底部出露不全，以断层覆于灰岩组之上，整合伏于碎屑岩组之下。出露面积约为 950km$^2$。

该组缺少实测剖面，现以新疆叶城县叶尔羌河上游帕斯群白云岩组路线地质剖面为例(图 2－88)。

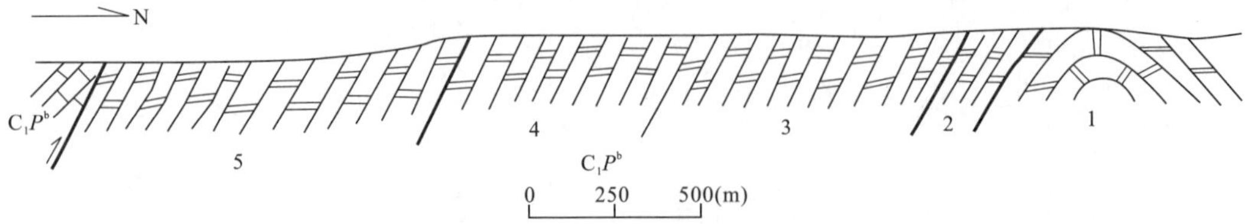


图 2－88　新疆叶城县叶尔羌河上游帕斯群白云岩组路线地质剖面图

灰岩组($C_1P^a$)：深灰色中厚层状生物粉晶灰岩

断　层

**白云岩组($C_1P^b$)**　　**>2 880m**

5. 浅灰色中厚层状微晶白云岩　　1 100m

4. 浅灰色中厚层状微晶白云岩夹深灰色薄层状白云岩　　680m

3. 灰白色中层状微晶白云岩　　800m

2. 深灰色中薄层状微晶白云岩　　200m

1. 灰白色厚层状微晶白云岩　　>100m

(未见底)

剖面上出露的岩性比较单一，主要为中厚层状微晶白云岩、中薄层状微晶白云岩夹深灰色薄层状白云岩。白云岩的单层厚度为 25～50cm 不等，薄层状白云岩为 10～20cm。横向上，在西部地层中分布有少量的灰色薄层状灰岩。该组出露的白云岩镜下鉴定认为成因类型属成岩白云岩。地层中未见生物化石。

## 2. 岩石化学特征

该组岩石化学分析结果见表 2－50，由表中可以看出岩石化学组分以 CaO 和 $CO_2$ 为主，约占岩石的 77%。其含量与碳酸盐岩平均值(涂和费，1961)相比，白云岩中的 $SiO_2$ 明显偏低，MgO 明显偏高。说明白云岩沉积远离陆源碎屑，岩石成分较纯，沉积环境稳定。

**表 2－50　白云岩组碳酸盐岩化学分析结果一览表**　　(%)

| 样品号 | 岩石名称 | $SiO_2$ | $Al_2O_3$ | $Fe_2O_3$ | FeO | CaO | MgO | MnO | $TiO_2$ | $P_2O_5$ | $Na_2O$ | $K_2O$ | $CO_2$ | Σ |
|---|---|---|---|---|---|---|---|---|---|---|---|---|---|---|
| D1022/1CS | 微晶灰岩 | 0.42 | 0.17 | 0.24 | 0.15 | 31.59 | 20.57 | 0.01 | 0.15 | <0.01 | 0.04 | 0.03 | 46.70 | 100.07 |
| D1023/1CS | 粉晶灰岩 | 2.80 | 1.35 | 0.51 | 0.35 | 29.76 | 19.45 | 0.01 | 0.20 | 0.01 | 0.42 | 0.72 | 43.51 | 99.09 |
| 平均值 | | 11.60 | 0.76 | 0.38 | 0.25 | 30.68 | 20.01 | 0.01 | 0.18 | 0.01 | 0.23 | 0.38 | 45.11 | |
| 碳酸盐岩平均值(涂和费，1961) | | 5.19 | 0.81 | 0.15 | 0.16 | 42.01 | 7.90 | 0.12 | 0.06 | 0.03 | 0.04 | 0.03 | 42.25 | |

## 3. 沉积环境

该组出露的岩性主要为白云岩，局部夹少量的薄层灰岩。经岩矿分析认为，白云岩纯净不含杂质，白云岩为成岩白云岩。依据该组的岩性特征及岩矿资料分析为半封闭海稳定环境，局部有海水加深现象，形成少量薄层状灰岩。

（三）碎屑岩组($C_1P^c$)

**1. 地层描述**

测区内该组整合出露于白云岩组之上，石炭系恰提尔群之下，呈北西向分布。局部被第三系帕卡布拉克组砂砾岩覆盖。该组缺少实测剖面，以新疆叶城县叶尔羌河上游卡帕浪沟石炭系帕斯群碎屑岩组路线地质剖面为例(图 2－89)。

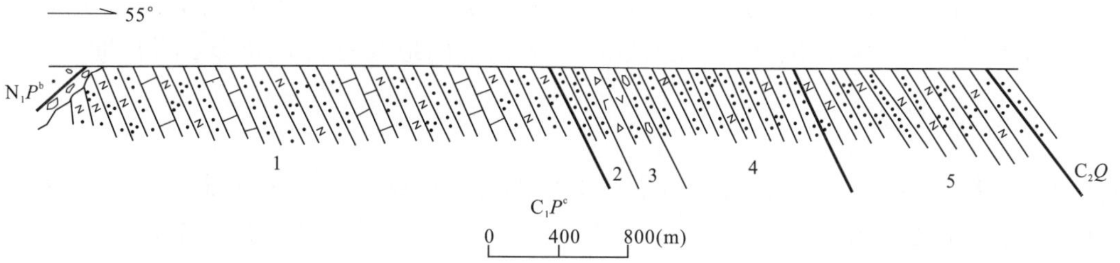


图 2－89 新疆叶城县叶尔羌河上游卡帕浪沟石炭系帕斯群碎屑岩组路线地质剖面图

上覆地层：恰提尔群($C_2Q$)灰—浅灰色薄层状粉砂岩夹中层状砂岩

断 层

| | |
|---|---|
| **碎屑岩组 $C_1P^c$** | **＞3 830.96m** |
| 5. 灰色中层状不等粒长石石英砂岩 | 747.37m |
| 4. 灰色薄层状粉砂岩夹长石石英砂岩 | 721.09m |
| 3. 灰—灰绿色玄武质火山角砾岩夹石英安山岩、杏仁状玄武岩 | 196.24m |
| 2. 灰—灰绿色粉砂岩、凝灰质粉砂岩夹砂岩、含泥质硅质岩透镜体 | 145.05m |
| 1. 灰—浅灰色中层状长石石英砂岩、粉砂岩夹灰白色灰岩 | 2 021.21m |

（未见底）

剖面上出露的岩性主要为长石石英砂岩、粉砂岩、灰岩、火山岩等。火山岩为石英安山岩、玄武质火山角砾岩、杏仁状玄武岩。剖面下部出露大量的中薄层长石石英砂岩、粉砂岩夹灰岩，构成旋回式沉积，即由单层厚度 5～20cm 的长石石英砂岩、3～10cm 的粉砂岩及 10cm 的灰岩组成。灰岩层自下而上变少变薄。中部火山岩具有熔岩及沉积火山岩的特点，熔岩呈层状分布，主要为玄武质火山岩，发育杏仁构造；沉积火山岩具有近距离搬运沉积的特征，火山角砾以杏仁状玄武岩为主，角砾大小不等，局部夹有砂岩、灰岩砾石，角砾岩自下而上由粗变细，总体呈透镜状产出。上部由粉砂岩和长石石英砂岩组成，总体表现为下细上粗的特征，粉砂岩向上变少变薄、长石石英砂岩向上逐渐变多，单层厚度增大，发育水平层理。该地层纵、横向上岩性变化不大，未见生物化石，仅见少量遗迹化石(图版Ⅲ－3)。沉积厚度大于 3 830.96m。

**2. 沉积环境**

该组沉积的岩性主要为碎屑岩。下部不同程度夹薄层灰岩、火山角砾岩等，代表浅海不稳定环境，其中火山岩依据岩石化学、稀土分析为岛弧环境的产物；上部岩石中分布有大量的长石、岩屑成分，分析沉积环境为不稳定浅海环境。地层中发育水平层理、粒序层理，以及双向波痕构造(图版Ⅲ－4)。综合上述特征，该组的沉积环境应为不稳定浅海环境。

（四）帕斯群的地层时代

帕斯群自下而上划分为 3 个岩性组，下部灰岩组地层中保存有大量的生物化石，其他地层中未发现生物。3个岩性组之间均以整合关系接触。下部灰岩组地层中生物化石比较丰富，但生物门类单调，主要为珊瑚类、腕足类，经西北地质科学研究所曹宣铎研究员鉴定有：不规则顿河珊瑚 *Dinophyllum irregulare* Wang，瑶岭石柱珊瑚 *Lithostrotion yaolingense*(Chu).，时代为早石炭世早期。同时见跨时代的生物有：笛管珊瑚 *Syringopora* sp.，犬齿珊瑚 *Caninia* sp.，灌木珊瑚 *Thamnopora* sp.，盖天螺 *Stegocoelia* sp.，双板贝 *Dielasma* sp. 等，时代为奥陶纪—二叠纪。

前人在本区采有生物化石：腕足类：*Gigantoproductus* cf. *moderatus*，*Antiquatonia* cf. *hinidi*，*Cyrtospirifer* sp.；珊瑚：*Lithostrotion* cf. *martini*，*Caninia* sp.，其中 *Gigantoproductus* cf. *moderatus* 为早石炭世的标准分子，*Cyrtospirifer* sp. 在世界和我国均见于早石炭世早期。综合以上出露的化石时代特征以及三套地层之间的接触关系，将帕斯群的地层时代划分为早石炭世。

## 六、库尔良群($C_2K$)

该群由新疆地质局区调大队四分队在西昆仑康西瓦—喀喇昆仑河尾滩地区，进行1∶100万区域地质调查时在皮山县克里阳河建立。原始定义：本群下亚组不整合在长城系之上。未见顶。下亚组由正常碎屑岩组成，中亚组由灰色、灰黑色变质砂岩，碎屑灰岩，碳质粉砂岩和石英片岩组成，自西向东灰岩成分增加，碎屑岩减少；上亚组由杂色碎屑岩和火山岩组成，属浅海-滨海相沉积。现在定义与原始定义一致。本次调查沿用该群命名，岩性相当于原定义的下亚组，与现在定义基本一致，时代为晚石炭世。

该群位于西昆仑北带地层分区，出露于测区北部，受断裂、岩体破坏呈东西向带状断续分布，北侧以断层与他龙群接触，南侧以断层与不同地层接触，出露面积约 300km$^2$。

### (一)地层描述

现以新疆皮山县他龙河石炭系库尔良群实测地质剖面为例，剖面自下而上列述如下(图2-90)。

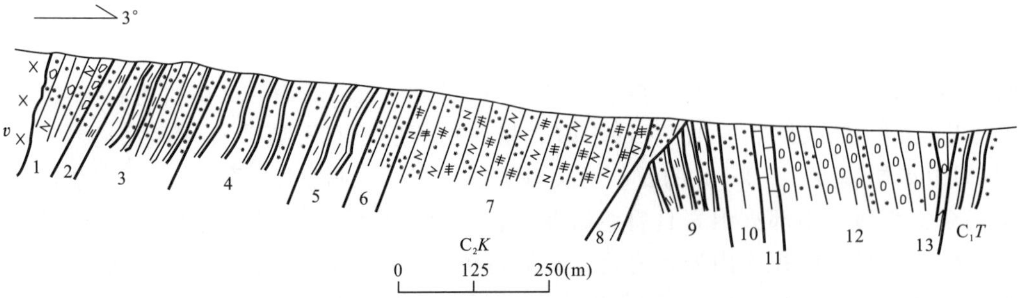


图2-90　新疆皮山县他龙河石炭系库尔良群实测地质剖面图

他龙群：灰黑色粉砂质板岩、砂岩

═══════ 断　层 ═══════

| | |
|---|---|
| **库尔良群($C_2K$)** | **>1 166.1m** |
| 13. 紫红色中层状砂砾岩偶夹石英粉砂岩 | 36.7m |
| 12. 灰—杂色厚层状砾岩夹砂砾岩 | 248.1m |
| 11. 灰黑色薄层状微晶含泥质灰岩 | 19.4m |
| 10. 紫红色中层状细粒石英岩状砂岩 | 67.9m |
| 9. 灰色纹层状含粉砂绢云母板岩 | 48.5m |
| 8. 灰绿色厚层状石英细砂岩 | 38.3m |
| 7. 灰色厚层状石英杂砂岩 | 313.8m |
| 6. 灰绿色中层状粉砂岩 | 39.9m |

5. 灰色泥板岩 69.3m
4. 灰绿色粉砂泥板岩 139.2m
3. 灰色粉砂质板岩夹薄层状粉砂岩 92.1m
2. 灰色中层状粉砂岩夹(互)粉砂质板岩 10.6m
1. 灰色厚层状砂砾岩、石英砂岩、粉砂岩韵律层 42.3m

———————— 侵入接触 ————————

岩体:块状细粒辉长岩

剖面上地层出露不全,未见顶、底。出露的岩性主要为细粒碎屑岩,上下部夹少量砾岩。地层总体以旋回性基本层序沉积为主,依据出露的紫红色岩石,剖面上可划分出两个大的沉积旋回。地层下部旋回性表现比较明显,即下部为砾岩、砂岩,向上逐渐变为含粉砂绢云母板岩,底部可见到数个沉积旋回(图 2-91),地层中发育大量的冲刷面构造、水平层理等。岩石中砾石呈悬浮状出现,大小 3～4cm,含量 15%,磨圆度较好,出现在每个韵律的底部,一般厚度 1～2m。上部主要以大量的砾岩出现为特征,其中夹少数石英杂砂岩(透镜体),砾岩成分混杂,大小不等,磨圆较差。颜色下部为灰—杂色,上部为紫红色。出露厚度大于 1 166.1m。未见生物化石。横向上主体岩性变化不大,仅在阿克齐乌斯塘河一带见有少量的(英安岩)火山岩出露。

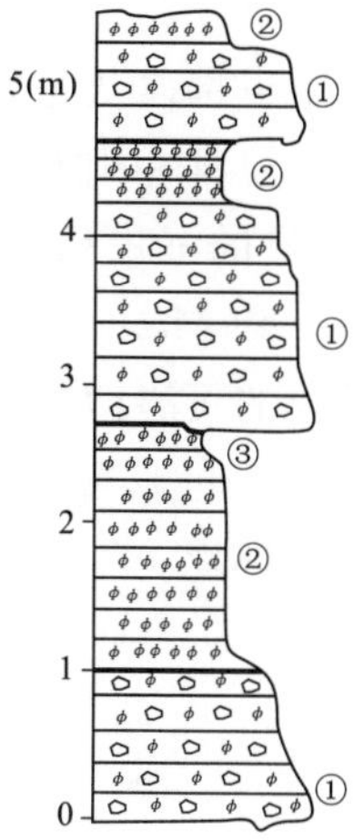

图 2-91 库尔良群中的沉积韵律柱状图
①砂砾岩;②砂岩;③粉砂岩

## (二)地球化学特征及含矿性

该组中碎屑岩微量元素含量见表 2-51,由表中可见碎屑岩中 Rb、Zr、Cr、V 元素含量变化较大,其中 Cr 为 $23.4\times10^{-6}$～$267\times10^{-6}$、Rb 为 $20.6\times10^{-6}$～$103\times10^{-6}$、Zr 为 $96.3\times10^{-6}$～$297\times10^{-6}$、V 为 $51.9\times10^{-6}$～$197\times10^{-6}$,其他元素含量变化不大。微量元素均值与地壳克拉克值相比,大离子活泼元素 Sr、Rb、Ba、Th、Ta、Nb 明显偏低,而过渡性不活泼元素 Sc、V、Cr 明显偏高。

**表 2-51 库尔良群微量元素含量特征表**

| 序号 | 样品号 | 岩石名称 | Sr | Rb | Ba | Th | Ta | Nb | Zr | Hf | Sc | Cr |
|---|---|---|---|---|---|---|---|---|---|---|---|---|
| 1 | D1159/1G | 长石石英砂岩 | 104 | 103.0 | 455.0 | 9.22 | 0.55 | 9.13 | 96.3 | 1.84 | 10.40 | 267.0 |
| 2 | D1159/4G | 粉砂质板岩 | 186 | 66.6 | 273.0 | 11.40 | 0.93 | 16.40 | 195.0 | 3.67 | 22.80 | 157.0 |
| 3 | D1159/5G | 粉砂质泥板岩 | 184 | 86.7 | 768.0 | 14.40 | 1.09 | 21.50 | 297.0 | 4.95 | 26.00 | 89.4 |
| 4 | D1159/10G | 微晶泥质灰岩 | 133 | 20.6 | 92.6 | 0.74 | 0.40 | 6.65 | 163.9 | 1.20 | 6.69 | 23.4 |
| 平均值 | | | 152 | 69.2 | 397.2 | 9.10 | 0.70 | 13.40 | 188.1 | 2.90 | 15.18 | 134.2 |
| 地壳克拉克值 | | | 340 | 150.0 | 650.0 | 13.00 | 2.50 | 20.00 | 170.0 | 1.00 | 10.00 | 18.0 |
| 序号 | 样品号 | 岩石名称 | Co | Ni | V | Ga | U | Au | Ag | Cu | Pb | Zn |
| 1 | D1159/1G | 长石石英砂岩 | 12.9 | 81.8 | 62.1 | 12.2 | 3.33 | 0.82 | 0.530 | 123 | 19.2 | 83.7 |
| 2 | D1159/4G | 粉砂质板岩 | 18.5 | 76.8 | 141.0 | 15.8 | 3.24 | 0.88 | 0.092 | 337 | 25.4 | 160.0 |
| 3 | D1159/5G | 粉砂质泥板岩 | 22.3 | 37.1 | 197.0 | 18.7 | 3.44 | 0.90 | 0.066 | 268 | 35.3 | 177.0 |
| 4 | D1159/10G | 微晶泥质灰岩 | 7.8 | 28.6 | 51.9 | 6.4 | 1.97 | 1.62 | 0.062 | 119 | 16.9 | 85.9 |
| 平均值 | | | 15.4 | 56.1 | 113.0 | 13.3 | 3.00 | 1.00 | 0.190 | 212 | 24.2 | 134.2 |
| 地壳克拉克值 | | | 58.0 | 83.0 | 18.0 | 58.0 | 90.00 | — | — | 19 | 2.5 | 63.0 |

注:表中 Au 元素含量单位为 $\times10^{-9}$,其他元素含量单位均为 $\times10^{-6}$。

主要成矿元素 Cu、Pb、Zn 等富集(矿化),含量变化不大。其均值与地壳克拉克值相比,其含量均高出地壳克拉克值 2～10 倍,背景较高,有利于成矿。

(三)时代依据

库尔良群在测区出露面积较小,岩性主要为一套粗粒碎屑岩石,调查中未发现任何生物化石。前人在本区调查中曾采集到珊瑚化石:*Syringopora* sp.,*Empodesma* sp.,*Koninckophyllum* sp.,时代定为中晚石炭世,岩性特征与本次调查基本一致,故将库尔良群时代划为晚石炭世。

(四)环境分析

测区内该组下部以灰色粗碎屑岩石为主,呈下粗上细的韵律式沉积,粗碎屑中的砾石磨圆度较好,成分较单一,发育冲刷面、粒序层理等构造,总体为一套重力流沉积。上部可见到两套紫红色粗碎屑沉积,为大量的沉积砾岩,磨圆、分选较差,紫红色代表炎热环境。

Winchester 和 Max(1989)通过对爱尔兰西北部新元古代页岩中微量元素的研究,总结出不同构造环境下形成的页岩微量元素蛛网图的特征(图 2-92)。将该群中板岩微量元素标准化配分曲线与之比较(图 2-93),可以看出,其与 C 图(被动陆缘)有着相似的特征。综上所述,库尔良群应为被动陆缘沉积环境。

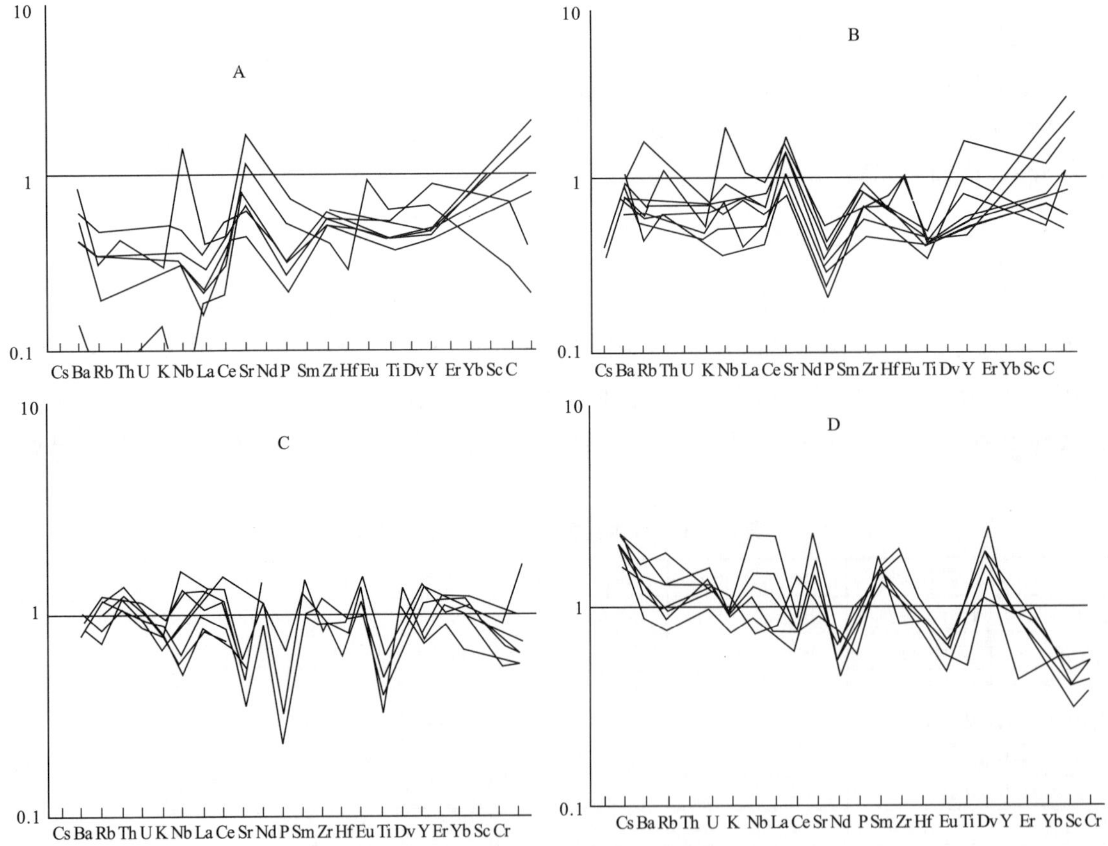


图 2-92　不同构造背景下的页岩微量元素蛛网图

A. 大洋岛弧;B. 大陆岛弧+活动陆缘;C. 被动陆缘;D. Erris Grou

(据 Winchester & Max,1989)

该组为本次 1∶25 万区域地质调查工作新厘定的岩石地层单位,定义为“出露于西昆仑南带上的一套无顶、底,具重力流特点的地层,岩性为长石石英砂砾岩、含砾长石石英粗砂岩、砂岩、细砂岩。以粗粒砂岩或含砾砂岩开始，细砂岩或粉砂岩结束，形成基本层序，每个层序下部主要发育递变层理，上部主要为水平层理。缺少生物化石。地层时代为中石炭世”。

测区该组分布于西昆仑南带地层分区，出露于新藏公路 190km 道班北侧，四周与不同岩体侵入接触，出露面积约 70km$^2$。剖面上该组地层为一向南陡倾的同斜向斜构造，其南翼地层倒转，北翼正常。出露的岩性表现为一套具重力流成因特点的砾岩、含砾砂岩等。

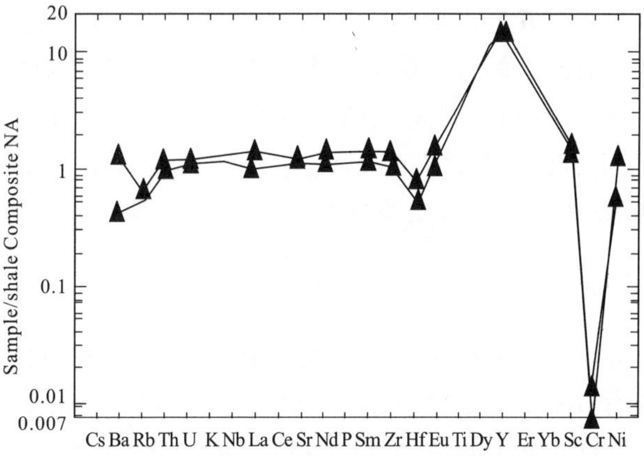


图 2－93 库尔良群粉砂质板岩微量元素标准化配分曲线

## 七、提热艾力组($C_2t$)

### (一)地层描述

剖面以新疆叶城县徐结艾力沟石炭系提热艾力组实测地层剖面为例(图 2－94)。

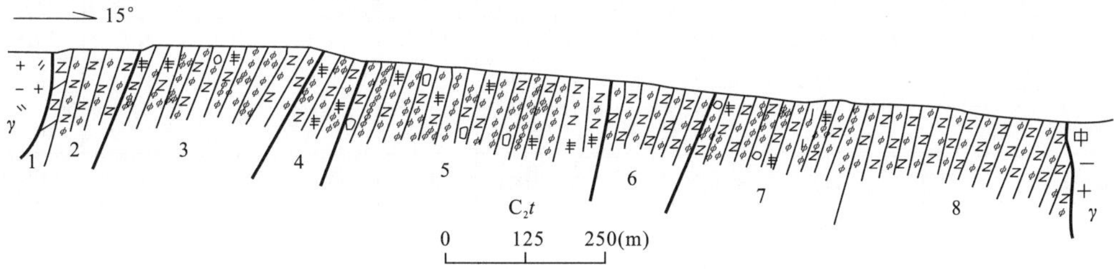


图 2－94 新疆叶城县徐结艾力沟石炭系提热艾力组实测地层剖面图

岩体:浆混花岗岩

——————— 侵入接触 ———————

| | |
|---|---|
| **提热艾力组($C_2t$)** | **>1 226.17m** |
| 8.灰褐色中层状石英砂岩、石英细砂岩互层 | 180.94m |
| 7.浅灰色、浅灰褐色含砾长石石英粗砂岩，长石石英粗砂岩，石英砂岩，细砂岩，泥质粉砂岩组成基本层序 | 228.74m |
| 6.灰褐色石英砂岩、石英细砂岩(韵律层) | 202.54m |
| 5.灰色含砾长石石英粗砂岩、长石石英粗砂岩、灰褐色石英细砂岩、粉砂岩形成基本层序 | 312.7m |
| 4.浅灰褐色长石石英砂岩、灰褐色石英细砂岩(韵律层) | 72.04m |
| 3.灰色、浅灰褐色含砾长石石英粗砂岩、不等粒长石石英砂岩、灰褐色石英砂岩、细砂岩基本层序 | 102.48m |
| 2.灰色长石石英砂岩、灰褐色石英细砂岩(韵律层) | 121.51m |
| 1.灰褐色长英质角岩 | 5.22m |

——————— 侵入接触 ———————

岩体:浆混花岗岩

剖面上出露的岩性为长英质角岩、含砾长石石英粗砂岩、长石石英砂岩、石英细砂岩、细砂岩等。岩石自下而上总体以由粗到细的沉积旋回出现，剖面上可见到不完整的 4 个沉积旋回，即下部以含砾石的粗砂岩出现，向上岩石粒度变细，以灰褐色石英细砂岩结束，岩石的单层厚度也相应由厚变薄。剖面上的每个层为一个韵律层，具下粗上细的特点。地层中主要发育粒序层理以及平行层理，局部可见到冲刷面、小型交错层理等沉积构造。该套地层四周皆为岩体，很像一个大的捕虏体，整体受岩体热变质较强，靠近岩体边部角岩化十分明显。纵、横向上岩性变化不大，该套地层变形较强，局部可见到紧闭褶皱(图版Ⅱ-6)。地层中未见生物化石。

### (二)地球化学特征及含矿性

该组中碎屑岩微量元素含量见表 2-52，由表中可见，大部分元素含量变化较大，其中 Sr、Ba、Zr 变化范围：Sr $52.9\times10^{-6}\sim291\times10^{-6}$，Ba $386.9\times10^{-6}\sim935\times10^{-6}$，Zr $166\times10^{-6}\sim516\times10^{-6}$。微量元素平均值与地壳克拉克值相比，大离子活泼元素仅 Sr 明显偏低，其余偏差不大。而过渡性不活泼元素 Sc、Co、V 偏高，Cr、Ga 明显偏低，其余则相差不大。

**表 2-52　提热艾力组微量元素含量特征一览表**

| 序号 | 样品号 | 岩石名称 | Sr | Rb | Ba | Th | Ta | Nb | Zr | Hf | Sc | Cr |
|---|---|---|---|---|---|---|---|---|---|---|---|---|
| 1 | D106/4G | 长石杂砂岩 | 52.9 | 161.0 | 631 | 20.10 | 1.74 | 30.3 | 185 | 3.34 | 16.3 | 80.2 |
| 2 | D106/5G | 长石杂砂岩 | 81.1 | 247.0 | 681 | 21.80 | 1.84 | 32.2 | 192 | 3.48 | 17.2 | 71.9 |
| 3 | D106/7G | 细粒长石砂岩 | 291.0 | 136.0 | 562 | 18.20 | 1.58 | 43.4 | 516 | 3.24 | 19.6 | 4.5 |
| 4 | D535/1G | 岩屑石英杂砂岩 | 168.0 | 146.2 | 387 | 24.86 | 1.71 | 19.1 | 278 | 8.23 | 12.5 | 71.0 |
| 5 | D535/2G | 岩屑石英杂砂岩 | 55.2 | 157.7 | 935 | 22.51 | 1.63 | 19.3 | 215 | 5.89 | 11.7 | 57.0 |
| 6 | D535/3G | 长石石英粉砂岩 | 159.0 | 170.8 | 714 | 14.79 | 1.44 | 20.3 | 166 | 4.59 | 19.0 | 128.0 |
| 平均值 | | | 134.5 | 169.8 | 652 | 20.40 | 1.65 | 27.4 | 259 | 4.79 | 16.1 | 68.8 |
| 地壳克拉克值 | | | 340.0 | 150.0 | 650 | 13.00 | 2.50 | 20.0 | 170 | 1.00 | 10.0 | 83.0 |
| 序号 | 样品号 | 岩石名称 | Co | Ni | V | Ga | U | Au | Ag | Cu | Pb | Zn |
| 1 | D106/4G | 长石杂砂岩 | 15.50 | 30.9 | 107.0 | 19.1 | 7.69 | 0.20 | 0.05 | 562.0 | 7.54 | 55.6 |
| 2 | D106/5G | 长石杂砂岩 | 24.10 | 30.7 | 123.0 | 18.9 | 6.34 | 0.20 | 0.13 | 2 239.0 | 8.99 | 51.2 |
| 3 | D106/7G | 细粒长石砂岩 | 8.78 | 1.8 | 49.7 | 20.3 | 3.86 | 0.20 | 0.02 | 127.0 | 8.65 | 114.0 |
| 4 | D535/1G | 岩屑石英杂砂岩 | 62.00 | 19.9 | 98.0 | 13.6 | 10.23 | — | — | 24.5 | 41.56 | 57.0 |
| 5 | D535/2G | 岩屑石英杂砂岩 | 58.00 | 21.5 | 85.0 | 16.3 | 5.24 | — | — | 16.2 | 13.68 | 26.5 |
| 6 | D535/3G | 长石石英粉砂岩 | 42.10 | 54.0 | 142.0 | 20.2 | 4.36 | — | — | 204.0 | 65.81 | 74.8 |
| 平均值 | | | 35.08 | 26.5 | 100.8 | 1.1 | 6.28 | — | — | 528.8 | 24.37 | 63.2 |
| 地壳克拉克值 | | | 18.00 | 58.0 | 90.0 | 19.0 | 2.50 | 4.00 | 0.08 | 63.0 | 12.00 | 94.0 |

注：表中 Au 元素含量单位为 $\times10^{-9}$，其他元素含量单位为 $\times10^{-6}$。

主要成矿元素 Cu、Pb、Zn 的含量变化较大，在靠近岩体边界部位的石英砂岩中可见黄铜矿矿化(含 Pb、Zn)，铜的品位为 0.5%。其均值与地壳克拉克值相比 Cu、Pb 均大于地壳克拉克值，其中 Cu 高出近 9 倍，Pb 高出 2 倍，Zn 单个样品高出近 2 倍。Cu、Pb、Zn 有利于成矿。

### (三)地层对比及形成时代讨论

在整个西昆仑块体上，目前还未见到这样一种变质程度浅、岩性组成单调、沉积结构一致的沉积地层单位。前人曾根据该套地层内部含有砾岩，认为属于冰碛成因而定为震旦系。但是根据剖面以及路线上的砾岩特征来看，砾石的磨圆度比较好，不具有冰碛成因的特点。同时，在西昆仑特别是库地以南曾普遍遭受(4～5)亿年的热变质事件，其变质程度均达高绿片岩相-角闪岩相，而该套地层的变质程度极低。限定该地层时代的上限由侵入其中的花岗岩的同位素年龄为 273Ma 限定。综合上述资料，该套地层的成岩年龄暂定为石炭纪。

### (四)沉积环境分析

该套地层出露含砾长石石英粗砂岩、长石石英砂岩、石英细砂岩、细砂岩、粉砂岩、泥质粉砂岩，为一套沉积韵律明显的碎屑岩，总体表现为下粗上细的特点。下部岩石中砾岩相对较多，砾石磨圆度比较好，砂岩中的长石含量高，总体由中—厚层状的含砾长石石英粗砂岩、长石石英砂岩、石英细砂岩、细砂岩与中—厚层状灰色长石石英砂岩、灰褐色石英细砂岩组成沉积韵律。地层中下部多见粒序层理、冲刷面等沉积构造，上部主要发育粒序层理及平行层理构造，总体显示为快速堆积的重力流特征。

将提热艾力组砂岩微量元素标准化蛛网图(图2-95)与Floyd等(1991)多元素模式(见图2-77)比较，可看出其与大陆岛弧+活动陆缘环境下砂岩的微量元素分布模式图特征相近，U、Cr弱富集，Sr亏损，其余则变化不大，曲线总体较平直。综合上述特征，提热艾力组的沉积环境可能形成于活动陆缘环境的斜坡相浊流沉积。

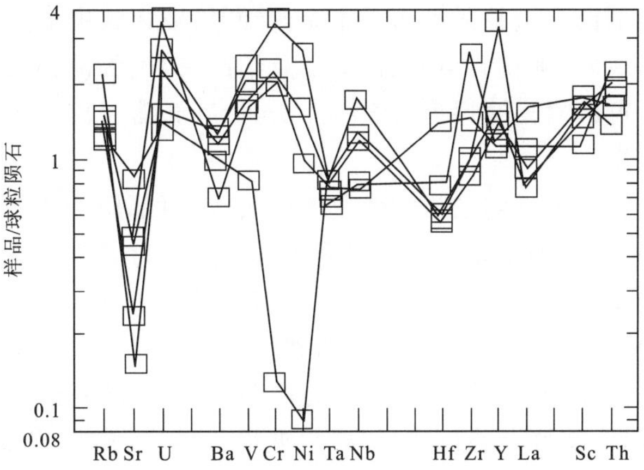


图2-95　提热艾力组砂岩微量元素标准化蛛网图

## 八、恰提尔群($C_2Q$)

该群由别良耶夫斯基(1946)在恰提尔河地区首建恰提尔岩系。原始定义暂缺。现在定义：指与上覆空喀山口组断层接触，与下伏帕斯群整合接触的一套含丰富的䗴、珊瑚礁灰岩，夹少量黑灰色泥质粉砂岩和板岩。新疆和田地质大队(1960)于卡帕浪沟测制剖面并划分出恰提尔群；新疆地质局第一区调大队十分队(1984)沿用恰提尔群。本次调查沿用该群命名，岩性与定义出入较大，总体为一套细粒碎屑岩夹少量的碳酸盐岩，未见化石。依据整合覆于帕斯群之上将其时代置于晚石炭世。

测区位于喀喇昆仑地层分区，塔吐鲁沟-甜水海地层小区，出露于伊力克以东、卡帕浪沟以西地区。出露面积1 150km²。地层整合出露于帕斯群碎屑岩组之上，上部出露不全，被断层破坏。

### (一)地层描述

恰提尔群缺少实测剖面，以新疆叶城县麻扎南侧石炭系恰提尔群路线地质剖面为例(图2-96)，该剖面出露的岩层向南倾倒转，未见顶，剖面地层厚度大于4 500m。

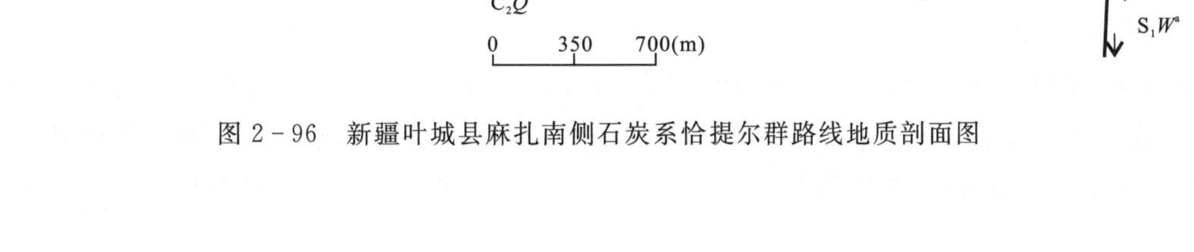


图2-96　新疆叶城县麻扎南侧石炭系恰提尔群路线地质剖面图

温泉沟群 A 岩组($S_1W^a$):灰绿色石英砂岩

断 层

| | |
|---|---|
| **恰提尔群($C_2Q$)** | **>4 500m** |
| 4.灰色绢云母板岩夹砾岩 | 1 400m |
| 3.浅灰色中层状变质细粒石英砂岩偶夹细晶白云岩 | 400m |
| 2.浅紫灰色含粉砂绢云母板岩 | 700m |
| 1.浅灰色中层状石英粉砂岩夹薄层状粉晶灰岩 | 2 000m |

整合接触

下伏地层:帕斯群碎屑岩组($C_1P^c$)灰色中层状不等粒长石石英砂岩

剖面上恰提尔群出露不全,受断层破坏缺失上部层位。出露的岩性主要为石英粉砂岩、粉砂绢云母板岩、细粒石英砂岩,夹少量细晶灰岩、细晶白云岩、砾岩等。岩性以细粒碎屑岩为主,其中细粒石英砂岩出露厚度为 30～40cm。从剖面上出露的岩性看,沉积韵律不太清楚,地层总体向南陡倾倒转。

横向上该组的岩性变化比较大,在西部伊力克东侧一带地层中夹有水下扇道沉积物($C_2Q^{fc}$),分南、北两侧出露。北侧出露的岩性主要为砾岩、长石石英砂岩、粉砂岩、粉砂质板岩,夹不纯灰岩、蚀变安山岩、蚀变流纹岩等。砾岩成分为石英质、砂岩类,大小不等,次棱角状。露头上可看到砾岩、长石石英砂岩、粉砂岩、粉砂质板岩形成的沉积韵律。砾岩、砂岩的厚度相对较大,粉砂岩、板岩出露厚度较小,总体为东西向透镜状出露。南侧出露砂砾岩、含钙质砂岩、粉砂质板岩互层,砂质结晶灰岩、紫红色粉砂岩、细砂岩夹少量砂岩、砂砾岩等,岩性总体复杂多样,与北侧近似,由于露头差,未见火山岩。该群中未见生物化石。

### (二)地层时代

测区内出露的恰提尔群与前人资料出入较大,表现在露头和岩性上的不一致。目前测区没有可靠的生物依据,前人曾采集的化石地点与测区地层不一致,化石资料仅作参考。依据恰提尔群整合覆于帕斯群砂岩组之上,暂将该地层置于晚石炭世。

### (三)沉积环境

该群出露的岩性以细粒碎屑岩为主,主要为石英粉砂岩、粉砂绢云母板岩、细粒石英砂岩,夹少量细晶灰岩、细晶白云岩、砾岩等。据大量出露的砾岩分析为水下扇道沉积物,岩性成分复杂,并伴有火山岩出露,代表环境不太稳定,其中出露的碳酸盐岩最大厚度达 40m,代表浅海环境。依据上述岩性特征分析,恰提尔群的沉积环境为陆缘斜坡相沉积。

## 九、黄羊岭群(*PH*)

该群由新疆地矿局第一区调大队一分队齐德义等(1986)在木孜塔格以西独高山、黄羊岭一带创建黄羊岭群,并分为上、中、下三个亚组。原始定义:下亚组为灰褐色砂岩、粉砂岩、钙质石英岩屑砂岩夹灰岩、粗砂岩。灰岩中含鏇、腕足类等化石。中上亚组为深灰色长石岩屑砂岩、石英岩屑砂岩及砂岩不均匀互层夹放射虫硅质岩、泥岩、钙质粉砂岩、灰岩,含鏇及腕足类化石。上与云雾岭群下亚组断层接触,下部未见底。现在定义:分上、下亚组,上亚组同原定义上亚组,下亚组同原定义中下亚组,岩性一致。

新疆地矿局第一区调大队孙巧缡(1993)在"新疆昆仑山黄羊岭—木孜塔格一带早二叠世的鏇"一文中将黄羊岭分为上、下两个亚群;在《新疆维吾尔自治区岩石地层》中改用黄羊岭组,并划分为上、下两个亚组。本次调查沿用该群命名,岩性相当于定义的中上亚组,但未见大化石,仅见微古孢粉化石(东邻康西瓦幅)。依据该群出露的化石及岩性特征将其时代置于二叠纪。

测区位于巴颜喀喇地层区,大红柳滩地层分区,本次工作以其所含化石资料将其划分为黄羊岭群,细分A、B两个岩性组。其A、B两岩性组过渡接触。南与温泉沟岩群断层接触,北邻康西瓦断裂及巴颜喀拉山群。向西断层尖灭,向东延入邻区。出露面积约400km²。

(一)地层描述

黄羊岭群出露于康西瓦断裂南侧,地层总体向南陡倾,未见顶、底,依据岩性组合自南而北划分为A、B两个岩性组。地层特征如下:

**黄羊岭群A岩组**　该群缺实测剖面,剖面以新疆皮山县新藏线324道班西黄羊岭群A岩组路线地质剖面为例(图2-97),该套地层未见底,剖面厚度大于6 523.0m。

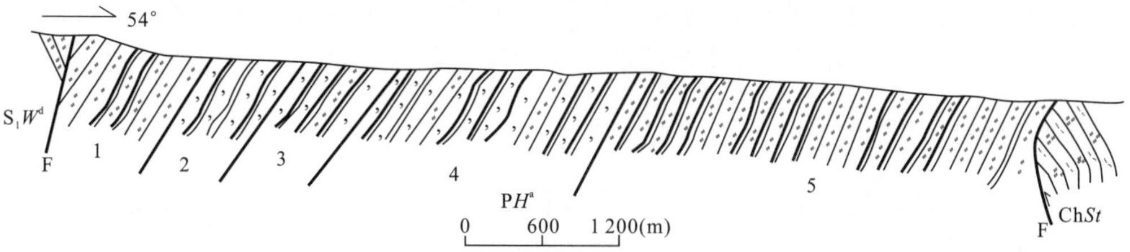


图2-97　新疆皮山县新藏线324道班西黄羊岭群A岩组路线地质剖面图

赛图拉岩群(ChSt):灰色石榴子石片岩

═══════ 断　层 ═══════

| | |
|---|---|
| **黄羊岭群:A岩组** | **>6 523.0m** |
| 5.灰色粉砂质板岩夹薄层细砂岩 | 2 954.1m |
| 4.深灰色斑点状板岩夹灰色粉砂岩 | 1 879.9m |
| 3.深灰色斑点状板岩夹薄层细砂岩(含石英脉) | 325.0m |
| 2.深灰色斑点状板岩夹薄层细砂岩 | 469.1m |
| 1.灰色粉砂岩夹粉砂质板岩 | 894.9m |

═══════ 断　层 ═══════

温泉沟岩群D岩组($S_1W^d$):灰色粉砂质板岩

剖面上出露的岩性主要为深灰色斑点状板岩、粉砂质板岩、粉砂岩夹薄层细砂岩,岩石均为细粒碎屑岩。露头上可以见到由10cm的薄层细砂岩或粉砂岩与1~5m的粉砂质板岩构成沉积韵律,局部粉砂质板岩厚度可达5m以上。地层中由于构造影响,发育大量的团块状石英脉,不规则状出露。地层中板岩内部发育大量的斑点,大部分为黄铁矿成分,大小为2~3mm,不均匀出露,含量为5%~10%。

**黄羊岭群B岩组**　由于地层露头极不连续,故缺少剖面。该组出露的主要岩性为灰色、深灰色泥质板岩,粉砂质板岩夹粉砂岩,薄层粉晶灰岩,长石石英砂岩。与A岩组岩性比较,其中夹有大量的粉晶灰岩、长石石英砂岩,而缺少斑点状板岩,其他岩性特征基本相近。

上述黄羊岭群的岩性特征在横向上变化不大,测区内出露范围较小,向东延入邻区。该地层样品中未鉴定出生物,而东邻图幅中在相同地层单元中鉴定有大量的微古化石,主要为孢粉类,所见孢粉均为二叠纪常见分子。

(二)地层时代

黄羊岭群在测区内出露局限,并未见顶、底,大部分延入东邻图区,地层出露部位前人资料中显示为三叠系。本次地质调查的划分依据为：根据该群出露的岩性组合（与东邻区基本一致）以及所处的构造区划位置，同时依据东邻区（岔路口幅）相同层位中分布的大量微古化石，经中国地质科学院地质研究所高联达鉴定有 21 个种：*Calamospoa breradiata* Kosanke，*Punctatisporites obliquus* Kosanke，*Cyclogranisporites micrograms* Bharadwaj，*Raistrickia* sp.，*Brialatisporites incundus*（Kaiser）Gao，*Lundblandispora* sp.，*Laevigatosporites perminutus* Alpern，*Protohaploxypinus perfeciformis* Pulukhina，*Corisaccites alatus* Venkatachala and Ker，*Crucisaccites monolatus* Maithy，*Alisporites* sp.，*Alisporites spleendens*（Leschik）Foster，*Pteruchipollenites indarraensis*（Segrove）Foster，*Protopodocarpus* sp.，*Vitreisporites signatus*（=*V. pallidus*）(Reissinger) Balme。其中典型分子：具饰柯达粉 *Cordaitina ornatus*（Luber）Samoilovich 分布于中国大部分晚二叠世地层中；记号开通缝孢 *Vitreisporites signatus*（=*V. pallidus*）(Reissinger) Balme 是世界性分子，出露于世界各地晚二叠世早期沉积物中，在我国主要出现在华北晚二叠世早期上石盒子组及其相当的沉积物中。其他分子为二叠纪常见分子。综合以上各项地层特征将该群的地质时代划分为二叠纪。

### （三）沉积环境

黄羊岭群在测区内出露的岩性主要为一套细粒碎屑岩，岩石颜色为灰—深灰色，沉积物内部发育薄层粉砂岩或细砂岩与出露厚度较大的粉砂质板岩构成沉积韵律，局部夹有灰岩。地层中没有见到大化石，仅见到大量的化石孢粉。发育水平层理。以上特征总体反映为深水环境下的产物。因此黄羊岭群的沉积环境为深海-浅海相。

## 十、神仙湾群（$P_{1-2}S$）

神仙湾群为本次 1∶25 万区域地质调查工作中新厘定的岩石地层单位，定义为“位于神仙湾地层小区，出露于神仙湾一带，呈北西—南东向分布，为一套顶底不全、出露无序的碎屑岩，划分为 A、B 两个岩组，之间以断层或构造面接触。A 岩组为灰质角砾岩、硅质岩、岩屑石英杂砂岩、石英粉砂岩、长石石英砂岩、粉砂质板岩及少量火山岩等；B 岩组为长石石英砂岩、钙质石英粉砂岩、粉砂质板岩等。整合伏于温泉山组之下，与龙山组断层接触，铁隆滩群不整合接触。时代为早—中二叠世。”

测区位于喀喇昆仑地层分区、神仙湾地层小区，出露于神仙湾一带。出露面积约 2 000km$^2$。神仙湾群 A、B 岩组地质特征分述如下。

### （一）神仙湾群 A 岩组（$P_{1-2}S^a$）

#### 1. 地层描述

该组出露于神仙湾南侧，呈北西向带状分布。南侧以断层或角度不整合伏于侏罗系龙山组之下，北侧以断层伏于神仙湾群 B 岩组之下。地层产状总体为北倾倒转的单斜构造，顶、底面均被断层切割，出露不完整。地层出露厚度大于 2 446.1m。剖面以新疆皮山县神仙湾大沟二叠系神仙湾群 A 岩组实测地质剖面为例（图 2－98）。

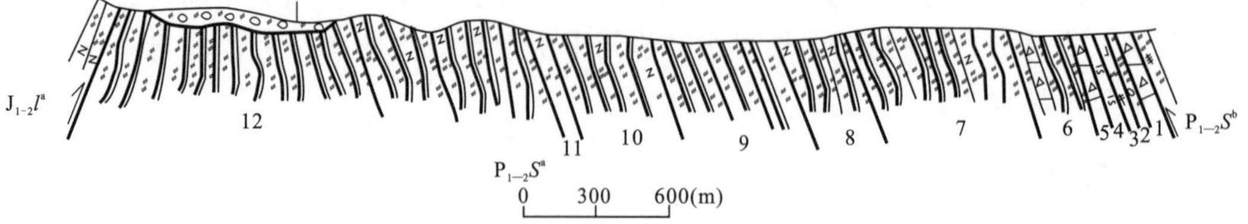


图 2－98　新疆皮山县神仙湾大沟二叠系神仙湾群 A 岩组实测地质剖面图

上覆地层：龙山组($J_{1-2}l$)灰白色厚层状长石石英砂岩

断 层

**神仙湾群 A 岩组($P_{1-2}S^a$)** **>2 446.1m**

12. 深灰色粉砂质板岩夹薄层状长石石英砂岩 454.3m
11. 灰白色中厚层状长石石英砂岩夹(互)粉砂质板岩 21.54m
10. 深灰色粉砂质板岩夹中层状长石石英砂岩 233.34m
9. 深灰色粉砂质板岩夹薄层状长石石英砂岩 343.91m
8. 深灰色粉砂质板岩夹中厚层状细粒长石石英砂岩 252.72m
7. 深灰色粉砂质板岩夹薄层状石英粉砂岩 658.95m
6. 灰—深灰色粉砂质板岩夹透镜状角砾状灰岩，见交错层构造 266.85m
5. 灰白色块状灰质角砾岩 33.84m
4. 深灰色薄层状硅质岩 16.92m
3. 灰色中层状钙质岩屑石英杂砂岩 34.29m
2. 紫红色块状砾岩、砂岩、板岩韵律层(透镜体) 32.36m
1. 灰白色块状灰质角砾岩 97.08m

断 层

神仙湾群 B 岩组($P_{1-2}S^b$)：灰色粉砂质板岩夹钙质石英粉砂岩

该岩组出露的岩性：下部为灰白色角砾状灰岩夹深灰色粉砂质板岩、钙质砂岩、砾岩、硅质岩等，角砾状灰岩以巨大透镜体出现，最宽处 100～150m，成分为大理岩，角砾大小 10cm 以上，呈椭圆状，局部受构造挤压呈长条状出露，角砾状灰岩层(图版Ⅳ-3)总体自下而上由厚变薄，最薄处为 10cm 左右，由细粒灰质角砾及砂质组成。硅质岩为 10cm 左右的致密薄层，也呈透镜体出现。上部由深灰色夹中厚层状、薄层状长石石英砂岩构成韵律，局部砂岩集中出露，单层厚度达 40cm，并与粉砂质板岩构成韵律出现。该岩组中保留有粒序层理，板岩中发育水平层理，局部可见到斜层理，上述沉积构造表明该岩组地层产状北倾倒转。横向上岩性变化较大，在西部一带见有蚀变杏仁状玄武岩，出露宽度 50m，纵向上靠近上部地层中见有较强烈的变形构造。该套地层产有珊瑚、䗴类、海百合茎等生物化石。

**2. 地球化学特征及含矿性**

神仙湾群 A 岩组的碎屑岩微量元素含量见表 2-53，由表中可见砂岩与板岩两类岩石间元素含量变化较大，其中 Sr、Rb、Ba、V 变化范围：Sr $60\times10^{-6}\sim139\times10^{-6}$，Rb $22.8\times10^{-6}\sim131\times10^{-6}$，Ba $64.2\times10^{-6}\sim306\times10^{-6}$，V $18.3\times10^{-6}\sim125\times10^{-6}$。微量元素均值与地壳克拉克值相比，大离子活泼元素 Sr、Rb、Th、Ta、Zr 明显偏低，而过渡性不活泼元素 Cr、Co、Ga 偏低，其余则相差不大。

**表 2-53 神仙湾 A 岩组微量元素含量特征一览表**

| 序号 | 样品号 | 岩石名称 | Sr | Rb | Ba | Th | Ta | Nb | Zr | Hf | Sc | Cr | La |
|---|---|---|---|---|---|---|---|---|---|---|---|---|---|
| 1 | D1074/1G | 粉砂质泥板岩 | 139.0 | 104.0 | 262.0 | 10.50 | 1.14 | 236 | 19.8 | 3.86 | 14.90 | 68.7 | 34.7 |
| 2 | D1075/2G | 长石石英砂岩 | 60.0 | 22.8 | 64.2 | 5.09 | 0.55 | 112 | 8.4 | 3.42 | 3.34 | 35.1 | 26.2 |
| 3 | D1075/3G | 石英粉砂岩 | 68.2 | 41.9 | 200.0 | 6.57 | 0.77 | 167 | 13.6 | 2.97 | 7.13 | 39.9 | 20.5 |
| 4 | D1075/4G | 粉砂质泥板岩 | 76.4 | 131.0 | 306.0 | 12.60 | 1.29 | 231 | 21.4 | 3.85 | 17.00 | 73.4 | 38.5 |
| 平均值 | | | 85.9 | 74.9 | 208.1 | 8.69 | 0.94 | 187 | 15.8 | 3.53 | 10.60 | 54.3 | 30.0 |
| 地壳克拉克值 | | | 340.0 | 150.0 | 650.0 | 13.00 | 2.50 | 20 | 170.0 | 1.00 | 10.00 | 83.0 | 29.0 |

续表 2-53

| 序号 | 样品号 | 岩石名称 | Co | Ni | V | Ga | U | Au | Ag | Cu | Pb | Zn | Y |
|---|---|---|---|---|---|---|---|---|---|---|---|---|---|
| 1 | D1074/1G | 粉砂质泥板岩 | 13.9 | 32.2 | 111.0 | 18.6 | 2.48 | 0.20 | 0.05 | 119.00 | 21.1 | 113.0 | 22.0 |
| 2 | D1075/2G | 长石石英砂岩 | 5.2 | 9.7 | 18.3 | 5.8 | 1.66 | 0.20 | 0.13 | 67.80 | 12.2 | 45.7 | 12.9 |
| 3 | D1075/3G | 石英粉砂岩 | 9.8 | 19.7 | 52.9 | 9.3 | 1.78 | 0.20 | 0.02 | 76.10 | 37.1 | 120.0 | 15.0 |
| 4 | D1075/4G | 粉砂质泥板岩 | 11.8 | 31.4 | 125.0 | 20.9 | 2.98 | 0.20 | 0.03 | 113.00 | 27.2 | 113.0 | 25.1 |
| 平均值 | | | 10.2 | 23.3 | 76.8 | 13.6 | 2.23 | 0.20 | 0.06 | 93.98 | 24.4 | 97.4 | 18.8 |
| 地壳克拉克值 | | | 18.00 | 58.00 | 90.0 | 19.0 | 2.50 | 4.00 | 0.08 | 63.00 | 12.0 | 94.0 | 29.0 |

注：表中 Au 元素含量单位为$\times10^{-9}$，其他元素含量单位为$\times10^{-6}$。

主要成矿元素 Cu、Pb、Zn 等未见富集(矿化)，含量变化较大。其均值均大于地壳克拉克值，其中 Pb 高出 2 倍。Cu、Pb、Zn 有利于成矿。

(二)神仙湾群 B 岩组($P_{1-2}S^b$)

**1. 地层描述**

该组出露于神仙湾以北，卧蚕山以南，西至沙斯库木巴塔格、阿格勒达坂以西地区，呈北西向带状分布。南侧以断层覆于 A 岩组之上，北侧以断层伏于龙山组之下，平行不整合伏于温泉山组之下。地层产状总体为北倾，顶、底面均被断层切割，出露不完整。地层出露厚度大于 3 713.44m。剖面以新疆皮山县神仙湾大沟二叠系神仙湾群 B 岩组实测地质剖面为例(图 2-99)。

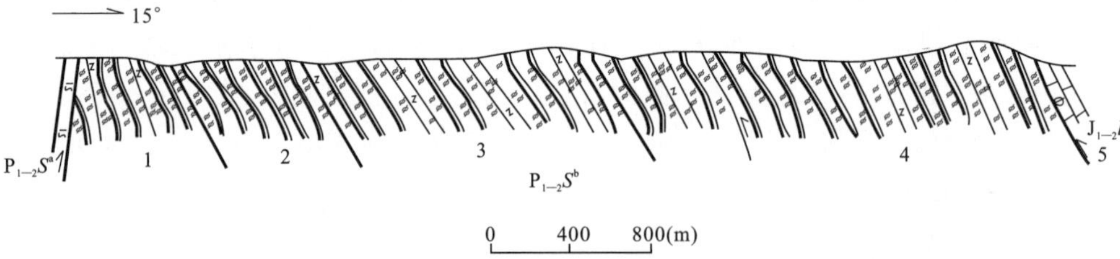


图 2-99　新疆皮山县神仙湾大沟二叠系神仙湾群 B 岩组实测地质剖面图

上覆地层：龙山组($J_{1-2}l$)灰色中厚层状生物灰岩

断　层

**神仙湾群 B 岩组($P_{1-2}S^b$)**　　**>3 713.44m**

4. 灰色粉砂质板岩夹中层状细粒长石石英砂岩　　1 490.74m

3. 灰色粉砂质板岩夹中厚层状钙质石英粉砂岩　　1 210.86m

2. 灰色粉砂质板岩　　472.14m

1. 灰色粉砂质板岩夹中厚层状钙质石英粉砂岩　　539.7m

断　层

下伏地层：神仙湾群 A 岩组($P_{1-2}S^a$)灰白色块状灰质角砾岩

剖面上该岩组出露一套细粒碎屑岩，岩性单一，主要以粉砂质板岩夹中厚层状钙质石英粉砂岩、细粒长石石英砂岩构成大小不等的沉积韵律，其中砂岩以密集段出露于地层中，主要发育在沉积韵律的底部，一般出露厚度为 10～40cm 不等，个别地段为 150cm，粉砂质板岩出露厚度较大，一般为 10～200cm，构成沉积韵律的上部。地层中发育粒序层理及水平层理。横向上岩性变化不大，在西部一带地层中夹有少量的薄层角砾状灰岩、纹层状薄层灰岩及薄层硅质岩，岩石变形较强，变形特征主要为挤压变形，发育大量的紧闭褶皱(图版Ⅱ-5)。含䗴、珊瑚、海百合茎等化石。

### 2. 地球化学特征及含矿性

神仙湾群B岩组的碎屑岩微量元素含量见表2-54，由表中可见大部分元素含量变化不大，其中Sr、Rb、Ba变化较大，Sr $45\times10^{-6}\sim140\times10^{-6}$，Rb $28\times10^{-6}\sim119\times10^{-6}$，Ba $122\times10^{-6}\sim564\times10^{-6}$。微量元素均值与地壳克拉克值相比，大离子活泼元素Sr、Rb、Ba、Th、Ta偏低，而过渡性不活泼元素Sc偏高，Co、Ga、Cr偏低，其余则相差不大。

**表2-54 神仙湾群B岩组微量元素含量特征表**

| 序号 | 样品号 | 岩石名称 | Sr | Rb | Ba | Th | Ta | Nb | Zr | Hf | Sc | Cr | La |
|---|---|---|---|---|---|---|---|---|---|---|---|---|---|
| 1 | D1079/2G | 钙质石英粉砂岩 | 140.0 | 80.90 | 448.00 | 9.73 | 1.21 | 23.10 | 187.00 | 3.32 | 15.10 | 66.70 | 33.4 |
| 2 | D1080/2G | 粉砂质泥板岩 | 126.0 | 119.00 | 564.00 | 13.60 | 1.55 | 28.80 | 262.00 | 4.48 | 16.90 | 80.30 | 49.9 |
| 3 | D1080/3G | 长石石英砂岩 | 45.0 | 28.00 | 122.00 | 4.92 | 0.56 | 9.08 | 162.00 | 2.73 | 4.26 | 37.10 | 43.5 |
| 4 | D1080/4G | 泥板石英粉砂岩 | 98.2 | 79.10 | 531.00 | 8.66 | 1.09 | 19.90 | 174.00 | 2.83 | 13.20 | 64.20 | 24.7 |
| 平均值 | | | 102.3 | 76.75 | 416.25 | 9.23 | 1.10 | 20.22 | 196.25 | 3.34 | 12.37 | 62.06 | 38.8 |
| 地壳克拉克值 | | | 340.0 | 150.00 | 650.00 | 13.00 | 2.50 | 20.0 | 170.00 | 1.00 | 10.00 | 83.00 | 29.0 |
| 序号 | 样品号 | 岩石名称 | Co | Ni | V | Ga | U | Au | Ag | Cu | Pb | Zn | Y |
| 1 | D1079/2G | 钙质石英粉砂岩 | 13.10 | 26.2 | 105.0 | 17.40 | 1.81 | 1.12 | 0.079 | 343.0 | 35.0 | 129.0 | 26.6 |
| 2 | D1080/2G | 粉砂质泥板岩 | 15.70 | 32.4 | 125.0 | 21.70 | 2.98 | 0.94 | 0.084 | 302.0 | 30.8 | 128.0 | 27.5 |
| 3 | D1080/3G | 长石石英砂岩 | 4.44 | 10.3 | 28.6 | 7.13 | 1.42 | 1.07 | 0.095 | 94.7 | 17.2 | 88.0 | 17.8 |
| 4 | D1080/4G | 泥板石英粉砂岩 | 7.27 | 24.9 | 93.4 | 17.10 | 1.49 | 1.54 | 0.160 | 144.0 | 23.0 | 122.0 | 17.5 |
| 平均值 | | | 10.13 | 23.5 | 88.0 | 15.83 | 1.93 | 1.17 | 0.110 | 220.9 | 26.5 | 116.8 | 22.4 |
| 地壳克拉克值 | | | 18.00 | 58.0 | 90.0 | 19.00 | 2.50 | 4.00 | 0.080 | 63.0 | 12.0 | 94.0 | 29.0 |

注：表中Au元素含量单位为$\times10^{-9}$，其他元素含量单位为$\times10^{-6}$。

主要成矿元素Pb、Zn、Ag等未见富集(矿化)，Cu在地层中见有矿化现象，含量变化较大，主要集中在板岩中。其均值均大于地壳克拉克值，其中Cu高出近4倍，Pb高出2倍。Cu、Pb、Zn、Ag有利于成矿。

### 3. 地层时代

神仙湾群与前人(1∶100万地质调查)划分的空喀山口组($P_1^2$)出露区域相近，但岩性出入较大。本次区调中发现该群A岩组出露的岩性与空喀山口组相近；B岩组岩性与下二叠统相近($P_1^1$)。在A、B岩组中见有䗴、珊瑚、海百合茎化石，鉴定有假纺锤䗴 *Pseudofusulina* sp.，拟纺锤䗴 *Parafusulina* sp.，亚曾珊瑚 *Yatsengia* sp.，圆圆茎 *Cyclocyclicus* sp.，生物面貌总体为早二叠世。测区内B岩组平行不整合伏于温泉山组($P_3w$)之下。前人在该区也采有大量的生物化石，主要门类为珊瑚、䗴、腕足、苔藓虫等，化石时代总体为早二叠世。综合以上岩性特征、化石特征、岩组的叠置关系以及与相邻地层的接触关系，将其地层时代划分为早中二叠世。

### 4. 物源分析

从表2-55中可以看出，神仙湾群的砂岩成分成熟度较低。石英含量在70%～82%，长石含量较高，在16.9%～29.5%之间，主要由斜长石及部分钾长石组成；岩屑在0.2%～1.2%之间，以变质岩屑、沉积岩屑(硅质岩屑)为主,次为火山岩岩屑。从岩屑成分统计分析,物质来源于变质岩及沉积岩源区。

**表 2-55　神仙湾群砂岩碎屑成分统计表**

| 剖面 | 样品号 | Qt | F | L | Qm | F | Lt | 备注 |
|---|---|---|---|---|---|---|---|---|
| 神仙湾剖面 | D1075/2 | 70.3 | 29.5 | 0.2 | 70.2 | 29.5 | 0.3 | A 岩组 |
| | D1077/3 | 82.7 | 16.9 | 0.4 | 82.6 | 16.9 | 0.5 | B 岩组 |
| | D1080/3 | 76.1 | 22.7 | 1.2 | 75.7 | 22.7 | 1.6 | |

将上述统计投点到 Dickinson(1985)的 QtFL 和 QmFLt 图解(图 2-100)中,主要落在过渡陆壳源区以及内部克拉通源区。将砂岩微量元素分析结果投入 Bhatia (1986)的 La-Th 构造背景判别图中(图 2-101),样品落入大陆岛弧源区及邻近区。综合上述投影结果,神仙湾群的物质具多元性,主要来自过渡陆壳源区及大陆岛弧源区。

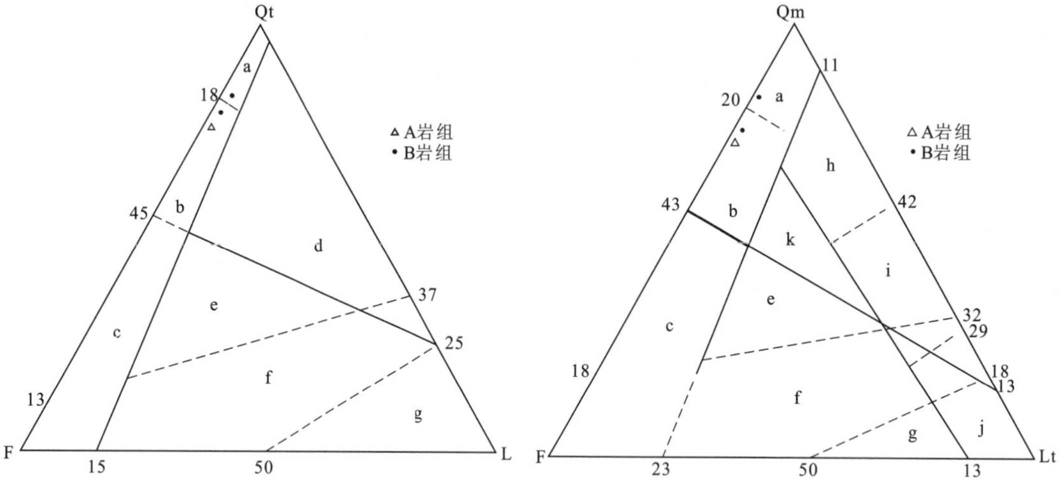


图 2-100　神仙湾群砂岩的 QtFL 和 QmFLt 图解

(原图据 Dickinson,1985)

a. 内部克拉通源区;b. 过渡陆壳源区;c. 隆升基底源区;d. 造山再旋回源区;e. 切割弧源区;f. 过渡弧源区;g. 未切割弧源区;h. 再旋回石英质源区;i. 再旋回过渡源区;j. 再旋回岩屑源区;k. 混合物源区

## 5. 沉积环境

神仙湾群 A 岩组出露的岩性主要为灰质角砾岩、硅质岩、岩屑石英杂砂岩、长石石英砂岩、粉砂质板岩及少量火山岩等,其中下部分布的灰质角砾岩分析为滑塌沉积形成,硅质岩代表深水相沉积;上部的粉砂质板岩、石英粉砂岩等细粒碎屑岩,地层中发育水平层理、粒序层理,代表深水相的沉积。B 岩组的岩性为巨厚层状粉砂质板岩与中层状长石石英砂岩、钙质石英粉砂岩构成韵律,局部夹少量的角砾状灰岩、纹层状灰岩、硅质岩等,沉积物以细粒碎屑为主,含固着

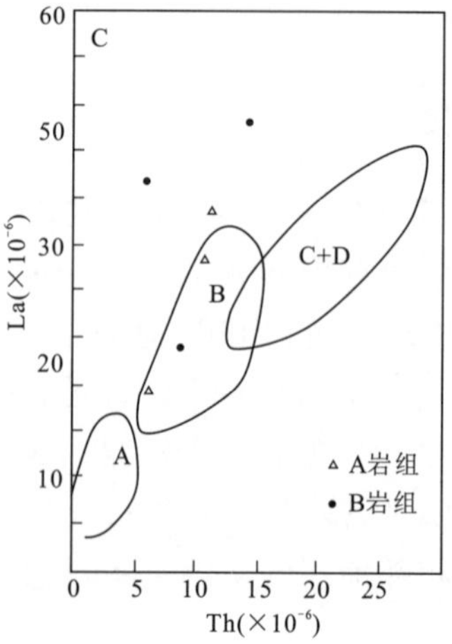


图 2-101　神仙湾群砂泥岩 La-Th 构造背景判别图

(据 Bhatia,1986)

A. 大洋岛弧;B. 大陆岛弧;C. 活动大陆边缘;D. 被动大陆边缘

生存的珊瑚、海百合茎等化石，地层中发育水平层理，代表浅海-深海环境。

将神仙湾群中砂岩微量元素标准化蛛网图(图 2-102)与 Floyd 等(1991)多元素模式图(见图 2-77)比较，可看出其与大陆岛弧＋活动陆缘环境下砂岩图特征相似，Nb 弱富集，Zr 亏损，其余则变化不大，曲线总体较平直。综合上述特征，神仙湾群的沉积环境应形成于被动陆缘环境下的浅海-深海环境。

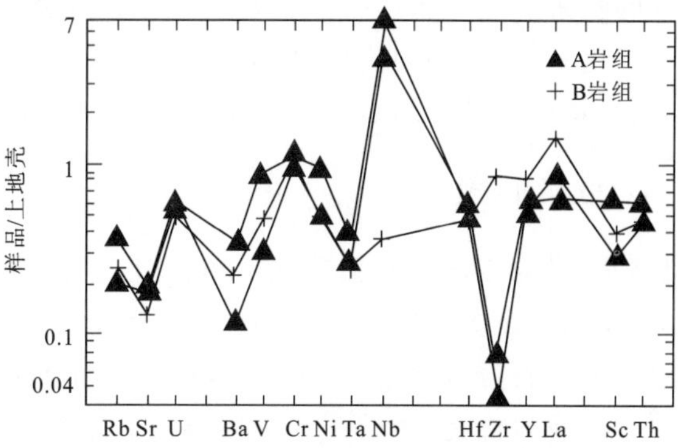

图 2-102　神仙湾岩群砂岩微量元素标准化蛛网图

## 十一、温泉山组($P_3w$)

该组为本次 1∶25 万区域地质调查工作新厘定的岩石地层单位，定义为“出露于神仙湾西部一带，呈北西—南东向带状分布的一套碳酸盐岩地层，岩性组合为中厚层状细晶灰岩夹生物灰岩、泥灰岩，含化石：头足类、苔藓虫、珊瑚、腕足类及海绵类。平行不整合覆于神仙湾群之上，未见顶部。时代为晚二叠世”。

测区位于喀喇昆仑地层分区，神仙湾地层小区，出露于沙斯库木巴塔格一带，欣都科里湖南侧有少量分布。出露面积约 350$km^2$。

### (一)地层描述

测区内温泉山组平行不整合出露于神仙湾群之上，顶部缺失。该组缺少实测剖面，现以新疆叶城县欣都科里湖南侧二叠系温泉山组路线地质剖面为例(图 2-103)。

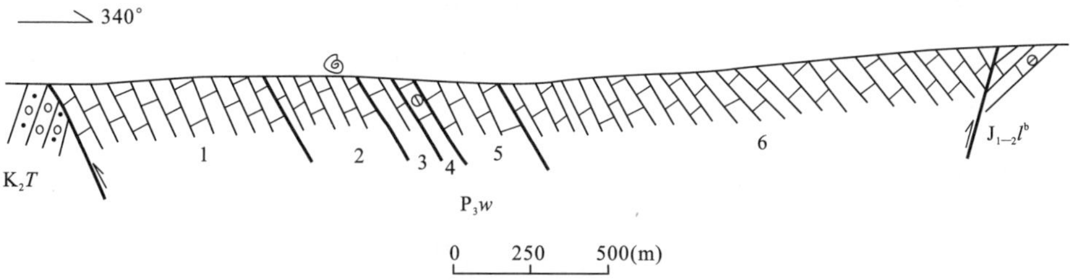

图 2-103　新疆叶城县欣都科里湖南侧二叠系温泉山组路线地质剖面图

上覆地层：龙山组($J_{1-2}l$)灰色厚层状细晶灰岩

═══════ 断　层 ═══════

| | |
|---|---|
| **温泉山组 $P_3w$** | **>3 090m** |
| 6. 灰色薄层状微晶灰岩 | 1 660m |
| 5. 浅灰色中厚层状微晶灰岩夹透镜状、团块状紫红色泥岩，砾岩 | 240m |
| 4. 深灰—灰色中厚层状生物碎屑灰岩夹碳酸盐化硅质岩 | 70m |
| 3. 深灰—灰色中厚层状微晶灰岩 | 100m |
| 2. 深灰—灰色薄层状微晶灰岩，含化石(菊石) | 320m |
| 1. 灰白色中薄层状微晶灰岩夹紫红色、青灰色微晶灰岩 | 700m |

═══════ 断　层 ═══════

铁隆滩群($K_2T$)：紫红色砾岩

该组出露的岩性主要为一套碳酸盐岩，岩性组合为微晶灰岩、生物碎屑灰岩夹少量泥岩、砾岩、硅质岩等。从剖面上可划分出3个不完整的沉积韵律，即下部以中厚层状微晶灰岩开始，上部为中厚 薄层状紫红色灰岩或含生物灰岩结束。出露的紫红色岩石代表浅水暴露环境。该组纵、横向上岩性变化不大，地层中生物化石贫乏，仅含头足类化石，而在西邻塔吐鲁沟幅中见有珊瑚、苔藓虫、腕足类及海绵类等门类化石。地层出露厚度大于3 090m。

(二)地层时代

温泉山组为本次区调新建地层单位，前人资料中仅反映为二叠纪地层。该组中含生物化石，门类单调，仅见头足类：中华莲形菊石 *Sinoceltites* sp.(图版Ⅰ-2)，地层时代为晚二叠世，在西邻塔吐鲁沟幅中见有石燕贝超科 Spiriferoidea.，中国孔珊瑚 *Sinopora* sp.，窄板苔藓虫：*Stenodiscus* sp.，光壳腕足类及海绵类，地层时代为二叠纪。本组平行不整合覆于神仙湾群之上，顶部以断层与相邻地层接触。根据上述特征将温泉山组的地层时代置于晚二叠世。

(三)沉积环境

该组岩性为一套碳酸盐岩，岩层的厚度为中厚层—薄层状。岩石主要以沉积韵律形式出现，每个韵律的上部出现紫红色或含生物岩石，表明海水有规律的振荡，并且有暴露的特征。镜下鉴定分析微晶灰岩的纯度较高，方解石含量达95%以上，泥砂质很少，仅在各韵律的上部中含有大量的泥砂质，说明沉积环境离物源区比较近，不具有台地相碳酸盐岩特征。地层中生物化石不太发育，仅见少量的浮游生物。综合以上地层特征，温泉山组的沉积环境为浅海相。

## 十二、克勒青土布拉克组($P_1k$)

该组为本次1∶25万区域地质调查工作新厘定的岩石地层单位，定义为"出露于乔戈里峰北侧属滇藏地层大区南羌塘地层区，整合伏于加温达坂群灰岩组之下，岩性以白云岩为主夹薄层状砂质灰岩、粉砂质板岩等，含丰富的䗴科化石，未见底。时代为早二叠世"。

测区位于乔戈里峰地层分区，出露于克勒青河上游，克勒青土布拉克南侧，东西向沿断裂带分布。地层出露不全，未见底，出露地层厚度大于3 360m。

(一)地层描述

该组缺少实测剖面，以新疆塔什库尔干塔吉克自治县克勒青河克勒青土布拉克组路线地质剖面为例(图2-104)。

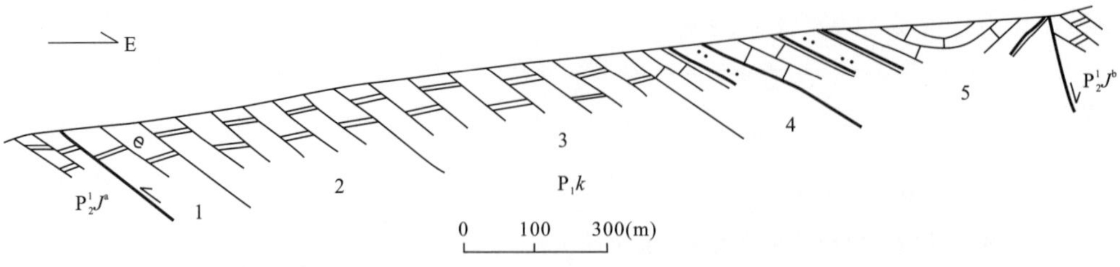


图2-104　新疆塔什库尔干塔吉克自治县克勒青河克勒青土布拉克组路线地质剖面图

上覆地层：加温达坂群灰岩组($P_2^1J^a$)中厚层状细晶灰岩

——————— 整　合 ———————

**克勒青土布拉克组($P_1k$)　　>3 360m**

5. 灰白色巨厚层状细晶白云岩含珊瑚及䗴化石　　1 180m

4. 灰白色厚层状细晶白云岩　　410m

3.灰白色巨厚层状细晶白云岩　　610m

2.浅灰色薄层砂质灰岩夹灰绿色粉砂质板岩　　170m

1.浅灰色薄层砂质灰岩与浅灰绿色粉砂质板岩互层含贝类化石　　990m

断　层

加温达坂群白云岩组($P_2^1J^b$):中厚层状细晶白云岩

剖面上该组与上覆加温达坂群灰岩组整合接触,以断层与加温达坂群白云岩组接触,下部未见底。出露的岩性比较单调,下部出露少量的砂质灰岩与粉砂质板岩互层,上部为一套巨厚—层状细晶白云岩。细晶白云岩单层厚度在 40～200cm 之间,并且自下而上有变厚的特征,下部的砂质灰岩层厚 10～30cm、粉砂质板岩层厚 5～8cm。地层中含大量的蜓科及珊瑚等化石。

### (二)岩石化学特征

该组灰岩的化学分析结果见表 2-56,由表中可以看出,岩石化学组分以 CaO 和 $CO_2$ 为主,约占岩石的 85%。其含量与碳酸盐岩平均值(涂和费,1961)相比,$SiO_2$、MgO、MnO 明显偏低,而 CaO 明显偏高,说明岩石中的陆源碎屑物含量较少,灰岩成分较纯。

**表 2-56　克勒青土布拉克组碳酸盐岩化学分析结果一览表**　　(%)

| 样品号 | 岩石名称 | $SiO_2$ | $Al_2O_3$ | $Fe_2O_3$ | FeO | CaO | MgO | MnO | $TiO_2$ | $P_2O_5$ | $Na_2O$ | $K_2O$ | $CO_2$ | Σ |
|---|---|---|---|---|---|---|---|---|---|---|---|---|---|---|
| D042/1CS | 细晶白云岩 | 3.65 | 0.37 | 0.03 | 0.12 | 51.22 | 1.48 | 0.01 | 0.40 | <0.01 | 0.16 | 0.28 | 41.39 | 99.11 |
| 碳酸盐岩平均值(涂和费,1961) | | 5.19 | 0.81 | 0.15 | 0.16 | 42.01 | 7.9 | 0.12 | 0.06 | 0.03 | 0.036 | 0.025 | 42.25 | |

### (三)地球化学特征及含矿性

该组中碎屑岩微量元素含量见表 2-57,由表中可见大部分元素含量变化较大,其中 Sr、Rb、Ba、Zr 变化范围:Sr $394\times10^{-6}\sim543\times10^{-6}$,Rb $40.3\times10^{-6}\sim48.4\times10^{-6}$。微量元素均值与地壳克拉克值相比,大离子活泼元素 Sr、Rb、Th、Ta、Zr 明显偏低,而过渡性不活泼元素 Sc、Cr 偏高,Co、Ga 明显偏低,其余则相差不大。

**表 2-57　克勒青土布拉克组微量元素含量特征一览表**

| 序号 | 样品号 | 岩石名称 | Sr | Rb | Ba | Th | Ta | Nb | Zr | Hf | Sc | Cr |
|---|---|---|---|---|---|---|---|---|---|---|---|---|
| 1 | D042/1G | 细晶白云岩 | 394.0 | 5.26 | 48.40 | 0.62 | 0.03 | 0.45 | 4.01 | 0.04 | 1.12 | 1.12 |
| 2 | D042/3G | 砂质灰岩 | 543.0 | 5.80 | 40.30 | 0.85 | 0.09 | 1.58 | 11.9 | 0.22 | 1.14 | 1.14 |
| 平均值 | | | 468.5 | 5.53 | 44.35 | 0.74 | 0.06 | 1.02 | 7.96 | 0.13 | 1.13 | 1.13 |
| 地壳克拉克值 | | | 340.0 | 150.00 | 650.00 | 13.00 | 2.50 | 20.00 | 170.00 | 1.00 | 10.00 | 83.00 |
| 序号 | 样品号 | 岩石名称 | Co | Ni | V | Ga | U | Au | Ag | Cu | Pb | Zn |
| 1 | D042/1G | 细晶白云岩 | 1.12 | 54.10 | 20.5 | 0.85 | 0.86 | — | 0.20 | 119 | 16.80 | 49.80 |
| 2 | D042/3G | 砂质灰岩 | 1.14 | 67.60 | 22.9 | 0.79 | 1.42 | — | 0.21 | 68.2 | 18.10 | 16.30 |
| 平均值 | | | 1.13 | 60.85 | 21.7 | 0.82 | 1.14 | — | 0.21 | 93.6 | 17.45 | 33.05 |
| 地壳克拉克值 | | | 18.00 | 58.00 | 90.0 | 19.00 | 2.50 | 4.00 | 0.08 | 63.0 | 12.00 | 94.00 |

注:表中 Au 元素含量单位为$\times10^{-9}$,其他元素含量单位均为$\times10^{-6}$。

主要成矿元素 Cu、Pb、Ag 等富集(矿化),含量变化较大。其均值均大于地壳克拉克值,其中 Ag 高出 3 倍,Cu 高出 2 倍,Zn 较低。Ag、Cu、Pb 有利于成矿。

### (四)地层时代

克勒青土布拉克组出露的地理位置相当前人资料中的空喀山口组,本次区调将其划分为南羌塘地层区乔戈里峰分区,该组整合伏于加温达坂群之下,含大量的䗴科类化石,经长安大学汪明洲教授鉴定有:普通松希瓦格䗴 *Chalaroschwagerina vulgaris* (Schellwien),凯佑拟纺锤䗴 *Quasifusulina cayeuri* (Deprat),不定始拟纺锤䗴 *Eoparafusulina instabilis* (Bensh),角柱状拟纺锤䗴 *Parafusulina conicocylindrica* Zeng,松希瓦格䗴不确定种 *Chalaroschwagerina* sp. indet.,截始拟纺锤䗴 *Eoparafusulina truncata* (Chen)(图版Ⅰ-5 至图Ⅰ-7)。假纺锤䗴 *Pseudofusulina* sp.,时代为早二叠世,小嘴贝类:*Rhynchonelida* 及珊瑚类。依据上述地层区划、生物化石特征及与上覆地层的接触关系等,将该组的地层时代置于早二叠世。

### (五)沉积环境

该组出露的岩石组合,下部为薄层状砂质灰岩与粉砂质板岩互层,砂质灰岩层厚 10～30cm、粉砂质板岩层厚 5～8cm,含贝类化石,代表开阔台地相碳酸盐岩;上部为巨厚—中薄层状细晶白云岩,白云岩单层厚度在 40～200cm 之间,自下而上有变厚的特征,地层中含大量的䗴化石及少量珊瑚类化石,代表局限台地相碳酸盐岩。综合上述特征,该组的沉积环境为开阔台地-局限台地相。

## 十三、加温达坂群($P_2^1J$)

新疆地矿局区调大队四分队张志德等(1984)在空喀山口创名加温达坂组。原始定义:为浅灰色中薄层状石英细砂岩与灰绿色粉砂岩、钙质细砂岩、含砾细砂岩不均匀互层夹灰岩、角砾状灰岩,含冷水型单通道䗴类动物群,厚 372.5～2 050m。上与空喀山口组灰白色石英砂岩、砂岩、泥岩互层夹灰岩,整合过渡或断层接触,下部未见底。现在定义:为海相碎屑岩夹灰岩。岩性为浅灰色石英细砂岩、石英砂岩与浅灰绿色粉砂岩、钙质细砂岩、含砾细砂岩不均匀互层夹灰色生物碎屑灰岩,角砾状灰岩、灰黑色砂质灰岩。含冷水型单通道䗴类动物群及珊瑚、苔藓虫等化石。上与空喀山口组灰岩夹碎屑岩整合过渡或断层接触,下部未见底。

别良耶夫斯基(1946)将乔戈里峰以东的石炭系—二叠系自上而下为巴兰格岩系、纳贺湾岩系、恰提尔岩系,加温达坂组大致相当纳贺湾岩系的中下部。本次调查与定义岩性相近,依据岩性、化石资料划分为加温达坂群,含两个岩性组,时代为中二叠世早期。

该群位于南羌塘地层区,乔戈里峰地层分区,出露于乔戈里峰北坡呈近北西向带状分布,南北两侧均以断裂与相邻地层接触,地层出露不全,其中的灰岩组、白云岩组之间为整合接触。测区出露面积约 1 500km²。该群的地层特征分别以灰岩组、白云岩组分述如下。

### (一)灰岩组($P_2^1J^a$)

#### 1. 地层描述

灰岩组出露于克勒青河上游克勒青土布拉克组的西侧,出露面积较小,为 3～5km²,大面积被第四系覆盖。剖面以新疆塔什库尔干塔吉克自治县克勒青河上游加温达坂群灰岩组实测地质剖面为例(图 2-105)。

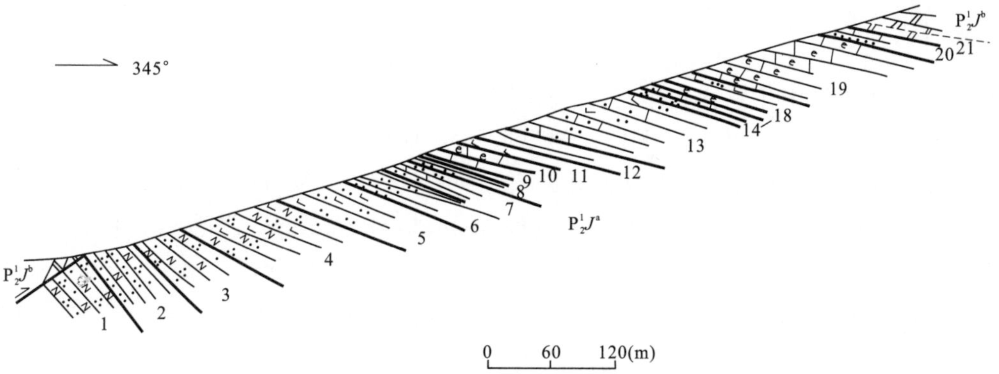


图 2-105 新疆塔什库尔干塔吉克自治县克勒青河上游加温达坂群灰岩组实测地质剖面图

上覆地层:加温达坂群白云岩组($P_2^1J^b$)浅灰色厚层状白云岩

—————— 整 合 ——————

| | |
|---|---|
| **加温达坂群灰岩组($P_2^1J^a$)** | **>447.6m** |
| 21.深灰色中层状白云岩夹硅质白云岩 | 8.6m |
| 20.深灰色中薄层状灰岩夹粉砂岩 | 31.6m |
| 19.浅灰色、灰色中薄层状生物灰岩 | 66.7m |
| 18.浅灰色中厚层状钙质粗砂岩 | 7.7m |
| 17.灰色中层状灰岩夹灰色粉砂岩 | 1.6m |
| 16.灰色中薄层状䗴灰岩 | 15.7m |
| 15.浅灰色中厚层状砂质灰岩,含化石䗴 | 4.8m |
| 14.浅灰色中厚层状中粒钙质石英砂岩 | 4.2m |
| 13.灰色砂质灰岩与浅灰色钙质粉砂岩互层 | 68.2m |
| 12.浅灰绿色砂砾岩、灰绿色硅质泥板岩韵律层 | 4.6m |
| 11.浅灰色钙质砂岩、浅灰绿色粉砂岩、浅灰色砂质灰岩 | 3.0m |
| 10.灰色生物碎屑灰岩,含化石 | 8.9m |
| 9.浅灰色中层状白云质灰岩 | 4.6m |
| 8.深灰色粉砂质板岩夹砂质灰岩结核,含化石 | 12.2m |
| 7.浅灰色粉砂质板岩夹浅灰色中厚层状砂质灰岩 | 19.4m |
| 6.灰色块状粉砂岩、细砂岩 | 14.1m |
| 5.灰—浅灰色中层状钙质砂岩 | 40.7m |
| 4.灰色厚—巨厚层状含钙长石石英砂岩 | 52.4m |
| 3.浅灰色中层状长石石英夹薄层状灰色粉砂岩 | 40.0m |
| 2.灰色中厚层状粉砂岩夹浅灰色中层状长石石英砂岩 | 35.6m |
| 1.浅灰色细粒长石石英砂岩 | 3.0m |

—————— 整 合 ——————

加温达坂群白云岩组($P_2^1J^b$):浅灰色厚层状白云岩

灰岩组出露的岩性为长石石英砂岩、细砂岩、粉砂岩、粉砂质板岩、砂质灰岩、灰岩、生物灰岩、白云岩等。下部以碎屑岩为主,上部以灰岩为主。剖面上总体可见到3个大的沉积韵律,每个韵律的下部以碎屑岩开始,向上以灰岩、生物灰岩结束。岩石单层厚度:粗粒碎屑岩以中厚层为主;细粒碎屑岩、灰岩、生物灰岩以中薄层为主。地层中发育平行层理、水平层理及少量的板状斜层理(下部)。在第一个韵律的上部灰岩中含有大量的砂质灰岩结核,总体沿层理面分布。地层中生物化石丰富,主要为䗴、珊瑚、双壳类及海百合茎等。地层厚度大于447.6m。

**2. 地层时代**

加温达坂群灰岩组中生物化石丰富,采集有大量的䗴科类化石,经古生物专家汪明洲鉴定有:美丽拟纺锤䗴 *Parafusulina decora* Han.,皱壁䗴不定种 *Rugosofusulina* sp. indet.,益哇拟纺锤䗴 *Parafusulina yiwaensis* Chen.,拉长拟纺锤䗴相似种 *Parafusulina* cf. *producta* Han.,单通道䗴不定种 *Monodiexodina* sp. indet.,单通道䗴未定种 *Monodiexodina* sp.(图版Ⅰ-4、8)。时代为中二叠世早期,层位相当于栖霞期,马丁贝? *Martinia* sp.? 隐石燕? *Cryptospirifer* sp.,时代为石炭纪—二叠纪,及长身贝类、苔藓虫、海百合茎等化石。根据上述化石特征,灰岩组的地层时代划分为中二叠世早期。

**3. 沉积环境**

灰岩组出露的岩性总体由碎屑岩、灰岩、生物灰岩组成。地层的下部主要由长石石英砂岩、粉砂岩、细砂岩组成,其中发育平行层理、水平层理及少量的板状斜层理,其上的灰岩中见有大量的砂质灰岩结核,代表相对浅水环境;上部主要为灰岩或生物灰岩,灰岩所含化石主要为䗴科类及贝类、苔藓虫、海百合茎等,生物特征表明沉积环境为浅海相。最上部出露纯净的白云岩为台地碳酸盐岩相。综合上述灰岩组的沉积环境是由浅水环境向浅海环境过渡,最上部为半封闭的台地相碳酸盐岩环境。

(二)白云岩组($P_2^1J^b$)

**1. 地层描述**

白云岩组出露于克勒青河上游乔戈里峰北东侧一带,呈北西向分布。该组地层未见顶,其中断层发育缺失部分地层,总体出露不全。面积约 1 450km²。剖面以新疆塔什库尔干自治县克勒青河上游加温达坂群白云岩组路线地质剖面为例(图 2-106)。

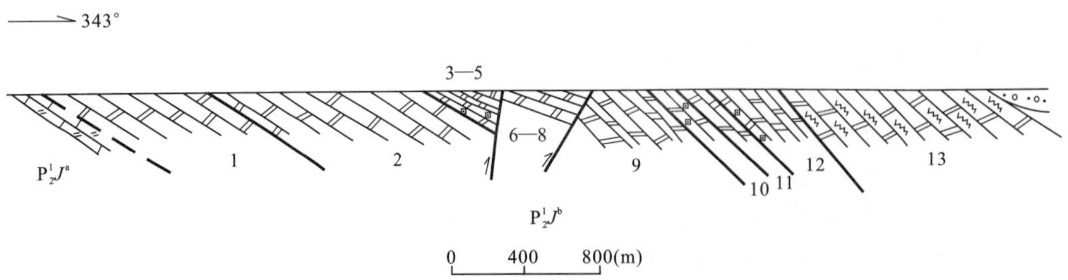


图 2-106　新疆塔什库尔干自治县克勒青河上游加温达坂群白云岩组路线地质剖面图

**白云岩组($P_2^1J^b$)** >1 833.38m

(未见顶)

13. 浅灰色、灰白色条纹状白云岩偶夹少量灰白色块状白云岩　471.01m

═══════ 断　层 ═══════

12. 浅灰色条纹状白云岩、块状白云岩夹浅灰色角砾状白云岩　83.31m

11. 灰色块状白云岩夹角砾状白云岩　24.70m

10. 浅灰色厚层状白云岩与灰白色厚层状粉晶白云岩互层　22.56m

9. 灰白色块状白云岩夹浅灰色白云岩　58.83m

═══════ 断　层 ═══════

8. 浅灰色巨厚层状白云岩夹少量灰白色中薄层白云岩 39.78m
7. 灰白色块状白云岩夹浅灰色中层状白云岩 31.45m
6. 浅红褐色厚层状白云岩夹浅灰—灰白色厚层状白云岩 5.00m

断 层

5. 浅灰色与灰白色厚层状白云岩夹(互) 53.38m
4. 肉红色条纹状粉晶白云岩 2.32m
3. 浅灰色薄层状微晶白云岩 42.24m
2. 灰色条纹条带状白云岩夹(互)灰—灰白色粉晶白云岩 393.82m
1. 浅灰色巨厚层状含灰质白云岩 604.98m

————————— 平行不整合 —————————

下伏地层:灰岩组($P_2^1J^a$)灰色中厚层状白云质灰岩

该组剖面上出露的岩性主要为灰—灰白色中厚层状白云岩、纹层状白云岩夹少量角砾状白云岩,受断层影响缺失部分地层。岩石镜下鉴定白云岩成分纯净,未见陆源碎屑成分。剖面上依据红色及角砾状白云岩出露的特点,可划分出3个沉积旋回,红色及角砾状岩石分别代表浅表氧化环境及浅水高能环境,单个旋回下部出露中厚层状白云岩,向上层厚有变薄的趋势,岩石颜色深浅交替变化频繁,表明海水深浅变化明显。横向上该组的岩石变化较大,东西向不同程度见有厚层灰岩出露,并含有大量生物化石,主要为贝类、蜓科化石等。

**2. 岩石化学特征**

该组岩石化学分析结果见表2-58,由表中可以看出岩石化学组分以CaO和$CO_2$为主,约占岩石的80%。其含量与碳酸盐岩平均值(涂和费,1961)相比,灰岩中的$SiO_2$、$TiO_2$明显偏高,MgO明显偏低,而白云岩中MgO明显偏高,$SiO_2$、$TiO_2$明显偏低,CaO基本一致。说明在白云岩中的陆源碎屑物含量较少,岩石成分较纯,沉积环境稳定;灰岩中相反陆源成分较高,沉积环境不太稳定。

**表2-58 白云岩组碳酸盐岩化学分析结果表** (%)

| 样品号 | 岩石名称 | $SiO_2$ | $Al_2O_3$ | $Fe_2O_3$ | FeO | CaO | MgO | MnO | $TiO_2$ | $P_2O_5$ | $Na_2O$ | $K_2O$ | $CO_2$ | Σ |
|---|---|---|---|---|---|---|---|---|---|---|---|---|---|---|
| D560/1CS | 细晶白云岩 | 0.44 | 0.12 | 0.04 | 0.03 | 31.64 | 20.80 | <0.01 | <0.01 | 0.01 | 0.09 | 0.07 | 46.62 | 99.86 |
| D2521/1CS | 微晶灰岩 | 7.19 | 0.53 | 0.12 | 0.18 | 48.19 | 2.76 | 0.01 | 0.40 | 0.03 | 0.02 | 0.08 | 40.07 | 99.58 |
| 平均值 | | 3.82 | 0.33 | 0.08 | 0.11 | 39.92 | 11.78 | 0.01 | 0.21 | 0.02 | 0.06 | 0.08 | 43.35 | |
| 碳酸盐岩平均值(涂和费,1961) | | 5.19 | 0.81 | 0.15 | 0.16 | 42.01 | 7.9 | 0.12 | 0.06 | 0.03 | 0.036 | 0.025 | 42.25 | |

**3. 微量元素特征及含矿性**

该组中岩石微量元素含量见表2-59,由表中可见大部分元素含量变化较大,其中Sr、Rb、Ba、Nb、Zr、Sc、Cr变化范围:Sr $75.3\times10^{-6}\sim221\times10^{-6}$,Rb $2.09\times10^{-6}\sim91.5\times10^{-6}$,Ba $10.8\times10^{-6}\sim172\times10^{-6}$,Nb $0.41\times10^{-6}\sim8.55\times10^{-6}$,Zr $3.63\times10^{-6}\sim95.9\times10^{-6}$,Sc $0.62\times10^{-6}\sim6.72\times10^{-6}$,Cr $8.01\times10^{-6}\sim85.3\times10^{-6}$。微量元素均值与地壳克拉克值相比,大离子活泼元素Sr、Rb、Th、Ta、Zr明显偏低,过渡性不活泼元素Sc、Cr、Co、Ga也偏低,其余则相差不大。

**表 2-59　白云岩组微量元素含量特征表**

| 序号 | 样品号 | 岩石名称 | Sr | Rb | Ba | Th | Ta | Nb | Zr | Hf | Sc | Cr |
|---|---|---|---|---|---|---|---|---|---|---|---|---|
| 1 | D2509/1G | 微晶灰岩 | 183.00 | 2.29 | 11.9 | 0.19 | 0.02 | 0.41 | 3.63 | 0.07 | 0.89 | 11.5 |
| 2 | D2510/1G | 生屑岩屑微晶灰岩 | 221.00 | 2.09 | 10.8 | 0.22 | 0.02 | 0.37 | 3.97 | 0.07 | 0.62 | 8.01 |
| 3 | D2521/1G | 微晶灰岩 | 75.30 | 91.50 | 172.0 | 4.09 | 0.57 | 8.55 | 95.90 | 1.77 | 6.72 | 85.3 |
| 平均值 | | | 159.77 | 31.96 | 64.9 | 1.50 | 0.20 | 3.11 | 34.50 | 0.64 | 2.74 | 34.9 |
| 地壳克拉克值 | | | 340.0 | 150.00 | 650.0 | 13.00 | 2.50 | 20.00 | 170.00 | 1.00 | 10.00 | 83.0 |
| 序号 | 样品号 | 岩石名称 | Co | Ni | V | Ga | U | Au | Ag | Cu | Pb | Zn |
| 1 | D2509/1G | 微晶灰岩 | 3.51 | 59.1 | 30.0 | 0.30 | 1.36 | — | 0.20 | 67.10 | 15.20 | 17.20 |
| 2 | D2510/1G | 生屑岩屑微晶灰岩 | 3.60 | 73.6 | 36.2 | 0.18 | 4.71 | — | 0.13 | 102.00 | 18.40 | 16.00 |
| 3 | D2521/1G | 微晶灰岩 | 5.36 | 15.2 | 47.2 | 8.91 | 0.94 | — | 0.12 | 52.50 | 16.00 | 55.20 |
| 平均值 | | | 4.16 | 49.3 | 37.8 | 3.13 | 2.34 | — | 0.15 | 73.87 | 16.53 | 29.47 |
| 地壳克拉克值 | | | 18.00 | 58.0 | 90.0 | 19.00 | 2.50 | 4.00 | 0.08 | 63.00 | 12.00 | 94.00 |

注：表中 Au 元素含量单位为 $\times10^{-9}$，其他元素含量单位为 $\times10^{-6}$。

主要成矿元素 Cu、Pb、Zn、Ag 等未见富集（矿化），含量变化较大。其均值均大于地壳克拉克值，其中 Ag 高出 2 倍，Cu 单个样品高出近 2 倍。Ag、Cu、Pb 有利于成矿。

#### 4. 地层时代

白云岩组出露的岩性主要为白云岩、灰岩。其灰岩中含有大量的生物化石，主要为贝类、䗴科化石等。经古生物专家汪明洲及西安地质矿产研究所付力甫鉴定有：昆仑拟纺锤䗴 *Parafusulina* cf. *kunlunensis*. Da，单通道䗴未定种 *Monodiexodina* sp. Indet，时代为中二叠世；美雅马丁贝 *Martinia elegans* Diener，圆形马丁贝 *Martinia orbicularis* Gemmellure，艾拉石燕 *Eila* sp.，圆凸似马丁贝 *Martiniopsis convexa* Tschernyshew，朱里桑两板贝早熟异种 *Dielasma juresanensis* mut. *antecedens* Grabau，时代为二叠纪；狭短马丁贝比较种 *Martinia* cf. *contracta*（Meek *et* Worthen），光滑长身贝 *Liosotella* sp.，始围脊贝 *Eomarginifera* sp.，远距马丁贝 *Martinia remota* Chao，时代为石炭纪—二叠纪。其中单通道䗴未定种 *Monodiexodina* sp. Inde，出露的层位相当于中二叠世的栖霞期早期，昆仑似纺锤䗴 *Parafusulina* cf. *kunlunensis* 相当于中二叠世的茅口期。综合以上生物出露的时限，将白云岩组的地层时代确定为中二叠世早期。

#### 5. 沉积环境

该组出露的岩石以厚层状白云岩、纹层状白云岩为主，夹少量角砾状白云岩，及肉红色、浅红褐色白云岩，横向上岩石变化较大，东西向不同程度见有厚层灰岩出露（在西邻图幅塔吐鲁沟幅中可见有板岩），并含有大量生物化石，主要为贝类、䗴科化石等。生物化石代表沉积环境为浅海相，红色岩石及角砾状岩石分别代表浅表氧化环境及浅水高能环境。该组中的岩层厚度变化，在沉积韵律中表现为下厚上薄的趋势，岩石颜色深浅交替变化，表明海水深度变化频繁。岩石化学特征表明该组的沉积环境也是多变的。综上所述，该组的沉积环境多变，总体为碳酸盐岩台地前缘斜坡-盆地边缘相。

### 十四、阿格勒达坂组（$P_3a$）

该组为本次 1∶25 万区域地质调查工作新厘定的岩石地层单位，定义为“出露于乔戈里峰北侧属滇藏地层大区南羌塘地层区，岩性为细晶白云岩夹少量鲕粒灰岩、生物碎屑灰岩、碎屑岩，含化石。与下伏加温达坂群白云岩组平行不整合接触，未见顶，时代为晚二叠世”。

测区位于南羌塘地层区，乔戈里峰地层分区，该组出露于克勒青河上游，东西向沿断裂带分布，向西延入塔吐鲁沟幅。面积约为 $200km^2$。

## （一）地层描述

该组在测区内缺少实测剖面，现以新疆塔什库尔干塔吉克自治县克勒青河上游阿格勒达坂组路线地质剖面为例（图 2-107）。

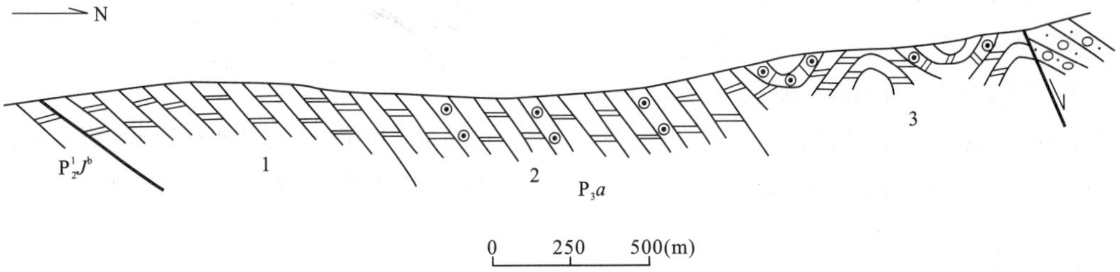


图 2-107 新疆塔什库尔干塔吉克自治县克勒青河上游阿格勒达坂组路线地质剖面图

上覆地层：龙山组（$J_{1-2}l$）深灰色角砾状、薄层状白云岩

══════ 断 层 ══════

**阿格勒达坂组（$P_3a$）** **>3 160m**

3. 灰色中薄层状细晶白云岩夹少量鲕粒灰岩、生物碎屑灰岩含化石 1 010m

2. 灰色中薄层状细晶白云岩夹少量鲕粒灰岩 1 100m

1. 灰色中薄层状细晶白云岩 1 050m

——————— 平行不整合 ———————

白云岩组（$P_2^1J^b$）：浅灰色厚层状细晶白云岩

剖面上该组平行不整合出露于加温达坂群白云岩组之上。出露的岩性比较单一，主要为细晶白云岩夹少量鲕粒灰岩，白云岩为中薄层状。鲕粒灰岩夹于白云岩之中，无规律出现，鲕粒大小1～2.5mm，鲕粒内部由浅、深色交替形成环带结构。地层上部夹生物碎屑灰岩，含腕足类化石碎片。横向上岩性变化较大，该组在西部地层中相变为灰岩夹白云岩条带，沉积环境总体不稳定。地层中未见完整的生物化石。出露厚度大于 3 160m。

## （二）岩石化学特征

该组岩石化学分析结果见表 2-60，由表中可以看出岩石化学组分以 CaO 和 $CO_2$ 为主，约占岩石的 93%。其含量与碳酸盐岩平均值（涂和费，1961）相比，$SiO_2$、MgO 明显偏低，而 CaO、$CO_2$ 偏高，说明岩石中的陆源碎屑物含量较少，碳酸盐岩成分较纯。

**表 2-60 阿格勒达坂组碳酸盐岩化学分析结果表** （%）

| 样品号 | 岩石名称 | $SiO_2$ | $Al_2O_3$ | $Fe_2O_3$ | FeO | CaO | MgO | MnO | $TiO_2$ | $P_2O_5$ | $Na_2O$ | $K_2O$ | $CO_2$ | Σ |
|---|---|---|---|---|---|---|---|---|---|---|---|---|---|---|
| D047/1CS | 细晶白云岩 | 0.62 | 0.15 | 0.08 | 0.42 | 53.34 | 1.23 | 0.02 | 0.10 | <0.01 | 0.02 | 0.02 | 43.11 | 99.11 |
| D564/1CS | 微晶灰岩 | 0.63 | 0.14 | 0.06 | 0.02 | 47.46 | 7.00 | 0.02 | <0.01 | 0.01 | 0.05 | 0.02 | 44.41 | 99.82 |
| 平均值 | | 0.63 | 0.15 | 0.08 | 0.22 | 50.4 | 4.12 | 0.02 | 0.06 | 0.01 | 0.04 | 0.02 | 43.76 | |
| 碳酸盐岩平均值（涂和费，1961） | | 5.19 | 0.81 | 0.15 | 0.16 | 42.01 | 7.9 | 0.12 | 0.06 | 0.03 | 0.04 | 0.03 | 42.25 | |

### （三）地层时代

该组平行不整合出露于加温达坂群白云岩组之上（图 2－108），接触面不平整，上下地层产状近于平行，岩性、沉积环境相差较大。地层中缺少生物化石资料，前人曾在该地区划分的空喀山口组中采有腕足类：*Stenoscisma* sp. *Reticularia* sp. 等；䗴类：*Neoschwagerina* sp. 等化石，本次工作仅作参考。依据该地层与下部地层的接触关系以及沉积特点分析，将该组的地层时代划分为晚二叠世。

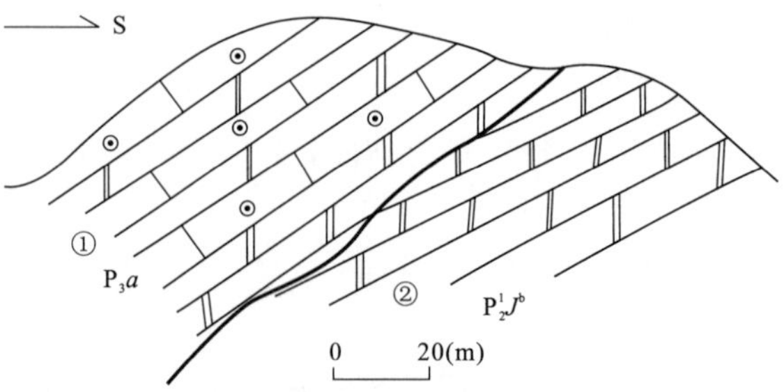


图 2－108　阿格勒达坂组与白云岩组平行不整合关系素描图
①中厚层状细晶白云岩夹鲕粒灰岩；②厚层状白云岩

### （四）沉积环境

该组出露的岩性主要为细晶白云岩夹少量鲕粒灰岩，白云岩为中薄层状，鲕粒灰岩夹于白云岩之中，无规律出现，鲕粒内部环带结构清晰，代表浅水高能环境。地层上部夹生物碎屑灰岩，含腕足化石碎片，也代表浅水高能环境下的产物。该组在西部地层中相变为灰岩夹白云岩条带。上述特征反映该组沉积环境的海水振荡起伏大，环境总体不稳定。据此分析该组的沉积环境为碳酸盐岩开阔台地-台地边缘浅滩相。

# 第五节　中生界

## 一、赛力亚克达坂群（$T_1S$）

赛力亚克达坂群为本次 1∶25 万区域地质调查新厘定的岩石地层单位，定义为“分布于康西瓦构造混杂岩带内，细分为两个岩性组：砂岩组位于下部，为海陆交互相碎屑岩，岩性为中粗粒岩屑石英砂岩、中粗粒岩屑长石杂砂岩、钙质长石粉砂岩夹砾岩、含砾砂岩，含化石；砾岩组位于上部，为磨拉石建造，岩性为砾岩、粗粒岩屑石英砂岩、细粒长石石英杂砂岩为主夹粉砂岩等。两侧以断层与相邻地层接触，未见顶、底。时代为三叠纪”。

新疆地矿局第一区调大队四分队（1984）在该地区 1∶100 万地质调查中将上、下河尾滩群称上河尾滩群，另划出一块地质体称下河尾滩群。1993 年在《新疆维吾尔自治区区域地质志》中称该地层为河尾滩群，时代为晚三叠世。本次调查依据岩性、化石特征，将该群重新厘定为赛力亚克达坂群，两个岩性组。

测区位于西昆仑南带地层分区，出露于赛力亚克达坂一带，面积约为 150km²。砂岩组、砾岩组的地层特征如下。

### （一）地层描述

剖面以新疆叶城县麻扎达坂三叠系赛力亚克达坂群实测地质剖面为例（图 2－109），剖面未见顶、底，地层出露总厚度大于 371.66m。

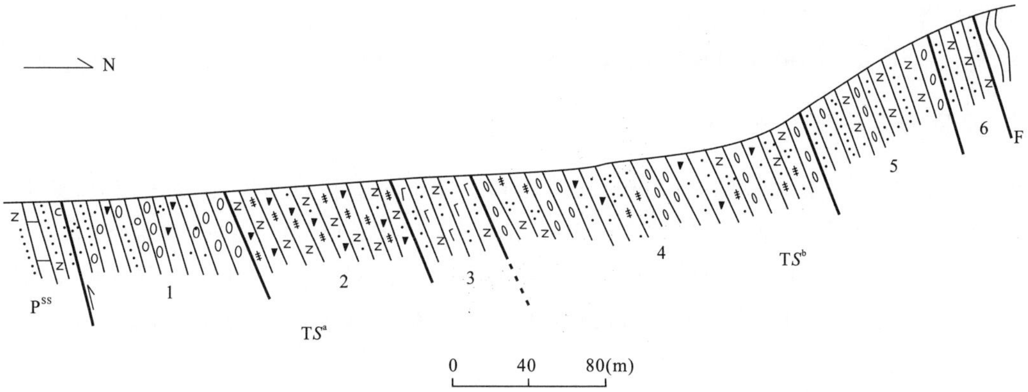


图 2-109 新疆叶城县麻扎达坂三叠系赛力亚克达坂群实测地质剖面图

**赛力亚克达坂群($T_1S$)** **371.66m**

**砾岩组($T_1S^b$)** **>192.95m**

（未见顶）

6.灰—浅灰色中薄层状长石砂岩夹粉砂岩 17.96m

5.灰—浅灰色中层状砾岩、中粒长石砂岩、细砂岩夹粉砂岩韵律层 54.37m

4.灰色中薄层状砾岩、粗粒岩屑石英砂岩、细粒长石石英杂砂岩韵律层 120.62m

——————— 整 合 ———————

**砂岩组($T_1S^a$)** **>178.71m**

3.深灰色含钙质长石粉砂岩，产腕足化石 37.27m

2.灰—浅灰色中层状中粗粒岩屑长石杂砂岩 66.91m

1.灰—灰白色砾岩、含砾砂岩、中粗粒岩屑石英砂岩韵律层 74.53m

======= 断 层 =======

康西瓦构造混杂岩带

剖面上砂岩组出露的岩性为砾岩、含砾砂岩、中粗粒岩屑石英砂岩、粉砂岩等，总体以沉积韵律出现，单个韵律厚度约为2～5m。其中砾岩成分为砂岩、硅质岩等，砾石大小为2cm左右，次棱角—次圆状，单层厚度50～100cm，其他岩石为中薄层状，岩屑含量较高。地层中可见粒序层理、交错层理、平行层理等沉积构造，该组中含动植物化石。横向上在东部地层中见有大量的植物茎干及叶片出现，同时出露含碳粉砂岩。沉积厚度大于178.71m。

砾岩组主要岩性为灰色、浅灰色中层状砾岩、含砾砂岩、粗粒岩屑石英砂岩、长石石英杂砂岩、粉砂岩等，并以出露的岩性由粗到细呈韵律出现(图2-110)，韵律层厚度2～5m不等。其下部的砾岩层出露厚度不均匀，变化大，约为2～3m，最大可达到5m，砂岩层厚20～30cm。砾石成分：石英、花岗岩、砂岩，砾石大小：花岗岩质砾石较大，约为20～30cm，其他砾石为0.5～5cm，砾石次棱角状—次圆状，砾石含量大于30%。地层中可见粒序层理、平行层理、大型交错层理、冲刷构造等沉积构造。横向上该组向东在英格达坂一带，砾岩层厚度变大，并见有紫红色砾岩，其中砂岩多数变为透镜体出现。该组中未见生物化石。沉积厚度大于192.95m。

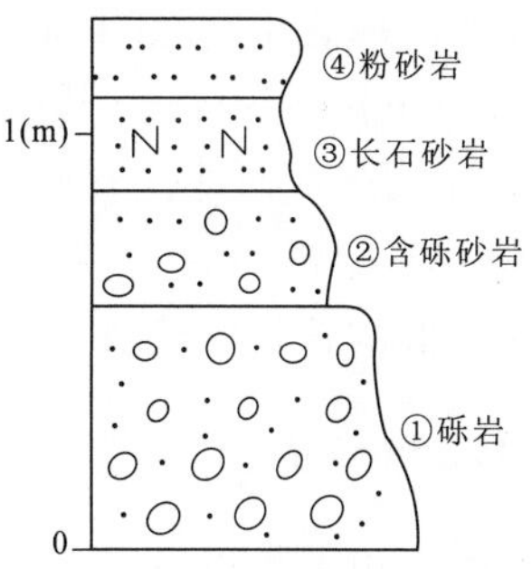


图 2-110 赛力亚克达坂群砾岩组中的沉积韵律柱状图

上述砂岩组、砾岩组在横向上岩性变化较大，主要表现在向东出露宽度变大、砾岩增多、植物茎干化石普遍。地层总体构成向斜构造，北翼倒转，南翼正常出露，向东封闭，形成小型盆地。

### (二)微量元素特征及含矿性

该组中岩石微量元素含量见表2-61，由表中可见不同岩石的元素含量变化较大，其中Rb、Ba、Th、Ta的变化范围：Rb $48.8\times10^{-6}\sim182.8\times10^{-6}$，Ba $86.9\times10^{-6}\sim448.5\times10^{-6}$，Th $4.34\times10^{-6}\sim18.2\times10^{-6}$，Ta $0.33\times10^{-6}\sim1.91\times10^{-6}$。微量元素均值与地壳克拉克值相比，大离子活泼元素Sr、Rb、Ba、Ta明显偏低，过渡性不活泼元素Sc、Cr、Ga也偏低，其余则相差不大。

**表2-61 赛力亚克达坂群砂岩组微量元素含量特征表**

| 序号 | 样品号 | 岩石名称 | Sr | Rb | Ba | Th | Ta | Nb | Zr | Hf | Sc | Cr |
|---|---|---|---|---|---|---|---|---|---|---|---|---|
| 1 | D531/2G | 细砂岩 | 210 | 182.8 | 448.5 | 18.20 | 1.91 | 35.0 | 174 | 5.14 | 7.7 | 12.6 |
| 2 | D531/3G | 细砂岩 | 173 | 175.1 | 435.6 | 17.83 | 1.91 | 33.9 | 227 | 6.59 | 7.4 | 10.6 |
| 3 | D533/1G | 中粗粒石英砂岩 | 175 | 48.8 | 86.9 | 4.34 | 0.33 | 11.7 | 119 | 3.27 | 2.1 | 10.6 |
| 平均值 | | | 186 | 135.5 | 323.7 | 13.46 | 1.38 | 26.9 | 173 | 5.00 | 5.7 | 11.3 |
| 地壳克拉克值 | | | 340 | 150.0 | 650.0 | 13.00 | 2.50 | 20.0 | 170 | 1.00 | 10.0 | 83.0 |
| 序号 | 样品号 | 岩石名称 | Co | Ni | V | Ga | U | Au | Ag | Cu | Pb | Zn |
| 1 | D531/2G | 细砂岩 | 95 | 5.6 | 25.0 | 18.50 | 2.83 | — | — | 7.3 | 39.94 | 58.0 |
| 2 | D531/3G | 细砂岩 | 108 | 5.2 | 24.0 | 18.50 | 2.76 | — | — | 7.2 | 41.43 | 54.1 |
| 3 | D533/1G | 中粗粒石英砂岩 | 215 | 4.3 | 13.0 | 5.36 | 1.38 | — | — | 3.0 | 10.73 | 17.5 |
| 平均值 | | | 139 | 5.1 | 20.6 | 14.10 | 2.32 | — | — | 5.8 | 30.70 | 43.2 |
| 地壳克拉克值 | | | 18 | 58.0 | 90.0 | 19.00 | 2.50 | 4 | 0.08 | 63.0 | 12.00 | 94.0 |

注：表中Au元素含量单位为$\times10^{-9}$，其他元素含量单位为$\times10^{-6}$。

主要成矿元素Cu、Pb、Zn等未见富集(矿化)，含量变化较大。其均值与地壳克拉克值相比Cu、Zn小于地壳克拉克值，Pb大于地壳克拉克值2倍。

### (三)地层时代

该群中含生物化石，本次调查仅发现有双壳类：克氏蛤 *Claraia* sp.，时代为早三叠世；植物为新芦木 *Neocalamites* sp.，时代为中晚三叠世。新疆地矿局第一区调大队四分队(1984)在该地区1∶100万地质调查中采集有植物：*Nilssonia* sp.，*Ctenis*? sp.，*Podozamites* sp.，*Taeniopteris* sp.；双壳类：*Eumorphotis* sp.。其中 *Taeniopteris* sp.从二叠纪晚期开始，三叠纪为繁盛期。*Eumorphotis* sp.在我国西南地区贵州分布较广，与三叠纪常见分子 *Claraia* sp.共生。另外在本群的砾石中见有𨫡、珊瑚、螺、海百合茎等化石，时代均为石炭纪—二叠纪的分子。综合本次与前人资料将赛力亚克达坂群的地层时代置于三叠纪。

### (四)沉积环境

该群砂岩组总体以细碎屑岩为主，岩性为砾岩、含砾砂岩、中粗粒岩屑石英砂岩、粉砂岩等，总体以下粗上细的沉积韵律出现，含有大量的动植物化石，其中植物化石以较大的植物茎干为主，次为植物叶片。地层中沉积物成分反映陆源环境极不稳定，并发育大量的交错层理、粒序层、冲刷面、平行层理等沉积构造。表明沉积环境为海陆交互相。

砾岩组出露的岩性以砾岩为主，其次为含砾砂岩、粗粒岩屑石英砂岩、长石石英杂砂岩、粉砂岩等，出露的岩性由粗到细呈韵律出现。其中砾岩的砾石成分为花岗岩、砂岩、石英等，砾石以花岗岩质砾石最大、最多，大小为20～30cm，含量为15%左右，次为砂岩。同时地层中见有紫红色砾岩，砂岩多数变为透镜体出现。砂岩中可见粒序层理、平行层理、大型交错层理、冲刷构造等沉积构造。上述岩性总体反映具快速沉积的特点。

从上述砂岩组、砾岩组的沉积特点分析，该群的沉积环境为边缘前陆盆地。盆地早期沉积砂岩组，当时海水相对较深，形成较厚的复理石沉积，随后海水逐渐变浅，形成海陆交互相沉积；盆地晚期沉积砾岩组，形成大量的磨拉石建造，此时，盆地水体较浅，时有暴露形成紫红色砾岩，同时伴有大陆环境的河流相、湖相等沉积。

## 二、巴颜喀拉山群（T*B*）

1961年由北京地质学院创建，青海区调队1970年在《1∶100万玉树幅区域地质调查报告》中介绍，原始定义：指一套厚度巨大的类复理石杂砂质碎屑建造，分别称上巴颜喀拉山群、中巴颜喀拉山群、下巴颜喀拉山群，分别代表三叠系上、中、下3统。现在定义：指分布于可可西里—巴颜喀拉山地区的一套厚度巨大，几乎全由砂岩、板岩组成的地层，难见顶、底。化石稀少，属种单调，有双壳类、腕足类和头足类。

西藏区调队（1986）引用巴颜喀拉山群一名，时代限定为晚三叠世。新疆地矿局第一区调大队十分队（1984）1∶100万区调工作将其划为上三叠统克勒青河群。在《西藏自治区岩石地层》（1997）中沿用巴颜喀拉山群，时代为三叠纪。本次调查岩性与巴颜喀拉山群一致，并沿用该群名。

测区出露于巴颜喀喇地层区大红柳滩地层小区。该群分布于康西瓦混杂岩带南侧，以断层与黄羊岭群接触，呈近东西向三角状分布，四周被岩体侵蚀出露不全，向东延入康西瓦幅。面积约100km²。该群总体为一套复理石建造，岩石以细碎屑岩为主，发育沉积韵律层为特征。

### （一）地层描述

该组在测区内缺少实测剖面，现以新疆皮山县新藏线241km南巴颜喀拉山群路线地质剖面为例（图2-111）。

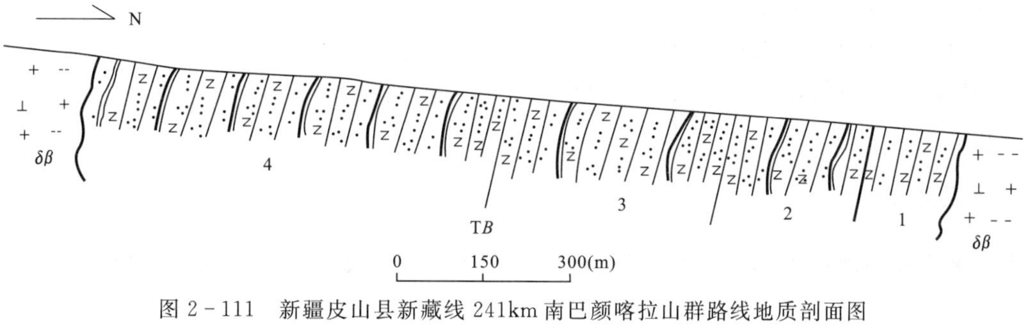


图2-111　新疆皮山县新藏线241km南巴颜喀拉山群路线地质剖面图

印支期：黑云母花岗岩

———— 侵入接触 ————

**巴颜喀拉山群（T*B*）** **＞1 500m**

4. 灰色中薄层状变细粒长石石英细砂岩夹（互）粉砂质板岩　660m

3. 灰色中薄层状变细粒长石石英细砂岩夹少量粉砂质板岩　440m

2. 灰色中薄层状变细粒长石石英细砂岩夹（互）粉砂质板岩　240m

1. 灰色中薄层状角岩化变细粒长石石英细砂岩夹石英粉砂岩　160m

———— 侵入接触 ————

印支期：黑云母花岗岩

剖面上该群出露的岩石主要为细碎屑岩，岩性为长石石英细砂岩、石英粉砂岩、粉砂质板岩等，偶见硅质岩层(仅见于滚石)。沉积物主要形成旋回性基本层序，由中薄层状变细粒长石石英细砂岩与粉砂质板岩构成韵律重复出现，其砂岩出露厚度为 10～25cm，板岩出露厚度为 3～10cm。该群岩石在横向上变化不大，局部构造变形较强，露头上见有鞘褶皱(图版Ⅲ-6)；靠近岩体部位，岩石受烘烤发生角岩化明显。未见生物化石。

(二)时代讨论

该群在测区内未见化石，仅见花岗岩侵入该地层中，在西部同期花岗岩中采样测得 U-Pb 年龄总体为晚三叠世(214Ma、224Ma、229Ma)。该套地层在横向上与东邻幅以及东部伯力克幅出露的巴颜喀拉山群地层可完全对比。依据上述侵入岩年龄即横向对比，将其时代置于三叠纪。

(三)沉积环境分析

该群出露的岩性以细粒碎屑岩为主，岩性为长石石英细砂岩、石英粉砂岩、粉砂质板岩等，偶见硅质岩层，岩石以砂岩—板岩构成韵律极为清晰。砂岩结构、成分成熟度较低，具快速堆积特征。地层中发育水平层理及平行层理。依据上述特征分析该群的沉积环境应为深水斜坡相沉积。

## 三、河尾滩群(T*H*)

新疆区域地层编写组(1981)在河尾滩创名，原称下河尾滩群、上河尾滩群。原始定义：分布于林济塘、河尾滩、喀喇昆仑山口之北及克勒青河上游等地，主要为灰岩、鲕粒灰岩，夹砂岩及泥岩，局部夹砾岩，含珊瑚、双壳类、腕足类等化石。现在定义：岩性为浅灰—深灰色薄—中层状灰岩、生物灰岩、粉砂岩、细砂岩、硅质岩和少量硅质灰岩、白云岩、泥灰岩等，其下与空喀山口组以平行不整合接触，上与克勒青河群整合接触或被龙山组不整合超覆。

新疆地矿局第一区调大队四分队(1984)在该地区进行 1∶100 万地质调查时将下、上河尾滩群称上河尾滩群，另划出一块地质体称下河尾滩群。1993 年在《新疆维吾尔自治区区域地质志》中称该地层为河尾滩群。本次调查沿用该群命名，但出露范围局限，岩性与定义不太一致，为一套深水相细粒碎屑岩。时代为三叠纪。

测区内河尾滩群位于乔戈里峰地层小区。该群主要分布于乔戈里峰以东靠近边境地区，大面积被终年积雪覆盖，出露范围极少。地层被断层缺失严重，路线上仅见少量的细粒碎屑岩。出露面积约 850km²

(一)地层描述

测区缺少实测剖面，以新疆塔什库尔干自治县克勒青河上游三叠系河尾滩群路线地质剖面为例(图 2-112)。

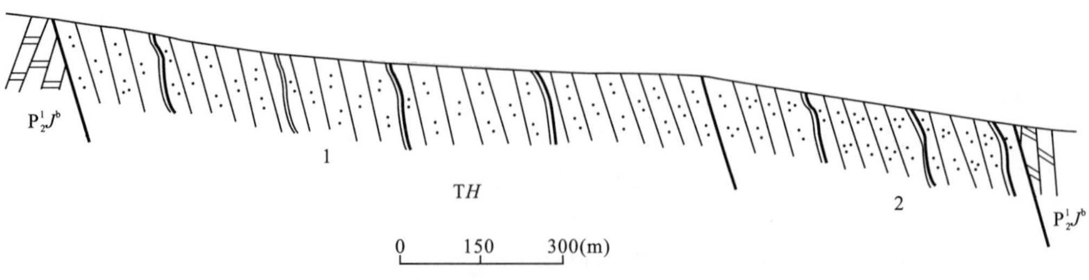


图 2-112　新疆塔什库尔干自治县克勒青河上游三叠系河尾滩群路线地质剖面图

加温达坂群白云岩组($P_2^1J^b$):灰白色巨厚层状白云岩

断　层

**河尾滩群(T*H*)** **>1 800m**

2.深灰色中厚层状石英粉砂岩夹少量灰黑色含斑点粉砂质板岩 580m

1.灰黑色中厚层状粉砂岩夹少量粉砂质板岩 1 220m

断　层

加温达坂群白云岩组($P_2^1J^b$):灰白色巨厚层状白云岩

剖面上出露的岩性比较单一,主要为石英粉砂岩、粉砂岩、粉砂质板岩等。总体为一套细粒碎屑岩,沉积韵律不清楚。地层中见少量含斑点粉砂质板岩,表明岩石变质不均匀。该群横向上岩性变化不大,在东部分界峰一带,零星出露的岩性中含砂质相对较高。地层中未见生物化石。

(二)时代讨论

前人曾在喀喇昆仑山口以东采集有大量的化石,主要有双壳类、珊瑚、螺、腕足、海百合茎等,其中瓣鳃较繁盛,依据化石将该地层划为中三叠统。本次调查在该群中未见生物化石,参考前人地层划分资料及地层区划,暂将其时代置于中三叠世。

(三)沉积环境分析

该群出露的岩性为一套细粒碎屑岩,主要有粉砂岩、粉砂质板岩,横向上邻区见有灰岩、生物灰岩等。依据出露的岩性分析该群的沉积环境应为浅海-深海相。

## 四、三叠系(未分)(T)

该套地层出露于麻扎-康西瓦构造混杂岩带中,以岩片出露。总体呈透镜状,东西向分布于麻扎以东,测区内共见两处。最大出露宽度约为 1 000m,长约 10km 不等。出露的地层为一套砾岩,以颜色可划分为南、北两套砾岩,即北侧为紫红色、暗紫红色、深灰色砾岩。具中厚—巨厚层状构造,砾石含量大于 70%。砾石成分:灰岩大于 85%,砂岩、粉砂岩及石英等。砾石大小:5~15cm,个别为 20~50cm,砾石磨圆度中等,为次棱角—次圆状,分选性差,成熟度低,砂质胶结。水平方向上砾石定向性较弱。南侧为绿色、灰绿色中厚层状砾岩,中厚—巨厚层状构造,砾石含量大于 40%。砾石成分:砂岩大于 75%,粉砂岩及板岩等,砾石大小:1~5cm,个别为 10~20cm,砾石磨圆度中等—好,为次圆状,分选性差,成熟度低,砂质及粉砂质胶结。砾岩成分相对单一,总体具近距离搬运快速堆积的特点。

该地层分布于断层带内部,无顶、底,无正常接触关系。其砾岩中含化石,经西北大学地质系郭洪祥、张兴亮鉴定有:东方灌木苔藓虫 *Thamniscus* cf. *orientalis* Reed.,多孔苔藓虫(未定种)*Polypora* sp.,星圆茎(未定种)*Pentagonocyclicus* sp.。总体为三叠纪以前的生物,据此将其地质时代置于三叠纪。

## 五、叶尔羌群($J_{1-2}Y$)

德·泰拉(1932)在塔里木盆地西南至昆仑山一带,将一套含煤地层岩系创名为叶尔羌群,但其命名的地层不够准确,其中包括一部分二叠纪地层。原始定义:指一套含煤地层,别良耶夫斯基(1946)又将该套沉积岩命名为含煤岩系。新疆区域地层表编写组(1981)将出露于托云、昆仑山、阿尔金山等地的一套湖沼相含煤碎屑岩划分为叶尔羌群,其时代归早中侏罗世。现在定义:为一套湖相、沼相含煤碎屑岩。自下而上由莎里塔什组、康苏组、杨叶组、塔尔尕组组成。本次野外地质调查，沿用叶尔羌群划分方案。因测区地层出露局限，未细分到组。

该群零星出露于新藏公路202km峡南桥 带，面积仅5.63km²。岩性主要为一套陆相含煤建造，与上、下地层均呈断层接触。

### （一）地层描述

该群在剖面上未见顶、底，受断层控制，出露不全，北侧与二叠纪火山岩，南侧与三叠纪山间磨拉石沉积均为断层接触，出露厚度大于288.06m。以新疆叶城县峡南桥叶尔羌群实测地质剖面为例（图2-113）。

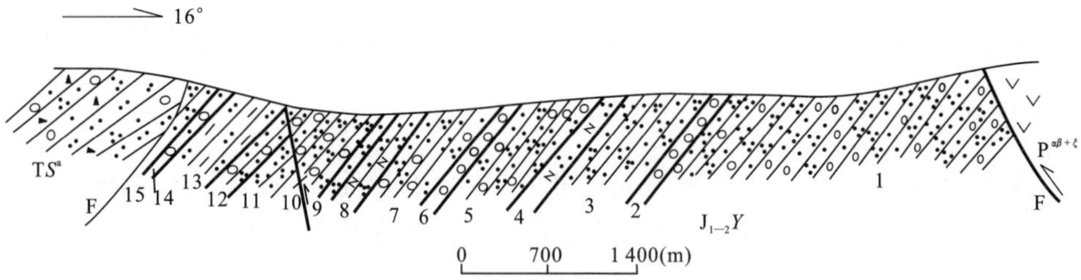


图2-113　新疆叶城县峡南桥叶尔羌群实测地质剖面图

三叠系（$TS^a$）：灰白色粗粒含砾岩屑石英砂岩夹粉砂岩

断　层

| | |
|---|---|
| **侏罗系（$J_{1-2}Y$）** | **288.06m** |
| 15.浅灰色中粒石英砂岩 | 10.61m |
| 14.浅灰色粗粒含砾石英砂岩 | 20.43m |
| 13.深灰色粉砂质泥岩 | 8.21m |
| 12.浅灰色粗粒含砾石英砂岩 | 10.13m |
| 11.紫红色细粒石英砂岩 | 2.69m |
| 10.浅灰色粗粒含砾石英砂岩（含植物碎片） | 24.05m |
| 9.紫红色细粒石英砂岩 | 3.69m |
| 8.浅灰色中粗粒长石石英砂岩 | 13.58m |
| 7.浅灰色粗粒含砾石英砂岩 | 21.46m |
| 6.灰色砾岩 | 4.82m |
| 5.浅灰色粗粒含砾石英砂岩 | 22.34m |
| 4.浅灰色粗粒长石石英砂岩 | 9.04m |
| 3.浅灰色粗粒石英砂岩 | 31.82m |
| 2.浅灰色砾岩 | 2.45m |
| 1.浅灰色粗粒含砾石英砂岩 | 102.74m |

断　层

二叠系（$P^{\alpha\beta+\xi}$）：灰绿色安山岩

该群出露岩石为含砾石英砂岩、砂砾岩、长石石英砂岩夹含碳粉砂质泥岩。岩石层厚，多为巨厚层。其变形、变质较弱，发育小断裂，表现为高角度逆断层。岩石中粒序层理显示地层南倾正常，砾岩中砾石成分复杂，分选磨圆较差；上部第8—15层可见粗粒含砾砂岩、中粒石英砂岩及细粒石英砂岩组成的韵律，单个韵律的厚度一般为2.5m左右；下部为粗粒含砾石英砂岩与砾岩组成韵律，单个韵律层厚度约4.8m，石英砂岩中可见交错层理（图版Ⅱ-7）。

(二)沉积时代与环境分析

测区内仅采得植物化石 *Neocalamites* sp.(新芦木),但区域上该群产丰富的植物化石、孢粉及双壳类化石,时代为早侏罗世—中侏罗世。

通过对剖面、物质组成、上下接触关系等特征分析,认为该套地层为特提斯洋演化结束后的陆内沉积物,岩石结构成熟度及成分成熟度较低,反映稳定的水流沉积环境,气候温暖潮湿,为湖沼相沉积。

矿产:区域上叶尔羌群普遍含煤,为新疆很重要的含煤岩系。测区内在新藏公路202km峡南桥以东,经纬度N 36°33′00″、E 77°09′43″,共有4个含煤层,规模分别为长6 000m×0.72m、5 000m×3.8m、5 000m×0.7m、5 000m×(0.46～1.2)m,远景储量为156.69t,属小型煤矿,以亮煤型为主,暗煤次之,可作炼焦之用。

## 六、龙山组($J_{1-2}l$)

新疆地矿局第一区调大队四分队张志德等(1984)创名,创名地位于喀喇昆仑山萨利吉勒干南库勒湖湖西。原始定义:为一套浅海相碳酸盐岩沉积或碳酸盐岩夹碎屑岩,局部夹火山岩、石膏层,含极丰富的动物化石。现在定义:指不整合于克勒青河群之上、整合于红其拉甫组之下的一套浅海相碳酸盐岩夹碎屑岩,局部夹火山岩。本书沿用该方案,并将其划分为上、下两段,即灰岩段($J_{1-2}l^b$)、砂岩段($J_{1-2}l^a$)。图区内龙山组均分布于麻扎-康西瓦断裂以南地区,呈北西—南东向带状展布,多呈角度不整合覆于不同层位之上,上为白垩纪地层角度不整合覆盖,总面积为668.75km²。

(一)地层描述

测区龙山组分布比较广泛,主要出露于阿克塔河、拖车湖、神仙湾以南地区,地层受断层破坏,顶、底出露极不完全。该组砂岩段($J_{1-2}l^a$)以新疆叶城县叶尔羌河上游阿克塔河侏罗系龙山组砂岩段实测地质剖面为例(图2-114)。

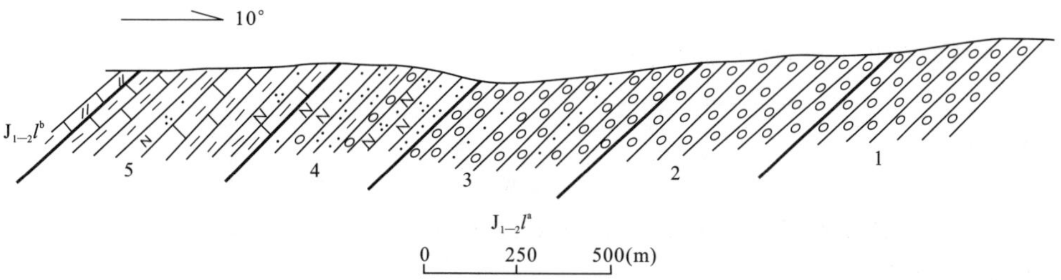


图2-114　新疆叶城县叶尔羌河上游阿克塔河侏罗系龙山组砂岩段实测地质剖面图

上覆地层:龙山组灰岩段($J_{1-2}l^b$)灰白色厚层状白云质灰岩

——————— 整　合 ———————

| | |
|---|---|
| **龙山组砂岩段($J_{1-2}l^a$)** | **601.55m** |
| 5.土黄色泥质灰岩、钙质泥岩夹中粒钙质长石石英砂岩 | 147.94m |
| 4.紫杂色长石石英砂岩、含砾长石石英砂岩、粉砂岩、粉砂质泥岩夹少量砾岩,浅灰色薄层灰岩(含动物化石)及火山岩(英安岩) | 118.35m |
| 3.紫红色中薄层状砾岩,局部夹少量含砾砂岩 | 142.35m |
| 2.紫红色砾岩 | 101.53m |
| 1.浅紫色砾岩 | 91.38m |

～～～～～～～ 不整合 ～～～～～～～

下伏地层:温泉沟群D岩组($S_1W^d$)灰色细粒长石石英变砂岩

砂岩段底部出露砾岩，上部主要为长石石英砂岩、细砂岩、含砾砂岩及泥岩，局部夹少量火山岩；砾石成分复杂，主要为砂岩、灰岩、火山岩及石英，直径 4～15cm，分选、磨圆均较差。横向上变化不大，位于神仙湾一带的砂岩段，岩性主要为厚层状石英粉砂岩、细粒长石石英砂岩等，底部为一套砾岩，砾石成分为砂岩、灰岩，直径一般 3～30mm。次棱角—棱角状，分选性差，成熟度低—中等，为快速沉积的产物。

该组灰岩段（$J_{1-2}l^b$）剖面以新疆皮山县（神仙湾北）鱼跃石侏罗系龙山组实测地质剖面（图 2－115）及新疆皮山县神仙湾卧蚕山侏罗系龙山组实测地质剖面为例（图 2－116）。

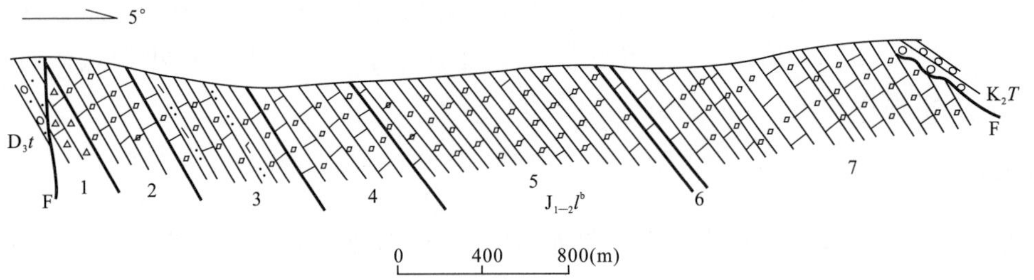


图 2－115　新疆皮山县（神仙湾北）鱼跃石侏罗系龙山组实测地质剖面图

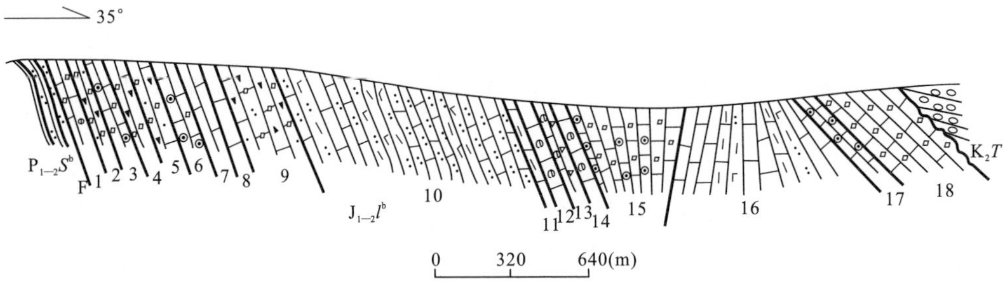


图 2－116　新疆皮山县神仙湾卧蚕山侏罗系龙山组实测地质剖面图

上覆地层：铁隆滩群（$K_2T$）灰色中层状砂砾岩

断　层

**龙山组灰岩段** **765.78m**

（未见顶）

| | |
|---|---|
| 7. 灰色、深灰色薄层状细晶灰岩夹深灰色极薄层状粉晶灰岩，局部夹中层状灰岩 | 257.28m |
| 6. 灰色中层状灰岩 | 17.78m |
| 5. 灰色薄层状粉晶灰岩 | 229.71m |
| 4. 灰色、深灰色中薄层状微晶灰岩 | 139.85m |
| 3. 深灰色薄层状微晶灰岩夹含钙粉砂岩 | 58.75m |
| 2. 灰色中薄层微晶灰岩 | 59.21m |
| 1. 碎裂岩化灰岩 | 3.2m |

断　层

下伏地层：天神达坂组（$D_3t$）浅灰色砂砾岩

灰岩段主要为灰—深灰色中薄层状粉晶灰岩、微晶灰岩、灰岩、含钙灰岩为主，灰岩粉晶结构、微晶结构，中薄层状构造，层厚一般 0.5～40cm，成分中方解石大于 92%。该段未见底部。灰岩呈单斜构造，后期变形较强，出露厚度大于 765.78m。

位于皮山县神仙湾卧蚕山一带龙山组灰岩段（$J_{1-2}l^b$），为一单斜构造，出露总厚度为

3 162.37m。

上覆地层：铁隆滩群($K_2T$)紫红色砾岩

～～～～～～～～～～～ 不整合 ～～～～～～～～～～～

| | |
|---|---|
| **龙山组灰岩段** | **3 162.37m** |
| 18. 灰白色厚层块状亮晶灰岩 | 323.41m |
| 17. 灰白色中层状亮晶鲕粒灰岩 | 71.81m |
| 16. 灰白色、灰色中薄层状灰岩夹(互)含钙泥质粉砂岩、泥灰岩 | 451.76m |
| 15. 灰色中层状亮晶灰岩、鲕粒灰岩 | 477.65m |
| 14. 灰色中层状生物灰岩 | 26.90m |
| 13. 灰色中层状角砾岩夹(互)灰色生物灰岩 | 48.54m |
| 12. 灰色中层状生物碎屑灰岩夹角砾状灰岩 | 40.22m |
| 11. 灰色中薄层状泥质灰岩 | 36.81m |
| 10. 灰绿色中薄层状含粉砂灰岩、含钙泥质粉砂岩互层状 | 878.30m |
| 9. 灰白色厚层块状砂屑微晶灰岩 | 213.84m |
| 8. 灰白色厚层块状隐晶灰岩 | 21.78m |
| 7. 灰色块状隐晶灰岩 | 15.12m |
| 6. 浅灰色、灰白色中层状亮晶鲕粒灰岩夹豆粒灰岩 | 173.74m |
| 5. 浅灰色中层状微晶砂屑灰岩 | 104.07m |
| 4. 浅灰色中厚层状含砂屑微晶灰岩 | 67.21m |
| 3. 灰色中厚层状亮晶鲕粒灰岩 | 55.44m |
| 2. 灰白色厚层状含砂屑微晶灰岩 | 62.89m |
| 1. 灰色中层状亮晶灰岩、生物碎屑灰岩、鲕粒灰岩、豆粒灰岩 | 92.88m |

═══════════ 断 层 ═══════════

下伏地层：神仙湾群B组($P_{1-2}S^b$)灰色粉砂质板岩

岩石主要为灰岩、泥灰岩、含钙泥质粉砂岩。岩性可分为3段，上段岩性为灰色、灰白色中厚层状亮晶灰岩，鲕粒灰岩，生物灰岩夹角砾状灰岩，泥灰岩，含钙泥质粉砂岩；中段下部灰绿色中薄层状含粉砂、含钙泥质粉砂岩，上部灰色中薄层泥质灰岩；下段灰色、灰白色中厚层亮晶灰岩，鲕粒灰岩，生物碎屑灰岩，砂屑灰岩。灰岩为隐晶结构、粉晶结构、亮晶鲕粒结构，层状构造，方解石大于70%，颗粒0.001～0.01mm，鲕粒灰岩中鲕粒含量60%～79%，鲕粒大小0.3～1mm。第14层中含大量生物，达60%～70%。

(二)沉积环境分析

砂岩段下部为一套陆相粗碎屑岩，其砾岩的砾石粗大，一般10～30cm，成分较为复杂，有灰岩、火山岩、砂岩、粉砂岩等，磨圆度差或中等，反映沉积速度较快，搬运距离不远。横向上砾岩延伸不稳定，呈透镜状产出，一方面可能受到古沉积盆地的不统一所致，另一方面也可能受到后期褶皱构造及剥蚀程度的影响。上部岩性主要为砂岩、粉砂岩及泥岩，从下向上，砂岩由透镜状变为夹层出现，含量逐渐增多，反映其沉积环境由河流相向湖滨相环境的演变。由于砾岩沉积厚度巨大，反映沉积物源充沛，进而可以推断当时地壳差异升降极为频繁，为构造运动剧烈活动时期。该组地层向上快速过渡为一套滨海碳酸盐岩，即灰岩段。灰岩段相对较为稳定，分布面积也较广。主要为厚层状灰岩夹砂岩，生物碎屑灰岩，鲕粒、豆粒灰岩。鲕粒一般小于1mm，含量约为10%，局部可达30%，核心较大，成分为泥晶方解石，壳层薄，为薄皮鲕、偏心鲕、假鲕，成分亦同为方解石，生物碎屑含量大，主要为腕足类、软体、棘屑和有孔虫，腕足碎片个体较为粗大，可达1cm左右。总之，该套碳酸盐岩显示出高能滨海环境。

## 七、铁隆滩群($K_2T$)

新疆地质局区测二大队二连二排李双喜等(1972)创建,创名地位于新藏公路甜水海兵站东南阿克萨依湖。原始定义:灰色灰岩及杂色生物灰岩,夹泥灰岩、砂岩、砾岩、砾岩及石膏,富含海相化石。现在定义:以一套紫红、砖红、粉红色为主,黄灰、黄白、灰色、灰白色为次,中厚层状灰岩、生屑灰岩、生物灰岩夹砂岩、粉砂岩、泥灰岩和泥岩,下部局部夹石膏,底部有时可见砾岩。本次地质调查工作,岩性与定义基本一致,仍采用这一方案。

### (一)地层描述

图区内该套地层出露于神仙湾一带,呈北西—北东向零散分布,多为断层所切割,以断层覆于神仙湾群B岩组之上。总面积为145.63km²,出露厚度大于1 102.69m。以新疆叶尔羌河上游叉路口白垩系铁隆滩群路线地质剖面为例(图2-117)。

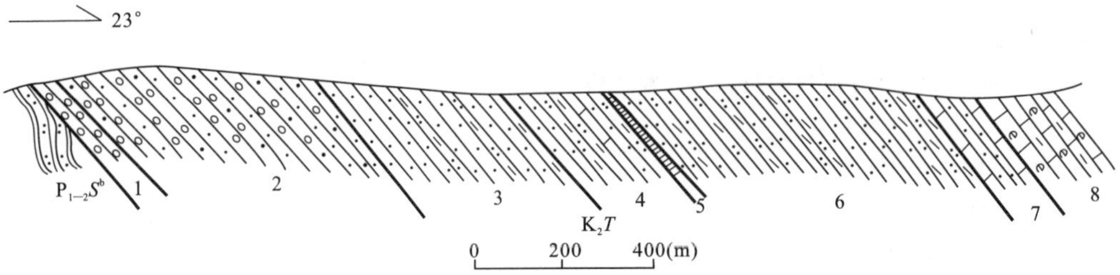


图2-117 新疆叶尔羌河上游叉路口白垩系铁隆滩群路线地质剖面图

| | |
|---|---|
| **铁隆滩群($K_2T$)** | **1 102.69m** |
| (未见顶) | |
| 8.深灰色中厚层生物灰岩、生屑灰岩夹泥灰岩 | 90.86m |
| 7.灰白色厚层状灰岩夹紫红色、浅灰色砂岩 | 76.20m |
| 6.紫红色细砂岩、泥质粉砂岩互层 | 342.00m |
| 5.灰白色石膏层 | 0.4m |
| 4.紫红色细砂岩、泥质粉砂岩互层,局部夹少量灰白色灰岩 | 136.80m |
| 3.紫红色中厚层砂岩、细砂岩夹薄层泥质粉砂岩 | 180.77m |
| 2.紫红色厚层砾岩、砂砾岩、砂岩构成基本层序 | 258.70m |
| 1.紫红色厚层状砾岩 | 16.96m |

~~~~~~ 不整合 ~~~~~~

下伏地层:神仙湾群B岩组($P_{1-2}S^b$)深灰色粉砂质板岩

该套地层底部为厚层砾岩,层厚为1~2m,砾石为棱角状,成分单调,为灰岩,直径大于15cm,为快速堆积的初期产物,向上为砾岩、砂砾岩及砂岩构成基本层序,层厚1~1.5m,砾石成分较复杂,为硅质岩、砂岩、灰岩,以灰岩成分为主;砂砾岩为中薄层状,杂基胶结,分选磨圆差,粒度0.2~0.5mm,向上过渡为中薄层状的粒度更细的砂岩及泥质粉砂岩互层,砂岩厚度逐渐变薄,中部夹一层石膏层;上部岩性为一套中厚层状生物灰岩、生屑灰岩夹泥灰岩,单层厚度15~25cm,产双壳类、腕足类化石。

该群地层横向上变化不大,地层结构稳定,时代为晚白垩世。

### (二)沉积环境分析

该套地层底部砾岩中砾石呈棱角状,定向排列明显;可见有砂岩的透镜体,并发育大型槽状交
~~~~~~

错层理;其上部的细砂岩中发育小型交错层理、平行层理,在泥质粉砂岩中可见水平层理。底部为河流相及湖相沉积。砂岩的粒序自下而上由粗到细,厚度由厚到薄过渡,向上过渡为滨海-浅海相沉积。

# 第六节 新生界

新生界的地质发展历史,同印度板块与欧亚板块聚合、碰撞的历史紧密联系在一起。喜马拉雅早期运动是特提斯洋闭合,喀喇昆仑海湾的海水随之退出。喜马拉雅晚期运动使昆仑山及喀喇昆仑山大幅度地整体隆升,山脉和盆地发生强烈的差异性升降运动。

图区内新生界地层出露以第四系为主,第三系(古近系+新近系)地层较少,新生界岩石地层单位划分见表2-62。

表2-62 新生界地层划分表

| 系 | 统 | 冰期 | 冲洪积 | 冰碛 | 冰水沉积 |
|---|---|---|---|---|---|
| 第四系 | 全新统 | 小冰期 | $Qh^{pal}$ | $Qh^{2gl}$ | |
| | | 新冰期 | | $Qh^{1gl}$ | |
| | | 冰后期 | | | |
| | 上更新统 | 苏盖提江冰期 | | $Qp^{3gl}$ | $Qp^{3glf}$ |
| | | 克勒青河-苏盖提江间冰期 | $Qp^3X$ 新疆群 | | |
| | 中更新统 | 克勒青河冰期 | | $Qp^{2-2gl}$ | |
| | | 乔戈里-克勒青河间冰期 | 乌苏群 $Qp^2W$ | | |
| | | 乔戈里冰期 | | $Qp^{2-1gl}$ | |
| 新近系 | 上新统 | | 阿图什组 $N_2a$ | | |
| | 中新统 | | 帕卡布拉克组 $N_1p$ | | |

## 一、第三系

新近系地层主要分布在图区东南端神仙湾一带喀喇昆仑山北坡,约占图区总面积的6.5%。

### (一)帕卡布拉克组($N_1p$)

新疆区域地层编写组1981年创名,创名地位于乌恰县城南约60km的帕卡布拉克沟。原始定义:指位于阿图什组之下,安居安组之上的陆相灰色、棕灰色泥岩与粉砂岩互层或不均匀互层,山麓为粗碎屑岩。现在定义:主要为灰色、棕灰色或灰白色泥岩,粉砂岩,细砂岩互层的沉积序列。上与阿图什组、下与安居安组均为整合接触,产有孔虫、介形虫、轮藻和孢粉化石,底部砂岩中含砾。本次工作仍沿用该组名及划分。

测区内该组仅分布在玛雷克恰塔格山一带,面积约135km²。其岩性为紫红色厚层含钙细砂岩、砂岩、含砾砂岩、砂砾岩、砾岩间互夹细砂岩、砂岩。砾石为次圆状,具一定分选性,砾石直径一般为3~5cm,个别10cm,视厚度大于582.72m。该套地层路线剖面见图2-118。

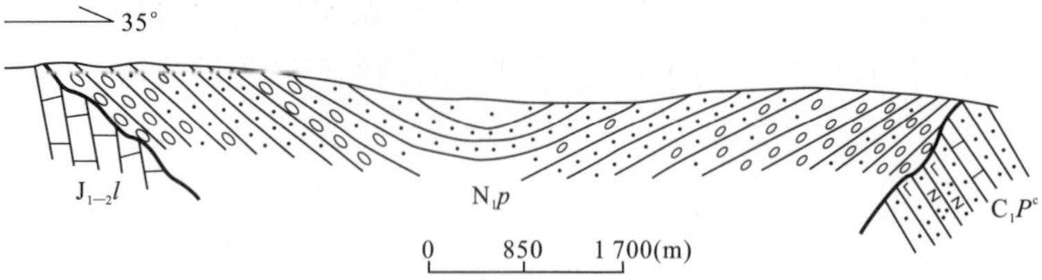


图 2-118　叶城县神仙湾北叶苏河交叉一带新近系帕卡布拉克组路线地质剖面图

该套岩石以砾岩、砂岩的二元结构组成为特色，缺少泥级；另外，砾岩、砂岩走向延伸性差，具典型的河流相沉积特征，总体形成一宽缓的向斜构造，与老地层石炭纪恰提尔群($C_2Q$)呈不整合接触关系(图 2-119)。

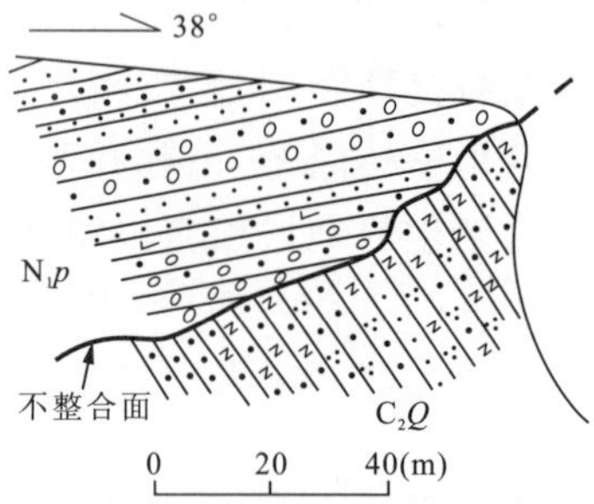


图 2-119　叶城县恰地吉勒尕新近系帕卡布拉克组($N_1p$)与石炭系恰提尔群($C_2Q$)不整合接触关系

(二)阿图什组($N_2a$)

新疆区域地层表编写组(1981)创名，创名地位于阿图什市西北约 20km 的塔朗河西岸，原始定义：灰色、灰黑色、浅棕色泥岩和砂岩，偶夹灰绿色砂岩。现在定义：指整合于西域组之下、帕卡布拉克组之上的以灰色、灰褐色、浅棕色的泥岩和砂岩，有绿色砂岩夹层的湖相沉积序列。本次工作经对比研究后仍沿用该组名及划分。

该组地层，一处出露于图区东南尖山一带，面积约 31.3$km^2$，呈较狭窄的长条状分布。岩性为灰色厚层状灰质砾岩夹砂岩；砾石层厚约 1m 以上，砾石成分为结晶灰岩，磨圆度好，分选中等，砾石大小 3～5cm，个别达 10cm 左右，钙质胶结，总体产状呈一宽缓向斜构造，为一典型的山麓河流相沉积，视厚度 271.8m，与下伏地层石炭系帕斯群($C_1P$)呈不整合接触关系。

另一处分布在阿克塔河附近，呈长条状分布，面积约 18.6$km^2$，为一套河湖相沉积地层，下部岩性为灰色中薄层砾岩夹杂色细砂岩、粉砂岩及少量中薄层状砾岩，上部为灰色中薄层状(细)砾岩，局部夹少量薄层细砂岩，产状较平缓，与下伏地层侏罗系龙山组($J_2l$)为不整合接触关系(图 2-120)。

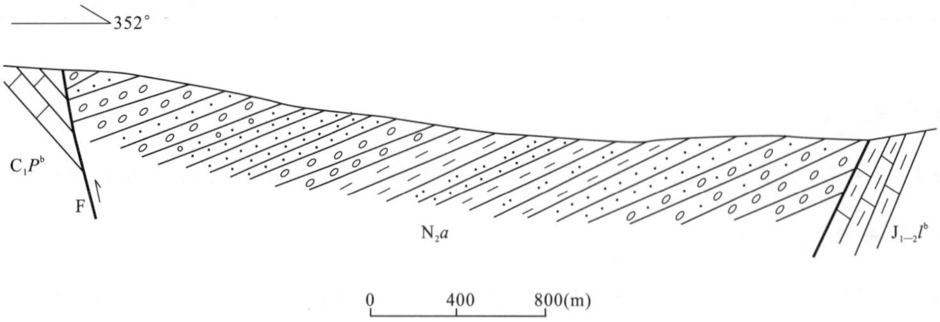


图 2-120　新疆皮山县阿克塔河新近系阿图什组路线剖面图

从新近系地层出露情况看，均有不同程度的褶皱变形，总体上呈低角度宽缓褶皱，褶皱轴部方向为南东东—北西西向延伸，与区域构造方向一致。从应力方向分析应为近南北向。形变的时间应为第四纪之前。区域上喀喇昆仑地区古近纪地层为一套正常浪基面以上的浅海相沉积，是潮下高能环境形成的竹叶状灰岩、结核状灰岩和群体海藻，属温暖潮湿的古气候带。本区缺失古近纪地层，而新近纪地层均为陆相沉积，反映了沉积环境的变迁，即由海相沉积—陆相沉积的转换，说明古近纪以后，喜马拉雅运动的影响，地壳的强烈上升，造成了海水的退出。而新近纪以来，印度板块与欧亚板块发生全面碰撞，由于印度板块向北，西伯利亚板块向南强烈挤压，使地层经受了较强烈的构造变动及南北向的挤压作用。

## 二、第四系

第四纪时期，随着强烈的构造运动和全球性的气候变冷，昆仑山-喀喇昆仑山系发生了强烈的隆升，伴随有多次山岳冰川作用及河流的下切剥蚀。早更新世冰期遗迹分布局限，是否存在尚有争议；中更新世早期冰川分布极为广泛，是第四纪冰川作用中最强的一期；中更新世晚期及晚更新世冰川范围逐渐缩小；全新世还有冰川活动，现代冰川分布在终年积雪的高山地带，有逐年向后退缩的趋势。

由于青藏高原的大幅度隆升，大气环境受到很大的影响，昆仑山-喀喇昆仑山区的气候变得越来越干燥，湖泊的面积在萎缩，土地沙化、盐渍化不断加剧，冰川明显在后退。

第四系均为陆相沉积，沉积物类型较少，包括规模宏大的冰碛及冲洪积等，形成时代从中更新世到全新世，不同时代的沉积物特征明显，易于划分区别。

本次地质调查工作，按照成因类型分大类，再按照时代顺序细分的原则划分。

### （一）冲洪积

图区内冲洪积层，主要集中在河床两岸，多形成河谷阶地或残存的老冲洪积扇，分布面积较小，呈较狭窄的带状分布。一般河流的一级至二级水系均可见到。

#### 1. 乌苏群（$Qp^2W$）

区域上该群广泛分布在盆地四周、大河两岸及山麓地带，以乌苏地区出露最多。该群不整合于不同时期的老地层之上。图区内主要分布在叶尔羌河支流两侧的高阶地上。西部叶尔羌河伊力克南部阿格勒达坂沟沟口一带，分布有较完整的高阶地，长度约 2km，高出河谷约 120m，累计厚度 116m（图版Ⅳ-4）。乌苏群出露在Ⅴ～Ⅷ级阶地上，每级阶地的砾石层及砂砾层，均为钙质胶结或半胶结，粒径一般 5～15cm，辫状河建造中的砾石层中普遍发育砾石的叠瓦状构造，并发育斜层理，指示古水流流向总体为由南向北，砾石磨圆度及分选性均好。少数地段为洪积扇相沉积，主要为块状层理的巨厚砾石层构成，砾石层中砾石无序排列，不显叠瓦状构造，大小混杂，磨圆度差，为陆上洪积泥石流产物。上部冲洪积层为一套弱固结的砂砾石层，叠瓦状砾石的扁平面优势方位为 180°∠25°，亦显示古水流方向由南向北。阿格勒达坂沟向南，约有 4km 长的峡谷，阶地表现为直立陡坎，高 120m，下部为稳定的灰色砂砾石层，砾石均匀，粒径一般 5～15cm，砾石成分复杂，为花岗岩、片岩、片麻岩、白云岩、灰岩等；上部为厚度约 1.7m 的黄土状堆积，生长有大量灌木（图 2-121）；麻扎大拉附近亦可见到保存完好的类似剖面。

乌苏群为间冰期包含冰期的产物，主要形成于乔戈里-克勒清河间冰期，时代为中更新世，代表中更新世冰期与间冰期一套完整的沉积。

#### 2. 新疆群（$Qp^3X$）

区域上该群主要分布在山前地带，形成冲-洪积扇及广泛分布的倾斜戈壁砾石层。测区内主要分布在叶尔羌河两侧的低阶地上，出露广泛，一级、二级水系阶地上均可见到，发育多级阶地。该群出露较完整，测区西部伊力克一带，阿格勒达坂沟中分布在Ⅱ～Ⅳ级阶地上，厚度 50.6m，高出河床 72m。沉积特征：底部、中下部以砂砾石层为主，局部夹粉砂层，砾石磨圆度及成层性中等，分选性差，砾石直径一般 20～50cm，上部为较薄的黄土状土，胶结或半胶结状。不整合于老地层之上。砾石成分为花岗岩、闪长岩、粉砂岩、细砂岩及少量片岩。库地以北的哈拉斯坦河，仅分布在Ⅱ～Ⅲ级阶地上，厚度约40m，高出河床55m(图2－122)。从沉积砾石的物源分析，砾石来源于昆仑山北坡的地层。

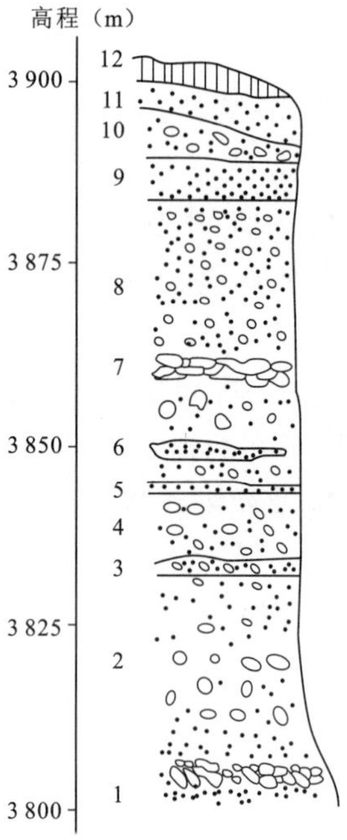


图2－121　阿格勒达坂沟乌苏群剖面图

1. 冲积砾石层；2. 冲积砂砾石层；3. 冰碛层；4. 砂砾石层；5. 砂层；6. 冲积砾石层；7. 洪积砾石层；8. 冲积砂砾石层；9. 砂层；10. 冲积砾石层；11. 砂层；12. 黄土状土层

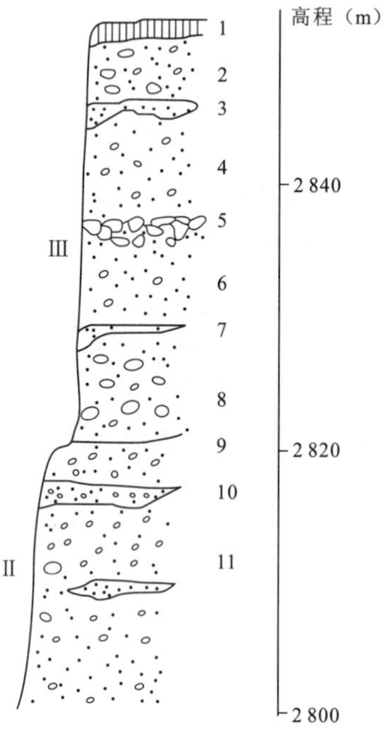


图2－122　叶城县库地北哈拉斯坦河谷新疆群剖面图

1. 黄土状土层；2. 冲积砾石层；3. 砂层；4. 冲积砂砾石层；5. 洪积砾石层；6. 冲积砾石层；7. 冰碛砾石层；8. 洪积砾石层；9. 冲积砂砾石层；10. 冰碛砂砾石层；11. 冲积砂砾石层夹砂层

新疆群属河流相，从岩相建造及沉积构造分析，该群上、下部均反映出河水量小，水动力条件不足，搬运能力减弱的特征；中部则为水量大、水动力条件充足的沉积特征。

新疆群为间冰期或间冰期包含冰期的产物，属克勒清河-苏盖提江间冰期，时代为晚更新世。

### 3. 全新统冲洪积($Qh^{apl}$)

图区内广泛发育在所有河床及现代河漫滩阶地上，以冲积为主，间断性地可见有洪积堆积。冲积层为砂砾、粘土，厚度为数米至数十米，总体以卵石及砾石层为主，局部以砾石和砂为主。一般下部为砾石砂土，砾石成分复杂；上部为土黄色砂土夹碎石，胶结较松散，厚度不详。洪积层往往与冲积层互为过渡，彼此交替。高出河床数米至10m，由砂、砾和砂土组成，胶结较松散。

## （二）冰碛层及现代冰雪

喀喇昆仑山—昆仑山占据了青藏高原的西北部，是世界上巨大而雄伟的山地。喀喇昆仑山是世界最高大的山系之一，它位于中国与克什米尔之间，由多列从西北向东南延伸的山地组成。主脊平均海拔6 500m以上，最高山峰为乔戈里峰，海拔8 611m，为世界第二高峰。其附近耸立着迦雪布鲁姆Ⅰ峰(8 068m)、布罗德峰(8 047m)和迦雪布鲁姆Ⅱ峰(8 035m)3座超过8 000m的山峰；此外还有超过7 000m以上的山峰数十座。在如此短短的深切极高山区，群峰汇聚的高大山体为世界其他冰川区所罕见。

号称“亚洲脊柱”的昆仑山，是中国境内最长大的山系，山势雄伟高峻，呈向南弯曲的弧形分布，绵延 700km。其西端拥有海拔超过 6 000m 以上的山地面积之广，超过了我国西部任何山系。测区属昆仑山最西端，包括皮的其力尕山、阿吉里山、塔西土鲁克山、阿孜尕山、拐弯达坂山等，形成巨大的冰川中心。

喀喇昆仑山—昆仑山的海拔高度是由西向东逐渐降低的，突出于冰川雪线（5 000～6 000m）以上的山地面积最多，创造了有利于终年积雪保存的地形条件，为冰川的发育提供了宽阔的积累区。

### 1. 现代冰川的基本特征

喀喇昆仑山—昆仑山地区冰川总面积大约 21 194.95km²，测区内冰川总面积为 3 955.74km²，占整个喀喇昆仑山—昆仑山地区冰川面积总量的 18.7%。区内各山脉冰川分布情况见表 2－63。

**表 2－63　喀喇昆仑山—昆仑山各山脉冰川数量分布**

| 山脉 | | 主峰海拔（m） | 冰川条数（条） | 冰川面积（$km^2$） | 冰川储量（$km^3$） | 平均冰川面积（$km^2$） |
|---|---|---|---|---|---|---|
| 喀喇昆仑山 | 喀喇昆仑山主脉 | 8 611 | 268 | 1 609.06 | 294.71 | 6.00 |
| | 阿吉里山 | 6 858 | 716 | 1 449.98 | 133.54 | 2.03 |
| | 拐弯达坂山 | 6 252 | 136 | 60.08 | 2.52 | 0.44 |
| | 玛雷克恰塔格 | 6 210 | 49 | 19.93 | 0.64 | 0.41 |
| | 小计 | | 1 169 | 3 139.05 | 428.25 | 2.69 |
| 西昆仑山 | 塔西土鲁克山 | 6 354 | 324 | 405.10 | 26.07 | 1.25 |
| | 阿孜尕山 | 5 940 | 206 | 169.56 | 8.47 | 0.82 |
| | 小计 | | 530 | 574.66 | 34.54 | 1.04 |

从表 2－63 中可以看出，测区内冰川为喀喇昆仑山-昆仑山地区规模较大的冰川群分布区。昆仑山冰川，多属大陆性冰川，其标志为：冰川积累区年降水量小于 600mm，雪线附近年平均气温低于－10℃，夏季平均气温低于 0.8℃，冰川活动层下界最低冰温低于－7.3℃，运动速度小于 0.35m/a。喀喇昆仑山冰川，属于亚大陆性冰川，主要表现为冰川积累区降水少于 1 200mm，雪线附近年平均气温在－7.7～－10℃之间，夏季平均气温 0.8～1.8℃，冰川活动层下界冰温－3.4～－7.3℃，运动速度在 0.35～1.02m/a 之间。喀喇昆仑山主要大冰川基本特征见表 2－64。

**表 2－64　喀喇昆仑山主要大冰川基本特征一览表**

| 山区 | 冰川名称 | 地理坐标 | | 面积（$km^2$） | 长度（km） | 朝向 | | 海拔高度（m） | | | 冰川作用（m） | | 形态类型 | 所在流域 |
|---|---|---|---|---|---|---|---|---|---|---|---|---|---|---|
| | | 北纬（N） | 东经（E） | | | 积累区 | 消融区 | 上限 | 下限 | 雪线 | ＋ | － | | |
| 喀喇昆仑山 | 尕舍罗鲁姆 | 35°49′ | 76°38′ | 119.80 | 26.0 | 北东 | 北东 | 8 051 | 4 250 | 5 540 | 2 511 | 1 290 | 山谷冰川 | 叶尔羌河 |
| | 乌尔多克 | 35°43′ | 76°46′ | 97.56 | 27.5 | 北东 | 北西 | 8 080 | 4 260 | 5 130 | 2 950 | 870 | 山谷冰川 | 叶尔羌河 |
| | 沙克斯干 | 35°39′ | 76°56′ | 83.51 | 27.8 | 北西 | 北西 | 7 172 | 4 412 | 5 280 | 1 892 | 868 | 山谷冰川 | 叶尔羌河 |
| | 特拉木坎力 | 35°37′ | 77°06′ | 124.53 | 28.0 | 北东 | 北西 | 7 441 | 4 520 | 5 390 | 2 051 | 870 | 山谷冰川 | 叶尔羌河 |
| | 克亚吉尔 | 35°34′ | 77°14′ | 105.50 | 20.8 | 北 | 北西 | 7 243 | 4 760 | 5 420 | 1 823 | 660 | 山谷冰川 | 叶尔羌河 |
| | 喀喇昆仑 | 35°31′ | 77°25′ | 7 670 | 20.7 | 南东 | 北东 | 6 659 | 5 220 | 5 670 | 989 | 450 | 山谷冰川 | 叶尔羌河 |
| | 沙雷克 | 34°43′ | 77°28′ | 7 288 | 17.6 | 北东 | 北东 | 6 808 | 5 000 | 5 730 | 1 078 | 730 | 山谷冰川 | 叶尔羌河 |

喀喇昆仑山—昆仑山的冰川形态是丰富多彩的，无论是凸起于高原面山地的或高原外围山地的冰川，其规模和形态都是山地的优势高度和地形条件综合作用的结果。由于受山地的构造格局和错综复杂的地形条件的制约，使得冰川发育形态多样。按照每一条冰川的自然流域及冰川发育的形态特征分类，图区内冰川可划分为6种类型，见表2－65。

**表2－65　冰川类型划分表**

| 冰川类型 | 分布特征 | 分布区域 |
|---|---|---|
| 悬冰川 | 分布在图区冰川各处，条数广泛，但规模最小 | 全区雪线以上的山坡上 |
| 冰斗-悬冰川 | 是悬冰川与冰斗冰川形态的过渡类型，分布较悬冰川少，但冰川面积较悬冰川大 | 大都分布在雪线以上的山坡上 |
| 冰斗冰川 | 在河源或山坡上呈现围椅状形态凹地内或在古冰斗内发育而成的冰川，图区内发育最为广泛 | 麻扎—赛图拉一带，昆仑山南坡分布最多 |
| 冰斗-山谷冰川 | 为一种过渡类型，其发育规模和冰舌较冰斗冰川大，但小于一般的山谷冰川 | 主要分布在图区北东塔什库祖克山北坡、阿吉里山北坡 |
| 山谷冰川 | 主要特点在于从粒雪盆伸出的冰舌延至谷地数千米至数十千米，按其形态分单式、复式、树枝状和宽尾式等多种亚型，为图区中最重要的冰川类型。长度十米至数十千米，海拔4 000m以上，面积约100km$^2$，雪线在5 000m以上 | 主要分布在喀喇昆仑山主脊北坡，克勒青河上游 |
| 峡谷冰川 | 分布在狭窄的沟谷里，由两侧或谷源后壁陡峻山坡上的雪崩补给而形成的无宽展粒雪盆的长条状冰川，数量极少 | 主要分布在喀喇昆仑山、阿吉里山西段北坡，昆仑山很少见到 |

喀喇昆仑山雪线介于海拔4 920～6 100m，其分布趋势是自西北部向东南部上升的。喀喇昆仑山口和阿吉里山西段以西，雪线平均达海拔5 820m（北坡）而南坡多数冰川的雪线超过海拔6 000m，平均5 950m，高于北坡130m。

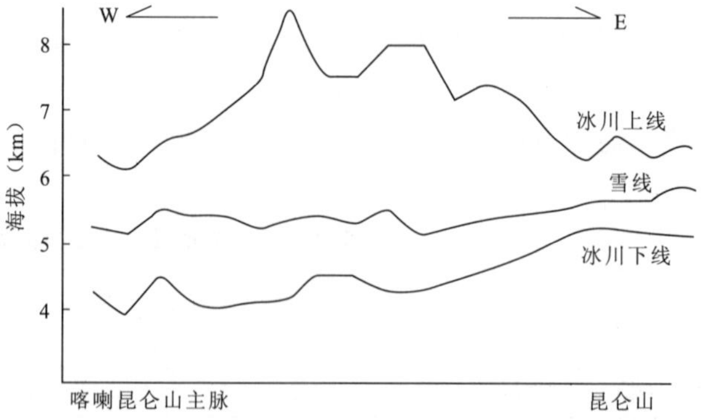

图2－123　雪线和冰川上、下线在纬线上的变化

昆仑山的雪线分布高度介于海拔4 920～6 000m之间。西昆仑山雪线自西向东升高。图区外西昆仑山的皮的其力尕山雪线平均5 190m，图区内塔西土鲁克山为5 370m（图2－123），反映了图区内喀喇昆仑山—昆仑山纬线方向的变化特点。喀喇昆仑山的冰川下限高度除尕舍罗鲁姆冰川（海拔4 000m）等较低外，一般都在海拔4 400m以上，平均海拔5 030m；同时南坡雪线一般比北坡高200m左右。昆仑山的冰川下限平均海拔亦为5 030m。

雪线的高度及其变化左右着冰川的发育及其变化趋势，冰川下限则是雪线影响下的冰川作用规模及其变化结果的具体反映。

图区内关于冰川厚度的测量研究资料极少，目前已知的冰川末端有限范围内雷达测量的数据，及克勒青河上游尕舍罗鲁姆冰川上、下断面各测点平均厚度为199.6～167.3m，在相距0.5km距离内，平均减薄32.3m；乌尔多克冰川横断面上厚度分布为130.3～91.55m，在相距0.5km的距离内，平均减薄 38.75m。由于大部分地区均是比较干旱的，大多数冰川雪线附近的积消水平在 500mm 左右。喀喇昆仑山为西北—东南走向，一年四季有较多的降水，这里发育我国最大的冰川群，说明有着丰沛水汽来源而形成的冰川，若降水少，则无法维持目前如此庞大规模的冰川。据统计，西昆仑山在 5 250m 处实测降水量为 200～250mm 之间，冰川积累区降水量在 400～500mm，在一定高度范围内降水随高度的升高而急剧增加。据 Flohn 估算，在喀喇昆仑山区，冰川积累区年降水量可达 800～2 400mm。

**2. 现代冰川的波动**

现代冰川的进退变化，主要是指 1900 年至今的冰川波动情况，因为这个时期小冰期基本结束，世界上已进入了用仪器直接监测环境的时代。

20 世纪早期，许多西方学者和探险家，如韦塞（Visser）、扬哈斯本（Younghusband）、德西奥（Desio）、马森（Mason）及辛普顿（Shipton）等对喀喇昆仑山的冰川进行过考察研究，他们都集中考察了喀喇昆仑山主脊北坡（克勒清河上游）长大的山谷冰川。斯坦因、索波列夫斯基、斯文郝定、涂宁克尔等对昆仑山同样进行了路线考察，并有零星报道。20 世纪六七十年代中国国家测绘总局对该地区进行了航空摄影，出版了 1∶5 万和 1∶10 万地形图，1987 — 1988 年中国科学院青藏高原科学考察队，对喀喇昆仑山—昆仑山地区进行了考察，得出昆仑山现代冰川的变化动态与中国喀喇昆仑山现代冰川的变化趋势基本一致（表 2 - 66）。

**表 2 - 66　喀喇昆仑山冰川末端的变化**

| 山脉名称 | 冰川名称 | 冰川面积（$km^2$） | 冰川长度（km） | 观测年限（a） | 前进（+）、后退（—）幅度（m） | 年平均变化速率（m/a） | 资料来源 |
|---|---|---|---|---|---|---|---|
| 喀喇昆仑山 | 尕舍罗鲁姆冰川 | 119.80 | 26.0 | 1989—1929 | 冰川末端突入主谷对岸 | + | Younhusband，Desio |
| | | | | 1976—1985 | 冰川末端突入主谷对岸 | + | 1985 年科考与 1976 年航片对比 |
| | 乌尔多克冰川 | 97.56 | 27.5 | 1929 | 冰川末端正在退缩 | — | Younhusband，Desio |
| | | | | 1976 | 冰川末端突入主谷 | + | 1976 年航空相片与 1929 年位置对比 |
| | | | | 1976—1985 | 冰舌明显后退 | — | 1985 年科考时与 1976 年航空相片对比 |
| | 沙克斯干冰川 | 83.51 | 27.8 | 1929 | 末端距主谷对岸 150 | + | Desio |
| | | | | 1929—1976 | —2 348 | —60 | 1976 年航空相片与 1929 年位置对比 |
| | 特拉木坎力冰川 | 124.53 | 28.0 | 1929 | 冰川阻塞主谷 | + | Desio |
| | | | | 1978 | 冰川阻塞主谷 | + | 新疆军区第一测绘大队 |
| | | | | 1985—1987 | 右侧后退 50～70 | —25～—35 | 科考队两次实地考察 |
| | 克亚吉尔冰川 | 105.60 | 20.8 | 1926—1929 | 冰川阻塞主谷 | + | Mason，Desio |
| | | | | 1929—1935 | 稳定 | 稳定 | Visser |
| | | | | 1935—1976 | 冰舌末端退缩 | — | 1976 航空相片与 1935 年位置对比 |
| | | | | 1976—1978 | 阻塞主谷形成湖 | + | Hewitt |
| | | | | 1978—1986 | 稳定 | 稳定 | 科考队实地考察对比 |
| | 宽尾冰川 | 1.78 | 2.1 | 1978 | 冰川曾阻塞主谷 | + | 新疆军区第一测绘大队 |
| | | | | 1976—1985.10 | —350 | —35 | 1976 年航空相片与实地考察对比 |

纵观喀喇昆仑山—昆仑山现代冰川变化，有如下一些特点：

(1)20世纪以来曾出现两次明显的前进阶段，时间约为19世纪初至二三十年代和七八十年代。在明显前进阶段时，冰川主要表现为：雪线高度下移，冰川运动速率变小或转入稳定，前进冰川的数量增加，有些分流的冰舌又重新汇流等。而30年代中期至60年代中期和80年代中后期至今，为冰川普遍退缩阶段，在这一阶段除少数冰川前进外，大多数冰川处于退缩状态，主要表现为：冰川雪线上升，冰川运动速度减小，冰面下降。厚度减薄，面积缩小，冰舌末端后退，有些冰舌分离。

(2)从19世纪以来，总的变化趋势是其规模逐渐缩小，冰川雪线和冰舌末端位置上移。

(3)冰川进退变化幅度是冰川活动性的主要反映。图区中冰川虽属大陆性冰川，但由于处于青藏高原边缘山区，其横向上冰川进退变化的幅度要比高原内部的变化幅度大一些。

(4)通过野外考察所见：正在前进的冰川，其冰舌末端多为高大而陡峻的冰崖，冰崖相对高度50m以上，坡度超过35°，冰舌末端前缘常由于冰川前进而形成的堆碛垄，冰面表碛不时滚落而加积在堆碛垄上，在组成堆碛垄的岩块中夹有数量较多的鹅卵石，冰舌多表现有雍高现象等。正在退缩的冰川，其冰舌末端即边缘分布有冰川退缩而遗留的冰碛物；有些长大的山谷冰川，由于冰舌下段被厚表碛覆盖，末端长期呈现相对稳定或变幅很小的现象。

### (三)冰碛

图区内第四纪冰川作用遗迹分布也较广泛，1976年中国科学院青藏高原综合科学考察队，对这一地区第四纪冰川作用进行了考察，提出了中更新世以来发生过3次大冰期及间冰期。本次地质调查工作，对冰期的划分采用《新疆维吾尔自治区区域地质志》所采用的冰期与地域相结合的方法，进行第四纪的划分，而相应时代依据，则采用了科考队的分析资料。由于多次冰期冰川作用和冰川融水的侵蚀，加之突发性洪水的频繁发生，使图区内冰川遗迹多遭破坏，特别是老冰碛分布零星，对恢复第四纪冰川作用造成困难。克勒清河是叶尔羌河上游最大的支流，该流域曾在第四纪期间经历过多次冰川作用，其中以乔戈里峰北坡的第四纪冰川遗迹保留最好。

根据第四纪冰川遗迹和地层接触关系、所在地貌部位、冰碛矿物组合、本身风化程度和与相邻已知的地层年代对比判断，及$C^{14}$、热释光测年等资料，可把图区第四纪冰期划分为中更新世乔戈里冰期及克勒清河冰期，晚更新世苏盖提江冰期和全新世的新冰期及小冰期。现将其由老至新分述如下。

#### 1. 乔戈里冰期：$Qp^{2-1gl}$

本次冰碛分布零星，保存下来的极少，但规模最大，昆仑山多分布在上槽谷中，喀喇昆仑山克勒青河中分布在中层槽谷中。图区内仅在阿格勒达坂南沟口东侧山坡上有黄土状冰碛物，高出河床500m，干燥的山坡上冰碛层受坡面融雪水的冲刷，呈平行的沟岭相间的起伏地貌(图2－124)；位于西侧有一面积不大的基岩平台，也是同期冰蚀的产物。冰碛物海拔4 400m，为泥砂漂砾堆积，半胶结状，厚度26m，漂砾成分以花岗岩、角砾岩、白云岩为主，长1～5m，风化严重，有褐色古土壤发育。在西昆仑布拉克巴什河与玉龙喀什河汇合处，河谷南岸的冰碛层上部间冰期砂层砂热释光测年为(33.3±4.6)万年，其下的冰碛层形成年代据昆仑

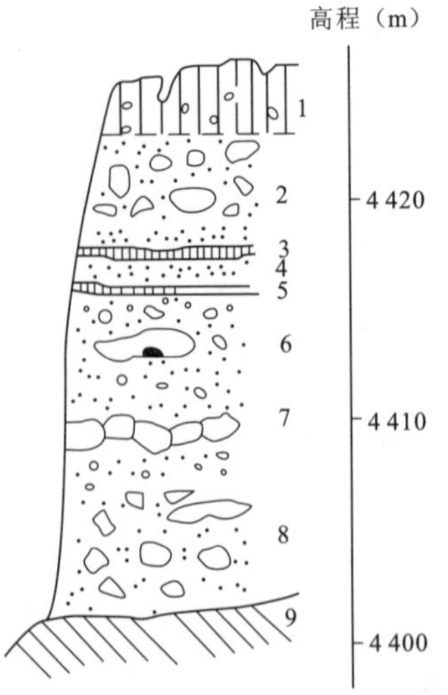


图2－124　塔什库尔干自治县阿格勒达坂南沟口乔戈里冰碛物剖面图

1. 黄土状土层；2. 冰碛漂砾；3. 古土壤；4. 砂层；5. 古土壤；6. 冰碛漂砾及砂层；7. 冰碛漂砾；8. 冰碛漂砾及砂层；9. 基岩

山垭口推测为 70 万年左右，属中更新世早期的冰期。本次冰期冰川作用最大，以山地为中心发育半覆盖式山谷冰川或山麓冰川，但各地冰川规模还未达到相互连接和覆盖整个高原的程度。

### 2 克勒青河冰期：$Qp^{2-2gl}$

本次冰川作用遗迹保存较好，分布在苏盖提江冰期沉积槽谷外围，冰碛沉积多受到一定的冲蚀，呈丘状起伏或条带状分布，在下槽谷外围，以喀喇昆仑山克勒青河上游保存最好，分布在尕舍罗鲁姆冰川与乌尔多克冰川之间的分水岭上，海拔 4 776～4 800m，高出尕舍罗鲁姆冰川 370m，高出河床 560m，为一冰川磨蚀的小山包，基岩为黑色板岩、片岩类，上部堆积有来自上源的紫红色砾岩及花岗岩，为钙质胶结，厚度 34m。上游特拉木坎里峰冰川左侧的冰碛层，高出现在冰川冰面（海拔 4 620m）在 140～280m 之间，按相对高度可分成若干列侧碛，最高侧碛可高出冰面达 280m，仅比山脊低 300～400m，表面大漂砾直径 1～3m，风化较深，而且还有鳞片状风化壳，所有冰碛层表层均可见黄土覆盖，并发育有棕色土壤。

以昆仑山玉龙喀什河上游布拉克巴什河离地面 50m 以下的冰碛砂热释光测年为距今（20.6±1.7）万年，属中更新世晚期的冰碛。从保留的遗迹推测，此次冰川规模较乔戈里冰期小。

### 3 苏盖提江冰期：$Qp^{3gl}$

本次冰期保存比较完好，从保留的遗迹可以看出，这次冰期的规模又有所变小，冰碛与侧碛稍有冲蚀，地貌形态基本完整，冰碛层保存在下槽谷中，分布比较普遍，多呈垄状或冰碛丘陵状，并形成冰碛湖；侧碛物呈阶梯状，大小混杂。克勒青河上游尕舍罗鲁姆冰川与左侧冲沟之间存在一个发育完整的终碛垄，海拔 4 335m，厚 40m，底部为深灰色泥砂、砾石层夹漂砾，结构为半胶结，砾石成分为板岩、白云质灰岩、角砾岩等，漂砾直径 1～3m，已呈弱风化。

本次冰期的古冰斗在阿格勒达坂北侧海拔 4 600m 冰碛湖处，其前方的岩槛保存较好，冰斗底部高度比现代雪线降低值达千米。

根据西昆仑重测冰川所获得的 $C^{14}$ 测年资料来看，该次冰期后阶段的盛冰期发生在距今（1.2～2.2）万年之间，时代为晚更新世。

### 4 新冰期：$Qh^{1gl}$

分布在喀喇昆仑山—昆仑山的各大冰川两端外侧，据冰舌末端 1km 至数千米之内，图区分布面积广，保存比较完整，呈阶梯状分布，阶梯外侧坡度和缓，内侧陡峻。一般高度 15～30m，稍有胶结，表面稍有风化，其上长有稀疏、耐旱的植被。由于各条冰川的具体情况不同，冰碛分布也有一定的差异。喀喇昆仑山克勒青河的各大冰川末端，很少有这类冰碛的终碛垄保存，但侧碛一般却保留比较完整；昆仑山各大冰川虽有此类冰碛形成的终碛垄与侧碛，但其数量与形态也都不相同。

克勒青河上游新冰期以来的冰碛，以尕舍罗鲁姆冰川和乌尔多克冰川之间的分水岭上的最低一级侵蚀台地为代表，高出两侧冰面 45～60m，高出河床 245m。台地的冰碛物为来自上源紫红色砾岩所覆。新冰期冰川前进遗迹明显。河床上遍布冰碛漂砾，愈近冰川末端漂砾愈大，保存愈好。一般漂砾直径为数米，大者 10m 左右。

根据西昆仑重测冰川冰帽边缘两列冰碛 $C^{14}$ 测年为（2 720±85）～（3 983±120）年。表明气候在进入全新世以后的 4 000 年前变冷。

### 5 小冰期：$Qh^{2gl}$

分布在新冰期侧碛的内侧，紧靠现代冰川两侧外缘，冰碛具有完好的冰碛垄与侧碛，分布范围广。图区内各大冰川边部均可见到，冰碛表现新鲜、疏松，缺乏植被与土壤，砾石易于滚动，厚度一般 15～35m，冰碛物中以角砾、泥砾、粗砂粘土、漂砾为主，形成时代为 16 — 19 世纪，是现代冰川波动性进退过程的产物。

（四）冰水沉积

图区内冰水沉积出露较少，一部分为冰水沉积阶地，上部往往叠加了后期冲洪积砂、砾石层；另一部分则表现为洪积扇的形式，主要为间冰期的产物。

麻扎以东的柯克阿特达坂东部解放桥处，发育于昆仑山南坡一个巨形冰水沉积型冲洪积扇，长 500m，宽 1 000m，高 680m，面积约 0.33km²，地貌上为冰碛前缘的平缓台地，其组成为砂、泥砾、角砾，砾石大小混杂，成分复杂，为黑云母花岗岩、白云质大理岩、片麻岩等，与北部邻近的高山地区基岩相同。分选性差，磨圆度为尖棱角状，砾石扁平面排列无规律，并常见近直立的扁平面排列，砂砾石层中常夹有不规则状砂质团块。坡度陡，达 24°。其扇根西部叠加了全新统冰碛，扇面凹凸不平，发育 8 条纵向网状冲沟。其形成区基本为现代冰川覆盖，为极高山区，冻融风化作用及热融滑塌作用强烈。沟坎均狭窄而短，自然纵坡大，结合图区外部三十里营房一带喀拉喀什河边部的冰水沉积扇的相关情况，根据《新疆维吾尔自治区区域地质志》对比划分，将其时代归属为晚更新世，属克勒青河-苏盖提江间冰期的产物。

## 第七节　沉积岩

图区内出露沉积岩以碳酸盐岩、碎屑岩为主，另有少量的泥岩、硅质岩等，主要分布于古生代以来的地层中。对其分类参照原成都地质学院《沉积岩石学》(1980)的分类方案(表 2-67)，按其物质来源分为陆源沉积岩、火山物源沉积岩和内源沉积岩三大基本岩类，在基本岩类中按成分、结构、成因等细分，其间有大量中间类型岩石。

**表 2-67　沉积岩分类总表**

| 陆源沉积岩(按结构细分)(mm) | | 火山物源沉积岩(按结构细分)(mm) | | 内源沉积岩 | | |
|---|---|---|---|---|---|---|
| | | | | 蒸发岩 | 非蒸发岩 | 可燃有机岩 |
| 砾岩<br>砂岩<br>粉砂岩<br>泥质岩 | >2<br>2～0.062 5<br>0.062 5～0.003 9<br><0.003 9 | 集块岩<br>火山角砾岩<br>凝灰岩 | >64<br>64～2<br><2 | 岩盐<br>石膏<br>硬石膏 | 石灰岩、白云岩、磷质岩、铁质岩、硅质岩、锰质岩、铝质岩、铜质岩、沸石质岩 | 煤油页岩 |

### 一、陆源碎屑岩类

测区内陆源碎屑岩分布较广，古生代以来地层单元中不同程度均有分布，按岩石结构可进一步分为砾岩、砂岩、粉砂岩和泥岩等。

（一）砾岩

按砾石成分不同可将测区出露砾岩进一步分为单成分砾岩和复成分砾岩两类。

**1. 单成分砾岩**

图区内该类岩石见于神仙湾群、铁隆滩群下部及阿图什组中，主要为岩溶角砾岩和同沉积的滑塌角砾岩。

**岩溶角砾岩** 分布于铁隆滩群下部，岩石一般呈灰色，具角砾状结构，块状构造，角砾含量一般大于70%，成分主要为灰岩，砾径大小不等，大者10～20cm，小者仅2～3cm，砾石一般呈棱角状—次棱角状，磨圆差。胶结物为钙质及次生方解石等。该角砾岩为灰岩成岩后遭受淡水溶蚀、坍塌，经近距离搬运堆积而成。

**同沉积的滑塌角砾岩** 见于神仙湾群中。砾岩呈灰—浅灰色，砾石成分为大理岩、灰岩，大小一般为20～50cm，少数大于1m以上，形状多呈长条状，略定向排列，砾石含量可达80%以上，胶结物为灰质及次生方解石等。

**2. 复成分砾岩**

测区内该类砾岩分布较广，成因类型复杂，主要分布于天神达坂组、库尔良群、提热艾力组、赛力亚克达坂群及帕卡布拉克组中，成因类型有河流砾岩、洪积砾岩、滑塌(水下扇)砾岩等。

**河湖相砾岩** 主要见于赛力亚克达坂群、帕卡布拉克组中。砾岩呈灰色、紫红色，具砾状结构，块状构造。砾石含量60%～70%，成分复杂，有砂岩、灰岩、花岗岩、大理岩等，砾石磨圆好，分选较差，大者50cm，小者1cm。填隙物成分：石英10%～15%、斜长石2%～3%、硅质岩屑5%～8%、方解石10%～15%。河流相砾岩横向上不稳定，呈透镜状，与砂岩构成河流相二元结构。

**滨海相砾岩** 见于天神达坂组中。该砾岩一般呈浅紫红—灰色，少数灰白色，具砾状结构，块状构造，砾石成分复杂，有砂岩、硅质岩等，含量60%～70%，砾径1～15cm，分选、磨圆较好，呈次圆状。胶结物为砂泥质、硅质等，砾岩横向上稳定，内部可见由粗—细的粒序层。从砾岩特征看应为陆相磨拉石建造砾岩。

**斜坡相砾岩** 主要见于库尔良群、提热艾力组的中下部。砾岩呈灰色，少数紫红色，具砾状结构，块状构造。砾石含量60%～70%，成分复杂，主要为砂岩，砾石磨圆好，分选较好，大者20cm，小者1cm。填隙物成分：石英10%～15%、斜长石2%～3%、硅质岩屑5%～8%。砾岩横向上不稳定，内部可见由粗—细的粒序层。

(二)*砂岩*

本书对砂岩的分类按原成都地质学院编的《沉积岩石学》(1980年)成因分类(图2-125)。图区内砂岩分布较广，广泛见于晚古生代石炭纪—二叠纪及中生代地层中，砂岩类型多种多样，几乎包括了砂岩所有类型，砂岩沉积相有陆相和海相之分。

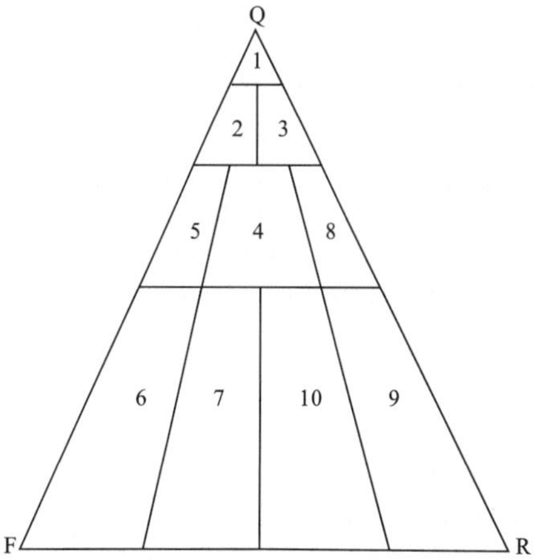


图2-125 砂岩分类三角图解

1. 石英砂岩；2. 长石石英砂岩；3. 岩屑石英砂岩；4. 长石岩屑石英砂岩；5. 长石砂岩；6. 富长石石英砂岩；7. 岩屑长石砂岩；8. 岩屑砂岩；9. 富岩屑砂岩；10. 长石岩屑砂岩

Q. 石英端元；F. 长石端元；R. 岩屑单元

**细粒石英砂岩** 见于天神达坂组、叶尔羌河群、他龙群中。岩石具细粒砂状结构，块状构造，颗粒大小0.1～0.15mm。砂屑成分：石英80%、硅质岩屑3%～5%、石英岩屑2%～3%、泥板岩屑2%～3%，粘土矿物占10%。砂屑磨圆度差，以次棱角状为主，少数棱角状，分选性较好，岩石结构和成分成熟度不高。填隙物均匀分布于碎屑之间，形成接触式胶结和颗粒支撑结构。

**不等粒石英砂岩** 见于天神达坂组中，岩石具不等粒砂状结构，块状构造。颗粒人小：0.15～0.25mm、0.3～0.5mm、0.6～1mm。砂屑成分：石英65％～70％、硅质岩屑＋石英岩屑10％～13％、砂岩屑＋白云母3％～5％；填隙物粉晶方解石＋粘土矿物13％～14％。碎屑物分选、磨圆均极差，岩石成熟度低。填隙物形成基底式胶结和杂基支撑结构。

**中粒石英砂岩** 见于天神达坂组、叶尔羌河群中，岩石具中粒砂状结构，块状构造，颗粒大小0.3～0.5mm。砂屑成分：石英72％、硅质岩屑＋石英岩屑9％～12％、长石＋泥板岩屑5％、白云母等2％；填隙物成分：粘土矿物杂基8％～10％。碎屑物分选性中等，磨圆度中等，呈次棱角状和次圆状，反映了成分成熟度和结构成熟度较低的特点。岩石为接触式胶结和颗粒支撑结构。岩石特征表明形成于稳定的水流环境。

**中粒含钙石英砂岩** 见于加温达坂群灰岩组中，岩石具中粒砂状结构，块状构造，颗粒大小0.25～0.4mm。砂屑成分：石英80％～85％、硅质岩屑1％、钾长石1％、白云母1％；填隙物方解石10％～15％。岩石中砂屑成分复杂，分选中等，磨圆度差，以次棱角状为主，少数棱角状，成熟度不高。胶结物为钙质，形成接触胶结和颗粒支撑结构。

**粗粒岩屑石英砂岩** 仅见于赛力亚克达坂群砂岩组中，岩石具粗粒砂状结构，块状构造，颗粒大小一般0.5～1.2mm，少数0.3～0.4mm。砂屑成分：石英35％～40％、硅质岩屑25％～30％、斜长石＋钾长石3％、变粉砂岩屑8％～10％、粉砂泥板岩屑3％～5％、石英岩屑3％、火山岩屑2％；填隙物成分：硅质隐晶石英10％、粉砂碎屑及粘土矿物5％。碎屑颗粒分选性、磨圆度较差，呈次棱角和次圆状，反映成熟度不高的特征。填隙物较少，形成孔隙式、接触式胶结和颗粒支撑结构。

**粗粒含砾岩屑石英砂岩** 见于叶尔羌河群中，岩石具粗粒含砾砂状结构，块状构造，颗粒大小：砂屑0.5～1mm、砾石2～3mm。砂屑成分：石英55％～60％、硅质岩屑15％～20％、斜长石2％～3％、火山岩屑3％、石英岩屑2％～3％、硅质、砂岩、泥板岩砾石10％；填隙物铁泥质＋方解石7％～13％。砂屑分选性和磨圆度均较差，多呈棱角状—次棱角状，胶结类型为孔隙式，颗粒支撑。

**粗粒含砾石英砂岩** 见于叶尔羌河群中，岩石具粗粒含砾砂状结构，块状构造，颗粒大小：砂屑0.3～0.5mm、0.6～1mm，砾石2～3mm。砂屑成分：石英65％～70％、硅质岩屑5％～6％、斜长石1％、钾长石2％、火山岩屑1％、石英岩屑1％、粉砂岩屑1％、泥板岩屑2％～3％、硅质＋粉砂岩＋石英岩砾石10％～15％；填隙物粘土矿物＋铁质＋粉砂碎屑6％～7％。砂屑分选性和磨圆度均较好，多呈次棱角状—次圆角状，不均匀分布，反映结构和成分成熟度不高。胶结类型为孔隙式和无胶结物式，形成颗粒支撑结构。岩石形成稳定水流沉积环境。

**细粒长石砂岩** 仅见于龙山组砂岩段，提热艾力组中，岩石具变余细粒砂状结构，块状构造，颗粒大小0.15～0.25mm，个别0.3～0.5mm。砂屑成分：斜长石40％～45％、石英35％～40％、硅质岩屑1％；填隙物粘土矿物＋黑云母11％～13％。砂屑分选中等，磨圆度差，成熟度不高。填隙物含量少，形成接触式胶结和颗粒支撑结构。局部地段出现黑云母鳞片，为接触变质作用形成的轻角岩化特征。

**不等粒长石砂岩** 见于提热艾力组中，岩石具不等粒砂状结构，块状构造，颗粒大小0.15～0.25mm、0.3～0.5mm、0.6～1.5mm。碎屑成分：石英25％～30％、斜长石＋钾长石25％～30％、硅质岩屑20％～25％、白云母1％、石英岩屑3％～5％；填隙物隐晶石英硅质胶结物15％～20％。碎屑复杂以长石、石英、岩屑为主，分选较好，磨圆一般，多呈次棱角状，少数次圆状，成熟度较低。填隙物分布于碎屑接触，形成接触式胶结和颗粒支撑结构。岩石特征表现为形成于构造运动比较强烈的地区，物理风化为主，化学风化为辅，强烈侵蚀和快速堆积的条件下沉积形成。

**细粒长石石英砂岩** 见于龙山组，加温达坂群灰岩组、温泉沟群B岩组及巴颜喀拉山群中。岩石具细粒砂状结构，块状构造，颗粒大小0.1～0.15mm。砂屑成分：石英76％、硅质岩屑3％～

5%、斜长石+钾长石10%、云母等2%；填隙物铁泥质杂基5%～8%。砂屑分选良好，呈次棱角状，磨圆度较差，成熟度较低。胶结类型为孔隙式，大部分碎屑间直接接触，为无胶结式，压实固结作用使碎屑间紧密接触，形成颗粒支撑结构。岩石形成于稳定的水流环境。

**中细粒含钙长石石英砂岩** 见于天神达坂组中，岩石具中细粒砂状结构，块状构造，颗粒大小0.15～0.2mm，0.25～0.4mm。砂屑成分：石英60%～65%、硅质岩屑10%～15%、斜长石5%～7%、石英岩屑等4%；填隙物方解石10%～15%，粘土矿物杂基2%～3%。磨圆度较差，呈次棱角状和少数棱角状，反映成分成熟度和结构成熟度不高。岩石为接触式胶结和颗粒支撑结构。

**中粒长石石英砂岩** 见于库尔良群中。岩石具中粒砂状结构，块状构造，颗粒大小0.25～0.5mm，少数0.2mm。砂屑成分：石英70%～74%、硅质岩屑+石英岩屑5%、斜长石5%～8%；填隙物粘土矿物15%，方解石1%。该砂岩分选较好，磨圆度较差，呈次棱角状—棱角状，反映成熟度不高的特点。胶结物含量低，形成接触式胶结和颗粒支撑结构。岩石形成于稳定水流沉积环境。

**中粗粒长石石英砂岩** 见于叶尔羌河群中。岩石具中粗粒砂状结构，块状构造，颗粒大小0.3～0.5mm、0.6～0.7mm。砂屑成分：石英70%～75%、硅质岩屑8%～10%、斜长石+钾长石5%～7%、粉砂岩屑+粉砂泥板岩屑+片岩岩屑+石英岩屑7%；填隙物粘土矿物+粉砂碎屑5%～8%。该砂岩分选性中等，磨圆度较差，呈次棱角状—次圆状，反映成分成熟度不高。胶结物含量低，形成孔隙式胶结和颗粒支撑。岩石形成于稳定水流沉积环境。

**细粒石英杂砂岩** 见于冬瓜山群中，岩石具细粒砂状结构，块状构造，颗粒大小0.1～0.25mm。砂屑成分：石英70%～75%、斜长石+钾长石2%～3%、硅质岩屑1%；填隙物成分：粘土矿物杂基(主)粉砂碎屑杂基(次)20%～25%。砂屑分选差，磨圆度中等，呈次棱角状，岩石结构和成分成熟度较低。填隙物为粘土矿物杂基和粉砂级碎屑等组成，使岩屑基本不接触，形成基底式胶结和杂基支撑结构。反映岩石形成于重力流和密度流快速堆积的沉积环境。

**中粒石英杂砂岩** 见于达坂沟群中，岩石具中粒砂状结构，块状构造，颗粒大小0.25～0.45mm，少数0.1～0.25mm。砂屑成分：石英65%～70%、硅质岩屑3%～5%、石英岩屑2%、灰岩岩屑2%；填隙物成分：方解石杂基1%～2%、铁泥质2%～3%、粉砂级碎屑3%。砂屑分选中等，磨圆度较差，呈次棱角状，岩石成熟度较低。填隙物为微晶方解石和粉砂级碎屑、铁泥质等杂基，使岩屑基本不接触，形成基底式胶结和杂基支撑结构。

**细粒长石石英杂砂岩** 见于赛力亚克达坂群砂岩组中，岩石具细粒砂状结构，块状构造，颗粒大小0.1～0.2mm。砂屑成分：石英45%～50%、硅质岩屑3%～5%、斜长石+钾长石5%～8%、石英岩屑1%～2%、板岩岩屑1%；填隙物成分：粘土矿物35%～40%、粉砂碎屑5%～8%。碎屑颗粒分选较差，磨圆度差，呈次棱角状，岩石结构和成分成熟度不高。胶结物含量较多，形成部分基底式胶结和杂基支撑结构。岩石形成于重力流和密度流快速堆积的沉积环境。

**中细粒长石石英杂砂岩** 见于达坂沟群中，岩石具中细粒砂状结构，块状构造，颗粒大小0.1～0.25mm，少数0.25～0.5mm。砂屑成分：石英60%～65%、斜长石+钾长石5%～8%、硅质岩屑1%～2%；填隙物成分：粘土矿物杂基20%～25%、粉砂碎屑杂基3%～5%。碎屑颗粒分选较差，磨圆度差，呈次棱角状，岩石结构和成分成熟度不高。胶结物粘土矿物杂基和粉砂碎屑杂基与砂屑一起，形成基底式胶结和杂基支撑结构。岩石形成于重力流和密度流快速堆积的沉积环境。

**不等粒长石石英杂砂岩** 仅见于提热艾力组中，岩石具不等粒砂状结构，块状构造，颗粒大小0.15～0.2mm、0.25～0.5mm、0.6～1.5mm。砂屑成分：石英50%～55%、硅质岩屑2%～3%、斜长石20%、石英岩屑+泥岩屑4%；填隙物成分：粘土矿物+黑云母15%～20%。碎屑颗粒分选差，磨圆度差，呈次棱角状，岩石成熟度不高。胶结物含量较多，形成接触式胶结，局部基底式胶结，为颗粒支撑结构。岩石胶结物遭受接触变质作用的影响，多数粘土矿物形成黑云母雏晶及角岩化特征。

**中粗粒岩屑长石杂砂岩** 见于赛力亚克达坂群砂岩组中，岩石具中粗粒砂状结构，块状构造，颗粒大小以0.5～1mm为主，次为0.3～0.5mm，少数为0.2～0.25mm。砂屑成分：斜长石＋钾长石35%～40%、中性火山岩10%、板岩岩屑3%、硅质岩屑10%～15%、石英岩屑2%～3%；填隙物成分：粉砂级碎屑及绿泥石5%～8%、硅质石英5%～8%、方解石3%。碎屑颗粒分选较差，磨圆度差，呈次棱角状，岩石结构和成分成熟度不高。胶结物含量较多，形成基底式胶结、部分为接触式胶结，基本为杂基支撑结构。岩石形成于强烈构造变动带的侵蚀区附近，山前坳陷或山间盆地中，以强烈的物理风化剥蚀、搬运不远快速堆积形成。

（三）粉砂岩

**石英质粉砂岩** 见于神仙湾群、温泉沟群B岩组中，岩石具粉砂状结构，块状构造，颗粒大小0.03～0.05mm。粉砂成分：石英85%、斜长石＋钾长石5%；胶结物：方解石1%～2%、粘土矿物5%～8%。粉砂屑以石英为主，颗粒呈棱角状，均匀分布。胶结物主要为粘土矿物，分布于孔隙中大部分为无胶结物式的紧密接触关系。

**钙质石英粉砂岩** 见于神仙湾群中，岩石具粉砂状结构，块状构造，颗粒大小0.05～0.08mm，少数0.1mm。粉砂成分：石英55%～60%、斜长石＋白云母3%；胶结物方解石35%～40%。砂屑分选良好，形状多呈棱角状，均匀分布于胶结物中。胶结物含量较高，使砂屑呈“悬浮”状。从岩石的矿物成分和含量看，岩石具粉砂岩和粉砂质灰岩之间过渡特征。

**长石石英粉砂岩** 见于神仙湾群、温泉沟群B岩组、龙山组砂岩段中，岩石具粉砂状结构，块状构造，颗粒大小0.05～0.1mm。粉砂成分：石英85%、斜长石8%～10%；胶结物粘土矿物3%～5%。碎屑分选良好，磨圆差，结构和成分成熟度中等。胶结物粘土矿物极少，基本为无胶结物式紧密接触。此岩石形成于水动力条件较弱而稳定、沉积速率缓慢的条件下。

（四）泥岩

**泥板岩** 见于天神达坂组中。泥质结构，定向构造。矿物成分：粘土矿物97%、石英1%～2%、方解石1%；岩石矿物成分单一，主要为十分细小的粘土矿物和个别石英、方解石等，由于岩石本身的压实固结作用，显示重结晶现象，使部分粘土矿物形成细小的丝状或毛发状，且定向分布形成定向构造。

**粉砂质泥板岩** 见于神仙湾群中。粉砂泥质结构，层状构造。矿物成分：粘土矿物74%、石英25%、白云母1%；岩石矿物成分主要为粘土矿物，次为少部分石英。粘土矿物质点因压实固结作用，显示重结晶现象，使部分粘土矿物变晶为细小的鳞片状，且定向分布，显示消光一致的特征。石英粉砂呈棱角状，悬浮在粘土矿物中，并与粘土矿物相间出现，构成明显的层理特征。

**硅质泥板岩** 见于加温达坂群灰岩组中，岩石具隐晶泥质结构，定向构造。矿物成分：粘土矿物50%、隐晶石英35%～40%、石英5%～8%。岩石中的矿物成分单一，主要为泥质成分和隐晶石英。岩石压实固结作用不明显，基本不显示重结晶现象，大多数泥质矿物呈细小的质点，与隐晶石英均匀分布于岩石中。

## 二、火山物源碎屑岩

本书对火山碎屑岩分类采用《沉积岩石学》(成都地质学院，1984)分类方案，将图区内火山碎屑岩分为三大类，即火山碎屑熔岩类、正常火山碎屑岩类和向沉积岩过渡的火山碎屑岩类(表2-68)，现分述如下。

**表 2-68 火山碎屑岩分类命名表**

<table>
<tr><td>类型</td><td rowspan="2">向熔岩过渡的火山碎屑熔岩类</td><td colspan="2">正常火山熔岩类</td><td colspan="3">向沉积碎屑岩过渡的火山碎屑岩类</td></tr>
<tr><td>亚类</td><td>熔结火山碎屑岩亚类</td><td>火山碎屑岩亚类</td><td>沉积火山碎屑岩亚类</td><td colspan="2">火山碎屑沉积岩亚类</td></tr>
<tr><td>火山碎屑物含量</td><td>含量不定，一般约30%～50%居多</td><td>火山碎屑物>90%，以塑性碎屑为主</td><td>火山碎屑物>90%，无或很少塑性碎屑</td><td>火山碎屑物占50%～90%</td><td colspan="2">火山碎屑物占10%～50%</td></tr>
<tr><td>成岩方式 / 岩石名称 / 碎屑粒度</td><td>熔结胶结</td><td>熔结</td><td>压实</td><td colspan="3">压实和水化学胶结</td></tr>
<tr><td>集块>64mm</td><td>集块熔岩</td><td>熔结集块岩</td><td>火山集块岩</td><td>沉集块岩</td><td colspan="2">凝灰质巨砾岩(巨角砾岩)</td></tr>
<tr><td>角砾 64～2mm</td><td>角砾熔岩</td><td>熔结火山角砾岩</td><td>火山角砾岩</td><td>沉火山角砾岩</td><td colspan="2">凝灰质砾岩(角砾岩)</td></tr>
<tr><td rowspan="3">凝灰<2mm</td><td rowspan="3">凝灰熔岩</td><td rowspan="3">熔结凝灰岩</td><td rowspan="3">凝灰岩</td><td rowspan="3">沉凝灰岩</td><td>2～0.062 5mm</td><td>凝灰质砂岩</td></tr>
<tr><td>0.062 5～0.004mm</td><td>凝灰质粉砂岩</td></tr>
<tr><td><0.004mm</td><td>凝灰质泥岩</td></tr>
</table>

### (一)火山碎屑熔岩类

**片理化安山质角砾熔岩** 见于温泉沟群A岩组中，岩石具变余角砾熔岩结构，熔岩胶结物部分具残余斑点结构，基质交织结构，显微片状构造。颗粒大小：角砾 2～10mm，凝灰质 0.3～1.5mm、残余斑晶 0.8～1mm、基质 0.05～0.12mm。熔岩胶结物成分：斑晶斜长石 4%～5%、基质斜长石 45%～47%、钾长石 5%～6%、石英 2%～3%；火山角砾成分：英安岩屑 15%、安山岩屑 16%；凝灰成分：与角砾成分相同的细岩屑 10%～12%及次生绢云母。岩石由熔岩胶结物和火山碎屑物组成，熔岩胶结物中的斑晶为自形粒状斜长石，基质斜长石为残余板状微晶，大致定向排列形成交织结构，胶结物中的火山角砾、安山岩屑、英安岩屑及凝灰质杂乱分布。由于蚀变和应力变质作用，斜长石强绢云母化，岩石具为片状构造和片理化特征。

**中性凝灰熔岩** 见于麻扎构造混杂岩带中，岩石具凝灰熔岩结构、轻碎裂结构块状构造。颗粒大小：晶屑 0.1～1mm，熔岩部分：斑晶 0.2～0.25mm、基质 0.001mm。熔岩成分：斑晶石英 1%～2%、斜长石 1%；基质成分：霏细成分(长英质蚀变)51%～55%；凝灰成分：晶屑斜长石 10%～12%、石英 5%～6%、熔岩屑 25%～30%。岩石由熔岩胶结物和火山碎屑凝灰质组成，熔岩部分斑晶为自形粒状和圆粒状石英，基质为细小的绢云母化斜长石和少数霏细石英形成均匀的基底，火山碎屑凝灰成分为熔岩屑、石英、斜长石晶屑等，形状各异，棱角状、尖棱角状、棒状、阶梯状等。岩石受动力挤压具碎裂特征，裂隙中为粉碎的粉末物质充填。

### (二)正常火山碎屑岩类

**安山质火山角砾岩** 见于提热艾力组、依莎克群中，岩石具角状结构，块状构造。颗粒大小：角砾 2～7mm 不等，凝灰质 0.15～1.5mm。角砾成分：安山岩屑 30%、玄武岩屑 12%、英安岩屑 10%～15%；凝灰质成分：同角砾成分的细小岩屑 10%～15%、斜长石晶屑 10%、石英晶屑 5%～8%，次生绿泥石 10%、绿帘石 5%～7%。岩石由以上角砾、凝灰质成分组成。火山角砾形状为棱角状、次棱角状，杂乱分布，岩屑内部结构和成分清晰。凝灰质成分具棱角状和尖棱角状，另外见有蚀变绿泥石和绿帘石等次生矿物。

**玄武质火山角砾岩** 见于帕斯群碎屑岩组中，岩石具火山角状结构，块状构造。颗粒大小：角砾 2～10mm 不等，胶结物 0.3～2mm。火山角砾成分：玄武岩屑 55%～60%、安山岩屑 15%～

20%；胶结物成分：同角砾成分的细小岩屑10%、斜长石晶屑5%、绿泥石10%、方解石2%～3%。岩石由火山角砾和胶结物成分组成。火山角砾为新鲜的杏仁状玄武岩和安山岩屑组成，形状为棱角状和不规则状，杂乱分布，形成块状构造。胶结物形态具棱角状和尖棱角状，分布角砾空隙处，大部分角砾直接接触。

**安山质岩屑凝灰岩** 见于提热艾力组、麻扎构造混杂岩带中，岩石具岩屑凝灰结构，块状构造。颗粒大小：0.15～1.5mm。岩屑成分：安山岩屑50%～55%、凝灰岩屑3%～5%；晶屑：斜长石5%～10%、石英2%～3%、玻屑5%～8%、火山灰尘15%～20%。岩石由岩屑、晶屑、火山灰尘及玻屑等成分组成。凝灰成分以棱角状为主，个别呈多角状、三角状及玻屑呈鸡骨和弧面多角状等极不规则状杂乱分布。细小的火山灰将粗凝灰质胶结在一起，形成块状构造。蚀变特征，斜长石晶屑绢云母化、钙化及玻屑脱玻化。

**粗面流纹质玻屑凝灰岩** 见于麻扎构造混杂岩带中，岩石具玻屑凝灰结构，块状构造。颗粒大小：0.15～0.6mm为主，少数1～2mm。玻屑：85%；晶屑：钾长石5%～8%、石英1%、斜长石1%～2%、粗面流纹岩屑3%～5%。岩石由玻屑、岩屑、晶屑等组成。凝灰成分以弧面棱角状和浮岩状，前者为弓状、鸡骨状、镰刀状和楔状等撕裂状；晶屑、岩屑呈棱角状，前者具溶蚀状。主要成分玻屑脱玻化变为霏细状长英矿物和斜长石微晶，石英、钾长石、斜长石等晶屑较新鲜，双晶和条纹清晰，个别浮岩状玻屑已脱玻化变为方解石晶体，原浮岩形态仍残留清晰。岩石为典型的玻屑凝灰岩类。

**流纹质含砾岩屑玻屑凝灰岩** 见于麻扎构造混杂岩带中，岩石具含砾岩屑玻屑凝灰结构，块状构造。颗粒大小：砾石2～4mm、凝灰质0.1～1.5mm不等。砾石成分：流纹岩屑5%～8%，凝灰质成分：晶屑为斜长石20%～25%、钾长石15%～20%、石英15%、黑云母1%～2%；岩屑为流纹岩屑15%～20%、火山灰尘15%～20%。岩石由砾石、凝灰质成分组成。凝灰成分形态多样；晶屑长石、石英呈尖棱角状和阶梯状，岩屑呈棱角状和次棱角状，杂乱分布，形成块状构造和凝灰结构。粗凝灰质成分和少数砾石被细小的火山灰成分胶结。为典型的碎屑凝灰岩类。

**安山质角砾晶屑岩屑凝灰岩** 见于麻扎构造混杂岩带中，岩石具角砾凝灰结构，块状构造。颗粒大小：角砾2～4mm，凝灰质成分0.15～2mm。角砾成分：安山岩屑10%～15%；凝灰质成分：安山岩屑40%～45%、斜长石晶屑25%～30%、浮岩岩屑1%～2%、玻屑10%～15%。岩石由角砾岩屑、凝灰质岩屑成分组成。火山角砾和凝灰质形状有不规则尖棱角状和三角状、浮岩状、弓状等，杂乱分布，形成块状构造，岩石后期碳酸盐化、脱玻化明显。

**安山质晶屑凝灰岩** 见于提热艾力组中，岩石具凝灰结构，块状构造。颗粒大小：0.15～1mm。火山岩屑成分：晶屑为斜长石60%～65%、钾长石1%～2%、石英1%～2%；岩屑为安山岩屑10%～15%、玻屑3%～4%、火山灰尘10%～15%。岩石主要由火山碎屑成分组成。火山碎屑物形态呈棱角状、尖棱角状和多角状等，少许玻屑呈鸡骨状和浮岩状，所含火山灰十分细小均匀地分布于晶屑和岩屑之间。

### （三）向沉积岩过渡的火山碎屑岩类

**细粒凝灰质长石砂岩** 见于依莎克群中，岩石细粒凝灰砂状结构，块状构造。颗粒大小：0.1～0.2mm。碎屑成分：斜长石37%～40%、石英5%～8%、硅质岩屑2%～3%、绿帘石3%～5%；凝灰质成分：斜长石晶屑15%～20%、安山岩屑3%～4%、玻屑10%～15%；填隙物：泥质10%、绿泥石3%～5%。岩石由沉积碎屑和凝灰质成分及填隙物组成。碎屑物形状多呈次棱角状，分选性和磨圆度中等；火山碎屑物呈尖棱角状和多角状，玻屑脱玻化变为绿泥石，保持原产状特点。填隙物成分为泥质和少数绿泥石，形成接触式胶结、线接触性质和颗粒支撑结构。

**中粒凝灰质砂岩** 见于恰提尔群中，岩石中粒凝灰砂状结构，块状构造。颗粒大小：沉积碎屑0.1～0.3mm、火山碎屑0.3～1.5mm。沉积碎屑成分：石英40%～50%、斜长石10%；凝灰质碎屑：晶屑为石英 5%～10%、斜长石 10%；岩屑为安山岩屑 15%；填隙物：粘土矿物＋方解石 10%～15%。岩石由沉积碎屑和凝灰质成分及填隙物组成。沉积碎屑物形状多呈次圆角状；凝灰质成分呈棱角状和多角状；填隙物成分为粘土矿物和隐晶状方解石，均匀分布于碎屑间，形成接触式胶结。属于凝灰质沉积岩类。

**安山质含砾岩屑凝灰岩**　见于依莎克群中，岩石具含砾岩屑凝灰结构，块状构造。颗粒大小：砾石 2～5mm，主要为 0.3～2mm。凝灰质成分：岩屑为安山岩屑 40%、玄武岩屑 15%～20%、流纹岩屑 5%～8%、霏细晶屑 2%～3%；晶屑为石英 5%～10%、斜长石 5%；砾石：流纹岩屑、安山岩屑 5%～8%，次生绿帘石＋黝帘石 8%～10%。岩石由凝灰质岩屑、次要晶屑及砾石等成分组成。岩屑形状多呈棱角状和多角状，杂乱分布，形成块状构造，个别石英保持被基质溶蚀形态，斜长石晶屑呈三角状；砾石呈棱角状和次棱角状，次生绿帘石、黝帘石为后期蚀变矿物，在岩石中分布不均匀。

**沉凝灰岩**　见于依莎克群中，岩石具沉凝灰结构，块状构造。颗粒大小：0.1～0.6mm。凝灰质成分：安山岩屑 20%～21%、玄武岩屑 8%～10%、英安岩屑 5%～7%、斜长石晶屑 15%～20%；沉积碎屑成分：斜长石 7%、石英 5%、绿帘石 8%～10%、粉砂泥岩屑 2%～3%；填隙物：泥质 8%～10%、火山尘 10%。岩石由凝灰质成分及少部分陆源沉积碎屑成分组成。凝灰质成分形状多呈次棱角状，个别尖棱角状，杂乱分布，形成块状构造，个别石英保持被基质溶蚀形态，斜长石个别呈阶梯状；沉积碎屑成分呈次棱角状和次圆状，泥质、火山尘等分布于碎屑粒间。

**凝灰质泥岩**　见于提热艾力组中，岩石具凝灰泥质结构，层状构造。颗粒大小：0.02～0.12mm。粘土矿物、铁质 70%、石英 5%～8%；凝灰质成分：晶屑为斜长石 15%～20%、石英 3%～5%、安山岩屑 2%。岩石由粘土矿物和氧化铁质及少数石英、凝灰质成分组成。主要矿物粘土矿物和氧化铁质为紫红色，压实重结晶、大致定向分布形成层状构造。石英粉砂多呈次圆状，晶屑为斜长石和少量安山岩屑，形状呈尖棱角状和多角状，均匀分布于岩石中。

## 三、内源沉积岩

图区内出露的该大类岩石按成分及成因可进一步分为灰岩、白云岩和硅质岩等。灰岩和白云岩进一步划分是按结构结合成因进行的，其间有大量过渡类型。

### （一）灰岩

该类岩石广泛出露于图区泥盆系、石炭系、二叠系、三叠系及侏罗系等地层中，本书对灰岩分类采用曾允孚等（1980）的结构-成因分类方案（表 2-69）。

**表 2-69　灰岩结构-成因分类**

<table>
<tr><th rowspan="2">颗粒含量</th><th rowspan="2">主要填隙物</th><th colspan="6">颗粒灰岩类(2)</th><th rowspan="2">原地固着生物灰岩类(3)</th></tr>
<tr><th>内碎屑</th><th>生物(屑)</th><th>鲕(豆)粒</th><th>团粒</th><th>团块</th><th>三种以上颗粒混合</th></tr>
<tr><td rowspan="2">>50%</td><td>亮晶</td><td>亮晶内碎屑灰岩</td><td>亮晶生物屑灰岩</td><td>亮晶鲕(豆)粒灰岩</td><td>亮晶团粒灰岩</td><td>亮晶团块灰岩</td><td>亮晶颗粒灰岩</td><td rowspan="5">生物（珊瑚、红藻、苔藓虫、海绵、层孔虫等)礁灰岩<br>生物（海百合、层孔虫、藻类)层灰岩<br>生物(枝状珊瑚、海绵、苔藓虫、藻类等)丘灰岩</td></tr>
<tr><td>灰泥</td><td>微晶内碎屑灰岩</td><td>微晶生物(屑)灰岩</td><td>微晶鲕(豆)粒灰岩</td><td>微晶团粒灰岩</td><td>微晶团块灰岩</td><td>微晶颗粒灰岩</td></tr>
<tr><td>50%～25%</td><td>灰泥</td><td>内碎屑微晶灰岩</td><td>生物(屑)微晶灰岩</td><td>鲕(豆)粒微晶灰岩</td><td>团粒微晶灰岩</td><td>团块微晶灰岩</td><td>颗粒微晶灰岩</td></tr>
<tr><td>25%～10%</td><td>灰泥</td><td>含内碎屑微晶灰岩</td><td>含生物碎(屑)微晶灰岩</td><td>含鲕(豆)粒微晶灰岩</td><td>含团粒微晶灰岩</td><td>含团块微晶灰岩</td><td>含颗粒微晶灰岩</td></tr>
<tr><td><10%</td><td>灰泥</td><td colspan="6">微晶或泥晶灰岩类(1)</td></tr>
<tr><td colspan="2">重结晶灰岩类(4)</td><td colspan="7">具残余结构(各种颗粒或生物礁)晶粒(粗晶、中晶、细晶)灰岩，如具残余结构的巨晶、中晶灰岩</td></tr>
</table>

注：曾允孚，1980。

### 1. 微晶或泥晶灰岩类

**微晶灰岩**　见于落石沟组、龙山组灰岩段、帕斯群灰岩组中。岩石具微晶结构，缝合线构造，颗粒大小0.001～0.01mm。矿物成分：方解石95%、泥质3%～5%、石英1%。岩石成分单一，主要为方解石，仅含少量泥质成分。方解石呈它形粒状，结晶程度差，晶粒界限不清，高倍镜下方可识别。岩石中见有平行或斜交层理的缝合线构造，被泥质成分充填，岩石中方解石细脉十分发育，杂乱贯入，造成假角砾状特征。

**含珊瑚微晶灰岩**　见于落石沟组中。岩石具生屑微晶结构，块状构造，颗粒大小0.001～0.01mm。矿物成分：方解石65%～70%；生物碎屑：珊瑚20%、棘屑、腕足、有孔虫10%～15%。岩石由粒屑和基质组成，粒屑组分以珊瑚为主，次为棘屑、腕足、有孔虫及个别钙球；生屑之间为微晶基质，为微晶方解石组成，结晶程度差，呈它形粒状将生屑基底式胶结在一起。岩石中方解石细脉十分发育，杂乱贯入。

### 2. 颗粒灰岩类

**粉晶灰岩**　见于龙山组、帕斯群灰岩组中。岩石具粉晶结构，缝合线构造。颗粒大小0.01～0.015mm。矿物成分：方解石95%、泥质3%～5%、石英1%。岩石成分单一，由方解石及少量的泥质组成，方解石呈它形粉晶粒状，较均匀分布，显示定向分布，形成层状构造。岩石具缝合线构造，被泥质成分充填，岩石中方解石细脉十分发育，无规则杂乱贯入。

**含粉砂灰岩**　见于落石沟组、龙山组中。岩石具含粉砂质粉晶结构，层状构造。颗粒大小0.03～0.05mm。矿物成分：方解石78%～80%、石英15%～20%。岩石成分单一，由方解石及少量石英粉砂组成，方解石呈它形粉晶粒状，结晶程度差，较均匀分布，在方解石之间较均匀分布有石英碎屑，呈棱角状，偶含个别绢云母和褐铁矿。

**亮晶砂屑灰岩**　见于落石沟组、龙山组中，岩石具亮晶砂屑结构，块状构造。颗粒大小：基质0.2～0.25mm，砂屑0.15～0.3mm。矿物成分：内碎屑60%、生物碎屑1%，填隙物亮晶方解石35%～40%。岩石主要由内碎屑和填隙物组成，内碎屑中的砂屑由泥晶灰岩组成，呈不规则圆形和椭圆形，不均匀分布，见个别藻类；填隙物为亮晶方解石，明亮清洁，与砂屑接触界线清楚为突变关系，由于含量较少对砂屑形成基底式胶结。

**含砂屑微晶灰岩**　见于龙山组中，岩石具砂屑微晶结构，块状构造。颗粒大小：基质0.001～0.01mm，砂屑0.05～0.1mm。矿物成分：内碎屑15%；基质成分：微晶方解石70%～75%、泥质1%～2%、次生白云石8%～10%。岩石主要由基质和内碎屑组成，基质中的方解石呈细小的它形微晶颗粒，晶体间界线往往不清，均匀分布；内碎屑呈悬浮状分布，极不均匀。岩石中出现明显的白云石化作用，呈自形晶体和菱形晶体，在岩石中以团块或不规则状出现。

**亮晶鲕粒灰岩**　见于龙山组、落石沟组、阿格勒达坂组中，岩石具鲕粒结构，块状构造。颗粒大小0.5～1mm。矿物成分：鲕粒60%～65%、亮晶方解石30%～35%、内碎屑2%～3%。岩石主要由碎屑鲕粒和亮晶胶结物组成，鲕粒呈球形，为由隐晶方解石形成的同心圆状颗粒，为原生沉积形成的真鲕，鲕粒之间为亮晶方解石胶结物，胶结物亮晶方解石与鲕粒之间界线清楚，形成基底式胶结。

**含泥质微晶灰岩**　见于库尔良群中，岩石具含泥质微晶结构，块状构造。颗粒大小：基质0.001～0.01mm。矿物成分：方解石84%～89%、泥质10%～15%、石英1%。岩石由方解石和泥质组成，方解石结晶程度差，呈细小它形微晶粒状，界线在高倍镜下方可辨认，不均匀分布。泥质成分一般分布在粒间，不均匀分布，时多时少。方解石细脉无规则贯入。

#### 3. 原地固着生物灰岩类

**生物礁灰岩** 仅见于落石沟组、帕斯群灰岩组中，岩石一般呈灰色，具块状构造，层理不发育。岩石中生物化石极为丰富，约占岩石的40%，分为造礁生物和附礁生物两种。造礁生物主要为珊瑚、海绵和苔鲜虫等，珊瑚主要为群体珊瑚，含量30%，构成礁体骨架；海绵和苔藓虫约占10%，包黏缠绕于骨架上，起黏结作用。附礁生物主要为腕足、腹足、海百合等，含量为20%左右。填隙物为微晶方解石。该类灰岩常形成于温暖且阳光充足的浅海环境。

#### 4. 重结晶灰岩类

**细晶灰岩** 主要见于恰提尔群、帕斯群碎屑岩组中。岩石具细晶结构，块状构造，颗粒大小：0.1～0.2mm，少数0.25mm。主要矿物：方解石98%、泥质1%、铁质1%。岩石主要由方解石和少量泥质、铁质组成，方解石呈半自形细粒状，晶粒间为曲线状接触，均匀分布形成块状构造。方解石单晶结晶明亮，节理及双晶清晰，因变质作用影响，显示重结晶作用。

### （二）白云岩

#### 1. 同生白云岩

**粉晶白云岩** 仅见于加温达坂群白云岩组中。岩石具粉晶结构，块状构造。颗粒大小：0.01～0.015mm。矿物成分：白云石97%、泥质2%～3%。岩石矿物成分单一，几乎全由白云石组成。白云石结晶程度差，呈它形粒状，晶粒间界线在高倍镜下方可辨认，分布不均匀，泥质成分分布于白云石晶粒之间，未见交代迹象，应为同生白云岩。

**微晶白云岩** 见于帕斯群白云岩组中，岩石具粉晶结构，块状构造。颗粒大小：0.001～0.01mm。矿物成分：白云石99%、方解石1%、泥质1%。岩石矿物成分单一，主要由白云石矿物组成。白云石呈它形微晶粒状，紧密接触，均匀分布形成均一的基地，偶见方解石隐晶和泥质成分出现。

**细晶白云岩** 见于恰提尔群白云岩组中，岩石具细晶结构，块状构造。颗粒大小：0.05～0.1mm。矿物成分：白云石98%、泥质1%。岩石矿物成分单一，主要由白云石矿物组成。白云石结晶较好，呈自形—半自形细晶粒状，晶体间紧密接触，均匀分布形成块状构造，岩石中发育白云岩细脉。

#### 2. 次生白云岩和白云岩化岩石

**灰质白云岩** 仅见于加温达坂群白云岩组中，岩石具中晶结构，块状构造。颗粒大小：0.3～0.5mm，少数0.15～0.2mm。矿物成分：白云石75%～80%、方解石20%～25%。岩石主要由白云石和方解石组成，白云石呈半自形—自形粒状。白云石之间呈折线紧密接触，形成块状构造。岩石中的白云石交代方解石形成，局部地段仍残留方解石细晶颗粒，为白云石交代残余部分。

#### 3. 硅质岩

**含泥质硅质岩** 见于帕斯群碎屑岩中，岩石具隐晶质结构，块状构造。颗粒大小：0.001mm。矿物成分：隐晶石英89%、泥质5%～10%、石英1%，次生石英及蛇纹石脉、方解石细脉。岩石矿物简单，主要由隐晶质石英和混入少量的泥质成分组成。隐晶质石英十分细小，高倍镜下可见，晶体边界不清，均匀分布，混入物也均匀分布于岩石中。

**硅质岩** 见于神仙湾群A岩组、温泉沟群B岩组中，岩石具隐晶质结构，块状构造。颗粒大小0.001mm。矿物成分：隐晶石英90%、泥质3%、玉髓5%～8%；岩石矿物简单，主要由隐晶质石英和个别玉髓及混入少量的泥质成分组成。隐晶质石英十分细小，高倍镜下可见，均匀分布，形成块状特征。

# 第三章　岩浆岩

测区岩浆岩具有时间跨度长、类型多、成因复杂、分布广泛的特点。其中以侵入岩为主，出露面积达 4 086km²；火山岩分布零星，出露面积约 534km²，约占测区面积的 32%。侵入岩岩石类型有幔源的橄榄岩、辉石岩、辉长岩，亦有壳幔混合源与俯冲有关的闪长岩、英云闪长岩、二长花岗岩，还有与碰撞有关的花岗岩和造山后期的环斑花岗岩。火山岩以玄武岩—安山岩类为主，另有少量的流纹岩。

在时间上，测区内岩浆岩从元古宙、早古生代、晚古生代到中生代都有出露，其中以古生代及中生代的三叠纪为主，空间上不同时代岩浆岩相互叠置，但测区内总体具有由北向南由老变新的规律（图 3－1）。

## 第一节　中酸性侵入岩

测区侵入岩分布广泛，不同时期的侵入岩均有出露，按时代可划分为元古宙侵入体、早古生代侵入体、晚古生代侵入体、中生代印支期及燕山期侵入体四大套。

在空间上，根据侵入岩的空间分布范围和时代分为 4 期（加里东期、华力西期、印支期、燕山期）5 个构造-岩浆岩带，即以康西瓦-苏巴什结合带为界，以北为西昆仑（加里东期构造-岩浆岩带、华力西期构造-岩浆岩带、印支期复合构造-岩浆岩带，以南为喀喇昆仑印支期、燕山期复合构造-岩浆岩带。测区虽然具有不同期次、不同岩石类型相互套叠式分布的特点，但总体具有从北向南由老变新的规律（图 3－1）。

### 一、元古宙侵入体

元古宙测区内岩浆活动相对较弱，只具局部显现的特点。库地南片麻状黑云二长花岗岩，前人一直视为长城系变质地层的一部分，本次工作被当作古侵入体解体出来。

#### （一）地质特征

库地南岩体为新建立侵入体，该侵入体为不规则的长条状。其北部侵入于长城系和蓟县系老变质地层之中（图 3－2），其南部被早古生代苏盖特力克中粒黑云钾长花岗岩侵入（图 3－3），面积约 220km²，岩性为片麻状黑云二长花岗岩。受后期变形改造，侵入体长轴方向与区域构造线方向一致，岩体内部矿物具有定向排列，显示片麻状构造，局部出现糜棱岩化岩石（图版Ⅳ－8）。但其野外地质产状仍然保留了侵入体的特征，表现为结构单一，成分均匀。古侵入体中暗色包体发育，包体多呈长条状、透镜状，包体大小不一，多数 10cm×25cm，个别达 60cm×100cm，与寄主岩体之间界限清楚。包体岩性主要为闪长质岩石，其粒度为 0.1～0.5mm。暗色包体受后期构造影响，普遍发生变形。

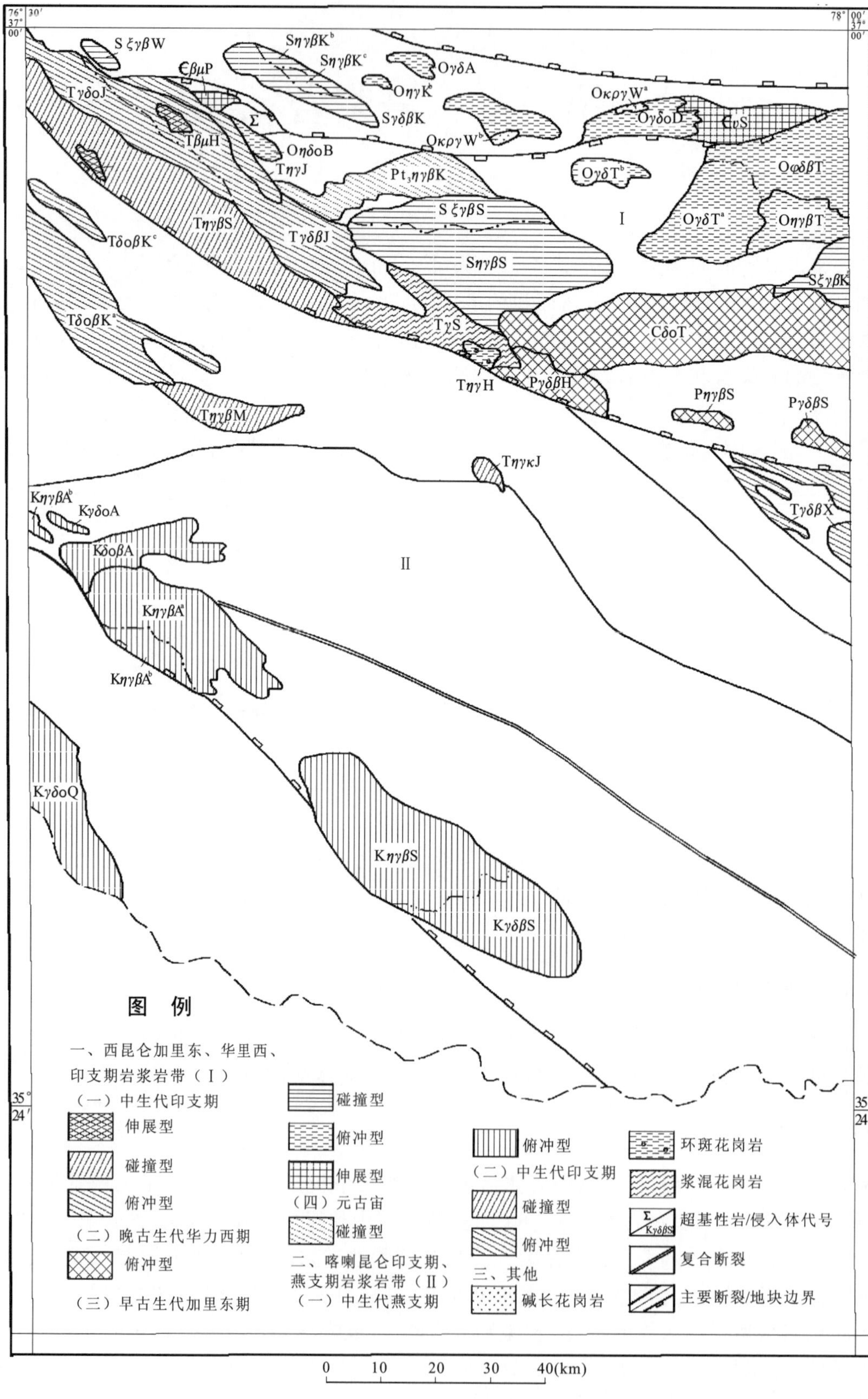
76° 30′
37° 00′
78° 00′
37° 00′
35° 24′
SξγβW
SηγβKb
SηγβKc
€βμP
OγδA
OηγKa
TγδoJ
Σ
SγδβK
OκργWa
OγδoD
€υS
TβμH
OηδoB
OκργWb
TηγJ
Pt3ηγβK
OγδTb
OφδβT
SξγβS
I
OγδTa
OηγβT
TηγβS
TγδβJ
TδoβKc
SηγβS
SξγβK
TδoβKa
TγS
CδoT
TηγH
PγδβH
PηγβS
PγδβS
TηγβM
TηγκJ
KηγβAb
KγδoA
TγδβX
KδoβA
II
KηγβAa
KηγβAb
KγδoQ
KηγβS
KγδβS
图　例
一、西昆仑加里东、华里西、印支期岩浆岩带（Ⅰ）
（一）中生代印支期
伸展型
碰撞型
俯冲型
（二）晚古生代华力西期
俯冲型
（三）早古生代加里东期
碰撞型
俯冲型
伸展型
（四）元古宙
碰撞型
二、喀喇昆仑印支期、燕支期岩浆岩带（Ⅱ）
（一）中生代燕支期
俯冲型
（二）中生代印支期
碰撞型
俯冲型
三、其他
碱长花岗岩
环斑花岗岩
浆混花岗岩
超基性岩/侵入体代号
复合断裂
主要断裂/地块边界
0　10　20　30　40(km)

图 3-1　侵入岩分布图

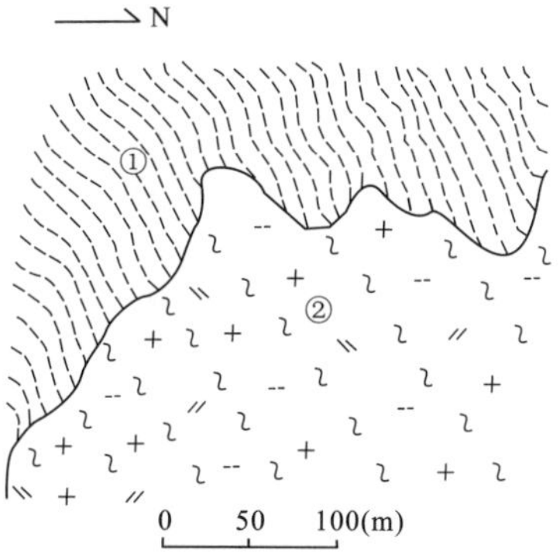


图 3-2 长城系变质地层①与库地南岩体②原始侵入关系

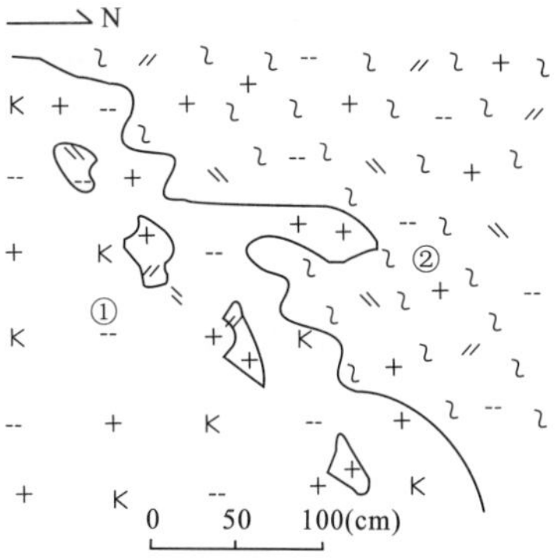


图 3-3 苏盖特力克黑云钾长花岗岩侵入体①与库地南岩体②间超动关系

### (二)岩石学特征

库地南岩体岩性为细粒黑云二长花岗岩,岩石呈深灰色到灰黑色,变余半自形柱状、粒状结构,片麻状构造(或块状构造)。矿物颗粒一般为0.5～1.5mm,少数0.2～0.5mm。矿物成分以斜长石20%～25%、石英40%～45%、钾长石15%～20%、黑云母5%～10%为主,次有透辉石、绿泥石、绿帘石等。副矿物为磁铁矿、榍石、磷灰石、锆石等。斜长石呈半自形粒状,钾长石(主要为微斜长石)呈它形粒状,长石普遍发生绢云母化,个别见有钠长石化;角闪石呈半自形柱状或粒状,少数发生绿泥石化。岩石遭受后期强烈变形改造,主要表现为斜长石、角闪石具有碎粒化和定向排列,石英强波状消光,局部岩石的糜棱岩化等。

### (三)岩石化学及地球化学特征

#### 1. 岩石化学特征

库地南岩体岩石化学成分含量及特征参数值见表3-1,从表中可以看出;$SiO_2$含量平均值为68.92%,$Al_2O_3$含量平均值为14.60%,$K_2O$含量平均值为4.63%,A/CNK值为1.93,$\sigma$值为1.86,为过铝钙碱性岩石系列,显示S型花岗岩特征。SI均值为9.74,DI均值为80.51,反映岩石基性程度较低,岩浆分异程度较高的特征。在A-F-M图解(图3-4)中落入钙碱性岩石系列区;在$Na_2O$-$K_2O$图解(图3-5)中落入S型花岗岩区。结合SI和DI值分析认为,该岩石属于过铝的S型花岗岩。

**表 3-1 库地南岩体化学成分含量及特征参数值**

| 岩体 | 代号 | 样品号 | 氧化物含量(%) | | | | | | | | | | |
|---|---|---|---|---|---|---|---|---|---|---|---|---|---|
| | | | $SiO_2$ | $Al_2O_3$ | $Fe_2O_3$ | CaO | MgO | MnO | $TiO_2$ | $P_2O_5$ | $K_2O$ | $Na_2O$ | FeO |
| 库地南 | ηγβ | D538/3 | 66.97 | 15.17 | 4.39 | 0.76 | 3.85 | 0.04 | 0.45 | 0.05 | 5.28 | 1.48 | 3.75 |
| | | D538/6 | 70.86 | 14.03 | 3.40 | 1.10 | 2.20 | 0.01 | 0.25 | 0.04 | 3.97 | 2.32 | 2.81 |
| | 平均值 | | 68.92 | 14.60 | 3.90 | 0.93 | 3.06 | 0.03 | 0.35 | 0.05 | 4.63 | 1.90 | 3.24 |
| 世界花岗岩* | | | 71.30 | 14.32 | 1.21 | 1.84 | 0.71 | 0.05 | 0.31 | 0.12 | 4.04 | 3.68 | 1.64 |

| 岩体 | 代号 | 样品号 | 氧化物含量(%) | | | | 特征参数值 | | | | |
|---|---|---|---|---|---|---|---|---|---|---|---|
| | | | $CO_2$ | $H_2O^+$ | $H_2O^-$ | Σ | A/CNK | σ | AR | SI | DI |
| 库地南 | ηγβ | D538/3 | 0.85 | 1.69 | 0.40 | 105.13 | 1.93 | 1.31 | 1.94 | 17.26 | 73.91 |
| | | D538/3 | 0.51 | 0.76 | 0.32 | 102.58 | 1.92 | 2.41 | 3.38 | 2.21 | 87.10 |
| | 平均值 | | 0.68 | 1.23 | 0.36 | 103.87 | 1.93 | 1.86 | 2.66 | 9.74 | 80.51 |
| 世界花岗岩* | | | 0.05 | 0.64 | 0.13 | 100.04 | 1.04 | 2.11 | 2.89 | 6.29 | |

* 据 Lemaitve,1976。

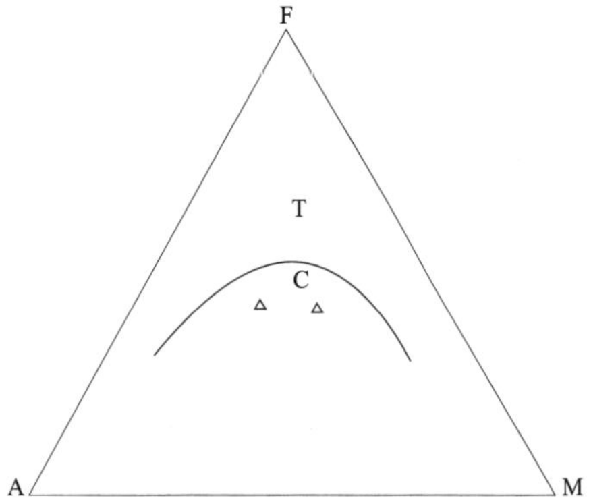


图 3-4　A-F-M 图解
T. 拉斑玄武岩；C. 钙碱型岩系
（据欧文和巴拉加尔，1971）

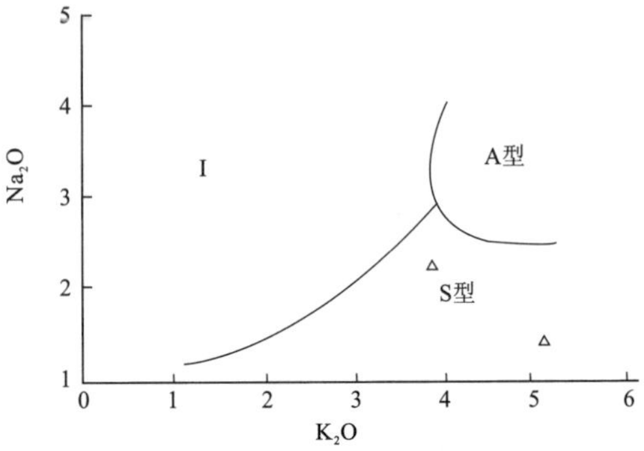


图 3-5　$Na_2O-K_2O$ 岩石类型图解
（据 Collin，1982）

**2. 微量元素特征**

库地南岩体微量元素含量见表 3-2。从表中可以看出；与维氏(1962)克拉克值相比，具有 Li、Be、Rb、Nb、Ta 元素富集，Cr、Ni、Ba、Cu、Sc 贫乏，表现为壳源元素相对富集，幔源元素相对亏损的特征。

**表 3-2　库地南岩体微量元素含量表**　（$\times10^{-6}$）

| 岩体 | 代号 | 样品号 | Li | Be | Sc | V | Cr | Co | Ni | Cu | Zn | GU |
|---|---|---|---|---|---|---|---|---|---|---|---|---|
| 库地南 | $\eta\gamma\beta$ | D538/2 | 89.8 | 6.85 | 11.9 | 52.5 | 35 | 83 | 15.2 | 4.29 | 55.1 | 23.3 |
| | | D538/3 | 64.4 | 2.42 | 10.6 | 47.6 | 35 | 73 | 12.9 | 8.10 | 47.9 | 19.6 |
| | | D538/6 | 52.3 | 4.13 | 8.2 | 28.2 | 21 | 140 | 9.3 | 2.95 | 45.3 | 16.7 |
| | | D538/7 | 44.4 | 3.45 | 8.8 | 39.1 | 34 | 123 | 10.5 | 17.80 | 46.8 | 18.1 |
| | | D538/8 | 49.1 | 4.06 | 9.5 | 34.6 | 33 | 116 | 9.6 | 10.90 | 56.3 | 21.6 |
| 地壳克拉克值(维氏，1962) | | | 20.0 | 1.80 | 10.0 | — | 83 | 18 | 58.0 | 47.00 | 83.0 | 20.0 |
| 岩体 | 代号 | 样品号 | Rb | Sr | Y | Zr | Nb | Ba | Hf | Ta | Pb | Th |
| 库地南 | $\eta\gamma\beta$ | D538/2 | 318.5 | 40.5 | 45.5 | 228 | 48.4 | 582 | 6.89 | 3.63 | 5.90 | 16.84 |
| | | D538/3 | 211.9 | 83.0 | 42.9 | 238 | 34.1 | 583 | 7.13 | 2.42 | 10.61 | 15.14 |
| | | D538/6 | 180.3 | 89.6 | 43.6 | 226 | 14.5 | 467 | 7.04 | 2.01 | 15.89 | 17.93 |
| | | D538/7 | 170.5 | 94.4 | 39.2 | 272 | 17.4 | 600 | 8.08 | 2.33 | 12.49 | 15.87 |
| | | D538/8 | 230.0 | 104.5 | 45.0 | 333 | 21.5 | 729 | 10.16 | 6.82 | 20.63 | 17.85 |
| 地壳克拉克值(维氏，1962) | | | 150.0 | 340.0 | — | 170 | 20.0 | 650 | 1.00 | 2.50 | 16.00 | — |

用 MORB 作为标准参数对库地南岩体各个样品进行标准化得到曲线图 3-6。该岩体各个样品具有基本一致的微量元素曲线特征，具有非常明显的两个隆起(Rb、Zr 正异常)，且有幔源元素 Sr 的明显负异常(强烈亏损)，反映其岩浆来源主要为地壳。

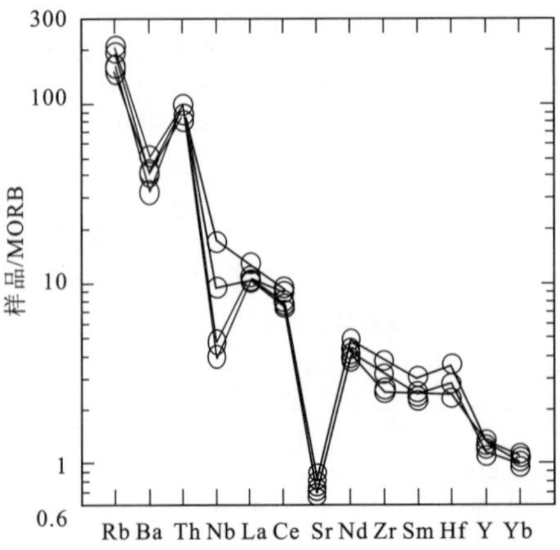


图 3-6　库地南岩体微量元素 MORB 标准化形式

**3. 稀土元素特征**

稀土元素含量及特征参数值见表 3-3。稀土总量∑REE 值为 $130.1\times10^{-6}\sim171.5\times10^{-6}$，与地壳稀土平均值 $163.5\times10^{-6}$ 非常接近。$\delta$Eu

值除一个样品较大外(1.34),多数样品在0.50～0.73之间,显示负铀异常。$(La/Yb)_N$值为6.73～17.83,显示轻稀土均匀富集,$(La/Sm)_N$值为1.60～6.34,说明轻稀土分馏度明显。$(Gd/Yb)_N$值为0.67～1.55,显示重稀土分馏度较差。库地南岩体稀土元素配分曲线模式见图3-7,总体显示左高右低较陡的一条曲线,轻稀土富集,多数样品具有明显的负Eu异常,重稀土明显亏损的特征。

**表3-3 库地南岩体稀土元素含量及参数值**

| 岩体 | 代号 | 样品号 | 稀土元素含量($\times10^{-6}$) | | | | | | | | | |
|---|---|---|---|---|---|---|---|---|---|---|---|---|
| | | | La | Ce | Pr | Nd | Sm | Eu | Gd | Tb | Dy | Ho |
| 库地南 | $\eta\gamma\beta$ | D538/2 | 36.88 | 78.1 | 10.42 | 39.9 | 7.85 | 1.14 | 6.92 | 1.18 | 6.86 | 1.46 |
| | | D538/3 | 42.00 | 90.0 | 11.10 | 42.3 | 8.49 | 1.30 | 7.21 | 1.22 | 6.76 | 1.40 |
| | | D538/6 | 42.41 | 105.0 | 12.10 | 46.6 | 8.95 | 1.29 | 7.62 | 1.27 | 6.97 | 1.43 |
| | | D538/7 | 43.70 | 93.4 | 11.50 | 44.3 | 8.85 | 1.34 | 7.40 | 1.17 | 6.38 | 1.29 |
| | | D538/8 | 50.50 | 111.7 | 13.70 | 52.8 | 10.90 | 1.34 | 9.08 | 1.41 | 7.44 | 1.41 |

| 岩体 | 代号 | 样品号 | 稀土元素含量($\times10^{-6}$) | | | | | 特征参数值 | | | | |
|---|---|---|---|---|---|---|---|---|---|---|---|---|
| | | | Er | Tm | Yb | Lu | ∑REE | $\delta$Eu | $\delta$Ce | $(La/Yb)_N$ | $(La/Sm)_N$ | $(Gd/Yb)_N$ |
| 库地南 | $\eta\gamma\beta$ | D538/2 | 4.00 | 0.63 | 4.30 | 0.69 | 170.3 | 0.50 | 0.89 | 10.33 | 1.60 | 1.55 |
| | | D538/3 | 3.69 | 0.60 | 4.00 | 0.64 | 140.7 | 1.34 | 0.71 | 6.73 | 6.34 | 0.67 |
| | | D538/6 | 3.87 | 0.60 | 4.13 | 0.66 | 171.5 | 0.73 | 0.83 | 17.83 | 5.34 | 1.41 |
| | | D538/7 | 3.36 | 0.54 | 3.67 | 0.60 | 180.3 | 0.51 | 0.91 | 12.34 | 4.97 | 1.28 |
| | | D538/8 | 3.59 | 0.56 | 3.78 | 0.61 | 130.1 | 0.60 | 0.63 | 14.35 | 3.63 | 1.37 |

### (四)副矿物特征

副矿物主要有磷灰石、褐铁矿、钛铁矿、榍石、锆石等。其中锆石呈黄色、灰白色,个别晶形较为完整,主要为正方柱状及双锥组成的聚形或正方双锥,透明度好,具有较强的玻璃光泽,晶棱晶面清晰可见;大部分锆石受溶蚀作用,晶棱晶面圆滑或呈瘤状、不规则状,且出现有锆石的连生体,反映其遭受了后期变形作用或混合岩化作用改造。

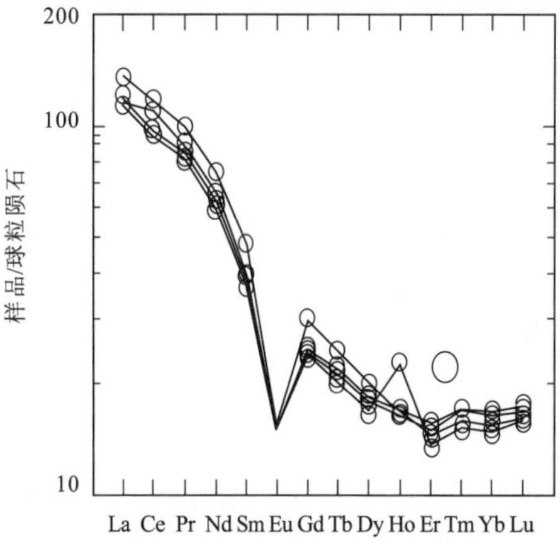


图3-7 库地南岩体稀土元素配分模式图

### (五)成因

在A-C-F图解(3-8)中,投入S型区,在$\delta$Eu-$(La/Yb)_N$图解(图3-9)中,主体落入壳源区;根据库地南岩体化学成分含量及特征参数值(见表3-1),结合微量元素及稀土元素分析认为该岩体属S型,为地壳发生部分熔融而形成。

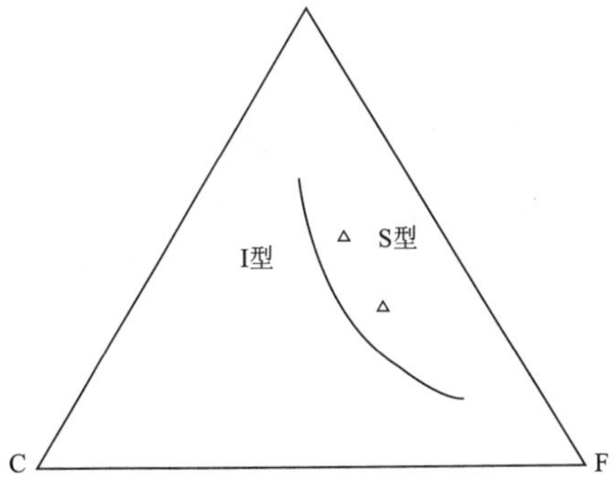


图3-8 A-C-F图解

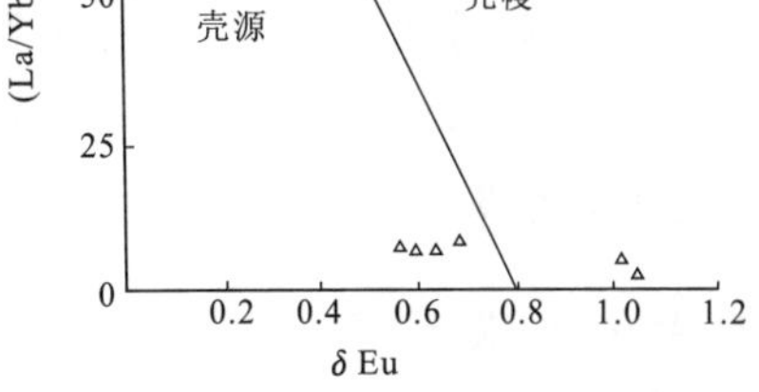


图3-9 $\delta$Eu-$(La/Yb)_N$相关图

(六)时代

张传林等人曾在库地南岩体中得到(815±5.7)Ma 的锆石 SHRIMP 年龄。库地南岩侵入于长城系赛图拉岩群片岩和片麻岩地层之中,虽受后期变形变质作用改造,其展布方向与区域构造线方向趋于一致,但局部穿插关系依稀可见(见图 3-2)。与长城纪地层一起经历了多期次变质作用和变形改造,发育片麻理和糜棱面理,前人曾在该岩体中选黑云母采用 K-Ar 法进行测年,获得 490Ma 的变质年龄。在其南部北早古生代的苏盖特力克细粒黑云钾长花岗岩(425Ma)超动侵入其中,二者接触带处细粒黑云钾长花岗岩中有大量的片麻状中细粒黑云二长花岗岩捕虏体(见图 3-3)。综上所述,将库地南岩体时代置于中元古代。

(七)构造环境分析

在阳离子 $R_1$-$R_2$图解(图 3-10)中,样品主体落入同碰撞花岗岩区,在(Y+Nb)-Rb 图解中(图3-11)中,主体落入火山弧花岗岩区。按照 Maniar 和 Piccoli(1989)花岗岩构造环境分类(矿物和岩石学分类),属于大陆碰撞花岗岩类(CCG),微量元素及稀土元素都显示该岩体为 S 型花岗岩,综合分析认为属碰撞型。

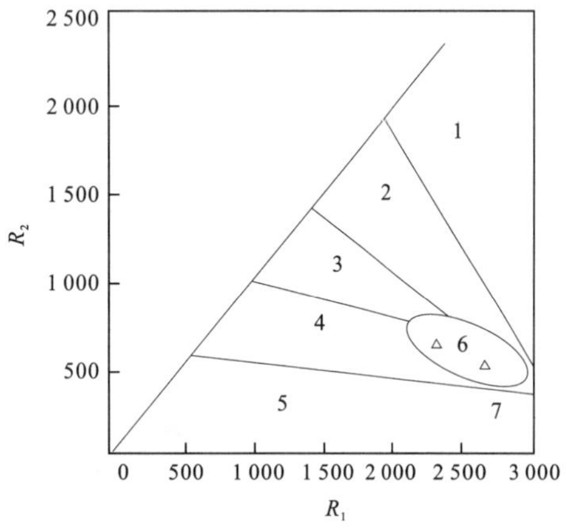


图 3-10　阳离子 $R_1$-$R_2$图解

1.幔源花岗岩;2.碰撞前花岗岩;3.碰撞后抬升花岗岩;4.造山晚期花岗岩;5.非造山花岗岩;6.同碰撞花岗岩;7.造山后花岗岩

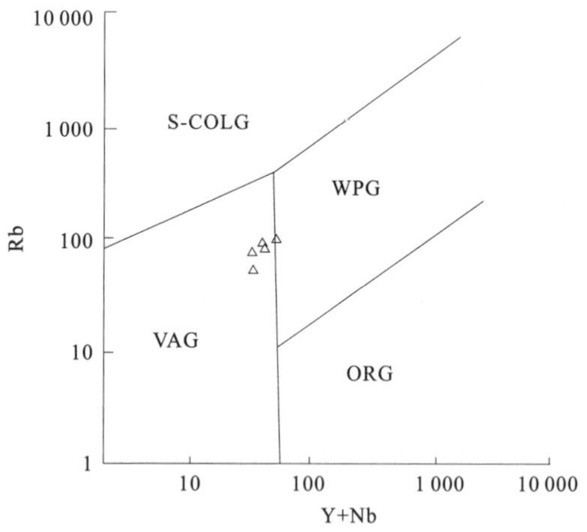


图 3-11　(Y+Nb)-Rb 图解

(八)元古宙岩浆演化

测区元古宙及其以前的岩浆建造与保留零星,仅在西昆仑南带上有零星出露。本次区调在库地南中元古代早期的蓟县系地层发现有片麻状黑云二长花岗岩。岩石化学及地球化学资料表明,该岩体属于岛弧钙碱性岩石系列,具有 S 型花岗岩特征,属碰撞型花岗岩,它反映了测区内较早一次碰撞事件。依据区域资料,结合(815±5.7)Ma 的岩浆结晶年龄值分析,库地南岩体可能是西昆仑 Rodinia 超大陆汇聚过程的记录。

## 二、早古生代侵入体

测区早古生代侵入岩规模巨大,出露面积约 1 680km²,其时空分布、成因均与早古生代库地蛇绿混杂带密切相关,主体分布于西合休、库地、他龙一带,岩体长轴方向与区域构造线方向基本一致，呈近东西向展布，形成宽度大于 40km，长度大于 120km（向东、西延伸出图）的早古生代构造-岩浆岩带。岩石组成复杂，岩性从基性、中性、酸性、碱性均有出露，主体为中酸性花岗岩类。根据岩石组合、结构构造、岩石地球化学特征及产出构造位置，可将早古生代侵入岩以库地构造混杂岩带为中心分为内、中和外 3 个亚带，具有 A 型花岗岩特征的碱性花岗岩另外叙述，而没有归入某个亚带内。早古生代侵入岩分带、分布及其与库地蛇绿构造混杂岩带的关系见图 3－1，参照岩石谱系单位划分原则对其作进一步的解体和归并，侵入岩划分见表 3－4。

**表 3－4　早古生代侵入岩单位划分简表**

| 岩浆岩带 | 亚带 | 岩体名称 | 代号 | 岩石名称 | 面积（$km^2$） | 构造环境 | 年龄（Ma） |
|---|---|---|---|---|---|---|---|
| 西昆仑早古生代岩浆岩带 | | 乌鲁克吾斯塘河 | $S\chi\gamma W^b$ | 中粒碱长花岗岩 | 10 | | |
| | | | $S\chi\gamma W^a$ | 细粒碱长花岗岩 | | | |
| | 外亚带 | 库地北 | $S\eta\gamma\beta K^c$ | 粗粒黑云二长花岗岩 | 120 | 碰撞 | 412.2 / U－Pb |
| | | | $S\eta\gamma\beta K^b$ | 中粒黑云二长花岗岩 | | | |
| | | | $S\gamma\delta\beta K$ | 中粒黑云母花岗闪长岩 | | | |
| | | 乌鲁克吾斯塘 | $S\xi\gamma\beta W$ | 中粒黑云钾长花岗岩 | 10 | | 418 / U－Pb |
| | | 克里羊河 | $S\xi\gamma\beta K$ | 黑云钾长花岗岩 | 50 | | |
| | | 苏盖特力克 | $S\xi\gamma\beta S$ | 中粒黑云钾长花岗岩 | 550 | | 425 / U－Pb |
| | | | $S\eta\gamma\beta S$ | 中粒黑云二长花岗岩 | | | |
| | 中亚带 | 开克入木达坂 | $O\eta\gamma K^c$ | 粗粒二长花岗岩 | 120 | 俯冲 | 473 / U－Pb |
| | | | $O\eta\gamma K^b$ | 中粒二长花岗岩 | | | |
| | | | $O\eta\gamma K^a$ | 细粒二长白岗岩 | | | |
| | | 不孜完达坂 | $O\eta\delta o B$ | 中粒石英二长闪长岩 | 20 | | |
| | | 达里亚 | $O\gamma\delta o D$ | 中粒英云闪长岩 | 80 | | |
| | | 阿依不龙 | $O\gamma\delta A$ | 中粒花岗闪长岩 | 20 | | |
| | | 他龙 | $O\gamma\delta T^b$ | 中粒花岗闪长岩 | 600 | | 475 / U－Pb |
| | | | $O\eta\gamma\beta T$ | 细粒黑云二长花岗岩 | | | |
| | | | $O\gamma\delta T^b$ | 细粒花岗闪长岩 | | | |
| | | | $O\psi\delta\beta T$ | 细粒黑云角闪闪长岩 | | | |
| | 内亚带 | 色拉阿特 | $\in\upsilon S$ | 辉长岩 | 90 | 伸展 | |
| | | 帕合甫 | $\in\beta\mu P$ | 辉绿岩 | 10 | | |

## （一）内亚带侵入体

### 1. 地质特征

测区内分布于帕合甫河上游及博斯塔河上游一带，出露面积 100$km^2$，总体呈带状分布于库地蛇绿混杂岩带的北侧，距离蛇绿岩带最远不超过 6km。单个侵入体呈椭圆状或不规则状，长轴方向与区域构造线完全一致。主体组成岩石为辉绿岩和辉长岩。

1）帕合甫辉绿岩

帕合甫岩体出露于帕合甫河上游帕合甫一带，平面上呈长椭圆状，近东西向紧挨库地蛇绿混杂岩带北侧展布。岩体北侧与西合休岩组呈断层接触，南侧被中生代家吉哇西岩体侵入，东侧与库地蛇绿构造混杂岩断层接触，受后期构造影响，变质变形强烈，局部形成片理、片麻理构造。该岩体仅由一个侵入体组成，面积约 10km$^2$。

2)色拉阿特辉长岩

色拉阿特岩体出露于博斯塔河上游色拉阿特一带，平面上呈不规则的长条状近东西向分布于库地蛇绿混杂岩带的北侧。岩体北侧与石炭系库尔良群和他龙群分别为沉积不整合和断层接触，南侧与早古生代他龙岩体呈断层接触，西侧被早古生代达里亚岩体侵入接触，受后期构造影响，变质变形强烈，岩石具有片理、片麻理构造。该岩体仅由两个侵入体组成，面积约 90km$^2$。

## 2. 岩石学特征

早古生代构造岩浆岩带内亚带侵入体岩石学特征见表 3－5。

**表 3－5　内亚带侵入体岩石学特征**

| 岩体 | 岩性 | 颜色 | 结构 | 构造 | 粒度(mm) | 主要矿物成分及特征 | 副矿物特征 | 蚀变特征 |
|---|---|---|---|---|---|---|---|---|
| 色拉阿特 | 蚀变辉长岩 | 绿灰色 | 中粒辉长结构 | 块状构造 | 2～3 | 斜长石 45%～50%，为半自形—它形粒柱状，双晶不清，个别晶体钠化，表现为钠长石净边；纤闪石 45%～48%，为辉石蚀变矿物；黑云母 2%～3%，呈不规则片状；辉石 1%～2%，它形粒状 | 榍石<br>磷灰石<br>磁铁矿 | 绢云母化<br>黝帘石化<br>钠长石化<br>绿泥石化 |
| 帕合甫 | 蚀变辉绿岩 | 灰绿色 | 残余辉绿结构 | 块状构造 | 0.3～3 | 斜长石 40%～50%，为半自形柱状，晶体混浊，双晶不清，局部地段杂乱排列；纤闪石 48%～50%，为辉石纤闪石化后形成，纤闪石明显弯曲并发生定向排列；石英 1%～2%，它形粒状 | 磁铁矿<br>榍石 | 纤闪石化<br>绿帘石化<br>绢云母化<br>高岭土化 |

## 3. 岩石化学及地球化学特征

1)岩石化学特征

早古生代岩浆岩带内亚带侵入岩岩石化学成分含量见表 3－6，由表中可以看出，帕合甫、色拉阿特侵入体岩石化学成分与世界基性岩岩石化学成分含量相比，除 $Fe_2O_3$ 含量明显偏高，MnO 明显偏低外，其他成分大致相当。其中 $SiO_2$ 含量为 52.50%，MgO 含量为 5.15%，属铁镁质基性岩类，里特曼指数 $\sigma$ 值为 9.92，明显大于 9，属于碱性岩石系列。AR 值为 1.42，SI 值为28.72，DI 值为 26.55，显示岩浆分异程度较高，为地幔岩浆分异产物。

**表 3－6　内亚带侵入岩岩石化学成分含量及特征表**

| 岩体 | 样品号 | 氧化物含量(%) | | | | | | | | | | |
|---|---|---|---|---|---|---|---|---|---|---|---|---|
| | | $SiO_2$ | $Al_2O_3$ | $Fe_2O_3$ | CaO | MgO | MnO | $TiO_2$ | $P_2O_5$ | $K_2O$ | $Na_2O$ | FeO |
| 色拉阿特 | D1152/2 | 54.10 | 17.35 | 10.30 | 4.46 | 2.76 | 0.18 | 1.80 | 0.58 | 0.69 | 4.47 | 7.79 |
| 帕合甫 | D1097/3 | 50.89 | 15.32 | 9.13 | 10.53 | 7.53 | 0.20 | 1.20 | 0.08 | 0.46 | 2.56 | 7.39 |
| 平均值 | | 52.50 | 16.34 | 9.75 | 7.50 | 5.15 | 0.19 | 1.50 | 0.33 | 0.58 | 3.52 | 7.59 |
| 世界基性岩 | | 50.14 | 15.48 | 3.01 | 9.58 | 7.59 | 7.59 | 1.12 | 0.24 | 0.93 | 2.35 | 7.62 |

| 岩体 | 样品号 | 氧化物含量(%) | | | | 特征参数值 | | | | |
|---|---|---|---|---|---|---|---|---|---|---|
| | | $CO_2$ | $H_2O^+$ | $H_2O^-$ | Σ | A/CNK | $\sigma$ | AR | SI | DI |
| 色拉阿特 | D1152/2 | 1.19 | 2.5 | 0.15 | 108.32 | 1.71 | 9.34 | 1.53 | 30.45 | 27.13 |
| 帕合甫 | D1097/3 | 0.96 | 1.29 | 0.06 | 107.60 | 1.07 | 10.49 | 1.31 | 26.98 | 25.96 |
| 平均值 | | 1.08 | 1.90 | 0.11 | 108.04 | 1.36 | 9.92 | 1.42 | 28.72 | 26.55 |
| 世界基性岩 | | 0.76 | 0.11 | — | 106.52 | 1.23 | 1.51 | 1.301 | 35.30 | — |

2)微量元素特征

微量元素含量见表 3-7,与地壳克拉克值(维氏,1962)相比,具有 Li、Nb、Ta 等元素含量相对贫化,而 Sc、Cu、Zn 元素含量相对富集,其他元素含量值均相当,表现为地幔元素富集的特征。在以 MORB 为标准化的微量元素配分模式图上(图 3-12),帕合甫岩体与色拉阿特岩体具有相似的微量元素组成,曲线形态趋于一致,反映其形成于相似的构造环境,具有相似的物质来源。其中 Sr、Hf 等亲石元素明显亏损,而 Th、Nb、Sm 元素略显富集。曲线形态与大西洋碱性玄武岩曲线形态比较接近,表明物质来源于地幔。

**表 3-7　内亚带侵入岩微量元素含量及特征参数表**

($\times 10^{-6}$)

| 岩体 | 代号 | 样品号 | Li | Be | Sc | V | Cr | Co | Ni | Cu | Zn | GU |
|---|---|---|---|---|---|---|---|---|---|---|---|---|
| 色拉阿特 | $\upsilon$ | D1152/1 | 5.76 | 1.42 | 34.8 | 182 | 106.0 | 20.8 | 6.27 | 143.0 | 152 | 16.7 |
| | | D1152/2 | 8.93 | 2.19 | 18.6 | 108 | 13.9 | 15.6 | 2.97 | 54.6 | 175 | 21.0 |
| | | D1152/3 | 9.25 | 1.32 | 29.3 | 146 | 140.0 | 31.9 | 42.90 | 90.8 | 126 | 16.1 |
| 帕合甫 | $\beta\mu$ | D1097/1 | 9.34 | 0.69 | 44.3 | 311 | 43.5 | 38.1 | 31.40 | 111.0 | 186 | 15.7 |
| | | D1097/2 | 6.65 | 0.50 | 44.1 | 314 | 23.9 | 38.5 | 21.60 | 115.0 | 198 | 16.3 |
| | | D1097/3 | 12.10 | 0.05 | 36.8 | 229 | 225.0 | 35.3 | 64.40 | 166.0 | 124 | 12.2 |
| 地壳克拉克值(维氏,1962) | | | 20.00 | 1.80 | 10.00 | — | 83.0 | 18.0 | 58.00 | 47.0 | 83 | 20.0 |
| 岩体 | 代号 | 样品号 | Rb | Sr | Y | Zr | Nb | Ba | Hf | Ta | Pb | Th |
| 色拉阿特 | $\upsilon$ | D1152/1 | 97.0 | 274 | 31.6 | 117.0 | 17.7 | 479.0 | 2.20 | 0.96 | 12.1 | 7.67 |
| | | D1152/2 | 34.5 | 302 | 35.1 | 84.1 | 32.6 | 643.0 | 1.56 | 1.52 | 12.3 | 7.10 |
| | | D1152/3 | 47.7 | 465 | 20.2 | 125.0 | 17.1 | 521.0 | 2.33 | 0.83 | 15.1 | 5.90 |
| 帕合甫 | $\beta\mu$ | D1097/1 | 9.9 | 132 | 35.1 | 33.5 | 10.8 | 108.0 | 0.97 | 0.53 | 27.7 | 0.51 |
| | | D1097/2 | 4.7 | 131 | 34.9 | 73.4 | 10.7 | 62.4 | 1.57 | 5.53 | 11.4 | 0.55 |
| | | D1097/3 | 6.7 | 153 | 18.3 | 83.9 | 4.5 | 77.8 | 1.44 | 0.26 | 15.5 | 0.73 |
| 地壳克拉克值(维氏,1962) | | | 150.0 | 340 | — | 170.0 | 20.0 | 650.0 | 1.00 | 2.50 | 16.0 | — |

3)稀土元素特征

内亚带侵入岩稀土元素含量及特征参数见表 3-8,稀土总量($\sum$REE)变化不大,主体在 101.1～156.7 之间变化,$\delta$Eu 值为 0.73～1.31,Eu 主体显示为弱的正异常,$(La/Yb)_N$ 值为 2.69～10.01,显示轻稀土富集,部分显示强烈富集,$(La/Sm)_N$ 值为 2.84～7.03,$(Gd/Yb)_N$ 值为 0.31～1.61,说明轻重稀土分馏程度均较明显。稀土元素配分曲线模式(图 3-13),总体显示左高右低的曲线形态特征。同时由图可以看出,帕合甫和色拉阿特岩体稀土元素曲线特征基本相似,说明二者具有相同或相似的岩浆来源和演化历程。

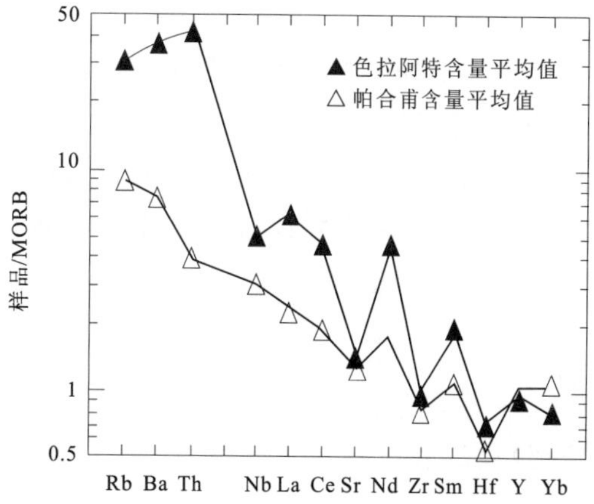


图 3-12　内亚带岩体微量元素蛛网图

**表 3-8　内亚带侵入岩稀土元素含量表**

| 岩体 | 代号 | 样品号 | 稀土元素含量($\times10^{-6}$) | | | | | | | | | |
|---|---|---|---|---|---|---|---|---|---|---|---|---|
| | | | La | Ce | Pr | Nd | Sm | Eu | Gd | Tb | Dy | Ho |
| 色拉阿特 | $\upsilon$ | D1152/1 | 30.20 | 63.90 | 7.56 | 29.1 | 6.57 | 1.16 | 6.34 | 1.03 | 6.39 | 1.24 |
| | | D1152/2 | 43.30 | 95.60 | 11.10 | 45.1 | 8.67 | 2.68 | 9.49 | 1.34 | 7.41 | 1.37 |
| | | D1152/3 | 25.80 | 49.90 | 6.02 | 22.6 | 4.89 | 1.65 | 4.73 | 0.71 | 4.15 | 0.78 |
| 帕合甫 | $\beta\mu$ | D1097/1 | 10.20 | 23.90 | 3.58 | 16.3 | 4.86 | 1.57 | 5.30 | 0.99 | 6.56 | 1.37 |
| | | D1097/2 | 9.61 | 22.80 | 3.33 | 15.2 | 4.60 | 1.49 | 5.11 | 0.98 | 6.65 | 1.37 |
| | | D1097/3 | 4.37 | 9.87 | 1.52 | 68.4 | 2.23 | 0.81 | 2.49 | 0.50 | 3.46 | 0.71 |

| 岩体 | 代号 | 样品号 | 稀土元素含量($\times10^{-6}$) | | | | | 特征参数值 | | | | |
|---|---|---|---|---|---|---|---|---|---|---|---|---|
| | | | Er | Tm | Yb | Lu | ∑REE | δEu | δCe | $(La/Yb)_N$ | $(La/Sm)_N$ | $(Gd/Yb)_N$ |
| 色拉阿特 | $\upsilon$ | D1152/1 | 3.81 | 0.51 | 3.28 | 0.47 | 111.6 | 0.93 | 0.84 | 4.51 | 2.84 | 1.61 |
| | | D1152/2 | 4.05 | 0.51 | 3.36 | 0.50 | 121.7 | 1.31 | 0.71 | 3.15 | 2.94 | 0.47 |
| | | D1152/3 | 2.44 | 0.31 | 1.99 | 0.29 | 134.5 | 1.29 | 0.45 | 6.73 | 6.31 | 0.69 |
| 帕合甫 | $\beta\mu$ | D1097/1 | 4.33 | 0.57 | 3.91 | 0.54 | 156.7 | 0.73 | 0.68 | 2.69 | 7.03 | 0.31 |
| | | D1097/2 | 4.13 | 0.58 | 3.96 | 0.55 | 101.1 | 0.87 | 1.10 | 9.38 | 5.34 | 1.01 |
| | | D1097/3 | 2.24 | 0.32 | 3.14 | 0.32 | 113.3 | 0.96 | 0.97 | 10.01 | 4.17 | 0.93 |

**4. 成因**

根据内亚带侵入岩岩石化学成分含量及特征表(表 3-6)及微量元素及稀土元素分析,具有幔源型属性,分析认为成因类型属于Ⅰ型,物质来源于地幔的基性物质。

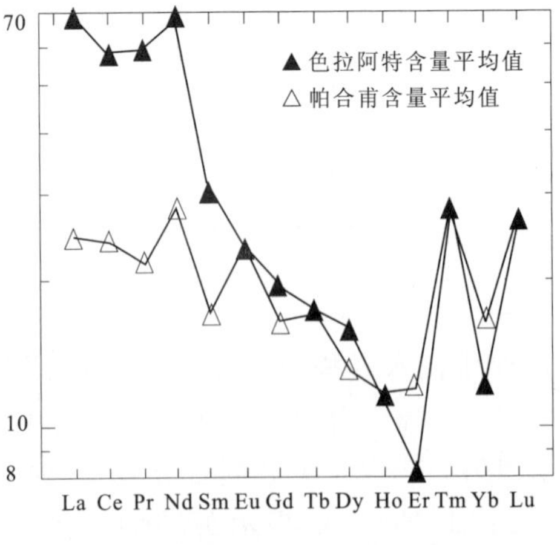


图 3-13　内亚带岩体稀土元素配分模式图

**5. 时代**

该岩体主体出露于长城纪赛图拉岩群深变质地层之中,测区东侧色拉阿特岩岩体被早古生代奥陶纪达里亚岩体侵入(中粒英云闪长岩),侵入界面清楚,并可见大量的辉长岩捕虏体。从岩石特征看,具有较强的片麻状构造,变形变质强烈,与区域早古生代侵入岩的岩石面貌特征相似,结合本区早古生代岩浆演化特征,将其时代置于早古生代早期。

**6. 构造环境分析**

从岩石化学特征分析,早古生代该期侵入体岩石类型属铁镁质基性岩范畴,σ 值及 SI 值也反映其物质直接来源于地幔基性物质。从产出特征看,主要受与库地蛇绿混杂岩带相配套的深大断裂带控制,长轴方向与构造线方向一致,地球化学特征显示幔源属性。综合分析认为,在早古生代早期的伸展机制作用为基性岩浆的侵位提供了空间,地幔基性岩上涌直接凝固所形成。

## (二)中亚带侵入体

### 1. 地质特征

早古生代构造岩浆岩带中亚带侵入体分布于库地蛇绿混杂岩带两侧(北侧不超过 15km,南侧不超过 2km)、内亚带的外侧,主要出露于不孜完达坂、达里亚、他龙、阿依不龙及开克入木达坂一带,岩体分布零星,规模大小不等。其展布与区域构造线方向一致,总面积为 $840km^2$。单个侵入体平面上多呈不规则的长条状,边界多呈不规则的圆滑状。由于受后期构造变形变质作用的影响,部分侵入体矿物定向特征明显,发育有片麻状构造。

1)他龙岩体

分布于博斯塔格河上游他龙一带,呈不规则长条状近东西向分布,面积约 $600km^2$,紧挨库地蛇绿混杂带南侧,主体侵入于长城系赛图拉岩群之中,侵入界面大部分向外陡倾,边部普遍发育有 10~50cm 的细粒边。根据岩石矿物组成、接触关系及演化特征可进一步划分出 4 个侵入体,由早到晚依次为细粒黑云角闪闪长岩侵入体、细粒花岗闪长岩侵入体、细粒黑云二长花岗岩侵入体及中粒花岗闪长岩侵入体,各侵入体之间侵入关系清楚。

细粒黑云角闪闪长岩侵入体:呈不规则长条状分布于岩体北部,长轴方向呈东西向分布,其北侧边界为库地蛇绿混杂岩带,南被中粒花岗闪长岩侵入体和细粒黑云二长花岗岩侵入体脉动侵入(图 3-14)。侵入体内部发育有较多的基性岩脉,规模大多在 20cm×500cm,脉体经受强烈变质蚀变作用,原岩结构和矿物成分已消失殆尽。脉体中蚀变矿物为透闪石和蛇纹石,呈纤状和纤柱状,结合镜下矿物特征和野外产状,原岩可能为辉石岩。细粒花岗闪长岩侵入体和细粒黑云二长花岗岩侵入体具有相似的组构特征,二者之间呈涌动接触。北侧与早期的细粒黑云角闪闪长岩侵入体呈脉动式侵入接触,西南侧侵入于蓟县系桑株塔格岩群深变质地层之中,侵入产状较陡(图 3-15),侵入体的外侧含有大量蓟县系桑株塔格岩群中的变粒岩和浅粒岩捕虏体。

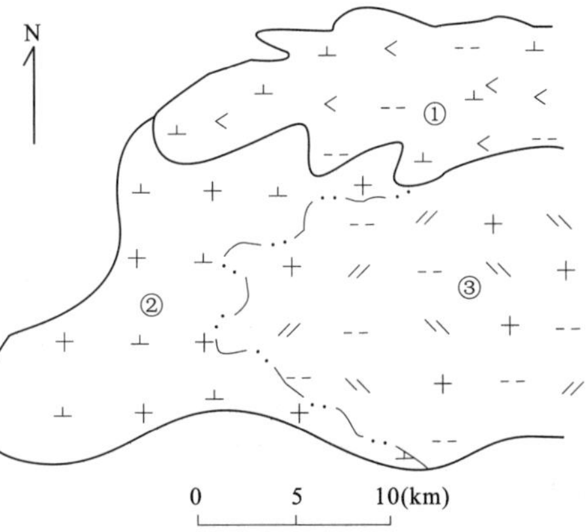


图 3-14　他龙岩体内各侵入体间关系平面图
①细粒角闪黑云闪长岩;②细粒花岗闪长岩;
③细粒黑云二长花岗岩

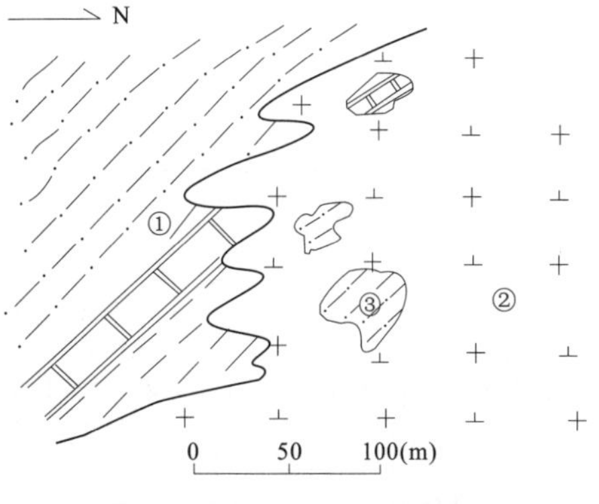


图 3-15　他龙细粒花岗闪长岩与蓟县系桑珠塔格岩群间侵入接触关系
①桑珠塔格岩群变粒岩、大理岩;
②他龙细粒花岗闪长岩;③地层捕虏体

2)阿依不龙岩体

岩体出露于阿克奇吾斯塘河上游阿依不龙一带,呈不规则的叉状近东西向展布,面积约 $20km^2$,主体与石炭系他龙群($C_1T$)的粉砂质板岩、变质砾岩和结晶灰岩呈沉积不整合接触,南侧局部地段与石炭系库尔良群($C_2K$)变石英砾岩、变粉砂岩呈断层接触,岩性为中粒花岗闪长岩。

3）达里亚岩体

分布于达里亚河上游达里亚一带，岩性为中粒英云闪长岩，呈长条状近东西向分布，面积约80km²。岩体西北部与石炭系库尔良群（$C_2K$）变石英砾岩、变粉砂岩呈沉积不整合接触，南侧紧挨库地蛇绿混杂带，东侧与早古生代早期色拉阿特辉长岩呈超动式侵入接触，接触带围岩具有明显的片理化及围岩蚀变，蚀变带宽约1m，以绿泥石化、绢云母化、绿帘石化较为常见。

4）不孜完达坂岩体

呈不规则的瘤状分布于库地南不孜完达坂一代，岩性为中粒石英二长闪长岩，面积约20km²。该岩体主体侵入于长城系赛图拉岩群的片岩和片麻岩之中，北侧与库地蛇绿混杂岩带呈断层接触。由于岩浆热液的改造，在该岩体的外侧形成大量的块状铜铁辉石岩、浸染状含铜角砾岩矿体，该矿体宽约6m，断续延伸500m左右。

5）开克入木达坂岩体

分布于阿克奇吾斯塘河上游开克入木达坂一带，呈不规则长条状近东西向分布，面积约120km²。根据矿物组成及岩浆演化特征进一步划分为3个侵入体，即细粒二长花岗岩侵入体、中粒二长白岗岩侵入体和粗粒二长花岗岩侵入体。其中早期的细粒二长花岗岩侵入体呈梭状近北西—南东向分布，边部分别与石炭系和长城系地层呈断层接触；中期中粒二长白岗岩侵入体与石炭系库尔良群（$C_2K$）的变石英砾岩、变粉砂岩呈沉积不整合接触；晚期粗粒二长花岗岩侵入体主体亦与石炭系库尔良群（$C_2K$）的变石英砾岩、变粉砂岩呈沉积不整合接触，西侧紧挨库地蛇绿混杂岩带。

该期岩体周围多被断层所限，或与晚期地层呈不整合接触，侵位特征及侵位深度难以判断。但局部岩体内部可见围岩的捕虏体，同一岩体内部不同侵入体之间可见脉动接触关系，具有细—中粒结构，并可见达里亚岩体枝状超动侵入于色拉阿特辉长岩之中，边界为不规则状、枝状，侵入界面大部分向外陡倾，接触变质晕不发育。由以上特征可以判断，该期侵入体就位深度不大，剥蚀程度较浅—中等。

## 2. 岩石学特征

岩石学特征见表3-9。

**表3-9　中亚带侵入岩岩石学特征一览表**

| 岩体 | 岩石名称 | 颜色 | 结构 | 构造 | 粒度(mm) | 主要矿物成分及特征 | 副矿物特征 | 蚀变特征 |
|---|---|---|---|---|---|---|---|---|
| 开克入木达坂 | 粗粒二长花岗岩 | 浅肉红色 | 粗粒半自形粒状结构 | 块状构造 | 5～7 | 钾长石35%～40%，呈它形—半自形粒状、板状，格子双晶和条纹结构清楚，为微斜长石和条纹长石；斜长石25%～30%，呈半自形粒状，双晶不发育；石英23%～25%，它形粒状，干净；黑云母5%，半自形片状，常包有锆石 | 锆石<br>磷灰石 | 绢云母化<br>绿泥石化 |
| | 细粒二长白岗岩 | 灰白色 | 细粒半自形粒状结构 | 块状构造 | 0.8～1.5 | 钾长石38%～40%，呈它形粒状，具有条纹结构，为条纹长石；斜长石35%～38%，半自形柱状，发育有钠长石律双晶；石英20%～22%，呈它形粒状，较洁净 | 磁铁矿<br>锆石 | 绢云母化 |
| | 细粒二长花岗岩 | 浅肉红色 | 细粒半自形粒状结构 | 块状构造 | 0.5～2 | 钾长石35%～40%，呈它形—半自形粒状，具有格子双晶和钠长条纹结构，为微斜条纹长石；斜长石25%～30%，半自形柱状，发育有聚片双晶和钠长石律双晶，An=24—26；石英30%，呈它形粒状；黑云母5%，片状 | 锆石<br>磷灰石 | 绢云母化<br>绿泥石化 |
| 不孜完达坂 | 中粒石英二长闪长岩 | 浅灰色 | 中粒半自形粒柱状结构 | 块状构造 | 2～3 | 斜长石62%，呈自形—半自形柱状，晶体稍混浊，但可见到钠长石律双晶和卡钠复合双晶，An=44—46；石英15%，它形粒状，洁净；钾长石12%，它形粒状，具显微条纹结构，为条纹长石；黑云母10%，残余自形片状 | 褐帘石<br>磷灰石<br>磁铁矿 | 绿泥石化<br>黝帘石化<br>绿帘石化<br>高岭土化 |

续表 3－9

| 岩体 | 岩石名称 | 颜色 | 结构 | 构造 | 粒度(mm) | 主要矿物成分及特征 | 副矿物特征 | 蚀变特征 |
|---|---|---|---|---|---|---|---|---|
| 达里亚 | 中粒英云闪长岩 | 灰绿色 | 中粒半自形粒状结构 | 块状构造 | 2～3 | 斜长石 69%～73%，呈半自形柱状，混浊，双晶不清，受强应力挤压作用，显示韧性变形，斜长石双晶弯曲；石英 20%～25%，它形粒状，杂乱分布；绿泥石 5%～6%，为次生矿物 | 锆石<br>磷灰石<br>磁铁矿 | 绿泥石化<br>绢云母化 |
| 阿依不龙 | 中粒花岗闪长岩 | 灰色 | 中粒半自形粒状结构 | 块状构造 | 2～3 | 斜长石 58%～59%，呈半自形柱状，晶体混浊，双晶不清；钾长石 12%～16%，呈它形粒状，具有条纹结构；石英 26%～28%，呈它形粒状，波状消光明显 | 锆石 | 绢云母化<br>方解石化 |
| 他龙 | 中粒花岗闪长岩 | 黄灰色 | 中粒半自形粒状结构 | 块状构造 | 2～3 | 斜长石 57%～61%，呈自形—半自形粒柱状，双晶不发育，仅见个别聚片双晶；石英 30%～50%，呈它形粒状，杂乱排列；钾长石 3%～4%，呈半自形粒状，双晶不发育，局部可见卡氏双晶和显纹条纹结构 | 锆石<br>磁铁矿 | 绢云母化<br>绿泥石化<br>绿帘石化 |
| | 细粒黑云二长花岗岩 | 灰红色 | 细粒半自形粒状结构 | 块状结构 | 0.6～1 | 钾长石 35%～40%，呈它形—半自形粒状，洁净，具格子双晶，系微斜长石；斜长石 32%～33%，半自形柱状，混浊，双晶不发育；石英 20%～25%，它形粒状；黑云母 5%～6%，呈半自形细小片状，分布均匀 | 锆石<br>磁铁矿<br>磷灰石 | 绢云母化 |
| | 细粒花岗闪长岩 | 灰绿色 | 细粒半自形粒柱状结构 | 块状构造 | 1～2 | 斜长石 55%，呈半自形—自形柱状晶体，晶体表面混浊且具有钠长石净边特征；石英 20%～25%，它形粒状；钾长石 15%～20%，它形粒状，干净，具有格子双晶和条纹结构，为微斜长石和条纹长石；黑云母 3%～5%，片状 | 锆石 | 绢云母化<br>绿泥石化 |
| | 细粒黑云角闪闪长岩 | 灰黑色 | 细粒半自形柱状结构 | 块状构造 | 0.1～1 | 斜长石 61%～63%，呈半自形—自形柱状，晶体干净，钠长石律和卡钠复合双晶均较发育，双晶面平直，An＝46—48；角闪石 25%～30%，自形柱状，多色性 Ng 绿色、Np 浅绿色；黑云母 5%～7%，自形片状，棕色；石英 3%，它形粒状 | 磁铁矿<br>锆石<br>磷灰石<br>榍石 | 绿泥石化<br>绢云母化 |

## 3. 岩石化学及地球化学特征

1)岩石化学特征

岩石化学成分含量及特征参数见表 3－10。与世界闪长岩相比，基性组分 CaO 和 MgO 略偏低、$Na_2O$ 和 $P_2O_5$ 略偏高，其中角闪闪长岩和英云闪长岩的 $Na_2O>K_2O$，花岗闪长岩和二长花岗岩中的 $K_2O>Na_2O$，其他成分基本相当。岩石化学计算中 A/CNK 值为 0.74～1.05，普遍小于 1.1，$\sigma$ 值为 1.04～4.66，变化范围虽较大，但主体小于 3.3，个别达到 4 以上，为次铝的钙碱性岩石系列，SI 值为 10.50～24.18，岩浆分异程度总体中等。在 $K_2O-Na_2O$ 图解(图 3－16)中主体落于 I 型花岗区，表明岩浆主体来源于地幔。

表 3－10　早古生代中亚带、外亚带岩石化学成分含量及特征参数

| 岩体 | 样品号 | 氧化物含量(%) | | | | | | | | | | |
|---|---|---|---|---|---|---|---|---|---|---|---|---|
| | | $SiO_2$ | $Al_2O_3$ | $Fe_2O_3$ | CaO | MgO | MnO | $TiO_2$ | $P_2O_5$ | $K_2O$ | $Na_2O$ | FeO |
| 库地北 | D2033/7 | 67.25 | 13.99 | 4.73 | 1.15 | 1.40 | 0.10 | 0.55 | 0.19 | 5.06 | 2.03 | 1.74 |
| | D2033/10 | 66.40 | 14.90 | 4.39 | 1.83 | 1.15 | 0.08 | 0.65 | 0.22 | 5.13 | 1.62 | 2.02 |
| 乌鲁克吾斯塘 | D3156/1 | 73.17 | 13.49 | 1.70 | 1.49 | 0.31 | 0.06 | 0.10 | 0.04 | 3.53 | 2.55 | 0.85 |
| 乌鲁克吾斯塘河 | D3224/1 | 76.28 | 12.73 | 1.86 | 0.48 | 0.46 | 0.01 | 0.20 | 0.01 | 4.37 | 3.02 | 1.55 |
| | D2544/3 | 69.23 | 15.43 | 2.35 | 0.87 | 0.46 | 0.05 | 0.30 | 0.04 | 5.66 | 4.42 | 1.52 |
| 开克入木 | D2086/1 | 71.23 | 14.54 | 2.79 | 0.78 | 0.16 | 0.02 | 0.30 | 0.10 | 4.89 | 3.68 | 2.20 |

**续表 3－10**

| 岩体 | 样品号 | 氧化物含量(%) | | | | | | | | | | |
|---|---|---|---|---|---|---|---|---|---|---|---|---|
| | | $SiO_2$ | $Al_2O_3$ | $Fe_2O_3$ | CaO | MgO | MnO | $TiO_2$ | $P_2O_5$ | $K_2O$ | $Na_2O$ | FeO |
| 不孜完达坂 | D070/1 | 60.65 | 17.95 | 5.83 | 5.20 | 1.84 | 0.13 | 0.65 | 0.32 | 1.37 | 3.57 | 5.03 |
| 阿依不龙 | D3591/1 | 69.14 | 14.44 | 2.17 | 2.59 | 0.91 | 0.04 | 0.30 | 0.14 | 3.18 | 4.63 | 1.33 |
| 他龙 | D2560/3 | 60.65 | 16.50 | 4.96 | 2.57 | 1.73 | 0.06 | 0.73 | 0.20 | 4.17 | 2.48 | 3.37 |
| | D3101/1 | 67.35 | 16.70 | 7.13 | 2.66 | 1.84 | 0.14 | 0.71 | 0.30 | 4.20 | 2.48 | 3.39 |
| | D1155/1 | 72.42 | 14.12 | 2.10 | 2.02 | 0.36 | 0.03 | 0.30 | 0.12 | 4.65 | 3.25 | 1.80 |
| | D1598/1 | 54.49 | 19.19 | 8.10 | 7.04 | 2.47 | 0.12 | 1.30 | 0.43 | 0.94 | 3.91 | 5.04 |
| | D1601/1 | 54.00 | 18.60 | 8.00 | 8.09 | 4.19 | 0.13 | 1.03 | 0.23 | 0.90 | 2.99 | 5.24 |
| 世界花岗岩 | | 71.30 | 14.32 | 0.31 | 1.21 | 0.71 | 0.05 | 0.31 | 0.12 | 4.04 | 3.68 | 1.64 |
| 世界闪长岩 | | 57.48 | 15.48 | 3.01 | 6.58 | 3.71 | 0.12 | 0.95 | 0.29 | 1.76 | 3.54 | 4.92 |

| 岩体 | 样品号 | 氧化物含量(%) | | | | 特征参数值 | | | | |
|---|---|---|---|---|---|---|---|---|---|---|
| | | $CO_2$ | $H_2O^+$ | $H_2O^-$ | Σ | A/CNK | σ | AR | SI | DI |
| 库地北 | D2033/7 | 0.42 | 0.82 | 0.30 | 99.9 | 1.01 | 2.26 | 1.73 | 12.37 | 69.80 |
| | D2033/10 | 0.39 | 1.13 | 0.18 | 100.1 | 1.007 | 2.41 | 1.65 | 13.14 | 67.81 |
| 乌鲁克吾斯塘 | D3156/1 | 0.67 | 0.37 | 0.01 | 99.5 | 0.92 | 2.31 | 3.971 | 12.09 | 91.30 |
| 乌鲁克吾斯塘河 | D3224/1 | 0.30 | 0.44 | 0.01 | 100.1 | 1.53 | 8.40 | 2.69 | 1.27 | 90.84 |
| | D2544/3 | 0.56 | 0.11 | 0.05 | 99.6 | 1.56 | 6.20 | 4.20 | 3.30 | 91.58 |
| 开克入木 | D2086/1 | 0.39 | 1.24 | 0.07 | 100.2 | 1.21 | 2.31 | 2.41 | 14.11 | 73.23 |
| 不孜完达坂 | D070/1 | 0.89 | 1.53 | 0.09 | 100.0 | 1.01 | 1.04 | 1.82 | 10.5 | 60.31 |
| 阿依不龙 | D3591/1 | 1.84 | 1.08 | 0.03 | 100.5 | 1.002 | 1.97 | 1.71 | 15.10 | 68.23 |
| 他龙 | D2560/3 | 1.08 | 1.27 | 0.10 | 99.5 | 1.05 | 1.72 | 2.27 | 12.52 | 59.32 |
| | D3101/1 | 0.37 | 0.71 | 0.14 | 100.1 | 0.86 | 1.92 | 0.65 | 19.59 | 63.14 |
| | D1155/1 | 0.38 | 0.70 | 0.04 | 100.4 | 0.88 | 4.60 | 1.66 | 16.53 | 56.34 |
| | D1598/1 | 0.77 | 1.26 | 0.08 | 100.1 | 0.74 | 4.66 | 1.80 | 18.53 | 50.14 |
| | D1601/1 | 0.79 | 0.75 | 0.02 | 99.8 | 0.99 | 2.67 | 1.89 | 24.18 | 52.30 |
| 世界花岗岩 | | | 0.64 | 0.13 | 100.1 | 1.04 | 2.11 | 2.83 | 6.29 | |
| 世界闪长岩 | | | 1.15 | 0.21 | 100.3 | 0.85 | 1.94 | 1.59 | 22.60 | |

2)微量元素特征

早古生代中亚带侵入岩微量元素含量见表 3－11,与维氏克拉克值相比具有 Cr、Ni、Li 元素相对贫化,Hf、Pb、Cu 元素相对富集,Sr/Ba 比值为 0.27(地壳为 0.52),表现为幔源元素相对富集的特征。

以 MORB 为标准得到微量元素蛛网图(图 3－17)。早古生代中亚带各个侵入体具有大致相似的微量元素组成,曲线形态总体趋于一致,为左高右低的

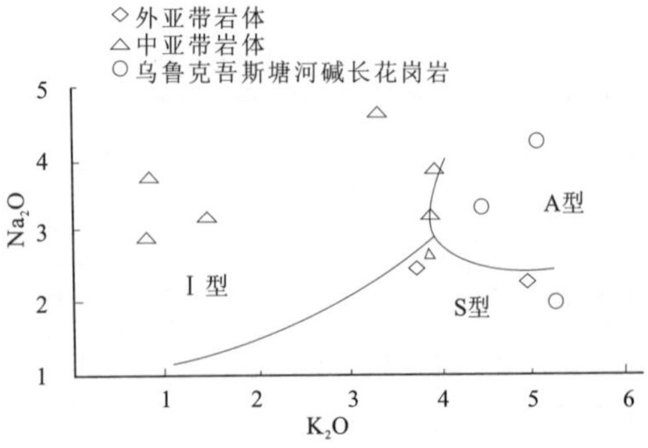


图 3－16　$Na_2O$－$K_2O$ 岩石类型图解

(据 Collin,1982)

**表 3-11　早古生代中亚带侵入岩微量元素含量表**　（$\times10^{-6}$）

| 岩体 | 代号 | 样品号 | Li | Be | Sc | V | Cr | Co | Ni | Cu | Zn | Ga |
|---|---|---|---|---|---|---|---|---|---|---|---|---|
| 开克入木达坂 | $\eta\gamma k$ | D3585/2 | 1.44 | 4.47 | 2.88 | 22.3 | 29.1 | 1.35 | — | 10.4 | 32.5 | 17.7 |
| | $\eta\gamma$ | D2086/1 | 8.20 | 3.15 | 7.67 | 24.7 | 89.2 | 1.54 | 1.19 | 11.3 | 38.1 | 17.2 |
| 阿依不龙 | $\gamma\delta$ | D3591/1 | 23.30 | 2.56 | 14.8 | 89.2 | 16.2 | 9.97 | 2.12 | 20.7 | 107.0 | 19.3 |
| 他龙 | $\eta\gamma\beta$ | D3101/1 | 14.20 | 0.29 | 6.62 | 49.8 | 25.9 | 4.60 | 1.10 | 30.8 | 69.2 | 20.2 |
| | $\gamma\delta$ | D1155/1 | 10.70 | 4.33 | 4.44 | 26.0 | 33.5 | 2.90 | 6.42 | 11.8 | 65.1 | 15.4 |
| | | D1155/2 | 14.70 | 4.58 | 5.74 | 20.9 | 6.02 | 2.32 | 2.80 | 187.0 | 64.4 | 17.5 |
| | | D1155/3 | 41.30 | 4.37 | 5.76 | 21.9 | 20.8 | 4.35 | 3.39 | 92.1 | 89.2 | 18.0 |
| | $\delta\psi$ | D1598/1 | 11.10 | 1.67 | 11.80 | 146.0 | 14.5 | 18.80 | 7.66 | 404.0 | 136.0 | 19.1 |
| | | D1601/1 | 11.90 | 1.03 | 20.80 | 132.0 | 84.7 | 22.50 | 27.50 | 44.9 | 109.0 | 16.8 |
| | | D1601/2 | 8.44 | 1.33 | 21.20 | 187.0 | 16.3 | 26.30 | 14.60 | 297.0 | 126.0 | 17.2 |
| | | D1601/3 | 13.80 | 1.28 | 19.50 | 135.0 | 38.1 | 22.70 | 23.60 | 808.0 | 142.0 | 16.4 |
| 地壳克拉克值(维氏,1962) | | | 20.00 | 1.80 | 10.00 | — | 83.0 | 18.00 | 58.00 | 47.0 | 83.0 | 20.0 |
| 岩体 | 代号 | 样品号 | Rb | Sr | Y | Zr | Nb | Ba | Hf | Ta | Pb | Th |
| 开克入木达坂 | $\eta\gamma k$ | D3585/2 | 239.0 | 52 | 17.9 | 223.0 | 12.8 | 667 | 3.68 | 1.14 | 2.0 | 38.70 |
| | $\eta\gamma$ | D2086/1 | 128.0 | 68 | 19.4 | 134.0 | 24.1 | 834 | 3.03 | 1.35 | 31.0 | 48.70 |
| 阿依不龙 | $\gamma\delta$ | D3591/1 | 93.1 | 370 | 26.5 | 28.1 | 27.1 | 621 | 0.74 | 1.46 | 26.1 | 7.73 |
| 他龙 | $\eta\gamma\beta$ | D3101/1 | 155.0 | 104 | 36.6 | 60.9 | 31.2 | 872 | 1.08 | 1.16 | 48.1 | 133.80 |
| | $\gamma\delta$ | D1155/1 | 160.0 | 119 | 24.3 | 214.0 | 21.2 | 517 | 3.91 | 1.76 | 32.0 | 22.10 |
| | | D1155/2 | 185.0 | 112 | 27.4 | 235.0 | 29.4 | 646 | 4.45 | 2.28 | 41.9 | 27.50 |
| | | D1155/3 | 187.0 | 129 | 32.5 | 222.0 | 25.2 | 536 | 4.21 | 2.03 | 38.1 | 24.30 |
| | $\delta\psi$ | D1598/1 | 63.2 | 346 | 15.3 | 36.0 | 22.2 | 352 | 0.71 | 1.10 | 18.8 | 5.15 |
| | | D1601/1 | 38.5 | 408 | 24.5 | 51.3 | 19.6 | 6 | 2.31 | 1.85 | 14.5 | 8.17 |
| | | D1601/2 | 31.6 | 436 | 17.6 | 41.9 | 13.5 | 234 | 0.92 | 0.74 | 19.2 | 4.88 |
| | | D1601/3 | 34.5 | 405 | 22.7 | 54.9 | 22.9 | 314 | 1.16 | 1.02 | 29.3 | 5.75 |
| 地壳克拉克值(维氏,1962) | | | 150.0 | 340 | — | 170.0 | 20.0 | 650 | 1.00 | 2.50 | 16.0 | — |

形态，反映其形成于相似的构造环境，具有相似的物质来源，或者岩浆具有明显的继承性。其中 Rb、Th、Sr 等亲石元素强烈富集，且有些亲石元素已有亏损现象(Ba、Zr 等)，曲线形态与大洋玄武岩接近，同时曲线的右半部分又与大陆玄武岩接近，说明岩浆主要来源于地幔，同时有大量的陆壳物质加入，是壳幔共同作用的结果。

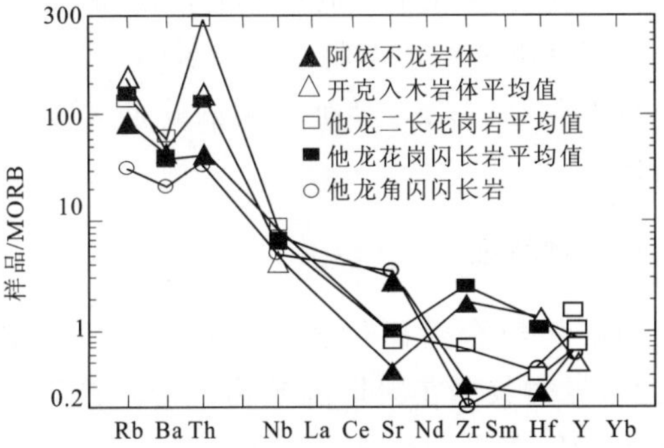


图 3-17　中亚带岩体微量元素 MORB 标准化模式图

3)稀土元素特征

稀土元素含量及特征参数见表 3-12。从表中可以看出，稀土总量 $\sum REE=141.1\times10^{-6}\sim985.2\times10^{-6}$，$\delta Eu$ 值变化较大，绝大部分显示铕负异常，$(La/Yb)_N$ 值为 5.86～40.49，说明轻稀土富集，$(La/Sm)_N$ 值为 2.83～8.05，$(Gd/Yb)_N$ 值为 1.22～7.26，说明轻稀土分馏程度较好，重稀土分馏程度中等至较好。稀土元素配分曲线模式

**表 3-12　早古生代俯冲期侵入岩稀土元素含量及特征参数**

| 岩体 | 代号 | 样品号 | 稀土元素含量($\times10^{-6}$) | | | | | | | | | |
|---|---|---|---|---|---|---|---|---|---|---|---|---|
| | | | La | Ce | Pr | Nd | Sm | Eu | Gd | Tb | Dy | Ho |
| 开克入木达坂 | $\eta\gamma k$ | D3585/2 | 63.4 | 101.0 | 10.70 | 33.0 | 4.92 | 0.78 | 5.60 | 0.64 | 3.31 | 0.61 |
| | $\eta\gamma$ | D2086/1 | 32.9 | 73.1 | 8.12 | 30.3 | 7.18 | 0.51 | 7.08 | 0.98 | 4.57 | 0.76 |
| 阿依不龙 | $\gamma\delta$ | D3591/1 | 28.7 | 63.5 | 8.00 | 28.6 | 6.05 | 1.57 | 5.80 | 0.93 | 5.22 | 1.01 |
| 他龙 | $\eta\gamma\beta$ | D3101/1 | 193.0 | 452.0 | 54.60 | 191.0 | 33.6 | 1.88 | 33.50 | 3.26 | 12.00 | 1.52 |
| | $\gamma\delta$ | D1155/1 | 32.8 | 75.5 | 7.84 | 29.5 | 5.98 | 0.77 | 6.12 | 0.89 | 4.68 | 0.90 |
| | | D1155/2 | 53.9 | 97.9 | 12.10 | 48.8 | 8.66 | 0.89 | 7.81 | 1.06 | 5.88 | 0.96 |
| | | D1155/3 | 60.8 | 113.0 | 13.40 | 48.1 | 10.20 | 0.91 | 8.66 | 1.21 | 6.74 | 1.17 |
| | $\delta\psi$ | D1598/1 | 21.9 | 44.5 | 5.04 | 18.8 | 3.97 | 1.38 | 3.73 | 0.06 | 3.12 | 0.58 |
| | | D1601/1 | 26.6 | 58.3 | 7.53 | 28.2 | 5.88 | 1.69 | 5.94 | 0.89 | 5.12 | 0.95 |
| | | D1601/2 | 29.4 | 59.5 | 6.73 | 24.5 | 5.08 | 1.38 | 5.23 | 0.73 | 3.65 | 0.67 |
| | | D1601/3 | 25.9 | 58.5 | 6.96 | 26.9 | 5.62 | 1.68 | 5.65 | 0.86 | 4.62 | 0.88 |

| 岩体 | 代号 | 样品号 | 稀土元素含量($\times10^{-6}$) | | | | | 特征参数值 | | | | |
|---|---|---|---|---|---|---|---|---|---|---|---|---|
| | | | Er | Tm | Yb | Lu | ΣREE | δEu | δCe | $(La/Yb)_N$ | $(La/Sm)_N$ | $(Gd/Yb)_N$ |
| 开克入木达坂 | $\eta\gamma k$ | D3585/2 | 2.01 | 2.63 | 1.90 | 0.12 | 129.1 | 0.57 | 0.76 | 7.71 | 1.62 | 2.48 |
| | $\eta\gamma$ | D2086/1 | 2.09 | 0.27 | 1.76 | 0.26 | 224.4 | 0.62 | 0.83 | 13.82 | 5.42 | 1.12 |
| 阿依不龙 | $\gamma\delta$ | D3591/1 | 3.17 | 0.45 | 2.91 | 0.45 | 141.9 | 0.75 | 0.88 | 13.89 | 2.70 | 13.89 |
| 他龙 | $\eta\gamma\beta$ | D3101/1 | 5.15 | 0.41 | 2.83 | 0.40 | 219.4 | 1.09 | 0.96 | 7.71 | 1.81 | 2.96 |
| | $\gamma\delta$ | D1155/1 | 2.63 | 0.38 | 2.44 | 0.37 | 274.1 | 0.96 | 0.74 | 14.7 | 3.01 | 2.71 |
| | | D1155/2 | 3.06 | 0.37 | 2.62 | 0.35 | 212.3 | 1.11 | 1.01 | 6.37 | 1.73 | 3.01 |
| | | D1155/3 | 3.55 | 0.47 | 3.03 | 0.43 | 191.4 | 1.23 | 0.83 | 8.14 | 1.92 | 1.94 |
| | $\delta\psi$ | D1598/1 | 1.81 | 0.22 | 1.52 | 0.22 | 106.9 | 1.19 | 0.86 | 8.55 | 3.45 | 1.50 |
| | | D1601/1 | 2.98 | 0.88 | 2.49 | 0.36 | 147.8 | 0.95 | 0.85 | 6.34 | 2.83 | 1.46 |
| | | D1601/2 | 2.05 | 0.242 | 1.7 | 0.249 | 141.1 | 0.89 | 0.86 | 10.27 | 3.62 | 1.89 |
| | | D1601/3 | 2.72 | 0.341 | 2.25 | 0.328 | 143.2 | 0.99 | 0.90 | 6.83 | 2.88 | 1.54 |

见图 3-18，总体显示左高右低的形态特征，各个侵入体之间的曲线形态吻合程度较好（个别元素除外），说明它们之间具有相同的物质来源或演化历程。

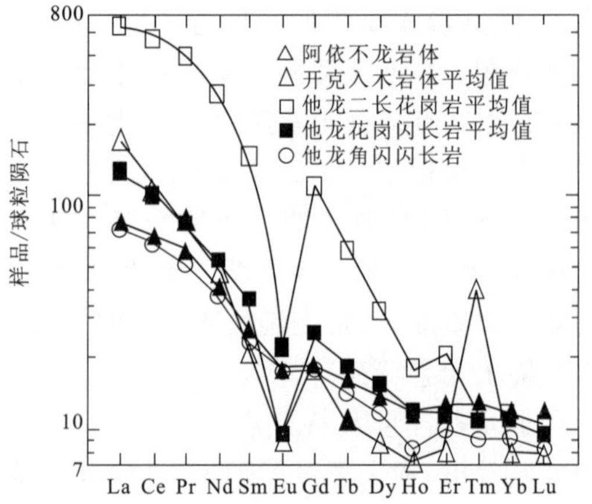


图 3-18　早古生代俯冲期侵入体稀土元素配分模式图

**4. 矿物特征**

副矿物组合为磁铁矿、磷灰石、榍石、锆石等，为常见岩浆型花岗岩副矿物组合。锆石特征见表 3-13，锆石颗粒长宽比均大于 2，反映其物源较深。

**5. 成因**

在 $K_2O-Na_2O$ 图解（见图 3-16）中，大部分样品投入到I型花岗岩区；而稀土元素铕异常度

**表 3-13　早古生代俯冲期侵入体锆石特征一览表**

| 岩体 | 岩石名称 | 粒经(mm) | 长∶宽 | 颜色 | 光泽 | 透明度 | 发光性 | 晶形晶面特征 | 包裹体 | 主要晶形 |
|---|---|---|---|---|---|---|---|---|---|---|
| 开克入木达坂 | 中粒二长白岗岩 | 0.02～0.32 | 2∶1<br>3∶1 | 玫瑰色 | 金刚光泽 | 半透明—不透明 | 不发光 | 晶体以短柱聚形晶为主，棱角状，表面多呈蚀坑、蚀痕、凹凸不平 | 包裹体普遍，主要为细小锆石、黑云母及其他暗色矿物 | 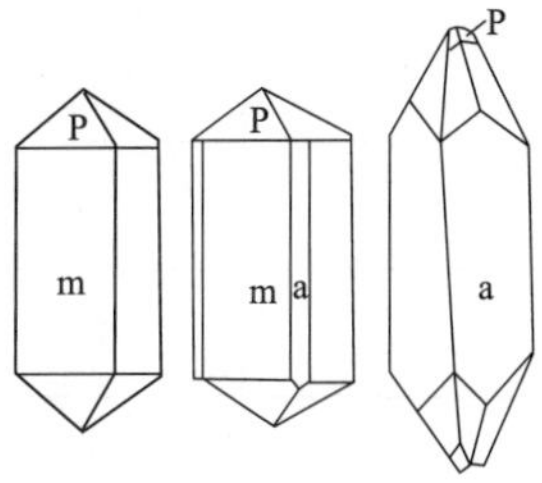 |
| 不孜完达坂 | 中粒石英二长闪长岩 | 0.02～0.20 | 2∶1<br>3∶1 | 玫瑰色 | 金刚光泽 | 透明 | 发黄色光 | 晶体以柱状晶形为主，次棱角状，晶面光滑，少数晶面有溶蚀现象 | 部分晶体含有黑云母和细小锆石包裹体 | 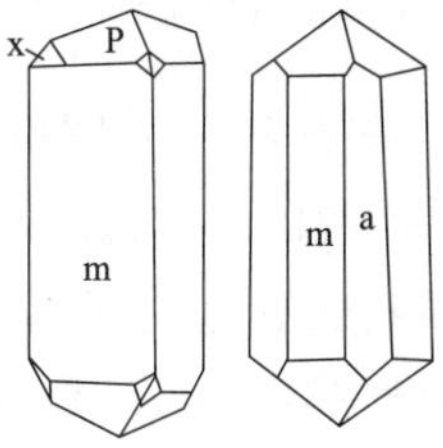 |
| 他龙 | 细粒花岗闪长岩 | 0.03～0.32 | 2∶1<br>3∶1 | 深玫瑰色 | 金刚光泽 | 半透明 | 发暗黄色光 | 晶体为柱状单形晶，以棱角状为主，晶面较光滑 | 包裹体普遍，成分主要为黑云母和铁质包体 | 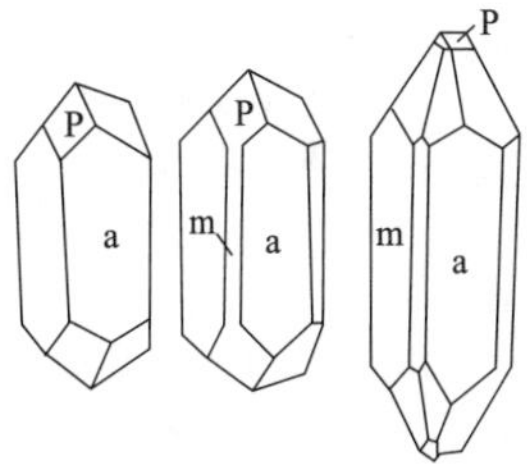 |

δEu 值在 0.57～1.11 之间，并且大部分在 0.7 左右，说明该期侵入岩的岩浆是由基性岩浆分异和下地壳或太古宙沉积岩的部分熔融形成的；在岩石化学中 A/CNK 值在 0.74～1.21 之间，主体小于 1.1，σ 值主体小于 3.3，为次铝的钙碱性岩系。综合分析认为成因类型为 I 型，物质来源于上地幔及下地壳经局部熔融而成。

**6. 时代**

在他龙细粒花岗闪长岩中作了 U-Pb 法测年分析，分析结果见表 3-14，谐和图见图 3-19，样品基本落在谐和曲线上，说明没有发生明显的 Pb 丢失和增加，获得 475.6～444.1Ma 的年龄值，属早古生代的产物，采用统计权重平均值计算结果为 475.5Ma 的年龄值；在开克入木达坂中粒二长白岗岩中人工重砂采样，亦采用U-Pb 法测年，获得 473Ma 的年龄值，说明该期岩体时代为早奥陶世晚期。

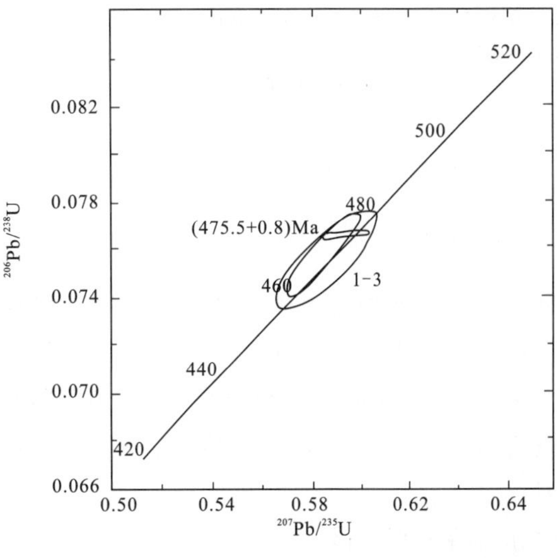


图 3-19　他龙岩体锆石 U-Pb 同位素年龄测定结果谐和图

**表 3-14　他龙细粒花岗闪长岩锆石 U-Pb 同位素组成表**

| 岩体 | 序号 | 同位素原子比率 | | | | | 表面年龄(Ma) | | |
|---|---|---|---|---|---|---|---|---|---|
| | | $^{206}Pb/^{204}Pb$ | $^{208}Pb/^{206}Pb$ | $^{206}Pb/^{238}U$ | $^{207}Pb/^{235}U$ | $^{207}Pb/^{206}Pb$ | $^{206}Pb/^{238}U$ | $^{207}Pb/^{235}U$ | $^{207}Pb/^{206}Pb$ |
| 他龙 | 1 | 614 | 0.121 6 | 0.076 57<br><14> | 0.592 7<br><89> | 0.056 14<br><79> | 475.6 | 472.6 | 458.1 |
| | 2 | 6 278 | 0.157 1 | 0.075 88<br><142> | 0.583 9<br><119> | 0.055 81<br><42> | 471.5 | 466.9 | 444.1 |
| | 3 | 2 567 | 0.120 1 | 0.075 57<br><1 166> | 0.585 6<br><162> | 0.056 21<br><89> | 469.6 | 468.1 | 460.6 |

**7. 构造环境分析**

在阳离子 $R_1-R_2$ 图解(图 3-20)中,投入到幔源性及与板块碰撞前花岗岩的接触区,在 Y-Nb 图解(图 3-21)中,对该期岩体的样品进行图解,全部落于火山弧环境。按 Babarin 构造环境分类,属含角闪石钙碱性花岗岩类(ACG),为俯冲作用的产物;按 Maniar 和 Piccoli 构造环境分类,属大陆弧花岗岩类(CAG);常量元素和微量元素亦显示该期岩体具有 I 型花岗岩的特征。结合区域构造位置及岩浆演化的特征分析认为,属俯冲型花岗岩类。

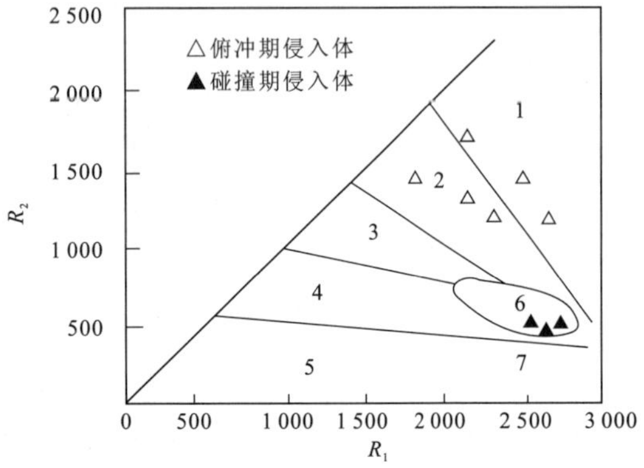


图 3-20　阳离子 $R_1-R_2$ 图解

1. 幔源花岗岩;2. 碰撞前花岗岩;3. 碰撞后抬升花岗岩;4. 造山晚期花岗岩;5. 非造山花岗岩;6. 同碰撞花岗岩;7. 造山后花岗岩

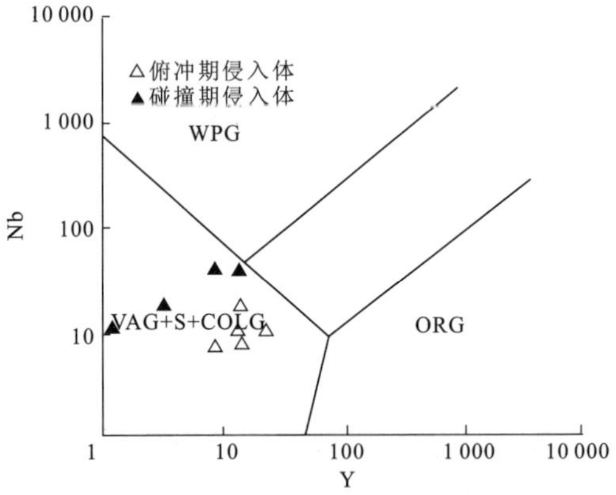


图 3-21　Y-Nb 图解

VAG+S+COLG. 同碰撞花岗岩;ORG. 洋脊花岗岩;WPG. 板内花岗岩;VAG. 火山弧花岗岩

(三)外亚带侵入体

**1. 地质特征**

早古生代外亚带侵入体主体分布于库地蛇绿构造混杂岩带以南、中亚带外侧,库地蛇绿混杂岩带以北较少且与中亚带空间上重叠。主要出露于乌鲁克吾斯塘、苏盖特里克和库地北一带。岩体规模大小悬殊,岩体形态以长条状为主,亦有椭圆状和瘤状,岩体长轴方向与区域构造线方向一致,呈近东西向展布。总面积约 730km²。岩石组成主体为酸性花岗岩,其中主要为二长花岗岩,次为花岗闪长岩。

1)苏盖特力克岩体

出露于喀拉斯坦代里牙沟垴,呈透镜状近东西向分布,出露面积约 550km²。根据岩体内部岩石组成、接触关系和岩浆演化规律进一步分为两个侵入体,即早期的中粒黑云二长花岗岩侵入体和晚期的中细黑云钾长花岗岩侵入体,二者之间呈脉动接触。岩体北边与长城系赛图拉岩群和元古宙片麻状细粒黑云二长花岗岩呈侵入接触，东边侵入于蓟县系桑株塔格岩群片岩、片麻岩及大理岩之中，南侧主体被晚期的岩体侵入。岩体边部细粒边明显，宽约 10～20cm，围岩蚀变主要为绢云母化和高岭土化。

2)克里阳河岩体

克里阳河岩体分布于图区东侧克里阳河上游一带，区内呈叉状，东侧已出图，西侧在图内尖灭，区内面积约 50km$^2$。该岩体由一个侵入体组成，北侧主体侵入于蓟县系桑株塔格岩群的片岩、片麻岩及大理岩之中，南侧被石炭纪土日苏河中细粒石英闪长岩侵入。岩体边部具有明显的围岩蚀变，主要为黄铁矿化和高岭土化。

3)乌鲁克吾斯塘岩体

分布于乌鲁斯坦河上游乌鲁克吾斯塘一带，岩体呈椭圆状，长轴方向与区域构造线方向基本一致，面积约 10km$^2$，岩性为中粒黑云钾长花岗岩。其主体侵入于长城系赛图拉岩群的片岩、片麻岩之中。岩体边部片麻状构造、叶理构造发育，并且可见大量的围岩捕虏体，捕虏体岩性主要为黑云斜长片岩和斜长变粒岩，大小不等，棱角明显。

4)库地北岩体

分布于喀拉斯坦代里牙上游库地北一带，呈长条状近北西—南东方向分布，面积约 120km$^2$，主体侵入于中元古代变质地层之中，侵入界面向外陡倾，接触变质作用明显，在岩体的外接触带普遍具有褐铁矿化、高岭土化现象。根据岩石矿物组成及接触关系可进一步划分出 3 个侵入体，由早到晚依次为中粒黑云母花岗闪长岩侵入体、中粒黑云二长花岗岩侵入体和粗粒黑云二长花岗岩侵入体。

中粒黑云母花岗闪长岩侵入体，呈哑铃状分布于岩体的南部，其北侧与晚期的中粒黑云二长花岗岩侵入体和粗粒黑云二长花岗岩侵入体呈涌动式接触，南部与中元古代的绿片岩、黑云斜长片岩呈侵入接触，侵入界面向外陡倾，岩体边部的围岩普遍具有 3～5m 宽的蚀变带(图 3－22)，蚀变带内岩石破碎，具有强烈的褐铁矿化现象。

中期的中粒黑云二长花岗岩侵入体和晚期粗粒黑云二长花岗岩侵入体分布于岩体的北部，二者分别与早期的中粒黑云母花岗闪长岩侵入体呈涌动式接触，二者之间亦为涌动式接触(图 3－23)，其北侧侵入于中元古代的片岩之中。

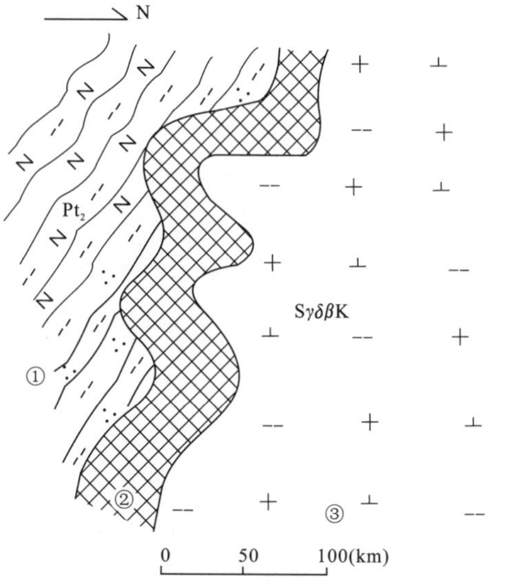


图 3－22　库地北岩体与长城系变质地层侵入关系素描图

①中元古代长城系片岩；②围岩蚀变带；③库地北中粒黑云花岗闪长岩

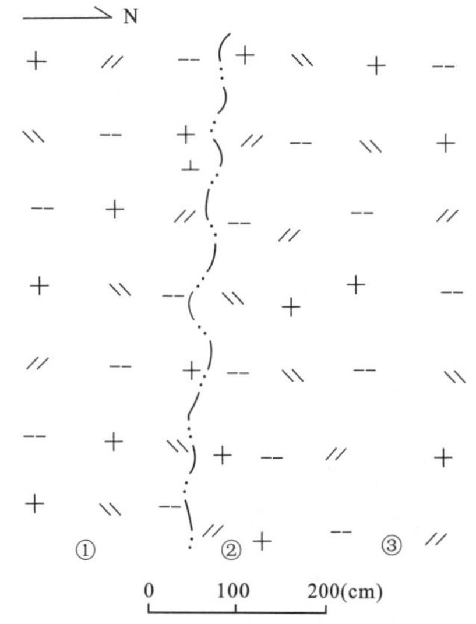


图 3－23　库地北岩体中晚期侵入体之间涌动关系素描图

①粗粒黑云二长花岗岩；②过渡带；③中粒黑云二长花岗岩

**2. 岩石学特征**

岩石学特征见表 3－15。

**表 3－15 早古生代构造岩浆岩带外亚带侵入体岩石学特征**

| 岩体 | 岩石名称 | 颜色 | 结构 | 构造 | 粒度（mm） | 主要矿物成分及特征 | 副矿物特征 | 蚀变特征 |
|---|---|---|---|---|---|---|---|---|
| 库地北 | 粗粒黑云二长花岗岩 | 灰色 | 粗粒半自形粒状结构 | 块状构造 | 5～7 | 钾长石 35%～40%，呈半自形板状，格子双晶发育，显微条纹结构，为显微条纹长石；斜长石 25%～30%，呈半自形柱状晶体，可见聚片双晶，An=26—28；石英 25%～30%，它形粒状；黑云母 5%～7%，半自形片状 | 榍石 锆石 磁铁矿 磷灰石 | 绿泥石化 绢云母化 |
| | 中粒黑云二长花岗岩 | 浅灰色 | 中粒半自形粒状结构 | 块状构造 | 2～3 | 钾长石 35%～40%，呈它形—半自形粒状，格子双晶和显微条纹结构清晰，系微斜条纹长石；斜长石 25%～28%，呈半自形柱状，具钠长石律双晶；石英 25%～30%，它形粒状，呈聚晶产出；黑云母 3%～5%，呈它形片状 | 榍石 锆石 磁铁矿 褐帘石 | 绢云母化 氧化铁化 |
| | 中粒黑云二长花岗岩 | 浅灰色 | 中粒半自形粒状结构 | 块状构造 | 2～3 | 钾长石 35%～40%，呈它形—半自形粒状，格子双晶和显微条纹结构清晰，系微斜条纹长石；斜长石 25%～28%，呈半自形柱状，具钠长石律双晶；石英 25%～30%，它形粒状，呈聚晶产出；黑云母 3%～5%，呈它形片状 | 榍石 锆石 磁铁矿 褐帘石 | |
| 乌鲁克吾斯塘河 | 中粒黑云钾长花岗岩 | 深肉红色 | 中粒半自形粒状结构 | 块状构造 | 3～5 | 钾长石 50%～52%，呈它形—半自形粒状、板状，格子双晶及条纹结构清楚，为微斜长石和条纹长石；斜长石 18%～20%，呈半自形粒状，双晶发育；石英 23%～25%，它形粒状，干净；黑云母 3%，半自形片状，常包有锆石 | 榍石 磁铁矿 锆石 褐帘石 磷灰石 | 绢云母化 高岭土化 |
| 克里阳河 | 细粒黑云钾长花岗岩 | 灰红色 | 细粒半自形粒状结构 | 块状构造 | 1～2 | 钾长石 45%～50%，呈它形—半自形粒状、板状，格子双晶及条纹结构清楚，为微斜长石和条纹长石；斜长石 15%～20%，呈半自形粒状，双晶发育；石英 20%～25%，它形粒状，干净；黑云母 4%，半自形片状 | 榍石 磁铁矿 锆石 磷灰石 | 绢云母化 高岭土化 |
| 苏盖特力克 | 中粒黑云钾长花岗岩 | 灰色 | 细粒半自形粒状结构 | 块状构造 | 2～4 | 钾长石 45%～50%，呈半自形—它形粒状，晶体洁净，具格子双晶，系微斜长石；斜长石 20%～25%，呈半自形柱状，晶体混浊，双晶不清；石英 25%，它形粒状，洁净；黑云母 3%～4%，呈半自形片状，褐色 | 锆石 磁铁矿 | 绢云母化 |
| | 中粒黑云二长花岗岩 | 深灰色 | 中粒半自形粒状结构 | 块状构造 | 2～3 | 钾长石 30%～35%，呈它形粒状，较洁净，具显微条纹结构，为条纹长石；斜长石 35%，呈半自形柱状，晶体混浊，双晶不清；石英 25%～30%，呈它形粒状；黑云母 3%～4%，半自形片状，褐色，白云母少见 | 锆石 | |

**3. 岩石化学及地球化学特征**

1）岩石化学特征

岩石化学成分含量及特征参数见表 3－10，$SiO_2$ 含量为 66.40%～73.17%，属于酸性岩范畴，与世界花岗岩相比，除 $K_2O$ 含量相对偏高外，其他成分含量基本相当。岩石化学计算表明：A/CNK=0.92～1.01，$\sigma$ 值为 2.26～2.30，普遍小于 3.3，为过铝的钙碱性岩石系列，显示 S 型花岗岩的特点。SI 值为 12.09～13.14，DI 值为 67.81～91.30，显示岩浆分异程度较高，岩石基性程度较低，在 $K_2O-Na_2O$ 图解（图 3－16）中主体落于 S 型花岗岩区，表明岩浆主体来源于地壳。

2)微量元素特征

微量元素含量见表3-16,与维氏(1962)花岗岩值相比较,除Ni、Ba元素相对贫化外,其他元素值均相当,表现为壳源特征。用MORB作标准化得到曲线(图3-24),图中显示早古生代外亚带各岩体具有相似的微量元素组成,曲线形态总体趋于一致,为左高右低的形态,反映其形成于相似的构造环境,具有相似的物质来源,或者岩浆具有明显的继承性。其中Rb、Th等元素强烈富集,而Ba、Sr等元素明显亏损,曲线形态与S型花岗岩微量元素曲线相似,说明岩浆主要来源于地壳,是地壳深部熔融的结果。

**表3-16 早古生代构造岩浆岩带外亚带侵入岩微量元素含量** ($\times10^{-6}$)

| 岩体 | 样品号 | Li | Be | Sc | V | Cr | Co | Ni | Cu | Zn | Ga |
|---|---|---|---|---|---|---|---|---|---|---|---|
| 库地北 | D2033/7 | 17.0 | 2.53 | 5.82 | 26.4 | 2.20 | 81.00 | 1.55 | 6.3 | 89.0 | 17.9 |
| 乌鲁克吾斯塘河 | D3156/1 | 33.2 | 2.06 | 1.42 | 31.2 | 144.00 | 2.27 | 1.57 | 11.7 | 51.3 | 13.3 |
| | D3156/2 | 18.5 | 2.13 | 0.92 | 11.4 | 4.80 | 0.81 | — | 30.4 | 30.3 | 12.3 |
| | D3156/3 | 17.2 | 1.85 | 0.75 | 11.8 | 3.51 | 0.89 | 0.19 | 25.8 | 38.9 | 11.7 |
| 苏盖特力克 | D2076/3 | 97.9 | 4.20 | 3.99 | 21.8 | 112.00 | 1.74 | 1.03 | 12.0 | 39.8 | 15.7 |
| 地壳克拉克值(维氏,1962) | | 20.0 | 1.80 | 10.00 | — | 83.00 | 18.00 | 58.00 | 47.0 | 83.0 | 20.0 |
| 岩体 | 样品号 | Rb | Sr | Y | Zr | Nb | Ba | Hf | Ta | Pb | Th |
| 库地北 | D2033/7 | 181 | 174 | 50.00 | 373.0 | 52.6 | 972 | 9.92 | 4.03 | 41.6 | 20.4 |
| 乌鲁克吾斯塘河 | D3156/1 | 167 | 138 | 7.15 | 67.7 | 16.5 | 447 | 1.50 | 0.74 | 29.3 | 57.2 |
| | D3156/2 | 167 | 120 | 13.60 | 47.3 | 14.3 | 393 | 0.96 | 0.85 | 33.2 | 31.9 |
| | D3156/3 | 158 | 131 | 8.30 | 53.7 | 14.0 | 393 | 0.96 | 0.85 | 33.2 | 31.8 |
| 苏盖特力克 | D2076/3 | 227 | 71 | 22.10 | 179.0 | 42.8 | 428 | 3.24 | 3.25 | 24.1 | 28.6 |
| 地壳克拉克值(维氏,1962) | | 150 | 340 | — | 170.0 | 20.0 | 650 | 1.00 | 2.50 | 16.0 | — |

3)稀土元素特征

稀土元素含量及特征参数见表3-17,$\sum REE$值为$224.4\times10^{-6}\sim289.21\times10^{-6}$,稀土总量较高,$\delta Eu$值在0.42～0.82之间,其值变化虽较大,但其主体小于0.7,显示铕明显负异常,物质主要来源于上下地壳不同程度熔融而成,$(La/Yb)_N$值为6.38～18.01,说明轻稀土均匀强烈富集,$(La/Sm)_N$值为1.60～6.41,说明轻稀土分馏程度明显,$(Gd/Yb)_N$值为1.30～1.67,说明重稀土分馏程度一般。稀土元素配分曲线模式见图3-25,具有明显的左高右低的形态(富集轻稀土),属于铕亏损型。各岩体具有大致相同的稀土元素特征,说明各岩体具有相同的物质来源和演化历程。

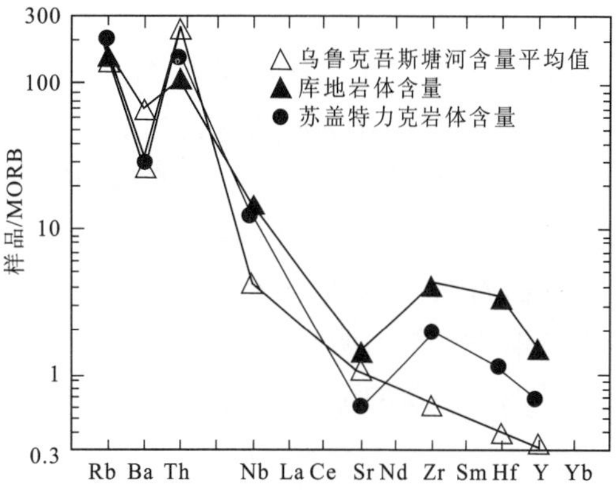


图3-24 早古生代内亚带侵入体微量元素MORB标准化形式

**表 3-17　早古生代构造岩浆岩带外亚带岩体稀土元素含量值及特征参数**

| 岩体 | 样品号 | 稀土元素含量（$\times10^{-6}$） | | | | | | | | | |
|---|---|---|---|---|---|---|---|---|---|---|---|
| | | La | Ce | Pr | Nd | Sm | Eu | Gd | Tb | Dy | Ho |
| 库地北 | D2033/7 | 138.8 | 227.0 | 24.90 | 844.0 | 13.0 | 2.27 | 11.3 | 1.53 | 7.85 | 1.53 |
| 乌鲁克吾斯塘河 | D3156/1 | 35.4 | 64.7 | 60.10 | 18.7 | 2.67 | 0.75 | 2.86 | 0.30 | 1.32 | 0.24 |
| | D3156/2 | 47.1 | 93.0 | 9.22 | 31.2 | 5.54 | 0.86 | 5.12 | 0.60 | 2.70 | 0.47 |
| | D3156/3 | 32.1 | 60.1 | 5.54 | 17.5 | 2.74 | 0.78 | 2.98 | 0.33 | 1.51 | 0.28 |
| 苏盖特力克 | D2076/3 | 48.7 | 102.0 | 10.90 | 37.6 | 7.21 | 0.76 | 7.66 | 0.99 | 4.65 | 0.82 |

| 岩体 | 样品号 | 稀土元素含量（$\times10^{-6}$） | | | | | 特征参数值 | | | | |
|---|---|---|---|---|---|---|---|---|---|---|---|
| | | Er | Tm | Yb | Lu | ΣREE | δEu | δCe | $(La/Yb)_N$ | $(La/Sm)_N$ | $(Gd/Yb)_N$ |
| 库地北 | D2033/7 | 4.29 | 0.68 | 4.69 | 0.75 | 289.21 | 0.56 | 1.33 | 10.41 | 1.60 | 1.56 |
| 乌鲁克吾斯塘河 | D3156/1 | 0.90 | 0.13 | 0.96 | 0.12 | 224.4 | 0.82 | 1.20 | 6.38 | 6.41 | 1.67 |
| | D3156/2 | 1.61 | 0.20 | 1.45 | 0.22 | 227.6 | 0.51 | 1.11 | 18.01 | 5.66 | 1.42 |
| | D3156/3 | 1.03 | 0.14 | 1.05 | 0.17 | 230.5 | 0.42 | 0.96 | 13.56 | 4.98 | 1.30 |
| 苏盖特力克 | D2076/3 | 2.43 | 0.32 | 2.15 | 0.33 | 256.1 | 0.69 | 1.56 | 14.35 | 3.64 | 1.47 |

**4. 副矿物特征**

副矿物种类较多，组成复杂。其中以磁铁矿、锆石、榍石、磷灰石含量较高，钛铁矿、褐铁矿、黄铁矿、褐帘石含量较少，副矿物组合为磁铁矿＋锆石＋榍石＋磷灰石，为常见岩浆型花岗岩副矿物组合。锆石特征见表 3-18。

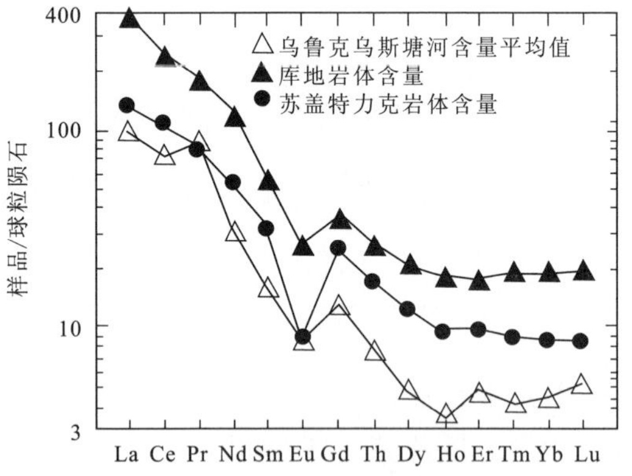


图 3-25　早古生代内亚带侵入体稀土元素配分模式图

**5. 成因**

早古生代内亚带侵入体样品在 $K_2O$－$Na_2O$ 图解（图 3-16）中，全部投入到 S 型花岗岩区；岩石化学中，$Si_2O$ 含量值在 66.40%～73.17%，A/CNK 值在 0.92～1.01，里特曼指数值在 2.26～2.31（明显小于 3.3），为过铝的钙碱性岩石系列；微量元素以壳源元素相对富集为特征，显示 S 型花岗岩的特点；稀土元素则以轻稀土分馏程度较为明显、铕负异常为特征，表现为壳源特征。综合分析认为，成因类型为 S 型，主要来源于地壳物质的部分熔融。

**6. 时代**

在库地北粗粒黑云二长花岗岩中作了 Pb-Pb 法测年分析，分析结果见表 3-19，谐和图见图 3-26，其中 2 号、3 号、4 号样品落在谐和曲线上，集中程度亦很好，说明没有发生明显的 Pb 丢失和增加，并对其年龄值进行统计权重，平均获得 412.2Ma 的年龄值，属早古生代的产物，可能代表了岩浆侵位的年龄，而 1 号点 405.1Ma 的年龄值可能是岩浆形成的年龄。另外，在苏盖特力克中粒黑云二长花岗岩中亦作了 U-Pb 法测年分析，获得 425Ma 的年龄值，在克里阳河黑云钾长花岗岩中作了 U-Pb 法测年分析，获得 418Ma 的年龄值，因此，该期侵入体的时代为早志留世的晚期。

**表 3－18　早古生代碰撞期侵入体锆石特征表**

| 岩体 | 岩石名称 | 粒度(mm) | 长宽比 | 颜色 | 光泽 | 透明度 | 发光性 | 晶面晶形特征 | 包裹体 | 主要晶形 |
|---|---|---|---|---|---|---|---|---|---|---|
| 库地北 | 中粒黑云二长花岗岩 | 0.02～0.40 | 2∶1<br>3∶1<br>4∶1 | 浅玫瑰色 | 金刚光泽 | 半透明 | 发亮黄色光 | 晶体呈四方双锥聚形晶为主，少量晶体不对称，呈异极状。主要 m(110)晶面出现 | 晶体内有小锆石包裹体，分布杂乱无章，个别晶体内有磷铁矿晶体 | 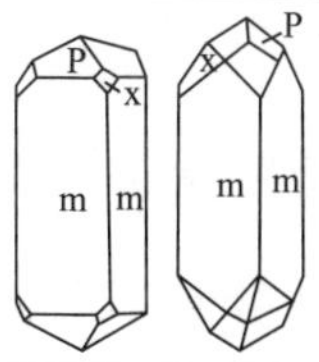 |
| 苏盖特力克 | 中粒黑云钾长花岗岩 | 0.02～0.24 | 2∶1<br>3∶1 | 玫瑰色 | 金刚光泽 | 透明 | 发暗黄色光 | 晶体颗粒呈残缺柱状，以次棱角状、次圆状为主，晶体表面略显光滑 | 包裹体普遍，成分主要为细小锆石，另外具有黑色星点状性质不明包裹体 | 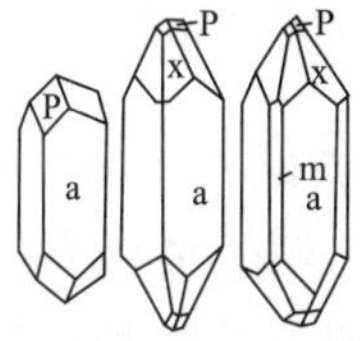 |
| | 中粒黑云二长花岗岩 | 0.02～0.32 | 2∶1<br>4∶1 | 淡玫瑰色 | 金刚光泽 | 透明 | 发亮黄色光 | 晶体颗粒残缺破碎，完整晶形呈柱状聚形晶，表面蚀象较细且光滑，以棱角状为主，少为次棱角状 | 包裹体普遍，主要分布杂乱无章的细小锆石，少量黄铁矿及星点状的红色氧化铁包裹体 | 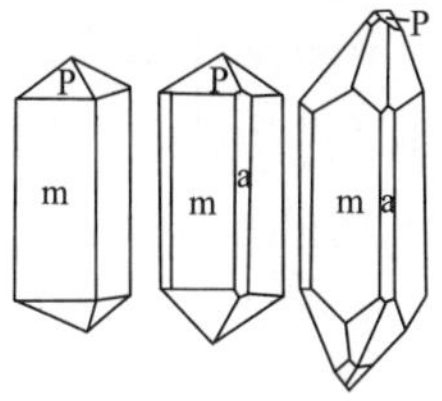 |

**表 3－19　早古生代库地北岩体同位素年龄值**

| 岩体 | 序号 | 同位素原子比率 | | | | | 表面年龄(Ma) | | |
|---|---|---|---|---|---|---|---|---|---|
| | | $^{206}Pb/^{204}Pb$ | $^{208}Pb/^{206}Pb$ | $^{206}Pb/^{238}U$ | $^{207}Pb/^{235}U$ | $^{207}Pb/^{206}Pb$ | $^{206}Pb/^{238}U$ | $^{207}Pb/^{235}U$ | $^{207}Pb/^{206}Pb$ |
| 库地北 | 1 | 307 | 0.193 3 | 0.064 85<br><30> | 0.453 3<br><230> | 0.050 70<br><399> | 405.1 | 379.6 | 227.3 |
| | 2 | 356 | 0.164 2 | 0.066 01<br><17> | 0.504 6<br><180> | 0.055 45<br><185> | 412.1 | 414.8 | 430.3 |
| | 3 | 294 | 0.195 8 | 0.066 05<br><20> | 0.504 7<br><218> | 0.055 42<br><224> | 412.3 | 414.9 | 429.3 |
| | 4 | 35 | 0.189 4 | 0.066 06<br><26> | 0.502 3<br><239> | 0.055 15<br><247> | 412.4 | 413.3 | 418.1 |
| | 5 | 474 | 0.191 2 | 0.066 46<br><20> | 0.459 7<br><250> | 0.050 17<br><267> | 414.8 | 384.1 | 203.0 |

### 7. 构造环境分析

在阳离子 $R_1$－$R_2$图解(图 3－20)中，投入到同碰撞花岗岩区，在 Y－Nb 图解(图 3－21)中，对该期侵入体的样品进行图解，全部落于同碰撞花岗岩区及火山弧花岗岩区。按 Babarin 构造环境分类，属富黑云母过铝花岗岩类(CPG)，为碰撞作用的产物；按 Maniar 和 Piccoli 构造环境分类，属大陆碰撞花岗岩类(CCG)；岩石地球化学资料亦显示其具有 S 型花岗岩的特点。结合区域构造位置及岩浆演化的特征分析认为，属碰撞构造环境下的产物。

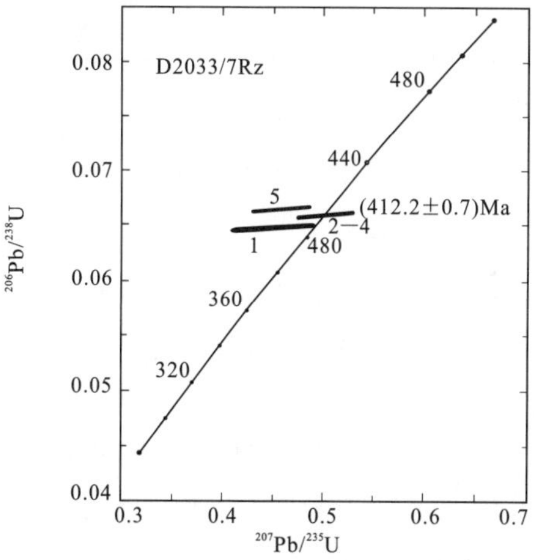


图 3－26　库地北岩体锆石 U－Pb 同位素年龄测定结果谐和图

### (四)乌鲁克吾斯塘河碱长花岗岩

乌鲁克吾斯塘河碱长花岗岩属于A型花岗岩,而A型花岗岩常作为非造山花岗岩的标志,因此这里专门作为一小节描述,而没有归入以上3个亚带。

#### 1. 地质特征

主体分布于乌鲁克吾斯塘河及其相邻地区,平面上呈岩株和脉状产出,长轴方向近东西向,与区域构造线方向一致,该岩体由早到晚分别由细粒碱长花岗岩侵入体和中粒碱长花岗岩侵入体组成。

细粒碱长花岗岩侵入体分布于康爱孜达里亚河上游,呈不规则长条状近东西向分布,面积约 $1km^2$,北侧主体侵入于早古生代开克入木达坂中粒二长白岗岩之中,接触面倾向围岩,倾角70°～75°,南侧与晚期地层(变粉砂岩、变质砾岩)呈沉积不整合接触。围岩蚀变为硅化、绿泥石化和透闪石化。中粒碱长花岗岩侵入体分布于乌鲁克吾斯塘河上游,呈东西向脉状分布,面积约 $0.2km^2$。北侧与早古生代色拉阿特辉长岩呈侵入接触,接触面内倾,倾角为65°～75°。南侧侵入于早古生代奥陶纪达里亚中粒英云闪长岩之中,侵入界面清楚,倾角普遍向外陡倾。围岩蚀变主要有透闪石化和高岭土化。

#### 2. 岩石学特征

乌鲁克吾斯塘河碱长花岗岩岩石学特征见表3-20。

**表3-20 碱长花岗岩岩石学特征表**

| 岩体 | 岩石名称 | 颜色 | 结构 | 构造 | 粒度(mm) | 主要矿物成分及特征 | 副矿物组合 | 蚀变特征 |
|---|---|---|---|---|---|---|---|---|
| 乌鲁克吾斯塘河 | 中粒碱长花岗岩 | 灰色 | 中粒半自形粒状结构 | 块状构造 | 2～4 | 钾长石67%～68%,半自形粒状,具有格子双晶且显示条纹,为微斜条纹长石,晶体均较洁净,单晶呈它形晶体;石英25%～27%,它形粒状;钾长石单晶和洁净的石英有规律交生形成文象结构;斜长石3%～4%;白云母2%～3%半自形片状 | 锆石 | 透闪石化<br>高岭土化 |
| | 细粒碱长花岗岩 | 灰色 | 细粒它形粒状结构 | 块状构造 | 1～2 | 钾长石70%～73%,呈它形,半自形柱状,较洁净,具有条纹结构,为条纹长石;石英20%～25%,它形粒状,多数石英与钾长石规律交生,形成文象结构;斜长石1%～3%,它形粒状;绿泥石4%～5%,为蚀变矿物 | 磁铁矿<br>锆石<br>榍石 | 硅化<br>绿泥石化<br>透闪石化 |

#### 3. 岩石化学及地球化学特征

1)岩石化学特征

岩石化学成分含量及特征参数见表3-10。$SiO_2$含量为69.23%～76.28%,属酸性岩范畴;$Al_2O_3$含量为12.73%～15.43%、$Na_2O$含量为3.02%～4.42%,显示该岩石准铝贫钠。岩石化学计算表明,A/CNK值为1.53～1.56,明显大于1.1,$\sigma$值为6.20～8.40,大于3.3,而小于9,AR值为2.69～4.20,该岩石为准铝贫钠的钙碱性岩石系列,显示A型花岗岩特征。SI值为1.27～3.30,DI值为90.84～91.58,岩浆分异程度较高,岩石基性程度较低。

2)微量元素特征

微量元素含量见表3-21,与维氏(1962)花岗岩值相比,显示Rb、Nb元素相对富集,而Cr、Ni、Co、V、Ba、Sc元素相对贫化,总体显示壳源元素富集、幔源元素亏损的特征。

表 3-21　乌鲁克吾斯塘河岩体微量元素含量表　($\times10^{-6}$)

| 岩体 | 代号 | 样品号 | Li | Be | Sc | V | Cr | Co | Ni | Cu | Zn | Ga |
|---|---|---|---|---|---|---|---|---|---|---|---|---|
| 乌鲁克吾斯塘河 | χγ | D3224/1 | 4.40 | 4.08 | 2.52 | 23.7 | 30.10 | 0.925 | 0.10 | 8.7 | 29.8 | 20.0 |
| | | D3224/2 | 3.08 | 4.64 | 1.96 | 7.1 | 4.53 | 0.374 | — | 125.0 | 40.1 | 18.9 |
| | | D3224/3 | 4.74 | 4.34 | 2.30 | 20.1 | 4.62 | 0.916 | 1.09 | 68.0 | 38.8 | 19.9 |
| | χγ | D2544/3 | 4.81 | 1.83 | 6.37 | 25.0 | 102 | 2.06 | 2.26 | 20.7 | 46.6 | 21.4 |
| 克拉克值(维氏,1962) | | | 20.00 | 1.80 | 10.00 | — | 83.00 | 18.000 | 58.00 | 47.0 | 83.0 | 20.0 |
| 岩体 | 代号 | 样品号 | Rb | Sr | Y | Zr | Nb | Ba | Hf | Ta | Pb | Th |
| 乌鲁克吾斯塘河 | χγ | D3224/1 | 225 | 21.4 | 57.1 | 224 | 43.0 | 92.5 | 6.05 | 2.38 | 25.1 | 53.3 |
| | | D3224/2 | 197 | 21.3 | 51.7 | 218 | 41.7 | 98.6 | 5.21 | 2.16 | 29.7 | 43.3 |
| | | D3224/3 | 217 | 28.3 | 53.8 | 213 | 40.5 | 127.0 | 5.17 | 2.40 | 21.5 | 44.7 |
| | χγ | D2544/3 | 131 | 51.6 | 38.6 | 423 | 29.1 | 254.0 | 6.26 | 1.37 | 25.1 | 32.6 |
| 克拉克值(维氏,1962) | | | 150 | 340.0 | — | 170 | 20.0 | 650.0 | 1.00 | 2.50 | 16.0 | — |

用 MORB 作标准化得到曲线图 3-27。早古生代乌鲁吾斯塘河岩体中的两个侵入体具有相似的微量元素组成,曲线形态总体趋于一致,为左高右低的形态,反映其形成于相似的构造环境,具有相似的物质来源,或者岩浆具有明显的继承性。其中 Rb、Th 等元素强烈富集,而 Ba、Sr 等元素明显亏损,曲线形态与 S 型花岗岩微量元素曲线相似,说明岩浆主要来源于地壳,是地壳部分熔融的结果。

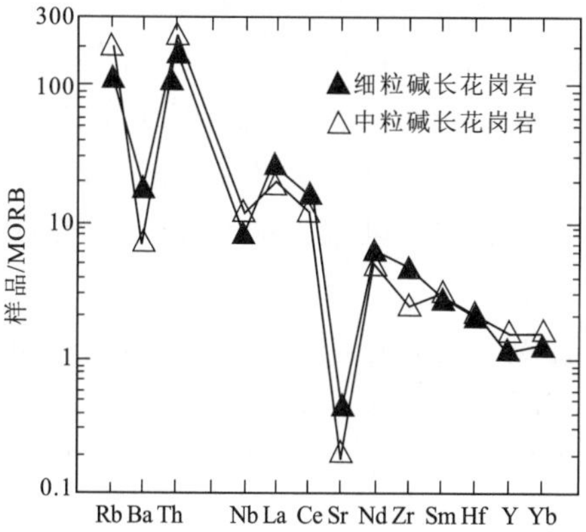


图 3-27　乌鲁克吾斯塘河碱长花岗岩微量元素 MORB 标准化形式

3)稀土元素特征

稀土元素含量及特征参数见表 3-22,∑REE 值为 $454.01\times10^{-6}\sim472.13\times10^{-6}$,稀土总量较高,δEu 值在 0.25～0.72 之间,其值变化虽较大,但其主体小于 0.7,显示铕明显负异常,物质主要来源于上下地壳不同程度熔融而成,$(La/Yb)_N$值为 11.9～13.4,说明轻稀土强烈富集,$(La/Sm)_N$值为 2.15～2.20,说明轻稀土分馏程度较好,$(Gd/Yb)_N$值为 1.21～1.30,说明重稀土分馏程度较明显。稀土元素配分曲线模式见图 3-28,具有明显的左高右低的形态(富集轻稀土),乌鲁克吾斯塘河岩体中的两个侵入体具有完全相同的稀土元素特征,说明二者具有相同的物质来源和演化历程。

表 3-22　乌鲁克吾斯塘河岩体稀土元素含量及特征参数

| 岩体 | 代号 | 样品号 | 稀土元素含量($\times10^{-6}$) | | | | | | | | | |
|---|---|---|---|---|---|---|---|---|---|---|---|---|
| | | | La | Ce | Pr | Nd | Sm | Eu | Gd | Tb | Dy | Ho |
| 乌鲁克吾斯塘河 | χγ | D3224/1 | 79.8 | 149 | 16.9 | 54.1 | 10.5 | 0.17 | 11.5 | 1.71 | 10.40 | 1.05 |
| | | D3224/2 | 76.1 | 145 | 16.0 | 53.2 | 10.1 | 0.17 | 10.1 | 1.66 | 9.45 | 1.88 |
| | | D3224/3 | 91.4 | 168 | 19.1 | 64.3 | 12.4 | 1.29 | 11.6 | 1.83 | 10.40 | 1.95 |
| | χγ | D2544/3 | 100.0 | 193 | 21.4 | 67.2 | 10.2 | 0.55 | 11.6 | 1.51 | 7.98 | 1.49 |
| 岩体 | 代号 | 样品号 | 稀土元素含量($\times10^{-6}$) | | | | | 特征参数值 | | | | |
| | | | Er | Tm | Yb | Lu | ∑REE | δEu | δCe | $(La/Yb)_N$ | $(La/Sm)_N$ | $(Gd/Yb)_N$ |
| 乌鲁克吾斯塘河 | χγ | D3224/1 | 6.75 | 0.97 | 6.42 | 0.92 | 461.8 | 0.25 | 1.17 | 13.0 | 2.15 | 1.26 |
| | | D3224/2 | 6.00 | 0.85 | 5.59 | 0.83 | 454.01 | 0.53 | 1.20 | 13.4 | 3.16 | 1.30 |
| | | D3224/3 | 6.39 | 0.86 | 5.93 | 0.86 | 472.13 | 0.72 | 1.31 | 12.7 | 4.15 | 1.28 |
| | χγ | D2544/3 | 5.10 | 0.69 | 4.67 | 0.73 | 464.80 | 0.60 | 1.10 | 11.9 | 2.20 | 1.21 |

#### 4. 副矿物特征

副矿物组合为磁铁矿、锆石、榍石等，另外含有较少的褐铁矿、黄铁矿、磷灰石和钛铁矿，属常见岩浆成因的副矿物组合，蚀变主要有高岭土化和绿泥石化。

乌鲁克吾斯塘河岩体中的锆石晶体呈浅玫瑰色，金刚光泽，半透明至不透明，晶棱不清晰，完整晶形不多，表面粗糙且有蚀坑。内含较多的包裹体，包裹体成分主要为细小锆石颗粒和红色星点状铁质成分，次有少量的针状角闪石和片状黑云母。紫外灯照射下大部分不发光，极少数发亮黄色光。

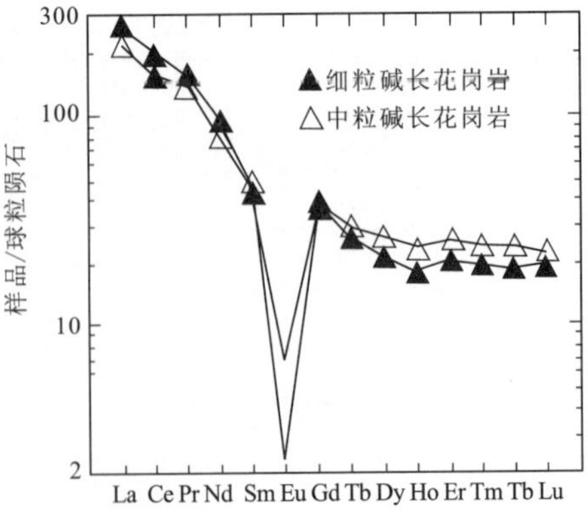


图 3-28 乌鲁克吾斯塘河碱长花岗岩稀土元素配分模式图

#### 5. 成因

在 $K_2O - Na_2O$ 图解(见图 3-16)中，样品投入到 A 型花岗岩区；在 $\delta Eu-(La-Yb)_N$ 图解(图 3-29)中，主体落入壳源区。岩石化学成分含量及特征参数显示为准铝贫钠的钙碱性岩石系列。微量元素以壳源元素相对富集为特征，显示 S 型花岗岩的特点，这可能是古老陆壳与上地壳一起熔融的结果。稀土元素则以轻稀土分馏程度较为明显、铕负异常为特征，表现为壳源特征，同时又有部分铕异常度值大于 0.7，说明有基性岩浆或古老下地壳物质加入。综合分析认为成因类型属 A 型，物质主要来源于上、下地壳的部分熔融而成。

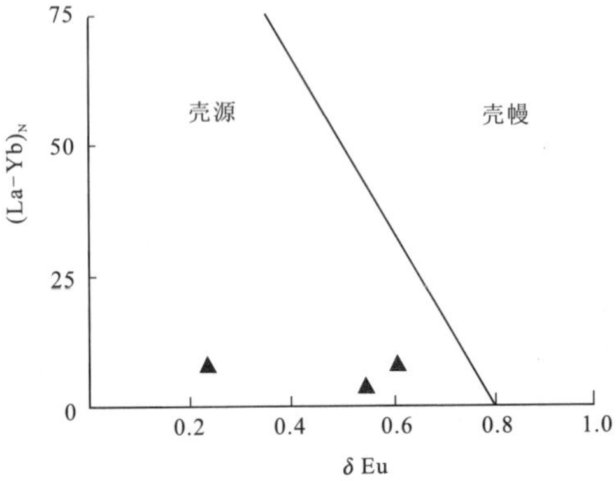


图 3-29 $\delta Eu-(La-Yb)_N$ 相关图解

#### 6. 时代

在乌鲁克吾斯塘和细粒碱长花岗岩中作了 U-Pb 法测年分析，分析结果见表 3-23，谐和图见图 3-30，样品基本落在谐和曲线上，说明没有发生明显的 Pb 丢失和增加，并获得 429.9～451.5Ma的年龄值，时代为早志留世，对前两个样品采用统计权重平均值，计算结果为 451.4Ma 的年龄值，它可能代表了岩浆侵位的年龄，而 429.9Ma 的年龄值可能是后期的改造年龄。

表 3-23 乌鲁克吾斯塘河细粒碱长花岗岩同位素年龄

| 岩体 | 序号 | 同位素原子比率 | | | | | 表面年龄(Ma) | | |
|---|---|---|---|---|---|---|---|---|---|
| | | $^{206}Pb/^{204}Pb$ | $^{208}Pb/^{206}Pb$ | $^{206}Pb/^{238}U$ | $^{207}Pb/^{235}U$ | $^{207}Pb/^{206}Pb$ | $^{206}Pb/^{238}U$ | $^{207}Pb/^{235}U$ | $^{207}Pb/^{206}Pb$ |
| 乌鲁克吾斯塘河 | 1 | 730 | 0.419 2 | 0.072 55 <49> | 0.561 4 <171> | 0.056 13 <158> | 451.5 | 452.5 | 457.4 |
| | 2 | 296 | 0.324 2 | 0.072 53 <26> | 0.559 6 <181> | 0.055 96 <169> | 451.4 | 451.3 | 450.8 |
| | 3 | 354 | 0.306 8 | 0.068 97 <55> | 0.533 2 <191> | 0.056 08 <158> | 429.9 | 434.0 | 455.4 |

### 7. 构造环境分析

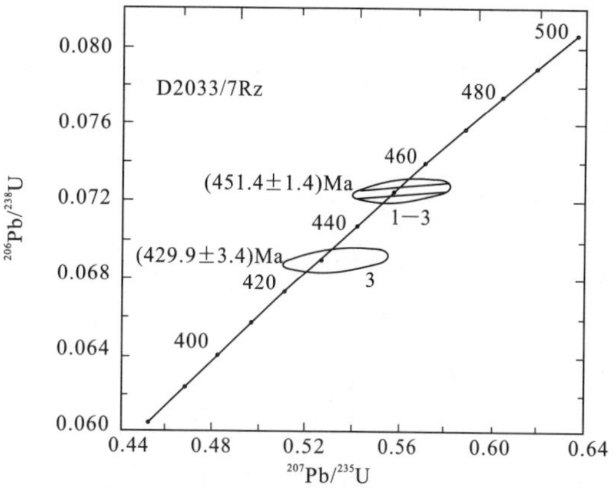


图 3-30 乌鲁克吾斯塘河岩体锆石 U-Pb 同位素年龄测定结果谐和图

在 $K_2O-Na_2O$ 图解(见图 3-16)中,样品投入到 A 型花岗岩区,而 A 型花岗岩属地壳拉张环境下的产物,不仅产生于非造山的板内环境,而且也广泛分布于造山作用末期或后造山期(洪大卫等,1994),同时,A 型花岗岩也被看作是造山崩塌的标志或造山带转稳定大陆的固化标志(邓晋福,1996),但在大多数情况下指示的是一种构造体制的转化,而不是一个特定的地球动力学环境,既可以产生在碰撞事件的主峰期分开的张弛阶段,也可以产生在从俯冲挤压体制转变成碰撞体制的过程中(肖庆辉等,2002)。结合该时期区内构造格局,综合分析认为属碰撞造山末期向稳定大陆转换过程中形成的产物,即转换构造环境下的产物。

### (五)早古生代构造岩浆演化

寒武纪(∈)测区岩浆活动以中基性岩浆活动为特征,主要有帕合甫辉长岩和色拉阿特辉绿岩。两岩体都呈长条状,长轴方向呈近东西向分布,自东向西沿其曼于特-库地蛇绿混杂岩带分布,受区域性断裂控制明显。岩石化学及地球化学资料表明,该期侵入体物质来源于地幔,属伸展环境下的产物,说明该时期测区内曾发生裂解作用。

早中奥陶纪(O)岩浆活动以中酸性岩浆侵入活动为特征,出露于西昆仑早古生代造山带和西昆仑南带之中,且主体分布于库地蛇绿混杂岩带以南及康西瓦-苏巴什结合带以北。主要有他龙的黑云角闪闪长岩、花岗闪长岩、黑云二长花岗岩,达里亚的英云闪长岩,不孜完达坂的石英二长闪长岩和开克入木达坂的二长花岗岩。该期侵入体同围岩大多有规则而清晰的侵入界线,平面上多呈椭圆状及长条状出露,岩体内部构造线与区域构造线基本一致且与岩体长轴方向近于平行,岩体中的矿物、暗色包体定向排列及叶理平行于接触带且与区域构造线一致,在近岩体的围岩中常出现环状向斜和岩体就位时发生的断裂。这一切迹象表明,该时期侵入体普遍具有强力就位的特点,岩浆强力就位就必须富含水分,水分的主要来源可能就是俯冲洋壳所带的水分及含水矿物的脱水。岩石化学及地球化学资料表明,该期侵入体属岛弧钙碱性岩石系列,具有 I 型花岗岩的特征。岩性由角闪闪长岩→花岗闪长岩→二长花岗岩方向演化。岛弧花岗岩的这种演化方向,与其所处的其曼于特-库地蛇绿混杂岩带的位置相呼应。上述特征共同表明,该时期原特提斯洋开始从北向南俯冲消减,从而引发了原特提斯洋南侧大陆边缘一系列花岗岩类岩浆活动,形成了测区内早中奥陶纪的岛弧花岗岩。

志留纪(S)测区岩浆活动以酸性岩浆侵入活动为特征,亦出露于西昆仑早古生代造山带和西昆仑南带之中。主要有苏盖特力克-库地北的花岗闪长岩和二长花岗岩,克里阳河和乌鲁克吾斯塘河的钾长花岗岩,岩性由花岗闪长岩→二长花岗岩→钾长花岗岩方向演化。其主体位于其曼于特-库地蛇绿混杂岩带以北的塔里木板块南缘(以南亦有零星出露)。岩石化学及地球化学资料显示,该期岩体具 S 型花岗岩特征,在 $R_1-R_2$ 阳离子图解中位于板块碰撞花岗岩区。上述资料表明,该时期原特提斯洋已经封闭,原特提斯洋两侧大陆已进行碰撞,在碰撞过程中形成了测区内一系列同碰撞同造山花岗岩类。志留纪末期,随着碰撞造山作用的结束,区内由碰撞造山环境向稳定大陆环境转变,与此同时区内形成了乌鲁克吾斯塘河碱长花岗岩。

总之，测区早古生代构造岩浆活动，从前期到中期，再到后期，岩浆活动形式及总程序是从基性、中酸性、酸性岩浆侵入活动向富碱酸性岩浆侵入活动演化，反映了构造环境总体从伸展、俯冲挤压、碰撞再向拉张开放条件的转变。

## 三、晚古生代侵入体

晚古生代侵入岩区域上分布于麻扎-康西瓦结合带以北、早古生代构造岩浆岩带以南，测区内集中出露于图区东部赛图拉、吐日苏河、黑恰道班北一带，形成宽度约 25km，长大于 60km 的（向东延伸出图）晚古生代构造岩浆岩带，其时空分布、成因均与苏巴什-康西瓦结合带密切相关。该期岩体主体侵入于蓟县系桑株塔格岩群和长城系赛图拉岩群变质地层之中，单个侵入体多呈椭圆状和不规则的长条状，其长轴方向与构造线方向基本一致，出露总面积约为 690km$^2$。岩性组成有中细粒石英闪长岩、黑云母花岗闪长岩和黑云二长花岗岩，其中以黑云母花岗闪长岩为主要岩石类型，缺少超基性、基性岩类。晚古生代侵入岩分布及其与麻扎-康西瓦构造混杂岩带的关系见图 3－1，参照岩石谱系单位划分原则对其作进一步的解体和归并，侵入岩划分见表 3－24。

**表 3－24　晚古生代侵入岩单位划分及特征简表**

| 岩浆岩带 | 岩体名称 | 代号 | 岩石名称 | 面积(km$^2$) | 构造环境 | 年龄(Ma) |
|---|---|---|---|---|---|---|
| 晚古生代岩浆岩带 | 赛图拉 | PηγβS | 中粒黑云二长花岗岩 | 50 | 俯冲 | 255(U－Pb) |
| | | PγδβS | 中粒黑云母花岗闪长岩 | | | |
| | 黑恰道班北 | PγδβH | 中粗粒黑云母花岗闪长岩 | 90 | | |
| | 吐日苏河 | CδοT | 中细粒石英闪长岩 | 550 | | 341(U－Pb) |

### （一）地质特征

#### 1. 吐日苏河岩体

位于图区东部赛图拉以北的吐日苏河一带。岩体呈不规则的长条状近东西向延伸，长度大于 45km，宽约 10km，向东已出图幅范围，区内面积约 450km$^2$，岩性为中细粒石英闪长岩，岩体产状为岩基。主体侵入于蓟县系桑株塔格岩群深变质地层之中，接触面外倾，倾角较陡。岩体东北部侵入于早古生代克里阳河黑云钾长花岗岩之中，侵入关系清楚，中细粒石英闪长岩内部有大量的黑云钾长花岗岩捕虏体，捕虏体大小不等，都呈棱角状。接触带围岩蚀变强烈，主要有硅化、绿泥石化、蛇纹石化和高岭土化。

#### 2. 黑恰道班北岩体

岩体呈不规则的长条状分布于新藏线黑恰道班以北，长轴方向与区域构造线方向一致，面积约 90km$^2$，岩性为中粗粒黑云母花岗闪长岩。其北侧侵入于蓟县系桑株塔格岩群的片岩、大理岩、石英岩等深变质地层之中，南界以断层形式与麻扎构造混杂带相接触，西边被中生代的二长花岗岩和环斑二长花岗岩侵入（图 3－31），晚期岩体冷凝边（细粒边）明显，宽约 50cm。

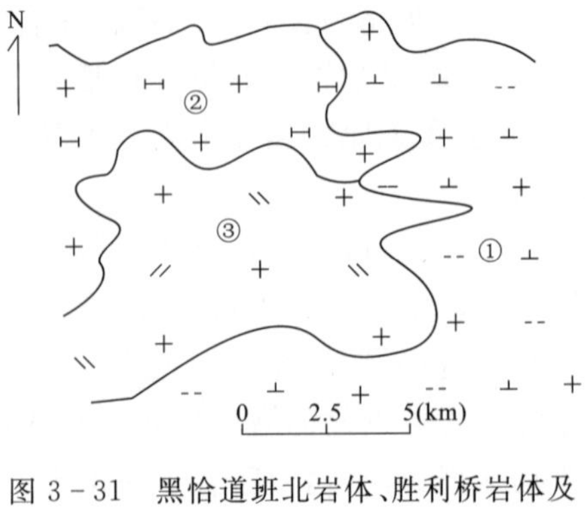


图 3－31　黑恰道班北岩体、胜利桥岩体及环斑花岗岩体之间侵入关系平面素描图
①黑恰道班北中粗粒黑云母花岗闪长岩；②胜利桥浆混花岗岩；③273km 环斑二长花岗岩

### 3. 赛图拉岩体

分布于测区东部赛图拉一带，长轴方向近东西向侵入于长城系赛图拉岩群和蓟县系桑株塔格岩群之中，面积约 50km²。根据岩石矿物组成及岩浆演化特征进一步划分出两个侵入体，即中粒黑云母花岗闪长岩侵入体和中粒黑云二长花岗岩侵入体。

中粒黑云母花岗闪长岩侵入体呈不规则长条状分布于赛图拉一带，长轴方向近东西向，面积约 30km²。主体侵入于长城系赛图拉岩群石榴石英片岩和黑云斜长片麻岩之中，侵入界限清楚(图 3-32)，岩体内部地层捕虏体和暗色包体多见。捕虏体主要来源于围岩地层，岩性为石榴石英片岩和黑云斜长片麻岩，形态不规则，多呈棱角状，与寄主岩界线截然，大小不一，多数在 10～30cm。暗色包体特别发育，形态为透镜状、椭圆状、球状，其长轴方向与构造线方向一致，包体内部矿物具有明显的定向排列，包体大小不等，大者 10～20cm，小者 2～5cm，与寄主岩界线清楚，岩性为角闪岩、辉长岩、闪长质岩石等中性岩。

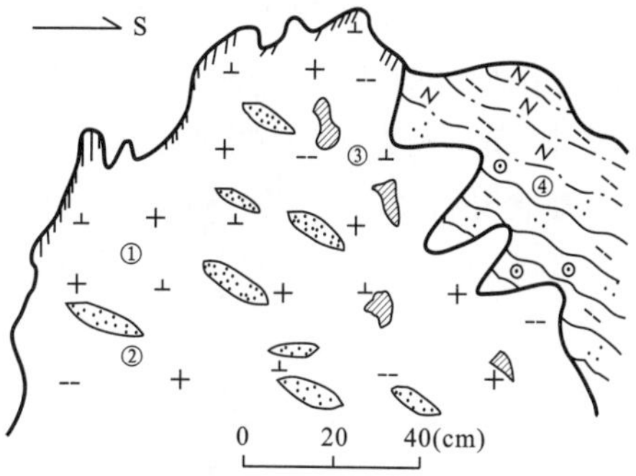


图 3-32　赛图拉岩体与长城系赛图拉岩群之间侵入接触关系素描图
①中粗粒黑云母花岗闪长岩；②暗色包体③捕虏体；④赛图拉岩群片岩

中粒黑云二长花岗岩侵入体出露于新藏线阿克布拉克道班北边，岩体呈透镜状，长轴方向近东西向延伸，面积约 20km²。其南界与长城系赛图拉岩群的片岩、片麻岩呈断层接触，北界与蓟县系桑株塔格岩群的片岩、大理岩、石英岩呈侵入接触，接触带处有明显的围岩蚀变。

该期侵入体以酸性岩为主，岩石以中—细粒结构为主体，岩体与围岩界线清楚，部分侵入体边部可见细粒边，侵位深度总体表现为较浅—中等。从岩体特征上看，有的侵入体呈岩基产出，出露面积较大，并可见大量的地层捕虏体，具中细粒结构。综合分析认为，该期岩体剥蚀程度中等。

## (二)岩石学特征

晚古生代侵入岩岩石学特征见表 3-25。

**表 3-25　晚古生代侵入岩岩石学特征表**

| 岩体 | 岩石名称 | 颜色 | 结构 | 构造 | 粒度(mm) | 主要矿物成分及特征 | 副矿物特征 | 蚀变特征 |
|---|---|---|---|---|---|---|---|---|
| 赛图拉 | 黑云二长花岗岩 | 浅灰色 | 中粒半自形粒状结构 | 块状构造 | 2～3 | 钾长石 35%～40%，呈它形粒状，洁净，多数晶体具格子双晶，系微斜长石，少数具微条纹结构，均为条纹长石；斜长石 30%，半自形柱状，双晶不清，稍显示环带构造；石英 25%～30%，呈它形粒状；黑云母 3%～4%，呈它形片状，褐色 | 锆石<br>磷灰石 | 绢云母化 |
| | 黑云母花岗闪长岩 | 灰色 | 中粒半自形粒状结构 | 块状构造 | 2～4 | 斜长石 35%～40%，呈自形—半自形柱状，较洁净，发育卡钠复合律双晶和钠长石律双晶，An=26—28；钾长石 25%，它形粒状、板状，洁净，多数晶体具显微条纹结构；石英 20%～25%，呈它形粒状；黑云母 8%～10%，自形片状，多色性 Ng 褐红色、Np 褐黄色，常有锆石包体 | 锆石<br>磷灰石 | 绢云母化 |
| 黑恰道班北 | 黑云母花岗闪长岩 | 深灰色 | 中粗粒半自形粒状结构 | 块状构造 | 2～4<br>5～6 | 斜长石 49%～55%，呈自形—半自形柱状，具有聚片双晶和卡钠复合律双晶，An=26～28；钾长石 15%，呈它形粒状，晶体混浊，内部结构不清；石英 25%～30%，呈它形粒状；黑云母 3%～5%，呈自形片状，多蚀变，常有锆石包体 | 锆石<br>磁铁矿<br>磷灰石 | 绢云母化<br>绿泥石化<br>白云母化<br>高岭土化 |
| 吐日苏河 | 石英闪长岩 | 灰黑色 | 中细粒半自形柱状结构 | 块状构造 | 1～2<br>2～3 | 斜长石 56%～67%，呈自形—半自形柱状，钠长石律双晶和卡钠复合双晶清楚，An=42～44；角闪石 25%～27%，呈自形柱状，新鲜，多色性为 Ng 绿色、Np 浅绿色；石英 10%～12%，呈它形粒状；黑云母 5%～7%，半自形片状，多色性 Ng 褐色、Np 浅褐黄色 | 磁铁矿<br>榍石 | 绢云母化<br>绿帘石化<br>黝帘石化 |

## （三）岩石化学及地球化学特征

### 1. 岩石化学特征

岩石化学成分含量及特征参数见表 3－26，其中 $SiO_2$的含量为 52.62%～67.13%，其含量值明显低于世界花岗岩 $SiO_2$的含量 71.27%，$K_2O$ 与 $Na_2O$ 的含量亦明显低于世界花岗岩值。岩体的演化特征明显，从早期侵入体到晚期侵入体岩浆向酸性方向演化，主要表现在 $SiO_2$的含量明显增加。岩石化学计算表明，该时期岩体 A/CNK 值在 0.71～0.97 之间，主体小于 1.1，$\sigma$ 值为 1.94～3.34，变化范围较大，但主体小于 3.3，属于钙碱性岩石系列。在 A－F－M 图解（图 3－33）中，主体落入钙碱性岩石系列区，在 $Na_2O$－$K_2O$ 图解（图 3－34）中，主体落于 I 型花岗岩区，表明岩浆主体来源于地幔。

**表 3－26　晚古生代侵入体岩石化学成分含量及特征参数**

| 岩体 | 样品号 | 氧化物含量(%) | | | | | | | | | | |
|---|---|---|---|---|---|---|---|---|---|---|---|---|
| | | $SiO_2$ | $Al_2O_3$ | $Fe_2O_3$ | GaO | MgO | MnO | $TiO_2$ | $P_2O_5$ | $K_2O$ | $Na_2O$ | FeO |
| 赛图拉 | D519/1 | 67.13 | 14.75 | 4.46 | 2.75 | 1.81 | 0.08 | 0.60 | 0.21 | 3.49 | 2.41 | 3.35 |
| | D525/1 | 53.24 | 17.43 | 8.11 | 6.97 | 4.20 | 0.10 | 0.70 | 0.21 | 0.89 | 2.29 | 4.82 |
| | D518/1 | 66.87 | 15.32 | 4.12 | 2.52 | 2.14 | 0.06 | 0.45 | 0.15 | 3.34 | 2.55 | 2.90 |
| 黑恰道班 | D1027/1 | 64.83 | 16.14 | 4.01 | 2.61 | 2.34 | 0.11 | 0.35 | 0.13 | 2.41 | 2.65 | 3.01 |
| 吐日苏河 | D1557/3 | 58.35 | 17.68 | 7.07 | 6.10 | 2.31 | 0.12 | 0.62 | 0.21 | 3.01 | 2.93 | 5.37 |
| | D3094/1 | 52.62 | 18.50 | 10.15 | 9.05 | 4.58 | 0.18 | 0.45 | 0.07 | 0.52 | 2.43 | 6.83 |
| 世界花岗岩 | | 71.27 | 14.25 | 1.24 | 1.62 | 0.8 | 0.08 | 0.25 | 0.16 | 4.03 | 3.97 | 1.62 |

| 岩体 | 样品号 | 氧化物含量(%) | | | | 特征参数值 | | | | |
|---|---|---|---|---|---|---|---|---|---|---|
| | | $CO_2$ | $H_2O^+$ | $H_2O^-$ | Σ | A/CNK | $\sigma$ | AR | SI | DI |
| 赛图拉 | D519/1 | 0.92 | 0.21 | 0.93 | 99.3 | 0.83 | 1.94 | 2.33 | 17.10 | 67.30 |
| | D525/1 | 3.68 | 0.30 | 2.69 | 100.21 | 0.87 | 2.05 | 2.41 | 16.31 | 58.12 |
| | D518/1 | 0.93 | 0.15 | 1.22 | 100.8 | 0.97 | 0.91 | 2.24 | 17.74 | 75.10 |
| 黑恰道班 | D1027/1 | 0.10 | 0.20 | 1.20 | 100.60 | 0.86 | 1.98 | 1.70 | 17.34 | 58.23 |
| 吐日苏河 | D1557/1 | 0.68 | 1.65 | 0.01 | 100.19 | 0.71 | 3.34 | 1.46 | 28.34 | 73.14 |
| | D3094/1 | 1.22 | 0.93 | 0.03 | 100.41 | 0.72 | 3.29 | 1.51 | 31.10 | 50.14 |
| 世界花岗岩 | | — | 0.64 | 0.13 | 100.1 | 1.04 | 2.11 | 2.83 | 6.29 | — |

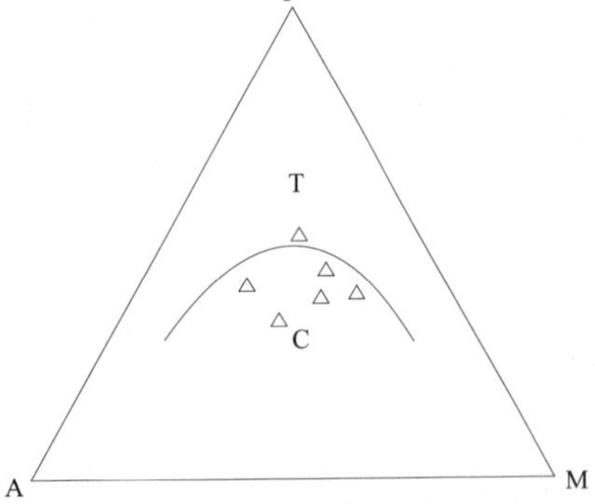


图 3－33　A－F－M 图解
T. 拉斑玄武岩；C. 钙碱型岩系
（据欧文和巴拉加尔，1971）

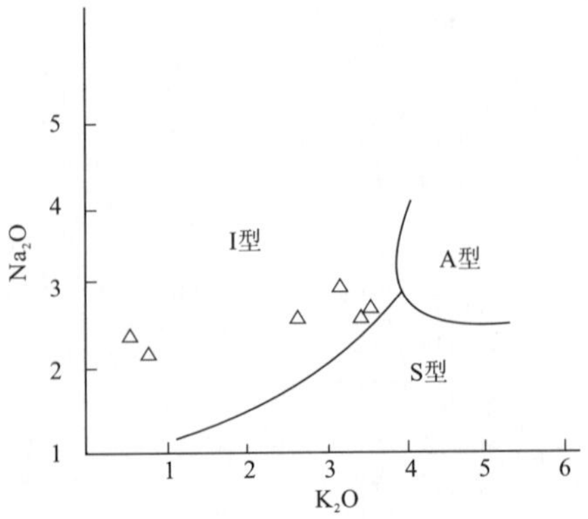


图 3－34　$Na_2O$－$K_2O$ 岩石类型图解
（据 Collin，1982）

## 2. 微量元素特征

微量元素含量见表 3－27，与维氏(1962)克拉克值相比，具有 Li、Rb、Nb、Ta 元素相对贫化，Co、Ba、Hf、Pb 元素相对富集，表现为幔源元素相对富集的特征。

**表 3－27　晚古生代侵入体微量元素含量表**　($\times 10^{-6}$)

| 岩体 | 代号 | 样品号 | Li | Be | Sc | V | Cr | Co | Ni | Cu | Zn | Ga |
|---|---|---|---|---|---|---|---|---|---|---|---|---|
| 赛图拉 | ηγβ | D519/1 | 20.3 | 3.89 | 1.32 | 5.9 | 1.5 | 117 | 1.54 | 5.71 | 18.6 | 16.3 |
| | | D519/2 | 13.6 | 2.72 | 3.93 | 22.8 | 20.0 | 77.00 | 9.70 | 22.10 | 32.7 | 17.5 |
| | | D519/3 | 15.6 | 3.01 | 2.88 | 13.5 | 13.0 | 73.00 | 7.40 | 13.30 | 16.8 | 16.3 |
| | γδβ | D518/1 | 15.1 | 4.26 | 8.23 | 11.9 | 144 | 4.10 | 3.81 | 3.81 | 38.6 | 20.1 |
| | | D518/2 | 76.3 | 2.86 | 7.60 | 30.5 | 14.8 | 140.00 | 4.30 | 4.13 | 39.4 | 17.4 |
| | | D518/3 | 75.1 | 2.87 | 7.70 | 33.6 | 13.0 | 126.00 | 4.10 | 4.33 | 42.9 | 17.9 |
| 黑恰道班北 | γδβ | D1072/1 | 13.6 | 2.61 | 3.31 | 23.6 | 104.0 | 2.81 | 1.57 | 13.20 | 69.7 | 12.2 |
| 吐日苏河 | δο | D1557/1 | 13.4 | 2.76 | 14.50 | 52.8 | 18.7 | 9.45 | 5.53 | 18.60 | 21.7 | 19.3 |
| | | D1557/2 | 14.8 | 3.35 | 7.39 | 45.4 | 16.7 | 9.91 | 3.92 | 40.70 | 14.8 | 19.0 |
| | | D1557/3 | 18.4 | 2.22 | 11.60 | 55.1 | 82.4 | 8.96 | 4.89 | 19.20 | 86.6 | 16.5 |
| | | D3094/1 | 14.5 | 0.69 | 35.60 | 22.2 | 28.1 | 25.70 | 9.16 | 83.90 | 85.8 | 15.9 |
| 克拉克值(维氏,1962) | | | 20.0 | 1.80 | 10.00 | — | 83.0 | 18.00 | 58.00 | 47.00 | 83.0 | 20.0 |

| 岩体 | 代号 | 样品号 | Rb | Sr | Y | Zr | Nb | Ba | Hf | Ta | Pb | Th |
|---|---|---|---|---|---|---|---|---|---|---|---|---|
| 赛图拉 | ηγβ | D519/1 | 296.4 | 262 | 19.8 | 103 | 11.8 | 1 487 | 2.98 | 1.26 | 33.13 | 14.36 |
| | | D519/2 | 73.8 | 132 | 17.9 | 131 | 1.3 | 855 | 4.61 | 1.50 | 17.98 | 20.32 |
| | | D519/3 | 94.8 | 218 | 14.1 | 157 | 2.4 | 808 | 4.26 | 2.76 | 17.05 | 27.33 |
| | γδβ | D518/1 | 327.3 | 183 | 46.0 | 208 | 16.0 | 39.71 | 6.46 | 2.47 | 17.72 | 28.55 |
| | | D518/2 | 177.3 | 205 | 34.1 | 177 | 13.3 | 43 | 5.30 | 1.71 | 17.75 | 23.34 |
| | | D518/3 | 175.9 | 201 | 34.0 | 178 | 13.3 | 34 | 4.81 | 1.55 | 17.49 | 22.12 |
| 黑恰道班北 | γδβ | D1072/1 | 145.0 | 151 | 14.3 | 136 | 16.1 | 478 | 2.69 | 1.71 | 27.30 | 22.80 |
| 吐日苏河 | δο | D1557/1 | 126.0 | 436 | 32.5 | 167 | 18.9 | 1 877 | 2.85 | 0.93 | 31.10 | 18.90 |
| | | D1557/2 | 142.0 | 314 | 29.7 | 155 | 20.3 | 1 057 | 2.80 | 1.31 | 40.90 | 19.40 |
| | | D1557/3 | 182.0 | 361 | 31.9 | 150 | 18.2 | 848 | 3.01 | 1.37 | 33.60 | 20.50 |
| | | D3094/1 | 22.2 | 245 | 9.4 | 20 | 3.4 | 118 | 0.59 | 0.20 | 16.30 | — |
| 克拉克值(维氏,1962) | | | 150.0 | 340 | — | 170 | 20.0 | 650 | 1.00 | 2.50 | 16.00 | — |

用 MORB 作标准化得到曲线(图 3－35)。晚古生代俯冲期各个侵入体具有大致相似的微量元素组成，曲线形态总体趋于一致，为左高右低的形态，反映其形成于相似的构造环境，具有相似的物质来源，或者岩浆具有明显的继承性。其中 Ba、Nb、Sr 明显亏损，而 Rb、Th 等元素相对富集。

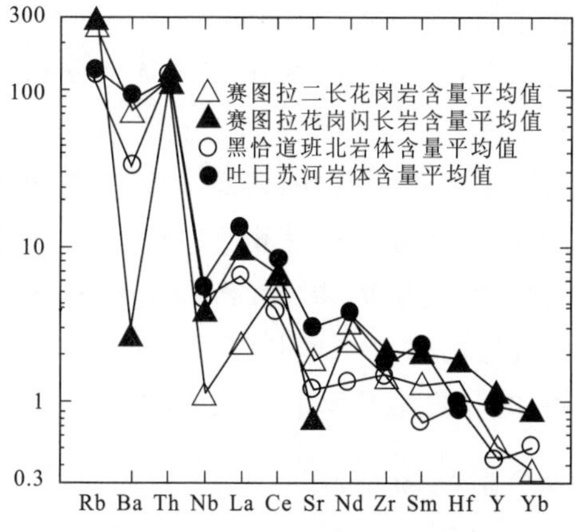


图 3－35　晚古生代俯冲期侵入体微量元素 MORB 标准化形式

## 3. 稀土元素特征

稀土元素含量及特征参数值见表 3－28。从表中可以看出，稀土总量 $\sum REE = 139.1\times10^{-6} \sim 374.9\times10^{-6}$，$\delta Eu$ 值为 0.58～1.26 之间，变化较

大，绝大部分显示明显的铕负异常，$(La/Yb)_N$值为 1.36～15.7，说明轻稀土富集，$(La/Sm)_N$值为 0.53～6.03，$(Gd/Yb)_N$值为 1.13～13.87，说明轻稀土分馏程度较好，重稀土分馏程度较差，而部分重稀土显示一定程度的分馏。

**表 3-28 晚古生代侵入体稀土元素含量及特征参数值**

| 岩体 | 代号 | 样品号 | 稀土元素含量（×10⁻⁶） | | | | | | | | | |
|---|---|---|---|---|---|---|---|---|---|---|---|---|
| | | | La | Ce | Pr | Nd | Sm | Eu | Gd | Tb | Dy | Ho |
| 赛图拉 | ηγβ | D519/1 | 19.65 | 37.0 | 4.31 | 15.6 | 2.90 | 0.78 | 2.48 | 0.42 | 2.51 | 0.55 |
| | | D519/2 | 4.98 | 83.6 | 9.03 | 30.2 | 4.71 | 0.98 | 3.71 | 0.46 | 2.19 | 0.39 |
| | | D519/3 | 4.12 | 72.8 | 8.10 | 28.8 | 5.54 | 0.79 | 4.34 | 0.59 | 2.73 | 0.47 |
| | γδβ | D518/1 | 38.73 | 82.4 | 10.90 | 41.7 | 8.84 | 0.95 | 7.36 | 1.28 | 7.21 | 1.49 |
| | | D518/2 | 42.90 | 88.2 | 10.90 | 41.0 | 8.31 | 1.00 | 6.91 | 1.13 | 6.19 | 1.24 |
| | | D518/3 | 33.90 | 70.1 | 8.73 | 33.1 | 6.81 | 1.05 | 5.71 | 0.96 | 5.38 | 1.08 |
| 黑恰道班北 | γδβ | D1072/1 | 25.80 | 46.6 | 4.66 | 15.0 | 2.27 | 0.58 | 2.98 | 0.41 | 2.34 | 0.50 |
| 吐日苏河 | δo | D1557/1 | 65.20 | 116.0 | 13.80 | 46.3 | 9.20 | 1.95 | 8.90 | 1.18 | 6.81 | 1.22 |
| | | D1557/2 | 64.40 | 107.0 | 13.20 | 44.1 | 8.43 | 1.44 | 7.45 | 1.02 | 5.38 | 1.01 |
| | | D1557/3 | 38.70 | 81.6 | 9.31 | 32.5 | 6.46 | 1.29 | 6.75 | 1.00 | 5.86 | 1.17 |
| | | D3094/1 | 6.19 | 13.6 | 1.88 | 7.2 | 1.88 | 0.62 | 1.78 | 0.31 | 1.94 | 0.38 |

| 岩体 | 代号 | 样品号 | 稀土元素含量（×10⁻⁶） | | | | | 特征参数值 | | | | |
|---|---|---|---|---|---|---|---|---|---|---|---|---|
| | | | Er | Tm | Yb | Lu | ∑REE | δEu | δCe | $(La/Yb)_N$ | $(La/Sm)_N$ | $(Gd/Yb)_N$ |
| 赛图拉 | ηγβ | D519/1 | 1.66 | 0.28 | 2.01 | 0.34 | 139.1 | 0.58 | 0.75 | 8.71 | 2.62 | 3.48 |
| | | D519/2 | 0.99 | 0.15 | 1.01 | 0.17 | 244.4 | 0.63 | 0.83 | 13.81 | 5.41 | 1.13 |
| | | D519/3 | 0.12 | 0.17 | 1.23 | 0.20 | 141.6 | 0.76 | 0.78 | 23.69 | 3.70 | 13.87 |
| | γδβ | D518/1 | 4.01 | 0.65 | 4.36 | 0.69 | 218.4 | 1.03 | 0.96 | 8.71 | 2.81 | 3.96 |
| | | D518/2 | 3.18 | 0.50 | 3.35 | 0.53 | 274.1 | 0.86 | 0.76 | 15.7 | 3.21 | 2.72 |
| | | D518/3 | 2.77 | 0.44 | 2.97 | 0.46 | 312.3 | 1.01 | 1.21 | 7.37 | 1.72 | 2.01 |
| 黑恰道班北 | γδβ | D1072/1 | 1.63 | 0.28 | 1.92 | 0.32 | 191.3 | 1.26 | 0.73 | 8.13 | 1.72 | 2.94 |
| 吐日苏河 | δo | D1557/1 | 3.84 | 0.47 | 2.93 | 0.44 | 161.8 | 0.74 | 0.54 | 25.96 | 0.53 | 1.97 |
| | | D1557/2 | 3.29 | 0.45 | 2.93 | 0.44 | 374.9 | 0.77 | 0.75 | 12.42 | 6.03 | 3.61 |
| | | D1557/3 | 3.65 | 0.52 | 3.44 | 0.52 | 253.1 | 0.66 | 0.90 | 1.36 | 3.42 | 1.38 |
| | | D3094/1 | 1.20 | 0.16 | 1.11 | 0.17 | 225.4 | 0.99 | 1.10 | 3.25 | 2.18 | 3.25 |

稀土元素配分曲线模式见图 3-36，总体显示左高右低的形态特征，表现出轻稀土强烈富集、重稀土明显亏损的形态，各个侵入体之间的曲线形态吻合程度较好，说明它们之间具有相同的物质来源或演化历程。另外，轻稀土部分有收敛的趋势，而重稀土部分具有发散的趋势，反映岩浆可能与角闪石（铁镁质矿物）处于平衡状态，或者岩浆在上侵就位的过程中经历了明显的角闪石（铁镁质矿物）的分离结晶作用。Th 等元素相对富集。

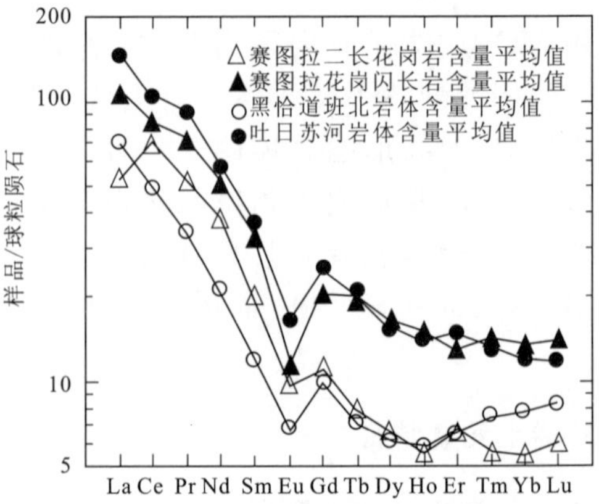

图 3-36 晚古生代俯冲期侵入体稀土元素配分模式图

（四）副矿物特征

副矿物种类较多，组成复杂，副矿物组合为磁铁矿＋锆石＋榍石＋磷灰石。另外，含有少量的褐铁矿、黄铁矿、褐帘石，为常见岩浆型花岗岩副矿物组合。锆石颗粒长宽比绝大部分大于 2，反映其物源较深。锆石特征见表 3－29。

**表 3－29 晚古生代俯冲期岩体锆石特征表**

| 岩体 | 岩石名称 | 粒径（mm） | 长：宽 | 颜色 | 光泽 | 透明度 | 发光性 | 晶形晶面特征 | 包体 | 主要晶形 |
|---|---|---|---|---|---|---|---|---|---|---|
| 赛图拉 | 中粒黑云二长花岗岩 | 0.03～0.28 | 2：1<br>4：1 | 浅玫瑰色 | 金刚光泽 | 半透明—不透明 | 不发光 | 大部分为碎块状及残缺柱状，有少数聚形晶，多数表面具细麻点状，具有蚀坑和蚀沟 | 包体普遍，主要为细小锆石，其次为氧化铁 | 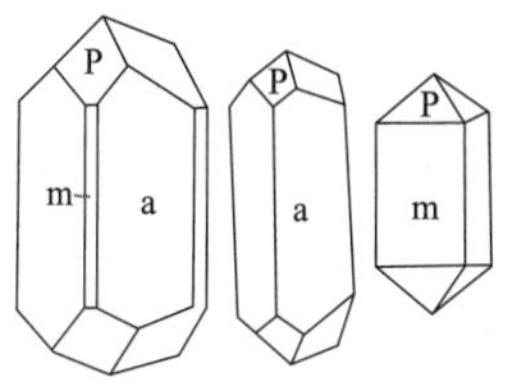 |
| | 中粒黑云母花岗闪长岩 | 0.12～0.32 | 1：1<br>4：1 | 浅玫瑰色 | 金刚光泽 | 半透明 | 不发光 | 大部分晶体有裂痕，几乎每个晶体都遭受不同程度的溶蚀，晶棱、晶面不光滑 | 包体多见小锆石，小锆石包体分布无序，微量晶体有星点状不明性质黑色包体 | 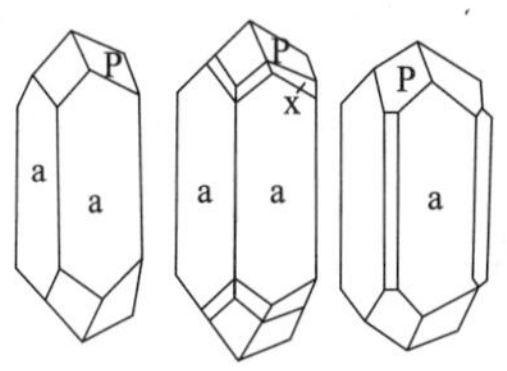 |
| 吐日苏河 | 中细粒石英闪长岩 | 0.02～0.64 | 2：1<br>4：1 | 玫瑰色 | 金刚光泽 | 透明 | 发亮黄色光 | 完整晶形不多，为棱角状，晶体表面蚀象较细，多呈细小麻点状，略显平整光滑 | 包体普遍，在晶体之中分布杂乱无章，主要为锆石，另有少量性质不明的黑色星点状包体 | 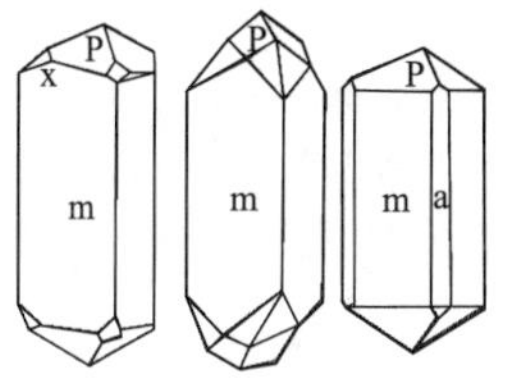 |

（五）成因

在 $Na_2O-K_2O$ 图解（见图 3－34）中，主体落于Ⅰ型花岗岩区；在 $\delta Eu-(La-Yb)_N$ 图解（图 3－37）中，主体落入壳幔混合岩区。根据岩石化学和特征参数值及地球化学资料显示具有幔源型的特征，岩体内部含有大量的幔源暗色包体，综合分析成因类型为Ⅰ型，物质主要来源于壳幔相互作用及下地壳物质的部分熔融。

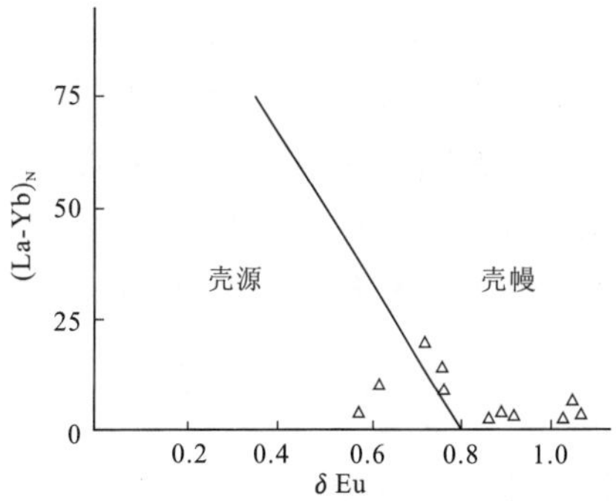

图 3－37 $\delta Eu-(La-Yb)_N$ 相关图解

（六）时代

汪玉珍等（1987）在吐日苏河中细粒石英闪长岩作了 K－Ar 法测年分析，并获得 267.5Ma 的年龄值。本次工作在赛图拉中粒黑云母花岗闪长岩中作了一个锆石 U－Pb 法测年分析，获得 255Ma 的年龄值，说明其侵位时代为二叠纪。

### (七)构造环境分析

在阳离子 $R_1-R_2$ 图解(图 3-38)中,投入到幔源型及与板块碰撞前花岗岩的接触区,在 Y-Nb 图解(图 3-39)中,对该期岩体的样品进行图解,全部落入火山弧环境。按 Babarin 构造环境分类,属含角闪石钙碱性花岗岩类(ACG),为俯冲作用的产物。按 Maniar 和 Piccoli 构造环境分类,属大陆弧花岗岩类(CAG)。结合区域构造位置及岩浆演化的特征分析认为,属俯冲构造环境。

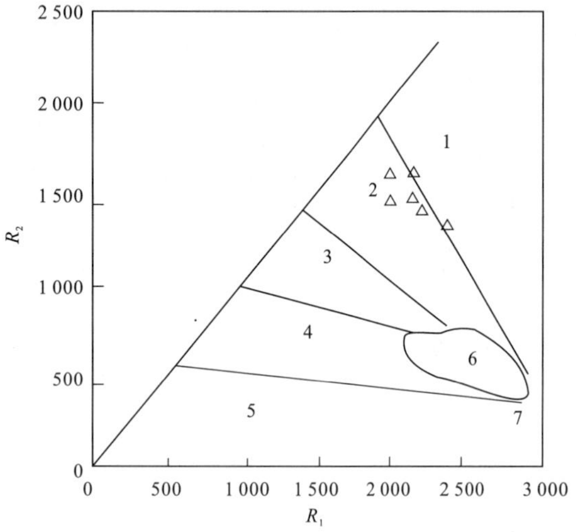


图 3-38　阳离子 $R_1-R_2$ 图解

1.幔源花岗岩;2.碰撞前花岗岩;3.碰撞后抬升花岗岩;4.造山晚期花岗岩;5.非造山花岗岩;6.同碰撞花岗岩;7.造山后花岗岩

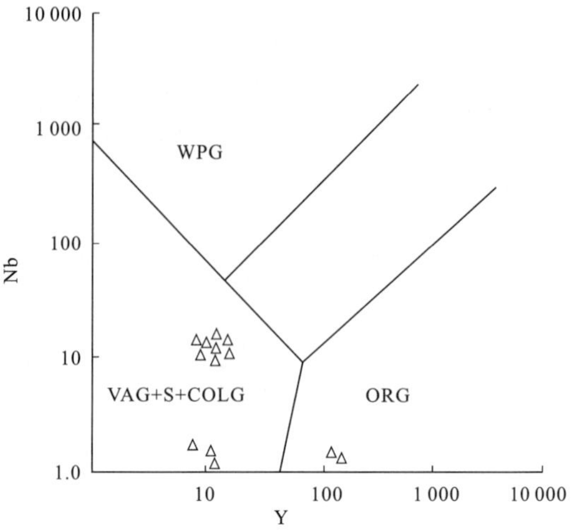


图 3-39　Y-Nb 图解

VAG+S+COLG.同碰撞花岗岩;ORG.洋脊花岗岩;WPG.板内花岗岩;VAG.火山弧花岗岩

### (八)晚古生代华力西期构造岩浆演化

晚古生代岩浆岩以中酸性侵入体为主,出露于图区北部的西昆仑南带之中,侵入体平面上多呈规则的长条状出露,岩体长轴方向与区域构造线方向近于平行,分布于康西瓦结合带以北。岩性从早到晚由石英闪长岩→花岗闪长岩→二长花岗岩方向演化。岩石化学及地球化学资料表明,该期侵入岩主体为岛弧钙碱性岩石系列,成因类型为 I 型,属俯冲期的产物。这种演化趋势、空间分布及岩石地球化学特征暗示,康西瓦结合带在华力西中晚期为向北的俯冲消减带,西昆仑南带上主体处于挤压构造环境并再度成为岩浆弧。此外在测区的北部亦有较弱的基性岩浆侵入活动。在库地南及赛图拉北长城系变质地层中发现有多条辉绿岩、辉长岩脉,年龄值为 279Ma,说明西昆仑北部该时期曾发生过一次局部的扩张作用。

## 四、中生代印支期侵入体

测区中生代印支期侵入岩规模巨大,出露面积约 1 595km²,以麻扎-康西瓦构造混杂岩带为界,分为北部西昆仑印支期构造岩浆岩带(以下简称北带)和南部的喀喇昆仑印支期构造岩浆岩带(以下简称南带)。北带与麻扎-康西瓦构造混杂岩带密切相关,紧邻其北侧出露,主体分布于麻扎达坂—阿喀孜达坂一带,平行昆仑山脉北西西向延伸,岩体长轴方向与区域构造线方向基本一致,形成宽度 20km、长大于 100km(麻扎幅、神仙湾幅出露长度 80km)的西昆仑印支期构造岩浆岩带。南带主要分布于库库朗达坂及谢依拉达坂一带,北西西向延伸,岩体长轴方向与区域构造线方向基本一致，形成宽度20km、断续延伸长度大于170km(麻扎幅、神仙湾幅出露长度140km)的喀喇昆仑印支期构造岩浆岩带。北带可进一步分为石英二长闪长岩-二长花岗岩组合、似斑状二长花岗岩-环斑二长花岗岩组合以及闪长煌斑岩-辉绿岩组合；南带可进一步分为石英闪长岩-花岗闪长岩组合及二长花岗岩-二长白岗岩组合。岩性从中性到酸性都有发育，其中以酸性岩为主。印支期侵入岩分带、分布及其与麻扎-康西瓦构造混杂岩带的关系见图3-1。参照岩石谱系单位划分原则对其作进一步的解体和归并，侵入岩划分见表3-30。为节约篇幅及便于对比，以下按俯冲期、碰撞期及构造转换期将南带、北带一并描述，此外由于浆混花岗岩及环斑花岗岩的特殊性将其分别作一小节描述。

**表3-30　印支期侵入岩单位划分简表**

| 岩浆岩带 | 岩石组合 | 岩体名称 | 代号 | 岩石名称 | 面积($km^2$) | 构造环境 | U-Pb年龄(Ma) |
|---|---|---|---|---|---|---|---|
| 西昆仑印支期构造岩浆岩带 | 煌斑岩-辉绿岩组合 | 罕亚依拉克 | $T\beta\mu H$ | 辉绿岩 | 15 | 转换 | |
| | | | $T\delta\chi H$ | 闪长煌斑岩 | | | |
| | 二长花岗岩组合 | 273km北沟 | $T\eta\gamma H$ | 中粗粒环斑二长花岗岩 | 60 | 碰撞 | |
| | | 色日克达坂 | $T\eta\gamma\beta S$ | 中粒斑状黑云二长花岗岩 | 460 | | |
| | 石英闪长岩-二长花岗岩组合 | 胜利桥 | $T\gamma S$ | 石英闪长岩-二长花岗岩 | 30 | 俯冲 | 214 |
| | | 家吉哇西 | $T\eta\gamma J$ | 中粒二长花岗岩 | 590 | | 224 |
| | | | $T\gamma\delta\beta J$ | 中粒斑状黑云母花岗闪长岩 | | | 229 |
| | | | $T\gamma\delta o J$ | 中粒英云闪长岩 | | | |
| | | | $T\eta\delta o J$ | 中细粒石英二长闪长岩 | | | |
| 喀喇昆仑印支期构造岩浆岩带 | 二长花岗岩组合 | 精尼克盖曼 | $T\gamma k J$ | 中粒二长白岗岩 | 10 | 碰撞 | |
| | | 麻扎 | $T\pi\eta\gamma\beta M$ | 中粒斑状黑云二长花岗岩 | 90 | | 208 |
| | | | $T\eta\gamma\beta M$ | 中粒黑云二长花岗岩 | | | |
| | 石英闪长岩-花岗闪长岩组合 | 谢依拉达坂 | $T\gamma\delta\beta X$ | 细粒黑云母花岗闪长岩 | 40 | 俯冲 | |
| | | 库库郎达坂 | $T\delta o\beta K^c$ | 粗粒黑云石英闪长岩 | 300 | | |
| | | | $T\delta o\beta K^a$ | 细粒黑云石英闪长岩 | | | |

## (一)俯冲期侵入体

### 1. 地质特征

俯冲期侵入体主体分布于苏巴什-康西瓦结合带两侧的库库朗达坂、谢依拉达坂及家吉哇西一带。区域上分布零星，岩体形态主要以长条状的岩基为主，亦有椭圆状和不规则状，岩体长轴方向与区域构造线方向基本一致，可进一步划分为3个岩体和7个侵入体，由早到晚分别为库库朗达坂岩体、谢依拉达坂岩体和家吉哇西岩体。

1)库库朗达坂岩体

分布于麻扎大拉河上游库库朗达坂一带，平面上岩体呈不规则的长条状，呈北西—南东方向展布，与区域构造线方向基本一致，面积约 300km²。根据岩石矿物成分特征及岩浆演化规律，进一步划分为两个侵入体，由早到晚依次为细粒黑云石英闪长岩和粗粒黑云石英闪长岩。各侵入体都侵入于志留系温泉沟岩群的粉砂质板岩、变粉砂岩及千枚岩之中，侵入界面普遍向外陡倾，岩体边部的细粒边及围岩边部的蚀变边明显。

2)谢依拉达坂岩体

分布于测区东边和平桥道班以南的谢依拉达坂一带，岩体呈不规则的长条状，长轴方向与区域构造线方向完全一致，该侵入体向东已出图幅，测区内面积约为 40km²，岩性为细粒黑云母花岗闪长岩。岩体北边与长城系赛图拉岩群石榴子石片岩、片麻岩呈断层形式接触，南边与二叠系黄羊岭岩群的粉砂质板岩、绢云母板岩呈侵入接触，侵入界面清楚，大部分向外陡倾，岩体边部有时可见到围岩的捕虏体。

3)家吉哇西岩体

主体分布于帕合甫河上游家吉哇西一带，平面上岩体呈较规则的长条状北西—南东方向展布，长度大于 50km，长轴方向与区域构造线方向完全一致，面积约 590km²。根据岩体内部岩石组成特征及岩浆演化规律进一步分出 4 个侵入体，由早到晚依次为中细粒石英二长闪长岩侵入体、中粒英云闪长岩侵入体、中粒斑状黑云母花岗闪长岩侵入体和中粒二长花岗岩侵入体。

中细粒石英二长闪长岩侵入体和中粒英云闪长岩侵入体呈规则的长条状分布于岩体的南部，二者之间呈涌动接触关系，长轴方向与区域构造线方向一致，向西伸出图外，向东尖灭于帕合甫河上游，图内出露面积约 140km²。其南被三叠纪晚期的似斑状黑云二长花岗岩侵入，北边与本岩体中粒斑状黑云母花岗闪长岩侵入体呈涌动接触(图 3-40)。

中粒斑状黑云母花岗闪长岩侵入体和中粒二长花岗岩侵入体分布于岩体的北侧，二者之间呈脉动接触(图 3-41)，平面上呈规则的长条状，长轴方向与区域构造线方向一致，面积约 450km²。西北侧与蓟县系桑株塔格岩群的片岩、片麻岩及大理岩呈侵入接触，侵入界面较陡，蚀变明显，南被三叠纪晚期的岩体侵入，侵入界面清楚。

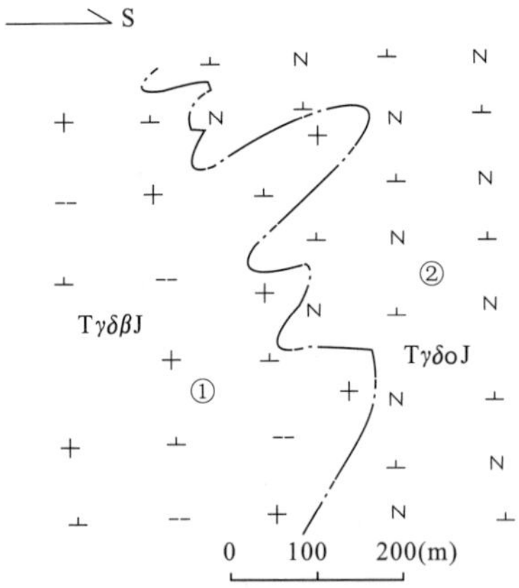


图 3-40 家吉哇西岩体内(TγδβJ)(TγδoJ)之间涌动关系素描图

①中粒斑状黑云母花岗闪长岩；②中粒英云闪长岩

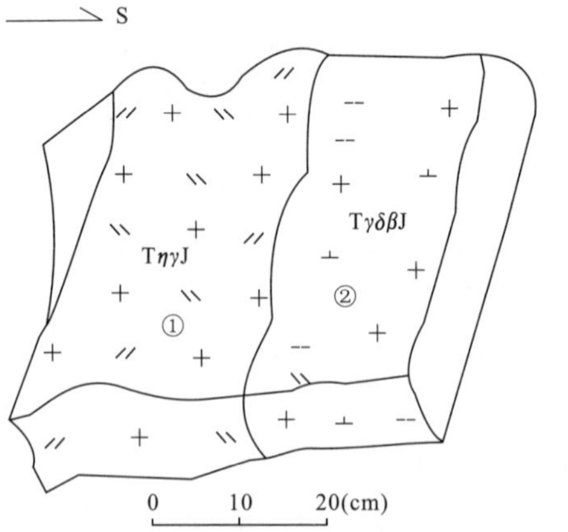


图 3-41 家吉哇西岩体内(TηγJ)(TγδβJ)之间脉动关系素描图

①中粒二长花岗岩；②中粒斑状黑云母花岗闪长岩

本期侵入岩以中酸性岩为主，岩石以中—细粒结构为主，岩体与围岩界线清晰平滑，边部偶见细粒边，总体表现出浅成岩的特征，按 Hymdam(1985)划分原则，大致形成于 6.5～13km 地壳中带靠上部到浅表环境。岩体侵入界面多向外陡倾，侵入体边部有大量的次棱角状捕虏体，内部可见到涌动式接触关系，因此其剥蚀程度为中等。

### 2. 岩石学特征

岩石学特征见表 3－31。

**表 3－31 俯冲期侵入岩岩石学特征一览表**

| 岩体 | 岩石名称 | 颜色 | 结构 | 构造 | 粒度（mm） | 主要矿物成分及特征 | 副矿物特征 | 蚀变特征 |
|---|---|---|---|---|---|---|---|---|
| 家吉哇西 | 中粒斑状黑云母花岗闪长岩 | 深灰色 | 似斑状结构 | 块状构造 | 斑晶 8～10<br>基质 2～4 | 似斑晶：钾长石 8%～10%，半自形板状，格子双晶清晰，为微斜长石。基质成分：斜长石 46%～47%，呈半自形柱状晶体，具有钠长石律和卡钠复合律双晶，An＝18—20；石英 26%～28%，它形粒状，呈聚晶出现；黑云母 4%～5%，自形片状，多色性 Np 浅褐黄色、Ng 褐色；角闪石 3%，自形柱状，绿色 | 磁铁矿<br>锆石<br>磷灰石 | 绢云母化 |
| 家吉哇西 | 中粒英云闪长岩 | 灰色 | 中粒半自形粒状结构 | 块状构造 | 2～3 | 斜长石 61%～62%，半自形—自形粒状晶体，发育钠长石律双晶，双晶结合面平直，An＝20—22；石英 20%～23%，它形填隙粒状；黑云母 8%～10%，自形片状，多色性 Ng 棕色、Np 褐黄色；角闪石 5%～6%，自形粒状，绿色；钾长石 1%～2%，自形粒状晶体 | 锆石<br>磁铁矿<br>磷灰石 | 绢云母化 |
| 家吉哇西 | 中细粒石英二长闪长岩 | 浅灰色 | 中细粒半自形粒状结构 | 块状构造 | 1.5～3 | 斜长石 36%～47%，呈自形—半自形柱状，钠长石律双晶和卡钠复合双晶清楚，An＝42—44；钾长石 15%～25%，自形粒状晶体；角闪石 25%～27%，呈自形柱状，新鲜，多色性为 Ng 绿色、Np 浅绿色；石英 10%～12%，呈它形粒状；黑云母 5%～7%，半自形片状，多色性 Ng 褐色、Np 浅褐黄色 | 锆石<br>磁铁矿<br>磷灰石 | 绢云母化<br>绿泥石化 |
| 谢依拉达坂 | 细粒黑云母花岗闪长岩 | 灰色 | 细粒半自形粒状结构 | 块状构造 | 0.6～1.5 | 斜长石 45%～50%，呈半自形粒柱状，晶体混浊，双晶隐纹显示；钾长石 10%～15%，呈它形粒状，晶体显示条纹结构，混浊；石英 25%～30%，呈它形粒状，洁净；黑云母 10%～12%，呈自形叶片状 | 锆石<br>磁铁矿<br>磷灰石<br>褐铁矿 | 绿泥石化<br>绢云母化 |
| 库库郎达坂 | 细粒黑云石英闪长岩 | 灰色 | 细粒半自形粒状结构 | 块状构造 | 0.7～1.5 | 斜长石 65%，呈自形—半自形粒柱状，发育钠长石律和卡钠复合律双晶，An＝42—44；黑云母 8%，呈叶片状，多色性 Ng 褐色、Np 浅褐黄色；角闪石 10%～15%，呈半自形—自形柱状，为浅绿色；石英 5%～8%，呈它形填隙粒状，呈聚晶出现 | 锆石<br>磷灰石<br>榍石 | 绢云母化 |

### 3. 岩石化学及地球化学特征

1）岩石化学特征

岩石化学成分含量及特征参数值见表 3－32。与世界花岗岩值相比，$SiO_2$ 含量明显偏低，$Al_2O_3$ 和 MgO 含量略显偏高外，其他成分基本相当。

**表 3-32 中生代印支期、燕山期岩石化学成分含量及特征参数值表**

| 岩体 | 样品号 | 氧化物含量(%) | | | | | | | | | | |
|---|---|---|---|---|---|---|---|---|---|---|---|---|
| | | $SiO_2$ | $Al_2O_3$ | $Fe_2O_3$ | CaO | MgO | MnO | $TiO_2$ | $P_2O_5$ | $K_2O$ | $Na_2O$ | FeO |
| 四湖沟 | D517/1 | 71.65 | 13.37 | 3.62 | 1.31 | 0.76 | 0.04 | 0.12 | 0.09 | 3.33 | 3.10 | 2.89 |
| | D518/1 | 66.87 | 15.32 | 4.12 | 2.52 | 2.14 | 0.06 | 0.45 | 0.15 | 3.34 | 2.55 | 2.97 |
| 阿格勒达坂 | D2525/2 | 72.16 | 13.70 | 2.45 | 1.49 | 0.36 | 0.13 | 0.32 | 0.14 | 2.88 | 2.66 | 1.63 |
| | D2526/1 | 60.33 | 17.47 | 6.53 | 5.27 | 2.14 | 0.12 | 1.10 | 0.51 | 1.63 | 2.72 | 4.65 |
| | D2530/1 | 69.67 | 15.05 | 4.44 | 2.18 | 1.12 | 0.06 | 0.40 | 0.16 | 1.61 | 4.00 | 3.24 |
| 乔戈里峰 | D2053/1 | 62.30 | 17.33 | 4.47 | 5.09 | 1.86 | 0.06 | 0.50 | 0.26 | 2.11 | 4.50 | 3.08 |
| 色日克达坂 | D1090/1 | 70.29 | 14.95 | 3.40 | 2.40 | 0.57 | 0.05 | 0.30 | 0.06 | 3.67 | 2.03 | 2.19 |
| | D3017/1 | 71.65 | 14.03 | 3.25 | 1.15 | 1.23 | 0.04 | 0.25 | 0.03 | 3.06 | 2.64 | 1.99 |
| 麻扎 | D528/1 | 71.48 | 14.75 | 1.45 | 1.67 | 0.41 | 0.03 | 0.10 | 0.01 | 4.14 | 2.77 | 1.15 |
| | D531/1 | 71.93 | 14.75 | 1.45 | 1.67 | 0.41 | 0.03 | 0.10 | 0.01 | 4.25 | 2.37 | 1.15 |
| | D2026/2 | 67.43 | 15.06 | 4.02 | 7.64 | 1.48 | 0.07 | 0.45 | 0.12 | 3.29 | 2.05 | 2.79 |
| 家吉哇西 | D536/1 | 67.62 | 15.17 | 4.39 | 3.16 | 1.12 | 0.03 | 0.30 | 0.11 | 2.95 | 3.08 | 2.87 |
| | D1091/1 | 62.79 | 17.85 | 5.57 | 4.92 | 1.32 | 0.10 | 0.65 | 0.15 | 2.10 | 3.85 | 3.95 |
| | D3159/1 | 62.43 | 17.25 | 5.63 | 4.47 | 1.52 | 0.09 | 0.86 | 0.16 | 1.73 | 3.88 | 3.67 |
| | D3528/1 | 66.31 | 16.14 | 4.71 | 4.71 | 1.14 | 0.11 | 0.61 | 0.14 | 1.78 | 3.90 | 3.67 |
| 谢依拉达坂 | D1038/1 | 69.13 | 17.35 | 6.01 | 4.31 | 1.36 | 0.07 | 0.83 | 0.13 | 1.90 | 3.10 | 3.97 |
| 世界花岗岩 | | 71.27 | 14.25 | 1.24 | 1.62 | 0.80 | 0.08 | 0.25 | 0.16 | 3.03 | 3.97 | 1.62 |

| 岩体 | 样品号 | 氧化物含量(%) | | | | 特征参数值 | | | | |
|---|---|---|---|---|---|---|---|---|---|---|
| | | $CO_2$ | $H_2O^+$ | $H_2O^-$ | $\Sigma$ | A/CNK | $\sigma$ | AR | SI | DI |
| 四湖沟 | D517/1 | 0.43 | 1.09 | 0.17 | 101.97 | 1.73 | 1.35 | 1.67 | 13.57 | 81.50 |
| | D518/1 | 0.93 | 1.22 | 0.15 | 102.79 | 1.82 | 1.47 | 1.72 | 17.34 | 69.70 |
| 阿格勒达坂 | D2525/2 | 0.58 | 0.58 | 1.01 | 100.09 | 1.98 | 2.37 | 2.23 | 19.82 | 75.40 |
| | D2526/1 | 1.04 | 0.97 | 0.01 | 104.49 | 1.82 | 4.31 | 1.83 | 17.31 | 86.30 |
| | D2530/1 | 0.65 | 1.08 | 0.01 | 103.67 | 1.93 | 1.05 | 1.04 | 25.17 | 81.20 |
| 乔戈里峰 | D2053/1 | 1.16 | 0.50 | 0.05 | 103.27 | 1.48 | 1.57 | 1.73 | 26.34 | 73.40 |
| 色日克达坂 | D1090/1 | 0.57 | 0.57 | 0.11 | 101.16 | 1.08 | 2.52 | 2.52 | 3.89 | 80.62 |
| | D3017/1 | 0.44 | 0.97 | 0.15 | 100.88 | 0.95 | 2.60 | 3.22 | 5.72 | 83.25 |
| 麻扎 | D528/1 | 0.46 | 0.27 | 0.20 | 98.89 | 0.98 | 2.40 | 2.94 | 4.90 | 88.38 |
| | D531/1 | 0.57 | 0.75 | 0.22 | 99.66 | 1.01 | 2.90 | 2.76 | 7.23 | 87.00 |
| | D2026/2 | 0.80 | 1.33 | 0.22 | 106.75 | 0.86 | 2.30 | 3.41 | 6.25 | 82.41 |
| 家吉哇西 | D536/1 | 0.65 | 0.34 | 0.15 | 101.94 | 0.96 | 2.40 | 2.24 | 16.35 | 61.32 |
| | D1091/1 | 0.83 | 0.28 | 0.09 | 104.45 | 0.87 | 1.98 | 1.46 | 17.63 | 58.23 |
| | D3159/1 | 1.07 | 0.82 | 0.04 | 103.62 | 0.73 | 3.41 | 1.51 | 28.31 | 56.12 |
| | D3528/1 | 0.71 | 0.72 | 0.03 | 104.68 | 0.70 | 3.10 | 2.41 | 30.14 | 63.14 |
| 谢依拉达坂 | D1038/1 | 1.01 | 0.31 | 0.08 | 109.56 | 0.84 | 2.10 | 2.33 | 17.74 | 54.39 |
| 世界花岗岩 | | — | 0.64 | 0.13 | 99.06 | 1.04 | 2.11 | 2.83 | 6.29 | 51.23 |

岩石化学计算表明：A/CNK 值为 0.70～0.96，明显小于 1.1，$\sigma$ 值在 1.98～3.41 之间，除个别大于 3.3 外，主体小于 3.3，为次铝的钙碱性岩系，SI 值在 16.35～30.14，变化范围虽较大，但主体

显示岩浆分异程度中等。在 $K_2O-Na_2O$ 图解(图 3-42)中全部落于 I 型花岗岩区,表明岩浆主体来源于地幔。

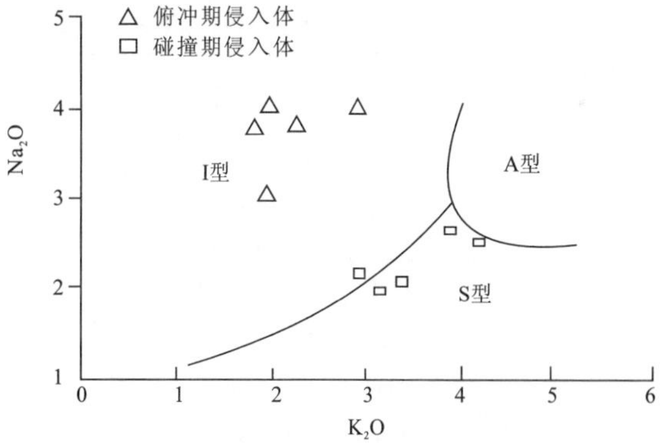


图 3-42　$Na_2O-K_2O$ 岩石类型图解
(据 Collin,1982)

2)微量元素特征

微量元素含量见表 3-33,与维氏(1962)克拉克值相比,Li、Be 等壳源元素略有偏高,而 Cr、Ni、Co 等幔源元素略有偏低,反映出较酸性的地球化学背景值,说明有相当部分的壳源物质注入。用 MORB 作标准化得到曲线图(图 3-43),两个侵入体具有大致相似的微量元素组成,曲线形态总体趋于一致,为左高右低的形态,反映其形成于相似的构造环境,具有相似的物质来源,或者岩浆具有明显的继承性。其中 Th 等亲石元素强烈富集,曲线形态与大洋玄武岩接近,同时曲线的右半部分又与大陆玄武岩接近,说明岩浆主要来源于地幔,同时有大量的陆壳物质加入,是壳幔共同作用的结果。

**表 3-33　中生代印支期俯冲期微量元素含量表**　($\times10^{-6}$)

| 岩体 | 代号 | 样品号 | Li | Be | Sc | V | Cr | Co | Ni | Cu | Zn | Ga |
|---|---|---|---|---|---|---|---|---|---|---|---|---|
| 家吉哇西 | $\gamma\delta\beta$ | D536/1 | 18.7 | 2.27 | 6.80 | 36.9 | 2.4 | 2.15 | 6.90 | 56.9 | 17.2 | 1.47 |
| | | D536/2 | 10.6 | 2.09 | 7.20 | 39.3 | 4.0 | 57.00 | 2.39 | 4.1 | 53.6 | 17.6 |
| | | D536/3 | 15.8 | 2.07 | 6.80 | 37.1 | 10.3 | 68.00 | 2.90 | 9.7 | 65.8 | 17.0 |
| | | D3159/1 | 23.3 | 2.56 | 14.8 | 89.2 | 16.2 | 9.97 | 2.12 | 20.7 | 107.0 | 19.3 |
| | $\gamma\delta o$ | D3528/1 | 22.6 | 3.10 | 9.39 | 72.0 | 15.1 | 7.86 | — | 17.9 | 86.4 | 21.0 |
| | | D1091/2 | 26.8 | 2.16 | 8.65 | 55.4 | 3.8 | 8.54 | 2.66 | 46.0 | 99.4 | 18.4 |
| 地壳克拉克值(维氏,1962) | | | 20.0 | 1.80 | 10.00 | — | 83.0 | 18.00 | 58.00 | 47.0 | 83.0 | 20.0 |
| 岩体 | 代号 | 样品号 | Rb | Sr | Y | Zr | Nb | Ba | Hf | Ta | Pb | Th |
| 家吉哇西 | $\gamma\delta\beta$ | D536/1 | 97.0 | 319 | 21.4 | 237.0 | 15.4 | 947.00 | 6.07 | 1.11 | 20.37 | 14.24 |
| | | D536/2 | 93.6 | 362 | 22.4 | 223.0 | 15.7 | 3.07 | 5.52 | 1.10 | 13.83 | 12.55 |
| | | D536/3 | 123.6 | 337 | 9.0 | 211.0 | 15.3 | 1.65 | 5.21 | 1.15 | 16.86 | 13.86 |
| | | D3159/1 | 93.0 | 370 | 16.5 | 28.1 | 27.1 | 621.00 | 0.74 | 1.46 | 26.10 | 7.73 |
| | $\gamma\delta o$ | D3528/1 | 84.9 | 458 | 23.8 | 56.6 | 30.4 | 502.00 | 0.97 | 1.00 | 13.20 | 8.60 |
| | | D1091/2 | 100.0 | 377 | 18.2 | 43.7 | 24.7 | 909.00 | 0.87 | 1.10 | 18.70 | 9.96 |
| 地壳克拉克值(维氏,1962) | | | 150.0 | 340 | — | 170.0 | 20.0 | 650.00 | 1.00 | 2.50 | 16.00 | — |

3)稀土元素特征

稀土元素含量及特征参数见表 3-34。从表 3-34 中可以看出,稀土总量 $\sum REE=159.1\times10^{-6}\sim314.1\times10^{-6}$,$\delta Eu$ 值大部分在 0.7 左右,铕负异常不明显,$(La/Yb)_N$ 值为 7.63~34.25,说明轻稀土强烈富集,$(La/Sm)_N$ 值为 2.09~5.31,$(Gd/Yb)_N$ 值为 1.16~13.74,说明轻稀土分馏程度较好,重稀土分馏程度中等到较好。稀土元素配分曲线模式见图3-44,总体显示左高右低的陡倾形态特征,各个侵入体之间的曲线形态吻合程度较好,说明它们之间具有相同的物质来源或演化历程。

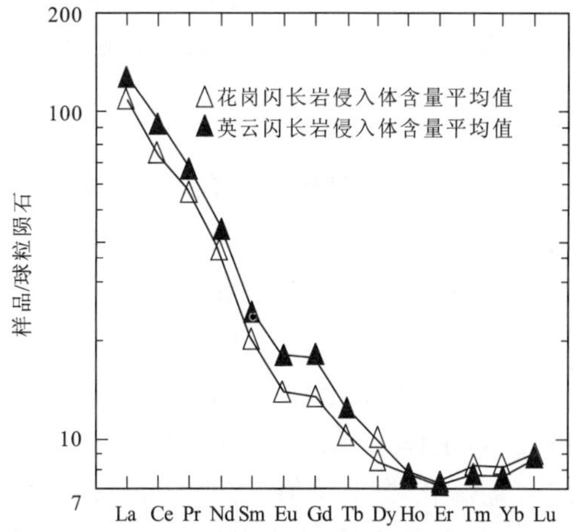


图 3-43　俯冲期侵入体微量元素蛛网图

表 3-34　中生代印支期俯冲期稀土元素含量及特征参数值表

| 岩体 | 代号 | 样品号 | 稀土元素含量(×10⁻⁶) | | | | | | | | | |
|---|---|---|---|---|---|---|---|---|---|---|---|---|
| | | | La | Ce | Pr | Nd | Sm | Eu | Gd | Tb | Dy | Ho |
| 家吉哇西 | γδβ | D536/1 | 36.5 | 68.8 | 7.91 | 27.1 | 4.51 | 1.14 | 3.97 | 0.58 | 3.13 | 0.64 |
| | | D536/2 | 40.5 | 71.4 | 7.88 | 27.8 | 4.71 | 1.22 | 4.17 | 6.61 | 3.75 | 0.69 |
| | | D536/3 | 42.3 | 73.1 | 8.06 | 28.0 | 4.61 | 1.08 | 4.02 | 0.59 | 3.27 | 0.66 |
| | | D3159/1 | 28.7 | 63.5 | 8.00 | 28.6 | 6.05 | 1.57 | 5.80 | 0.92 | 5.22 | 1.01 |
| | γδο | D3528/1 | 32.8 | 66.2 | 7.51 | 27.3 | 5.46 | 1.51 | 5.40 | 0.78 | 4.42 | 0.87 |
| | | D1091/2 | 46.6 | 88.0 | 9.28 | 31.3 | 5.68 | 1.53 | 5.44 | 0.71 | 3.79 | 0.67 |
| 地壳克拉克值(维氏,1962) | | | 29.0 | 70.0 | 9.00 | 37.0 | 8.00 | 1.30 | 8.00 | 4.30 | 5.00 | 1.70 |

| 岩体 | 代号 | 样品号 | 稀土元素含量(×10⁻⁶) | | | | | 特征参数值 | | | | |
|---|---|---|---|---|---|---|---|---|---|---|---|---|
| | | | Er | Tm | Yb | Lu | ∑REE | δEu | δCe | $(La/Yb)_N$ | $(La/Sm)_N$ | $(Gd/Yb)_N$ |
| 家吉哇西 | γδβ | D536/1 | 1.78 | 0.28 | 1.92 | 0.33 | 158.63 | 0.53 | 0.63 | 7.63 | 1.96 | 2.68 |
| | | D536/2 | 1.86 | 0.30 | 2.04 | 0.34 | 173.27 | 0.60 | 0.59 | 34.25 | 5.31 | 1.16 |
| | | D536/3 | 1.79 | 0.29 | 2.01 | 0.34 | 170.12 | 0.76 | 0.68 | 13.36 | 3.10 | 13.74 |
| | | D3159/1 | 3.17 | 0.45 | 2.91 | 0.45 | 156.35 | 0.69 | 0.87 | 17.97 | 2.09 | 3.96 |
| | γδο | D3528/1 | 2.57 | 0.35 | 2.33 | 0.33 | 157.84 | 0.95 | 0.69 | 14.35 | 3.17 | 3.01 |
| | | D1091/2 | 2.15 | 0.26 | 1.90 | 0.27 | 197.58 | 0.29 | 0.67 | 9.56 | 2.89 | 5.03 |
| 地壳克拉克值(维氏,1962) | | | 150.00 | 340.00 | — | 170.00 | — | 650.00 | 1.00 | 2.50 | 16.00 | — |

### 4. 副矿物特征

副矿物组合为磁铁矿、锆石、磷灰石、榍石和褐铁矿。其中主要为磁铁矿、锆石和磷灰石，属常见岩浆型花岗岩副矿物组合。锆石颗粒长宽比为2∶1和4∶1，普遍大于2，反映其物源较深。

家吉哇西岩体中锆石多数晶体呈浅玫瑰色，金刚光泽，半透明，主要为四方双锥柱聚形晶，晶面粗糙，次浑圆状，个别晶体呈浑圆状，微量有蚀坑。包体普遍，主要为分布无序的锆石，少量星点状性质不明黑色物质。紫外灯下锆石发亮黄色光。

### 5. 成因

在 $Na_2O-K_2O$ 图解(见图 3-42)中，投于 I 型花岗岩区；在 $\delta Eu-(La/Yb)_N$ 图解(图 3-45)中，主体落入壳幔混合岩区。岩石化学中(见表 3-32)，$Si_2O$ 含量值在 62.43%～69.13%，A/CNK 值在 0.70～0.96，明显小于 1.1，里特曼指数值(σ)在 1.98～3.41，主体小于3.3，为次铝的钙碱性岩石系列。结合地球化学背景值，综合分析成因类型为 I 型，物质主要来源于地幔且有一定量的壳源物质注入而成。

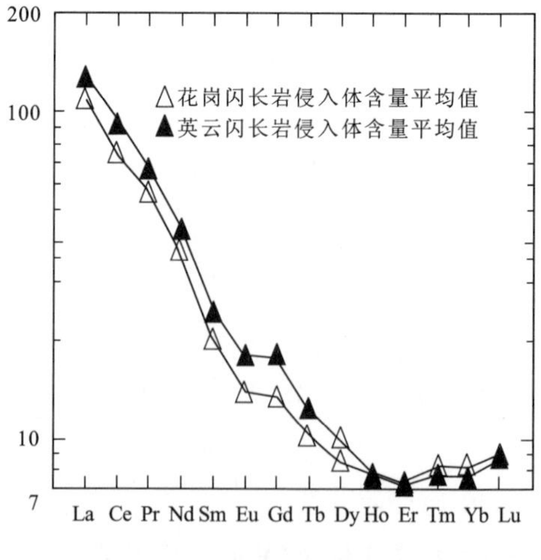


图 3-44　俯冲期侵入体稀土元素配分模式图

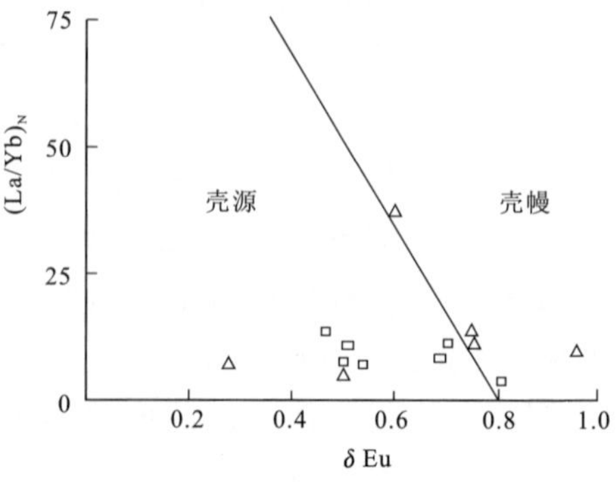


图 3-45　$\delta Eu-(La/Yb)_N$ 图解

**6. 时代**

本次工作在家吉哇西岩体中粒斑状黑云母花岗闪长岩中采集到两个人工重砂样品，由国土资源部天津地质矿产研究所采用锆石 U－Pb 法测年分析，分别获得 228.9Ma 和 223.6Ma 的年龄值，结合其所处构造位置及岩体的结构成分特征，将其时代置为三叠纪。

**7. 构造环境分析**

在阳离子 $R_1-R_2$ 图解(图 3－46)中，投入到幔源型及与板块碰撞前花岗岩的接触区，在 Y－Nb 图解(图 3－47)中，样品全部落入火山弧环境，并且很集中。按 Babarin 构造环境分类，属含角闪石钙碱性花岗岩类(ACG)，为俯冲作用的产物。按 Maniar 和 Piccoli 构造环境分类，属大陆弧花岗岩类(CAG)。结合区域构造位置及岩浆演化的特征分析认为，属俯冲构造环境。

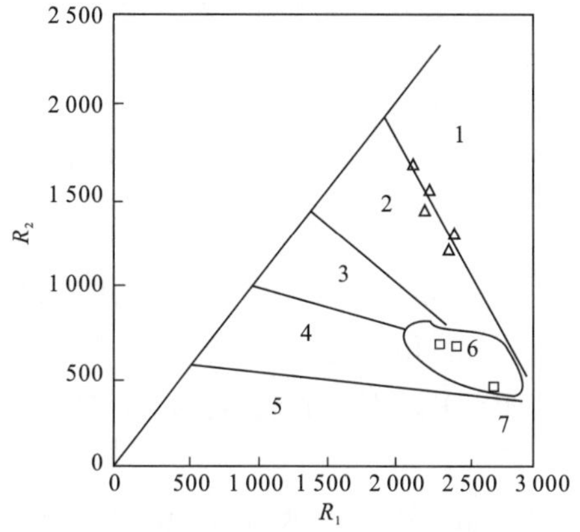


图 3－46 阳离子 $R_1$-$R_2$ 图解

1. 幔源花岗岩；2. 碰撞前花岗岩；3. 碰撞后抬升花岗岩；4. 造山晚期花岗岩；5. 非造山花岗岩；6. 同碰撞花岗岩；7. 造山后花岗岩

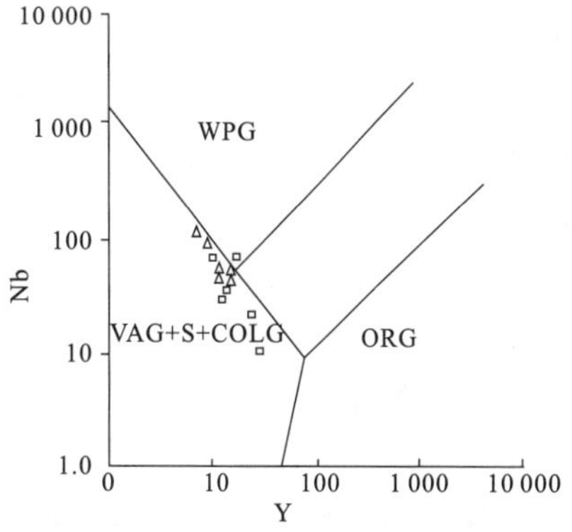


图 3－47 Y－Nb 图解

VAG＋S＋COLG. 同碰撞花岗岩；ORG. 洋脊花岗岩；WPG. 板内花岗岩；VAG. 火山弧花岗岩

## (二)碰撞期侵入体

**1. 地质特征**

1)麻扎岩体

主体分布于新藏线麻扎及其以西麻扎达拉一带，平面上呈不规则的纺锤状，长轴方向近东西向，与区域构造线方向一致。东西长约 2km，宽 1～5km，面积约 $90km^2$。根据岩体内部岩石特征及岩浆演化规律进一步分为两个侵入体，由早到晚依次为中粒黑云二长花岗岩侵入体和中粒斑状黑云二长花岗岩侵入体，二者之间呈涌动接触。该岩体主体侵入于志留系温泉沟群的变粉砂岩、粉砂质板岩、斑点状板岩之中，侵入界面部分向外陡倾，局部表现为后期断层接触。岩体西端侵入于三叠纪早期库库朗达坂岩体的细粒黑云石英闪长岩之中(图 3－48)，在中粒黑云二长花岗

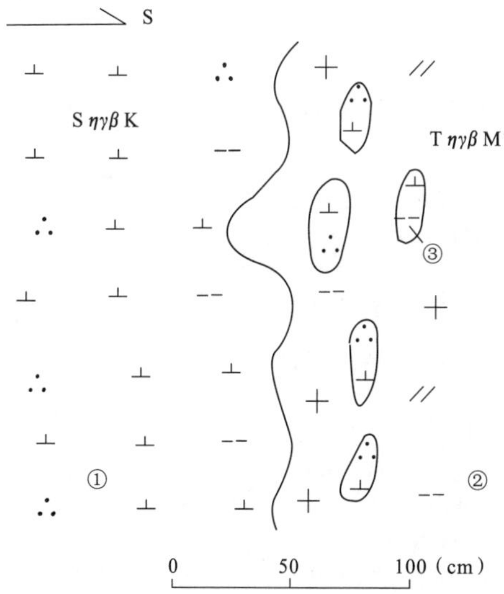


图 3－48 库库朗达坂岩体(SηγβK)与麻扎(TηγβM^b)之间超动侵入关系素描图

①细粒黑云石英闪长岩；②中粒斑状黑云二长花岗岩；③捕虏体

岩侵入体边部可见早期细粒黑云石英闪长岩角砾状的捕虏体。围岩蚀变明显，主要表现为绿泥石化和绢云母化。

2)色日可达坂岩体

主体分布于新藏线色日可达坂一带，向西延伸到阿喀孜达坂一带直到图外。平面上呈规则的长条状，长轴方向与构造线方向一致，区内长约 55km，面积约为 460km$^2$，呈岩基状产出，岩性为中粒斑状黑云二长花岗岩。该岩体北边与三叠纪早期的家吉哇西岩体呈超动侵入接触关系(图 3-49)，侵入界面有向外陡倾，亦有向内陡倾，总体呈"S"形，倾角大都在 65°～75°。南边与三叠纪地层呈断层形式接触。在岩体边部普遍有 20～50cm 宽的细粒边。围岩蚀变明显，主要表现为绿泥石化、绢云母化及高岭土化。

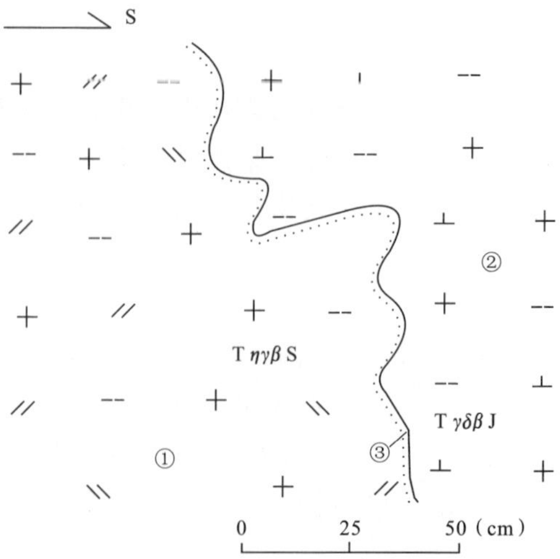


图 3-49　色日克达坂岩体与家吉哇西岩体之间超动侵入关系素描图

①中粒斑状黑云二长花岗岩；②黑云母花岗闪长岩；③超动界线及细粒边

3)精尼克盖曼南

该岩体分布于新藏线精尼克盖曼以南，呈椭圆状近东西向分布，长轴方向与构造线方向一致，面积约 10km$^2$，岩性为中粒二长花岗岩，呈岩株状。主体侵入于志留系温泉沟群的变粉砂岩、粉砂质板岩和斑点状板岩之中，侵入界面普遍向外陡倾，倾角大于 70°。围岩蚀变明显，主要有褐铁矿化、绢云母化和绿泥石化。

该期岩体 $Fe_2O_3$ 含量普遍偏高，而 FeO 含量较低，说明岩石的氧化程度较高，反映岩体侵位深度较浅。从岩石特征分析，岩体出露面积较大，呈岩基状产出，主体以中—细粒结构为主，局部具粗粒结构，原生流动构造不发育，岩体中捕虏体少见，综合分析认为，岩体剥蚀程度中等。

## 2. 岩石学特征

岩石学特征见表 3-35。该期岩体由早到晚斜长石含量逐渐减少，钾长石含量逐渐增多；岩石类型有二长花岗岩向二长白岗岩演化；岩石结构由中粒结构向中粗粒似斑状结构方向演化。显示该期岩体以成分演化为主，兼有结构演化。

**表 3-35　碰撞期侵入体岩石学特征简表**

| 岩体 | 岩石名称 | 颜色 | 结构 | 构造 | 粒度(mm) | 主要矿物成分及特征 | 副矿物特征 | 蚀变特征 |
|---|---|---|---|---|---|---|---|---|
| 精尼克盖曼南 | 中粒二长白岗岩 | 灰白色 | 中粒半自形粒状结构 | 块状构造 | 2～3 | 钾长石 35%～36%，它形粒状，具格子双晶和条纹结构，为微斜条纹长石；斜长石 34%～35%，自形—半自形柱状晶体，发育钠长石律双晶，An=22—24；石英 28%～30%，呈它形粒状，白云母少见 | 锆石<br>磁铁矿 | 方解石化 |
| 色日可达坂 | 中粗粒斑状黑云二长花岗岩 | 灰色 | 似斑状结构 | 块状构造 | 似斑晶 10～15<br>基质 2～4 | 似斑晶：钾长石 10%，呈半自形板状，具钠长石条纹结构；基质：斜长石 30%～35%，斜长石呈半自形柱状，具有钠长石律双晶；石英 25%～30%，呈它形聚晶粒状；黑云母 5%～8%，自形叶片状 | 磷灰石<br>磁铁矿<br>锆石 | 绢云母化<br>绿泥石化<br>高岭土化 |
| 麻扎 | 中粒斑状黑云二长花岗岩 | 灰色 | 似斑状结构 | 块状构造 | 似斑晶 10～15<br>基质 2～5 | 似斑晶：钾长石 10%，为微斜长石，呈半自形板柱状，格子双晶清晰；基质：斜长石 30%～35%，呈半自形柱状，卡钠复合双晶发育；石英 20%，它形粒状，波状消光明显；黑云母 8%～10%，呈自形叶片状，多色性 Ng 褐红色、Np 浅棕黄色 | 锆石<br>磷灰石 | 绿泥石化<br>绢云母化 |
| | 中粒黑云二长花岗岩 | 浅灰色 | 中粒自形粒状结构 | 块状构造 | 1～4 | 斜长石 30%～35%，呈半自形柱状晶体，聚片双晶和卡钠复合双晶较发育，An=24－26；钾长石 30%，呈它形粒状和板状，具有清晰的格子双晶，系微斜长石；石英 25%～30%，呈它形聚晶粒状；黑云母 10%，自形叶片状，多色性 Ng 褐色、Np 浅褐黄色 | 锆石<br>磷灰石<br>磁铁矿 | 绿泥石化<br>绢云母化 |

### 3. 岩石化学及地球化学特征

1)岩石化学特征

岩石化学成分含量及特征参数见表 3-32。

$SiO_2$含量为 67.43%～71.48%,属酸性岩范畴,与世界花岗岩相比,除 $P_2O_5$ 稍偏低外,其他成分基本相当。从早到晚,$SiO_2$含量由低变高。

岩石化学计算表明(表 3-32),A/CNK 值为 0.86～1.08,σ 值为 2.52～3.41,主体小于 3.3,为过铝钙碱性岩石系列。SI 值为 3.89～7.23,DI 值为 80.62～88.38,显示岩浆分异程度较高,岩浆基性程度较低。在 A-C-F 图解(图 3-50)中主体落于 S 型花岗岩区,表明岩浆主体来源于地壳。

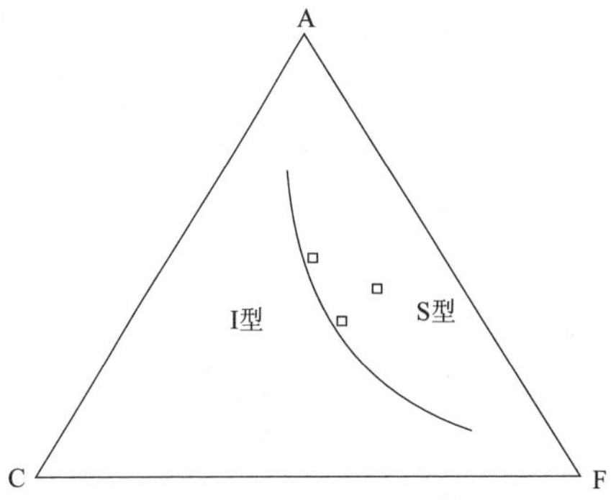

图 3-50　A-C-F 图解

2)微量元素特征

微量元素含量见表 3-36,与地壳克拉克值相比较:以 Li、Pb、Be、Be 元素相对富集,Cr、Ni、Cu 元素相对贫化,表现为壳源元素相对富集、幔源元素相对贫化为特征。

表 3-36　碰撞期微量元素含量表　(×10⁻⁶)

| 岩体 | 代号 | 样品号 | Li | Be | Sc | V | Cr | Co | Ni | Cu | Zn | Ga |
|---|---|---|---|---|---|---|---|---|---|---|---|---|
| 精尼克盖曼南 | ηγk | D3521/2 | 1.1 | 0.79 | 3.27 | 29.4 | 45.9 | 0.78 | — | 12.60 | 43.3 | 14.1 |
| 色日可达坂 | ηγβ | D3017/1 | 24.7 | 3.00 | 3.63 | 17.5 | 4.8 | 110.00 | 1.66 | 2.49 | 205.0 | 18.3 |
| | | D1090/3 | 14.0 | 1.63 | 3.89 | 80.9 | 60.2 | 8.65 | 4.49 | 24.20 | 149.0 | 19.0 |
| | | D3161/2 | 18.3 | 0.20 | 42.50 | 201.0 | 759.0 | 45.80 | 199.00 | 131.00 | 105.0 | 11.9 |
| 麻扎 | ηγβ | D528/1 | 126.5 | 4.22 | 8.10 | 41.8 | 29.0 | 104.00 | 12.20 | 9.50 | 92.0 | 21.1 |
| | | D531/1 | 179.0 | 4.04 | 7.30 | 24.2 | 9.1 | 10.45 | 5.50 | 5.58 | 50.8 | 18.3 |
| | ηγβ | D2026/2 | 111.7 | 4.83 | 9.00 | 35.6 | 12.0 | 94.00 | 5.50 | 3.61 | 58.1 | 18.5 |
| 地壳克拉克值(维氏,1962) | | | 20.0 | 1.80 | 10.00 | — | 83.0 | 18.00 | 58.00 | 47.00 | 83.0 | 20.0 |
| 岩体 | 代号 | 样品号 | Rb | Sr | Y | Zr | Nb | Ba | Hf | Ta | Pb | Th |
| 精尼克盖曼南 | ηγk | D3521/2 | 10.7 | 48 | 35.1 | 65.1 | 9.13 | 41 | 1.60 | 0.79 | 3.27 | 12.40 |
| 色日可达坂 | ηγβ | D3017/1 | 157.7 | 30 | 29.8 | 202.0 | 14.4 | 1371 | 5.90 | 1.66 | 87.46 | 17.25 |
| | | D1090/3 | 63.5 | 293 | 19.3 | 64.7 | 24.9 | 819 | 1.17 | 1.07 | 14.00 | 7.67 |
| | | D3161/2 | 101.0 | 275 | 22.6 | 22.6 | 21.3 | 778 | 0.67 | 1.60 | 20.70 | 11.80 |
| 麻扎 | ηγβ | D528/1 | 54.2 | 243 | 17.7 | 211.0 | 19.8 | 814 | 5.77 | 1.60 | 72.92 | 19.59 |
| | | D531/1 | 41.2 | 176 | 27.2 | 168.0 | 18.0 | 754 | 4.83 | 1.87 | 43.80 | 14.74 |
| | ηγβ | D2026/2 | 87.5 | 275 | 16.2 | 123.0 | 17.8 | 412 | 3.74 | 2.04 | 29.32 | 11.08 |
| 地壳克拉克值(维氏,1962) | | | 150.0 | 340 | — | 170.0 | 20.0 | 650 | 1.00 | 2.50 | 16.00 | — |

用 MORB 作标准化得到曲线图 3-51,各侵入体具有大致相似的微量元素组成,曲线形态总体趋于一致,为左高右低的形态,反映其形成于相似的构造环境,具有相似的物质来源,或者岩浆具有明显的继承性。其中 Rb、Th 等元素强烈富集,而 Ba、Sr 等元素明显亏损,曲线形态与 S 型花岗岩微量元素曲线相似,说明岩浆主要来源于地壳,是地壳深部熔融的结果。

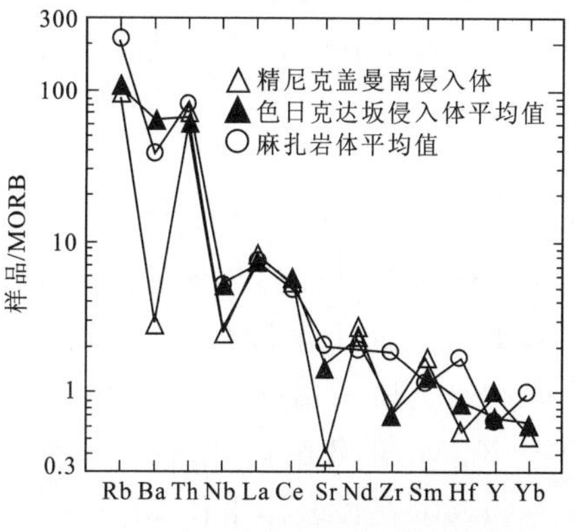

图 3-51　碰撞期侵入体微量元素蛛网图

3)稀土元素特征

稀土元素含量及特征参数见表 3-37,∑REE 值为 $189.3\times10^{-6}$～$333.2\times10^{-6}$,稀土总量较高,δEu 值

在0.49～0.81之间，其值变化虽较大，但其主体小于0.7，铕负异常明显，物质主要来源于上、下地壳不同程度熔融而成，$(La/Yb)_N$值为6.21～19.3，说明轻稀土富集均匀，$(La/Sm)_N$值为1.53～6.32，说明轻稀土分馏程度明显，$(Gd/Yb)_N$值为0.98～1.98，说明重稀土分馏程度一般。稀土元素配分曲线模式见图3-52，具有明显的左高右低的陡倾形态（富集轻稀土），铕负异常明显。各岩体具有基本相同的稀土元素特征，说明各岩体具有相同的物质来源和演化历程。

**表3-37　碰撞期稀土元素含量及特征参数表**

| 岩体 | 代号 | 样品号 | 稀土元素含量（$\times 10^{-6}$） | | | | | | | | | |
|---|---|---|---|---|---|---|---|---|---|---|---|---|
| | | | La | Ce | Pr | Nd | Sm | Eu | Gd | Tb | Dy | Ho |
| 精尼克盖曼南 | $\eta\gamma k$ | D3521/2 | 29.2 | 58.1 | 5.80 | 20.9 | 4.17 | 1.03 | 4.77 | 0.83 | 5.49 | 1.17 |
| 色日可达坂 | $\eta\gamma\beta$ | D3017/1 | 27.9 | 57.2 | 6.62 | 23.6 | 4.66 | 0.85 | 4.20 | 0.70 | 4.12 | 0.89 |
| | | D1090/3 | 30.0 | 68.4 | 6.85 | 25.8 | 4.75 | 1.56 | 4.85 | 0.70 | 3.75 | 0.76 |
| | | D3161/2 | 41.0 | 80.4 | 8.86 | 29.6 | 5.39 | 1.28 | 5.94 | 0.80 | 4.63 | 0.85 |
| 麻扎 | $\eta\gamma\beta$ | D528/1 | 39.9 | 83.3 | 10.27 | 37.8 | 6.72 | 1.22 | 5.15 | 0.68 | 3.20 | 0.58 |
| | | D531/1 | 32.4 | 67.6 | 8.15 | 30.3 | 6.27 | 1.14 | 5.20 | 0.85 | 4.50 | 0.87 |
| | $\eta\gamma\beta$ | D2026/2 | 21.3 | 42.2 | 5.00 | 19.0 | 4.13 | 1.04 | 3.55 | 0.60 | 3.15 | 0.66 |
| 地壳克拉克值（维氏，1962） | | | 20.0 | 1.8 | 10.00 | — | 83.00 | 18.00 | 58.00 | 47.00 | 83.00 | 20.00 |

| 岩体 | 代号 | 样品号 | 稀土元素含量（$\times 10^{-6}$） | | | | | 特征参数值 | | | | |
|---|---|---|---|---|---|---|---|---|---|---|---|---|
| | | | Er | Tm | Yb | Lu | ΣREE | δEu | δCe | $(La/Yb)_N$ | $(La/Sm)_N$ | $(Gd/Yb)_N$ |
| 精尼克盖曼南 | $\eta\gamma k$ | D3521/2 | 3.66 | 0.51 | 3.80 | 0.57 | 140.00 | 0.57 | 0.56 | 10.54 | 1.53 | 1.56 |
| 色日可达坂 | $\eta\gamma\beta$ | D3017/1 | 2.59 | 0.42 | 2.95 | 0.50 | 137.21 | 0.81 | 0.47 | 6.21 | 6.32 | 1.36 |
| | | D1090/3 | 2.30 | 0.33 | 2.08 | 0.31 | 152.44 | 0.49 | 1.11 | 19.30 | 4.76 | 1.98 |
| | | D3161/2 | 2.70 | 0.35 | 2.36 | 0.34 | 184.50 | 0.51 | 0.96 | 14.68 | 4.39 | 1.74 |
| 麻扎 | $\eta\gamma\beta$ | D528/1 | 0.58 | 0.52 | 0.22 | 0.43 | 190.60 | 0.69 | 0.69 | 13.24 | 3.25 | 1.63 |
| | | D531/1 | 2.30 | 0.36 | 2.31 | 0.37 | 162.62 | 0.66 | 0.72 | 11.15 | 1.98 | 0.98 |
| | $\eta\gamma\beta$ | D2026/2 | 1.76 | 0.28 | 1.94 | 0.32 | 104.93 | 0.52 | 0.36 | 10.36 | 3.65 | 1.36 |
| 地壳克拉克值（维氏，1962） | | | 150.00 | 340.00 | — | 170.00 | 20.00 | 650.00 | 1.00 | 2.50 | 16.00 | — |

**4. 副矿物特征**

副矿物组合为锆石、磁铁矿、磷灰石，为常见的岩浆型花岗岩副矿物组合，锆石颗粒长宽比为1∶1和4∶1，大部分小于1，反映其物源较浅，锆石特征见表3-38。

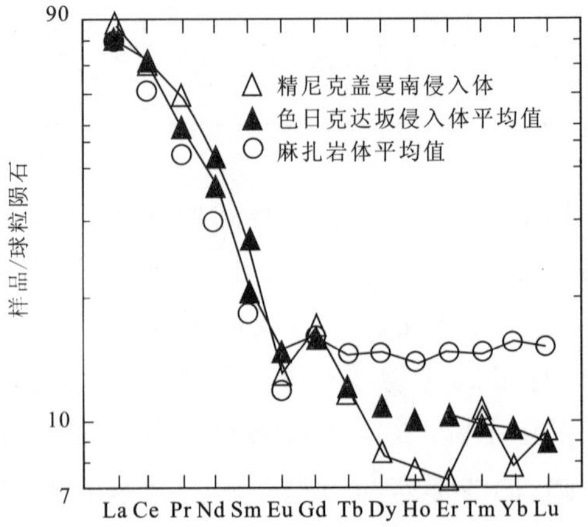


图3-52　碰撞期侵入体稀土元素配分模式图

**5. 时代**

本次区调在麻扎岩体中粒斑状黑云二长花岗岩中采集一个人工重砂样品，由国土资源部天津地质矿产研究所采用锆石U-Pb法测年分析，并且获得208Ma的年龄值，时代为三叠纪。另外，汪玉珍等（1980）在该岩体中作Rb-Sr等时线，获得199.9Ma的年龄值，该期侵入体与区域上三叠纪侵入岩面貌相似，并结合其所处构造位置及岩体的结构成分特征，将其时代置于三叠纪晚期。

**表 3－38　胜利桥、麻扎岩体锆石特征表**

| 岩体 | 岩石名称 | 粒经(mm) | 长宽比 | 颜色 | 光泽 | 透明度 | 发光性 | 晶形晶面特征 | 包体 | 主要晶形 |
|---|---|---|---|---|---|---|---|---|---|---|
| 胜利桥 | 浆混花岗岩 | 0.02～0.30 | 2∶1<br>4∶1 | 淡玫瑰色 | 金刚光泽 | 透明 | 发亮黄色光 | 晶体溶蚀较普遍，晶面有蚀坑，小丘状蚀象，呈次浑圆状，晶体普遍具有裂纹 | 包体普遍，主要为细小锆石包体，有少量黄铜矿及不明性质黑色包体 | 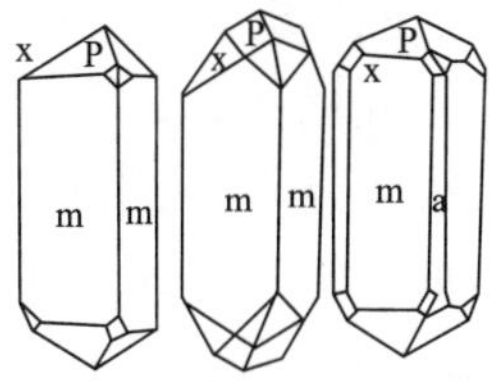  |
| 麻扎 | 中粒斑状黑云二长花岗岩 | 0.12～0.35 | 1∶1<br>4∶1 | 淡玫瑰色 | 金刚光泽 | 半透明—透明 | 暗黄色光 | 锆石晶棱晶面清晰，少量晶体只保留残缺晶面，晶体上分布有不均匀的球状、麻点状蚀象 | 包体普遍，以小锆石包体为主，个别晶体有黄铁矿及星点状黑色包体 | 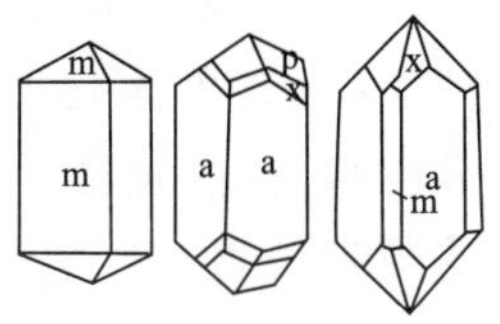  |

**6. 构造环境分析**

在阳离子 $R_1-R_2$ 图解(见图 3－46)中，投入到同碰撞花岗岩区，在 Y－Nb 图解(图 3－47)中，样品全部落入同碰撞花岗岩区，并且很集中。按 Babarin 构造环境分类，属富含黑云母过铝花岗岩类(CPG)，为碰撞作用的产物。按 Maniar 和 Piccoli 构造环境分类，属大陆碰撞花岗岩类(CCG)。结合区域构造演化及岩浆演化规律分析认为，属碰撞构造环境。

(三)胜利桥浆混花岗岩

在岩浆成因研究领域中，“浆混”是较多使用的重要概念。本次区调过程中以三叠纪胜利桥花岗岩体为例，通过对比分析该岩体的微量元素和稀土元素含量及重要参数，讨论浆混成因及与之相伴随的成岩作用，为研究该时期西昆仑地区地壳的增生和演化提供一些有益的探索。

**1. 地质特征**

该地质体出露于新藏线胜利桥一带，平面上呈不规则的长条状，长轴方向近东西向，面积约 $100km^2$。南界二叠纪的凝灰质熔岩以断层形式接触，北界侵入石炭系提热艾力组的石英砂岩、粉砂岩和三叠纪早期的黑云母花岗闪长岩之中。

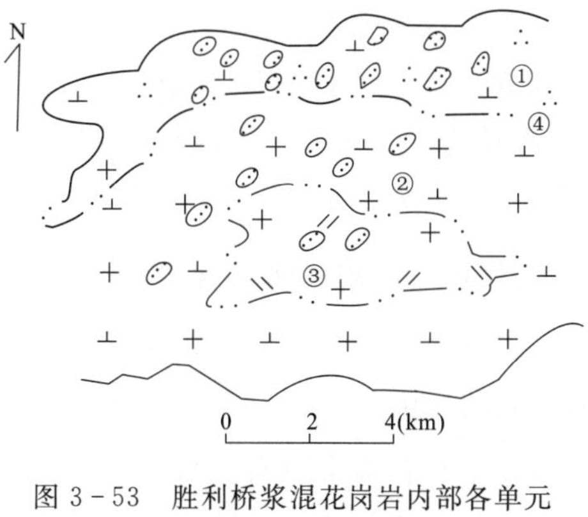

图 3－53　胜利桥浆混花岗岩内部各单元之间关系平面素描图
①石英闪长岩；②花岗闪长岩；③二长花岗岩；④涌动关系

胜利桥岩体岩石类型主要有二长花岗岩、花岗闪长岩和石英闪长岩，不同岩石类型之间为涌动接触(图 3－53)。各岩石类型中不同程度发育有暗色包体。包体岩石类型主要有黑云角闪二长岩、黑云角闪闪长岩、斜长角闪闪长岩和变辉长岩。其中以石英闪长岩中暗色包体发育最多，约占岩体体积的 3%。它们一般为深灰色，其形态有浑圆状、纺锤状、扁豆状、火焰状和不规则状，大小从数厘米到近于 1m，且可见到数米大的不规则状包体，包体有时成群出现(图版Ⅲ－8)。包体与寄主岩多呈截然关系，有时可见到较细的暗色冷凝边，但也常见过渡关系，甚至呈迷雾状(图 3－54)。

**2. 岩石学特征**

1)寄主岩体岩石学特征

**二长花岗岩**　岩石呈橘黄色,具中粗粒粒状结构,块状构造。矿物成分为斜长石25%~30%、钾长石30%~35%、石英20%~25%、角闪石5%~10%和少量黑云母。副矿物为磁铁矿、榍石、锆石等。其中斜长石呈自形—半自形粒状,An=31,钠长石净边发育,聚片双晶及环带构造发育;钾长石为不规则形状;石英为它形粒状,波状消光;角闪石为半自形粒状,双晶发育。

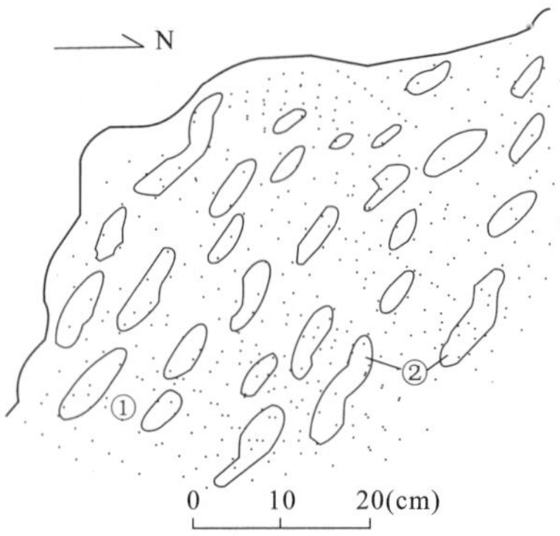


图3-54　胜利桥浆混花岗岩中迷雾状包体形态素描图

①石英闪长岩;②暗色包体

**花岗闪长岩**　岩石呈浅灰色,具有中细粒半自形粒状结构,块状构造。矿物成分为斜长石40%~50%、钾长石10%~15%、黑云母5%~10%、角闪石5%~10%、石英25%~30%。副矿物有榍石、磷灰石、锆石等。其中斜长石环带构造发育,An=27,属中更长石类;锆石以浅玫瑰色为主,金刚光泽,大部分不透明,表面遭受熔蚀呈凹凸不平。

**石英闪长岩**　岩石呈灰色,具有中细粒半自形粒状结构,块状构造。矿物成分为斜长石50%~55%、黑云母15%~20%、角闪石5%~10%、石英10%~15%、钾长石10%~15%。副矿物有榍石、磷灰石、金红石和锆石等。其中斜长石具有环带构造,锆石以浅褐红色为主,金刚光泽,不透明,含绿泥石、黑云母包体。

2)暗色包体岩石学特征

**黑云角闪二长岩**　岩石具有细粒半自形粒状结构,块状构造。矿物成分为斜长石35%~40%、碱性长石20%~25%、角闪石10%~30%、黑云母5%~25%、石英小于5%。镜下角闪石为绿色普通角闪石,粒径为0.5mm×0.2mm,半自形,颜色不均匀,中心颜色浅,边部颜色深;黑云母褐色,半自形,常与角闪石共生;斜长石半自形粒状,发育钠长石双晶,具环带结构。

**黑云角闪闪长岩**　岩石具有中细粒半自形粒状结构,块状构造。矿物成分为斜长石60%~65%、碱性长石小于10%、黑云母5%~20%、石英小于5%。镜下矿物特征与黑云角闪二长岩相似。

**斜长透辉角闪岩**　岩石呈灰黑色,细粒粒状结构,块状构造。矿物成分为普通角闪石50%~55%、单斜辉石(透辉石)5%~10%、斜长石大于10%、钾长石10%~15%、黑云母5%~10%、石英5%左右,局部见透辉石、阳起石、绿泥石等矿物。

**变辉长岩**　岩石呈黑绿色,半自形粒状结构,块状构造。矿物成分斜长石55%~60%、辉石20%~25%、石英小于5%、黑云母5%~10%、绿泥石2%~3%,该包体多呈椭圆状。

**3. 包体中不平衡矿物组合和结构**

野外填图过程中,对胜利桥岩体的包体进行了认真细致的观察研究,发现了以下3种不平衡的矿物组合和结构:

(1)在暗色包体中没有发育斜长石斑晶,但发现有与包体成分不平衡的且具有镶边的碱性长石斑晶,它们与寄主岩体中的碱性长石斑晶相同。显然,它们并不属于暗色岩浆包体的成分,而是寄主岩石的成分。

(2)包体中广泛发育具有细粒角闪石等矿物组成镶边的眼球状石英,即石英-角闪石眼斑,说明角闪石等暗色矿物结晶比石英晚,这是一种异常的结晶顺序。

(3)在大部分角闪石和黑云母中发育有石英包裹体,亦显示了这种异常的结晶顺序。

显然，上述不平衡的矿物组合和结构利用正常岩浆结晶顺序难以解释，它应该是在壳源酸性岩浆结晶过程中幔源基性岩浆的注入所导致的产物。

#### 4. 岩石化学及地球化学特征

1）岩石化学特征

胜利桥花岗岩岩石化学成分的分析结果见表 3－39。其总体岩石化学成分变化相应较大，$SiO_2$ 含量在 62.96%～74.87%之间，$Al_2O_3$ 含量大部分在 12.79%～14.57%之间，少数含量大于 16%，变化稍大；MgO 含量大部分小于 1.0%，CaO 含量在 1%～2%之间；$Na_2O$ 含量在 3%～5%之间；$K_2O$ 含量大部分在 4.17%～4.80%之间，少数含量小于 4%。$Na_2O$ 和 $K_2O$ 含量均较高，其比值（$Na_2O$ / $K_2O$）变化较大，一般小于 1.0。其全碱含量 6～8.5 之间，A/CNK 值在 1.0 左右。碱度率 AR 在 1.90～3.31 之间，一般在 3.0 左右，属于碱性花岗岩。里特曼指数（$\sigma$）在 1.70～2.90之间，岩体属于钙碱性岩系。按照该岩体的化学成分特征，胜利桥岩体应属于钙碱性至碱性过渡的岩石。

表 3－39　胜利桥岩体岩石化学成分含量及特征参数表

| 岩体 | 样品号 | 氧化物含量（%） | | | | | | | | | | |
|---|---|---|---|---|---|---|---|---|---|---|---|---|
| | | $SiO_2$ | $Al_2O_3$ | $Fe_2O_3$ | CaO | MgO | MnO | $TiO_2$ | $P_2O_5$ | $K_2O$ | $Na_2O$ | FeO |
| 胜利桥 | D534/1 | 74.87 | 12.82 | 0.89 | 1.10 | 0.64 | 0.04 | 0.14 | 0.04 | 4.76 | 3.46 | 0.99 |
| | D534/2 | 74.80 | 12.79 | 0.89 | 4.03 | 0.45 | 0.04 | 0.13 | 0.03 | 4.80 | 3.46 | 1.05 |
| | D534/3 | 70.70 | 14.57 | 0.95 | 1.91 | 0.49 | 0.06 | 0.27 | 0.08 | 3.94 | 4.09 | 1.98 |
| | D535/1 | 71.15 | 14.04 | 0.84 | 3.30 | 0.67 | 0.07 | 0.23 | 0.07 | 4.17 | 4.13 | 1.64 |
| | D535/2 | 74.75 | 13.57 | 0.47 | 3.64 | 0.38 | 0.07 | 0.20 | 0.04 | 4.22 | 3.15 | 1.90 |
| | D536/1 | 65.47 | 16.14 | — | 2.87 | 1.24 | 0.07 | 0.64 | 0.19 | 4.26 | 3.82 | 3.39 |
| | D536/2 | 62.96 | 12.91 | 1.48 | 6.38 | 1.59 | 0.11 | 0.62 | 0.18 | 2.36 | 4.27 | 3.82 |
| | D537/1 | 68.46 | 13.9 | 1.49 | 5.39 | 1.38 | 0.11 | 0.63 | 0.15 | 3.36 | 4.48 | 3.63 |
| 世界花岗岩 | | 71.27 | 14.25 | 1.24 | 1.62 | 0.80 | 0.08 | 0.25 | 0.16 | 4.03 | 3.97 | 1.62 |

| 岩体 | 样品号 | 氧化物含量（%） | | | | 特征参数值 | | | | |
|---|---|---|---|---|---|---|---|---|---|---|
| | | $CO_2$ | $H_2O^+$ | $H_2O^-$ | Σ | A/CNK | $\sigma$ | AR | $K_2O+Na_2O$ | $K_2O/Na_2O$ |
| 胜利桥 | D534/1 | 0.92 | 0.21 | 0.93 | 101.81 | 1.32 | 2.12 | 2.98 | 8.22 | 1.37 |
| | D534/2 | 3.08 | 0.36 | 2.60 | 108.51 | 1.04 | 2.15 | 3.02 | 8.26 | 1.39 |
| | D534/3 | 0.93 | 0.15 | 1.20 | 101.32 | 1.47 | 2.32 | 2.90 | 8.03 | 0.80 |
| | D535/1 | 0.10 | 0.19 | 1.21 | 101.81 | 1.21 | 2.44 | 3.31 | 8.30 | 1.01 |
| | D535/2 | 0.60 | 1.63 | 0.01 | 104.63 | 1.22 | 1.70 | 2.41 | 7.37 | 1.34 |
| | D536/1 | 1.22 | 0.90 | 0.07 | 100.28 | 1.49 | 2.90 | 2.35 | 8.08 | 1.12 |
| | D536/2 | 1.31 | 0.87 | 0.03 | 98.89 | 0.99 | 2.20 | 1.90 | 6.63 | 0.55 |
| | D537/1 | 1.09 | 0.31 | 0.04 | 104.42 | 1.05 | 2.70 | 2.43 | 8.00 | 0.75 |
| 世界花岗岩 | | — | 0.64 | 0.13 | 100.06 | 1.04 | 2.11 | 2.83 | 6.29 | 0.91 |

2）微量元素特征

胜利桥岩体微量元素含量见表 3－40。与维氏（1962）（酸性花岗岩）值相比，胜利桥花岗岩中的多数大离子亲石元素如 Rb、Y、Ta、Be、Zr 等普遍偏低，这些元素在暗色包体含量较多的闪长岩和 MME 中含量更高。Hf、Th 等不相容元素在大部分样品中有明显偏高，偏高幅度较弱，其中 Li 元素在 MME 中显著偏高。与这一事实相对应的是，Co、Ba、Sc、Cu 等地幔富集的亲铁元素（相容元素）在寄主岩石中相对偏高。其中 Co、Sc 元素在寄主岩石中显著偏高，高出维氏（1962）值的 40～150倍以上，在浆混比例较高的闪长岩中高出的比例更显著，而在 MME 包体中高出的比例相对较弱。

**表 3-40　胜利桥岩体微量元含量值**　（$\times10^{-6}$）

| 岩体 | 代号 | 样品号 | Li | Be | Sc | V | Cr | Co | Ni | Cu | Zn | Ga |
|---|---|---|---|---|---|---|---|---|---|---|---|---|
| 胜利桥 | ηγ | D534/7 | 11.78 | 2.31 | 2.57 | 12.3 | 1.65 | 92.0 | 1.71 | 3.89 | 27.0 | 13.2 |
| | | D534/8 | 10.35 | 1.80 | 2.97 | 12.5 | 6.70 | 84.0 | 1.89 | 8.00 | 21.7 | 13.9 |
| | | D534/9 | 4.34 | 3.56 | 1.26 | 6.2 | 1.79 | 130.0 | 1.08 | 1.74 | 21.8 | 13.5 |
| | | D534/10 | 19.00 | 4.26 | 1.01 | 7.9 | 0.84 | 62.0 | 1.26 | 1.59 | 26.4 | 15.8 |
| | | D534/11 | 17.60 | 2.05 | 2.50 | 9.8 | 3.00 | 96.0 | 1.40 | 1.86 | 33.6 | 15.1 |
| | γδ | D536/1 | 33.00 | 1.90 | 7.50 | 36.7 | 8.50 | 12.2 | 5.20 | 35.80 | 67.1 | 32.0 |
| | δο | D536/2 | 39.70 | 3.40 | 7.90 | 17.1 | 7.80 | 10.3 | 7.10 | 8.50 | 34.5 | 19.0 |
| | | D537/1 | 50.20 | 2.30 | 5.40 | 14.3 | 18.70 | 6.8 | 11.10 | 45.30 | 101.0 | 25.0 |
| | MME | D534/12 | 45.80 | 3.64 | 11.00 | 94.7 | 59.80 | 11.4 | — | 42.80 | 191.0 | 23.2 |
| 酸性花岗岩（维氏，1962） | | | 40.00 | 5.60 | 0.05 | 40.0 | 25.00 | 5.0 | 8.00 | 20.00 | 60.0 | 20.0 |
| 岩体 | 代号 | 样品号 | Rb | Sr | Y | Zr | Nb | Ba | Hf | Ta | Pb | Th |
| 胜利桥 | ηγ | D534/7 | 149.3 | 164 | 15.8 | 171 | 9.2 | 726 | 4.56 | 1.81 | 15.54 | 13.30 |
| | | D534/8 | 149.5 | 133 | 15.7 | 157 | 11.3 | 1 001 | 4.50 | 1.06 | 6.26 | 16.14 |
| | | D534/9 | 205.8 | 139 | 23.4 | 127 | 16.0 | 365 | 4.32 | 2.00 | 26.99 | 26.99 |
| | | D534/10 | 161.1 | 183 | 20.6 | 137 | 20.7 | 457 | 4.24 | 3.56 | 19.00 | 16.11 |
| | | D534/11 | 148.6 | 202 | 18.9 | 164 | 13.4 | 861 | 4.74 | 0.99 | 16.81 | 11.05 |
| | γδ | D536/1 | 155.0 | 980 | 16.4 | 280 | 17.0 | 2 110 | 16.00 | 1.40 | 14.30 | 16.00 |
| | δο | D536/2 | 171.0 | 710 | 19.5 | 170 | 21.0 | 870 | 21.60 | 2.20 | 16.70 | 21.70 |
| | | D537/1 | 217.0 | 340 | 13.8 | 170 | 21.0 | 870 | 21.60 | 2.20 | 21.30 | 21.60 |
| | MME | D534/12 | 153.0 | 222 | 48.9 | 75 | 49.0 | 272 | 1.28 | 1.36 | 15.50 | 3.89 |
| 酸性花岗岩（维氏，1962） | | | 400.0 | 300 | 34.0 | 200 | 20.0 | 630 | 1.00 | 3.50 | 0.01 | 18.00 |

MME：为岩体中的暗色包体，下同。

综上所述，相容元素在先结晶的基性端元偏低，而在酸性端元明显偏高，寄主岩石中地幔富集元素显著偏高，这些反常现象可能均与浆混作用有关。由于岩浆混合作用，导致结晶分异紊乱或均一化，两个端元发生较强的变化或迁移。在岩浆混合后的结晶分异过程中和系统性的平衡调整中，大离子亲石元素超前进入黏度较小的基性岩浆。反之，亲铁元素迁移至浆混花岗岩岩浆中并富集。

在酸性端元偏高的亲石元素在基性端元一般为显著偏高，而在基性端元异常偏低的亲铁元素迁移至浆混花岗岩岩浆中并富集。这一对应性，较好地显示了两个端元元素迁移的规律和迁移的依赖性。在共生的两类岩石中，有如此普遍并且巨量的元素对应性交换，其最大的可能性是两个端元要满足同处在液相状态下，且长时间的化学交换与成分平衡这两个条件。即 MME 与寄主岩石是基本同期结晶成岩的，并非固相包体。

3）稀土元素特征

胜利桥岩体稀土元素含量及特征参数值见表 3-41。稀土总量（∑REE）：胜利桥岩体内部不同侵入体和不同岩类中，尤其是幔源岩浆混合作用较强的暗色花岗闪长岩和石英闪长岩中，稀土元素总量较同类正常岩石异常偏高且差异显著，稀土总量为 $167.12\times10^{-6}\sim220.81\times10^{-6}$，而在二长花岗岩侵入体中稍偏低，稀土总量为 $118.83\times10^{-6}\sim159.86\times10^{-6}$。轻稀土元素分馏度：$(La/Yb)_N$ 值大于 1，指示分馏程度较好，比值越大其分馏程度越好，轻稀土越富集。胜利桥各岩类 $(La/Sm)_N$ 值为 4.33～7.84，即轻稀土富集程度较高。其中在混浆作用较弱的二长花岗岩中 $(La/Sm)_N$ 值为 5.88～7.84，分馏程度好，在浆混作用较强的闪长岩中 $(La/Sm)_N$ 值为 4.33～5.79，明显低于浆混作用较弱的二长花岗岩，说明在浆混成岩过程中发生均一化，而有轻稀土的带出。反之，在基性端元的 MME 中，$(La/Sm)_N$ 值为 4.53，显著高于一般闪长岩和辉长岩的值。重稀土元素分馏度 $(Gd/Yb)_N$ 值越小表明分馏程度越好，重稀土越富集。胜利桥岩体中不同侵入体中 $(Gd/Yb)_N$ 值为 1.78～2.38，明显高于一般壳源型花岗岩值 $(Gd/Yb)_N\approx17$，说明其重稀土分馏程度明显偏低，与壳源型花岗岩相似。

**表 3-41　胜利桥岩体稀土元素含量及特征参数值**

| 岩体 | 代号 | 样品号 | 稀土元素含量($\times10^{-6}$) | | | | | | | | | |
|---|---|---|---|---|---|---|---|---|---|---|---|---|
| | | | La | Ce | Pr | Nd | Sm | Eu | Gd | Tb | Dy | Ho |
| 胜利桥 | $\eta\gamma$ | D534/7 | 28.5 | 52.4 | 5.71 | 19.0 | 2.92 | 1.64 | 2.58 | 0.38 | 2.06 | 0.43 |
| | | D534/8 | 38.2 | 63.3 | 6.63 | 21.7 | 3.40 | 0.72 | 3.09 | 0.44 | 2.37 | 0.49 |
| | | D534/9 | 38.3 | 70.5 | 7.61 | 25.0 | 4.25 | 0.45 | 3.73 | 0.57 | 3.28 | 0.70 |
| | | D534/10 | 33.2 | 61.0 | 6.47 | 20.6 | 3.18 | 0.56 | 2.87 | 0.44 | 2.56 | 0.57 |
| | | D534/11 | 32.8 | 57.5 | 6.34 | 21.9 | 3.83 | 0.82 | 3.38 | 0.51 | 2.88 | 0.60 |
| | $\gamma\delta$ | D536/1 | 57.4 | 86.1 | 8.90 | 40.2 | 6.75 | 1.81 | 4.78 | 0.74 | 4.27 | 0.69 |
| | $\delta o$ | D536/2 | 57.8 | 90.7 | 8.69 | 39.8 | 6.55 | 1.60 | 5.05 | 0.71 | 4.59 | 0.74 |
| | | D537/1 | 43.3 | 70.6 | 6.50 | 26.9 | 6.35 | 1.11 | 3.93 | 0.62 | 3.61 | 0.63 |
| | MME | D534/12 | 25.4 | 66.6 | 9.52 | 38.3 | 9.18 | 0.95 | 8.36 | 1.44 | 8.51 | 0.74 |

| 岩体 | 代号 | 样品号 | 稀土元素含量($\times10^{-6}$) | | | | | 特征参数值 | | | |
|---|---|---|---|---|---|---|---|---|---|---|---|
| | | | Er | Tm | Yb | Lu | ΣREE | δEu | $(La/Yb)_N$ | $(La/Sm)_N$ | $(Gd/Yb)_N$ |
| 胜利桥 | $\eta\gamma$ | D534/7 | 1.26 | 0.20 | 1.46 | 0.25 | 118.83 | 0.63 | 15.50 | 5.88 | 2.42 |
| | | D534/8 | 1.38 | 0.23 | 1.60 | 0.27 | 143.82 | 0.67 | 16.60 | 7.84 | 1.78 |
| | | D534/9 | 2.05 | 0.35 | 2.62 | 0.45 | 159.86 | 0.77 | 23.01 | 6.22 | 2.19 |
| | | D534/10 | 1.78 | 0.33 | 2.48 | 0.45 | 136.49 | 0.69 | 17.78 | 7.58 | 2.14 |
| | | D534/11 | 1.46 | 0.27 | 1.85 | 0.31 | 134.45 | 0.67 | 18.43 | 6.45 | 2.00 |
| | $\gamma\delta$ | D536/1 | 1.74 | 0.27 | 1.62 | 0.22 | 215.49 | 0.98 | 23.89 | 4.33 | 2.38 |
| | $\delta o$ | D536/2 | 2.20 | 0.30 | 1.85 | 0.23 | 220.81 | 0.90 | 21.06 | 5.16 | 2.20 |
| | | D537/1 | 1.83 | 0.20 | 1.36 | 0.18 | 167.12 | 0.75 | 21.47 | 5.79 | 2.33 |
| | MME | D534/12 | 5.47 | 0.73 | 4.98 | 0.702 | 180.88 | 0.91 | 17.92 | 4.53 | 2.38 |

稀土配分曲线斜率 $(La/Yb)_N$ 值：胜利桥花岗岩的 $(La/Yb)_N$ 值多为 15.50～18.43，少数达 21.06～23.89，因而稀土配分曲线为向右倾斜式(图 3-55)，与壳幔型花岗岩的 $(La/Yb)_N$ 值接近。

岩浆分异度 δEu 值：岩浆分异度愈高则 δEu 值愈小，铕亏损愈强烈。胜利桥岩体中的 δEu 值主体在 0.63～0.77 之间，少数值大于 0.90，显示出分异偏弱的独特性。胜利桥岩体的 δEu 值明显大于壳源型花岗岩的 δEu 值(0.46)，而小于幔源型花岗岩的 δEu 值(0.84)，这些特征说明寄主岩石受幔源岩浆的混合作用而被均一化。

### 5. 构造环境与成岩机制

1)构造环境

胜利桥花岗岩岩石化学成分与 $SiO_2$ 为 70%～75%的花岗岩变量均值比较(Petro 等,1981),多数样品与同熔型花岗岩相似,在稀土特征上也具有此特点,铝指数为 1.0 左右,显示 I 型花岗岩特点;与 Maniar 等(1989)划分的造山带构造环境各类花岗岩相比(表 3-42),多数样品与大陆岛弧型花岗岩(CAG)相似,少数样品则与大陆碰撞型花岗岩(CCG)相似。

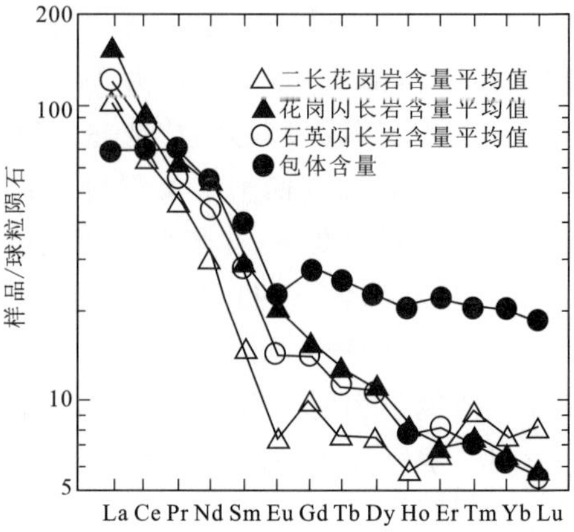


图 3-55　胜利桥岩体稀土元素配分模式图

**表 3-42　胜利桥花岗岩与造山型构造环境花岗岩类岩石化学特征对比表**

| 构造环境＼参数 | $SiO_2$ 含量(%) | 钙碱指数 | A/CNK | $Na_2O/CaO$ | $Na_2O/K_2O$ | MgO/FeO | MgO/MnO |
|---|---|---|---|---|---|---|---|
| IAG | 60～68 | 钙质—钙碱性 | 偏铝质<0 | 0.01 | 0.4～3.0 | 0.3～0.85 | 12.0～28.0 |
| CAG | 62～76 | 钙碱性 | 偏铝—过铝质 0.9～1.15 | 4.0 | 0.4～2.0 | 0.1～0.5 | 2.0～38.0 |
| CCG | 70～76 | 钙质—钙碱性 | 过铝质>1.0 | 2.0～10.0 | 0.4～1.5 | 0.05～0.6 | 2.0～45.0 |
| POG | 70～78 | 碱性—钙质 | 过铝—偏铝、偏碱 0.85～1.25 | 2.0～18.0 | 0.6～1.2 | 0.02～0.30 | 2.0～18.0 |
| 胜利桥岩体 | 63～75 | 钙碱性 | 次铝—过铝质 0.9～1.1 | 1.3～3.36 | 0.7～1.81 | 0.20～0.46 | 5.43～18.79 |

2)成岩机制

通过对胜利桥岩体及其包体的野外观察研究,尤其对微量元素和稀土元素分配规律的分析,获得胜利桥花岗岩浆混作用过程及机制的基本认识:胜利桥花岗岩是一个浆混作用形成的复式岩体,浆混作用是幔源基性岩浆和壳源酸性岩浆两种岩浆成岩与结晶分异过程中的混合和均一化;混合发生在酸性岩浆房的上地壳岩浆就位于结晶成岩分异过程中;混浆作用的成岩机制主要包括混合均一化作用和分异过程中的类质同象与选择性富集作用。

总之,胜利桥岩体属于钙碱性岩系,为同熔型的 I 型花岗岩类。其常量元素和稀土元素特征表明,它们可能是由于洋壳物质俯冲、消减,来源于深源的壳幔混合源而形成于微陆块岛弧的上部地壳中,与相邻区域上印支期花岗岩一起构成了西昆仑地块上印支期的岛弧花岗岩带。

### (四)273km 环斑花岗岩

环斑花岗岩以其特殊的卵状环斑结构、特定的年代和构造环境历来受到地质工作者的关注。以往认为,环斑花岗岩主要出现在前寒武纪稳定克拉通及其边缘上,并且沿区域性的大断裂展布。近些年来,地质工作者在秦岭至昆仑山造山带中,发现了一条巨型的造山带内的环斑花岗岩带,而且岩体数量相当多,时代主要为印支期,与古缝合带形影不离,它的形成可能代表了一种特殊的后碰撞构造环境。本次区调过程中在新藏线 273km 处北沟首次发现了环斑二长花岗岩,对该岩体作了系统的调查研究，并获得一批岩石化学及地球化学资料。区内环斑花岗岩的发现，进一步丰富了苏巴什-康西瓦结合带内的研究内容和资料，对该带主造山阶段结束提供了时限。

### 1. 地质特征

该岩体分布于新藏线 273km 处北沟沟脑，呈不规则的椭圆状，长轴方向与构造线方向一致，面积约 $25km^2$，在地貌上表现为高山及陡壁。其南界与三叠系赛力亚克达坂群的砾岩呈断层形式接触，北界与胜利桥岩体中粒花岗闪长岩呈超动式接触，岩体边部黑云母条带明显。

在岩体内部发育有较多的暗色包体，形态以椭圆状为主，次为圆状、透镜状，在边部见有包体群。包体大小不一，大者 20～35cm，小者 2～5cm，岩性以闪长岩和辉长辉绿岩为主，与寄主岩界线渐变清楚。

### 2. 岩石学特征

岩性为中粒斑状黑云二长花岗岩，颜色呈肉红色，似斑状结构，基质细粒半自形粒状结构，块状构造。半径约占 10%～20%，局部高达 20%～30%。基质约为 70%～90%，粒度 2～5mm。基质中斜长石 15%左右，半自形板状，An＝25 — 30，具有聚片双晶；钾长石 35%左右，呈半自形—它形粒状，格子双晶清晰，为微斜长石，少数钾长石交代斜长石清楚，个别斜长石晶体中产生反条纹结构，钾长石形成最晚；石英 25%～30%，它形粒状，洁净；黑云母 5%～8%，呈半自形片状。

斑晶特征：斑晶直径大多数为 10～25mm，少数在 10～15mm，呈浑圆状的斑晶多数具有环斑结构，而自形程度较高的斑晶一般不具环斑结构，环斑形态以浑圆状为主，不规则状、自形板状次之（图版Ⅳ-6）。环斑约占斑晶的 5%～8%，由浅肉红色的钾长石（内核）和灰白色的斜长石（外核）组成（图 3-56），多为单环结构，个别具双环结构，外环宽度较窄，一般为 1～2mm，个别达 3mm。

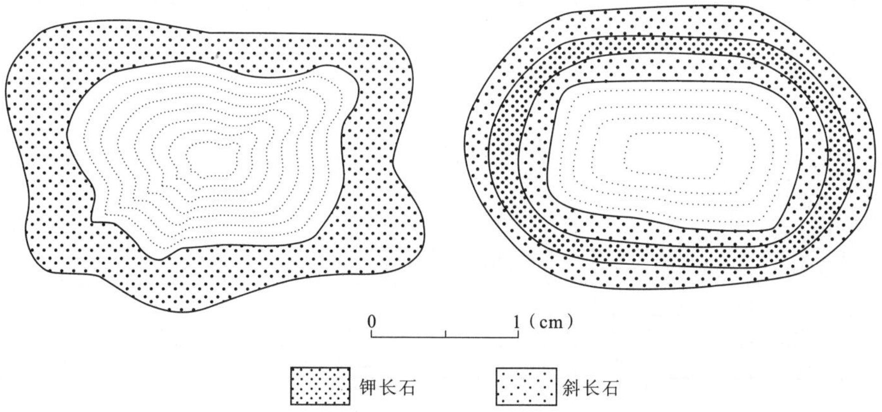


图 3-56 钾长石与斜长石组成的环带结构

副矿物特征：副矿物组合为锆石、榍石、褐帘石、磁铁矿，为正常的岩浆型副矿物组合。蚀变特征主要表现为绢云母化、绿泥石化。

### 3. 岩石化学及地球化学特征

1）岩石化学特征

岩石化学成分含量及特征参数见表 3-43。

**表 3-43 273km 环斑二长花岗岩岩石化学含量及特征参数值表**

| 岩体 | 样品号 | 氧化物含量(%) | | | | | | | | | | |
|---|---|---|---|---|---|---|---|---|---|---|---|---|
| | | $SiO_2$ | $Al_2O_3$ | $Fe_2O_3$ | CaO | MgO | MnO | $TiO_2$ | $P_2O_5$ | $K_2O$ | $Na_2O$ | FeO |
| 273km北沟 | D504/1 | 69.64 | 12.32 | 3.53 | 4.11 | 1.15 | 0.05 | 0.55 | 0.09 | 3.46 | 4.29 | 2.56 |
| | D504/2 | 66.28 | 12.70 | 1.91 | 3.50 | 2.02 | 0.08 | 0.60 | 0.25 | 3.33 | 4.04 | 2.60 |
| | D504/3 | 66.30 | 13.16 | 1.52 | 3.08 | 2.04 | 0.05 | 0.50 | 0.30 | 4.07 | 4.27 | 2.35 |
| | D504/4 | 70.06 | 14.85 | 1.62 | 3.20 | 2.00 | 0.24 | 0.68 | 0.31 | 4.00 | 4.00 | 2.38 |
| 世界花岗岩 | | 71.27 | 14.25 | 1.24 | 1.62 | 0.80 | 0.08 | 0.25 | 0.16 | 4.03 | 3.97 | 1.62 |

| 岩体 | 样品号 | 氧化物含量(%) | | | | 特征参数值 | | | | |
|---|---|---|---|---|---|---|---|---|---|---|
| | | $CO_2$ | $H_2O^+$ | $H_2O^-$ | Σ | A/CNK | σ | AR | SI | DI |
| 273km北沟 | D504/1 | 0.91 | 0.58 | 0.05 | 103.29 | 0.83 | 2.6 | 2.48 | 14.17 | 77.10 |
| | D504/2 | 0.70 | 0.10 | 0.01 | 98.12 | 1.17 | 3.0 | 2.68 | 14.32 | 78.32 |
| | D504/3 | 0.63 | 0.21 | 0.03 | 98.51 | 1.17 | 2.9 | 2.45 | 14.29 | 80.01 |
| | D504/4 | 0.06 | 0.34 | 0.21 | 103.95 | 1.33 | 3.2 | 2.81 | 13.81 | 79.34 |
| 世界花岗岩 | | — | 0.64 | 0.13 | 100.06 | 1.04 | 2.1 | 2.83 | 6.29 | — |

$SiO_2$含量为66.28%～70.06%，属酸性岩范畴，与世界花岗岩值相比，除$Fe_2O_3$与MgO相对偏高外，其他成分基本相当。

岩石化学计算表明：A/CNK值为1.04～1.33，σ值为2.6～3.2，为过铝的钙碱性岩石系列，显示S型花岗岩的特征。SI值为13.81～14.32，DI值为77.10～80.01，显示岩浆分异程度中等。

2)微量元素特征

微量元素含量见表3-44。

**表 3-44 273km 环斑二长花岗岩微量元素含量表** ($\times10^{-6}$)

| 岩体 | 代号 | 样品号 | Li | Be | Sc | V | Cr | Co | Ni | Cu | Zn | Ga |
|---|---|---|---|---|---|---|---|---|---|---|---|---|
| 273km北沟 | ηγ | D504/1 | 26.0 | 3.6 | 5.13 | 46.3 | 37.6 | 5.63 | — | 18.8 | 50.9 | 16.3 |
| | | D504/2 | 21.0 | 2.0 | 13.10 | 61.5 | 200.0 | 23.10 | 61.0 | 34.5 | 35.1 | 19.7 |
| | | D504/3 | 16.3 | 2.7 | 10.00 | 78.0 | 4.0 | 19.60 | 124.3 | 37.3 | 25.4 | 7.0 |
| | | D504/4 | 29.0 | 1.9 | 7.70 | 55.0 | 85.1 | 7.00 | 91.5 | 27.8 | 47.1 | 20.1 |
| 酸性花岗岩(维氏,1962) | | | 40.0 | 5.6 | 0.05 | 40.0 | 25.0 | 5.00 | 8.0 | 20.0 | 60.0 | 20.0 |

| 岩体 | 代号 | 样品号 | Rb | Sr | Y | Zr | Nb | Ba | Hf | Ta | Pb | Th |
|---|---|---|---|---|---|---|---|---|---|---|---|---|
| 273km北沟 | ηγ | D504/1 | 143 | 150 | 17.5 | 68 | 21.0 | 400 | 1.2 | 0.97 | 17.30 | 20.1 |
| | | D504/2 | 130 | 730 | 16.3 | 163 | 17.0 | 572 | 4.1 | 0.30 | 15.00 | 15.0 |
| | | D504/3 | 119 | 490 | 14.4 | 157 | 26.9 | 893 | 3.0 | 2.13 | 18.30 | 28.3 |
| | | D504/4 | 102 | 400 | 16.0 | 181 | 14.1 | 1 340 | 4.2 | 3.00 | 20.10 | 30.7 |
| 酸性花岗岩(维氏,1962) | | | 400 | 300 | 34.0 | 200 | 20.0 | 630 | 1.0 | 3.50 | 0.01 | 18.0 |

与维氏花岗岩值相比，Cr、Ni、Co、V、Cu元素富集明显，Li、Be、Rb元素相对贫化，说明该岩体岩浆来源于深部，具有壳幔混合型的特征。用MORB作标准化得到曲线图(图3-57)，为左高右低的形态，其中Ba、Nb元素明显亏损。

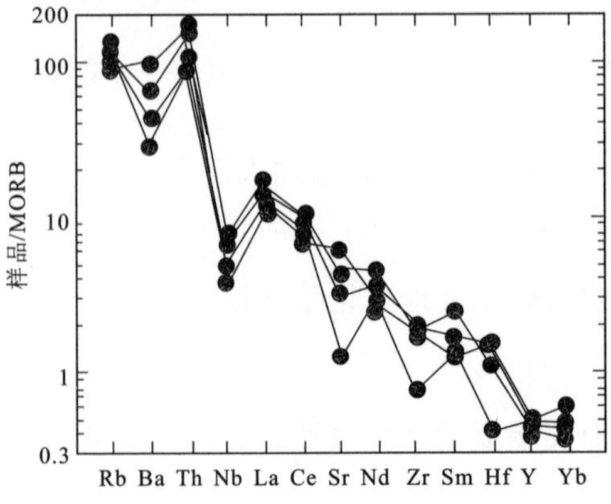


图 3-57 273km 环斑花岗岩微量元素蛛网图

3)稀土元素特征

稀土元素含量及特征参数见表3-45。

表 3-45　273km 环斑二长花岗岩稀土元素含量及特征参数值表

| 岩体 | 代号 | 样品号 | 稀土元素含量($\times10^{-6}$) | | | | | | | | | |
|---|---|---|---|---|---|---|---|---|---|---|---|---|
| | | | La | Ce | Pr | Nd | Sm | Eu | Gd | Tb | Dy | Ho |
| 273km 北沟 | $\eta\gamma$ | D504/1 | 64.4 | 121.0 | 11.40 | 35.5 | 5.17 | 1.03 | 6.01 | 0.70 | 3.30 | 0.64 |
| | | D504/2 | 45.7 | 81.9 | 8.65 | 28.8 | 4.49 | 1.28 | 4.10 | 0.53 | 2.85 | 0.56 |
| | | D504/3 | 60.8 | 128.7 | 15.36 | 49.5 | 9.90 | 2.15 | 6.78 | 1.11 | 5.14 | 0.97 |
| | | D504/4 | 49.7 | 101.9 | 11.22 | 37.5 | 5.92 | 1.63 | 5.51 | 0.73 | 3.95 | 0.80 |

| 岩体 | 代号 | 样品号 | 稀土元素含量($\times10^{-6}$) | | | | | 特征参数值 | | | | |
|---|---|---|---|---|---|---|---|---|---|---|---|---|
| | | | Er | Tm | Yb | Lu | ΣREE | δEu | δCe | $(La/Yb)_N$ | $(La/Sm)_N$ | $(Gd/Yb)_N$ |
| 273km 北沟 | $\eta\gamma$ | D504/1 | 2.01 | 0.25 | 1.69 | 0.26 | 253.36 | 0.68 | 0.96 | 16.10 | 5.31 | 2.10 |
| | | D504/2 | 1.65 | 0.25 | 1.60 | 0.27 | 182.63 | 0.71 | 0.94 | 16.38 | 5.04 | 2.14 |
| | | D504/3 | 1.98 | 0.17 | 1.30 | 0.31 | 284.17 | 0.65 | 0.83 | 15.34 | 4.94 | 2.32 |
| | | D504/4 | 2.38 | 0.34 | 2.27 | 0.33 | 224.22 | 0.60 | 0.87 | 16.12 | 4.82 | 1.93 |

稀土总量 Σ REE 为 $276.3\times10^{-6}\sim284.1\times10^{-6}$，δEu 值为 0.60～0.71，说明岩浆来源于地壳，且有地幔物质加入，铕负异常明显，物质主要来源于上、下地壳不同程度熔融而成，$(La/Yb)_N$值为 15.34～16.38，说明轻稀土强烈富集，$(La/Sm)_N$值为 4.82～5.31，$(Gd/Yb)_N$值为 1.93～2.32，说明轻重稀土分馏程度较好。稀土元素配分曲线模式见图 3-58，总体显示左高右低的陡倾形态特征，为铕弱亏损型。各岩体具有基本相同的稀土元素特征，说明各岩体具有相同的物质来源和演化历程。

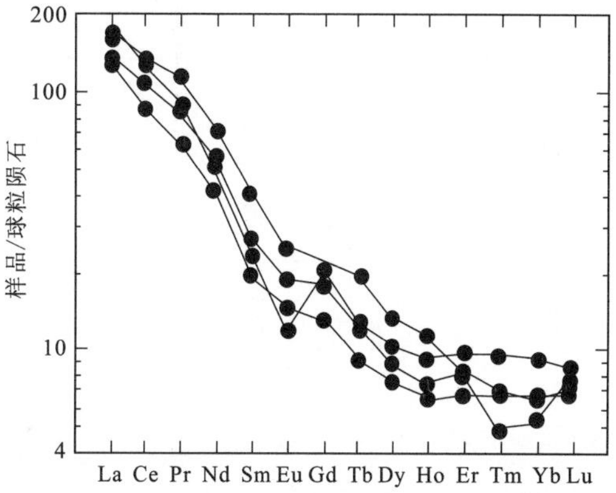


图 3-58　273km 环斑花岗岩稀土元素配分模式图

**4. 成因**

在花岗岩稀土元素参数之中，如 δEu 值大于 0.7 者，说明该岩石的岩浆来源应有基性岩浆组分的加入，也有可能是下地壳部分熔融形成的，该岩体中有大量的中基性岩包体，表明该环斑花岗岩的岩浆来源应该是幔源基性岩浆与地壳酸性岩浆相混合的产物。在 $Na_2O-K_2O$ 图解(图 3-59)中，投于Ⅰ型花岗岩区；在 $\delta Eu-(La/Yb)_N$ 图解(图 3-60)中，落入壳幔与壳幔接触区。岩石化学中，A/CNK 值在 0.83～1.33，主体显示为过铝的钙碱性岩系，地球化学已显示壳幔混合型的特征，综合分析认为成因属于岩浆混合型。

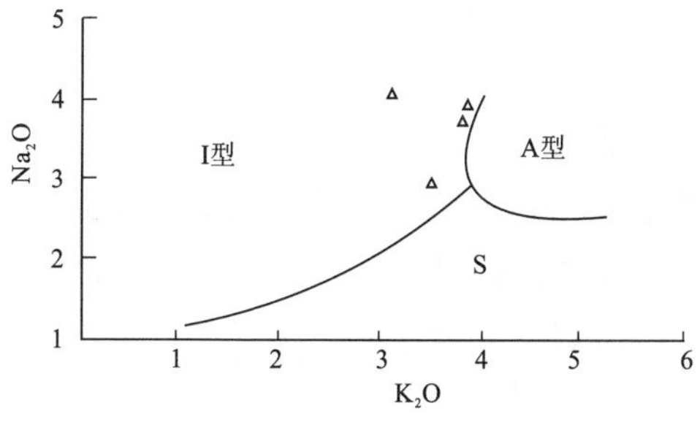


图 3-59　$Na_2O-K_2O$ 岩石类型图解
(据 Collin，1982)

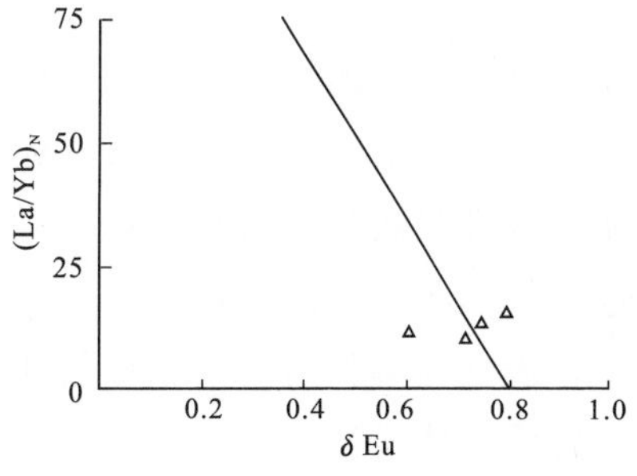


图 3-60　$\delta Eu-(La/Yb)_N$ 相关图解

**5. 时代**

北侧与三叠纪胜利桥岩体呈超动式接触，说明其时代较胜利桥岩体晚。从岩石面貌上看与晚三叠世色日可达坂二长花岗岩相似，结合该时期区内岩浆演化规律，将其时代置于三叠纪晚期。

**6. 构造环境分析**

世界环斑花岗岩无一例外地产在地台区克拉通及其边缘的深大断裂带中，都是非造山的产物，与地壳的伸展时期断裂发育有关，而测区的环斑花岗岩则产于造山带中。在阳离子 $R_1$-$R_2$图解(图 3-61)中，投入到碰撞后隆起型花岗岩区；在 Y-Nb 图解(图 3-62)中，样品全部落于火山弧花岗岩和同碰撞花岗岩区，并且很集中。按 Babarin 构造环境分类，属富钾及钾长石斑状钙碱性花岗岩类(KCG)，为构造体制转换的产物。在 Maniar 和 Piccoli 的 5 组图解中，多数样品落入造山带花岗岩类(POG)。综合分析认为属于碰撞造山后期摩擦阶段的产物。

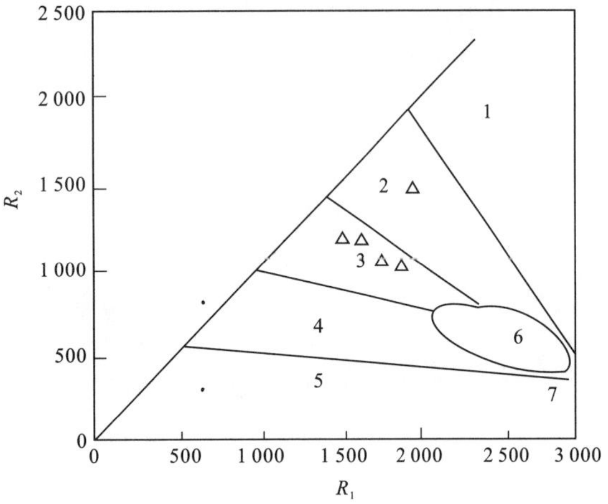


图 3-61 阳离子 $R_1$-$R_2$图解

1. 幔源花岗岩；2. 碰撞前花岗岩；3. 碰撞后抬升花岗岩
4. 造山晚期花岗岩；5. 非造山花岗岩；6. 同碰撞花岗岩；
7. 造山后花岗岩

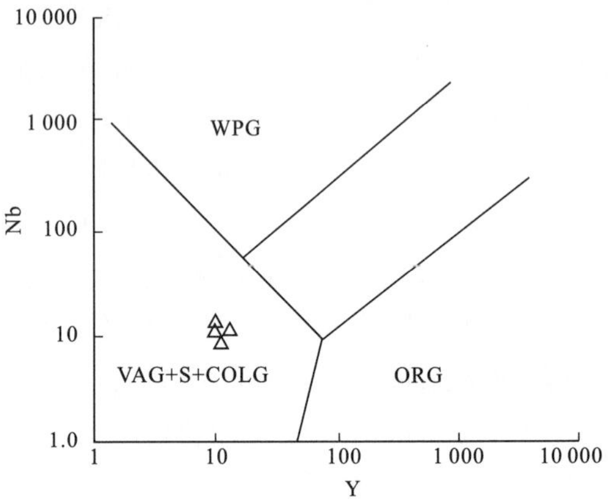


图 3-62 Y-Nb 图解

VAG+S+COLG. 同碰撞花岗岩；ORG. 洋脊花岗岩；
WPG. 板内花岗岩；VAG. 火山弧花岗岩

## (五)构造转换期侵入体——罕亚依拉克岩体

**1. 地质特征**

1)闪长煌斑岩侵入体

该侵入体分布于图区西侧阿卡孜达坂一带，平面上呈长椭圆状，长轴方向与构造线方向一致，紧挨康西瓦结合带北侧分布，侵入体主体侵入于晚三叠世色日可达坂二长花岗岩体之中，出露长约 6.25km，宽 1.5km，面积约 10km²，侵入体内部岩石表现为少斑结构，基质为细粒半自形粒状结构。蚀变特征主要表现为斜长石的绢云母化和绿帘石化，另有少许绿泥石化。

2)辉绿岩侵入体

辉绿岩侵入体分布于帕和甫河上游罕亚依拉克一代，主体侵入于三叠纪家吉哇西的黑云母花岗闪长岩之中，平面上呈椭圆状，面积约 5km²，边部可见小规模次棱角状捕虏体，在侵入体边部无序排列。蚀变特征表现为较弱的斜长石钠黝帘石化和绢云母化及暗色矿物辉石的纤闪石化。

## 2. 岩石学特征

罕亚依拉克岩体岩石学特征见表 3-46。

**表 3-46 罕亚依拉克岩体岩石学特征**

| 岩体 | 岩石名称 | 颜色 | 结构 | 构造 | 粒度(mm) | 主要矿物成分及特征 | 副矿物特征 | 蚀变特征 |
|---|---|---|---|---|---|---|---|---|
| 罕亚依拉克 | 闪长煌斑岩 | 黄绿灰色 | 少斑细粒结构 | 块状构造 | 斑晶:1~2<br>基质:0.3~0.5 | 斑晶:斜长石 3%~5%,晶体蚀变混浊双晶不清,个别晶体钠化,表现为钠长石净边;基质成分:斜长石 80%~81%,自形—半自形板条状,晶体干净,常见钠长石律双晶,排列无序;黑云母 10%~12%,细小鳞片状;石英 1%~3%,它形粒状 | 锆石<br>磁铁矿 | 绢云母化<br>黝帘石化<br>绿泥石化 |
| | 辉绿岩 | 灰绿色 | 残余辉绿结构 | 块状构造 | 1.5~3 | 斜长石 40%~50%,为半自形柱状,晶体混浊,双晶不清,局部地段杂乱排列;角闪石 30%~35%,绿色,半自形短柱状;透辉石 10%~15%,橄榄石 3%~4%,二者在粗大角闪石中呈包裹体形式出现,属于岩浆早期结晶的矿物 | 磁铁矿 | 绿帘石化<br>绢云母化<br>黝帘石化 |

## 3. 岩石化学及地球化学特征

1)岩石化学特征

罕亚依拉克岩体岩石化学成分含量见表 3-47,由表中可以看出,帕合甫、色拉阿特侵入体岩石化学成分含量与世界基性岩岩石化学成分含量相比,除 $Fe_2O_3$、$K_2O$ 含量明显偏高、MnO 明显偏低外,其他成分大致相当。其中 $SiO_2$ 含量为 52.50%,MgO 含量为 5.15%,属铁镁质基性岩类,里特曼指数 $\sigma$ 值为 9.92,明显大于 9,属于碱性岩石系列。AR 值为 1.42,SI 值为 28.72,DI 值为26.55,显示岩浆分异程度较高,为地幔岩浆分异的产物。

**表 3-47 罕亚依拉克岩体岩石化学成分含量及特征参数值表**

| 岩体 | 样品号 | 氧化物含量(%) | | | | | | | | | | |
|---|---|---|---|---|---|---|---|---|---|---|---|---|
| | | $SiO_2$ | $Al_2O_3$ | $Fe_2O_3$ | CaO | MgO | MnO | $TiO_2$ | $P_2O_5$ | $K_2O$ | $Na_2O$ | FeO |
| 罕亚依拉克 | D1091/1 | 54.10 | 17.35 | 10.30 | 4.46 | 2.76 | 0.18 | 1.80 | 0.58 | 0.69 | 4.47 | 7.79 |
| | D3163/1 | 50.89 | 15.32 | 9.13 | 10.53 | 7.53 | 0.20 | 1.20 | 0.08 | 0.46 | 2.56 | 7.39 |
| 平均值 | | 52.50 | 16.34 | 9.75 | 7.50 | 5.15 | 0.19 | 1.50 | 0.33 | 0.58 | 3.52 | 7.59 |
| 世界基性岩 | | 50.14 | 15.48 | 3.01 | 9.58 | 7.59 | 7.59 | 1.12 | 0.24 | 0.93 | 2.35 | 7.62 |

| 岩体 | 样品号 | 氧化物含量(%) | | | | 特征参数值 | | | | |
|---|---|---|---|---|---|---|---|---|---|---|
| | | $CO_2$ | $H_2O^+$ | $H_2O^-$ | Σ | A/CNK | $\sigma$ | AR | SI | DI |
| 罕亚依拉克 | D1091/1 | 1.19 | 2.5 | 0.15 | 108.32 | 0.73 | 9.34 | 1.53 | 30.45 | 27.13 |
| | D3163/1 | 0.96 | 1.29 | 0.06 | 107.60 | 0.69 | 10.49 | 1.31 | 26.98 | 25.96 |
| 平均值 | | 1.08 | 1.90 | 0.11 | 108.04 | 0.71 | 9.92 | 1.42 | 28.72 | 26.55 |
| 世界基性岩 | | 0.76 | 0.11 | — | 106.52 | 0.69 | 1.51 | 1.30 | 35.30 | — |

2)微量元素特征

微量元素含量见表 3-48,与地壳克拉克值(维氏,1962)相比,具有 Li、Nb、Ta 等元素贫化,而 Sc、Cr、Co 元素相对富集,表现为幔源元素富集特征。

**表 3-48　罕亚依拉克岩体微量元素含量表**　（$\times10^{-6}$）

| 岩体 | 代号 | 样品号 | Li | Be | Sc | V | Cr | Co | Ni | Cu | Zn | Ga |
|---|---|---|---|---|---|---|---|---|---|---|---|---|
| 罕亚依拉克 | βμ | D1092/1 | 7.16 | — | 46.1 | 161 | 195 | 31.4 | 55.6 | 13.1 | 68 | 9.48 |
| | δχ | D3163/1 | 27.70 | 0.47 | 28.7 | 188 | 96 | 29.0 | 29.7 | 53.3 | 118 | 15.70 |
| | | D3163/2 | 9.25 | 1.32 | 29.3 | 146 | 140 | 31.9 | 42.9 | 90.8 | 126 | 16.10 |
| 地壳克拉克值(维氏,1962) | | | 20.00 | 1.80 | 10.0 | — | 83 | 18.0 | 58.0 | 47.0 | 83 | 20.00 |
| 岩体 | 代号 | 样品号 | Rb | Sr | Y | Zr | Nb | Ba | Hf | Ta | Pb | Th |
| 罕亚依拉克 | βμ | D1092/1 | 4.47 | 168 | 6.75 | 9.18 | 0.31 | 46 | 0.25 | 0.04 | 10.80 | 0.18 |
| | δχ | D3163/1 | 118.00 | 410 | 15.60 | 131.00 | 9.32 | 508 | 2.29 | 0.40 | 7.71 | 2.19 |
| | | D3163/2 | 47.70 | 465 | 20.20 | 125.00 | 17.10 | 521 | 2.33 | 0.83 | 15.10 | 5.90 |
| 地壳克拉克值(维氏,1962) | | | 150.00 | 340 | — | 170.00 | 20.00 | 650 | 1.00 | 2.50 | 16.00 | — |

以 MORB 为标准化的微量元素配分模式(图 3-63)，两侵入体由具有相似的微量元素组成，曲线形态趋于一致，反映其形成与相似的构造环境，具有相似的物质来源。其中 Nb、Hf 等亲石元素明显亏损，而 Th、Sm 元素略显富集。曲线形态与大西洋碱性玄武岩曲线形态比较接近，表明物质可能来源于地幔。

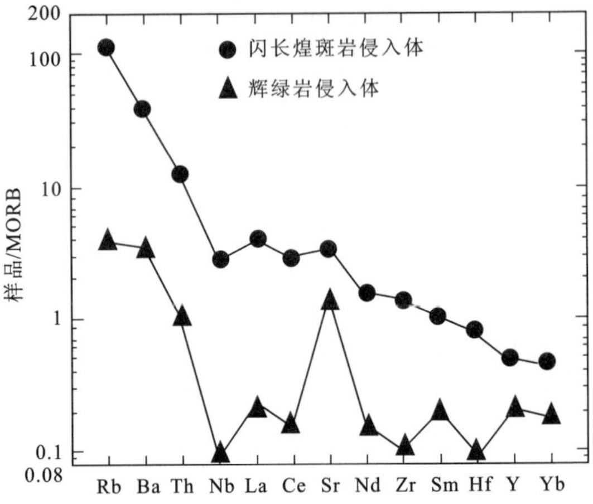


图 3-63　罕亚依拉克岩体微量元素 MORB 标准化形式

3)稀土元素特征

稀土元素含量及特征参数见表 3-49，稀土总量变化不大，主体在 $111.6\times10^{-6}\sim134.5\times10^{-6}$之间变化，δEu 值为 0.93～1.31，显示 Eu 为正异常，$(La/Yb)_N$值为 0.95～6.73，显示轻稀土富集，部分显示强烈富集，$(La/Sm)_N$值为 2.84～6.31，$(Gd/Yb)_N$值为 0.47～1.61，说明轻重稀土分馏程度均较明显，二者富集程度较高。稀土元素配分曲线模式见图 3-64，其中辉绿岩侵入体曲线显示左低右高的曲线形态，而闪长煌斑岩侵入体显示左高右低的曲线形态特征。同时由图可以看出，两侵入体具有完全不同的稀土元素曲线特征，说明二者具有不同的岩浆来源和演化历程。

**表 3-49　罕亚依拉克岩体稀土元素含量及特征参数表**

| 岩体 | 代号 | 样品号 | 稀土元素含量($\times10^{-6}$) | | | | | | | | | |
|---|---|---|---|---|---|---|---|---|---|---|---|---|
| | | | La | Ce | Pr | Nd | Sm | Eu | Gd | Tb | Dy | Ho |
| 罕亚依拉克 | βμ | D1092/1 | 0.9 | 1.74 | 0.36 | 1.61 | 0.72 | 0.41 | 0.84 | 0.19 | 1.32 | 0.28 |
| | δχ | D3163/1 | 15.5 | 34.10 | 4.31 | 16.20 | 3.65 | 1.24 | 3.53 | 0.55 | 3.19 | 0.60 |
| | | D3163/2 | 25.8 | 49.90 | 6.02 | 22.60 | 4.89 | 1.65 | 4.73 | 0.71 | 4.15 | 0.78 |

| 岩体 | 代号 | 样品号 | 稀土元素含量($\times10^{-6}$) | | | | | 特征参数值 | | | | |
|---|---|---|---|---|---|---|---|---|---|---|---|---|
| | | | Er | Tm | Yb | Lu | ΣREE | δEu | δCe | $(La/Yb)_N$ | $(La/Sm)_N$ | $(Gd/Yb)_N$ |
| 罕亚依拉克 | βμ | D1092/1 | 0.80 | 0.11 | 0.70 | 0.11 | 10.11 | 0.93 | 0.84 | 0.95 | 2.84 | 1.61 |
| | δχ | D3163/1 | 1.94 | 0.25 | 0.65 | 0.24 | 85.95 | 1.31 | 0.71 | 3.15 | 2.94 | 0.47 |
| | | D3163/2 | 2.44 | 0.31 | 1.99 | 0.29 | 126.26 | 1.29 | 0.45 | 6.73 | 6.31 | 0.69 |

#### 4. 成因

根据该岩体的岩石化学成分含量及特征参数值(表 3-47)显示岩浆分异程度较高，为地幔岩浆分异产物。微量元素及稀土元素具有幔源型属性，分析认为属于 I 型类型，物质来源于地幔的基性物质。

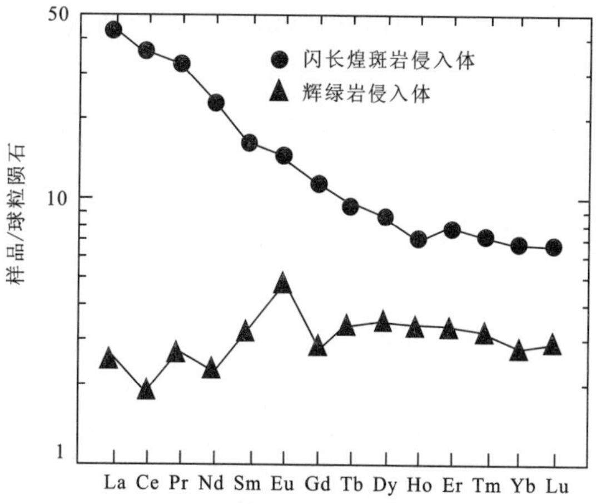

图 3-64　罕亚依拉克岩体稀土元素配分模式图

#### 5. 时代

该岩体主体侵入于三叠纪岩体之中，侵入界面清楚，并可见大量的围岩捕虏体。从岩石特征看，基本未变形变质，与区域印支末期侵入岩的岩石面貌特征相似。结合本区早古生代岩浆演化特征，将其时代置于印支末期，属于造山后岩石圈去根作用的产物。

#### 6. 构造环境分析

从岩石化学特征分析，岩石类型属铁镁质基性岩范畴，$\sigma$ 值及 SI 值也反映其物质直接来源于地幔基性物质。从产出特征看，各侵入体长轴方向与构造线方向一致。地球化学特征显示幔源属性。综合分析认为，在印支末期至燕山早期的伸展机制作用下，区内形成了许多深源构造，为基性岩浆的侵位提供了空间，地幔基性岩上涌凝固所形成。

### (六)印支期构造岩浆演化

印支期侵入岩分布广泛，主要分布于西昆仑南带、甜水海地块北部及巴颜喀拉印支期褶皱带中，在同一构造单元之中不同岩石类型相互套叠式出现。

晚印支期早期($T_3^{1-2}$)测区内以中酸性岩浆活动为特征，主要有库库朗达坂的黑云石英闪长岩、谢依拉达坂的黑云母花岗闪长岩、家吉哇西的英云闪长岩和二长花岗岩，主体分布于康西瓦结合带两侧，由早到晚岩性由中性向酸性方向演化。岩石化学及地球化学特征显示，该期侵入体属岛弧钙碱性岩石系列，具有 I 型花岗岩特征。结合区域资料分析(整个青藏高原北部未出现晚三叠世的蛇绿岩)，它可能代表了一种滞后型的岩浆活动，即虽然具有俯冲型花岗岩的岩石学、岩石化学特点，但是却侵位于碰撞阶段。

印支期末期($T_3^3$)测区内岩浆活动以酸性岩浆活动为特征，主要有麻扎黑云二长花岗岩、色日可达坂板状黑云二长花岗岩、精尼克盖曼二长白岗岩，主体出露于康西瓦结合带两侧。岩石化学及地球化学特征也都同时表明具有 S 型花岗岩特征，属碰撞阶段岩浆活动的产物。上述特征表明，印支末期以麻扎-康西瓦构造混杂岩带分割的西昆仑与甜水海-喀喇昆仑地块发生碰撞造山形成了测区该时期一系列的同造山、同碰撞的花岗岩带。这次碰撞运动对整个测区乃至青藏高原北部都非常重要，使整个测区都抬升形成陆地，并形成磨拉石建造。

罕亚依拉克岩体中的闪长煌斑岩与辉绿岩组合，指示了造山后岩石圈调整过程中的去根作用，其时代可能延续到早侏罗世。

## 五、中生代燕山期侵入体

测区燕山期侵入岩规模巨大，仅麻扎幅、神仙湾幅出露面积达 1 221km²，主体分布于图区南部阿吉里山一带，近北西—南东向展布，与区域构造线方向一致，形成宽度大于 60km，长度大于 200km(向西延伸出图)的喀喇昆仑燕山期构造岩浆岩带，麻扎幅、神仙湾幅出露长度约 100km。该岩浆岩带形成时代上与南部的班公湖-怒江洋的俯冲消减时代一致，可能是该洋壳向北消减俯冲的结果。燕山期侵入岩的主体为一套中酸性的花岗岩，其分布见图 3-1，参照岩石谱系单位划分原则对其作进一步的解体和归并，侵入岩划分见表 3-50。

**表 3-50　燕山期侵入岩单位划分简表**

| 岩浆岩带 | 岩体名称 | 侵入体代号 | 岩石名称 | 面积($km^2$) | 构造环境 | K-Ar 年龄(Ma) |
|---|---|---|---|---|---|---|
| 喀喇昆仑燕山期构造岩浆岩带 | 四湖沟 | $K\eta\gamma\beta S$ | 中细粒黑云二长花岗岩 | 650 | 俯冲 | 74 |
| | | $K\gamma\delta\beta S$ | 中粒黑云母花岗闪长岩 | | | |
| | 阿格勒达坂 | $K\eta\gamma\beta A^c$ | 粗粒黑云二长花岗岩 | 421 | | 93 |
| | | $K\eta\gamma\beta A^b$ | 中粒黑云二长花岗岩 | | | |
| | | $K\delta o\beta A$ | 中粒黑云石英闪长岩 | | | |
| | | $K\gamma\delta o A$ | 中粒英云闪长岩 | | | |
| | 乔戈里峰 | $K\gamma\delta o Q$ | 中细粒英云闪长岩 | 150 | | |

（一）地质特征

**1. 乔戈里峰岩体**

主体分布于克勒青河上游西南侧乔戈里峰一带，呈不规则的长条状近北西—南东向展布，测区内面积约为 150$km^2$，向西已出图，岩性为中细粒英云闪长岩。岩体南部已出国境线，北边与三叠系温泉沟群的变粉砂岩、粉砂岩及板岩以断层形式接触。该岩体岩石新鲜，蚀变较弱，只具轻微的绿泥石化。

**2. 阿格勒达坂岩体**

主体分布于阿格勒达坂沟堖阿格勒达坂一带，出露面积约 421$km^2$，根据岩体内部岩性特征及岩浆演化规律进一步划分为 4 个侵入体，由早到晚依次为中粒英云闪长岩侵入体、中粒黑云石英闪长岩侵入体、中粒黑云二长花岗岩侵入体和粗粒黑云二长花岗岩侵入体。

**中粒英云闪长岩侵入体**　分布于阿格勒达坂沟的中上游，呈规则的长条状近东西向分布，出露面积约 6$km^2$，呈岩株状产出。该侵入体北界与志留系温泉沟群呈侵入接触，南界侵入于长城系赛图拉岩群的片岩、片麻岩之中，两侧侵入界限清楚，普遍向外陡倾，倾角在65°～70°之间。

**中粒黑云石英闪长岩侵入体**　主体分布于阿格勒达坂沟堖及其以东地带，平面上呈不规则的长条状近东西向分布，出露面积约 110$km^2$。该侵入体主体侵入于志留系温泉沟群变砂岩、粉砂质板岩、斑点状板岩之中，南界被晚期的粗粒黑云二长花岗岩脉动侵入(图 3-65)，在晚期

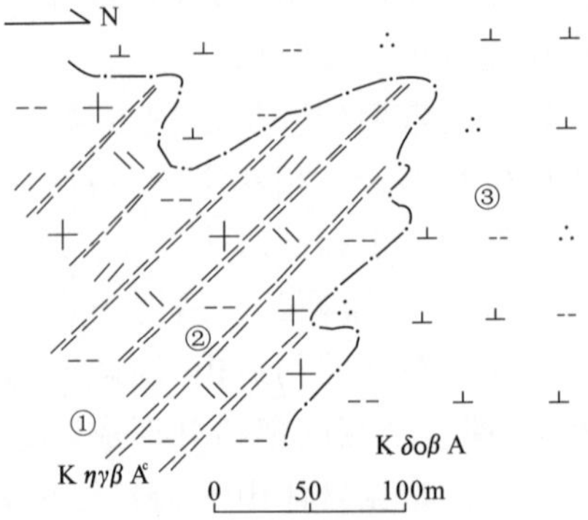


图 3-65　阿格勒达坂岩体内部侵入体之间涌动接触关系素描图

①粗粒黑云母二长花岗岩；②黑云母条带；③中粒黑云母石英闪长岩

岩体边部具有明显的黑云母条带。该侵入体内部发育有较多大小不等的暗色包体，包体多数呈长条状、纺锤状和不规则状，大小在(2cm×5cm)～(10cm×30cm)之间，分布无规律可循。

**中粒黑云二长花岗岩侵入体**　该侵入体主体分布于塔吐鲁沟图区内部，本图区内仅出露5km²左右，其北侵入于长城系赛图拉岩群的片麻岩和片岩之中，南界侵入于三叠系神仙湾群的灰色粉砂质板岩、角砾状灰岩之中，围岩蚀变不明显，只具有轻微的绢云母化和褐铁矿化。

**粗粒黑云二长花岗岩侵入体**　主体分布于阿格勒达坂及其以东地带，平面上呈不规则的长条状近北西—南东方向展布，长轴方向与区域构造线方向一致，面积约300km²，呈岩基状产出。北界侵入于志留系温泉沟群的变砂岩、粉砂质板岩之中，南边主体侵入于三叠系神仙湾群的粉砂质板岩和角砾状灰岩之中，侵入界面清楚，大部分界面向外陡倾。该侵入体内部亦发育有大小不等的暗色包体。

### 3. 四湖沟岩体

分布叶尔羌河上游四湖沟一带，平面上呈规则的长条状，长轴方向与区域构造线方向一致，面积约650km²。根据岩体内部岩性特征及岩浆演化规律可进一步划分为两个侵入体，由早到晚依次为中粒黑云母花岗闪长岩侵入体和中细粒黑云二长花岗岩侵入体，两侵入体之间呈涌动式接触。其北侵入于二叠系神仙湾群粉砂质板岩和角砾状灰岩之中，其南界分别与二叠系空喀山口岩群的变粉砂岩、粉砂质板岩和侏罗系铁隆滩群砂岩、灰岩呈侵入接触，侵入界面大部分向外陡倾，局部倾角较缓，围岩蚀变不明显，局部可见到绢云母化和褐铁矿化。各侵入体内部可见到大量的大小不等暗色包体。

### (二)岩石学特征

岩石学特征见表3-51。

**表3-51　中生代燕山期岩浆岩带侵入体岩石学特征表**

| 岩体 | 岩石名称 | 颜色 | 结构 | 构造 | 粒径(mm) | 主要矿物成分及特征 | 副矿物特征 | 蚀变特征 |
|---|---|---|---|---|---|---|---|---|
| 四湖沟 | 中细粒黑云二长花岗岩 | 灰色 | 中细粒半自形粒状结构 | 块状构造 | 0.6～4 | 斜长石35%～40%，呈自形—半自形柱状，钠长石律双晶和卡钠复合律双晶清晰且发育，个别晶体显示环带构造，An=22—24；钾长石35%，呈它形粒状，多数具钠长石条纹结构和少量具有格子双晶，系微斜长石；黑云母3%，自形片状，多色性Ng褐红色、Np浅黄褐色，新鲜；石英20%～25%，它形粒状 | 锆石<br>磷灰石<br>磁铁矿 | 绢云母化 |
| | 中粒黑云母花岗闪长岩 | 灰色 | 中粒半自形粒状结构 | 块状构造 | 2～4 | 斜长石35%～40%，呈自形—半自形柱状，较洁净，发育卡钠复合双晶和钠长石律双晶，少部分晶体具有环带构造，An=26—28；钾长石25%，呈它形粒状、板状，多数晶体具有显微条纹结构，呈细脉状；石英20%～25%，呈它形粒状；黑云母8%～10%，呈自形片状，多色性Ng褐红色、Np浅褐黄色 | 锆石<br>磷灰石<br>磁铁矿 | 绢云母化 |
| 阿格勒达坂 | 中粒黑云二长花岗岩 | 灰色 | 中粒粒状结构 | 块状构造 | 2～4 | 斜长石30%～40%，半自形柱状，稍混浊，但钠长石律双晶清楚，An=18—20；钾长石10%，呈半自形柱状、板状，具钠长条纹结构，条纹呈细脉状，为条纹长石；石英30%～35%，呈它形粒状，洁净；黑云母5%～7%，呈自形片状，多色性Ng棕色、Np浅褐黄色 | 磷灰石<br>锆石 | 绿帘石化 |
| | 中粒黑云石英闪长岩 | 深灰色 | 中粒半自形粒状结构 | 块状构造 | 2～3 | 斜长石68%～70%，呈半自形—自形柱状，钠长石律双晶和卡钠复合双晶发育，个别晶体显示环带构造，An=42—44；石英15%，它形粒状；黑云母10%～12%，自形片状；角闪石3%，半自形柱状，为绿色 | 锆石<br>磷灰石<br>磁铁矿 | 绢云母化<br>绿帘石化 |

续表 3-51

| 岩体 | 岩石名称 | 颜色 | 结构 | 构造 | 粒径(mm) | 主要矿物成分及特征 | 副矿物特征 | 蚀变特征 |
|---|---|---|---|---|---|---|---|---|
| 阿格勒达坂 | 中粒英云闪长岩 | 深灰色 | 中粒半自形粒柱状结构 | 块状构造 | 2～3 | 斜长石 48%～50%，呈半自形柱状，晶体混浊，可见到聚片双晶；石英 30%～35%，呈半自形粒状；黑云母 15%，自形片状；钾长石 1%～2%，呈半自形柱状，双晶不清 | 褐帘石<br>锆石<br>磷灰石<br>磁铁矿 | 绢云母化<br>绿泥石化<br>绿帘石化 |
| | 中粒英云闪长岩 | 深灰色 | 中粒半自形粒柱状结构 | 块状构造 | 2～3 | 斜长石 48%～50%，呈半自形柱状，晶体混浊，可见到聚片双晶；石英 30%～35%，呈半自形粒状；黑云母 15%，自形片状；钾长石 1%～2%，呈半自形柱状，双晶不清 | 褐帘石<br>锆石<br>磷灰石<br>磁铁矿 | 绢云母化<br>绿泥石化<br>绿帘石化 |
| 乔戈里峰 | 中细粒英云闪长岩 | 灰色 | 中细粒半自形粒状结构 | 块状构造 | 1～4 | 斜长石 52%～55%，呈半自形柱状，钠长石律双晶和卡钠复合律双晶发育，双晶结合面平直清晰，An=26—28；石英 25%，它形粒状；黑云母 15%～18%，自形—半自形片状，多色性 Ng 为棕色、Np 浅褐色；钾长石 3%，呈它形粒状，具有格子双晶，系微斜长石 | 褐帘石<br>榍石<br>锆石 | 绿泥石化 |

## (三)岩石化学及地球化学特征

### 1. 岩石化学特征

岩石化学成分含量及特征参数值见表 3-32，与世界花岗岩值相比，$Fe_2O_3$、$Al_2O_3$ 略显偏高，MnO 略偏低外，其他成分基本相当。

岩石化学计算表明：A/CNK＝1.48～1.98，明显大于 1.1，里特曼指数 $\sigma$ 值为 1.05～4.31，主体小于 3.3，AR 值为 1.04～2.23，显示为次铝的钙碱性岩石系列。SI 值为 13.57～26.34，变化范围较大，但主体显示岩浆分异程度中等。在 $K_2O-Na_2O$ 图解中(图 3-66)中主体落于 I 型花岗岩区，表明岩浆主体来源于地幔，但有地壳物质的加入。

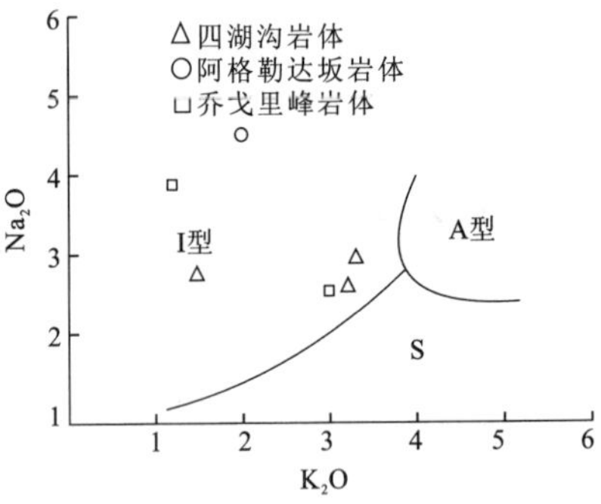


图 3-66　$Na_2O-K_2O$ 岩石类型图解
(据 Collin，1982)

### 2. 微量元素特征

微量元素含量见表 3-52，与维氏(1962)闪长岩值相比，Li、Be 等(壳源)元素略有偏高，而 Cr、Ni、Co 等(幔源)元素略有偏低，反映出较酸性的地球化学背景值，说明有相当一部分的壳源物质加入。

表 3-52　中生代燕山期侵入体微量元素含量表　($\times10^{-6}$)

| 岩体 | 代号 | 样品号 | Li | Be | Sc | V | Cr | Co | Ni | Cu | Zn | Ga |
|---|---|---|---|---|---|---|---|---|---|---|---|---|
| 四湖沟 | $\eta\gamma\beta$ | D517/1 | 89.7 | 4.73 | 4.53 | 10.8 | 3.9 | 133 | 2.1 | 1.62 | 17.7 | 15.9 |
| | | D517/2 | 83.7 | 3.46 | 5.81 | 18.4 | 13.2 | 11 | 3.5 | 2.91 | 24.7 | 16.6 |
| | | D517/3 | 83.3 | 2.54 | 6.30 | 24.8 | 11.0 | 107 | 2.7 | 3.20 | 25.5 | 16.7 |
| | $\gamma\delta\beta$ | D518/1 | 150.8 | 4.26 | 8.20 | 30.8 | 11.9 | 144 | 4.1 | 3.81 | 38.6 | 20.1 |
| | | D518/2 | 76.3 | 2.86 | 7.60 | 30.5 | 14.8 | 140 | 4.3 | 4.19 | 39.4 | 17.4 |
| | | D518/3 | 75.1 | 2.87 | 7.70 | 33.6 | 13.0 | 126 | 4.1 | 4.30 | 42.9 | 17.9 |

**续表 3-52**

| 岩体 | 代号 | 样品号 | Li | Be | Sc | V | Cr | Co | Ni | Cu | Zn | Ga |
|---|---|---|---|---|---|---|---|---|---|---|---|---|
| 阿格勒达坂 | $\eta\gamma\beta$ | D2525/1 | 20.7 | 1.57 | 3.77 | 34.0 | 14.9 | 6.18 | 18.0 | 121.0 | 49.1 | 18.1 |
| | | D2525/2 | 25.8 | 3.19 | 6.21 | 41.1 | 37.7 | 3.70 | 3.59 | 17.9 | 57.1 | 22.5 |
| | | D2525/3 | 29.2 | 2.94 | 5.07 | 19.3 | 8.6 | 2.38 | 0.00 | 71.0 | 46.8 | 19.7 |
| | $\delta o\beta$ | D2526/1 | 42.8 | 1.81 | 14.20 | 106.0 | 1.7 | 12.30 | 10.1 | 35.6 | 113.0 | 18.3 |
| | | D2526/2 | 18.9 | 2.80 | 11.30 | 114.0 | 24.3 | 9.58 | 2.50 | 123.0 | 84.7 | 18.0 |
| | | D2526/3 | 59.0 | 3.23 | 13.70 | 127.0 | 34.7 | 11.50 | 4.61 | 90.0 | 119.0 | 19.9 |
| | $\gamma\delta o$ | D2530/1 | 27.9 | 1.93 | 8.52 | 35.5 | 26.4 | 5.21 | 11.30 | 19.8 | 54.9 | 17.9 |
| | | D2530/2 | 20.0 | 6.55 | 3.92 | 33.0 | 8.1 | 2.57 | — | 87.0 | 52.2 | 18.3 |
| | | D2530/4 | 18.4 | 6.02 | 3.32 | 21.0 | 15.1 | 1.36 | — | 123.0 | 51.8 | 18.2 |
| 乔戈里峰 | $\gamma\delta o$ | D2053/1 | 21.4 | 1.33 | 8.19 | 85.1 | 35.4 | 8.23 | 11.5 | 23.1 | 101.0 | 17.2 |
| | | D2053/2 | 14.1 | 1.42 | 3.90 | 36.7 | 13.9 | 3.65 | — | 222.0 | 65.3 | 14.6 |
| | | D2053/3 | 19.0 | 1.21 | 4.22 | 36.3 | 7.2 | 3.29 | — | 91.5 | 46.6 | 14.7 |
| 地壳克拉克值(维氏,1962) | | | 20.0 | 1.80 | 10.00 | — | 83.0 | 18.00 | 58.00 | 47.0 | 83.0 | 20.0 |

| 岩体 | 代号 | 样品号 | Rb | Sr | Y | Zr | Nb | Ba | Hf | Ta | Pb | Th |
|---|---|---|---|---|---|---|---|---|---|---|---|---|
| 四湖沟 | $\eta\gamma\beta$ | D517/1 | 342.8 | 81 | 46.0 | 88.7 | 13.0 | 206.4 | 3.66 | 3.81 | 35.09 | 21.93 |
| | | D517/2 | 259.0 | 127 | 39.9 | 129.0 | 12.9 | 358.7 | 4.60 | 2.39 | 24.73 | 25.03 |
| | | D517/3 | 227.6 | 160 | 33.8 | 156.0 | 11.7 | 472.7 | 4.39 | 1.44 | 16.67 | 25.03 |
| | $\gamma\delta\beta$ | D518/1 | 323.7 | 183 | 46.0 | 208.0 | 16.0 | 397.1 | 646.00 | 2.47 | 17.72 | 28.55 |
| | | D518/2 | 186.7 | 193 | 38.6 | 200.0 | 13.3 | 473.8 | 5.30 | 1.71 | 17.75 | 23.34 |
| | | D518/3 | 177.3 | 205 | 34.1 | 177.0 | 13.3 | 5.3 | 4.81 | 1.55 | 17.49 | 22.12 |
| 阿格勒达坂 | $\eta\gamma\beta$ | D2525/1 | 216.0 | 89 | 32.3 | 11.5 | 21.2 | 438.0 | 0.25 | 1.02 | 32.60 | 28.10 |
| | | D2525/2 | 253.0 | 132 | 29.6 | 19.8 | 30.0 | 703.0 | 0.48 | 1.94 | 35.50 | 45.50 |
| | | D2525/3 | 156.0 | 100 | 21.2 | 14.0 | 26.9 | 384.0 | 0.30 | 1.51 | 28.80 | 38.40 |
| | $\delta o\beta$ | D2526/1 | 74.4 | 342 | 28.4 | 19.2 | 30.2 | 398.0 | 0.49 | 1.26 | 10.00 | 11.00 |
| | | D2526/2 | 95.8 | 376 | 25.3 | 16.5 | 30.9 | 543.0 | 0.41 | 1.17 | 11.10 | 7.60 |
| | | D2526/3 | 92.3 | 326 | 33.0 | 23.2 | 33.1 | 451.0 | 0.53 | 1.50 | 17.10 | 11.20 |
| | $\gamma\delta o$ | D2530/1 | 67.2 | 340 | 11.1 | 24.2 | 16.4 | 850.0 | 0.44 | 0.63 | 12.20 | 13.10 |
| | | D2530/2 | 158 | 352 | 12.6 | 36.9 | 44.8 | 752.0 | 0.76 | 2.96 | 70.00 | 48.00 |
| | | D2530/4 | 177 | 238 | 16.9 | 35.2 | 50.4 | 504.0 | 0.82 | 3.13 | 75.10 | 38.10 |
| 乔戈里峰 | $\gamma\delta o$ | D2053/1 | 44.7 | 438 | 10.9 | 19.0 | 10.9 | 624.0 | 0.37 | 0.46 | 10.4 | 6.79 |
| | | D2053/2 | 76.7 | 404 | 13.0 | 13.2 | 7.2 | 724.0 | 0.30 | 0.80 | 25.10 | 10.10 |
| | | D2053/3 | 76.9 | 366 | 7.3 | 8.6 | 6.8 | 769.0 | 0.19 | 0.46 | 21.10 | 53.00 |
| 地壳克拉克值(维氏,1962) | | | 150.0 | 340 | — | 170.0 | 20.0 | 650.0 | 1.00 | 2.50 | 16.00 | — |

用 MORB 作标准化得到曲线图(图 3-67),3 个岩体及各侵入体具有大致相似的微量元素组成,曲线形态总体趋于一致,为左高右低的形态,反映其形成于相似的构造环境,具有相似的物质来源,或者岩浆具有明显的继承性。其中 Th、La 等亲石元素富集明显,曲线形态与大洋玄武岩接近,同时曲线的右半部分又与大陆玄武岩接近,说明岩浆主要来源于地幔,并有大量的陆壳物质加入,是壳幔共同作用的结果。

### 3. 稀土元素特征

稀土元素含量及特征参数见表3－53。

**表3－53　燕山期侵入体稀土元素含量及特征值**

| 岩体 | 代号 | 样品号 | 稀土元素含量(×10⁻⁶) | | | | | | | | | |
|---|---|---|---|---|---|---|---|---|---|---|---|---|
| | | | La | Ce | Pr | Nd | Sm | Eu | Gd | Tb | Dy | Ho |
| 四湖沟 | $\eta\gamma\beta$ | D517/1 | 16.8 | 38.1 | 5.02 | 20.2 | 5.38 | 0.43 | 4.78 | 1.03 | 6.41 | 1.41 |
| | | D517/2 | 29.1 | 60.3 | 7.51 | 28.7 | 6.63 | 0.66 | 5.67 | 1.05 | 6.01 | 1.24 |
| | | D517/3 | 38.4 | 78.1 | 9.54 | 35.0 | 6.96 | 0.84 | 5.78 | 0.94 | 5.32 | 1.06 |
| | $\gamma\delta\beta$ | D518/1 | 38.7 | 82.4 | 10.93 | 41.7 | 8.84 | 0.95 | 7.36 | 1.28 | 7.21 | 1.49 |
| | | D518/2 | 42.9 | 88.2 | 10.98 | 41.6 | 8.61 | 1.00 | 6.91 | 1.13 | 6.19 | 1.24 |
| | | D518/3 | 33.9 | 70.1 | 8.78 | 33.1 | 6.81 | 1.05 | 5.71 | 0.96 | 5.38 | 1.08 |
| 阿格勒达坂 | $\eta\gamma\beta$ | D2525/1 | 71.6 | 121.0 | 14.50 | 50.1 | 9.99 | 0.90 | 9.81 | 1.36 | 6.74 | 1.18 |
| | | D2525/2 | 73.3 | 144.0 | 17.10 | 56.7 | 11.20 | 1.18 | 11.30 | 1.58 | 8.40 | 1.54 |
| | | D2525/3 | 75.0 | 149.0 | 16.90 | 57.8 | 11.30 | 0.93 | 11.10 | 1.55 | 7.21 | 1.21 |
| | $\delta o\beta$ | D2526/1 | 41.2 | 87.8 | 10.70 | 39.4 | 7.67 | 1.95 | 7.79 | 1.06 | 5.99 | 1.07 |
| | | D2526/2 | 32.6 | 70.5 | 8.39 | 31.9 | 6.80 | 1.73 | 6.90 | 0.99 | 5.07 | 0.95 |
| | | D2526/3 | 53.0 | 1.09 | 12.90 | 48.6 | 10.10 | 2.06 | 9.47 | 1.41 | 6.85 | 1.23 |
| | $\gamma\delta o$ | D2530/1 | 59.2 | 100.0 | 11.10 | 37.5 | 6.08 | 2.00 | 6.66 | 0.74 | 3.06 | 0.46 |
| | | D2530/2 | 59.3 | 108.0 | 11.10 | 36.7 | 6.32 | 1.40 | 7.15 | 0.73 | 2.98 | 0.44 |
| | | D2530/4 | 63.2 | 119.0 | 12.90 | 44.0 | 8.71 | 1.21 | 8.44 | 1.02 | 3.98 | 0.59 |
| 乔戈里峰 | $\gamma\delta o$ | D2053/1 | 26.2 | 46.6 | 5.30 | 20.1 | 3.94 | 1.22 | 3.67 | 0.47 | 2.34 | 0.43 |
| | | D2053/2 | 20.6 | 58.5 | 6.38 | 22.7 | 4.82 | 1.00 | 4.34 | 0.54 | 2.57 | 0.43 |
| | | D2053/3 | 21.5 | 41.9 | 4.52 | 16.4 | 3.29 | 1.01 | 3.02 | 0.39 | 1.71 | 0.28 |

| 岩体 | 代号 | 样品号 | 稀土元素含量(×10⁻⁶) | | | | | 特征参数值 | | | | |
|---|---|---|---|---|---|---|---|---|---|---|---|---|
| | | | Er | Tm | Yb | Lu | ΣREE | δEu | δCe | $(La/Yb)_N$ | $(La/Sm)_N$ | $(Gd/Yb)_N$ |
| 四湖沟 | $\eta\gamma\beta$ | D517/1 | 4.00 | 0.69 | 0.81 | 3.66 | 108.72 | 0.56 | 0.75 | 7.73 | 1.64 | 2.46 |
| | | D517/2 | 3.26 | 0.54 | 3.84 | 0.61 | 155.12 | 0.61 | 0.73 | 13.52 | 5.52 | 1.13 |
| | | D517/3 | 2.72 | 0.43 | 2.86 | 0.44 | 188.39 | 0.55 | 0.81 | 13.86 | 2.77 | 13.89 |
| | $\gamma\delta\beta$ | D518/1 | 4.01 | 0.65 | 0.61 | 6.46 | 212.62 | 1.00 | 0.76 | 7.74 | 1.71 | 2.99 |
| | | D518/2 | 3.18 | 0.50 | 3.35 | 0.53 | 216.32 | 0.66 | 0.70 | 14.8 | 3.08 | 2.72 |
| | | D518/3 | 2.77 | 0.44 | 2.97 | 0.46 | 173.51 | 1.01 | 1.00 | 7.37 | 1.73 | 3.21 |
| 阿格勒达坂 | $\eta\gamma\beta$ | D2525/1 | 3.65 | 0.41 | 2.63 | 0.35 | 294.22 | 1.23 | 0.73 | 8.18 | 1.82 | 1.98 |
| | | D2525/2 | 4.52 | 0.55 | 3.23 | 0.46 | 335.06 | 0.64 | 0.56 | 1.76 | 0.52 | 2.96 |
| | | D2525/3 | 3.71 | 0.40 | 2.58 | 0.34 | 339.03 | 0.77 | 0.75 | 2.63 | 5.83 | 2.66 |
| | $\delta o\beta$ | D2526/1 | 3.41 | 0.43 | 2.81 | 0.41 | 211.69 | 0.66 | 0.70 | 1.69 | 3.46 | 1.39 |
| | | D2526/2 | 3.00 | 0.37 | 2.47 | 0.37 | 172.04 | 0.90 | 1.10 | 2.26 | 2.09 | 2.29 |
| | | D2526/3 | 3.85 | 0.47 | 3.18 | 0.47 | 154.68 | 0.66 | 0.73 | 14.8 | 3.03 | 3.71 |
| | $\gamma\delta o$ | D2530/1 | 1.43 | 0.15 | 0.96 | 0.14 | 229.48 | 1.01 | 1.04 | 6.39 | 3.73 | 3.07 |
| | | D2530/3 | 1.57 | 0.16 | 1.14 | 0.16 | 237.15 | 0.70 | 0.73 | 8.44 | 7.92 | 2.94 |
| | | D2530/4 | 1.99 | 0.21 | 1.43 | 0.18 | 266.86 | 0.64 | 0.56 | 1.97 | 0.59 | 1.97 |
| 乔戈里峰 | $\gamma\delta o$ | D2053/1 | 1.28 | 0.17 | 1.06 | 0.16 | 112.94 | 0.77 | 0.87 | 2.63 | 5.05 | 2.63 |
| | | D2053/2 | 1.48 | 0.17 | 0.96 | 0.12 | 124.61 | 0.65 | 0.81 | 1.49 | 3.43 | 4.39 |
| | | D2053/3 | 0.79 | 0.08 | 0.50 | 0.07 | 95.46 | 0.85 | 1.24 | 2.26 | 2.09 | 2.27 |

从表 3－53 中可以看出，稀土总量$\sum REE=139.2\times10^{-6}\sim264.1\times10^{-6}$，$\delta Eu$值绝大部分小于 0.7，铕负异常明显；$(La/Yb)_N$值为 1.49～14.8，普遍大于 1，说明轻稀土富集明显；$(La/Sm)_N$值为 0.52～7.92，$(Gd/Yb)_N$值为 1.13～13.89，说明轻稀土分馏程度较好；重稀土分馏程度中等到较好。稀土元素配分曲线模式见图 3－68，总体显示左高右低的陡倾形态特征，且属铕亏损型，各岩体和各个侵入体之间的曲线形态吻合程度较好，说明它们之间具有相同的物质来源或演化历程。

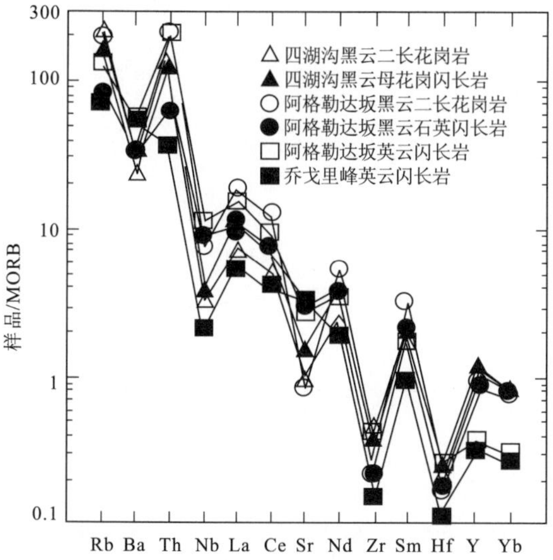


图 3－67　燕山期侵入体微量元素蛛网图

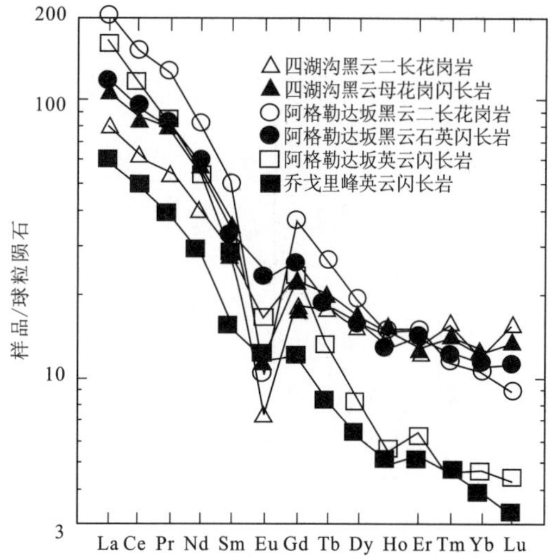


图 3－68　燕山期侵入体稀土元素配分模式

#### 4. 副矿物特征

副矿物种类较多，组成复杂，其中以锆石、榍石、磷灰石、磁铁矿含量较高，褐铁矿、褐帘石含量较少，副矿物组合为磁铁矿＋锆石＋榍石＋磷灰石，为常见岩浆型花岗岩副矿物组合。

乔戈里峰岩体中的锆石晶体呈淡玫瑰色，金刚光泽，透明，晶体呈棱角状，晶体表面光滑平整，以柱状聚形晶为主，晶体中含有较多的细小锆石包体。锆石的岩浆成因明显，紫外灯光下锆石发亮黄色光。

#### 5. 成因

在 $Na_2O-K_2O$ 图解（图 3－66）中，投于 I 型花岗岩区。岩石化学中（见表 3－32），$Si_2O$ 含量值在 60.33%～71.65%，A/CNK 值在 1.48～1.98，明显大于 1.1，显示过铝的 S 型花岗岩，而里特曼指数值在 1.05～4.31，主体小于 3.3，为钙碱性岩石系列，总体显示为过铝的钙碱性岩石系列。结合地球化学背景值，综合分析成因类型为 I 型，物质来源为地幔与地壳共同熔融而成。

#### 6. 时代

汪玉珍等（1987）曾在阿格勒达坂粗粒黑云二长花岗岩侵入体和四湖沟中粒黑云母花岗闪长岩侵入体分别作了 K－Ar 法测年，获得 93Ma 和 74Ma 的年龄值，结合区内侵入体的产出特征及岩浆演化体征，将其时代置于白垩纪。

#### 7. 构造环境分析

在 Rb－(Y＋Nb)图解（图 3－69）中，样品全部落于火山弧环境，并且较集中，在阳离子 $R_1-R_2$

图解(图 3-70)中，投入到幔源型及与板块碰撞前花岗岩的接触区。按 Babarin 构造环境分类，属含角闪石钙碱性花岗岩类(ACG)，为俯冲作用的产物。按 Maniar 和 Piccoli 构造环境分类，属大陆弧花岗岩类(CAG)。结合区域构造位置及岩浆演化的特征分析认为，属俯冲构造环境。

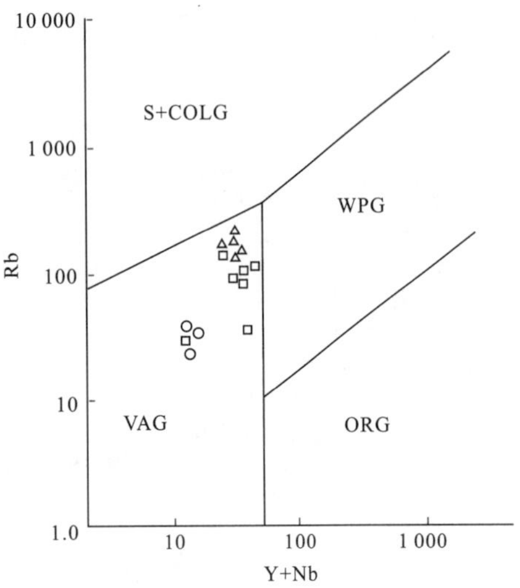


图 3-69　Rb-(Y+Nb)图解

S+COLG. 同碰撞花岗岩；ORG. 洋脊花岗岩；WPG. 板内花岗岩；VAG. 火山弧花岗岩

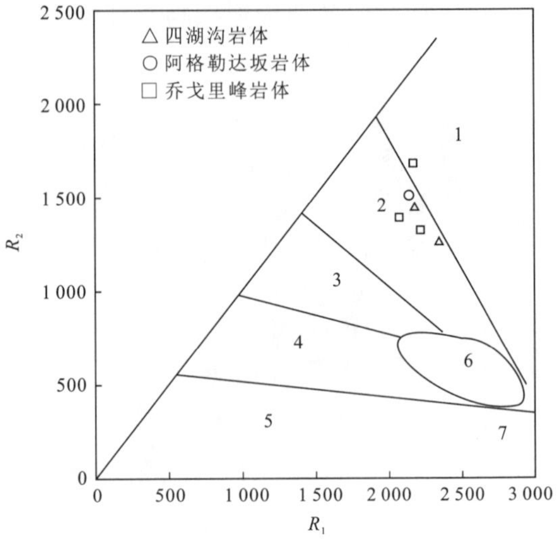


图 3-70　阳离子 $R_1-R_2$ 图解

1. 幔源花岗岩；2. 碰撞前花岗岩；3. 碰撞后抬升花岗岩；4. 造山晚期花岗岩；5. 非造山花岗岩；6. 同碰撞花岗岩；7. 造山后花岗岩

**8. 燕山期构造岩浆演化**

燕山期(晚期)侵入岩主要分布于测区南部的喀喇昆仑印支期褶皱带和南羌塘陆块之中，岩浆活动以中酸性岩浆活动为特征，主要由乔戈里峰英云闪长岩，阿格勒达坂石英闪长岩、英云闪长岩和二长花岗岩，四湖沟的花岗闪长岩和二长花岗岩。岩体分布于测区南部，区域上班公湖-怒江结合带的北侧，岩体大都呈长条状，长轴方向与构造线方向一致。岩石化学及地球化学特征显示，该期侵入岩属钙碱性岩石系列，具有 I 型花岗岩特征。该构造岩浆岩带的厘定对于揭示班公湖-怒江洋的演化具有以下两个方面的意义：首先，该带岩浆活动时间主要集中在 93～74Ma，表明晚白垩世是班公湖-怒江洋壳消减的重要阶段；其次，测区内该岩浆岩带位于班公湖-怒江洋的北侧，指示在西部，该洋壳的俯冲是向北的。

## 六、脉岩

区内岩脉较发育，从基性到酸性均有不同程度的分布。其规模大小悬殊，大者长数百米，宽数十米，小者长数十米至数米，宽几米，与围岩界线清楚。依据岩性可分为超基性岩脉、基性岩脉、中性岩脉、酸性岩脉(包括细晶岩脉、微晶岩脉和石英脉)四大类，此外还有少量碱性岩脉。从分布特征看，中性岩脉和酸性岩脉最为发育。主要沿构造薄弱部位，如地层层理、变质岩片理、岩体节理、构造带及裂隙产出，岩脉走向大多数与区域构造线方向一致，少数与之呈切穿关系。

依据岩脉与已知时代地质体的交切关系、与各期侵入岩在成分上的继承性和空间上分布的密切关系、岩脉本身的变质变形特征，结合前人同位素测年资料将测区岩脉初步划分为加里东期、华力西期、印支期和燕山期。各期岩脉特征见表 3-54。

**表 3-54　脉岩特征一览表**

| 期次 | 脉岩名称 | 脉岩分布及地质特征 | 脉岩岩石学特征 | 备注 |
|---|---|---|---|---|
| 燕山期 | 石英脉 | 主体分布于麻扎-黑恰达坂一带志留系温泉沟群变质地层、石炭系恰提尔群和帕斯群浅变质地层之中，与围岩关系清楚，规模大小不一，一般宽 0.5～5m，长度在 5～100m 之间，区域上石英脉分布无规律可循，大部分较洁净，蚀变不明显 | 白色，油脂光泽，块状构造，矿物成分几乎全部由石英组成 | 属于变质分异的产物 |
| | 花岗岩脉 | 产于测区南部四湖沟岩体内部及其围岩之中，呈侵入接触关系，均沿地层的层理和岩体的节理贯入，规模较小，一般长 5～30m，宽 1～2m | 浅肉红色，细粒结构，块状构造，斜长石 45%～50%、钾长石 20%～25%、石英 30%、黑云母 3%～5% | 属于燕山期岩体演化后期残余岩浆充填构造界面、裂隙形成 |
| | 钾长石脉 | 分布于测区内的空喀山口岩群和侏罗系地层之中，沿地层的层理走向展布，呈细脉状，规模较小，无变形，宽 0.5～2m，长度不详，分布无规律可循 | 肉红色，细粒结构，块状构造，矿物成分几乎全部由钾长石组成 | |
| | 花岗闪长岩脉 | 分布于阿格勒达坂岩体及其围岩地层之中，沿岩体的节理和地层层理侵入，且与之一致，呈脉状，宽约 2～30m，长度不详 | 灰色，细粒结构，块状构造，斜长石 60%～65%、石英 30%，暗色矿物为角闪石及黑云母，已发生绿泥石化 | |
| | 闪长岩脉 | 主体分布于乔戈里峰岩体之中，沿岩体的页理及构造面理走向展布，呈扁豆状、脉状产出，与围岩侵入关系清楚，界面平直，一般宽 2～10m，长度大于 50m | 深灰色，细粒结构，块状构造，矿物成分主要由斜长石和角闪石组成，无蚀变现象 | |
| 印支期 | 花岗岩脉 | 分布于库地以南长城系片岩、片麻岩之中，沿片理片麻理及构造界面走向展布，与围岩侵入关系清楚，界面平直，宽在 5～50m，长度大于 1 000m | 浅肉红色，细粒结构，块状构造，斜长石 30%～65%、石英 30%、黑云母 3%～5% | 230Ma (K-Ar) |
| | 闪长岩脉 | 分布于测区东部赛图拉长城系石榴黑云石英片岩之中，沿变质地层面理侵入，呈扁豆状、脉状产出，与围岩关系清楚，界面平直，长大于 30m | 深灰色，中细粒结构，块状构造，斜长石 50%、钾长石 15%、石英 5%、黑云母 5%，具有轻微的绢云母化 | 244Ma (K-Ar) |
| | 黑云角闪闪长岩脉 | 分布于穷八杀拉克沟变质地层及石英闪长岩中，沿地层片理及岩体页理分布，侵入界面清楚，宽在 5～10m，长大于 500m | 深灰色，半自形粒状结构，块状构造，斜长石 56%～58%、角闪石 30%、黑云母 8%～10%、绿帘石 2%、石英 1% | |
| | 煌斑岩脉 | 分布于库地及赛图拉附近长城系深变质地层之中，沿地层的面理展布，呈透镜状、脉状产出 | 灰绿色，煌斑结构，基质半自形粒状结构，块状构造，斑晶占 10%～15%，由角闪石和黑云母组成；基质 80%～85%，由钾长石、黑云母及角闪石组成 | |
| 华力西期 | 钾长石脉 | 分布于赛图拉附近长城系变质地层之中，沿地层片理和片麻理分布，呈脉状产出，规模较小，宽 2m，长度大于 30m，侵入关系清楚，变形弱，蚀变不明显 | 肉红色，粒状结构，块状构造，矿物几乎全部为钾长石 | 属赛图拉岩体岩浆演化后期残余岩浆充填构造界面形成 |
| | 花岗岩脉 | 主要分布于赛图拉岩体内部二长花岗岩侵入体内，沿页理走向展布，呈脉状，与围岩侵入关系清楚，一般宽 0.4～1m，长度大于 30m | 肉红色，粒状结构，块状构造，主要矿物钾长石 35%，斜长石 35%，自形—半自形，石英 30% | |
| | 闪长岩脉 | 分布于赛图拉岩体内部闪长岩侵入体之中，沿岩体页理或构造界面展布，呈脉状，规模大小不一，一般宽 0.1～10m，长 10～100m，与围岩界线清楚，未见蚀变现象 | 深灰色，细粒结构，块状构造，斜长石 40%、角闪石 60% | |
| | 辉长岩脉 | 主要分布于喀拉斯坦代里牙沟长城系石英片岩之中，与地层呈侵入关系，脉体宽 5～50m，长度大于 500m，与围岩界面清楚平直 | 灰绿色，辉长结构、块状构造，斜长石 45%～50%、纤闪石 45%、石英 10%，可见次生矿物钠长石、纤闪石等 | 属伸展扩张期的产物<br>273Ma、280Ma (K-Ar) |
| | 辉绿岩脉 | 分布于早古生代库地北岩体、库地南长城系变质地层之中，沿岩体页理走向及地层面理走向展布，呈脉状，与围岩侵入关系清楚，一般宽 0.4～2m，长一般大于 50m | 岩石呈灰绿色，辉绿结构，块状构造，斜长石 55%～57%、纤闪石 30%～65%、绿帘石 8%～10%、石英 1%～2%、榍石 1% | |

续表 3-54

| 期次 | 脉岩名称 | 脉岩分布及地质特征 | 脉岩岩石学特征 | 备注 |
| --- | --- | --- | --- | --- |
| 加里东期 | 煌斑岩脉 | 分布于库地南及长城系深变质地层之中，沿地层的面理展布，呈透镜状、脉状产出 | 灰绿色，煌斑结构，基质半自形粒状结构，块状构造，斑晶占10%～15%，由角闪石和黑云母组成；基质80%～85%，由钾长石、黑云母及角闪石组成 | 412Ma ($^{39}Ar-^{40}Ar$)（周辉等，2002） |
| | 石英脉 | 长城系、蓟县系深变质地层中都有发育，大部分呈细脉状、扁豆状，一般长2.5m，宽0.2～5m。普遍遭受后期的变形改造，形成无根褶皱和旋斑，且与地层片理、片麻理一致 | 灰白色，块状构造，矿物几乎全为石英 | 属加里东期岩浆演化晚期残余岩浆沿构造界面充填而成 |
| | 微晶岩脉 | 广泛分布于长城系片岩、片麻岩地层之中，沿片麻理及褶皱转折端的张裂隙贯入，呈脉状，宽0.5～1m，长度大于5m，普遍遭受加里东晚期的糜棱岩化及变形 | 灰白色，粗粒结构，块状—定向构造，主要由钾长石、斜长石组成 | |
| | 花岗岩脉 | 广泛分布测区长城系和蓟县系的片岩、片麻岩地层之中，主要沿片理、片麻理贯入，呈脉状、枝状产出，规模大小悬殊，宽0.2～50m，长10m到数百米，普遍遭受晚期的糜棱岩化，形成大量的片麻理、旋斑和石香肠 | 岩脉呈浅灰红色，细粒结构，块状—定向构造，主要矿物斜长石25%～35%、钾长石30%～35%、石英25%～30% | |

## 第二节　火山岩

测区火山岩分布特征与侵入岩相似，具有清晰的从北向南、由老变新的总体规律。其中柯岗断裂以北的塔里木测区仅发育长城纪及其以前的火山岩；西昆仑则不同程度地发育中元古代、新元古代、早古生代以及晚古生代的火山岩；康西瓦-麻扎结合带以南的巴颜喀拉-喀喇昆仑造山带火山岩总体发育程度较差，零星见于早古生代、晚古生代以及中生代地层中。南羌塘陆块测区未见火山岩。

测区火山岩分布范围较广泛，但出露面积一般较小，多呈夹层或透镜体产出。岩石组成较为复杂，苦橄玄武岩、玄武岩、玄武安山岩、安山岩、英安岩、流纹岩均有分布。火山岩岩石系列以钙碱性为主，拉斑玄武岩次之，碱性系列最少。

长城纪及其以前的火山岩在相应的地层部分已经描述，这里仅将新元古代及其以后的火山岩[涉及西合休岩组、温泉沟群A组、温泉沟群C组、下古生界(未分)、依莎克群B段、依莎克群A段、他龙群、库尔良群、帕斯群、神仙湾群A组、铁隆滩群11个地层单元]按3个阶段分别叙述如下。

### 一、新元古代—早古生代火山岩

这一时期火山岩主要发育于北部的西昆仑早古生代造山带及麻扎构造带南侧的温泉沟群，其中北侧的库地—阿依不龙一带较多，规模也相对较大。火山岩岩石系列主要为钙碱性系列，其次为拉斑玄武岩系列，岩性为基性、中性、酸性火山岩。岩石组成为苦橄玄武岩、玄武岩、玄武安山岩、安山岩、粗面安山岩、英安岩、流纹岩等。

主要涉及的地层单元为西合休岩组，温泉沟群A、C组及西昆仑南带的早古生代(未分)地层。

## (一)西合休岩组中酸性火山岩

### 1. 地质特征

该套火山岩出露于库地托排士达坂—西合休一带。火山岩呈夹层产于西合休岩组[(∈—O)x]中。该套火山岩至少有2～4层,出露总视厚度为300m,长度大于10km。火山岩宏观以灰色、灰绿色,致密块状为主要特征,抗风化能力强,地貌上为正地形。岩性主要为一套中性、酸性火山岩。岩石组合为粗玄岩、流纹岩等。从野外观察来看,由北东向西南,基性成分增加。

### 2. 岩石学特征

主要岩石类型有:

**强蚀变粗玄岩**　呈灰绿色,致密块状,残余粗玄结构,块状构造。矿物成分为蚀变斜长石53%、方解石18%～20%、绿泥石20%～25%、石英1%、磁铁矿3%,次生矿物为绢云母、方解石、绿泥石。岩石中的矿物成分由斜长石和次生绿泥石、方解石组成。主要矿物成分为自形板条状微晶斜长石,长径(0.15mm×0.02mm)～(0.3mm×0.02mm),杂乱排列,形成的孔隙中,充填有绿泥石和方解石及粉尘状磁铁矿等,即为残余的粗玄结构,岩石中偶尔含斑晶成分,原为暗色矿物已变为方解石,另外还有个别斜长石被绢云母鳞片代替,大小1～1.5mm。蚀变特征,表现斜长石强烈绢云母化,布满了绢云母鳞片,仅残余个别晶体和外形轮廓,原暗色矿物充填矿物也蚀变为方解石和绿泥石。

**变质粗面流纹岩**　呈灰色,致密块状,残余斑状结构、基质显微晶质粒状结构,平行构造。残余斑晶0.6～1mm,基质粒径0.01～0.02mm。残余斑晶成分为石英4%～5%、钾长石1%、磁铁矿1%、锆石小于0.5%,次生矿物有白云母及绿泥石。基质成分为钾长石30%～33%、斜长石15%～18%、石英30%～32%、白云母12%～15%、绿泥石1%。另外有石英细脉贯入。该岩石经区域变质作用的影响,造成原岩石结构和矿物成分有一定程度的变化,但原残余结构和矿物成分仍较清楚。

具残余斑状结构,残余斑晶成分为半自形粒状石英和个别长石,钾长石显示格子双晶,石英洁净,仍具熔蚀特点。基质成分为残余显微晶质粒状钾长石、斜长石和石英等混合一起,平行定向排列,因应力变质作用,还形成少数白云母、绿泥石等,定向排列,形成平行构造,由于变质分异作用,石英细脉较发育。

### 3. 岩石化学特征及岩石化学分类

岩石化学分析含量见表3-55。

火山岩的地球化学特征对讨论沉积地层的形成环境及大地构造位置等方面起着重要的作用。虽然变质作用及风化作用会对岩石化学成分产生影响,对岩石的原始成分的恢复及构造环境的判别造成一定的难度,但大量的地球化学分析及适量的地球方法化学处理,仍然是目前判别岩石构造环境的主要方法。

表3-55显示,火山岩$SiO_2$含量较高(77.19%),同中国火成岩的化学平均成分值相比较:$K_2O+Na_2O$含量为7.19%,总体含量较高,具有$K_2O$高、$Na_2O$低的特点;其余各氧化物含量大致与之相当。CIPW标准矿物计算显示:西合休酸性火山岩的岩石类型为铝过饱和—$SiO_2$过饱和,属碱长流纹岩类。利用国际地科联推荐的火成岩分类表(TAS)硅-碱图(图3-71)判别,该样品落入流纹岩区,为酸性火山岩类。

**表 3－55　火山岩岩石化学分析结果及特征参数表**

| 序号 | 样品号 | 产地 | 所属层位 | 岩石鉴定名称 | 氧化物含量(%) | | | | | | | | | | | | | | | 特征参数值 | | | | | 岩石分类名称 |
|---|---|---|---|---|---|---|---|---|---|---|---|---|---|---|---|---|---|---|---|---|---|---|---|---|---|
| | | | | | $SiO_2$ | $TiO_2$ | $Al_2O_3$ | $Fe_2O_3$ | FeO | CaO | MgO | $K_2O$ | $Na_2O$ | MnO | $P_2O_5$ | $H_2O^+$ | $H_2O^-$ | LOI | Σ | σ | AR | DI | SI | W | |
| 1 | D3139/1 | 西合休 | (∈—O)$x$ | 粗面流纹岩 | 77.19 | 0.25 | 11.21 | 1.76 | 0.61 | 0.46 | 0.24 | 6.65 | 0.54 | 0.03 | 0.03 | 0.41 | 0.01 | 0.08 | 99.47 | 1.58 | 2.09 | 81.27 | 18.37 | 0.26 | 流纹岩 |
| 2 | D3511/1 | 麻扎南 | $S_1W^a$ | 英安岩 | 74.20 | 0.12 | 14.43 | 1.41 | 0.54 | 1.09 | 1.41 | 3.17 | 1.36 | 0.03 | 0.04 | 1.21 | 0.11 | — | 99.12 | 0.66 | 1.43 | 82.39 | 17.88 | 0.72 | 流纹岩 |
| 3 | D3511/2 | 麻扎南 | | 安山角砾岩 | 73.42 | 0.38 | 13.07 | 1.06 | 1.22 | 0.93 | 1.55 | 4.13 | 1.98 | 0.02 | 0.08 | 1.14 | 0.11 | — | 99.09 | 1.23 | 1.79 | 85.56 | 15.60 | 0.46 | 流纹岩 |
| 4 | D3511/5 | 麻扎南 | | 蚀变安山岩 | 51.81 | 0.88 | 18.66 | 20.75 | 3.95 | 6.21 | 1.26 | 7.15 | 1.51 | 0.07 | 0.09 | 1.31 | 0.09 | — | 113.74 | 8.51 | 2.07 | 51.97 | 3.61 | 0.84 | 玄武粗安岩 |
| 5 | D2071/3 | 249km | $S_1W^c$ | 绿帘石岩 | 44.44 | 1.30 | 15.25 | 1.46 | 9.16 | 9.12 | 7.17 | 0.33 | 2.57 | 0.13 | 0.18 | 3.42 | 0.17 | 4.87 | 99.57 | 5.84 | 1.28 | 32.85 | 34.65 | 0.14 | 苦橄玄武岩 |
| 6 | HX53 | 249km | | 玄武岩 | 48.94 | 1.75 | 13.40 | 2.40 | 9.12 | 8.14 | 6.90 | 0.62 | 3.44 | 0.14 | 0.15 | 2.22 | — | 3.74 | 100.96 | 2.78 | 1.46 | 34.48 | 30.69 | 0.21 | 玄武岩 |
| 7 | HX54 | 249km | | 玄武岩 | 49.03 | 1.72 | 13.31 | 2.33 | 9.85 | 8.28 | 8.93 | 0.20 | 3.38 | 0.16 | 0.15 | 1.16 | — | 1.54 | 100.04 | 2.13 | 1.40 | 30.60 | 36.17 | 0.19 | 玄武岩 |
| 8 | HX55 | 249km | | 玄武岩 | 45.82 | 2.12 | 14.86 | 4.04 | 7.94 | 10.77 | 7.42 | 0.28 | 2.36 | 0.15 | 0.25 | 1.84 | — | 1.84 | 99.69 | 2.47 | 1.23 | 22.52 | 33.67 | 0.34 | 玄武岩 |
| 9 | D3093/1 | 吐日苏南 | $Pz_1$ | 粗面流纹岩 | 67.39 | 0.35 | 12.36 | 0.77 | 2.18 | 2.91 | 2.06 | 3.51 | 2.69 | 0.06 | 0.08 | 1.81 | 0.13 | 2.42 | 98.72 | 1.58 | 2.09 | 80.28 | 18.37 | 0.26 | 英安岩 |
| 10 | D2032/5 | 一些克沟 | $C_2y^b$ | 蚀变玄武岩 | 49.00 | 0.85 | 15.08 | 3.93 | 6.27 | 7.45 | 7.51 | 0.08 | 3.26 | 0.11 | 0.09 | 3.85 | 0.75 | 1.69 | 99.92 | 1.86 | 1.35 | 30.36 | 29.32 | 0.73 | 玄武岩 |
| 11 | D2091/1 | 一些克沟 | | 绿帘角闪岩 | 43.50 | 0.88 | 14.98 | 6.46 | 7.62 | 13.66 | 8.64 | 0.43 | 1.04 | 0.21 | 0.25 | 1.38 | 0.06 | 0.65 | 99.76 | 4.32 | 1.11 | 10.75 | 35.72 | 0.46 | 苦橄玄武岩 |
| 12 | D2092/5 | 一些克沟 | | 杏仁安山岩 | 57.82 | 1.13 | 13.34 | 5.58 | 7.33 | 3.76 | 2.09 | 0.43 | 2.30 | 0.12 | 0.33 | 2.95 | 0.11 | 2.31 | 99.60 | 0.50 | 1.38 | 58.40 | 11.79 | 0.43 | 安山岩 |
| 13 | D2032/7 | 一些克沟 | $C_2y^a$ | 安山岩 | 46.82 | 0.70 | 15.73 | 1.56 | 9.41 | 9.93 | 9.44 | 0.64 | 2.05 | 0.16 | 0.11 | 1.39 | 0.25 | 1.05 | 99.24 | 1.89 | 1.23 | 20.71 | 40.87 | 0.14 | 玄武岩 |
| 14 | D2032/9 | 一些克沟 | | 玄武安山岩 | 53.96 | 1.10 | 14.32 | 4.23 | 7.69 | 5.84 | 3.05 | 1.13 | 1.38 | 0.08 | 0.25 | 1.86 | 0.18 | 4.38 | 99.45 | 0.57 | 1.28 | 52.57 | 17.45 | 0.35 | 玄武安山岩 |
| 15 | D2032/10 | 一些克沟 | | 玄武安山岩 | 46.03 | 0.80 | 15.36 | 1.14 | 6.56 | 10.29 | 5.44 | 0.86 | 1.35 | 0.13 | 0.10 | 3.65 | 0.17 | 7.94 | 99.82 | 1.28 | 1.19 | 40.63 | 35.43 | 0.15 | 玄武岩 |
| 16 | D2032/11 | 一些克沟 | | 玄武岩 | 52.18 | 0.80 | 15.13 | 11.44 | 1.67 | 4.88 | 3.21 | 0.16 | 5.54 | 0.15 | 0.21 | 2.05 | 0.09 | 2.05 | 99.56 | 3.54 | 1.80 | 56.10 | 14.58 | 0.87 | 玄武粗安岩 |
| 17 | D2091/2 | 一些克沟 | | 蚀变玄武岩 | 48.23 | 0.90 | 15.61 | 2.76 | 6.49 | 8.58 | 5.96 | 0.23 | 3.19 | 0.16 | 0.12 | 3.24 | 0.19 | 4.23 | 99.89 | 2.24 | 1.33 | 39.09 | 31.99 | 0.30 | 玄武岩 |
| 18 | D3523/3 | 一些克沟 | | 阳起石片岩 | 50.00 | 1.25 | 13.21 | 3.46 | 10.46 | 9.79 | 6.68 | 0.17 | 2.32 | 0.23 | 0.09 | 1.02 | 0.03 | 0.34 | 99.05 | 0.89 | 1.24 | 24.92 | 28.93 | 0.25 | 玄武岩 |
| 19 | D3523/5 | 一些克沟 | | 绿阳起片岩 | 48.45 | 1.10 | 16.56 | 2.57 | 7.04 | 10.51 | 7.36 | 0.45 | 2.76 | 0.22 | 0.08 | 0.98 | 0.06 | 1.12 | 99.26 | 1.89 | 1.28 | 26.59 | 36.48 | 0.27 | 玄武岩 |
| 20 | D3532/1 | 一些克沟 | | 蚀变安山岩 | 50.60 | 0.92 | 15.98 | 2.02 | 6.26 | 6.42 | 6.05 | 0.58 | 4.08 | 0.1 | 0.18 | 2.45 | 0.06 | 3.64 | 99.34 | 2.86 | 1.53 | 47.68 | 31.85 | 0.24 | 玄武岩 |
| 21 | HX24 | 一些克沟 | | 玄武岩 | 48.85 | 0.17 | 15.15 | 3.14 | 3.94 | 6.68 | 8.93 | 0.43 | 1.02 | 0.08 | 0.03 | 3.60 | — | 8.9 | 100.92 | 0.36 | 1.14 | 45.44 | 51.15 | 0.44 | 玄武岩 |
| 22 | HX25 | 一些克沟 | | 安山岩 | 54.38 | 1.04 | 13.31 | 1.3 | 8.65 | 6.86 | 1.86 | 0.26 | 3.34 | 0.18 | 0.15 | 2.90 | — | 6.38 | 100.61 | 1.14 | 1.43 | 59.03 | 12.07 | 0.13 | 玄武安山岩 |
| 23 | HX26 | 一些克沟 | | 玄武安山岩 | 53.06 | 1.35 | 12.77 | 4.87 | 7.86 | 6.16 | 5.15 | 0.11 | 5.29 | 0.22 | 0.18 | 1.82 | — | 1.90 | 100.74 | 2.90 | 1.80 | 50.13 | 22.12 | 0.38 | 玄武粗安岩 |
| 24 | HX27 | 一些克沟 | | 玄武安山岩 | 50.01 | 1.00 | 12.76 | 3.67 | 6.54 | 10.26 | 5.22 | 0.06 | 4.61 | 0.17 | 0.15 | 2.00 | — | 4.27 | 100.72 | 3.11 | 1.51 | 43.64 | 25.97 | 0.36 | 玄武岩 |
| 25 | HX28 | 一些克沟 | | 玄武岩 | 48.37 | 1.17 | 12.59 | 3.51 | 6.89 | 10.39 | 5.69 | 0.05 | 3.79 | 0.16 | 0.17 | 2.44 | — | 5.25 | 100.47 | 2.75 | 1.40 | 39.64 | 28.55 | 0.34 | 玄武岩 |
| 26 | HX29 | 一些克沟 | | 玄武安山岩 | 52.83 | 1.17 | 12.87 | 5.15 | 6.64 | 7.25 | 4.67 | 0.09 | 5.78 | 0.23 | 0.16 | 1.48 | — | 2.27 | 100.59 | 3.51 | 1.82 | 52.28 | 20.91 | 0.44 | 玄武粗安岩 |

**续表 3-55**

| 序号 | 样品号 | 产地 | 所属层位 | 岩石鉴定名称 | 氧化物含量(%) | | | | | | | | | | | | | | | 特征参数值 | | | | | 岩石分类名称 |
|---|---|---|---|---|---|---|---|---|---|---|---|---|---|---|---|---|---|---|---|---|---|---|---|---|---|
| | | | | | $SiO_2$ | $TiO_2$ | $Al_2O_3$ | $Fe_2O_3$ | FeO | CaO | MgO | $K_2O$ | $Na_2O$ | MnO | $P_2O_5$ | $H_2O^+$ | $H_2O^-$ | LOI | Σ | σ | AR | DI | SI | W | |
| 27 | D3583/9 | 他龙 | $C_1T$ | 钠长千枚岩 | 60.44 | 0.56 | 10.85 | 1.90 | 2.93 | 8.43 | 2.32 | 1.85 | 1.10 | 0.14 | 0.11 | 2.53 | 0.20 | 6.84 | 100.20 | 0.50 | 1.26 | 64.53 | 22.98 | 0.39 | 安山岩 |
| 28 | D3583/10 | 他龙 | | 绢云千枚岩 | 67.40 | 0.70 | 14.02 | 1.21 | 4.15 | 1.94 | 2.78 | 2.28 | 0.50 | 0.05 | 0.14 | 2.93 | 0.01 | 1.41 | 99.52 | 0.32 | 1.42 | 69.18 | 25.46 | 0.23 | 英安岩 |
| 29 | D3586/1 | 阿依不龙 | $C_2K$ | 粗面火山岩 | 76.23 | 0.25 | 12.07 | 1.61 | 0.89 | 0.96 | 0.49 | 0.48 | 5.34 | 0.04 | 0.48 | 0.30 | 0.01 | 0.56 | 99.71 | 1.02 | 2.61 | 91.50 | 5.56 | 0.64 | 流纹岩 |
| 30 | D3588/2 | 阿依不龙 | | 蚀变英安岩 | 68.26 | 0.56 | 12.83 | 3.39 | 1.01 | 2.55 | 0.75 | 4.83 | 2.27 | 0.03 | 0.12 | 1.25 | 0.07 | 1.99 | 99.91 | 2.00 | 1.84 | 84.12 | 6.12 | 0.77 | 英安岩 |
| 31 | D3589/2 | 阿依不龙 | | 钠长千枚岩 | 58.57 | 2.30 | 12.85 | 2.59 | 7.73 | 2.51 | 4.78 | 0.41 | 3.44 | 0.12 | 0.25 | 3.41 | 0.09 | 0.76 | 99.81 | 0.95 | 1.67 | 56.72 | 25.23 | 0.25 | 安山岩 |
| 32 | D3040/2 | 卡帕浪沟 | $C_1P^c$ | 玄武安山岩 | 43.80 | 2.10 | 14.73 | 1.94 | 5.24 | 11.35 | 2.62 | 2.48 | 4.25 | 0.20 | 0.33 | 2.86 | 0.09 | 8.26 | 100.25 | 56.60 | 1.70 | 54.53 | 15.85 | 0.27 | 碱玄岩 |
| 33 | D3040/3 | 卡帕浪沟 | | 石英安山岩 | 68.58 | 0.42 | 12.57 | 0.62 | 1.50 | 3.00 | 0.87 | 4.38 | 4.09 | 0.05 | 0.08 | 1.03 | 0.09 | 2.77 | 100.05 | 2.80 | 3.21 | 88.56 | 7.59 | 0.29 | 粗面英安岩 |
| 34 | D3040/4 | 卡帕浪沟 | | 杏仁安山岩 | 34.40 | 1.18 | 11.48 | 1.93 | 3.46 | 20.31 | 3.27 | 2.02 | 2.70 | 0.18 | 0.25 | 2.84 | 0.28 | 15.9 | 100.20 | −2.59 | 1.35 | 40.35 | 24.43 | 0.36 | 黄长玄武岩 |
| 35 | D010/1 | 神仙湾 | $P_{1-2}S^a$ | 玄武岩 | 48.12 | 1.00 | 15.02 | 3.21 | 6.17 | 9.86 | 7.82 | 0.56 | 2.87 | 0.15 | 0.16 | 2.46 | 0.63 | 1.75 | 99.78 | 2.26 | 1.32 | 31.49 | 43.63 | 0.48 | 玄武岩 |
| 36 | D11778/1 | 拖车湖 | $K_2T$ | 辉石安山岩 | 46.40 | 2.13 | 14.19 | 6.62 | 1.72 | 8.36 | 4.11 | 2.30 | 3.96 | 0.11 | 3.06 | 0.08 | 2.85 | 4.15 | 100.04 | 11.53 | 1.77 | 57.11 | 21.97 | 0.21 | 粗面玄武岩 |
| 37 | D1178/2 | 拖车湖 | | 辉石玄武岩 | 48.19 | 1.75 | 15.21 | 6.18 | 1.14 | 10.53 | 2.22 | 2.92 | 3.20 | 0.13 | 1.61 | 0.07 | 1.92 | 4.45 | 99.52 | 7.22 | 1.62 | 53.33 | 14.18 | 0.16 | 粗面玄武岩 |
| 中国火成岩的平均化学成分（黎彤、饶纪龙，1962） | | | | 酸性岩 | 72.06 | 0.29 | 13.4 | 1.81 | 2.11 | 0.75 | 0.28 | 4.55 | 3.74 | 0.08 | 0.10 | 0.63 | — | 0.20 | 100.00 | — | — | — | — | — | 流纹岩 |
| | | | | | 65.7 | 0.65 | 15.24 | 2.88 | 1.56 | 4.00 | 1.57 | 2.83 | 3.13 | 0.10 | 0.16 | 2.18 | — | — | 100.00 | — | — | — | — | — | 英安岩 |
| | | | | 中性岩 | 56.75 | 0.76 | 18.60 | 3.88 | 3.26 | 6.97 | 3.42 | 2.01 | 3.07 | 0.15 | 0.49 | 0.79 | — | 0.15 | 100.30 | — | — | — | — | — | 安山岩 |
| | | | | 基性岩 | 48.26 | 2.21 | 14.99 | 4.18 | 6.95 | 8.07 | 7.00 | 2.51 | 3.40 | 0.20 | 0.60 | 1.26 | — | 0.35 | 99.98 | — | — | — | — | — | 玄武岩 |

注：序号为 6～8 及 21～26 为丁道桂专著样品；其余均为本项目实测样品。

#### 4. 火山岩碱度及岩石系列

利用($Na_2O+K_2O$)－$SiO_2$(硅-碱)(图 3－72)判别,西合休岩组火山岩样品落入亚碱系列;进一步利用($Na_2O+K_2O$)－$FeO^*$－MgO(A－F－M)(图 3－73)判别,西合休岩组火山岩样品落入钙碱性系列区。据岩石化学特征参数(表 3－55)可知:碱度率(AR)为 2.09,用 AR－$SiO_2$与碱度关系判别,岩石类型为钙碱性系列。

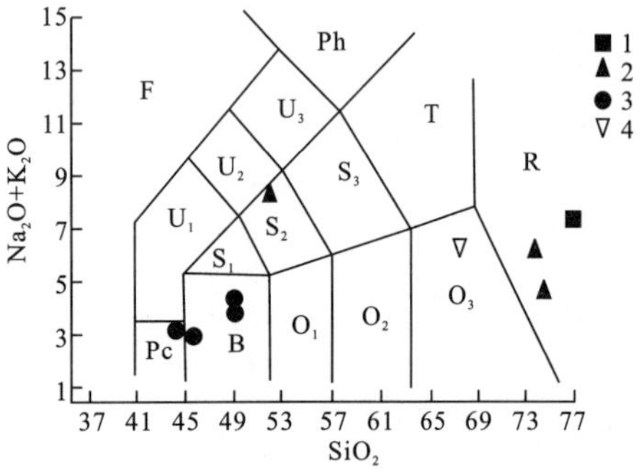


图 3－71　早古生代火山岩(TAS)硅-碱图解

1. 西合休岩组火山岩;2. 温泉沟群 A 组火山岩;3. 温泉沟群 C 组火山岩;4. 早古生代(未分)火山岩

F. 副长石岩;Pc. 苦橄玄武岩;B. 玄武岩;$O_1$. 玄武安山岩;$O_2$. 安山岩;$O_3$. 英安岩;$S_1$. 粗面玄武岩;$S_2$. 玄武粗安岩;$S_3$. 粗安岩;Ph. 响岩;T. 粗面岩、粗面英安岩;R. 流纹岩;$U_1$. 碧玄岩、碱玄岩;$U_2$. 响岩质碱玄岩;$U_3$. 碱玄质响岩

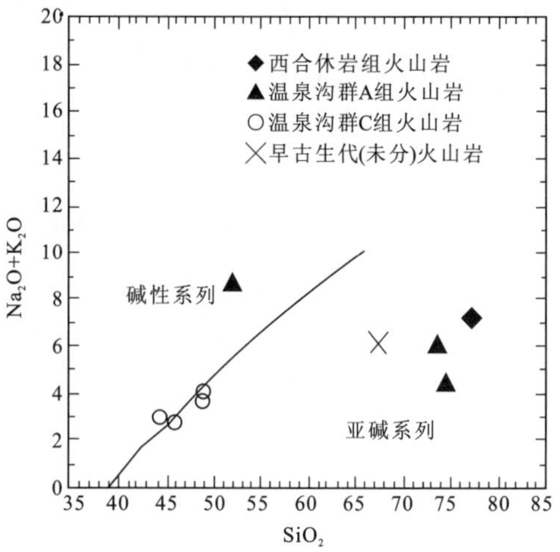


图 3－72　早古生代火山岩硅-碱图

#### 5. 稀土元素特征

稀土元素含量见表 3－56,球粒陨石化标准曲线见图 3－74,西合休岩组火山岩稀土总量较高,即$\sum REE=358\times10^{-6}$,$\delta Eu$ 为 0.5,有明显的亏损,$(La/Yb)_N=9.44$,说明轻稀土有较强的富集,$(La/Sm)_N=3.17$,$(Gd/Yb)_N=2.02$,说明轻稀土及重稀土分馏程度均较为明显。稀土元素配分曲线模式总体显示明显的左高右低形态特征。

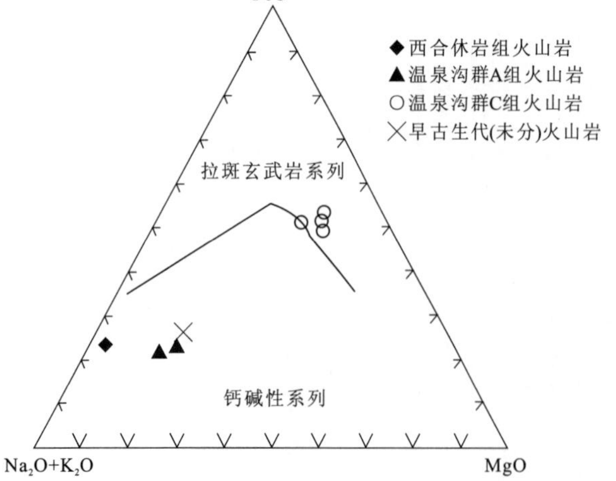


图 3－73　早古生代火山岩 A－F－M 图

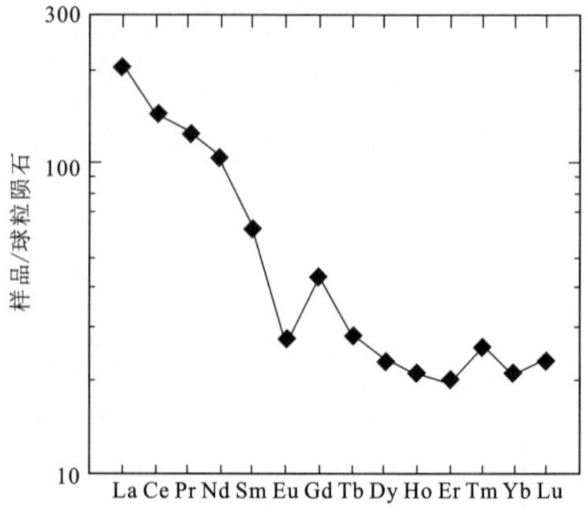


图 3－74　西合休岩组火山岩稀土配分模式图

**表 3-56 火山岩稀土元素分析结果及特征参数表**

| 序号 | 样品号 | 产地 | 所属层位 | 岩石鉴定名称 | 稀土元素含量($\times10^{-6}$) La | Ce | Pr | Nd | Sm | Eu | Gd | Tb | Dy | Ho | Er | Tm | Yb | Lu | ΣREE | 特征参数值 δEu | δCe | $(La/Yb)_N$ | $(La/Sm)_N$ | $(Gd/Yb)_N$ |
|---|---|---|---|---|---|---|---|---|---|---|---|---|---|---|---|---|---|---|---|---|---|---|---|---|
| 1 | D3139/1 | 西合休 | (∈—O)$x$ | 粗面流纹岩 | 75. 10 | 137. 0 | 17. 80 | 73. 8 | 14. 40 | 2. 28 | 13. 20 | 1. 61 | 9. 06 | 1. 75 | 4. 94 | 0. 90 | 5. 24 | 0. 91 | 357. 99 | 0. 50 | 0. 85 | 9. 44 | 3. 17 | 2. 02 |
| 2 | D3511/1 | 麻扎南 | $S_1W^a$ | 英安岩 | 36. 60 | 65. 4 | 7. 75 | 30. 2 | 6. 21 | 1. 17 | 6. 25 | 0. 88 | 6. 18 | 1. 32 | 3. 73 | 0. 73 | 4. 44 | 0. 72 | 171. 58 | 0. 57 | 0. 87 | 5. 43 | 3. 59 | 1. 13 |
| 3 | D3511/2 | 麻扎南 | | 安山角砾岩 | 38. 60 | 68. 9 | 8. 35 | 33. 5 | 6. 16 | 1. 18 | 6. 08 | 0. 76 | 4. 80 | 1. 03 | 3. 00 | 0. 57 | 3. 34 | 0. 57 | 176. 84 | 0. 59 | 0. 86 | 7. 62 | 3. 81 | 1. 46 |
| 4 | D3511/5 | 麻扎南 | | 蚀变安山岩 | 12. 60 | 24. 6 | 3. 62 | 17. 3 | 4. 82 | 2. 13 | 4. 5 | 0. 67 | 4. 15 | 0. 89 | 2. 28 | 0. 42 | 2. 44 | 0. 42 | 80. 84 | 1. 39 | 0. 84 | 3. 40 | 1. 59 | 1. 48 |
| 5 | D2071/3 | 249km | $S_1W^c$ | 绿帘石岩 | 8. 45 | 17. 6 | 2. 65 | 12. 1 | 4. 23 | 1. 73 | 4. 55 | 0. 83 | 5. 27 | 0. 98 | 2. 66 | 0. 35 | 2. 15 | 0. 31 | 63. 86 | 1. 21 | 0. 86 | 2. 59 | 1. 22 | 1. 70 |
| 6 | HX53 | 249km | | 玄武岩 | 6. 30 | 14. 7 | 2. 20 | 10. 5 | 3. 51 | 1. 32 | 5. 13 | 0. 80 | 4. 50 | 0. 99 | 2. 66 | 0. 35 | 2. 15 | 0. 31 | 55. 42 | 0. 96 | 0. 92 | 1. 92 | 1. 09 | 1. 90 |
| 7 | HX54 | 249km | | 玄武岩 | 6. 25 | 15. 1 | 2. 09 | 10. 4 | 3. 56 | 1. 35 | 5. 15 | 0. 80 | 4. 68 | 0. 95 | 2. 64 | 0. 40 | 2. 14 | 0. 32 | 55. 73 | 0. 97 | 0. 97 | 1. 92 | 1. 07 | 1. 93 |
| 8 | HX55 | 249km | | 玄武岩 | 11. 40 | 29. 0 | 3. 77 | 17. 6 | 5. 48 | 1. 85 | 6. 30 | 0. 98 | 5. 53 | 1. 07 | 2. 95 | 0. 40 | 2. 36 | 0. 35 | 89. 04 | 0. 97 | 1. 03 | 3. 18 | 1. 27 | 2. 19 |
| 9 | D3093/1 | 吐日苏南 | $Pz_1$ | 粗面流纹岩 | 48. 40 | 94. 7 | 10. 20 | 33. 4 | 5. 66 | 1. 21 | 6. 01 | 0. 78 | 3. 99 | 0. 75 | 2. 38 | 0. 33 | 2. 04 | 0. 31 | 210. 15 | 0. 64 | 0. 96 | 15. 63 | 5. 20 | 2. 36 |
| 10 | D3093/3 | 吐日苏南 | | 粗面流纹岩 | 55. 50 | 109. 0 | 11. 70 | 40. 5 | 7. 36 | 1. 16 | 7. 16 | 0. 92 | 4. 57 | 0. 85 | 2. 70 | 0. 35 | 2. 34 | 0. 35 | 244. 45 | 0. 48 | 0. 98 | 15. 98 | 4. 74 | 2. 47 |
| 11 | D104/9 | 一些克沟 | $C_2y^b$ | 蚀变安山岩 | 1. 74 | 4. 1 | 0. 52 | 2. 3 | 0. 72 | 0. 20 | 0. 84 | 0. 17 | 1. 24 | 0. 30 | 0. 92 | 0. 14 | 0. 96 | 0. 15 | 14. 26 | 0. 80 | 1. 44 | 1. 20 | 1. 48 | 0. 68 |
| 12 | D2092/1 | 一些克沟 | | 安山角砾岩 | 10. 00 | 23. 1 | 3. 01 | 13. 1 | 3. 46 | 1. 11 | 3. 54 | 0. 69 | 4. 32 | 0. 91 | 2. 74 | 0. 38 | 2. 57 | 0. 38 | 69. 30 | 0. 97 | 0. 97 | 2. 56 | 1. 76 | 1. 10 |
| 13 | D2032/5 | 一些克沟 | | 蚀变玄武岩 | 2. 66 | 7. 9 | 1. 38 | 7. 5 | 2. 51 | 0. 86 | 2. 90 | 0. 64 | 3. 98 | 0. 94 | 2. 58 | 0. 41 | 2. 74 | 0. 45 | 37. 43 | 0. 98 | 0. 12 | 11. 01 | 11. 11 | 0. 85 |
| 14 | D2091/1 | 一些克沟 | | 绿帘角闪岩 | 6. 12 | 13. 6 | 2. 50 | 13. 2 | 3. 43 | 0. 91 | 2. 86 | 0. 43 | 2. 61 | 0. 54 | 1. 42 | 0. 23 | 1. 22 | 0. 19 | 49. 26 | 0. 87 | 0. 16 | 3. 30 | 1. 09 | 1. 88 |
| 15 | D2092/5 | 一些克沟 | | 杏仁安山岩 | 2. 75 | 7. 1 | 1. 24 | 7. 0 | 2. 34 | 0. 75 | 2. 37 | 0. 47 | 3. 77 | 0. 87 | 2. 42 | 0. 49 | 2. 84 | 0. 49 | 34. 88 | 0. 97 | 0. 88 | 0. 64 | 0. 72 | 0. 67 |
| 16 | D2032/9 | 一些克沟 | $C_2y^a$ | 玄武安山岩 | 5. 66 | 13. 6 | 2. 37 | 13. 1 | 3. 96 | 1. 24 | 4. 14 | 0. 82 | 6. 13 | 1. 47 | 3. 82 | 0. 74 | 4. 17 | 0. 70 | 61. 92 | 0. 94 | 0. 86 | 0. 89 | 0. 87 | 0. 79 |
| 17 | D2032/10 | 一些克沟 | | 玄武安山岩 | 2. 49 | 5. 3 | 0. 97 | 5. 1 | 1. 69 | 0. 56 | 1. 64 | 0. 35 | 2. 54 | 0. 65 | 1. 72 | 0. 36 | 2. 08 | 0. 34 | 25. 84 | 1. 03 | 0. 79 | 0. 79 | 0. 90 | 0. 63 |
| 18 | D2032/11 | 一些克沟 | | 玄武岩 | 12. 70 | 22. 0 | 3. 13 | 14. 7 | 3. 48 | 1. 01 | 3. 60 | 0. 64 | 4. 46 | 1. 06 | 2. 84 | 0. 55 | 2. 89 | 0. 49 | 73. 55 | 0. 87 | 0. 80 | 2. 89 | 2. 22 | 1. 00 |
| 19 | D3523/3 | 一些克沟 | | 阳起石片岩 | 3. 85 | 8. 5 | 1. 50 | 7. 9 | 2. 49 | 0. 91 | 2. 81 | 0. 56 | 4. 27 | 1. 01 | 2. 70 | 0. 53 | 3. 03 | 0. 52 | 40. 62 | 1. 06 | 0. 82 | 0. 84 | 0. 94 | 0. 90 |
| 20 | D3523/5 | 一些克沟 | | 绿阳起片岩 | 5. 30 | 10. 4 | 1. 73 | 8. 7 | 2. 48 | 0. 82 | 2. 50 | 0. 45 | 3. 23 | 0. 74 | 1. 92 | 0. 36 | 2. 03 | 0. 3 | 40. 99 | 1. 01 | 0. 80 | 1. 72 | 1. 30 | 0. 99 |
| 21 | D3532/1 | 一些克沟 | | 蚀变安山岩 | 54. 10 | 87. 3 | 10. 30 | 40. 8 | 6. 62 | 1. 74 | 6. 51 | 0. 71 | 3. 51 | 0. 64 | 1. 93 | 0. 29 | 1. 75 | 0. 28 | 216. 48 | 0. 81 | 0. 82 | 20. 36 | 4. 97 | 2. 98 |
| 22 | HX24 | 一些克沟 | | 玄武岩 | 1. 22 | 3. 6 | 0. 20 | 1. 7 | 0. 55 | 0. 23 | 0. 77 | 0. 12 | 0. 68 | 1. 23 | 0. 44 | 0. 08 | 0. 43 | 0. 07 | 11. 36 | 1. 09 | 1. 57 | 0. 25 | 1. 35 | 0. 195 |
| 23 | HX25 | 一些克沟 | | 安山岩 | 4. 42 | 9. 7 | 1. 61 | 8. 8 | 2. 76 | 1. 00 | 4. 32 | 0. 74 | 4. 53 | 0. 17 | 3. 20 | 0. 53 | 3. 17 | 0. 55 | 45. 49 | 0. 88 | 0. 87 | 0. 92 | 0. 97 | 1. 09 |
| 24 | HX29 | 一些克沟 | | 玄武安山岩 | 8. 70 | 18. 2 | 2. 74 | 11. 0 | 2. 87 | 1. 03 | 3. 62 | 0. 65 | 3. 97 | 0. 96 | 2. 68 | 0. 42 | 2. 47 | 0. 39 | 59. 70 | 0. 99 | 0. 86 | 2. 32 | 1. 84 | 1. 17 |

**续表 3-56**

| 序号 | 样品号 | 产地 | 所属层位 | 岩石鉴定名称 | 稀土元素含量(×10$^{-6}$) | | | | | | | | | | | | | | | 特征参数值 | | | | |
|---|---|---|---|---|---|---|---|---|---|---|---|---|---|---|---|---|---|---|---|---|---|---|---|---|
| | | | | | La | Ce | Pr | Nd | Sm | Eu | Gd | Tb | Dy | Ho | Er | Tm | Yb | Lu | ΣREE | δEu | δCe | (La/Yb)$_N$ | (La/Sm)$_N$ | (Gd/Yb)$_N$ |
| 25 | D3583/9 | 他龙 | $C_1T$ | 钠长千枚岩 | 31.1 | 52.0 | 6.61 | 26.3 | 4.9 | 1.07 | 4.93 | 0.59 | 3.36 | 0.67 | 1.96 | 0.35 | 2.02 | 0.34 | 136.22 | 0.66 | 0.81 | 10.15 | 3.85 | 1.95 |
| 26 | D3583/10 | 他龙 | | 绢云千枚岩 | 48.0 | 85.9 | 10.20 | 40.4 | 7.40 | 1.42 | 7.0 | 0.84 | 4.79 | 0.92 | 2.53 | 0.42 | 2.35 | 0.40 | 212.57 | 0.60 | 0.87 | 13.45 | 4.95 | 2.38 |
| 27 | D3586/1 | 阿依不龙 | $C_2K$ | 粗面火山岩 | 76.0 | 128.0 | 16.70 | 64.8 | 13.70 | 0.14 | 13.80 | 2.03 | 13.6 | 2.87 | 7.83 | 1.48 | 8.44 | 1.39 | 350.78 | 0.03 | 0.81 | 5.93 | 3.38 | 1.31 |
| 28 | D3588/2 | 阿依不龙 | | 蚀变英安岩 | 34.4 | 65.1 | 8.51 | 36.1 | 9.88 | 1.71 | 10.3 | 1.83 | 12.80 | 2.83 | 7.81 | 1.53 | 8.80 | 1.44 | 203.04 | 0.52 | 0.87 | 2.58 | 2.12 | 0.94 |
| 29 | D3589/2 | 阿依不龙 | | 钠长千枚岩 | 67.3 | 129.0 | 16.20 | 69.5 | 14.30 | 3.04 | 14.2 | 2.19 | 14.60 | 3.28 | 9.18 | 1.72 | 9.67 | 1.56 | 355.74 | 0.65 | 0.89 | 4.58 | 2.86 | 1.18 |
| 30 | D3040/2 | 卡帕浪沟 | $C_1P^c$ | 玄武安山岩 | 82.2 | 125.0 | 16.10 | 61.1 | 9.84 | 2.78 | 10.4 | 1.11 | 5.89 | 1.09 | 3.08 | 0.48 | 2.77 | 0.46 | 322.30 | 0.84 | 0.76 | 19.56 | 5.08 | 3.01 |
| 31 | D3040/3 | 卡帕浪沟 | | 石英安山岩 | 77.4 | 125.0 | 12.80 | 47.9 | 7.50 | 1.32 | 8.1 | 0.92 | 5.34 | 1.04 | 3.10 | 0.54 | 3.32 | 0.55 | 294.83 | 0.52 | 0.86 | 15.36 | 6.28 | 1.95 |
| 32 | D3040/4 | 卡帕浪沟 | | 杏仁安山岩 | 49.8 | 76.8 | 8.35 | 31.1 | 4.76 | 1.65 | 5.4 | 0.59 | 3.20 | 0.61 | 1.74 | 0.29 | 1.65 | 0.28 | 186.21 | 1.00 | 0.81 | 19.87 | 6.36 | 2.61 |
| 33 | D010/1 | 神仙湾 | $P_{1-2}S^a$ | 玄武岩 | 22.3 | 3.1 | 14.00 | 3.9 | 1.22 | 4.20 | 0.8 | 5.24 | 1.18 | 22.30 | 3.10 | 0.48 | 3.16 | 0.52 | 85.44 | 0.93 | 0.91 | 2.19 | 1.66 | 1.06 |
| 34 | D11778/1 | 拖车湖 | $K_2T$ | 辉石安山岩 | 203.0 | 350.0 | 54.00 | 124.0 | 18.50 | 4.10 | 14.7 | 5.25 | 4.10 | 6.00 | 2.00 | 0.38 | 1.40 | 0.75 | 788.18 | 0.74 | 0.77 | 95.56 | 6.68 | 3.41 |
| 35 | D1178/2 | 拖车湖 | | 辉石玄武岩 | 135.0 | 246.0 | 37.00 | 74.6 | 11.50 | 2.60 | 7.1 | 3.30 | 3.10 | 3.50 | 1.70 | 0.33 | 1.40 | 0.63 | 527.76 | 0.82 | 0.80 | 63.55 | 7.14 | 1.06 |
| Leedy(里德)球粒陨石丰度值 | | | | | 0.38 | 0.98 | 0.14 | 0.8 | 0.23 | 0.09 | 0.3 | 0.06 | 0.39 | 0.09 | 0.26 | 0.039 | 0.25 | 0.04 | * 依 Leedy(里德)球粒陨石丰度值 | | | | | |

备注：序号为 6～8 及 21～24 为丁道桂专著样品；其余均为本项目样品。

**表 3-57　火山岩微量元素分析结果一览表**

| 序号 | 样品号 | 产地 | 所属层位 | 岩石鉴定名称 | 微量元素含量(×10$^{-6}$) | | | | | | | | | | | | | | | | | | | |
|---|---|---|---|---|---|---|---|---|---|---|---|---|---|---|---|---|---|---|---|---|---|---|---|---|
| | | | | | Ni | Cr | Co | Sc | Ba | Sr | Rb | Zr | Nb | Hf | Ta | Th | Y | V | U | Pb | Zn | Cu | W | Te |
| 1 | D3139/1 | 西合休 | $(\in-O)x$ | 粗面流纹岩 | 16.6 | 41.6 | 1.0 | 1.0 | 790 | 27.5 | 187.0 | 254.0 | 45.5 | 6.36 | 2.53 | 18.40 | 4.9 | 19 | 2.51 | 12.6 | 49.1 | 32.2 | 2.04 | |
| 2 | D3511/1 | 麻扎南 | $S_1W^a$ | 英安岩 | 5.2 | 15.2 | 0.9 | 5.9 | 2 243 | 33.9 | 124.0 | 187.0 | 17.8 | 5.27 | 1.63 | 28.20 | 31.9 | 21 | 4.70 | 53.6 | 31.5 | 102.0 | 1.84 | 0.04 |
| 3 | D3511/2 | 麻扎南 | | 安山角砾岩 | 13.2 | 38.8 | 1.6 | 10.4 | 1 211 | 15.7 | 84.7 | 180.0 | 8.9 | 3.54 | 0.56 | 9.27 | 26.6 | 46 | 1.95 | 28.2 | 51.1 | 83.1 | 1.63 | 0.01 |
| 4 | D3511/5 | 麻扎南 | | 蚀变安山岩 | 12.7 | 30.3 | 2.8 | 24.3 | 835 | 71.9 | 203.0 | 101.0 | 3.2 | 2.04 | 0.20 | 1.73 | 22.4 | 175 | 0.44 | 32.7 | 50.2 | 110.0 | 0.55 | 0.01 |
| 5 | D2071/3 | 249km | $S_1W^c$ | 绿帘石岩 | 133.0 | 268.0 | 37.5 | 28.3 | 21.1 | 278.0 | 3.2 | 131.0 | 10.6 | 2.23 | 0.49 | 1.14 | 23.9 | 197 | 0.69 | 2.1 | 218.0 | 122.0 | 1.84 | 0.04 |
| 6 | HX53 | 249km | | 玄武岩 | 126.2 | 401.7 | — | — | 150.3 | 352.2 | 20.3 | 79.0 | 6.6 | — | — | 2.00 | 14.0 | 328 | — | 5.2 | 111.2 | 160.0 | — | — |
| 7 | HX54 | 249km | | 玄武岩 | 151.6 | 406.0 | — | — | 27.6 | 272.9 | 10.1 | 74.4 | 7.6 | — | — | 2.70 | 13.7 | 322 | — | 4.7 | 120.0 | 90.6 | — | — |
| 8 | HX55 | 249km | | 玄武岩 | 194.6 | 278.6 | — | — | 19.0 | 616.8 | 12.9 | 64.2 | 16.3 | — | — | 3.30 | 17.1 | 389 | — | 8.5 | 119.9 | 110.6 | — | — |

**续表 3－57**

| 序号 | 样品号 | 产地 | 所属层位 | 岩石鉴定名称 | 微量元素含量(×$10^{-6}$) | | | | | | | | | | | | | | | | | | |
|---|---|---|---|---|---|---|---|---|---|---|---|---|---|---|---|---|---|---|---|---|---|---|---|
| | | | | | Ni | Cr | Co | Sc | Ba | Sr | Rb | Zr | Nb | Hf | Ta | Th | Y | V | U | Pb | Zn | Cu | W | Te |
| 9 | D3093/1 | 吐日苏南 | $Pz_1$ | 粗面流纹岩 | 4.9 | 76.4 | 6.3 | 6.9 | 839.0 | 199.0 | 143.0 | 51.7 | 13.3 | 1.12 | 1.00 | 24.40 | 20.0 | 50 | 3.55 | 33.7 | 69.2 | 24.0 | 1.05 | 0.02 |
| 10 | D3093/3 | 吐日苏南 | | 粗面流纹岩 | 6.4 | 27.1 | 6.1 | 6.8 | 603.0 | 101.0 | 154.0 | 118.0 | 13.8 | 2.18 | 1.01 | 24.40 | 23.0 | 63 | 4.11 | 27.9 | 113.0 | 340.0 | 2.66 | 0.40 |
| 11 | D104/9 | 一些克沟 | $C_2y^b$ | 蚀变安山岩 | 29.3 | 85.2 | 26.5 | 33.7 | 100.0 | 90.5 | 20.9 | 35.7 | 2.2 | 0.66 | 0.15 | 0.69 | 90.5 | 155 | 0.43 | 5.8 | 68.9 | 125.0 | 0.57 | 0.03 |
| 12 | D2092/1 | 一些克沟 | | 安山角砾岩 | 77.0 | 546.0 | 28.4 | 33.9 | 128.0 | 148.0 | 5.0 | 148.0 | 8.9 | 2.15 | 0.41 | 1.39 | 148.0 | 185 | 0.74 | 14.8 | 121.0 | 353.0 | 0.29 | — |
| 13 | D2032/5 | 一些克沟 | | 蚀变玄武岩 | 36.0 | 34.0 | 46.3 | 45.8 | 17.9 | 125.8 | 0.5 | 67.7 | 1.4 | 1.87 | 0.11 | 0.24 | 125.8 | 327 | 0.12 | 0.9 | 66.8 | 100.0 | — | — |
| 14 | D2091/1 | 一些克沟 | | 绿帘角闪岩 | 55.1 | 187.0 | 35.3 | 68.9 | 90.8 | 622.0 | 2.5 | 13.0 | 3.5 | 0.42 | 0.16 | 0.26 | 622.0 | 412 | 0.29 | 14.0 | 87.8 | 84.9 | 0.53 | 0.11 |
| 15 | D2092/5 | 一些克沟 | | 杏仁安山岩 | 9.5 | 13.1 | 28.1 | 34.3 | 63.9 | 64.7 | 6.8 | 72.0 | 2.3 | 1.57 | 0.14 | 0.47 | 64.7 | 317 | 0.59 | 22.1 | 136.0 | 102.0 | 0.13 | 0.09 |
| 16 | D2032/9 | 一些克沟 | $C_2y^a$ | 玄武安山岩 | 7.0 | 11.9 | 25.8 | 30.0 | 74.3 | 63.0 | 21.1 | 157.0 | 3.0 | 2.76 | 0.18 | 0.46 | 36.3 | 192 | — | 1.9 | 160.0 | 44.3 | 0.15 | 0.05 |
| 17 | D2032/10 | 一些克沟 | | 玄武安山岩 | 64.5 | 128.0 | 36.4 | 50.4 | 63.1 | 99.3 | 15.5 | 71.4 | 1.5 | 1.26 | 0.09 | 0.25 | 15.1 | 239 | — | 2.2 | 95.7 | 97.3 | 0.10 | 0.10 |
| 18 | D2032/11 | 一些克沟 | | 玄武岩 | 18.8 | 16.2 | 30.5 | 41.1 | 106.0 | 78.9 | 4.8 | 79.3 | 4.7 | 1.44 | 0.22 | 1.49 | 27.7 | 234 | — | 5.5 | 97.1 | 93.3 | 0.40 | 0.06 |
| 19 | D3523/3 | 一些克沟 | | 阳起石片岩 | 55.4 | 29.9 | 48.5 | 52.4 | 42.8 | 88.4 | 3.1 | 23.8 | 4.2 | 0.74 | 0.25 | 0.36 | 24.2 | 309 | — | 17.1 | 142.0 | 218.0 | 0.19 | 0.05 |
| 20 | D3523/5 | 一些克沟 | | 绿阳起片岩 | 94.7 | 267.0 | 40.6 | 35.6 | 63.8 | 256.0 | 3.3 | 28.8 | 4.9 | 0.68 | 0.29 | 0.55 | 17.5 | 181 | — | 24.5 | 120.0 | 96.9 | 0.39 | 0.04 |
| 21 | D3532/1 | 一些克沟 | | 蚀变安山岩 | 15.8 | 47.1 | 28.6 | 36.8 | 195.0 | 864.0 | 5.7 | 120.0 | 9.5 | 2.12 | 0.35 | 15.40 | 15.8 | 201 | — | 19.8 | 102.0 | 65.1 | 0.96 | 0.04 |
| 22 | HX24 | 一些克沟 | | 玄武岩 | 38.1 | 406.7 | — | — | 27.8 | — | — | 12.8 | 8.5 | — | — | — | — | — | — | 3.0 | 65.3 | 17.3 | — | — |
| 23 | HX25 | 一些克沟 | | 安山岩 | 19.7 | 73.3 | — | — | 54.0 | — | — | 55.6 | 13.4 | — | — | — | — | — | — | 7.0 | 114.3 | 68.7 | — | — |
| 24 | HX29 | 一些克沟 | | 玄武安山岩 | 29.5 | 88.9 | — | — | 71.9 | — | — | 70.8 | 11.0 | — | — | — | — | — | — | 3.5 | 91.0 | 97.1 | — | — |
| 25 | D3583/9 | 他龙 | $C_1T$ | 钠长千枚岩 | 38.3 | 91.2 | 8.96 | 12.3 | 564 | 238 | 71.1 | 109 | 10.9 | 2.19 | 0.67 | 9.25 | 17.0 | 78.9 | 2.35 | 28.9 | 78.9 | 108.0 | 1.42 | 0.14 |
| 26 | D3583/10 | 他龙 | | 绢云千枚岩 | 49.2 | 141.0 | 15.50 | 18.3 | 550 | 177 | 99.5 | 195 | 14.6 | 3.70 | 0.90 | 13.80 | 23.0 | 124.0 | 2.94 | 42.0 | 109.0 | 86.4 | 2.30 | 0.09 |
| 27 | D3586/1 | 阿依不龙 | $C_2K$ | 粗面火山岩 | — | 4.19 | 0.66 | 1.3 | 31 | 28 | 34.0 | 671 | 34.7 | 12.28 | 2.36 | 45.60 | 73.7 | 14.9 | 6.85 | 48.2 | 45.6 | 30.7 | 1.93 | 0.01 |
| 28 | D3588/2 | 阿依不龙 | | 蚀变英安岩 | 10.1 | 22.3 | 1.94 | 5.7 | 537 | 69 | 138.0 | 740 | 135.0 | 14.70 | 6.62 | 21.80 | 69.7 | 26.6 | 3.22 | 16.5 | 46.6 | 33.1 | 1.95 | 0.04 |
| 29 | D3589/2 | 阿依不龙 | | 钠长千枚岩 | 22.9 | 25.7 | 12.80 | 25.8 | 116 | 131 | 9.8 | 388 | 70.7 | 6.97 | 3.87 | 11.10 | 79.0 | 207.0 | 2.84 | 8.9 | 161.0 | 49.7 | 3.47 | 0.07 |
| 30 | D3040/2 | 卡帕浪沟 | $C_1P^c$ | 玄武安山岩 | 26.5 | 37.5 | 21.20 | 14.1 | 1 041 | 409 | 38.1 | 506 | 86.3 | 7.26 | 4.40 | 8.67 | 26.5 | 126.0 | 1.92 | 19.2 | 186.0 | 106.0 | 1.16 | 0.04 |
| 31 | D3040/3 | 卡帕浪沟 | | 石英安山岩 | 18.3 | 37.8 | 4.77 | 3.5 | 909 | 127 | 45.3 | 633 | 101.0 | 9.45 | 5.07 | 12.60 | 26.9 | 32.4 | 1.98 | 19.2 | 62.4 | 37.2 | 0.59 | 0.01 |
| 32 | D3040/4 | 卡帕浪沟 | | 杏仁安山岩 | 66.8 | 149.0 | 23.90 | 14.4 | 797 | 341 | 32.6 | 228 | 49.9 | 3.34 | 2.57 | 5.37 | 14.8 | 86.4 | 1.18 | 22.1 | 143.0 | 89.8 | 0.70 | 0.04 |
| 33 | D010/1 | 神仙湾 | $P_{1-2}S^a$ | 玄武岩 | 88.0 | 268.0 | 59.00 | 49.1 | 248 | 345 | 16.0 | 112 | 11.7 | 2.94 | 0.70 | 1.99 | 34.7 | 341.0 | 0.43 | 1.8 | 81.0 | 137.0 | — | — |
| 地球克拉克值(维氏,1962) | | | | | 58.0 | 83.0 | 18.00 | 10.0 | 650 | 340 | 150.0 | 170 | 20.0 | 1.00 | 2.50 | 13.00 | — | — | 0.50 | 16.0 | 83.0 | 47.0 | — | 4.30 |

注：序号为 6～8 及 21～24 为丁道桂专著样品；其余均为本项目实测样品。

**6. 微量元素特征**

微量元素含量见表 3－57，利用 N－MORB 为微量元素作标准参数，得到微量元素蛛网图(图 3－75)。从图中可反映出：除 Sr、Ti 亏损外，相对富集大离子亲石元素(LIL)，强不相容元素 Ba、Rb、Th 极富集，同时高场强元素(HFS)也有一定程度的富集，Y、Yb 含量接近于洋壳的平均值。总之，Sr、Ti 亏损特征明显，配分模式具有弧火山的钙碱性火山岩特征。

**7. 成矿元素特征**

成矿元素特征见表 3－57，与地壳克拉克值相比，成矿元素中的 Pb、Zn、Cu 普遍呈略亏损到亏损近一半。因此，西合休岩组火山岩不利于成矿。

**8. 岩浆来源、构造环境及成因分析**

利用大洋火山岩与大陆火山岩的构造判别图(图 3－76)，样品均落入岛弧型火山岩区。利用长英质火山岩的构造判别图(图 3－77)，样品落入伸展盆地火山岩(大陆裂谷及弧后盆地)区。

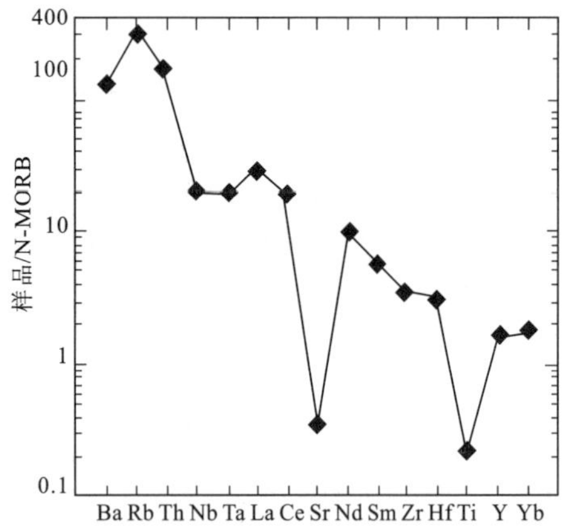


图 3－75　西合休岩组火山岩微量元素蛛网图

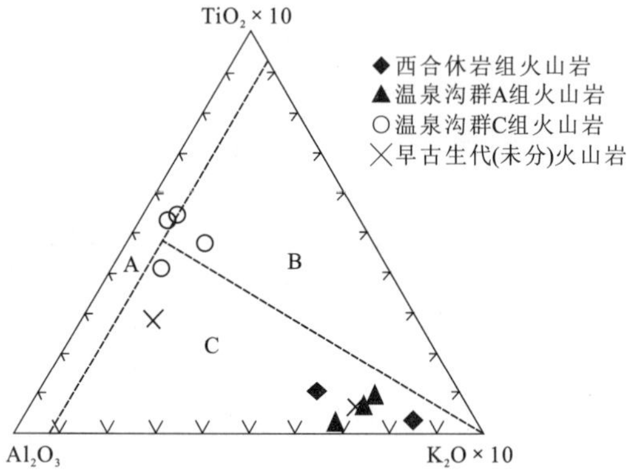


图 3－76　早古生代大洋火山岩与大陆火山岩判别图

A. 大洋玄武岩；B. 大陆裂谷型玄武岩、安山岩区；C. 岛弧型玄武岩、安山岩区

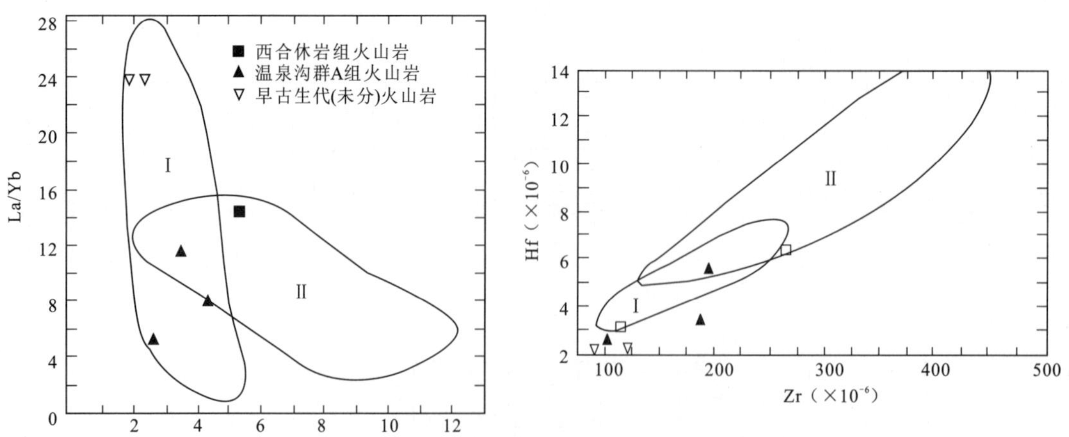


图 3－77　早古生代长英质火山岩的构造判别图

Ⅰ. 弧火山岩；Ⅱ. 伸展盆地(大陆裂谷及弧后盆地)火山岩

### (二)温泉沟群A组中—酸性火山岩

#### 1. 地质特征

该套火山岩出露于麻扎南侧的志留系温泉沟群A组($S_1W^a$)中,火山岩呈层状或透镜状夹于灰色中厚层状细粒长石石英砂岩及粉砂质绢云母板岩之中,火山岩约有2～3层,总视厚度1～2km,长度大于10km,火山岩约占10%,整合夹于上述岩层之中。宏观以灰色、灰白色,致密块状为主要特征。岩性主要为一套中性—酸性,岩石组合为安山质角砾状熔岩、安山岩、英安岩、片理化安山岩等。大部分岩石受区域构造作用,多发生蚀变及片理化。

#### 2. 岩石学特征

主要岩石类型为:

**强绢云母化英安岩** 呈灰色,致密块状,残余斑状结构、基质显微质晶粒状结构,块状构造。残斑晶1～1.2mm,残余斑晶成分为石英3%～4%、斜长石3%～4%、黄铁矿小于1%、褐铁矿小于1%、绢云母(少)。基质成分有斜长石57%、石英18%～20%、钾长石12%～15%、透闪石2%～3%,岩石具残余斑状结构,斑晶成分为自形柱状斜长石和半自形粒状石英,斜长石较混浊,隐约出现钠长石律双晶,石英较洁净,被基质蚀变成圆粒状。基质中的长石和石英呈显微晶质它形粒状,较均匀分布,相互接触紧密。蚀变特征主要是斜长石的强烈绢云母化,特别是基质中出现较多的绢云母鳞片。

**片理化安山质角砾熔岩** 呈灰色,致密块状,变余角砾熔岩结构,熔岩胶结物部分具残余斑状结构、基质交织结构,显微鳞片状构造。残余斑晶粒径0.8～1mm,基质长径0.05～0.12mm,角砾2～10mm,凝灰质0.3～1.5mm。火山角砾成分有英安岩屑15%、安山岩屑15%～16%;熔岩胶结物成分有斜长石4%～5%、基质成分有斜长石45%～47%、钾长石5%～6%、石英2%～3%;凝灰质成分为与角砾成分相同的细岩屑10%～12%。次生矿物为绢云母。该岩石由熔岩胶结物成分和火山碎屑成分组成。熔岩胶结物成分中的结构及成分特点:具斑状结构,斑晶为自形柱状斜长石,基质中的斜长石为残余的板柱状微晶,板柱状长石大致定向排列,形成交织结构。在胶结物中出现的火山角砾安山岩屑和英安岩屑及凝灰质成分为与角砾成分相同的细小岩屑,杂乱不均匀分布。由于蚀变和应力变质作用,表现为斜长石强绢云母化,因应力作用,造成主要矿物成分及碎屑压扁拉长(特别角砾拉长明显),与蚀变绢云母平行排列一致,形成微片状构造和片理化特征。

**片理化蚀变安山岩** 呈灰绿色,致密板状—块状,残余交织结构,显微片状构造。残余斑晶粒径0.6～1mm,基质长径0.05～0.12mm,斑晶成分为斜长石43%～44%、绢云母(次生)40%～42%、石英3%～4%、钾长石3%～5%,岩石经受蚀变和变质作用,使岩石中矿物成分和结构发生不同程度的变化。仍具残余斑状结构,斑晶成分为自形粒状斜长石,长径大小0.6～1mm,由于蚀变晶体混浊,双晶不清,残余基质成分为板柱状斜长石,微晶,长径0.05～0.12mm,板柱状斜长石仍大致定向排列,即为残余的原生交织结构。蚀变特征,表现斜长石的强烈绢云母化,形成绢云母鳞片后,又伴随着强应力作用,造成残余长石和蚀变的绢云母鳞片明显平行定向排列,形成显微片状构造和片理化特征。

#### 3. 岩石化学特征及岩石化学定量分类

岩石化学成分含量见表3-55。同中国火成岩的化学成分平均值相比:$K_2O+Na_2O$的含量为4.5%～8.6%,前两个样品较高,后一样品与之接近;$TiO_2$含量为0.12%～0.88%,前两个样品与之接近,后一样品较低;CaO含量为0.93%～6.21%,相对较低;MnO含量为0.02%～0.03%,相对较低；$FeO^*$（$Fe_2O_3$+0.9FeO）前两个一般为2%（<7%）（中性火山岩），后一个样高达24.5%≫11%（玄武岩），其他氧化物含量大致与之相当。

利用国际地科联推荐的火成岩分类表（TAS）硅-碱图（图3-71）投影判别，分别落入流纹岩及玄武粗安岩区。

**4. 火山岩碱度及岩石系列**

利用（$Na_2O+K_2O$）-$SiO_2$（硅-碱）图（图3-72）判别，该火山岩中有流纹岩落入亚碱系列，玄武粗安岩落入碱性系列；对亚碱系列进一步利用（$Na_2O+K_2O$）-$FeO^*$-MgO（A-F-M）（图3-73）判别，两个样品均落入钙碱性系列区。据岩石化学特征参数（见表3-55）可知：对于酸性火山岩只能用AR-$SiO_2$与碱度关系判别，两样品的AR分别为1.43及1.79，则岩石类型为钙碱性系列；对于中基性火山岩样品用里特曼指数来判别，$6<\sigma=8.51<14$，同时$K_2O>Na_2O$，岩石类型属正常地中海型（钾钙性）。其成分上变化较大，具一定的分散，可能其形成时间上跨度较大，或所处的构造环境有所不同。

**5. 稀土元素特征**

稀土元素含量见表3-56，球粒陨石化标准曲线见图3-78。该火山岩稀土总量高，$\sum REE=80\times10^{-6}\sim176.84\times10^{-6}$；$\delta Eu$变化较大，为0.57～1.39；$(La/Yb)_N=3.40\sim7.62$，说明轻稀土有较强的富集；$(La/Sm)_N=1.59\sim3.59$，$(Gd/Yb)_N=1.13\sim1.48$，说明轻稀土分馏程度明显，重稀土分馏不明显。稀土元素配分曲线模式总体显示明显的左高右平坦型特征。将中性（中基性）火山岩样品的稀土元素配分曲线与典型的安山岩类稀土配分曲线相比较，该火山岩类型为大陆边缘型；将酸性火山岩样品的稀土配分曲线与不同成因的酸性岩的稀土配分模式图相比较，可知酸性火山岩具地壳熔融性质。

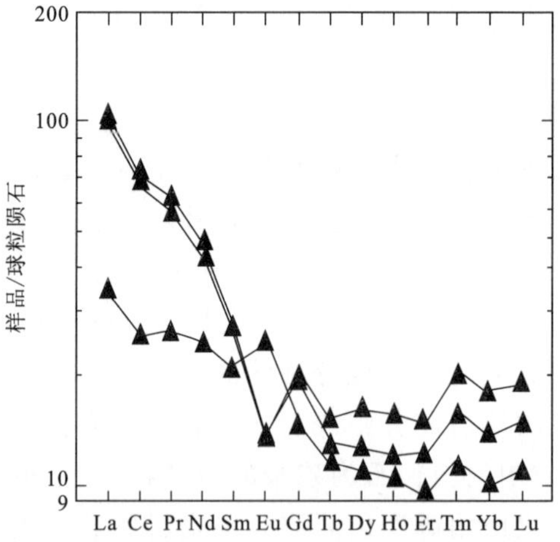


图3-78 温泉沟群A组火山岩稀土元素配分模式图

**6. 微量元素特征**

微量元素含量见表3-57，利用N-MORB为微量元素作标准参数，得到微量元素蛛网图（图3-79）。从图中可反映出：除Sr明显亏损外，相对富集大离子亲石元素（LIL），强不相容元素Ba、Rb、Th明显富集，高场强元素（HFS）也有一定程度的富集，但Ti明显亏损，Y、Yb接近于洋壳含量的平均值。从此图可以看出，岩石中Nb、Sr、Ti的亏损十分明显。这是因为该岩浆来自地幔楔形区形成的玄武岩浆。配分模式具有火山弧的钙碱性火山岩之特征。

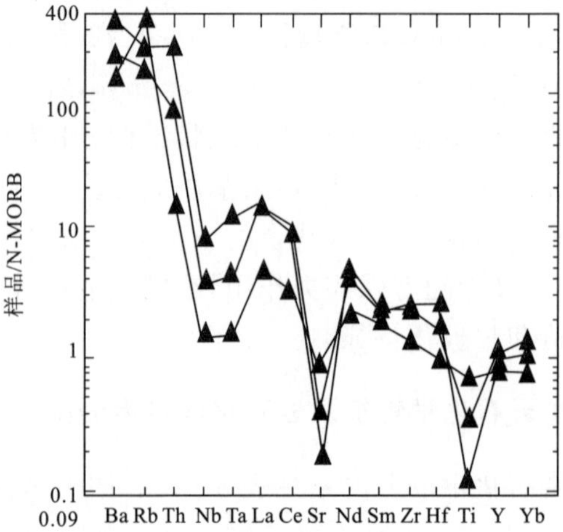


图3-79 温泉沟群A组火山岩微量元素蛛网图

**7. 成矿元素特征**

成矿元素特征见表 3－57，与地壳克拉克值相比，成矿元素中的 Pb、Zn、Cu 普遍呈略富集或略亏损状，$Pb=28.2\times10^{-6}\sim53.6\times10^{-6}$，为地壳克拉克值的 2～4 倍；$Zn=31.5\times10^{-6}\sim51.1\times10^{-6}$，为地壳克拉克值的 1/2；$Cu=83.1\times10^{-6}\sim110\times10^{-6}$，为地壳克拉克值的 2～3 倍。总体上，温泉沟群 A 组火山岩中成矿元素呈亏损状或略富集状，不利于成矿。

**8. 岩浆来源、构造环境及成因分析**

利用大洋火山岩与大陆火山岩的构造判别图（见图 3－76），3 个样品均落入岛弧型火山岩区。利用长英质火山岩的构造判别图（见图 3－77），样品落入弧火山岩区。同各种类型安山岩的微量元素划分图比较，其中玄武粗安山岩落入岛弧区。因此该火山岩为岛弧环境。

（三）温泉沟群 C 组火山岩

**1. 地质特征**

该火山熔岩出露于（麻扎以东）新藏公路 249km 处，沿麻扎-康西瓦构造混杂岩带分布。该火山岩呈层状或镜状分别出露于温泉沟群 C 组（$S_1W^c$）的砂质、泥质石英绢云母片岩中，主要岩石类型为枕状熔岩及杏仁状玄武岩，从北向南依次为辉绿（长）岩脉、块状玄武岩、杏仁状玄武岩及安山岩、薄层灰岩及绢云石英片岩等（或）变质岩互层、枕状熔岩（玄武岩、浊积岩夹辉绿岩）。枕状玄武岩厚约 150m，枕体大小 200cm×100cm×60cm。

**2. 岩石学特征**

**绿帘石岩**　呈灰—灰绿色，块状，显微粒状变晶结构，块状构造。粒径 0.02～0.05mm，矿物成分为绿帘石 32%～35%、钠更长石 25%～30%、绿泥石 18%～20%、方解石 15%～18%、磁铁矿小于 1%、石英 3%。该岩石经受强烈的蚀变作用，造成原岩结构和矿物成分消失不清。岩石蚀变后，蚀变矿物主要是绿帘石细小晶体，不均匀分布于岩石中，与绿帘石混合出现的还有已蚀变分解的细小钠更长石，另外，还有杂乱分布的绿泥石鳞片及细小方解石蚀变矿物。

原岩特征分析，见方解石聚集成板条状，原为斜长石残斑和基质板条状微晶，有时钠更长石显示板条轮廓，加之蚀变矿物绿帘石部分为钠黝帘石化的结果，绿泥石和方解石为暗色矿物蚀变形成，从这些特点分析，原岩应为玄武岩类。

**玄武岩**　呈灰—灰绿色，致密块状，具显微粒状结构，块状构造及糜棱构造。火山岩主要为玄武岩矿物组合，因遭受蚀变，原生矿物成分变化较大。主要矿物有角闪石（可能为透闪石）、石英、磁铁矿、绿泥石等。

**3. 岩石化学及定量分类**

该火山岩的岩石化学分析见表 3－55。其化学成分变化较小，$SiO_2$ 含量较低，在 44.44%～49.03%之间，完全落于玄武岩的化学成分范围；同中国火成岩的化学成分平均值相比较：$Al_2O_3$ 含量与之较相近，在 13.31%～15.25%之间；$FeO^*$（全铁）含量 10.5%～12%，与之相当；$K_2O$ 含量与之较相近；CaO 含量较高，在 8.14%～10.77%之间；MgO 含量与之较相近；$Na_2O$ 含量为 2.36%～3.44%；$TiO_2$ 的含量介于 1.30%～2.12%之间，略低于平均值。CIPW 计算表明，该火山岩的 $SiO_2$ 基本饱和，既不出现石英，也不出现不饱和的副长石，而出现辉石及橄榄石等标准矿物，代表了一种拉斑玄武岩的组合。岩石化学成分介于大陆裂谷拉斑玄武岩与大洋玄武岩之间。利用国际地科联推荐的火成岩分类表(TAS)硅-碱图(图 3-71)判别,该火山岩样品主要投影于玄武岩区,另外有个别样品投影于苦橄玄武岩区。总体为基性火山岩类。

**4. 火山岩碱度及岩石系列**

利用($Na_2O+K_2O$)-$SiO_2$(硅-碱)(图 3-72)判别,可看出该火山岩与洋中脊玄武岩的平均值非常接近,并都沿碱性系列与亚碱系列分界分布。进一步利用($Na_2O+K_2O$)-$FeO^*$-MgO(A-F-M)(图 3-73)判别,样品落入拉斑玄武岩系列区。里特曼指数结果见表 3-55,该火山岩 $\sigma$ 值除一个样品高达 5.84 外,其余变化于 2.13~2.78 之间,岩石类型为中太平洋型(钙碱性)系列。

**5. 稀土元素特征**

该火山岩的稀土元素分析见表 3-56。稀土球粒陨石标准化曲线见图 3-80。该火山岩稀土总量较低,$\sum$REE 在 $63.85\times10^{-6}$~$106.14\times10^{-6}$之间;$\delta$Eu 值变化不大,在 0.96~1.21 之间;略有亏损或略富集。其特征与大陆玄武岩壳层的稀土特征相似($\sum$REE=$95\times10^{-6}$;LREE/HREE=0.8);$(La/Yb)_N$=1.92~2.59,说明轻稀土有一定程度的富集;$(La/Sm)_N$=1.07~1.27,$(Gd/Yb)_N$=1.7~2.19,说明轻稀土分馏不明显,重稀土分馏程度明显。稀土元素配分曲线模式总体显示无铕亏损的左平坦右低型,与洋岛拉斑玄武岩及过渡的洋中脊(T型)玄武岩非常接近。

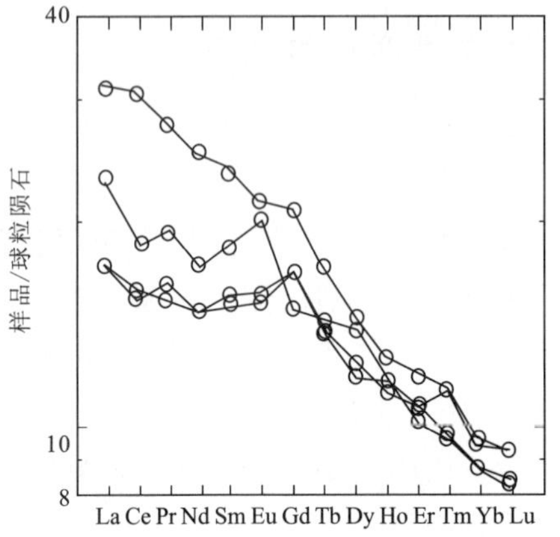


图 3-80 温泉沟群 C 组火山岩稀土元素配分模式图

**6. 微量元素特征**

该火山岩的微量元素分析见表 3-57,利用 N-MORB 为微量元素作标准参数,得到微量元素蛛网图(图 3-81)具有与 Mariana Trough 弧后盆地火山岩相类似的配分模式。与 N-MORB 火山岩相比,该火山岩富含 Rb、Ba、Sr、Th、La、Ce 等大离子亲石元素(LIL),其他高场强元素含量相近。与不同构造背景下形成的各种玄武岩的微量元素比值蛛网图进行比较,结果为与板内玄武岩环境和洋中脊玄武岩环境下的碱性玄武岩非常接近。

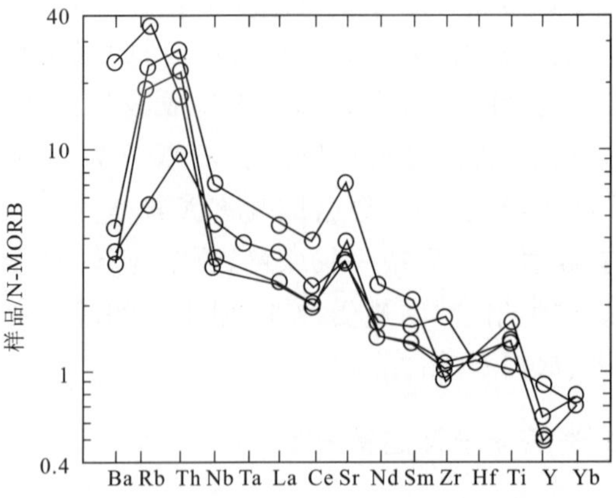


图 3-81 温泉沟群 C 组火山岩微量元素蛛网图

**7. 成矿元素特征**

成矿元素特征见表 3-57,与地壳克拉克值相比,成矿元素中的 Pb、Zn、Cu 普遍呈略亏损或略富集状,Pb=$5.2\times10^{-6}$~$8.5\times10^{-6}$,为地壳克拉克值的 1/2;Zn=$111.2\times10^{-6}$~$218.0\times10^{-6}$,为地壳克拉克值的 1~3 倍;Cu=$90.6\times10^{-6}$~$122.0\times10^{-6}$,为地壳克拉克值的 2~3 倍。总体上,温泉沟群 A 组火山岩中成矿元素呈富集状或略亏损状,不利于成矿。

**8. 岩浆来源、构造环境及成因分析**

利用大洋火山岩与大陆火山岩判别图(图 3 - 76),可看出该火山岩都沿大洋火山岩与大陆火山岩分界分布,总体以大洋火山岩为主。在 Ti - Cr 分类图(图 3 - 82)中,该火山岩主要分布于大洋底(洋中脊)玄武岩区。在(〈FeO〉/MgO)- $TiO_2$ 构造判别图(图 3 - 83)中,该火山岩分布于洋中脊拉斑玄武岩区。在 $FeO^*$ - MgO - $Al_2O_3$ 的构造判别图(图 3 - 84)中,该火山岩主要分布于大洋岛,个别样品分布于大洋中脊。在 $TiO_2$ - MnO×10 - $P_2O_5$×10 构造判别图(图 3 - 85)中,该火山岩主要分布于大洋中脊(MORB)玄武岩区,少数分布于洋岛拉斑玄武岩及洋岛碱性玄武岩区,是成熟大洋的环境。

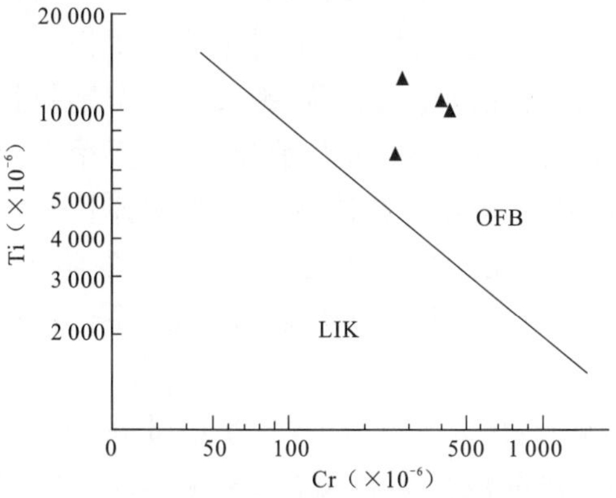


图 3 - 82　温泉沟群 C 组火山岩 Ti - Cr 分类图

LIK. 岛弧拉斑玄武岩;OFB. 大洋底玄武岩

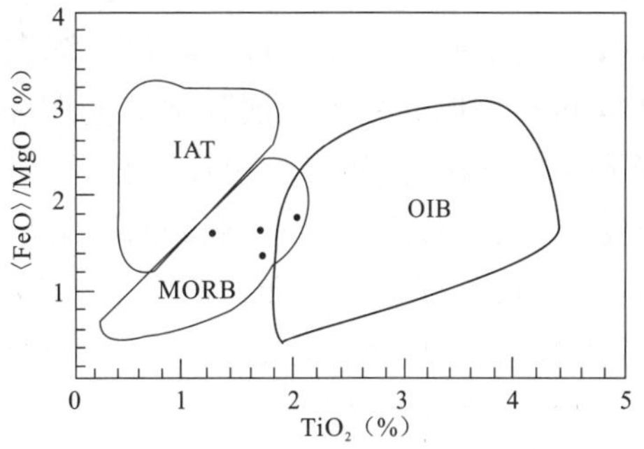


图 3 - 83　温泉沟群 C 组火山岩(〈FeO〉/MgO)- $TiO_2$ 构造判别图

IAT. 岛弧拉斑玄武岩;OIB. 洋岛拉斑玄武岩;MORB. 洋中脊玄武岩

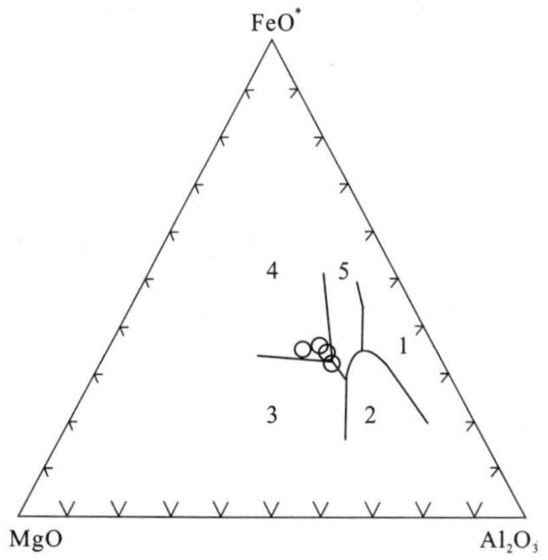


图 3 - 84　温泉沟群 C 组火山岩 $FeO^*$ - MgO - $Al_2O_3$ 构造判别图

1. 扩张性中央岛;2. 造山带;3. 洋中脊或洋底;4. 大洋岛;5. 大陆

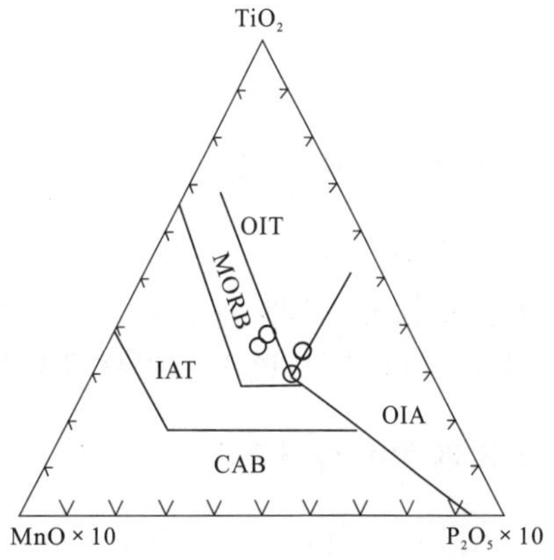


图 3 - 85　温泉沟群 C 组火山岩 $TiO_2$ - MnO×10 - $P_2O_5$×10 构造判别图

IAT. 岛弧拉斑玄武;CAB. 岛弧钙碱性玄武岩;OIT. 洋岛玄武岩;OIA. 洋岛碱性玄武岩;MORB. 洋中脊玄武岩

## (四)早古生代(未分)中酸性—酸性火山岩

**1. 地质特征**

该套火山岩出露于麻扎-康西瓦结合带北侧的赛图拉—吐日苏一带,近东西向呈带状不规则分布，以火山岩为主，夹变质碎屑岩及大理岩透镜体等。火山岩宏观以灰色、灰绿色，致密块状为主要特征，视厚度约1～2km，长度大于20km，火山岩占总岩石的60%～80%。岩性为一套中酸性—酸性火山岩。主要岩石为英安岩、流纹岩等。

**2. 岩石学特征**

主要岩石类型为：

**变质粗面流纹岩**　呈灰色、灰绿色，致密块状，残余斑状结构，基质显微鳞片微粒状变晶结构，平行构造。颗粒大小为斑晶0.6～1.5mm，个别2mm，基质0.1～0.2mm。残余斑晶成分为石英12%～14%、钾长石8%～10%、斜长石1%～2%、榍石小于0.5%。基质成分为钾长石26%～31%、石英15%～18%、斜长石10%～15%、黑云母6%～8%、绢云母8%～10%、绿泥石2%～3%。次生矿物有绢云母、黑云母、绿泥石。岩石具残余斑状结构，由于明显的变质作用，造成岩石结构和矿物成分发生不同程度的变形和蚀变等。残余斑晶成分为石英、钾长石和个别斜长石，由于变质应力作用，使斑晶均呈压扁拉长状或透镜状。石英洁净，稍显波状消光；钾长石稍混浊，显示条纹结构；斜长石隐约显示钠长石律双晶，多数混浊。基质成分中有残余细小粒状钾长石、斜长石和石英，大致平行定向分布。均呈它形微粒变晶形态。蚀变变质作用，经蚀变后又发生变质作用，形成少数绢云母、黑云母、绿泥石等鳞片变晶矿物，因应力作用片状矿物显示聚集，平行排列，形成片理化特点，平行构造。

**英安岩**　呈灰白色，致密层状—块状，微粒结构，硬度中等。斑状结构，基质微晶结构，层状构造。斑晶粒径0.6～1.2mm，基质粒径0.06～0.1mm。斑晶成分为斜长石3%～5%。基质成分为斜长石65%～70%、石英20%～25%、钾长石3%～5%，另外还有锆石(几粒)、磷灰石(几粒)，次生矿物有绿泥石、绢云母、方解石细脉。该岩石结合手标本和镜下观察，具有明显的酸性火山岩特征。具斑状结构，斑晶成分为斜长石，呈自形—半自形粒状，较洁净，双晶不发育，显示聚片双晶，基质中的成分为微晶粒状斜长石和石英，呈它形晶体，晶体之间紧密接触，形成上述结构。蚀变特点为岩石中的矿物较新鲜，仅出现个别绿泥石化和绢云母化，可见方解石细脉贯入。

**3. 岩石化学特征及定量分类**

该火山岩的岩石化学分析见表3-55。同中国火成岩的平均化学成分值相比较：碱性氧化物除CaO、$Fe_2O_3$含量低外，其他氧化物含量大致与之相当。利用国际地科联推荐的火成岩分类(TAS)硅-碱图(图3-71)判别，该火山岩样品投影于英安岩区。

**4. 火山岩碱度及岩石系列**

利用($Na_2O+K_2O$)-$SiO_2$(硅-碱)图(图3-72)判别，可看出该火山岩样品落入亚碱系列；进一步利用($Na_2O+K_2O$)-$FeO^*$-MgO(A-F-M)图(图3-73)判别，样品落入钙碱性系列区。岩石化学特征参数(表3-55)中碱度率(AR)为2.09，用AR-$SiO_2$与碱度关系判别，岩石类型为钙碱性。

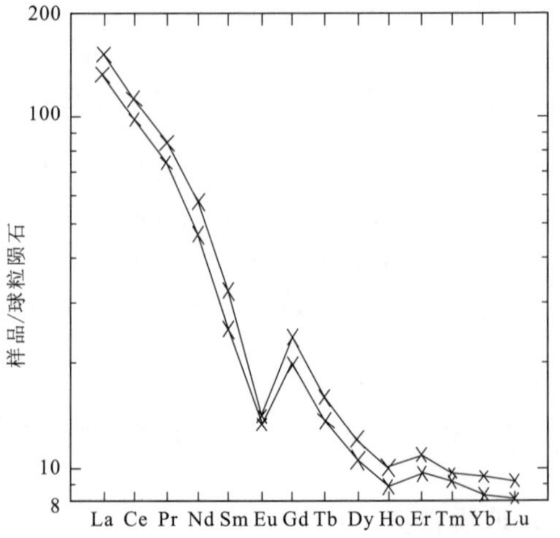

图3-86　早古生代(未分)火山岩稀土配分模式图

**5. 稀土元素特征**

稀土元素含量见表3-56，球粒陨石化标准曲线见图3-86，该火山岩稀土总量较高，即∑REE

$=230.15\times10^{-6}$，$\delta Eu$为0.64，有明显的亏损，此为地壳物质熔融的产物；$(La/Yb)_N=15.63$，说明轻稀土有较强的富集；$(La/Sm)_N=5.20$，$(Gd/Yb)_N=2.36$，说明轻稀土分馏程度较为明显，重稀土也有一定程度的分馏。稀土元素配分曲线模式总体显示明显的左高右低形态特征。与各种典型的中性火山岩的稀土配分模式图相比较，接近于火山岛弧环境。

**6. 微量元素特征**

微量元素含量见表3－57，利用N－MORB为微量元素作标准参数，得到微量元素蛛网图（图3－87）。从图中可反映出：除Sr、Nb亏损外，相对富集大离子亲石元素（LIL），强不相容元素Ba、Rb、Th极富集，同时高场强元素（HFS）也有一定程度的富集，但Ti个别样品明显亏损，Y、Yb含量接近于洋壳的平均值。配分模式具有火山弧钙碱性火山岩之特征。Nb均具明显负异常，说明该火山岩普遍遭受混染现象。

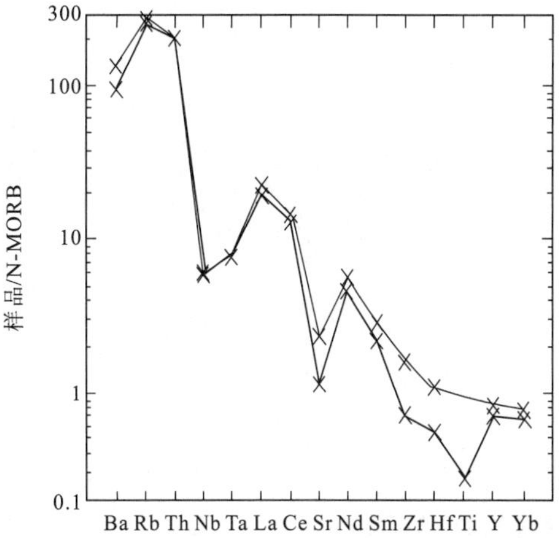


图3－87　早古生代（未分）火山岩微量元素蛛网图

**7. 成矿元素特征**

成矿元素特征见表3－57，与地壳克拉克值相比，该样品成矿元素中的Pb、Zn、Cu普遍呈略亏损或富集状，Pb呈富集状，为地壳克拉克值的2倍；Zn呈略亏损或略富集状，为地壳克拉克值的0.5～1.5倍；Cu呈略亏损或富集状，为地壳克拉克值的0.5～8倍。总体上，该火山岩中成矿元素呈略亏损状或富集状，成矿元素离差较大，有利于成矿，特别是铜矿。

**8. 岩浆来源、构造环境及成因分析**

利用大洋火山岩与大陆火山岩判别图（图3－76），样品均落入岛弧型火山岩区。利用长英质火山岩的构造判别图（图3－77），样品落入弧火山岩区。

## 二、晚古生代火山岩

这一时期的火山岩分布在北部的一些克沟—西合休及阿依不龙、南部的神仙湾一带，其中北部火山岩规模较大，出露完整，南部规模小且分布零星。岩石系列为钙碱性系列和拉斑玄武岩系列，岩性组合为基性—中性—酸性的火山岩。主要岩石有苦橄玄武岩、玄武岩、玄武安山岩、安山岩、粗面安山岩、英安岩、流纹岩等。

主要涉及的地层单位有依莎克群B段、依莎克群A段、他龙群、库尔良群、帕斯群、神仙湾群A组。

### （一）依莎克群B段

**1. 地质特征**

该套火山岩位于测区北部一些克沟附近，绝大部分出露于图幅外，本测区仅出露一小部分，该套火山岩以火山碎屑岩为主，夹火山熔岩（图3－88），岩石组合为安山质、玄武质火山砾岩，玄武质、安山质凝灰岩，凝灰质细砂岩、粉砂岩，硅质凝灰岩，底部夹一定量的块状、气孔状、杏仁状安山质玄武岩。火山碎屑岩与熔岩呈整合接触。剖面上火山熔岩在底部出露较多，火山碎屑岩上部出露较多。火山熔岩占总火山岩石的30%～40%，火山熔岩总视厚约300～400m，长大于6km。岩性组合主要为一套基性—中性熔岩，夹少量中酸性熔岩。岩石组合主要有安山质火山角砾岩、玄武岩、安山岩、英安岩等。

火山碎屑沉积岩中沉积韵律非常清楚（粒度、颜色），显示复理石沉积特点，另外岩石中夹有硅质岩的夹层，缺少灰岩以及粗的陆源碎屑岩夹层，显示一种深水相沉积环境。

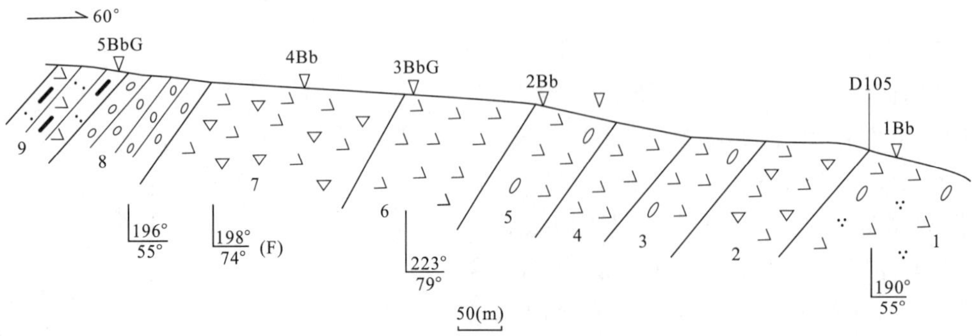


图 3-88　依莎克群 B 段火山岩地质剖面图

1. 灰绿色杏仁状石英安山岩；2. 紫灰色安山质火山角砾岩；3. 灰绿色杏仁状安山岩；4. 灰绿色块状安山岩；5. 灰绿色杏仁状安山岩；6. 灰绿色块状蚀变安山岩；7. 灰绿色块状安山质火山角砾岩；8. 灰绿色、紫红色块状安山质火山砾岩；9. 灰绿色安山质晶屑凝灰岩

**2. 岩石学特征**

主要岩石类型为：

**安山质火山角砾岩**　呈灰色，致密块状，岩石具火山角砾状结构，块状构造。角砾粒径为2～5mm，个别 6mm，凝灰质粒径为 0.15～1.5mm。角砾成分为安山岩屑 40%～50%，凝灰岩屑1%～2%。凝灰质成分为（与角砾成分相同的）岩屑 10%～15%，晶屑：斜长石 8%～10%、石英 15%、火山尘 10%～15%、玻屑 1%～2%（脱玻化），另外，次生矿物为绿泥石 5%～8%、方解石细脉。该岩石中的物质成分由上述火山角砾和凝灰质成分所组成，火山角砾以安山岩屑为主。凝灰质成分除安山岩屑外，尚含有斜长石、石英等晶屑及火山尘等。火山碎屑大小不等，属角砾级者粒径 2～5mm，个别达 6mm；属凝灰碎屑者 0.15～1.5mm 不等，大小杂乱，形状多样，有棱角状、多角状和个别阶梯状、极不规则棱角状。少部分火山尘小于 0.01mm，有的玻屑已脱玻变绿泥石。另外，岩石中可能有少数沉积成因的碎屑，如个别石英和细小安山岩屑，呈次圆形，可能经搬运再沉积形成。

**蚀变玄武岩**　呈灰绿色，致密块状，残余粗玄结构、残余斑状结构，块状构造。斑晶 2～3mm，基质长径 0.3～0.6mm，短径 0.015～0.02mm。斑晶成分为斜长石 35%、方解石 30%～35%、透闪石大于 10%、绿泥石 15%～20%、榍石小于 1%。杏仁体被绿泥石充填 2%。岩石中的斜长石呈细板柱状微晶，大小(0.3mm×0.015mm)～(0.6mm×0.02mm)，于岩石中杂乱排列所形成的间隙中仍见残余透辉石和蚀变微晶方解石、绿泥石等充填，仍残余粗玄结构。斜长石由于泥化晶体混浊，双晶极不清楚；残余透辉石呈它形粒状、无色。蚀变特征，斜长石泥化，原暗色矿物强钙化和绿泥石化，仅残余很少透辉石，含个别杏仁体，大小 0.5～0.6mm，圆形，绿泥石充填。

**蚀变杏仁状安山岩**　呈灰绿色，致密块状，残余交织结构，杏仁状构造。杏仁体 0.5～0.6mm，（基质）其他粒径 0.15～0.2mm。主要矿物斜长石 46%、绿泥石 25%～30%、方解石 15%～20%、褐铁矿 1%。次生泥质方解石、绿泥石。杏仁体（方解石、绿泥石充填）8%。岩石中的斜长石呈细小板柱状微晶，大小 0.15～0.2mm，板柱状斜长石大致平行或半平行排列，其间夹有次生矿物绿泥石和微晶方解石，形成交织结构。斜长石板条晶体混浊，双晶模糊不清。具杏仁状构造，杏仁体大小 0.5～0.6mm，呈圆形，充填矿物中心为方解石，周边为绿泥石，偶尔为石英等。蚀变特征斜长石表现泥化和钙化。另外,原暗色矿物绿泥石化和强钙化。

**英安岩** 呈灰色,致密块状,显微晶质粒状结构,块状构造及杏仁状构造。颗粒大小为0.03～0.05mm,杏仁体0.3～0.6mm。矿物成分为斜长石65%～70%、石英20%～25%、磁铁矿1%、磷灰石0.5%。次生方解石细脉,杏仁体(分别由绿泥石及石英所组成)5%～8%。岩石中的成分为斜长石和少部分石英所组成。主要成分斜长石和石英呈它形显微晶质粒状颗粒,互相紧密接触,均匀分布,即形成块状构造。斜长石稍混浊,双晶不清;石英它形粒状,较洁净。岩石中具不发育的杏仁状构造,杏仁体呈椭圆形,另外,有方解石的细脉贯入。

### 3. 岩石化学特征及岩石化学定量分类

火山岩的岩石化学分析见表3-55。同中国火成岩的平均化学成分值相比较:①玄武岩类:$SiO_2$、$Al_2O_3$、$Fe_2O_3$含量与之相当,分别为43.5%～49%、14.98%～15.08%、3.93%～6.45%;$TiO_2$含量偏低,为0.85%～0.88%;$K_2O$含量偏低,为0.08%～0.43%;$Na_2O$含量略偏低,为1.04%～3.26%;CaO含量普遍偏高,为3.76%～13.66%;FeO含量略偏低,为6.27%～7.62%;MnO含量偏低,为0.11%～0.21%;MgO普遍偏低,含量变化较大,为7.51%～8.64%,总体略偏高。②安山岩类:$SiO_2$、$Al_2O_3$含量与中国火成岩平均值相当,分别为57.82%、13.34%;$TiO_2$含量偏高,为1.13%;$K_2O$、$Na_2O$含量均偏低,为0.43%及2.3%;CaO含量偏高,为3.76%;$Fe_2O_3$、FeO含量普遍偏高,分别为5.58%、7.33%;MnO、MgO含量偏低,分别为0.12%、2.09%。利用国际地科联推荐的火成岩分类表(TAS)硅-碱图(图3-89)判别,该火山岩样品投影于玄武岩区、苦橄玄武岩区及安山岩区。总体为基性火山岩类夹少量中性火山岩类。

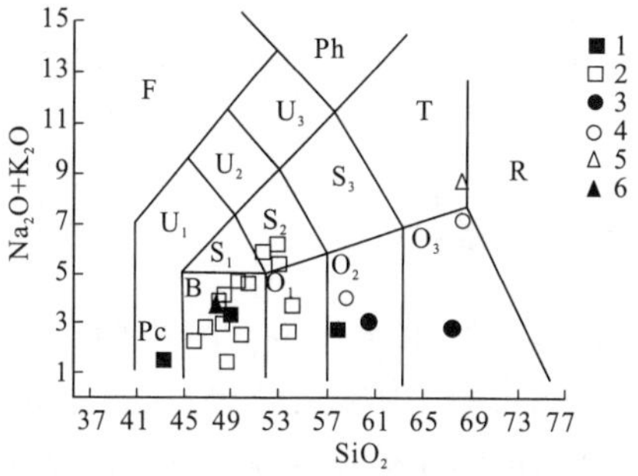


图3-89 晚古生代火山岩(TAS)硅-碱图解

1.依莎克群B段火山岩;2.依莎克群A段火山岩;3.他龙群火山岩;4.库尔良群火山岩;5.帕斯群火山岩;6.神仙湾群A组火山岩。

F.副长石岩;Pc.苦橄玄武岩;B.玄武岩;$O_1$.玄武安山岩;$O_2$.安山岩;$O_3$.英安岩;$S_1$.粗面玄武岩;$S_2$.玄武粗安岩;$S_3$.粗安岩;Ph.响岩;T.粗面岩、粗面英安岩;R.流纹岩;$U_1$.碧玄岩、碱玄岩;$U_2$.响岩质碱玄岩;$U_3$.碱玄质响岩

### 4. 火山岩碱度及岩石系列

利用($Na_2O+K_2O$)-$SiO_2$(硅-碱)图(图3-90)判别,可看出一些克沟二段火山岩样品落入亚碱系列;进一步利用($Na_2O+K_2O$)-$FeO^*$-MgO(A-F-M)图(图3-91)判别,样品落入拉斑玄武岩系列区。据里特曼指数结果(见表3-55)可知:该火山岩除一个样品高达4.32外,其余均变化于0.5～1.86之间,主体小于1.8,岩石类型为强太平洋型(钙性)。

### 5. 稀土元素特征

稀土元素含量见表3-56,球粒陨石化标准曲线见图3-92,该火山岩稀土总量变化较大,且偏低,即$\sum REE=21.19\times10^{-6}\sim108.47\times10^{-6}$,$\delta Eu$为0.80～0.98,略微亏损;$(La/Yb)_N$值变化较大,主体在1.2～3.3之间,个别样品为0.64或11.01,说明轻稀土主体有一定程度至较强的富集,极个别样品亏损;$(La/Sm)_N$值变化较大,主体在1.09～1.76之间,个别样品为0.72或11.11,$(Gd/Yb)_N$值变化较大,主体在0.67～0.85之间,个别样品为1.1～1.88,说明轻稀土有一定程度至较强的富集,且轻稀土主体有一定程度的分馏,重稀土总体分馏不明显。稀土元素配分曲线模式总体显示左略高右平坦或平坦形态特征。与各种典型的基性火山岩的稀土配分模式图相比较,属于

大洋(拉斑)玄武岩,总体接近于过渡型(T 型)洋中脊玄武岩的配分模式。

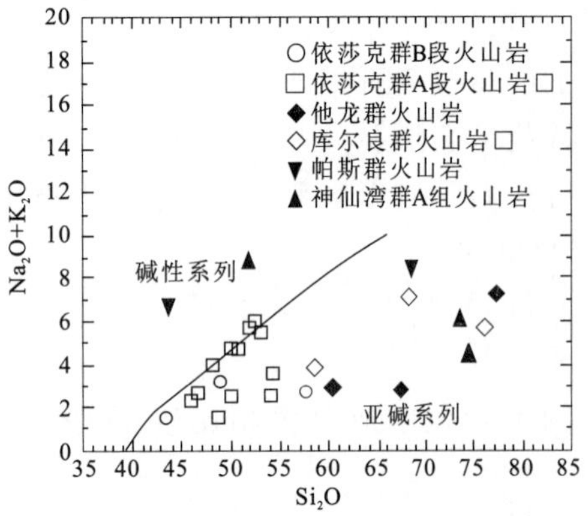


图 3-90 晚古生代火山岩硅-碱图

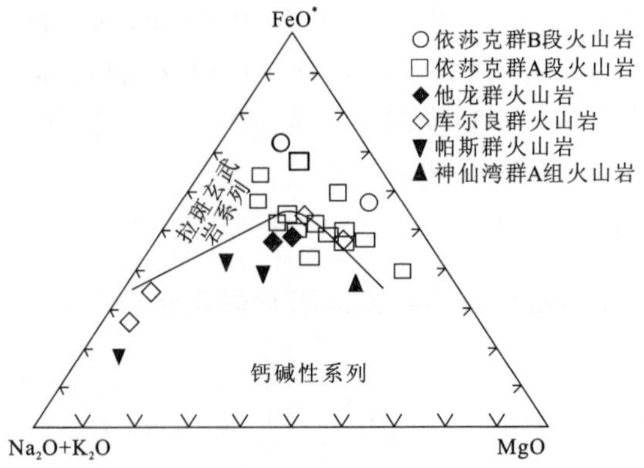


图 3-91 晚古生代火山岩 A-F-M 图

**6. 微量元素特征**

微量元素含量见表 3-57,利用 N-MORB 为微量元素作标准参数,得到微量元素蛛网图(图 3-93)。从图中可反映出:大离子亲石元素(LIL)富集,强不相容元素 Sr 富集,同时高场强元素(HFS)接近洋中脊玄武岩,个别样品亏损;Y、Yb 含量接近于洋中脊或略亏损。具有与洋中脊玄武岩相似的配分模式。

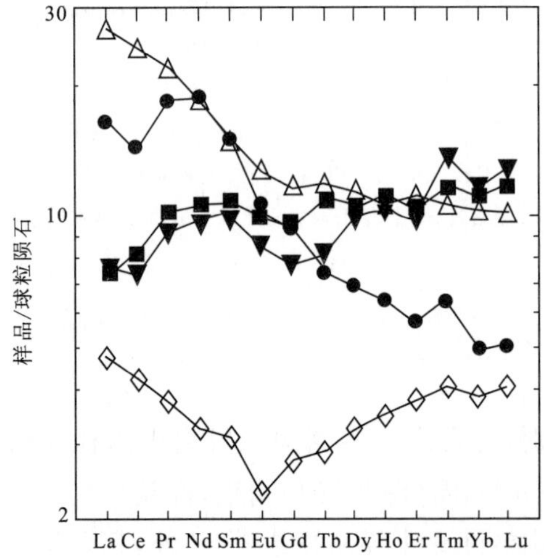


图 3-92 依莎克群 B 段火山岩稀土元素配分模式图

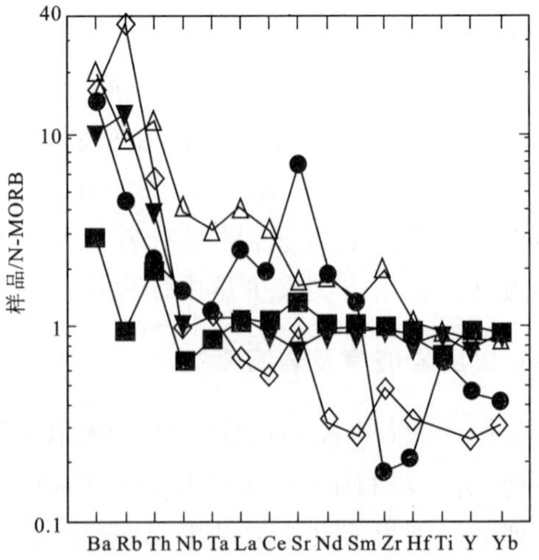


图 3-93 依莎克群 B 段火山岩微量元素蛛网图

**7. 成矿元素特征**

成矿元素特征见表 3-57,与地壳克拉克值相比,依莎克群 B 段火山岩样品成矿元素中的 Pb、Zn、Cu 含量变化较大,Pb 总体呈亏损状,为地壳克拉克值的 0.5~1 倍,个别为其的 1/20;Zn 呈略亏损或略富集状,为地壳克拉克值的 0.67~1.5 倍;Cu 呈富集状,为地壳克拉克值的2~3 倍,最高可达 8 倍。总体上,该火山岩中成矿元素呈略亏损状或富集状,成矿元素离差较大,有利于成铜矿。

**8. 岩浆来源、构造环境及成因分析**

利用大洋火山岩与大陆火山岩判别图(图 3－94)，样品均落入大洋型和岛弧型火山岩区。在 Ti－Cr 的构造环境分类图(图 3－95)中，依莎克群 B 段火山岩(玄武岩)主要分布在岛弧拉斑玄武岩区，局部分布于岛弧拉斑玄武岩区与大洋底(洋中脊)玄武岩区的分界线上。在 $TiO_2-K_2O-P_2O_5$ 分类图(图 3－96)中，依莎克群 B 段火山岩(玄武岩)分布于大洋玄武岩区与板内玄武岩区界线的近两侧，侧重于大洋玄武岩。在 $FeO^*-MgO-Al_2O_3$ 的构造判别图(图 3－97)中，依莎克群 B 段火山岩(玄武岩)分布比较分散，分布于大洋岛及洋中脊。

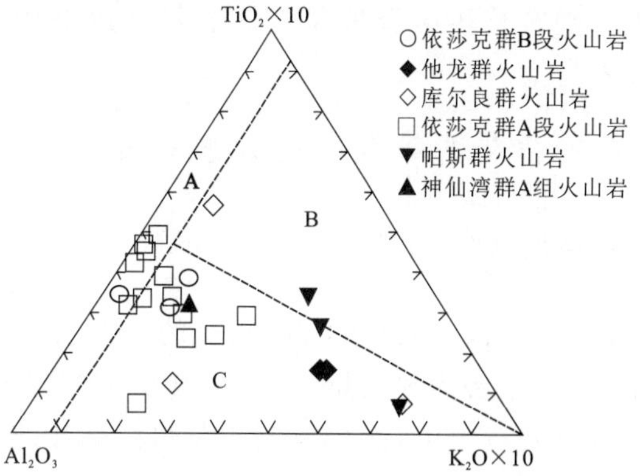


图 3－94　晚古生代大洋火山岩与大陆火山岩判别图

A. 大洋玄武岩；B. 大陆裂谷型玄武岩、安山岩区；C. 岛弧型玄武岩、安山岩区

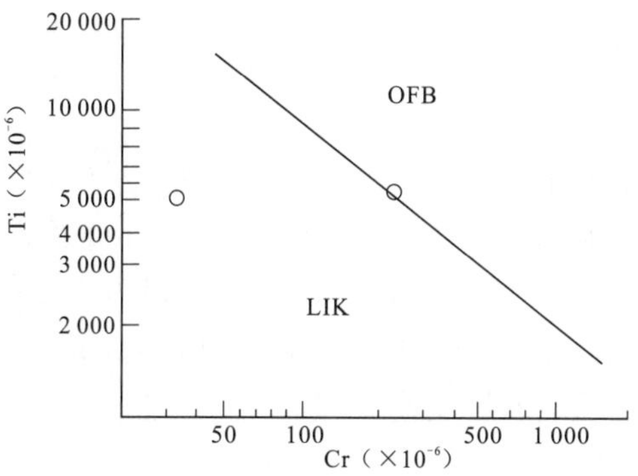


图 3－95　依莎克群 B 段火山岩 Ti－Cr 分类图

LIK. 岛弧拉斑玄武岩；OFB. 大洋底玄武岩

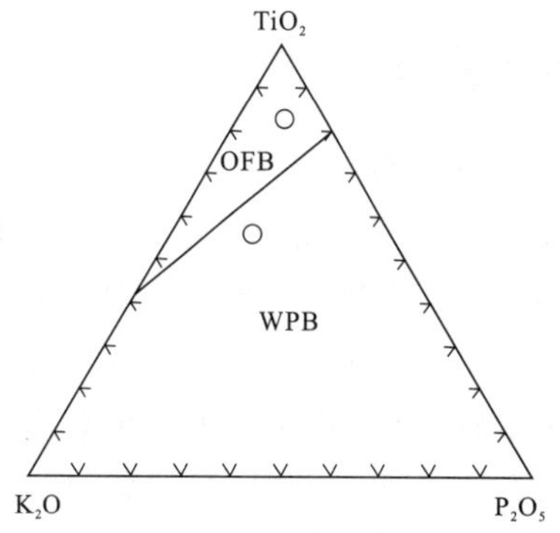


图 3－96　依莎克群 B 段火山岩 $TiO_2-K_2O-P_2O_5$ 分类图

OFB. 大洋玄武岩；WPB. 板内玄武岩

在 $TiO_2-MnO\times10-P_2O_5\times10$ 的构造分类图(图 3－98)中，依莎克群 B 段火山岩(玄武岩)分布于大洋中脊(MORB)区及岛弧钙碱性玄武岩区，是成熟大洋的环境。在(〈FeO〉/MgO)－$TiO_2$ 构

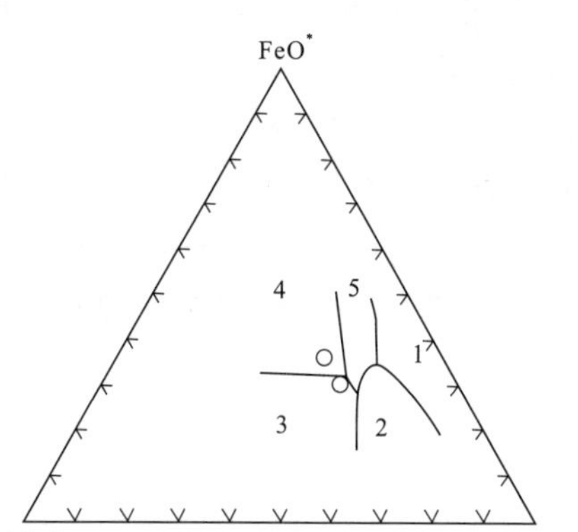


图 3－97　依莎克群 B 段火山岩 $FeO^*-MgO-Al_2O_3$ 构造判别图

1. 扩张性中央岛；2. 造山带；3. 洋中脊或洋底；4. 大洋岛；5. 大陆

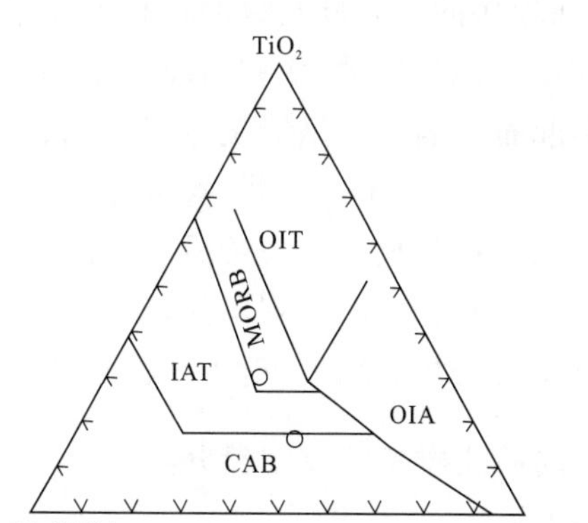


图 3－98　依莎克群 B 段火山岩 $TiO_2-MnO_2\times10-P_2O_5\times10$ 构造分类图

IAT. 岛弧拉斑玄武岩；CAB. 岛弧钙碱性玄武岩；OIT. 洋岛玄武岩；OIA. 洋岛碱性玄武岩；MORB. 洋中脊玄武岩

造判别图(图 3－99)中，该火山玄武岩分布于岛弧拉斑玄武岩及洋中脊拉斑玄武岩区。以岛弧拉斑玄武岩为主。

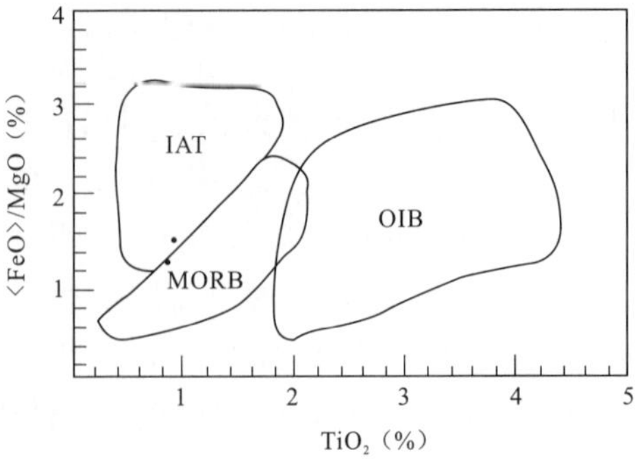


图 3－99　依莎克群 B 段火山岩
(〈FeO〉/MgO)－$TiO_2$构造判别图
IAT. 岛弧拉斑玄武岩；OIB. 洋岛拉斑玄武岩；MORB. 洋中脊拉斑玄武岩

## (二)依莎克群 A 段火山岩($C_2y^a$)

### 1. 地质特征

该套火山岩出露于测区北部的一些克沟—西合休一带，主要为火山熔岩，局部夹少量的碎屑岩。熔岩占总岩石大于 90%，同时也是该图幅中出露最大的火山熔岩体。其中有一部分延伸出图幅，测区内总视厚度约 1～2km，长度为 10～15km。其岩石组合主要为玄武岩、安山岩、阳起石片岩等。宏观以灰绿色、致密块状为主要特征，局部岩石受区域动力作用，显示片状、板状。

### 2. 岩石学特征

主要岩石类型为：

**玄武岩**　呈灰绿色，粗玄结构，块状构造。粒径长轴 0.2～0.5mm。矿物成分为斜长石 55%～60%、辉石 20%～25%、绿泥石 15%～18%、磁铁矿 2%～3%。同时有少量石英及方解石脉。次生矿物为绿泥石。该岩石由上述几种矿物成分组成。主要成分斜长石呈微晶板条状，晶体呈束状或帚状排列，其间隙中充填有透辉石细小柱状晶体和少部分次生绿泥石，即形成粗玄结构。板条斜长石较洁净，卡氏双晶发育；辉石多呈细柱和短柱状、粒状，无色为透辉石，蚀变轻微，斜长石轻绿泥石化，次生绿泥石明显。

**(强蚀变)安山岩**　呈灰色，致密块状，残余斑状结构，基质残余显微粒状晶质结构，平行状构造。斑晶粒径 0.6～0.8mm，基质 0.05～0.1mm。残余斑晶成分为斜长石 10%～15%，基质成分为斜长石 24%～27%、绿泥石 28%～30%、绢云母 18%～20%、方解石 12%～15%、磁铁矿 1%。次生矿物有绿泥石、绢云母、方解石。岩石具残余斑状结构，残余斑晶成分为半自形—它形粒状、柱状斜长石，由于蚀变晶体不完整，且混浊，双晶不清。基质成分由于强烈绢云母化和绿泥石化及钙化，出现较多的绢云母及绿泥石和少数方解石等。原生长石仅残余少部分，不均匀残留于岩石中。由于变质应力作用，蚀变矿物绿泥石、绢云母等鳞片状矿物显示定向排列，即形成平行构造。

**阳起石片岩**　呈绿灰色，片柱状—块状，纤变晶结构，片状构造。矿物成分为阳起石 89%、绿帘石 8%～9%、榍石 1%、褐帘石 0.5%、褐铁矿 1%，另外有绿帘石贯入。岩石遭受变质作用，使原岩结构和矿物成分消失殆尽，造成原岩很难恢复。蚀变变晶矿物主要为阳起石，呈纤柱状和纤维状，呈绿色，长轴定向排列明显，形成片状构造。沿面理方向断续出现少许绿帘石晶体。从蚀变变质矿物组合分析，原岩可能为基性岩类。

### 3. 岩石化学特征及定量分类

火山岩的岩石化学分析见表 3－55。同中国火成岩的平均化学成分值相比较：$SiO_2$含量总体与之接近，为 46.03%～54.38%；$Al_2O_3$含量也总体与之相当，为 12.59%～16.56%；$TiO_2$含量总体偏低，为0.7%～1.35%；$K_2O$ 含量总体偏低，为 0.05%～1.13%；$Na_2O$ 含量总体略偏低，为 2.3%～4.08%，个别可达为 5.78%；CaO 含量普遍偏高，为 4.88%～10.29%；$Fe_2O_3$含量变化较大，主体略偏低，为 2.02%～5.15%，个别可达 15.13%；FeO 含量主体与之相当；MnO 含量普遍偏低，为

0.08%～0.22%；MgO 普遍偏低，含量变化较大，主体略偏低，为 4.67%～9.44%。利用国际地科联推荐的火成岩分类表(TAS)硅-碱图(见图 3-89)判别，该火山岩样品主体投影于玄武岩区，个别样品投影于玄武安山岩区及玄武粗安岩区。总体为基性火山岩类夹少量中基性火山岩类。

**4. 火山岩碱度及岩石系列**

利用($Na_2O+K_2O$)-$SiO_2$(硅-碱)图(图 3-90)判别，可看出一些克沟一段火山岩样品落入亚碱系列；进一步利用 A-F-M 图(图 3-91)判别，该火山岩样品主体落入拉斑玄武岩系列区，少数落入钙碱性系列区。据里特曼指数结果(见表 3-55)可知：该火山岩里特曼指数变化较大，在0.5～3.54 之间，大于及小于 1.8 者均有。岩石类型总体为太平洋型(钙碱性、钙性亚碱性)。

**5. 稀土元素特征**

稀土元素含量见表 3-56，球粒陨石化标准曲线见图 3-100。该火山岩稀土总量变化较大、相对偏低，主体为 $\sum REE=51.11\times10^{-6}\sim101.25\times10^{-6}$，个别可达 $579.77\times10^{-6}$。$\delta Eu$ 为 0.80～1.09，略微亏损或不亏损；$(La/Yb)_N$ 值变化较大，主体在 0.92～2.89 之间，个别样品为0.25或20.36，说明轻、重稀土主体均不富集或不亏损，极个别样品重稀土较富集；$(La/Sm)_N$ 值变化较大，主体在 1.09～1.76 之间，个别样品可达 4.97，$(Gd/Yb)_N$ 值变化较大，主体在 0.9～1.88 之间，个别样品为2.98，说明轻、重稀土主体均分馏不明显。稀土元素配分曲线模式总体显示无铕异常平坦型特征。与各种典型的基性火山岩的稀土配分模式图相比较，主体接近于正常型(N 型)洋中脊玄武岩的配分模式，个别配分曲线显示洋岛碱性玄武岩模式。

**6. 微量元素特征**

微量元素含量见表 3-57，利用 N-MORB 为微量元素作标准参数，得到微量元素蛛网图(图 3-101)。从图中可主体反映出：大离子亲石元素(LIL)富集，强不相容元素 Rb、Ba、Th 富集，但高场强元素(HFS)接近洋中脊玄武岩，个别样品亏损；Y、Yb 含量接近于洋中脊或略亏损。考虑到由于风化及变质作用可能造成 Rb、Ba、Th 等元素含量的变化，依莎克群 A 段火山岩的微量元素接近于洋中脊或者以富集的大离子亲石元素为特征，相当于较多硅质壳成分的大陆边缘盆地玄武岩(具有洋脊及岛弧过渡性质)。根据玄武岩中 Nb、Y 和 Zr 丰度比值推测，岩浆来源于亏损型地幔。

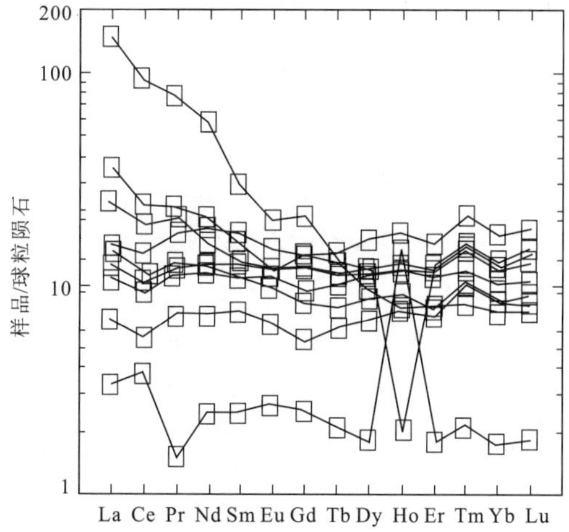


图 3-100 依莎克群 A 段火山岩稀土元素配分模式图

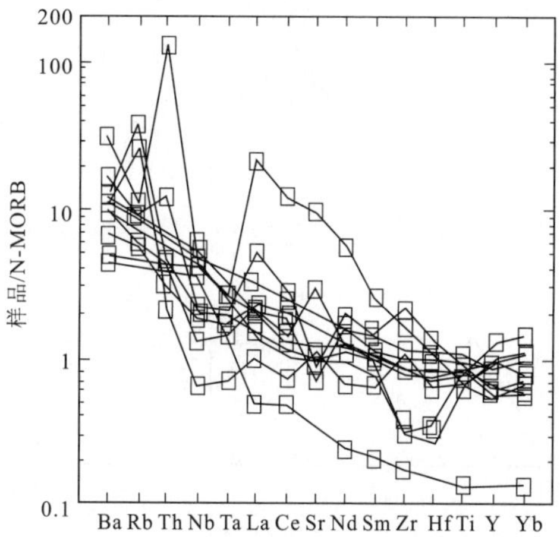


图 3-101 依莎克群 A 段火山岩微量元素蛛网图

### 7. 成矿元素特征

成矿元素特征见表 3－57，与地壳克拉克值相比，依莎克群 A 段火山岩样品成矿元素中的 Pb、Zn、Cu 含量变化较大，Pb 总体呈略亏损状，为地壳克拉克值的 0.125～1 倍，个别为其的 1.5 倍；Zn 呈富集状，为地壳克拉克值的 1.5～2 倍；Cu 总体呈富集状，为地壳克拉克值的 2 倍，最高可达5 倍。总体上，该火山岩中成矿元素呈富集状，成矿元素离差大，有利于成铜矿。

### 8. 岩浆来源、构造环境及成因分析

利用大洋火山岩与大陆火山岩判别图(图 3－94)，样品均落入大洋型和岛弧型火山岩区，以岛弧型为主。在 Ti－Cr 分类图(图 3－102)中，火山岩同时分布于岛弧拉斑玄武岩区和大洋底(洋中脊)玄武岩区，可能是一种过渡性质。在 $TiO_2$－$K_2O$－$P_2O_5$ 分类图(图 3－103)中，依莎克群 A 段火山岩同时分布于大洋玄武岩和板内玄武岩区。在 $FeO^*$－MgO－$Al_2O_3$ 的构造分类图(图 3－104)中，依莎克群 A 段火山岩分布比较分散，主要分布于洋中脊、造山带、大陆区。在 $TiO_2$－MnO×10－$P_2O_5$×10 的构造判别图(图 3－105)中，依莎克群 A 段火山岩主要分布于岛弧拉斑玄武岩(IAT)区，个别样品分布于岛弧钙碱性玄武岩区。在(〈FeO〉/MgO)－$TiO_2$ 构造判别图(图 3－106)中，该火山玄武岩分布于岛弧拉斑玄武岩与洋中脊拉斑玄武岩区界线两侧，具过渡性质。

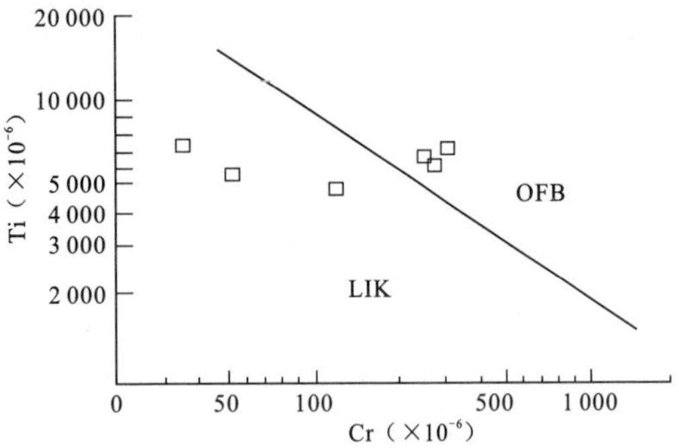


图 3－102　依莎克群 A 段火山岩
Ti－Cr 分类图
LIK. 岛弧拉斑玄武岩；OFB. 大洋底玄武岩

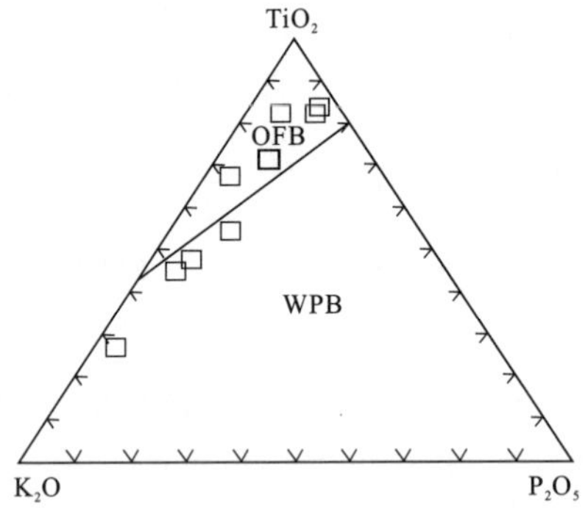


图 3－103　依莎克群 A 段火山岩
$TiO_2$－$K_2O$－$P_2O_5$ 分类图
OFB. 大洋玄武岩；WPB. 板内玄武岩

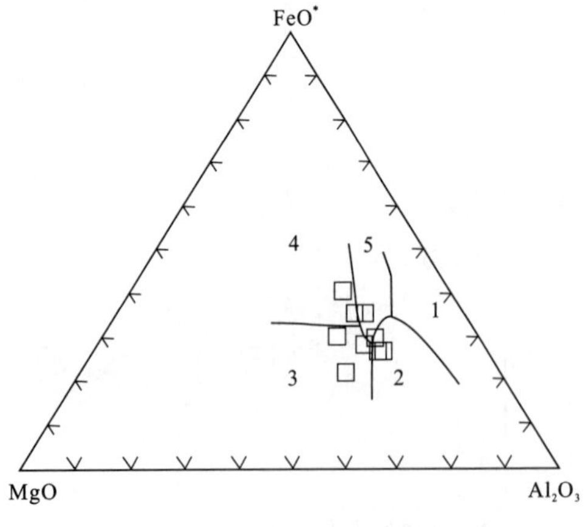


图 3－104　依莎克群 A 段火山岩
$FeO^*$－MgO－$Al_2O_3$ 构造判别图
1. 扩张性中央岛；2. 造山带；3. 洋中脊或洋底；
4. 大洋岛；5. 大陆

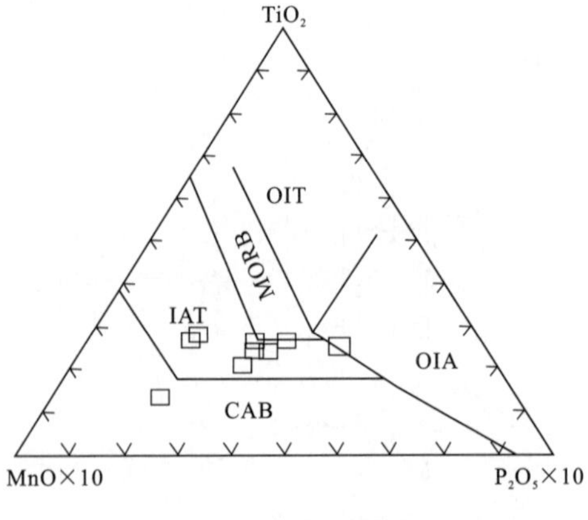


图 3－105　依莎克群 A 段火山岩
$TiO_2$－MnO×10－$P_2O_5$×10 构造判别图
IAT. 岛弧拉斑玄武岩；CAB. 岛弧钙碱性玄武岩；
OIT. 洋岛玄武岩；OIA. 洋岛碱性玄武岩；
MORB. 洋中脊玄武岩

## (三)他龙群中性—中酸性火山岩

### 1. 地质特征

该套火山岩出露于测区东北角的早石炭系他龙群($C_1T$)中,地层呈北西向展布。火山岩约有2～3层,总视厚度200～400m,长度大于10km,火山岩约占10%,整合夹于他龙群碎屑岩中。宏观以灰色、灰绿色,致密板状—块状为主要特征。岩性主要为一套中性—酸性,岩石组合为钠长绢云千枚岩,绿泥钠长千枚岩等。大部分经受区域变质作用,为绿片岩相。

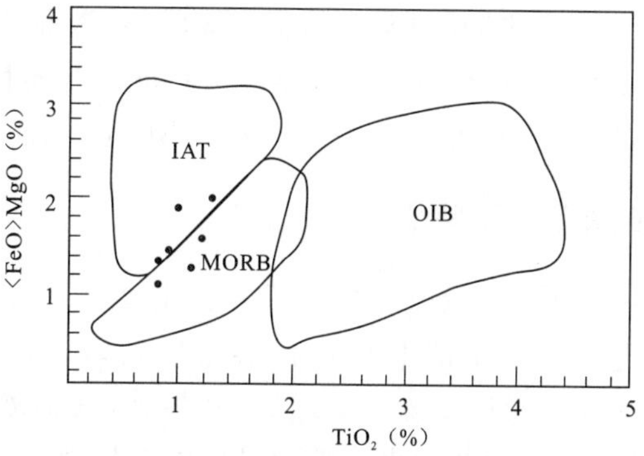


图3-106　依莎克群A段火山岩(〈FeO〉/MgO)-$TiO_2$构造判别图
IAT. 岛孤拉斑玄武岩;OIB. 洋岛拉斑玄武岩;MORB. 洋中脊拉斑玄武岩

### 2. 岩石学特征

主要岩石类型为:

**钠长绢云千枚岩**　呈绿色,致密板状—块状。显微粒状鳞片主晶结构,千枚状构造。颗粒大小为0.03～0.01mm,个别为0.5～0.7mm。矿物成分有钠长石33%～34%、石英23%～25%、绢云母30%、绿泥石3%～4%、钾长石3%～5%、方解石5%～6%,岩石经区域低温动力变质作用,使岩石中的结构和矿物成分发生变化,经变质和蚀变作用,形成的变晶矿物有绢云母和个别绿泥石鳞片及蚀变分解形成的钠长石微晶颗粒,由于应力作用,这些变晶矿物和分异矿物均平行空间排列形成千枚状构造。岩石中偶见较大的石英和个别斜长石,呈它形和半自形柱状,分析可能为原岩残余斑晶成分,另外,显微粒状钠长石和石英应为残余基质成分,仅斜长石分异变钠长石。依此特征,原岩应为英安岩类。

### 3. 岩石化学特征及定量分类

火山岩的岩石化学分析见表3-55。同中国火成岩的平均化学成分值相比较:$SiO_2$、$Al_2O_3$及$TiO_2$含量总体与之接近;$K_2O$及$Na_2O$含量总体偏低,分别为1.85%～2.28%和0.5%～1.1%;CaO含量略高,为1.94%～8.43%;$Fe_2O_3$含量偏低,为1.20%～1.9%;FeO含量略有变化,略偏高或略偏低,为2.93%～4.15%;MnO含量相当,为0.05%～0.14%;MgO含量变化不大,为2.32%～2.78%。利用国际地科联推荐的火成岩分类表(TAS)硅-碱图(图3-89)判别,该火山岩样品投影于安山岩和英安岩区。

### 4. 火山岩碱度及岩石系列

利用($Na_2O+K_2O$)-$SiO_2$(硅-碱)图(图3-90)判别,他龙中酸性火山岩样品落入亚碱系列;进一步利用($Na_2O+K_2O$)-$FeO^*$-MgO(A-F-M)图(图3-91)判别,该样品均落入钙碱性系列。据里特曼指数结果(见表3-55)可知:该火山岩里特曼指数变化较小,在0.32～0.50之间,小于1.8,岩石类型为极强太平洋型(过钙性)。

### 5. 稀土元素特征

稀土元素含量见表3-56,球粒陨石化标准曲线见图3-107,该火山岩稀土总量较高,为$\sum REE=153.22\times10^{-6}$～$235.57\times10^{-6}$。$\delta Eu$为0.6～0.66,呈明显亏损状;$(La/Yb)_N$值较大,在

10.15～13.45之间，说明轻稀土极富集；$(La/Sm)_N$值在3.85～4.95之间，$(Gd/Yb)_N$值主体在1.95～2.38之间，说明轻稀土分馏明显，重稀土分馏不明显。稀土元素配分曲线模式总体显示有铕明显亏损、异常曲线向右陡倾型特征。与各种典型的中性（中酸性）火山岩的稀土配分模式图相比较，接近于大陆边缘火山岩（高钾型）配分模式。

**6. 微量元素特征**

微量元素含量见表3-57，利用N-MORB为微量元素作标准参数，得到微量元素蛛网图（图3-108）。从图中可主体反映出：大离子亲石元素（LIL）富集，强不相容元素Rb、Ba、Th富集，高场强元素（HFS）除Ti、Y、Yb亏损外，其他略富集，总体Nb、Sr、Ti、Ta的亏损较特征，呈向右陡倾的锯齿状，大体与火山弧微量蛛网图较相近。

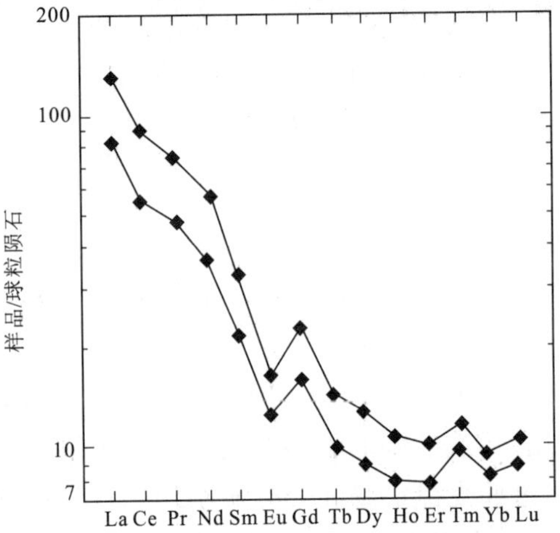


图3-107 他龙群火山岩稀土元素配分模式图

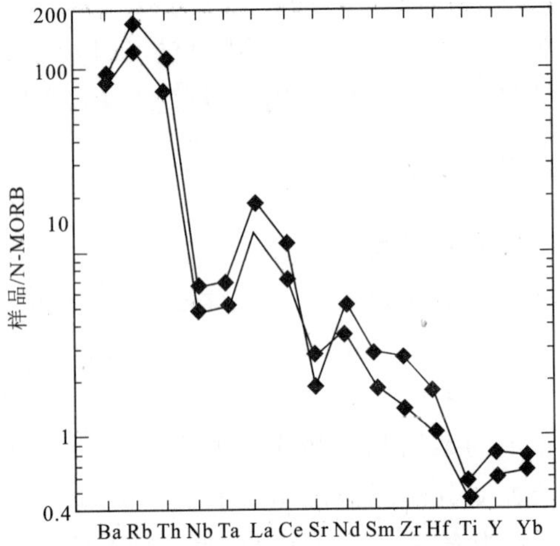


图3-108 他龙群火山岩微量元素蛛网图

**7. 成矿元素特征**

成矿元素特征见表3-57，与地壳克拉克值相比，该火山岩成矿元素中的Pb、Zn、Cu含量变化较大，Pb呈富集状，为地壳克拉克值的1.5～3倍；Zn呈略富集状，为地壳克拉克值的0.95～1.2倍；Cu总体呈富集状，为地壳克拉克值的2倍。总体上，该火山岩中成矿元素呈富集状，成矿元素离差小，不利于成矿。

**8. 岩浆来源、构造环境及成因分析**

利用大洋火山岩与大陆火山岩判别图（图3-94），样品均落入岛弧型安山岩区。利用长英质火山岩的构造判别图（图3-109），两样品均落入弧火山岩区。

（四）库尔良群中性—酸性火山岩

**1. 地质特征**

该套火山岩出露于测区东北角的阿依不龙达坂北侧，火山岩夹于晚石炭世库尔良群（$C_2K$）中。火山岩约有2～3层，总视厚度500～800m，长度大于10km，火山岩约占10%，整合夹于库尔良群碎屑岩中。宏观以灰色、灰绿色，致密板状—块状为主要特征。岩性主要为一套中性—酸性，岩石组合为钠长绢云千枚岩（英安岩）、绿泥钠长石片岩（安山岩）、石英绢云母片岩、流纹岩、英安岩等。大部分经受区域变质作用，为绿片岩相。

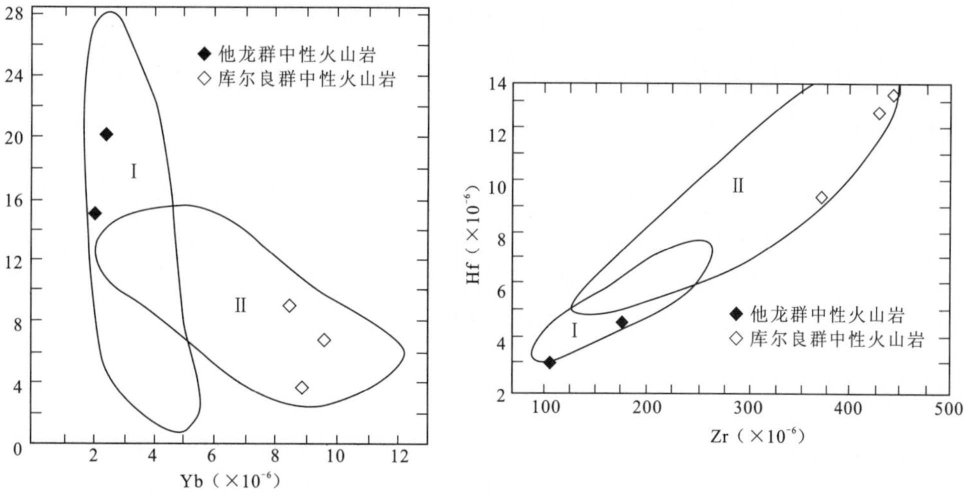


图 3-109　长英质火山岩的构造判别图

Ⅰ.弧火山岩；Ⅱ.伸展盆地（大陆裂谷及弧后盆地）火山岩

### 2. 岩石特征

主要岩石类型为：

**绿泥钠长石片岩**　呈绿色，致密块状，鳞片粒状变晶结构，片状构造。主要矿物成分有钠长石 60%～61%、绿泥石 28%～30%、石英 5%～8%、磁铁矿 1%～2%、榍石 2%～3%。由于蚀变和变质作用，岩石中的长石呈等轴变晶粒状钠长石，大小 0.2～0.3mm，较洁净，双晶不发育，偶见聚片双晶，大致定向排列，形成片状构造。原岩可能为玄武岩。

**石英绢云母片岩**　呈绿色，致密块状，显微粒状鳞片变晶结构，块状构造。矿物成分为绢云母（白云母少）57%～59%、石英 40%～44%、榍石小于 1%、褐铁矿小于 1%。岩石经受区域变质作用，使岩石中的石英具明显的变质重结晶作用，造成石英呈等轴变晶粒状，粒径大小为 0.05～0.12mm，较均匀分布于岩石中。变质过程中所形成的变晶矿物为绢云母和少量白云母鳞片。由于应力作用，鳞片矿物平行定向排列，形成片状构造。

**粗面流纹岩**　呈灰色，致密块状，球粒结构，块状构造。矿物成分为钾长石 69%～70%、石英 23%～25%、斜长石 3%～5%、白云母 2%、磁铁矿小于 1%、方解石细脉。岩石中的主要矿物成分钾长石为透长石，晶体洁净，均呈放射状形成的球粒，无核心。球粒大小 0.3～0.5mm，球粒之间为石英和放射状钾长石所占据，所含石英似斑晶特点，大小 0.3～0.6mm，晶体洁净，但自形程度不高，多呈它形粒状。

**强蚀变英安岩**　呈灰色，致密块状，残余斑状结构，基质显微晶质粒状结构，块状构造。斑晶粒径 0.7～1.5mm，基质粒径 0.03～0.05mm，残余斑晶成分为斜长石 8%～10%、钾长石 3%～4%、磁铁矿 1%～2%。基质成分为斜长石 31%～32%、石英 25%～26%、绢云母 28%～30%。岩石具残余斑状结构，残余斑晶成分为半自形柱状斜长石和板状钾长石，由于蚀变晶体混浊。基质中的残余矿物为斜长石、石英，呈显微晶质粒状，较均匀分布，蚀变特征，主要表现为斜长石的强烈绢云母化，造成晶体残缺不全，或残余少数晶体。

### 3. 岩石化学特征及定量分类

火山岩的岩石化学分析见表 3-55。同中国火成岩的平均化学成分值相比较：各类岩石的 CaO 含量低，安山岩的 $TiO_2$ 偏高，除此之外，各类岩石（安山岩、英安岩、流纹岩）的其他氧化物含量变化不大，大致与各自丰度值相当。利用国际地科联推荐的火成岩分类表（TAS）硅-碱图（图 3－89）判别，该火山岩样品分别投影于安山岩、英安岩和流纹岩区。总体为中性—酸性火山岩类。

#### 4. 火山岩碱度及岩石系列

利用（$Na_2O+K_2O$）－$SiO_2$（硅-碱）图（图 3－90）判别，可看出库尔群火山岩样品落入亚碱系列；进一步利用（$Na_2O+K_2O$）－$FeO^*$－MgO（A－F－M）图（图 3－91）判别，该样品均落入钙碱性系列。据岩石化学特征参数（见表 3－55）可知：对于酸性火山岩只能用 AR－$SiO_2$ 与碱度关系判别，两样品的 AR 分别为 1.1～1.8，则岩石类型为钙碱性系列。

#### 5. 稀土元素特征

稀土元素含量见表 3－56，球粒陨石化标准曲线见图 3－110，该火山岩稀土总量极高，为 $\sum REE=272.74\times10^{-6}\sim434.74\times10^{-6}$。$\delta Eu$ 为 0.03～0.65，呈明显亏损状；$(La/Yb)_N$ 值较大，在 4.58～5.93 之间，说明轻稀土极富集；$(La/Sm)_N$ 值在 2.12～3.38 之间，$(Gd/Yb)_N$ 值主体在 0.94～1.31 之间，说明轻稀土分馏明显，重稀土分馏不明显。稀土元素配分曲线模式总体显示有铕明显亏损异常曲线向右倾型特征。与各种典型的中性（中酸性）火山岩的稀土配分模式图相比较，接近于大陆边缘火山岩（高钾型）配分模式。

#### 6. 微量元素特征

微量元素含量见表 3－57，利用 N－MORB 为微量元素作标准参数，得到微量元素蛛网图（图 3－111）。从图中可主体反映出：大离子亲石元素（LIL）富集，强不相容元素 Rb、Ba、Th 富集，高场强元素（HFS）除 Ti、Y、Yb 亏损外，其他均富集。总体 Sr、Ti 的亏损较大，呈向右陡倾的锯齿状，大体与火山弧微量元素蛛网图较相近。

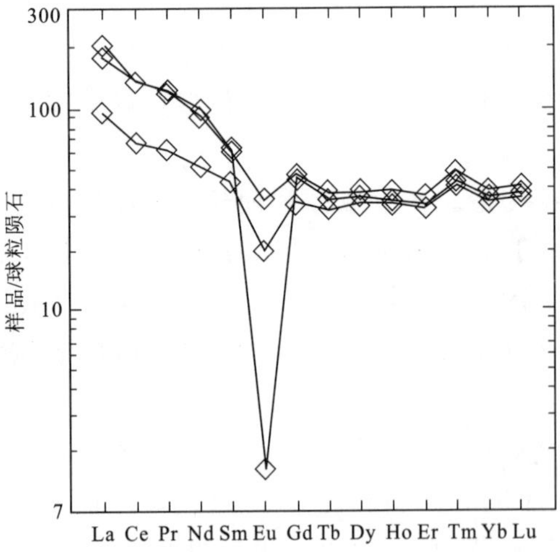


图 3－110　库尔良群火山岩稀土配分模式图

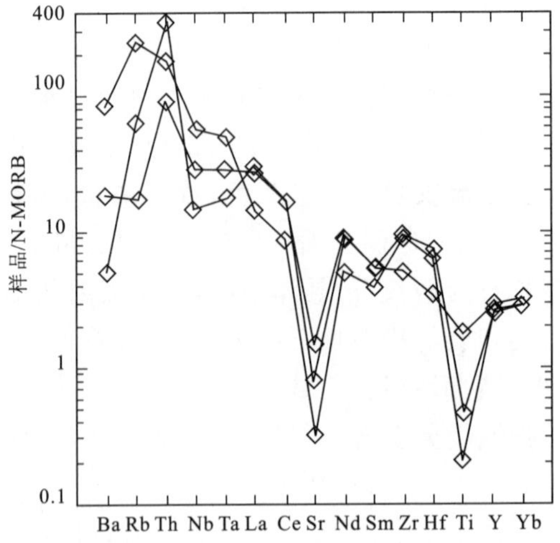


图 3－111　库尔良群火山岩微量元素蛛网图

#### 7. 成矿元素特征

成矿元素特征见表 3－57，与地壳克拉克值相比，该火山岩成矿元素中的 Pb、Zn、Cu 含量变化较大，Pb 呈富集状，为地壳克拉克值的 1～5 倍；Zn 变化较大，呈略亏损状或富集状，为地壳克拉克值的0.5～2 倍；Cu 总体呈亏损状，为地壳克拉克值的 0.33～1 倍。总体上，该火山岩中成矿元素呈富集状，成矿元素 Pb 离差相对大，有利于 Pb 成矿。

**8. 岩浆来源、构造环境及成因分析**

利用长英质火山岩的构造判别图（见图 3－109），3 个样品均落入伸展盆地（大陆裂谷及弧后盆地）火山岩区。利用大洋火山岩与大陆火山岩判别图（图 3－94），样品主要落入岛弧型安山岩区，少数落入大陆裂谷型安山岩区。

（五）帕斯群基性火山岩

**1. 地质特征**

该套火山岩出露于测区南部的卡帕浪沟。火山岩约有 1～2 层，总视厚约 200～300m，长度大于 5km，火山岩约占 1%～5%，整合夹于帕斯群（$C_1P^c$）碎屑岩中。宏观以灰绿色、灰色，致密角砾状—块状为主要特征。岩性为一套中性—中酸性，岩石组合为玄武岩、玄武质火山角砾岩夹英安岩等。

**2. 岩石学特征**

主要岩石类型为：

**玄武质火山角砾岩** 杂色，角砾状结构，块状构造，角砾成分为火山岩屑，角砾含量为75%～80%，角砾大小为 2～10mm，少部分为 15～30mm，胶结物为 0.3～2mm，火山角砾成分：玄武岩屑 55%～60%、安山岩屑 15%～20%；胶结物成分：与角砾成分相同的细岩屑 10%、斜长石晶屑 3%～5%、方解石 2%～3%，次生矿物方解石。岩石中的矿物成分由上述火山角砾和胶结物所组成。火山角砾成分主要由新鲜的杏仁状玄武岩和少量安山岩屑组成。角砾呈棱角状和不规则状，杂乱排列，形成块状构造。胶结物成分为与角砾成分相同的细小岩屑和斜长石晶屑及绿泥石、方解石等，形态呈尖棱状和棱角状。总观，胶结物含量不多，仅在角砾孔隙处分布，大部分角砾直接接触。

**石英英安岩** 呈深灰色，致密块状，显微晶质柱粒状结构，块状构造。颗粒大小以 0.01～0.1mm为主，少数 0.15mm。矿物成分为斜长石 85%、石英 5%～10%、钾长石 5%、磁铁矿小于 1%、锆石（几粒）。次生方解石及石英细脉。岩石中的成分主要为斜长石和少数石英、钾长石等。主要矿物斜长石呈细小晶质粒状和板条状，较洁净，仍显示钠卡氏聚片双晶，宏观上显示定向性排列，局部表现杂乱排列。岩石较新鲜，基本上无蚀变现象。方解石及石英混合成因的细脉贯入。

**杏仁状玄武岩** 呈深灰色，致密较硬，间接结构，杏仁状构造。颗粒大小（0.1mm×0.01mm）～（0.15mm×0.02mm），少数 0.2mm×0.02mm，杏仁状以 1～1.5mm 为主，2～3mm 少量。斑晶成分为斜长石 1%～2%、磷灰石小于 0.05%、磁铁矿小于 1%。基质成分为斜长石 35%～40%、绿泥石 15%～20%、绿帘石 5%～8%、方解石 1%，隐晶质成分 3%～5%，杏仁体（由方解石充填）30%～35%。岩石由以板柱状斜长石微晶为主组成，斜长石板条不规则杂乱排列所形成的空间中，充填为次生矿物绿泥石和绿帘石等，即形成上述结构。含个别斜长石斑晶，自形柱状。岩石具典型的杏仁状构造，杏仁体由方解石充填形成，呈圆形，大小为 1～1.5mm，较均匀地分布于岩石中。蚀变特征：表现为斜长石轻度泥石化和绢云母化及孔隙中原暗色矿物的绿帘石化及绿泥石化等。

**3. 岩石化学特征及岩石化学定量分类**

火山岩的岩石化学分析见表 3－55。同中国火成岩的化学成分平均值相比较：CaO、$Na_2O$ 含量偏高，$K_2O$、$Fe_2O_3$、MnO、MgO 含量偏低；其他氧化含量变化不大，大致与各自丰度值相当。利用国际地科联推荐的火成岩分类表（TAS）硅-碱图（图 3－89）判别，该火山岩样品分别投影于碱玄岩、黄长玄武岩和粗面英安岩区，总体为基性火山岩类。

**4. 火山岩碱度及岩石系列**

利用($Na_2O+K_2O$)-$SiO_2$(硅-碱)图(图3-90)判别，可看出帕斯群基性火山岩样品主体投影于碱性系列，个别样落入亚碱系列；对于落入亚碱系列者进一步利用A-F-M图(图3-91)判别，落入钙碱性系列。据里特曼指数结果(见表3-55)可知：该火山岩里特曼指数变化较大，大于1.8而小于3，岩石类型为强太平洋型(钙性)；里特曼指数大于14以及负值的，属弱太平洋型(次钙碱性)。

**5. 稀土元素特征**

稀土元素含量见表3-56，球粒陨石化标准曲线见图3-112，该火山岩稀土总量极高，为$\sum REE=201.01\times10^{-6}\sim322.30\times10^{-6}$。$\delta Eu$为0.52～1.00，总体呈亏损状；$(La/Yb)_N$值较大，在15.36～19.87之间，说明轻稀土极富集；$(La/Sm)_N$值在5.08～6.36之间，$(Gd/Yb)_N$值在1.95～3.01之间，说明轻稀土分馏较为明显，重稀土分馏明显。稀土元素配分曲线模式总体显示无铕亏损异常曲线向右陡倾型特征。与典型玄武岩的配分曲线图比较，接近于洋岛碱性玄武岩。

**6. 微量元素特征**

微量元素含量见表3-57，利用N-MORB为微量元素作标准参数，得到微量元素蛛网图(图3-113)。从图中可主体反映出：大离子亲石元素(LIL)除Sr外均富集，强不相容元素Rb、Ba、Th富集，贫高场强元素成分Ti、Y、Yb，总体呈向右陡倾的锯齿状。大体与洋岛构造背景下的玄武岩蛛网图较相近。

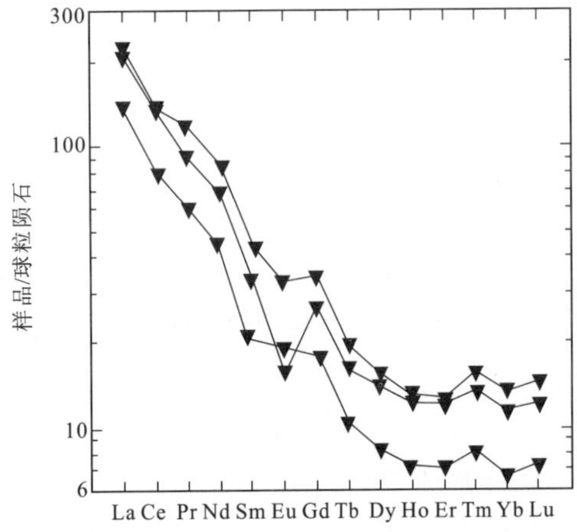


图3-112　帕斯群火山岩稀土元素配分模式曲线图

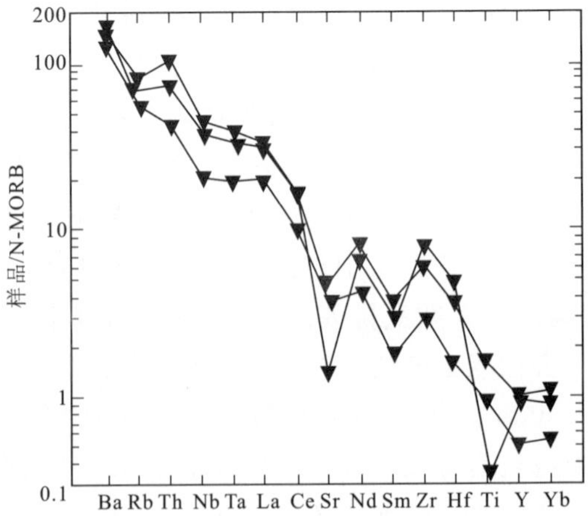


图3-113　帕斯群火山岩微量元素蛛网图

**7. 成矿元素特征**

成矿元素特征见表3-57，与地壳克拉克值相比，该火山岩成矿元素中的Pb、Zn、Cu含量变化较大，Pb呈略富集状，为地壳克拉克值的1～1.5倍；Zn呈略富集状，为地壳克拉克值的1～2倍；Cu总体呈富集状，为地壳克拉克值的1～2.5倍。总体上，该火山岩中成矿元素呈富集状，成矿元素离差相对小，不利于成矿。

**8. 岩浆来源、构造环境及成因分析**

利用大洋火山岩与大陆火山岩判别图(图 3－94)，帕斯群火山岩分布于大陆型火山岩及岛弧型火山岩区，但以大陆裂谷玄武岩为主。在 $TiO_2$－$K_2O$－$P_2O_5$ 分类图(图 3－114)中，帕斯群火山岩分布于板内玄武岩区中。在 Ti－Cr 分类图(图 3－115)中，帕斯群火山岩均分布于岛弧拉斑玄武岩区。在 $FeO^*$－MgO－$Al_2O_3$ 的构造判别图(图 3－116)中，帕斯群火山岩分布较集中，主要分布于造山带。在 $TiO_2$－MnO×10－$P_2O_5$×10 构造判别图(图 3－117)中，帕斯群火山岩主要分布于岛弧拉斑玄武岩(IAT)—洋岛碱性玄武岩的过渡区。在(〈FeO〉/MgO)－$TiO_2$ 构造判别图(图 3－118)中，该火山玄武岩主要分布于岛弧拉斑玄武岩区。

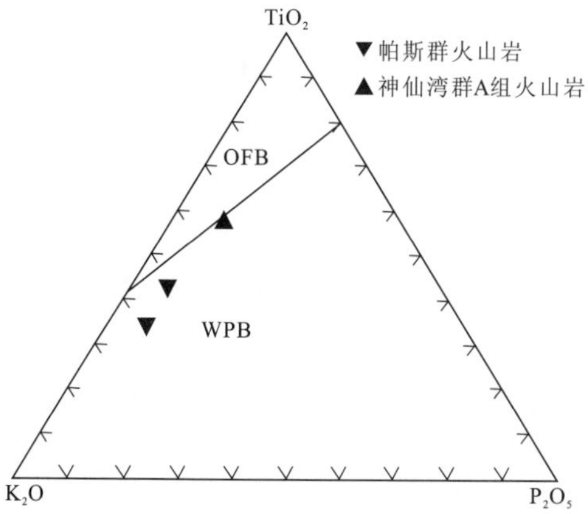


图 3－114　$TiO_2$－$K_2O$－$P_2O_5$ 分类图

OFB. 大洋玄武岩；WPB. 板内玄武岩

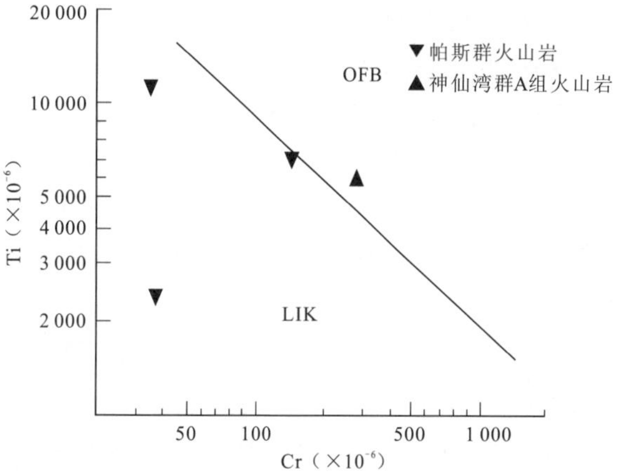


图 3－115　Ti－Cr 分类图

LIK. 岛弧拉斑玄武岩；OFB. 大洋底玄武岩

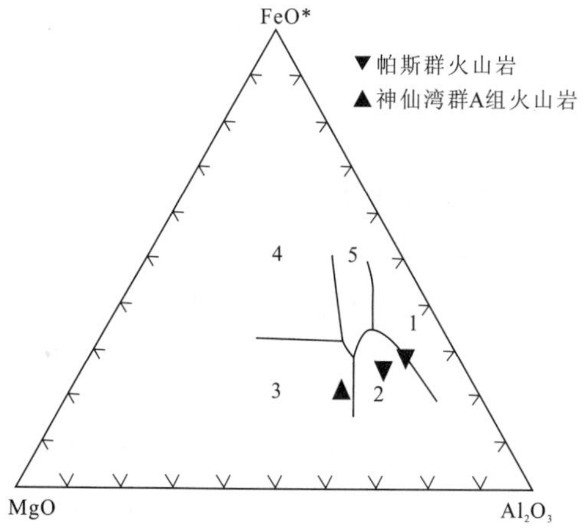


图 3－116　火山岩 $FeO^*$－MgO－$Al_2O_3$ 构造判别图

1. 扩张性中央岛；2. 造山带；3. 洋中脊或洋底；

4. 大洋岛；5. 大陆

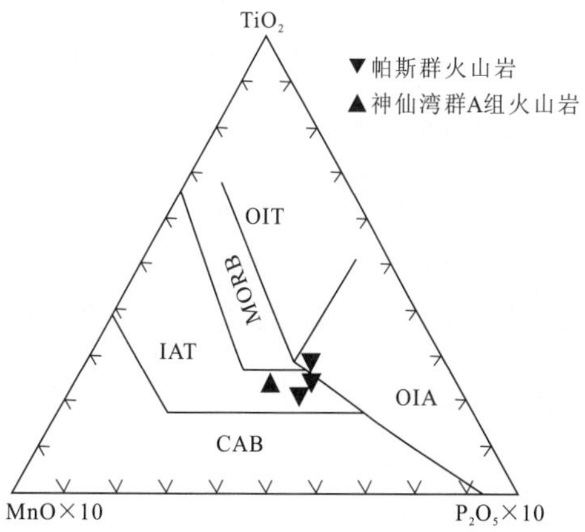


图 3－117　火山岩 $TiO_2$－MnO×10－$P_2O_5$×10 构造判别图

IAT. 岛弧拉斑玄武岩；CAB. 岛弧钙碱性玄武岩；

OIT. 洋岛玄武岩；OIA. 洋岛碱性玄武岩；

MORB. 洋中脊玄武岩

## (六)神仙湾群 A 组基性火山岩

### 1. 地质特征

该套火山岩出露于测区南部叶尔羌上游的神仙湾一带，火山岩呈大小不一的透镜体沉积混杂于二叠系神仙湾群 A 组($P_{1-2}S^{a}$)中。宏观以灰绿色、灰色，致密块状为主要特征。主要岩石为玄武岩。

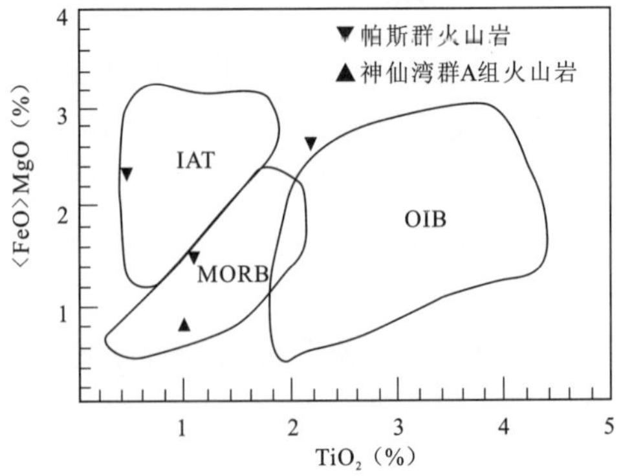


图 3-118　火山岩(〈FeO〉/MgO)-$TiO_2$构造判别图

IAT. 岛孤拉斑玄武岩；OIB. 洋岛拉斑玄武岩；MORB. 洋中脊拉斑玄武岩

### 2. 岩石学特征

主要岩石类型为：

**蚀变杏仁状玄武岩**　灰绿色，致密块状，变余间隐结构，杏仁状构造。颗粒大小以 0.05～0.2mm为主，杏仁体为 1～3mm 不等。主要矿物为蚀变斜长石 40%～50%、绿泥石 45%～40%；次要矿物为磁铁矿 2%～3%、榍石小于 1%，另外杏仁体(由方解石和绿泥石组成)8%～10%。岩石后期热流蚀变强烈，造成原生矿物基本面目全非。蚀变特征表现为斜长石泥化和碳酸盐化及间隙中的绿泥石化。

**玄武岩**　呈灰绿色，致密块状，粗玄结构，块状构造。颗粒大小以 0.15～0.3mm 为主。主要矿物为斜长石 50%～60%；次要矿物为透辉石 30%～35%、绿泥石 3%～5%、磁铁矿小于 1%。该岩石较新鲜，蚀变轻微，仅表现为斜长石泥化和个别绿泥石化。

### 3. 岩石化学特征及定量分类

火山岩的岩石化学分析见表 3-55。同中国火成岩的化学成分平均值相比较：具有 CaO 高，$Na_2O$、$K_2O$、MnO 的含量略偏低，其他氧化物含量变化不大，大致与各自丰度值相当。利用国际地科联推荐的火成岩分类表(TAS)硅-碱图(图 3-89)判别，该火山岩样品分别投影于玄武岩区。

### 4. 火山岩碱度及岩石系列

利用($Na_2O+K_2O$)-$SiO_2$(硅-碱)图(图 3-90)判别，可看出该火山岩落入亚碱系列；进一步利用($Na_2O+K_2O$)-$FeO^*$-MgO(A-F-M)图(图 3-91)判别，个别样品落入钙碱性系列。据里特曼指数结果(见表 3-55)可知：该火山岩里特曼指数为 2.26，岩石类型为正常太平洋型(钙碱性)。

### 5. 稀土元素特征

稀土元素含量见表 3-56，球粒陨石标准化曲线见图 3-119，该火山岩稀土总量一般，为 $\sum REE=73.65\times10^{-6}$。$\delta Eu$ 为 0.93，呈略亏损状；$(La/Yb)_N$ 值为 2.19，说明轻稀土富集；$(La/Sm)_N$值 1.66，$(Gd/Yb)_N$值 1.06，说明轻稀土分馏较为明显，重稀土分馏不明显。稀土元素配分曲线模式总体显示无铕亏损异常曲线向右倾型特征。与典型玄武岩的配分曲线图比较，接近于洋岛拉斑玄武岩。

### 6. 微量元素特征

微量元素含量见表 3-57，利用 N-MORB 为微量元素作标准参数，得到微量元素蛛网图(图 3-120)。从图中可主体反映出：大离子亲石元素(LIL)除 Nb、Sr 略显亏损外均呈富集状，强不相容元素 Rb、Ba、Th 富集，高场强元素大致与标准洋中脊相当，Ti 呈亏损状。总体呈向右倾的微锯齿状。大体与大洋板内碱性玄武岩蛛网图较相近。

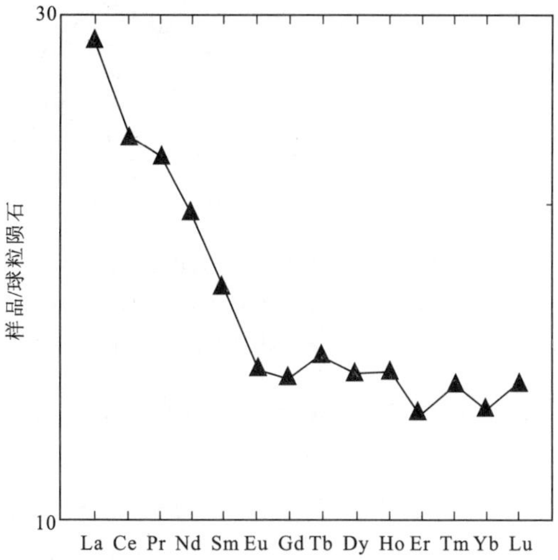


图 3－119　神仙湾群 A 组火山岩稀土元素配分模式图

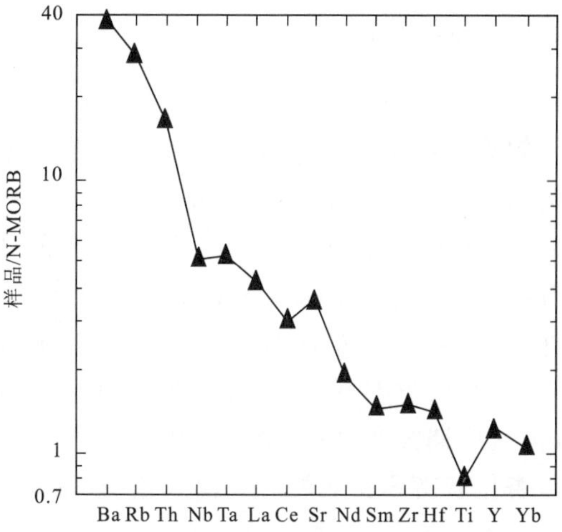


图 3－120　神仙湾群 A 组火山岩微量元素蛛网图

**7. 成矿元素特征**

成矿元素特征见表 3－57，与地壳克拉克值相比，该火山岩成矿元素中的 Pb、Zn、Cu 含量变化较大，其中 Pb 呈明显亏损状，为地壳克拉克值的 1/50；Zn 呈略亏或不亏损状；Cu 呈富集状，为地壳克拉克值的 3 倍。总体上，该火山岩中成矿元素富集状况差异较大，成矿元素离差相对小，不利于成矿。

**8. 岩浆来源、构造环境及成因分析**

利用大洋火山岩与大陆火山岩判别图（图 3－94），该火山岩分布于岛弧型火山岩区。在 $TiO_2$－$K_2O$－$P_2O_5$分类图（图 3－114）中，该火山岩分布于板内玄武岩与大洋玄武岩区的过渡带上。在 Ti－Cr 分类图（图 3－115）中，该火山岩均分布大洋底玄武岩区。在 $FeO^*$－MgO－$Al_2O_3$的构造判别图（图 3－116）中，该火山岩分布于洋中脊。在 $TiO_2$－MnO×10－$P_2O_5$×10 的构造判别图（图 3－117）中，该火山岩主要分布于岛弧拉斑玄武岩（IAT）区。在（〈FeO〉/MgO）－$TiO_2$构造判别图（图 3－118）中，该火山玄武岩主要分布于洋中脊玄武岩区。

## 三、中生代火山岩

这一时期的火山岩仅见于图幅南部的叶尔羌河上游一带，规模较小，以陆相溢流型火山岩为主。岩石系列为碱性系列，岩性组合为基性—中基性的火山岩。岩性为基性—中性，岩石组合为玄武岩、安山玄武岩、安山岩等。

### （一）铁隆滩群基性火山岩

**1. 地质特征**

该套火山岩出露于叶尔羌河上游拖车湖一带，火山岩夹于晚白垩世铁隆滩群（$K_2T$）中。火山岩仅见 1 层，厚约 230m，出露长度大于 5km，与铁隆滩群砂砾岩为整合接触（图 3－121），表现为其下部的砾岩层存在烘烤边现象。岩石宏观以灰色，致密块状、杏仁状为主要特征。岩性为一套中性—基性火山岩，岩石组合为玄武岩、安山玄武岩、安山岩等。

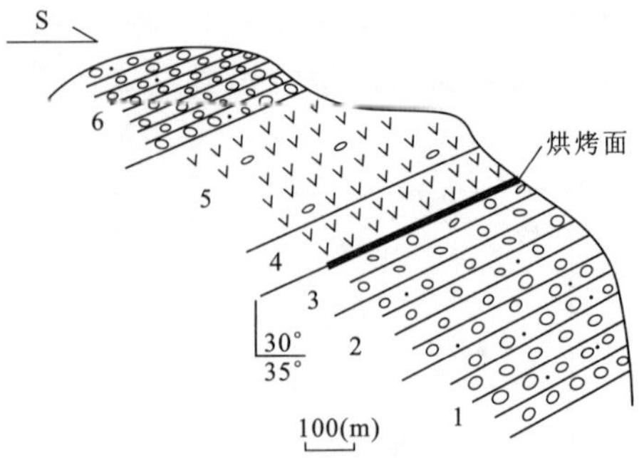


图 3-121 铁隆滩群火山岩剖面图

1. 角砾状砾岩；2. 次棱角状砾岩；3. 紫红色砾岩；4. 块状安山岩；5. 杏仁状安山岩；6. 灰色灰质砾岩

**2. 岩石学特征**

主要岩石类型为：

**辉石安山岩** 灰绿色，较致密，硬度较大，斑状结构，基质交织结构，块状构造。颗粒大小：斑晶 0.3～0.6mm，基质 0.05～0.15mm。斑晶成分为单斜辉石 5%～6%、角闪石 8%、氧化铁成分 1%～2%，另外还有少量的方解石细脉；基质成分为斜长石 60%～63%、角闪石 10%、单斜辉石 10%～15%、锆石小于 0.5%、石英 1%。岩石火山岩特征明显，稍显后期蚀变，但原结构构造仍较清楚。

**杏仁状辉石玄武岩** 褐灰色，致密块状，斑状结构，基质交织结构，杏仁状构造，颗粒大小：斑晶 0.3～0.6mm，基质(0.05mm×0.1mm)～(0.15mm×0.01mm)，杏仁体一般 1～5mm，小者 0.3～0.5mm，大者 10～20mm。斑晶成分为单斜辉石 2%～3%、蚀变角闪石 3%、杏仁体(由方解石充填)8%～10%；基质成分为斜长石 70%、辉石 8%～10%、玻璃质 3%～4%、氧化铁 1%～2%。岩石火山岩特征明显。蚀变轻微，仅表现为角闪石的碳酸盐化等。

**3. 岩石化学特征及岩石化学定量分类**

火山岩的岩石化学分析见表 3-55。同中国火成岩(基性)的化学成分平均值相比较：CaO、$Fe_2O_3$ 含量高，MgO、MnO、FeO 低，其他氧化含量变化不大，大致与各自平均值相当。利用国际地科联推荐的火成岩分类表(TAS)硅-碱图(图 3-122)判别，该火山岩样品分别投影于粗面玄武岩区。总体为基性火山岩类。

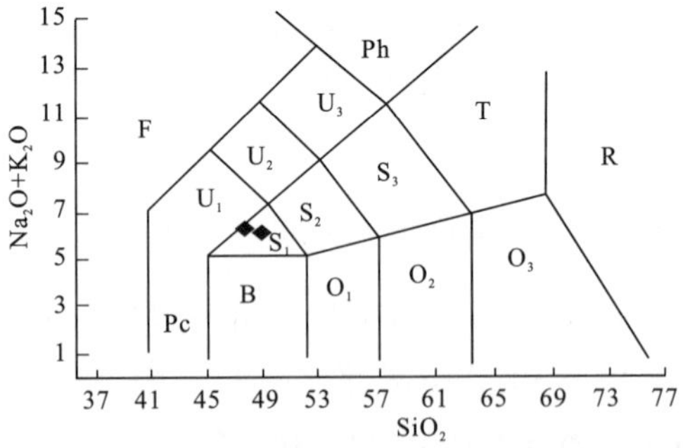


图 3-122 中生代铁隆滩群基性火山岩(TAS)硅-碱图解

F. 副长石岩；Pc. 苦橄玄武岩；B. 玄武岩；$O_1$. 玄武安山岩 $O_2$. 安山岩；$O_3$. 英安岩；$S_1$. 粗面玄武岩；$S_2$. 玄武粗安岩 $S_3$. 粗安岩；Ph. 响岩；T. 粗面岩、粗面英安岩；R. 流纹岩 $U_1$. 碧玄岩、碱玄岩；$U_2$. 响岩质碱玄岩；$U_3$. 碱玄质响岩

**4. 火山岩碱度及岩石系列**

利用($Na_2O+K_2O$)－$SiO_2$(硅-碱)图(图 3-123)判别，该火山岩落入碱性玄武岩系列。据里特曼指数结果(见表 3-55)可知：该火山岩里特曼指数 $\sigma$ 变化在 7.22～11.53 之间，且 $Na_2O>K_2O$，岩石类型为中大西洋型(碱性)。

**5. 稀土元素特征**

稀土元素含量见表 3-56，球粒陨石标准化曲线见图 3-124，该火山岩稀土总量极高，为 $\sum REE=545.56\times10^{-6}\sim809.68\times10^{-6}$。$\delta Eu$ 为 0.74～0.82，呈略亏损状；$(La/Yb)_N$ 值为 63.55～95.56，说明轻稀土极富集；$(La/Sm)_N$ 值为 6.68～7.14，$(Gd/Yb)_N$ 值为 4.06～8.41，说明轻、重稀土分馏均较为明显。稀土元素配分曲线模式总体显示铕略亏损，异常曲线向右陡倾型特征。与典型玄武岩的配分曲线图比较，接近于大陆碱性玄武岩。

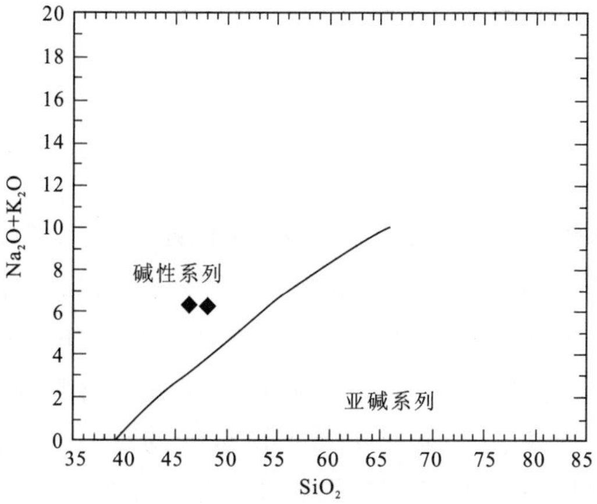


图 3-123 铁隆滩群火山岩硅-碱图

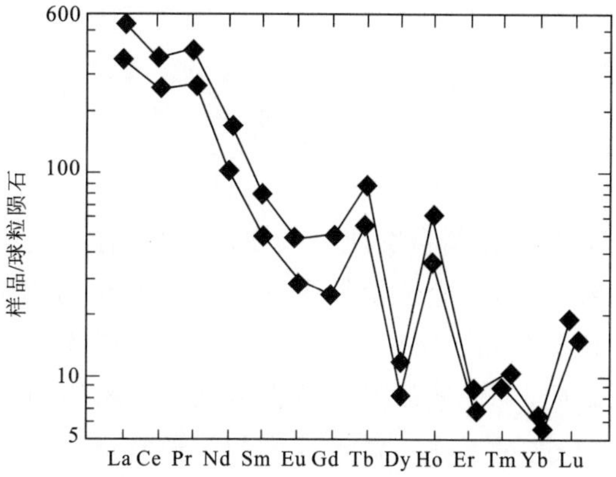


图 3-124 铁隆滩群火山岩稀土元素配分模式图

**6. 岩浆来源、构造环境及成因分析**

利用大洋火山岩与大陆火山岩判别图(图 3-125),铁隆滩群火山岩分布于大陆裂谷型火山岩区。在 $TiO_2-K_2O-P_2O_5$ 分类图(图 3-126)中,该火山岩分布于板内玄武岩区。在 $FeO^*-MgO-Al_2O_3$ 的构造判别图(图 3-127)中,该火山岩分布于造山带。

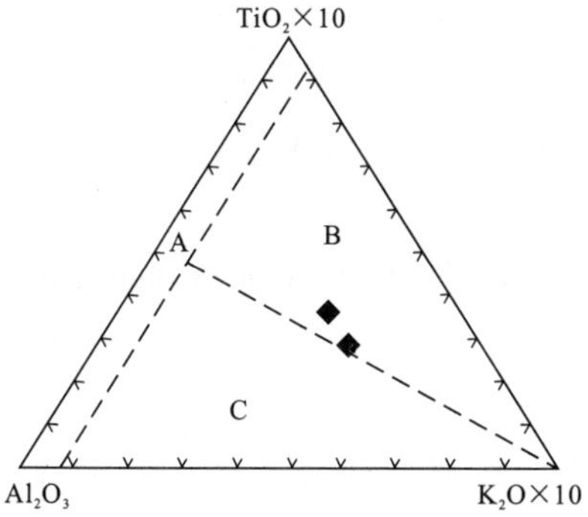


图 3-125 铁隆滩群火山岩大洋火山岩与大陆火山岩判别图

A. 大洋玄武岩;B. 大陆裂谷型玄武岩、安山岩区;C. 岛弧型玄武岩、安山岩区

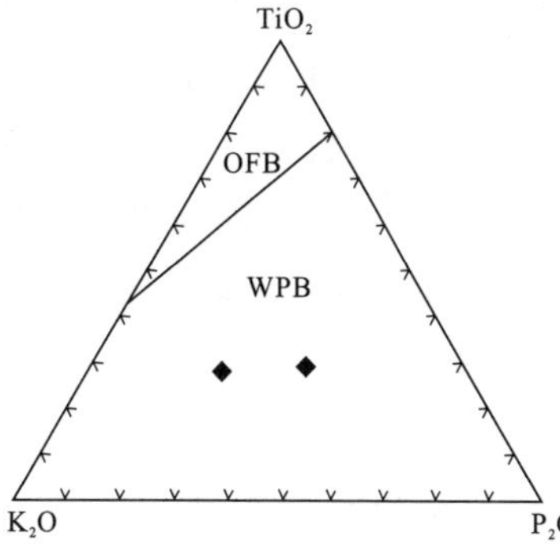


图 3-126 铁隆滩群火山岩 $TiO_2-K_2O-P_2O_5$ 分类图

OFB. 大洋玄武岩;WPB. 板内玄武岩

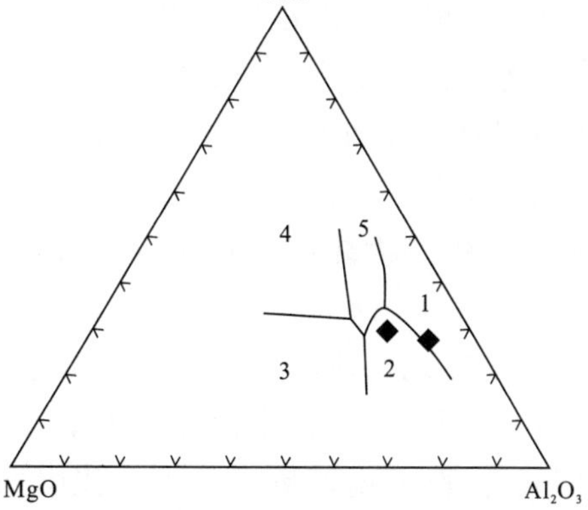


图 3-127 铁隆滩群火山岩 $FeO^*-MgO-Al_2O_3$ 构造判别图

1. 扩张性中央岛;2. 造山带;3. 洋中脊或洋底;4. 大洋岛;5. 大陆

# 第三节　基性—超基性侵入岩

本地区经调查发现仅有库地一带出露基性—超基性侵入体，目前均称为“库地蛇绿岩”。“库地蛇绿岩”是西昆仑造山带中一个十分重要的构造-岩石单元，最早由汪玉珍于1983年提出，系指出露于新藏公路134～160km之间的一些超镁铁质岩和基性火山岩以及复理石建造。其后相继有新疆地矿局，中国地质科学院青藏高原考察队，中法、中德考察队，中国科学院地质研究所等单位（或团体）开展过工作。对蛇绿岩的组成特征，后来的地质学家们基本上接受了汪玉珍的观点（即将出露于库地南、北两侧的超镁铁质岩作为大洋地幔岩石组合；将出露于一些克沟一带的基性火山岩组合作为大洋火山岩和大洋沉积组合），并建立了完整的蛇绿岩剖面。

关于库地蛇绿岩，地质学家们已做了大量的工作，特别是在岩石学、岩石地球化学和同位素年代学等方面的研究上积累了很多资料，但在蛇绿岩组合特征、形成时代、形成环境等方面仍有较大争议。

时代上：一些研究者认为蛇绿岩形成于新元古代晚期或早古生代早期；另一些研究者则根据放射虫化石等资料认为蛇绿岩形成于早石炭世。两者认识差异很大，但又都具有一些可信的证据。

形成环境：汪玉珍（1983）认为库地玄武岩的产出环境类似于日本海型的边缘盆地，此后一些地质学家提出库地蛇绿岩发育于成熟大洋盆地的观点（邓万明，1995；Pan，1993；姜春发等，1992）；而Yao和Hsu（1994）则认为库地蛇绿岩原始发育于中昆仑弧和北昆仑弧间的弧后盆地。邓万明（1995）指出库地蛇绿岩中的一些钙碱性火山岩可能反映了岛弧或弧后拉张环境；Yang等（1996）也认为库地熔岩非常类似于西太平洋汤加岛弧拉斑玄武岩。

由上可以看出，对库地蛇绿岩形成时代、形成环境的争议主要源于对库地蛇绿岩组成的认识上。

本项目在托排士达坂超基性岩（蛇纹岩）北侧发现了一套强变形的基性火山岩，根据其变形、变质特征以及与堆晶岩的接触关系认为其属于库地蛇绿岩的一部分。而库地北一些克沟附近出露的基性火山岩、枕状熔岩及火山复理石碎屑岩应为晚古生代裂谷构造活动的产物，与区域上于田一带普鲁火山岩（晚古生代裂谷环境）可以对比。从而对库地蛇绿岩提出了新的概念，对库地蛇绿岩赋予了新的内涵，也解决了久而未决的库地蛇绿岩形成的时代和环境问题

## 一、库地蛇绿混杂岩带地质特征

出露于西昆仑山脉的北坡，成串珠状平行昆仑山脉展布，带内主要是蛇绿岩，蛇绿岩岩性单元比较齐全，夹少量相关沉积岩。其中库地一带出露最为完整，东段拉木龙河以东被晚古生代裂谷碎屑沉积改造破坏，西段在西合休以南被三叠纪侵入岩截切，测区出露总长度约110km。

在新藏公路157～161km间库地附近的蛇绿岩单元出露最为完全，但从剖面来看，并不完整连续，而是一套被构造肢解了的蛇绿岩套。它由库地南、北两侧具堆晶结构的超镁铁质—镁铁质岩石、托排士达坂北侧基性火山熔岩（已蚀变为绿帘阳起片岩、黝帘透闪岩）、强蚀变辉长岩、辉绿岩、熔融钠长花岗岩组成。

库地北蛇绿岩（超基性岩体）位于库地桥西的不孜完达坂和托排士达坂之间，平面上为透镜状，长8.8km，宽5.2km，面积约44km²。西部被早古生代辉绿岩侵入，其余边界与围岩以断层相接触。岩体东南侧围岩是蓟县纪黑云斜长片麻岩，南西侧是早古生代中期石英二长闪长岩。断层附近的内外接触带有明显的糜棱岩化和片理化。

图3-128为库地不孜完沟-托排士达坂蛇绿岩剖面，该剖面基本上反映了库地北蛇绿混杂岩

的地质特征及岩石组合特征。出露总厚度3 000m左右。其下部为变质橄榄岩,野外可见条带状构造,镜下橄榄石矿物出现波状消光,反映深层次的变形特点。向上为具有明显堆晶结构的超铁镁质岩石,主要岩石成分为辉橄岩及少量的纯橄岩,岩石无明显的岩相分带;在其上部出现多条自形度很好并且结晶粗大的角闪岩脉,为析离成因。中部开始出现主要由辉橄岩、辉岩、辉长岩互层状产出的镁铁质堆晶岩,及少量的钠长花岗岩。顶部是由结晶粗大的辉长岩及钠长花岗岩呈互层状,组成堆晶岩的上部层位,花岗岩单层厚度0.4～2.2m,可占到该段岩石的20%。最北段是本次调查过程中新发现的强蚀变基性熔岩夹硅质岩,现已蚀变、变质为绿帘阳起片岩夹石英岩、黝帘透闪岩,与堆晶成因的基性杂岩为断层接触(出露于蛇绿岩上部的辉绿岩多呈单个或多个岩墙近直立产出,一般宽0.5～1m)。

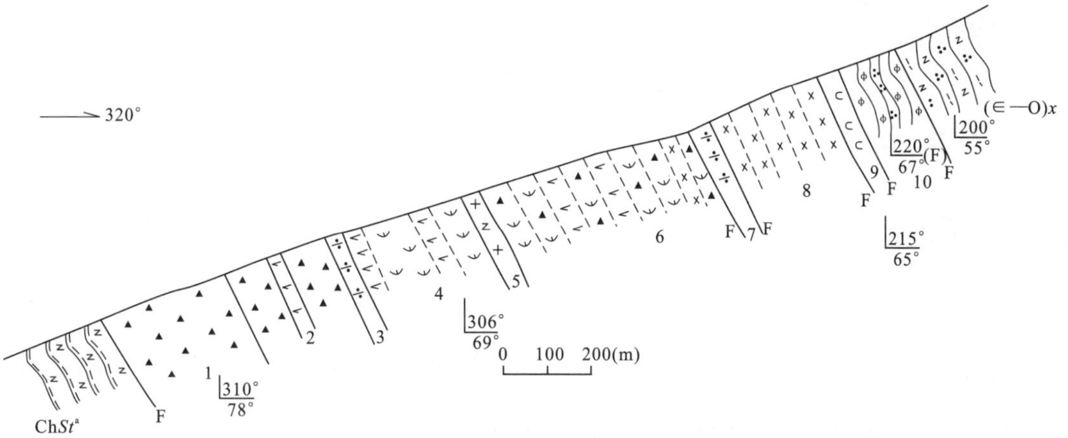


图3-128 库地不孜完沟-托排士达坂蛇绿岩剖面图

寒武系—奥陶系西合休岩组[(∈—O)x]

| | |
|---|---|
| **斜长黑云石英片岩** | **3 022.04m** |
| ═══ 断 层 ═══ | |
| 10.绿帘阳起片岩(基性熔岩)夹石英岩(硅质岩) | 130m |
| 9.含白云石滑石片岩 | 20m |
| ═══ 断 层 ═══ | |
| 8.强蚀变层状辉长岩 | 415m |
| ═══ 断 层 ═══ | |
| 7.黝帘透闪岩(基性熔岩) | 5m |
| ═══ 断 层 ═══ | |
| 6.辉橄岩、辉石岩、辉长岩、钠长花岗岩互层状 | 1 061.95m |
| 5.钠长花岗岩 | 4.85m |
| 4.蛇纹岩(辉橄岩)与辉岩互层状 | 565.08m |
| 3.中细粒透闪岩(辉岩) | 11.58m |
| 2.粒状纯橄岩与辉岩互层状 | 325.54m |
| 1.粒状纯橄岩 | 483.04m |
| ═══ 断 层 ═══ | |

长城系赛图拉岩群:黑云斜长片麻岩

库地北蛇绿混杂岩总体似层状,北西倾向,产状306°～318°∠62°～78°。顶、底分别被赛图拉岩群、西合休岩组以断层围限。总之该蛇绿质岩石不是一个“漂浮”在片麻岩系之上推覆体,而是作为片麻岩系中一个大型构造透镜体产出。

库地蛇绿混杂岩变质较弱,仅达低绿片岩相。超镁铁质岩变形弱,基性火山岩变形较强。

库地南蛇绿岩位于库地桥的东南150°方向约1km处,由具堆晶结构的纯橄榄岩和少量方辉橄榄岩组成,呈构造岩片产于黑云母片麻岩之中,走向长约300m,厚约7～20m,未见底。岩体与片麻岩之间发育着由滑石片岩带组成的韧性剪切带,岩体内部也形成由滑石片岩构成的剪切带,变形特征与片麻岩围岩完全一致,表明超镁铁质岩与围岩一同发生强烈的韧性变形作用(图3-129)。

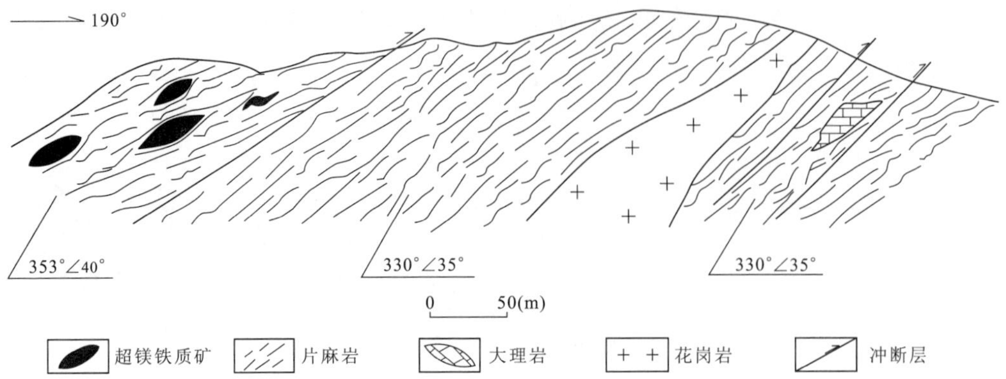


图3-129 库地南超镁铁质岩产状构造剖面图

在区域上库地蛇绿构造混杂岩带向东与其曼丁特蛇绿岩带相连,向西与柯岗蛇绿岩带相接。

## 二、库地蛇绿岩及相关沉积岩的岩石学特征

库地蛇绿岩的岩石单元比较齐全,变质橄榄岩、超基性—基性堆晶岩、基性—酸性杂岩和基性火山岩等都有不同程度的出露(但因构造破坏未见完整的蛇绿岩剖面),相关的沉积岩有硅质岩(已变质为石英岩)及火山碎屑岩。

### (一)蛇绿岩岩石学特征

#### 1. 变质橄榄岩

主要出露在库地北不孜完达坂蛇绿岩的下部层位,岩性主要为纯橄岩、斜辉橄榄岩、蛇纹岩(辉橄岩)和菱镁矿化蛇纹岩(纹层状辉橄岩)。

**纯橄岩** 黄绿色,自形粒状结构,块状构造。主要矿物成分:橄榄石95%、斜方辉石小于3%、磁铁矿2%。主要矿物呈自形粒状,粒径大小0.6～1.5mm,个别达2mm,矿物之间相互紧密嵌接,均匀分布形成自形粒状结构。矿物特征:橄榄石呈自形粒状,十分新鲜洁净,无蚀变,透明,切面呈长短不等的柱状,解理缝较明显,干涉色达二级顶部;斜方辉石呈自形短柱状,无色,干涉色一级黄色,平行消光,偶见双晶特征,可能为顽火辉石。偶见蛇纹石细脉出现。

**斜辉橄榄岩** 灰绿—灰黑色,块状构造,由橄榄石60%～90%、斜方辉石10%～30%及少量尖晶石组成,少见单斜辉石。粗粒变晶结构和全自形等粒状结构。可见到斜方辉石定向排列组成页理构造及尖晶石平行排列的线理构造。橄榄石和辉石普遍具波状消光或扭折构造,具地幔岩特征。斜辉橄榄岩中发育一条断续延伸长达1.5km的伟晶角闪岩脉。斜辉橄榄岩厚度大于100m。

**蛇纹岩(辉橄岩)** 显微鳞片变晶结构,局部网状结构,块状构造。主要矿物成分:蛇纹石80%左右、橄榄石10%左右、斜方辉石8%～10%、磁铁矿1%左右。岩石经受较强烈的蚀变作用,使原生暗色矿物绝大部分自变质为蛇纹石鳞片矿物,蚀变矿物杂乱分布,形成原岩的块状特征。原

生暗色矿物仍有残余晶体，有橄榄石，即蛇纹石沿裂隙交代，中心残余细小颗粒，即局部形成网状结构。另外，还有斜方辉石残晶，被蛇纹石交代后晶体极不完整。从残余晶体分析，为顽火辉石。从以上自生蚀变矿物和残余暗色矿物及其蚀变蛇纹石的出现形态，分析原生暗色矿物应以橄榄石为主，其次为斜方辉石，故原岩应为辉橄岩。

**菱镁矿化蛇纹岩** 灰绿色，显微粒状鳞片变晶结构，纹层状构造。主要矿物：蛇纹石 78%～80%、菱镁矿 15%～18%、磁铁矿 4%左右。岩石经受后期热液蚀变作用，使原生暗色矿物全部蚀变为蛇纹石、菱镁矿和析出尘点状磁铁矿等。依据尘点状磁铁矿和菱镁矿细小它形晶粒，大小 0.02～0.03mm，排列方向呈条纹状聚集相间出现，即显示条纹，而条纹之间即显示成层，反映出原生矿物塑性流动的特征，故称纹层状构造。另外，根据以上几种蚀变矿物特征及尘点状磁铁矿的分布特点，分析原生暗色矿物应以橄榄石为主，其次有辉石（斜方辉石），所以推断原岩可能为纹层状辉橄岩类。

**2. 超基性—基性堆晶岩**

超基性—基性堆晶岩主要分布于库地北不孜完达坂，库地南也有小面积分布，此外乌鲁吾斯塘及色拉阿特一带也主要为超基性—基性堆晶岩。岩性主要为辉岩、透闪岩（原岩为辉岩）、强蚀变辉长岩、蚀变辉绿岩。

**辉岩** 深灰色，柱粒状结构，块状构造。矿物成分主要为单斜辉石 94%左右、蛇纹石小于 1%、纤闪石 3%～5%、磁铁矿小于 1%。单斜辉石呈自形—半自形短柱状和粒状，粒径大小 1～1.5mm，少部分 2～3mm，无色，最大消光角（$C \wedge Ng$）38°～40°，为透辉石，由于轻蚀变解理不太明显，晶体之间基本上接触较紧密，形成柱粒状结构和块状构造。蚀变轻微，仅见少数透辉石周边显示纤闪石化，即被纤闪石交代现象，另外，偶见蛇纹石成堆出现。

**透闪岩** 深灰色，柱状变晶结构，块状构造。主要矿物：纤闪石（透闪石）82%～85%、黝帘石 10%～15%、单斜辉石 1%～2%、磁铁矿小于 1%、磷灰石小于 1%。岩石经受较强烈的蚀变作用，使原生暗色矿物近乎全部蚀变为纤闪石化，即浅色或无色透闪石，仅在少数晶体中仍残余透辉石残晶。这说明原生矿物为单斜辉石无疑，蚀变成透闪石的晶体外形仍保存原辉石轮廓特征，呈短柱状和粒状形态，大小 2～3mm，个别达 4mm。依据蚀变矿物残余辉石特征，原岩应为辉岩。

**强蚀变辉长岩** 残余辉长结构，块状构造。主要矿物成分：蚀变辉长石 50%左右、纤闪石 45%左右、钾长石 3%～4%、辉石小于 1%、磁铁矿小于 1%。岩石经受强烈的热蚀变作用，造成原岩结构和矿物成分发生较大的变化，从残余特征仍可恢复原岩面貌。从残余蚀变斜长石外形和纤闪石化暗色矿物，这两种矿物原生形状自形程度、含量和粒径大小都十分相似，呈等轴状晶体，这说明原岩具辉长结构特点。蚀变特征表现为原生辉石几乎全部纤闪石化，斜长石也黝帘石化、泥化。偶见残余辉石晶体。

**蚀变辉绿岩** 残余辉绿结构，块状构造。主要矿物成分：斜长石 63%～66%、绿泥石 30%～35%，次要矿物石英小于 1%，微量元素磁铁矿 1%～2%、褐铁矿小于 1%。次生矿物绢云母、黝帘石、绿帘石。斜长石呈自形柱状，长径 0.6～1.5mm，杂乱排列形成三角形空隙，其中充填次生绿泥石矿物，即形成辉绿结构。斜长石晶体混浊仅隐约可见钠长石律双晶。蚀变特征表现为斜长石强钠黝帘化，造成双晶，不清。另外，原生暗色矿物强绿泥石化等。

**蚀变辉绿玢岩** 残余斑状结构，基质残余灰绿结构，块状构造。残余斑晶成分：蚀变斜长石 8%～10%，由于蚀变晶体混浊，双晶消失；透辉石 2%～3%，呈自形柱状，无色，周边被纤闪石包围，具反应边结构。基质成分：斜长石 46%～48%，呈自形—半自形板条状，细粒状晶体杂乱排列形成的三角形空隙中，充填次生矿物纤闪石、绿帘石等；纤闪石 25%～28%，绿帘石、黝帘石 13%～15%。蚀变特征表现为斜长石钠黝帘石化和绢云母化及原生暗色矿物的纤闪石化。

#### 3. 基性—酸性层状侵入岩

主要分布在库地北不孜完达坂，堆晶岩的上部层位，主要岩石有钠长花岗岩及石英辉长岩。

石英辉长岩(亦称浅色辉长岩)，主要分布在库地北不孜完沟。代表同源玄武岩浆晚期的终端分异产物。

**中粗粒钠长花岗岩**　分布在库地北不孜完沟。中粗粒半自形粒状结构，块状构造。主要矿物成分钠长石 65%～68%、钾长石 5%～7%、石英 25%～30%。矿物粒径大小 5～8mm，属中粗粒级，主要矿物杂乱穿插嵌接，形成块状构造。钠长石呈半自形柱状，个别自形粒状，表面稍混浊，常见肖钠双晶和钠氏双晶，少数双晶结合面平直，利用最大消光角法测 An=8 — 10；石英呈它形填隙粒状，较洁净，有时呈几何体出现；少数钾长石呈它形粒状，晶体混浊，晶体中发育钠长石条纹，系析离成因，为条纹长石，显高岭石化。依据岩石化学成分及 CIPW 标准矿物特征，该岩石以富 $SiO_2$ 和 $Na_2O$，而贫 $K_2O$ 及铁为特点。在 $SiO_2$-$K_2O$ 的对数坐标图解上，样点落于大洋斜长花岗岩区，结合野外产状此岩石应出现在蛇绿岩套堆积岩顶部层状辉长岩墙群中，为岩浆分异演化作用最终产物。

#### 4. 基性火山岩

主要分布在库地北托排士达坂南，出露宽度 150m 左右，岩性主要为绿帘阳起片岩、黝帘透闪石和黝帘阳起岩。

**绿帘阳起片岩**　显微粒状纤维状变晶结构，片状构造。主要矿物成分：阳起石 31%～33%、钠长石 23%～25%、绿帘石 28%～30%、绿泥石 13%～15%、方解石小于 1%、磁铁矿小于 1%。岩石经蚀变和变质作用，使原岩结构和矿物成分消失殆尽。新生的变晶矿物有阳起石、绿帘石和钠长石、绿泥石等。阳起石呈纤维状，绿色，绿帘石和钠长石呈粒状，大小 0.02～0.04mm，和阳起石一起平行定向排列，形成片状构造。依据矿物组合，原岩应为基性岩类。

**黝帘透闪岩**　粒状变晶结构，块状构造。主要矿物成分：透闪石 61%～63%、黝帘石 36%～38%、榍石小于 1%。岩石经受强蚀变和变质作用，造成原岩结构和矿物成分消失。蚀变和变质矿物主要为透闪石和黝帘石等组成。透闪石呈短柱状和粒状，无色，与它形粒状黝帘石混合一起，大小 0.15～0.3mm，少数透闪石 0.5mm。矿物大致显示定向排列。

**黝帘阳起岩**　粒状纤柱状变晶结构，块状构造。主要矿物：阳起石 52%～55%，黝帘石、绿帘石 40%～45%，斜长石 3%～5%。岩石遭受强烈自变质作用，造成原岩结构和原生矿物消失殆尽。出现较多的纤柱状阳起石，长轴大小 0.6～1mm，仅少数 0.3mm，阳起石为浅绿色，长轴晶体显示平行定向分布，尚未构成片状特征。在阳起石晶体之间，分布有较多的黝帘石和少数绿帘石及残余个别斜长石成分，较均匀分布于岩石中。从蚀变矿物成分分析，结合野外产状原岩应为玄武岩。

**含白云石滑石片岩**　浅灰色，变余粒状显微鳞片变晶结构，残余晶体粒度 0.6～1mm，片状构造。主要矿物成分：滑石 76%～77%、白云石 22%～24%、磁铁矿小于 1%。由于遭受强烈的热液蚀变作用，可能使原岩中的白云石矿物发生热蚀变作用，生成较多的滑石矿物，新生矿物显微鳞片中，仍残余有白云石晶体。岩石受应力作用影响，新生成的滑石显示平行定向排列，形成片状构造。

### (二)与蛇绿岩伴生的岩石

#### 1. 硅质岩(石英岩)

分布在托排士达坂，呈透镜状夹于火山熔岩之中。岩石呈灰色，微细粒变晶结构，薄层状构造。主要矿物成分为石英。粒度细小，有重结晶现象。

**2. 火山碎屑岩**

**阳起片岩(野外定名凝灰质砂岩)**　分布在西合休，纤状变晶结构，片状构造。主要矿物成分：阳起石86%～88%、钠长石8%～10%、绿帘石2%～3%。变质矿物阳起石呈纤维状、纤状；钠长石呈粒状，大小0.05～0.1mm。矿物在变质应力作用下平行定向排列，形成片状构造。岩石经受明显的蚀变和变质作用，造成原岩结构和矿物成分消失殆尽，使原岩很难恢复。

**绿泥绿帘片岩(野外定名细砂岩或凝灰岩)**　呈鳞片粒状变晶结构，片状构造。主要矿物：绿帘石43%～46%、绿泥石35%～37%、石英5%～6%、钠长石6%～8%、方解石3%～4%。岩石遭受变质作用，使岩石中的原生结构和原生矿物消失殆尽。新生变质矿物有绿帘石和细小粒状绿泥石，大小0.02～0.03mm，及个别残余钠长石。由于变质应力作用，绿泥石和绿帘石平行定向排列，均匀分布形成片状构造。

## 三、库地蛇绿岩的岩石化学和地球化学特征

库地蛇绿岩中纯橄岩、斜辉橄榄岩、透闪岩、蛇纹岩(辉橄岩)、菱镁矿化蛇纹岩、辉石岩、强蚀变辉长岩，蚀变辉绿岩、蚀变辉绿玢岩、基性火山岩、浅色岩系岩石化学分析结果及特征参数见表3-58，稀土元素分析结果及特征参数见表3-59，微量元素分析结果特征见表3-60。

**表3-58　库地蛇绿岩岩石化学分析结果及特征参数表**

| 岩石名称 | 样品号 | 氧化物含量(%) | | | | | | | | | | | | | | | 特征参数值 | |
|---|---|---|---|---|---|---|---|---|---|---|---|---|---|---|---|---|---|---|
| | | $SiO_2$ | $Al_2O_3$ | $Fe_2O_3$ | FeO | CaO | MgO | MnO | $TiO_2$ | $P_2O_5$ | $K_2O$ | $Na_2O$ | $CO_2$ | $H_2O^+$ | $H_2O^-$ | Σ | σ | $Mg^{\#}$ |
| 纯橄岩 | D073/1 | 40.98 | 1.63 | 1.31 | 6.41 | 0.78 | 46.63 | 0.11 | 0.01 | 0.02 | 0.15 | 0.15 | — | 0.96 | 0.11 | 99.96 | −0.04 | 90.99 |
| 辉岩 | D073/2 | 45.10 | 12.37 | 2.12 | 8.47 | 14.56 | 12.06 | 0.36 | 1.10 | 0.16 | 0.20 | 0.45 | — | 1.06 | 0.06 | 99.09 | 0.20 | 67.66 |
| 透闪岩 | D073/3 | 48.86 | 4.25 | 0.16 | 3.67 | 16.90 | 20.80 | 0.10 | 0.33 | 0.04 | 0.07 | 0.44 | — | 0.89 | 0.07 | 99.99 | 0.04 | 90.76 |
| 蛇纹岩 | D073/4 | 41.93 | 2.07 | 1.33 | 6.39 | 0.69 | 42.84 | 0.09 | 0.01 | 0.05 | 0.09 | 0.11 | — | 2.94 | 0.01 | 99.26 | −0.04 | 91.07 |
| 纯橄岩 | 01 | 43.30 | 0.70 | 0.37 | 7.29 | 0.45 | 46.60 | 0.14 | 0.01 | 0.14 | 0.01 | 0.09 | 0.81 | — | — | 99.90 | 0.03 | 91.60 |
| 方辉橄榄岩 | 02 | 41.40 | 0.67 | 5.51 | 2.97 | 0.30 | 45.30 | 0.10 | 0 | 0.09 | 0.01 | 0.04 | 3.50 | — | — | 99.80 | — | 91.10 |
| 方辉橄榄岩 | 03 | 42.20 | 0.62 | 4.41 | 3.32 | 0.44 | 46.60 | 0.16 | 0.01 | 0.13 | 0.01 | 0.06 | 2.03 | — | — | 100.0 | −0.01 | 91.90 |
| 辉石岩 | 04 | 49.50 | 1.25 | 4.03 | 6.22 | 15.30 | 18.40 | 0.62 | 0.01 | 0.02 | 0.05 | 0.10 | 4.05 | — | — | 99.50 | 0 | 76.90 |
| 辉石岩 | 05 | 50.10 | 9.48 | 2.35 | 4.15 | 13.20 | 17.10 | 0.15 | 0.11 | 0.10 | 0.06 | 1.50 | 1.34 | — | — | 99.60 | 0.34 | 83.00 |
| 辉石岩 | 06 | 45.60 | 15.20 | 3.23 | 4.12 | 11.30 | 18.50 | 0.11 | 0.06 | 0.05 | 0.06 | 1.41 | 0.55 | — | — | 100.0 | 0.83 | 82.40 |
| 辉石岩 | 07 | 48.40 | 11.60 | 3.48 | 3.16 | 12.00 | 18.10 | 0.09 | 0.14 | 0.12 | 0.24 | 1.82 | 1.04 | — | — | 100.0 | 0.79 | 83.70 |
| 辉长岩 | 08 | 48.50 | 22.00 | 0.48 | 3.59 | 13.00 | 7.21 | 0.09 | 0.16 | 0.01 | 0.28 | 2.15 | 2.88 | — | — | 100.0 | 1.07 | 76.20 |
| 辉长岩 | 09 | 49.20 | 16.90 | 0.92 | 4.56 | 14.60 | 10.90 | 0.12 | 0.12 | 0.05 | 0.02 | 0.99 | 1.17 | — | — | 99.50 | 0.16 | 78.30 |
| 辉长岩 | 10 | 48.30 | 19.40 | 1.03 | 2.44 | 18.00 | 8.84 | 0.09 | 0.09 | 0.15 | 0.07 | 0.61 | 0.98 | — | — | 100.0 | 0.09 | 82.40 |
| 辉绿岩 | 11 | 49.40 | 13.00 | 3.11 | 9.95 | 5.75 | 4.21 | 0.18 | 1.17 | 0.21 | 0.02 | 2.57 | 8.77 | — | — | 99.40 | 1.05 | 37.10 |
| 石英辉长岩 | 外1 | 57.97 | 16.42 | 1.71 | 4.31 | 7.66 | 4.07 | 0.13 | 0.45 | 0.14 | 2.21 | 2.69 | — | 4.31 | — | 103.1 | 1.60 | 55.60 |
| 辉长闪长岩 | 外2 | 55.86 | 16.04 | 2.57 | 4.09 | 5.81 | 3.30 | 0.15 | 0.71 | 0.23 | 3.74 | 4.99 | — | 1.52 | — | 99.01 | 5.90 | 48.13 |
| 绿帘阳起片岩 | D3166/1 | 47.77 | 14.55 | 2.80 | 6.70 | 7.50 | 10.21 | 0.13 | 0.65 | 0.07 | 0.67 | 2.89 | — | 3.95 | 0.08 | 98.71 | 2.66 | 66.85 |
| 黝帘透闪岩 | D3166/4 | 42.45 | 14.29 | 2.38 | 6.97 | 14.33 | 10.66 | 0.12 | 1.00 | 0.12 | 0.48 | 1.44 | — | 2.35 | 0.03 | 97.49 | −6.70 | 67.80 |

注：样品外1、外2引自肖序常(2003)；样品01～11引自王志洪(2000)；$Mg^{\#}=100Mg/(Mg+Fe)$。

**表 3-59　库地蛇绿岩稀土元素分析结果及特征参数表**

| 岩石名称 | 样品号 | 稀土元素含量($\times10^{-6}$) | | | | | | | | | | | | | | | | | 特征参数值 | | | |
|---|---|---|---|---|---|---|---|---|---|---|---|---|---|---|---|---|---|---|---|---|---|---|
| | | La | Ce | Pr | Nd | Sm | Eu | Gd | Tb | Dy | Ho | Er | Tm | Yb | Lu | ∑REE | ∑LREE | ∑HREE | δEu | $(La/Yb)_N$ | $(La/Sm)_N$ | $(Gd/Yb)_N$ |
| 橄榄岩 | D073/1 | 0.37 | 0.57 | 0.07 | 0.25 | 0.07 | 0.03 | 0.08 | 0.01 | 0.07 | 0.01 | 0.04 | 0.01 | 0.06 | 0.01 | 1.65 | 1.36 | 0.29 | 1.38 | 4.22 | 3.34 | 1.13 |
| 辉岩 | D073/2 | 1.04 | 1.97 | 0.43 | 1.99 | 0.88 | 0.30 | 0.97 | 0.23 | 1.61 | 0.36 | 0.99 | 0.14 | 0.90 | 0.14 | 11.95 | 6.62 | 5.33 | 1.01 | 0.76 | 0.72 | 0.87 |
| 透闪岩 | D073/3 | 4.99 | 16.40 | 3.16 | 17.80 | 6.91 | 1.66 | 7.25 | 1.64 | 11.20 | 2.46 | 7.19 | 1.03 | 6.57 | 0.94 | 89.20 | 50.92 | 38.28 | 0.72 | 0.50 | 0.44 | 0.88 |
| 蛇纹岩 | D073/4 | 0.41 | 0.83 | 0.14 | 0.57 | 0.20 | 0.06 | 0.20 | 0.05 | 0.30 | 0.07 | 0.19 | 0.03 | 0.24 | 0.04 | 3.33 | 2.21 | 1.12 | 0.92 | 1.10 | 1.24 | 0.67 |
| 纯橄岩 | 01 | 0.28 | 0.53 | 0.03 | 0.36 | 0.01 | 0 | 0.05 | 0.01 | 0.07 | 0.01 | 0.06 | 0 | 0.07 | 0.01 | 1.49 | 1.21 | 0.28 | 0.10 | 2.64 | — | — |
| 方辉橄榄岩 | 02 | 0.54 | 1.05 | 0.08 | 0.55 | 0.23 | 0.04 | 0.13 | 0.02 | 0.11 | 0.01 | 0.06 | 0 | 0.10 | 0.01 | 2.93 | 2.49 | 0.44 | 0.65 | 3.58 | 1.43 | 1.05 |
| 方辉橄榄岩 | 03 | 0.27 | 0.54 | 0.09 | 0.48 | 0.14 | 0.03 | 0.18 | 0.03 | 0.10 | 0.01 | 0.09 | 0.01 | 0.05 | 0.01 | 2.03 | 1.55 | 0.48 | 0.59 | 3.55 | 1.16 | 2.90 |
| 辉石岩 | 04 | 1.49 | 2.74 | 0.30 | 1.29 | 0.38 | 0.08 | 0.47 | 0.10 | 0.68 | 0.15 | 0.61 | 0.08 | 0.49 | 0.08 | 8.94 | 6.28 | 2.66 | 0.58 | 2。00 | 2.39 | 0.77 |
| 辉石岩 | 05 | 2.72 | 8.91 | 1.22 | 5.72 | 1.36 | 0.33 | 1.43 | 0.23 | 1.42 | 0.33 | 1.54 | 0.35 | 3.39 | 0.64 | 29.60 | 20.26 | 9.34 | 0.73 | 0.53 | 1.22 | 0.34 |
| 辉石岩 | 06 | 1.05 | 2.04 | 0.22 | 1.20 | 0.31 | 0.13 | 0.64 | 0.08 | 0.60 | 0.09 | 0.32 | 0.07 | 0.2 | 0.06 | 7.01 | 4.95 | 2.06 | — | — | — | — |
| 辉长岩 | 08 | 1.31 | 2.42 | 0.28 | 1.43 | 0.24 | 0.36 | 0.64 | 0.13 | 0.79 | 0.19 | 0.41 | 0.05 | 0.46 | 0.03 | 8.74 | 6.04 | 2.70 | — | — | — | — |
| 辉长岩 | 09 | 1.06 | 2.38 | 0.31 | 1.28 | 0.40 | 0.15 | 0.74 | 0.11 | 0.63 | 0.15 | 0.44 | 0.08 | 0.62 | 0.08 | 8.43 | 5.58 | 2.85 | 0.84 | 1.12 | 1.61 | 0.96 |
| 辉长岩 | 10 | 0.59 | 1.52 | 0.22 | 1.32 | 0.25 | 0.22 | 0.70 | 0.15 | 0.80 | 0.19 | 0.52 | 0.06 | 0.42 | 0.10 | 7.06 | 4.12 | 2.94 | 1.52 | 0.92 | 1.43 | 1.33 |
| 辉绿岩 | 11 | 4.68 | 13.30 | 1.96 | 10.60 | 2.78 | 0.82 | 3.28 | 0.55 | 3.28 | 0.66 | 2.15 | 0.34 | 1.86 | 0.28 | 46.54 | 34.14 | 12.40 | 0.84 | 1.66 | 1.02 | 1.41 |
| 绿帘阳起片岩 | D3166/1 | 4.15 | 9.51 | 1.30 | 5.55 | 1.76 | 0.64 | 1.88 | 0.40 | 2.73 | 0.59 | 1.76 | 0.25 | 1.57 | 0.22 | 32.32 | 22.91 | 9.41 | 1.08 | 1.74 | 1.44 | 0.96 |
| 黝帘透闪岩 | D3166/4 | 10.10 | 19.50 | 2.37 | 9.71 | 2.42 | 1.07 | 2.54 | 0.47 | 2.95 | 0.58 | 1.81 | 0.25 | 1.54 | 0.23 | 55.53 | 45.17 | 10.36 | 1.32 | 4.32 | 2.54 | 1.32 |

注:样品 01～11 引自王志洪(2000)。

**表 3-60　库地蛇绿岩微量元素特征表**

| 岩石名称 | 样品号 | 微量元素含量($\times10^{-6}$) | | | | | | | | | | | | | | | | | | |
|---|---|---|---|---|---|---|---|---|---|---|---|---|---|---|---|---|---|---|---|---|
| | | Ba | Rb | Sr | Y | Zr | Nb | Th | Pb | Ga | Zn | Cu | Ni | V | Cr | Hf | Sc | Ta | Co | U |
| 纯橄岩 | D073/1 | 7.7 | 1.07 | 5.7 | 0.40 | 0.9 | 0.34 | 0.04 | 1.01 | 0.58 | 43。0 | 4.47 | 2 003 | 34 | 2 080 | 0.02 | 7.5 | 0.05 | 109.0 | 0.03 |
| 辉岩 | D073/2 | 7.6 | 0.51 | 23.8 | 8.16 | 9.6 | 0.38 | 0.01 | 3.08 | 3.65 | 51.2 | 79.00 | 449 | 202 | 2 581 | 0.30 | 75.4 | 0.03 | 50.4 | 0.05 |
| 透闪岩 | D073/3 | 40.3 | 1.43 | 169.0 | 59.10 | 44.6 | 3.67 | 0.19 | 3.27 | 10.20 | 155.0 | 37.30 | 101 | 185 | 611 | 1.55 | 63.7 | 0.17 | 43.9 | 0.10 |
| 蛇纹岩 | D073/4 | 7.5 | 0.81 | 8.4 | 1.73 | 3.4 | 0.94 | 0.03 | 1.16 | 0.68 | 46.2 | 9.24 | 1 884 | 50 | 2 204 | 0.08 | 9.9 | 0.05 | 102.0 | 0.12 |
| 纯橄岩 | 01 | 29.3 | 0.24 | 5.5 | 0.35 | 31.1 | 0.39 | 0.72 | — | — | — | — | — | — | — | 1.05 | — | 0.28 | — | 0.15 |
| 方辉橄榄岩 | 02 | 9.7 | 1.00 | 33.6 | 0.50 | 1.2 | 1.20 | 0.31 | — | — | — | — | — | — | — | 0.05 | — | 0.43 | — | 0.06 |
| 方辉橄榄岩 | 03 | 7.5 | 2.10 | 3.7 | 0.46 | 0.4 | 0.35 | 0.16 | — | — | — | — | — | — | — | 0.02 | — | 0.02 | — | 0.02 |
| 辉石岩 | 04 | 47.5 | 3.41 | 69.9 | 4.53 | 84.6 | 1.32 | 0.69 | — | — | — | — | — | — | — | 1.96 | — | 0.52 | — | 0.34 |
| 辉石岩 | 05 | 14.1 | 7.39 | 24.1 | 13.20 | 2.3 | 1.66 | 0.21 | — | — | — | — | — | — | — | 0.07 | — | 0.02 | — | 0.21 |
| 辉石岩 | 06 | 78.9 | 2.80 | 42.1 | 3.05 | 179.0 | 0.65 | 0.75 | — | — | — | — | — | — | — | 3.69 | — | 0.80 | — | 0.33 |
| 辉石岩 | 07 | 32.8 | 4.32 | 33.5 | 4.54 | 39.3 | 0.95 | 0.27 | — | — | — | — | — | — | — | 0.92 | — | 0.67 | — | 1.29 |
| 辉长岩 | 08 | 120.0 | 15.40 | 204.0 | 3.92 | 48.5 | 0.78 | 0.55 | — | — | — | — | — | — | — | 1.32 | — | 0.37 | — | 0.19 |
| 辉长岩 | 09 | 129.0 | 4.96 | 224.0 | 3.92 | 134.0 | 1.95 | 0.60 | — | — | — | — | — | — | — | 3.16 | — | 2.30 | — | 0.22 |
| 辉长岩 | 10 | 73.4 | 2.59 | 98.7 | 4.31 | 51.4 | 1.19 | 0.36 | — | — | — | — | — | — | — | 1.44 | — | 0.96 | — | 0.24 |
| 辉绿岩 | 11 | 57.4 | 0.93 | 152.0 | 17.60 | 52.1 | 2.29 | 0.42 | — | — | — | — | — | — | — | 1.68 | — | 0.41 | — | 0.42 |
| 绿帘阳起片岩 | D3166/1 | 114.0 | 4.97 | 126.0 | 14.70 | 15.1 | 3.23 | 0.97 | 12.20 | 11.90 | 105.0 | 131.00 | 199 | 201 | 759 | 0.43 | 42.5 | 0.18 | 45.8 | 0.28 |
| 黝帘透闪岩 | D3166/4 | 62.7 | 2.28 | 328.0 | 14.40 | 19.0 | 7.72 | 2.12 | 8.58 | 12.70 | 91.9 | 52.90 | 129 | 237 | 514 | 0.62 | 45.0 | 0.26 | 40.3 | 0.54 |
| 地壳丰度值(黎彤) | | 390.0 | 78.00 | 480.0 | 24.00 | 130.0 | 19.00 | 5.80 | 12.00 | 18.00 | 94.0 | 63.00 | 89 | 140 | 110 | 1.50 | 18.0 | 1.60 | 25.0 | 1.70 |
| 地幔丰度值(Wood) | | 7.6 | 0.86 | 23.0 | 4.87 | 11.0 | 0.62 | 0.10 | — | — | 53.0 | 26.00 | 2 400 | 59 | 1 020 | 0.35 | — | 0.04 | 105.0 | 0.03 |

注:样品 01～11 引自王志洪(2000)。

### (一)岩石化学

岩石化学成分总体以低钛、低磷为特点,大多样品 $TiO_2$ 含量小于 1%,最高不大于 1.17%,除个别具典型洋脊型特点外,多数显示岛弧特点。$Al_2O_3$、CaO 和 MgO 含量变化较大,FeO 普遍大于 $Fe_2O_3$,$Na_2O > K_2O$,$CaO > Na_2O + K_2O$。

利用硅-碱关系图(图 3-130)分析,岩石样品基本落在亚碱性系列一侧,火山岩落在亚碱性与碱性系列的分界线上;在 A-F-M 图解中(图 3-131),样品主要落在拉斑玄武岩系列范围内,石英辉长岩投影在钙碱性系列范围,火山岩投影在钙碱性系列与拉斑系列分界线上。说明岩石主体属拉斑系列。

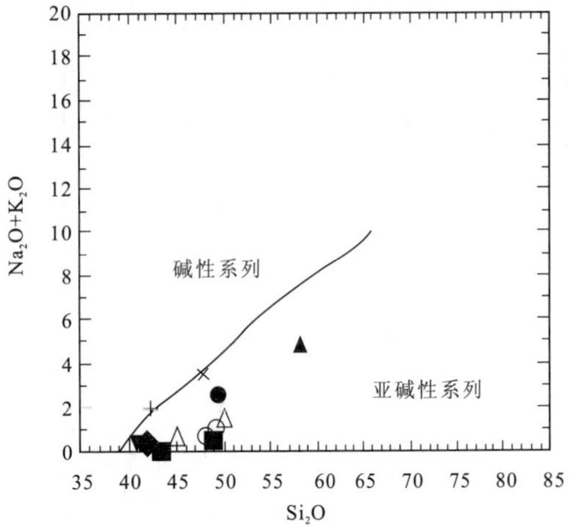


图 3-130　硅-碱图

(欧文,1971)

■纯橄岩;□方辉橄榄岩;▼透闪岩;◆蛇纹岩;△辉石岩;◇辉长闪长岩;●辉绿岩;○辉长岩;▲石英辉长岩;×绿帘阳起片岩;+黝帘透闪岩

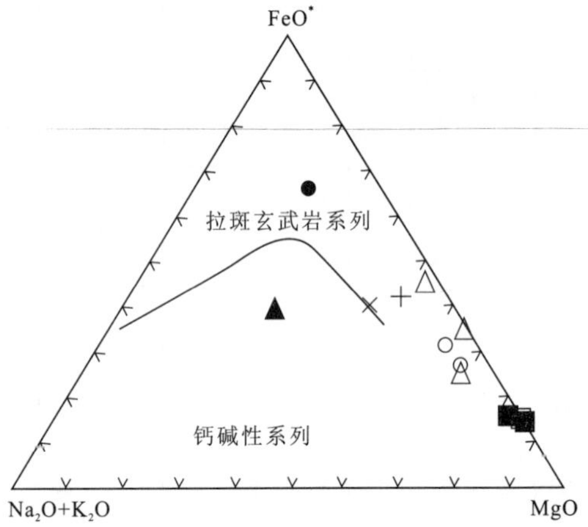


图 3-131　A-F-M 图解

(欧文,1971)

■纯橄岩;□方辉橄榄岩;▼透闪岩;◆蛇纹岩;△辉石岩;◇辉长闪长岩;●辉绿岩;○辉长岩;▲石英辉长岩;×绿帘阳起片岩;+黝帘透闪岩

纯橄榄岩和方辉橄榄岩组成的地幔变质橄榄岩相当亏损,具低 $Al_2O_3$(0.62%~1.15%)和 CaO(0.3%~0.95%),反映它们是二辉橄榄岩较高程度部分熔融后的地幔残余。随着 MgO 含量的减少,自地幔橄榄岩($Mg^{\#}$ 为 91.1~91.9)向辉石岩($Mg^{\#}$ 为 76.9~83.7)和辉长岩($Mg^{\#}$ 为 76.2~82.4),$Al_2O_3$、CaO 含量显著地系统增加,$SiO_2$、TiO 含量也呈依次增高特征。辉石岩的 $Al_2O_3$、CaO、FeO 含量具较宽的变化范围,指示两种辉石矿物成分和含量的差异。辉长岩具高 $Al_2O_3$,低 FeO,两者成分变化较小,而 CaO 的变化范围较宽。

辉绿岩的 $Al_2O_3$、CaO 含量系统低于辉长岩,而 FeO 为最高,$TiO_2$ 和 $Na_2O$ 也系统高于其他 3 类岩石。

岩石化学特征上,库地蛇绿岩中的堆晶杂岩、辉绿岩和玄武岩具拉斑系列演化趋势。

### (二)稀土元素

库地蛇绿岩稀土元素特征见表 3-59,从表中可以看出,稀土元素总量较低,变化范围较大,在 $1.49\times10^{-6}$~$55.53\times10^{-6}$ 之间,个别可达 $89.20\times10^{-6}$。稀土配分模式表现平坦,没有明显的富集或亏损。$(La/Yb)_N$ 在 0.5~4.32 之间,多大于 1 和接近 1,说明轻稀土略富集。$\delta Eu$ 值 0.1~1.52 之间,大多数大于 0.7,表明库地蛇绿岩主要来源于地幔。

超镁铁岩稀土元素特征：稀土元素总量为 $1.49\times10^{-6}$～$11.95\times10^{-6}$，平均 $7.74\times10^{-6}$，个别达 $89.20\times10^{-6}$，明显高于典型蛇绿岩中超镁铁岩 $0.297\times10^{-6}$ 的稀土元素平均总含量。稀土配分模式图(图 3-132)平坦，轻重稀土分馏不明显，Eu 略亏损。纯橄岩、方辉橄榄岩具 Ho 亏损。辉长岩稀土总量低，$7.06\times10^{-6}$～$8.43\times10^{-6}$，稀土配分模式图(图 3-133)平坦，轻重稀土分馏不明显，Eu 略富集。辉绿岩稀土总量 $46.54\times10^{-6}$。$\delta$Eu 值大于 0.7(0.84～1.52)。辉绿岩轻稀土略富集，Eu 略亏损。

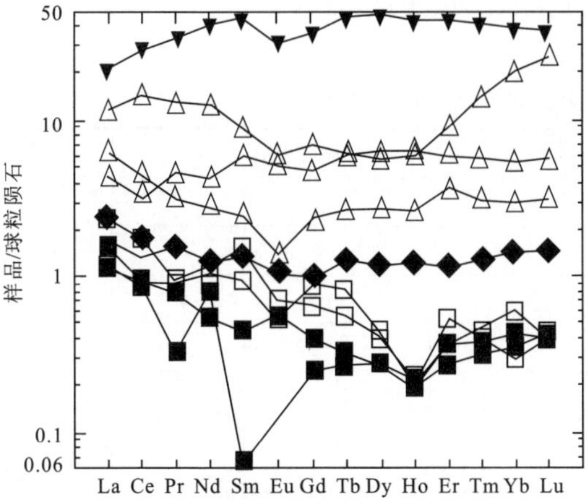


图 3-132　超基性岩稀土配分模式图

■纯橄岩；□方辉橄榄岩；▼透闪岩；◆蛇纹岩；△辉石岩

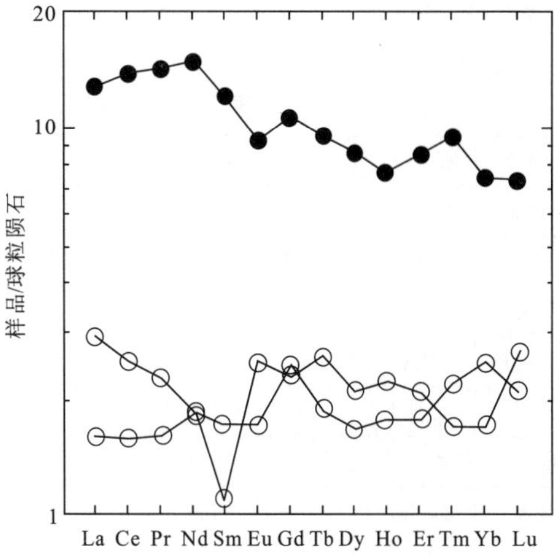


图 3-133　基性岩稀土配分模式图

●辉绿岩；○辉长岩

火山岩稀土总量较高，为 $32.321\times10^{-6}$～$55.53\times10^{-6}$。稀土配分模式图(图 3-134)右倾，轻稀土明显富集，Eu 略富集。

## (三)微量元素

库地蛇绿岩微量元素特征见表 3-60，从表中可以看出，纯橄岩、辉岩、方辉橄榄岩中亲石元素 Ba、Sr 基本接近原始地幔值，富集 Rb。纯橄岩、辉橄岩、方辉橄榄岩明显亏损 Zr、Hf，纯橄岩、辉橄岩中 Ta 接近地幔原始值，亏损 Nb、Th。方辉橄榄岩、辉石岩富集 Ta。辉绿岩、辉长岩中明显富集 Ba、Sr、Zr、Nb、Th、Hf、Ta。蚀变火山岩中明显富集 Ba、Sr、Nb、Th、Hf、Ta，亏损 Zr。Y 在岩石中有富集，也有亏损。从微量元素蛛网图(图 3-135)上可以看出，库地蛇绿岩总体亏损大离子亲石元素 Rb、高场强元素 Y；富集 Ba、Th。

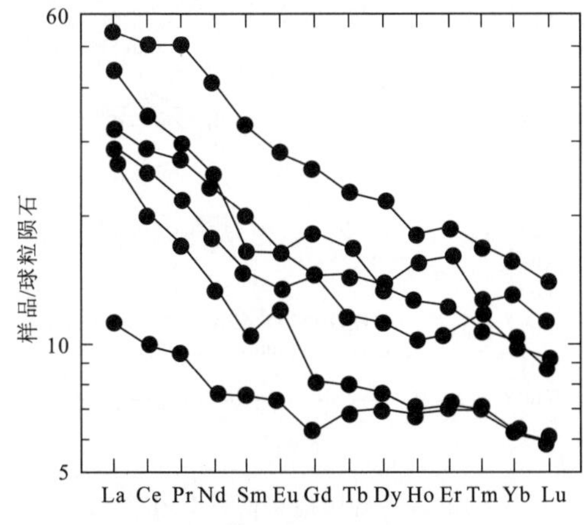


图 3-134　稀土配分模式图

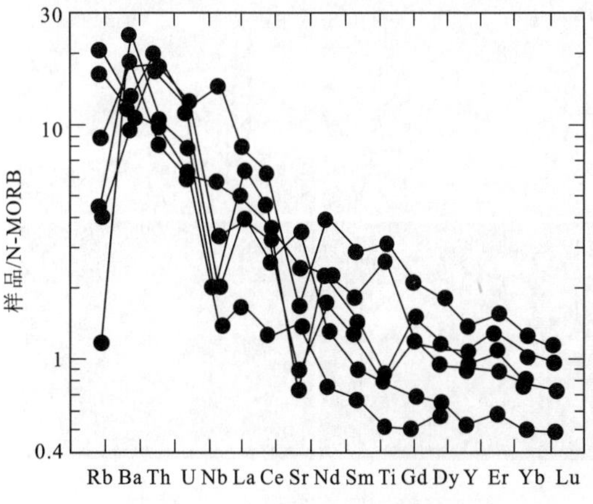


图 3-135　微量元素蛛网图

稀土元素配分曲线、微量元素蛛网图均显示出元素的不统一性，表明来自上地幔或下地壳的岩浆在挤压环境下受到了不同程度的混染。

## 四、库地蛇绿岩的时代

库地蛇绿岩的形成时代问题，前人大体有两种不同认识(具体依据见表 3-61)，一是形成于新元古代—早古生代(多数学者)，二是形成于晚古生代(姜春发)。造成分歧的主要原因是前人将一些克沟一带晚古生代火山熔岩和火山碎屑岩纳入库地蛇绿岩的范畴所致。

**表 3-61　库地蛇绿岩、一些克沟火山岩形成时代一览表**

| 作者/单位 | 采样位置 | 采样岩石 | 测试方法 | 表观年龄(Ma) | 备注 |
|---|---|---|---|---|---|
| 汪玉珍 | 不孜完沟 | 超镁铁质岩中的伟晶角闪岩脉 | Rb-Sr | 860.5 | 库地蛇绿岩 |
| 中德考察队 | 不孜完沟 | 超镁铁质岩中的伟晶角闪岩脉 | K-Ar | 1 661.9 | |
| 肖序常 | 不孜完沟 | 石英辉长岩 | SHRIMP-Ⅱ | 510 | |
| 新疆一区调 | 一些克沟 | 细碧岩 | K-Ar | 916.66 | 一些克沟火山岩 |
| 邓万明 | 库地北 | 枕状玄武岩 | Rb-Sr,Sm-Nd 模式年龄 | 698.36～976.76 | |
| 李永安 | 库地北 | 玄武岩 | K-Ar 全岩 | 817.43 | |
| 姜春发 | 库地北 | 玄武岩 | Rb-Sr 全岩 | (359±40)～(297±45) | |
| 方爱民 | 一些克沟 | 玄武岩 | Sm-Nd 等时线 | 824±23,1 023±40 | |
| 周辉 | 库地北 | 玄武岩中的硅质岩 | *Entactinia* sp. ,*Spumellaria* sp. | $O_3$—S | |
| 方爱民 | 库地北 | 玄武岩中的硅质岩 | 两个放射虫组合 | 早古生代,晚古生代 | |

为了得到可信的蛇绿岩的形成时代依据，本项目采集了不孜完沟北侧镁铁—超镁铁质堆晶岩下部层位的方辉橄榄岩，并分离出两种锆石。其中大部分锆石大小比较均匀，多为自形晶，常具有自形的生长环带(图 3-136)，可见光性随生长环带变化的特点，且能见到规则的生长纹和个体较大的暗色包裹体。以上锆石的这些特点与岩浆结晶锆石相吻合，应为岩浆结晶锆石。对这些岩浆锆石利用 SHRIMP-Ⅱ进行测试，分析结果见表 3-62、谐和图 3-137。从表和图中可见 U 含量变化不大，$^{206}Pb/^{238}U$、$^{207}Pb/^{235}U$ 两组年龄在误差范围内基本谐和，8 粒锆石测试结果基本一致，平均年龄(502±13)Ma。这一结果与肖序常等人在不孜完沟脑与镁铁—超铁镁质堆晶岩共生的具有明显的堆晶结构的辉长岩中(13 粒锆石)获得的(512±4)Ma SHRIMP-Ⅱ年龄异常接近。

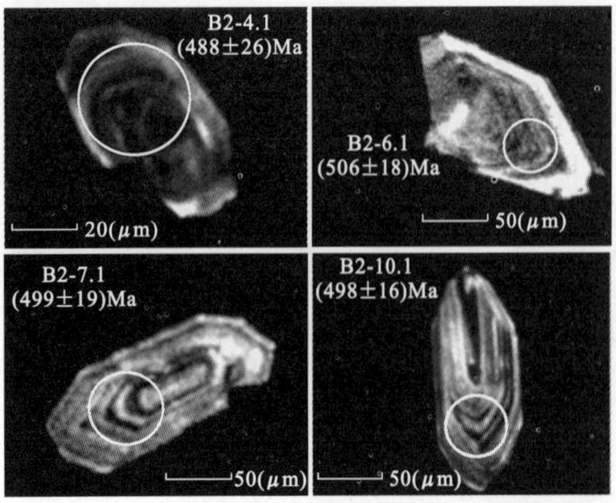


图 3-136　锆石自形的生长环带

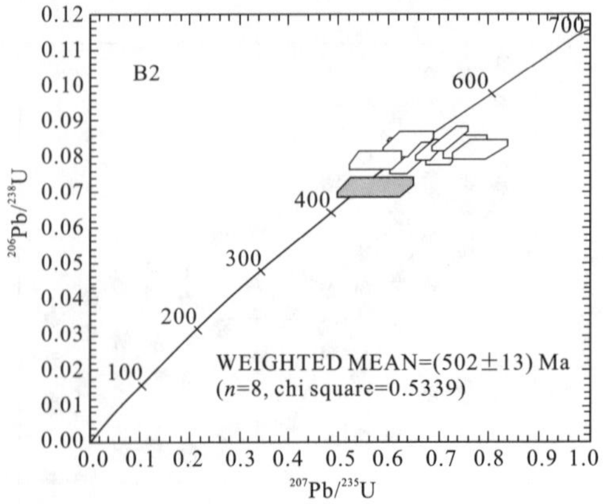


图 3-137　方辉橄榄岩锆石 $^{206}Pb/^{238}U$-$^{207}Pb/^{235}U$ 谐和图

表 3-62　西昆仑库地蛇绿岩中方辉橄榄岩的锆石 SHRIMP-Ⅱ测试结果

| 测试号 | U ($\times10^{-6}$) | Th ($\times10^{-6}$) | Th/U | Pb ($\times10^{-6}$) | $^{206}$Pb(%) (Common) | $\frac{^{206}Pb}{^{238}U}$ | $\frac{^{207}Pb}{^{235}U}$ | $\frac{^{207}Pb}{^{206}Pb}$ | AGE $\frac{^{206}Pb}{^{238}U}$ | AGE $\frac{^{207}Pb}{^{235}U}$ | AGE $\frac{^{207}Pb}{^{206}Pb}$ |
|---|---|---|---|---|---|---|---|---|---|---|---|
| B2-2.1 | 271 | 199 | 0.73 | 25 | 0.01 | 0.083 5 | 0.641 | 0.055 7 | 517±18 | 503±30 | 439±139 |
| B2-4.1 | 2 968 | 1 751 | 0.59 | 250 | 0.00 | 0.078 7 | 0.647 | 0.059 7 | 488±26 | 507±28 | 591±74 |
| B2-5.1 | 2 006 | 1 436 | 0.72 | 181 | 0.02 | 0.081 0 | 0.768 | 0.068 8 | 502±24 | 578±31 | 892±93 |
| B2-6.1 | 783 | 518 | 0.66 | 70 | 0.00 | 0.081 6 | 0.691 | 0.061 3 | 506±18 | 533±21 | 651±60 |
| B2-7.1 | 904 | 816 | 0.90 | 85 | 0.02 | 0.080 5 | 0.816 | 0.073 6 | 499±19 | 606±24 | 1 030±58 |
| B2-8.1 | 2 472 | 1 257 | 0.51 | 220 | 0.00 | 0.084 9 | 0.003 5 | 0.035 | 525±21 | 554±21 | 675±47 |
| B2-9.1 | 667 | 438 | 0.66 | 56 | 0.04 | 0.078 1 | 0.002 4 | 0.053 | 485±15 | 455±35 | 307±205 |
| B2-10.1 | 534 | 571 | 1.07 | 52 | 0.01 | 0.080 4 | 0.002 7 | 0.054 | 498±16 | 616±31 | 1 078±108 |

注:(1)$^{206}$Pb(%)(Common)指普通铅中的$^{206}$Pb占全铅$^{206}$Pb的百分数;(2)应用实测$^{204}$Pb和Cumming和Richard(1975)的模式铅成分校正普通铅;(3)表中所有误差为1σ;(4)加权平均年龄的误差为2σ。

鉴于锆石SHRIMP-Ⅱ的精确度,可进行原位测试等先进性以及相近样品两次测试结果的一致性,可以比较肯定地说,512～502Ma的年龄值代表了库地蛇绿岩中堆晶岩的结晶年龄,也就是说蛇绿岩的形成时代为早古生代早期。至于库地蛇绿岩岩浆分异年龄以及蛇绿岩的就位年龄问题依然没有解决。

## 五、蛇绿岩形成的古构造环境

现代研究表明,蛇绿岩可形成于洋中脊扩张中心(MORB型)、弧前和弧后盆地(SSZ型)等各种构造环境,不同环境形成的蛇绿岩具有不同的岩石组合及迥异的地球化学特征。弧后盆地是洋壳俯冲产生的地幔隆起造就的,它的演化初期是在岛弧上发生裂谷,远洋的产生标志初始扩张,最后进入成熟扩张阶段(Hawkins,1995;Fryer,1995;Taylor,1995)。在弧后盆地演化的每一个阶段都有MORB和SSZ型蛇绿岩产生,并以SSZ岩浆类型为主让位到以MORB岩浆类型为主。可见,仅从蛇绿岩本身是难以区分成熟弧后盆地和大洋中脊性质的,必须综合考虑蛇绿岩共生的沉积岩和相关的其他边缘地质体。

### 1. 蛇绿岩的岩石组合及伴生岩石

从蛇绿岩产出地质特征来看,库地蛇绿岩"三位一体"的岩石组合特征明显,露头出露完好。蛇绿岩与一套同时期形成的深海相硅质岩共生,表明其形成于深海相沉积环境。

库地蛇绿岩的厚度小,仅3 000m左右,堆积杂岩所占比例甚少,且未见到指示海底快速扩张的岩墙群,这表明没有出现大规模的连续岩浆房;此外,库地蛇绿岩的层序大部分完整,表明其发生过较完全的岩浆分异作用。这些都反映库地蛇绿岩应形成于缓慢扩张的条件下。

库地蛇绿岩的堆晶杂岩主要有辉石岩和辉长岩,还有一部分堆晶橄榄岩,辉石岩和辉长岩中的辉石以单斜辉石为主,可能属PPG(橄榄岩-辉石岩-辉长岩)系列,不同于PTG(橄榄岩-橄长岩-辉长岩)系列,后者被认为是形成于大洋中脊环境蛇绿岩的典型堆晶岩系列(Pearce等,1984);而前者指示了岩浆是在含水条件下熔融的,是一种消减带的环境。

玻安玄武岩是弧前SSZ型蛇绿岩的一个特征岩石。袁超曾报道,在库地一带发现具有玻安玄武岩特征的岩石,也可指示库地蛇绿岩形成于岛弧构造环境。

此外,与库地蛇绿岩伴生的少量火山碎屑岩及陆缘碎屑岩可间接反映其形成于非洋中脊构造环境。

**2. 岩石地球化学特征**

1)常量元素

库地蛇绿岩中有少量辉长岩在 $TiO_2$ - FeO/(FeO+MgO)图中投在低 Ti 蛇绿岩区,代表洋内弧后盆地早期或弧前盆地。在 $FeO^*$ - MgO - $Al_2O_3$ 图解中(图 3-138),样品主要投影在岛弧、活动大陆边缘玄武岩范围,两个投影在洋脊玄武岩范围,一个投影在板内玄武岩范围;$TiO_2$ - MnO×10 - $P_2O_5$×10 图解中(图 3-139),辉长岩、辉长闪长岩落于钙碱性玄武岩范围,辉绿岩、绿帘阳起片岩(火山岩)落于岛弧拉斑玄武岩范围,黝帘透闪岩落于洋中脊玄武岩内。

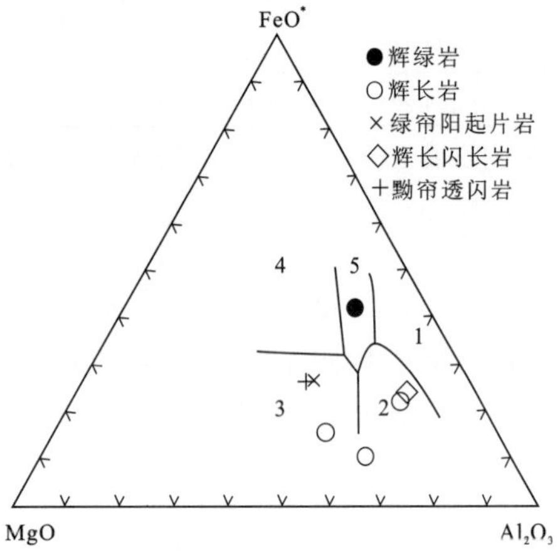


图 3-138 $FeO^*$ - MgO - $Al_2O_3$ 图解
(据 Pearce,1977)
1. 扩张中心洋岛玄武岩;2. 岛弧、活动大陆边缘玄武岩;3. 洋脊玄武岩;4. 洋岛玄武岩;5. 板内玄武岩

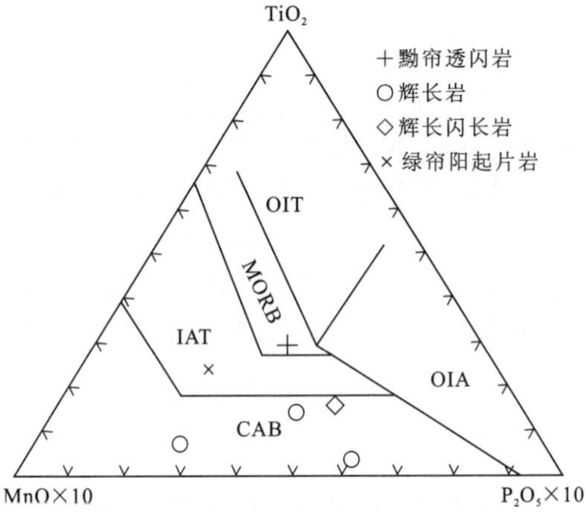


图 3-139 $TiO_2$ - MnO - $P_2O_5$ 图解
MORB. 洋脊玄武岩;OIT. 洋岛拉斑玄武岩;OIA. 洋岛碱性玄武岩;CAB. 钙碱性玄武岩;IAT. 岛弧拉斑玄武岩

2)微量元素

蛇绿岩中拉斑玄武岩和层状辉长岩的大离子亲石元素,如 Sr、Ba、Nb 含量较高,而亲铁的相容元素,如 Ni、Co、Cr 等的含量则相对较低,这一特征与现代以镁铁质为基底的弧后盆地环境产出的玄武岩相似,如斐济弧后盆地。在 Ti - Zr 图解(图 3-140)中,辉绿岩、火山岩落于低钾拉斑玄武岩范围,反映大陆边缘环境;Zr-Z/Y图解(图3-141)中,辉绿岩、火山岩落于岛弧玄武岩范围;

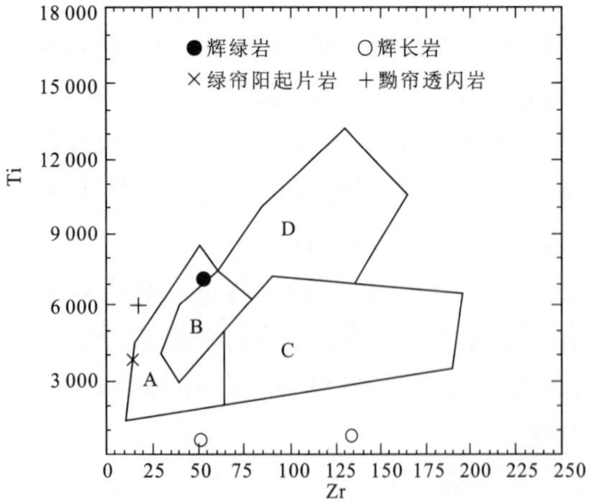


图 3-140 Ti - Zr 判别图
(据 Pearce,1982)
A、B. 岛弧拉斑玄武岩;A、C. 钙碱性玄武岩和安山岩;B、D. 洋底玄武岩

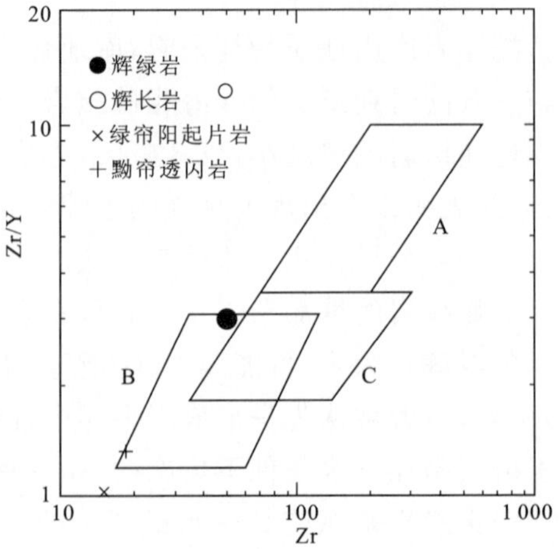


图 3-141 Zr - Zr/Y 判别图
(据 Pearce,1982)
A. 板内玄武岩;B. 岛弧玄武岩;C. 大洋中脊玄武岩

Hf/3－Th－Nb/16 判别图解(图 3－142)中,辉长岩、辉绿岩分布在岛弧玄武岩区。

3)稀土元素

蛇绿岩稀土配分模式图(图 3－132～图 3－135)总体表现平坦,其中超基性岩、辉长岩、辉绿岩及火山岩的 δE 值基本上都大于 0.7;层状辉长岩的配分模型具有轻稀土元素轻度亏损、近于平坦型的特征,La/Sm 比值约等于 1;火山岩虽然轻稀土略富集,但无铕亏损,说明分异不明显。

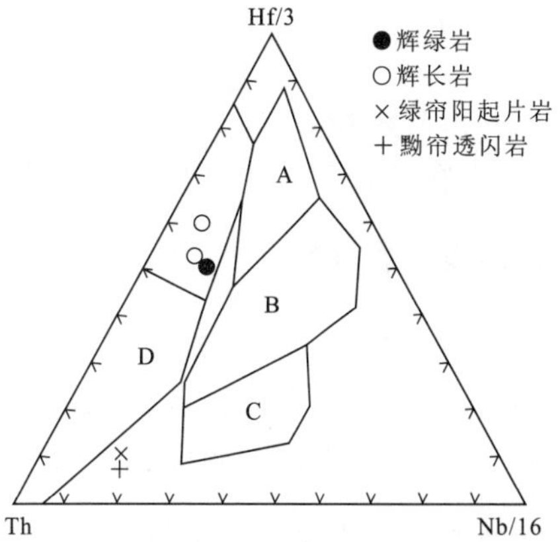


图 3－142　Hf/3－Th－Nb/16 判别图
(据 Wood,1980)
A. M－MORB;B. P－MOR;C. 板内玄武岩;D. 岛弧

**3. 其他**

从区域对比的角度分析,库地蛇绿岩带两侧的西昆仑北带、南带新元古代—早古生代的建造组成、变质改造特征相近,并且属于同一古生物区系,因此库地蛇绿岩所代表的构造带不具有分隔大区的意义。

# 第四节　麻扎构造混杂岩带

## 一、地质概况

麻扎构造混杂岩带是本次区调过程中从前人所划的志留纪温泉沟群、长城纪赛图拉群中解体出来的一套非正式岩石地层、构造-岩石单元组合,整体呈构造透镜状断续分布于麻扎幅-康西瓦结合带内,整个测区主要由两个构造透镜体组成,麻扎幅、神仙湾幅分布在麻扎-黑卡达坂之间,出露长度 50km,宽度 1.5～12.5km,面积约 280km$^2$。总体近东西向展布,与构造线方向一致。

构造混杂岩带建造主要由 3 部分组成,分别是弧岩浆杂岩、与弧关系密切的沉积建造以及构造混入的外来岩块。它们是古洋壳消减过程中引发的岩浆作用、沉积作用乃至构造混杂作用的结果,是恢复该结合带早期历史的重要线索。混杂岩带内构造面理有南西倾向,也有北东倾向。北侧与侏罗系地层、南侧与志留系地层均为断层接触。其上被三叠系赛力亚克达坂组砂岩、砂砾岩不整合覆盖。

麻扎构造混杂岩带同时也是康西瓦-苏巴什结合带的重要组成部分,该处岩浆弧性质的混杂岩与东部苏巴什一带的蛇绿构造混杂岩一起构成了分隔西昆仑早古生代造山带与巴颜喀拉印支期褶皱带、甜水海陆块的实体界线。该结合带向西北通过库拉那古河上游谷地与塔什库尔干县城东侧的瓦卡构造带相连。

为了保留构造混杂岩带的完整性及便于阅读,本节将对沉积建造以及构造混入的地层块体一并描述,而没有按照传统的做法归入到相应的地层中。此外,该处仅描述其建造,变形部分在第五章描述。

## 二、构造混杂岩物质组成

其组成较为复杂,从成分上看,有基性、中性和酸性侵入杂岩,火山熔岩,火山碎屑岩,浅海相碎屑岩和外来岩块。从形态上观察主要由大小不等、形态各异、组成不同的 9 类 14 个岩块构成。根据成因可以将岩块划分为火山弧岩浆杂岩、与弧相关的沉积建造和外来岩块 3 类。

### (一)火山弧岩浆杂岩

主要由辉绿玢岩($P^{\beta\mu}$),蚀变安山岩夹英安岩($P^{\alpha u+\xi}$),石英闪长岩、英安岩、安山岩、凝灰安山岩($P^{\delta o+\varepsilon}$),中粒二长花岗岩($P^{\eta\gamma}$)4 类组成。

**1. 辉绿玢岩($P^{\beta\mu}$)**

呈透镜体状分布在黑恰道班一带,麻扎构造混杂岩带东侧。长 13km,宽 1.5km,北西西走向,南与温泉沟群、北与花岗闪长岩断层接触,产状分别为 15°∠75°、20°∠60°,西侵入于大理岩中,侵入产状 60°∠35°,西南角被辉绿岩侵入。主要由蚀变辉绿玢岩组成。

**2. 蚀变安山岩夹英安岩($P^{\alpha u+\xi}$)**

呈透镜状出露在峡南桥一带,北西西向展布,出露宽度 1.25km,长度 25km。北与二长花岗岩、南与叶尔羌群断层接触。断层产状分别为 190°∠80°、355°∠60°。主要由英云闪长斑岩、石英闪长玢岩、蚀变安山岩、石英安山岩、安山质岩屑凝灰岩等组成,它们基本属同期产物,中粒二长花岗岩形成晚,侵入于安山岩中。

**3. 石英闪长岩、英安岩、安山岩、凝灰安山岩($P^{\delta o+\varepsilon}$)**

分布在新藏公路 273km 处北侧沟内,呈不规则状透镜体,近北西向展布,长 5km,宽 1.6km。北与大理岩块体($C^{mb}$)、南与二长花岗岩块体($P^{\eta\gamma}$)均为断层接触,产状分别为 20°∠60°、20°∠70°;西侧赛力亚克达坂群不整合其上。岩石组合为细粒角闪石英闪长岩、英安岩、蚀变凝灰质安山岩、安山质岩屑凝灰岩、粗面流纹质玻屑凝灰岩、流纹质含砾岩屑晶屑凝灰岩及少量硅质岩。它们之间多以断层接触。

图 3-143 为新藏公路 273km 处北侧沟混杂岩带剖面,剖面主体为火山杂岩。从剖面地质、岩石组合特征等分析,火山杂岩呈大有序而小无序。大有序即:就整个杂岩而言,下部为二长花岗岩,英云闪长岩,夹强蚀变辉绿岩、辉绿玢岩;上部为粗面流纹质凝灰岩夹薄层硅质岩、粗面流纹质玻屑凝灰岩,流纹质含砾岩屑晶屑凝灰岩、火山角砾岩、砂砾岩,表现出有序组合,剖面从南到北为正常层序。小无序,即弧杂岩主体为酸性、中基性岩体,它们之间断层接触,混杂堆积,表现出无序性。从少有的侵入关系观察,英云闪长岩、花岗岩脉、二长花岗岩稍晚。杂岩弧底部韧性变形强烈,形成糜棱岩带,带内伴有明显的铜、铅、锌矿化。酸性杂岩体边部有构造热液型铜矿化。

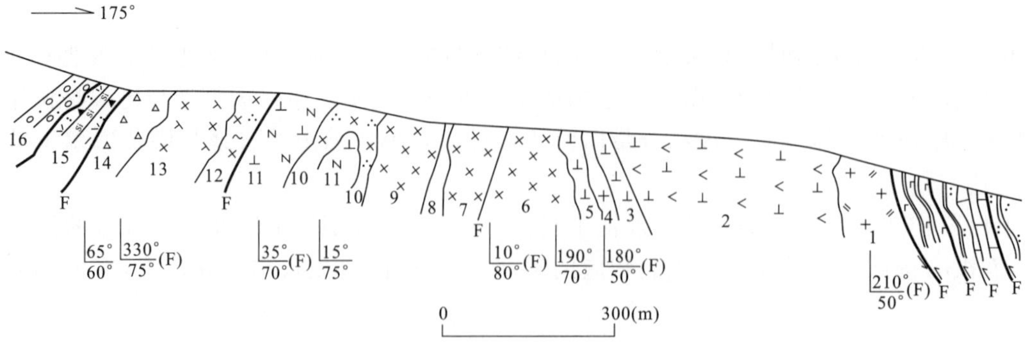


图 3-143　新藏公路 273km 处北侧沟内火山弧杂岩剖面图

赛力亚克达坂群($TS^{a}$):厚层状砾岩、砂砾岩

断　层

16. 蚀变凝灰质安山岩、火山角砾岩、粗面流纹质凝灰岩　　140m

| | |
|---|---|
| 15. 火山角砾岩 | 110m |
| 14. 蚀变辉绿玢岩 | 260m |
| 13. 绿泥石化石英辉绿岩 | 100m |
| 12. 中粒英云闪长岩 | 170m |
| 11. 中粒英云闪长岩 | 12m |
| 10. 石英辉长岩 | 30m |
| 9. 碎裂岩化辉绿岩 | 70m |
| 8. 细粒花岗岩 | 2m |
| 7. 强蚀变辉绿岩 | 220m |
| 6. 灰绿色辉绿岩 | 160m |
| 5. 细粒闪长岩 | 14m |
| 4. 二长花岗岩 | 6m |
| 3. 细粒闪长岩 | 24m |
| 2. 中粒角闪闪长岩 | 400m |
| 1. 中粒二长花岗岩 | 100m |

断 层

温泉沟群($S_1W^d$):含钙粉砂质板岩

**4. 中粒二长花岗岩($P^{\eta\gamma}$)**

呈透镜体状断续分布在 273km、279km 北侧沟内。呈条带状透镜体,长×宽分别为 3.5km×0.5km、5km×0.5km。北侧与大理岩($C^{mb}$),辉绿玢岩($P^{\beta\mu}$),变砂岩夹绿片岩、大理岩、灰岩($P^{ss+gas}$),$P^{\delta o+\varepsilon}$侵入接触关系,南与温泉沟群岩片($S_1W^{sl}$)断层接触,断层产状 20°∠70°。

(二)与火山弧相关的沉积建造

(1)变砂岩夹绢云母板岩、粉砂质板岩($P^{ss}$):出露在色日克达坂—新藏公路 265km 之间,呈条带状,出露宽度 500～2 000m,长度 33km,北西走向,产状 35°∠60°。南与温泉沟群($S_1W^{sl}$)、北与赛力亚克达坂组断层接触,$T^{cg}$不整合其上。主要由灰色中厚层状变质砂岩组成,呈构造透镜状夹于板岩和砾岩之间。

(2)变砂岩夹绿片岩、大理岩、灰岩($P^{ss+gas}$):在混杂带内出露两个块体。分布在 205 道班北侧山坡上,273km 沟内也有出露。均呈条带状,长×宽分别为 10 000m×800m、11 000m×1 000m。

(3)紫红色、暗紫色砂岩、粉砂岩、泥岩夹含砾砂岩、安山岩及砾岩(夹硅质岩)($T^{cg}$):在混杂带内出露 3 个块体,一个呈条带状分布在 205 道班北侧,混杂岩带南部。出露宽度 1km 左右,长度 14km。北东倾向,产状 20°∠70°。北与 $P^{ss+gas}$变砂岩夹绿片岩、大理岩、灰岩,南与温泉沟群断层接触。另一个呈透镜状出露在 268km 北侧山坡上,长 2 500m,宽 800m 左右。近东西向分布,产状 10°∠56°。砾岩中有化石苔藓虫。

(三)外来岩块

**1. 千枚岩夹粉砂质板岩($S_1W^d$)**

呈条带状,长 19 000m,宽 750～2 000m,南西陡倾,产状 200°∠70°。与围岩断层接触。

**2. 中细粒白云质灰岩、粗晶大理岩($C^{mb}$)**

在混杂带中有 3 个块体。分别位于色日克达坂、265km 北侧、275km 北侧山坡上。分别呈条带状(500m×11 500m)、勾状(800m×12 000m)、透镜状(1 500m×5 000m)。近北西走向,产状分别为 15°∠45°、13°∠69°、60°∠35°。白云质灰岩中含生物碎屑。粗晶大理岩中有辉绿岩脉呈岩墙状侵入（图 3－144）。

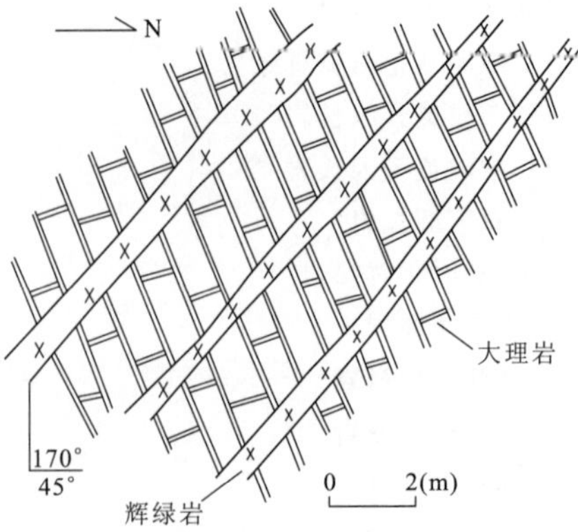


图 3－144　粗晶大理岩中辉绿岩墙产出形态素描图

岩石普遍发生了蚀变或强蚀变，混杂岩带在宏观上变形较弱，微观上矿物有明显的定向排列。各岩类之间均以断层或韧性面接触，产状总体较陡，北部不甚清楚，南部向南陡倾。

## 三、麻扎混杂岩带岩石学特征

### （一）火山弧杂岩

**蚀变辉绿玢岩**　斑状结构，基质辉绿结构，块状构造。斑晶粒径 1～4mm，成分为斜长石 10%～15%，自形粒状，强蚀变，双晶消失；辉石 15%，自形短柱状；纤闪石 3%～5%，自形柱状轮廓，为辉石纤闪石化产物。基质粒径 0.3～0.6mm，成分为斜长石 39%、角闪石 20%～25%、纤闪石 5%～8%，分布在斜长石形成的三角形孔隙中。岩石蚀变强烈，形成黝帘石、绿帘石、钠长石、绢云母等蚀变矿物。

**英云闪长斑岩**　肉红色，斑状结构，基质微粒花岗结构，块状构造。斑晶成分：斜长石15%～20%，自形柱状，晶体稍混浊，但卡斯巴律和卡钠复合律双晶仍可看清。长宽比为(1.5∶1)～(2∶1)，An＝24—26；石英 5%～8%，半自形粒状，晶体干净，个别被基质成分熔蚀成港湾状；绿泥石化黑云母 2%～3%。粒径 0.6～2mm 不等。基质成分仍以斜长石为主，其次含少量石英和钾长石，粒径大小 0.05～0.1mm，杂乱分布嵌接紧密，晶体呈它形粒状。蚀变特征：轻微，仅表现斜长石微绢云母化和黑云母的强绿泥石化。

**石英闪长玢岩**　浅灰色，斑状结构，基质微粒结构，块状构造。斑晶成分：斜长石 15%左右、石英 1%～2%、黑云母 2%左右。斜长石呈自形柱状，柱面发育，较洁净，卡钠复合双晶和钠长石律双晶发育，长宽比为(2∶1)～(1.5∶1)；石英少，呈它形粒状，洁净；黑云母呈自形叶片状。粒径 0.6～1.5mm；基质成分：斜长石 65%左右、石英 10%～15%、钾长石 3%左右。均呈它形晶体，紧密嵌接分布，粒径 0.05～0.15mm，呈微晶粒状。蚀变特征：斜长石强绢云母化，双晶不清，黑云母全变为白云母。

**蚀变安山岩**　主要分布在峡南桥一带。绿灰色，斑状结构，基质交织结构，块状构造，局部杏仁状构造。斑晶成分为斜长石 20%～15%，自形柱状，粒径 0.7～2mm 不等，晶体十分混浊，造成双晶极不清楚。基质成分：斜长石 45%～50%、绿泥石 20%～25%、磁铁矿 2%～3%、石英 1%～2%。基质中斜长石呈细板条状，长径大小 0.1～0.15mm，大致定向排列，所形成的间隙中充填为鳞片状绿泥石和粉尘状磁铁矿等，形成了基质的交织结构。局部地段含杏仁体，呈不规则圆状和椭圆形，大小 0.5～0.8mm，由方解石充填形成。蚀变：表现强绿泥石化和斜长石绢云母化、绿泥石化。

**石英安山岩**　分布在峡南桥。浅灰色，斑状结构，基质显微晶质结构，块状构造。斑晶成分为自形柱状斜长石，粒径大小，长径 0.4～1.5mm，较洁净，卡氏双晶和卡纳复合律双晶较发育，柱面发育，长宽比为(3∶1)～(4∶1)。An＝42—44。基质成分以细板条状和显微晶质粒状斜长石为主，粒径大小 0.1～0.15mm，杂乱排列，石英粒状填充其间。蚀变特征：仅表现轻微的绢云母化。

**安山质岩屑凝灰岩**　分布在新藏公路 273km 处北侧沟内及峡南桥一带。浅褐黄色、灰紫色，凝灰结构，块状构造。成分：安山岩屑 70%、斜长石晶屑 5%～8%、石英晶屑 1%、火山灰尘 15%～20%。凝灰质粒径大小 0.06～0.15mm 及 0.6～1.5mm 不等，火山岩屑多呈次棱角状和多角状，晶屑斜长石、石英粒径细小(0.06～0.15mm)，火山灰尘更为细小(0.01～0.05mm)，于岩石中杂乱分布，构成块状构造。另外，岩石中含约5%左右粒径较大的岩屑(3～2mm)，为角砾特征。

**蚀变中粒角闪闪长岩** 中粒半自形柱状结构，块状构造。主要矿物：斜长石大于70%、角闪石20%～25%、黑云母2%～3%、石英3%～5%。

**二长花岗岩** 分布在273km北侧沟内及峡南桥火山岩中。浅灰色，细—中粒半自形粒状结构，块状构造。主要由斜长石45%～40%、钾长石30%左右、石英20%～25%组成。粒径1～2mm。斜长石呈半自形柱状，较洁净，钠长石律和卡纳复合律双晶发育，且较清晰，双晶结合面较平直，An=26 — 28；钾长石呈它形粒状，较干净，具条纹结构，为条纹长石，在个别晶体边缘与石英形成蠕虫结构，系交代斜长石形成；石英它形粒状，洁净。岩石中未含暗色矿物，属浅色白岗岩类。

**蚀变英云闪长岩** 分布在新藏公路273km处北侧沟内。灰褐色，中细粒半自形粒状结构，块状构造。主要成分：斜长石60%～65%、石英30%～35%。斜长石呈半自形柱状、粒状，晶体混浊，双晶不清，仅从残余部分显示聚片双晶；石英它形粒状，多呈集晶状充填于长石粒间。粒径大小2～3mm，为中粒级，主要是斜长石，而石英粒径较细小，多在0.8～1.5mm，杂乱排列。蚀变特征：斜长石较明显的绢云母化，双晶不清及黑云母强绿泥石化和析出氧化铁等。

**绿泥石化石英辉绿岩** 灰绿色残余辉绿结构，块状构造。主要矿物成分：斜长石50%～55%、绿泥石25%～30%、石英15%～20%。斜长石呈自形—半自形柱状，长轴粒径0.8～1.5mm，杂乱排列，形成的三角形孔隙中填充次生绿泥石和蚀变残余的个别黑云母鳞片，即残余辉绿结构。石英粒度较小，一般在0.4～0.6mm之间，多充填在斜长石间隙中。蚀变特征：主要表现为黑云母的绿泥石化和斜长石的绢云母化、绿帘石化等。

**蚀变辉绿岩** 灰绿色，残余辉绿结构，块状构造。主要成分：斜长石45%～50%、绿泥石25%～30%、绿帘石8%～10%、钾长石10%～15%。斜长石呈自形—半自形粒状，长轴粒径1～2mm，因蚀变晶体混浊不清，杂乱排列形成三角形孔隙，孔隙填充次生矿物绿泥石和绿帘石。蚀变特点：斜长石绢云母化、绿帘石化，孔隙中的绿泥石化、绿帘石化等。岩石中有杂乱贯入的石英、长石花岗岩细脉。

**强蚀变辉绿岩** 灰绿色，变余辉绿结构，块状构造。主要成分：斜长石50%～55%，绿泥石、方解石40%～45%，黑云母3%～4%。斜长石呈半自形—自形柱状，长轴直径1～2mm为主，晶体十分混浊，双晶不清，晶体杂乱排列形成三角状孔隙，内填绿泥石和少量方解石。蚀变特征：斜长石明显绢云母化，造成双晶不清，原生暗色矿物已全部绿泥石化，原黑云母全蚀变成绿泥石而外形仍保留黑云母叶片状。由于变形作用，在应力影响下斜长石长轴方向显示明显的定向排列。

**细粒角闪石英闪长岩** 细粒半自形柱粒状结构，块状构造，粒径0.6～1.2mm。主要矿物为斜长石60%～70%，次要矿物为角闪石20%、石英10%～15%、黑云母5%。斜长石呈半自形柱状和粒状，普遍混浊不清；角闪石呈半自形短柱状；黑云母半自形叶片状，多数晶体蚀变；石英洁净，它形粒状。岩石蚀变较强。

**蚀变细粒闪长岩** 灰色，细粒半自形柱状结构，块状构造。主要成分：斜长石80%左右、石英3%左右、黑云母3%左右、方解石8%～10%。斜长石呈自形—半自形柱状，长径1～1.5mm，个别2mm，晶体混浊，隐约可见聚片双晶，杂乱穿插，紧密接触。蚀变特征：显示明显的蚀变作用，表现斜长石钙化、泥化和原暗色矿物的强钙化变方解石及个别黑云母叶片变绿泥石等。

**蚀变凝灰质安山岩** 灰绿色，残余凝灰交织结构，杏仁状构造。成分：蚀变斜长石40%左右、绿泥石30%～35%，凝灰质成分有斜长石晶屑10%～15%和安山岩岩屑5%～8%，杏仁体5%左右。岩石的主体成分为强蚀变板条状斜长石微晶，残余长径0.02～0.05mm，仍显示大致平行排列，所形成间隙中夹有较多的绿泥石鳞片。另外，在岩石中含有火山喷发的凝灰质成分，即斜长石晶屑和安山岩屑，粒径0.15～0.6mm不等，形态多呈棱角状和尖棱角状，较均匀分布。在主体岩石中,还具细小的杏仁状构造,杏仁体大小0.1～0.15mm,呈极不规则状,少数椭圆形,充填物为绿泥石。蚀变表现斜长石泥化和孔隙中绿泥石化。

**粗面流纹质玻屑凝灰岩** 灰紫色,玻屑凝灰结构,块状构造。成分:玻屑85%、粗面流纹岩屑3%～5%、钾长石5%～8%、石英1%左右、斜长石1%～2%。玻屑有两种:呈弧面棱角状和浮岩状,前者为弓状、鸡骨状、镰刀状和楔形等撕裂状;凝灰物质粒径大小0.15～0.6mm,杂乱分布;主要成分玻屑全脱玻化变为霏细状长英矿物和斜长石微晶等;石英、钾长石、斜长石等晶屑成分较新鲜,双晶和条纹均可看清;个别浮岩状玻屑已脱玻化变为方解石晶体,原浮岩形态仍残存清楚。

**流纹质含砾岩屑晶屑凝灰岩** 绿灰色,含砾岩屑晶屑凝灰结构,块状构造。砾石成分:流纹岩屑5%～8%;凝灰质成分:斜长石20%～25%、石英15%左右、钾长石15%～20%、流纹岩屑15%～20%、黑云母1%～2%、火山灰尘15%～20%。碎屑粒径大小可分:少数岩屑达砾石级2～4mm,其余凝灰成分大小不等,0.1～1.5mm之间均有,形态多样,晶屑长石、石英多呈尖棱角状和阶梯状,岩屑呈棱角状和次棱角状。杂乱分布,构成块状构造和凝灰结构。粗凝灰质成分和少数砾石被细小的火山灰尘成分所胶结。岩石蚀变弱。

**硅质岩** 灰色,隐晶质结构,薄层状构造。矿物成分主要为石英。

(二)与弧相关的沉积建造

**复成分角砾岩** 角砾状结构,块状构造。角砾大小2～6mm,砂屑0.15～1.5mm。角砾成分:硅质岩屑20%～25%、板岩屑15%～20%、变粉砂岩屑15%～20%、黑云变粒岩屑3%～5%、长石砂岩屑8%～10%、石英岩屑3%～5%。角砾呈棱角状,分选、磨圆度很差;填隙物成分:岩屑5%～10%、石英5%～8%、斜长石1%～2%、方解石5%～8%、铁泥质7%～10%。分布于角砾之间,形成触式胶结。

**灰岩质角砾岩** 角砾状结构,块状构造。角砾成分:粉晶灰岩屑55%～60%、泥质板岩10%～15%、粉砂岩屑5%～10%。粒径2～20mm,呈棱角状,分选、磨圆度差;填隙物成分与角砾相同,呈棱角状,和铁泥质胶结物混合在一起,接触式胶结类型,颗粒支撑。

**含钙粉砂质板岩** 变余粉砂显微鳞片变晶结构,板状构造。主要成分:绢云母+粘土矿物60%、石英25%、斜长石1%～2%、方解石10%。由于动力变质作用,粘土矿物变质结晶绢云母,平行定向排列,残余粘土矿物与绢云母混在一起,原石英粉砂成分仍残余次棱角状,与绢云母、粘土矿物薄层相间排列,反映原生层理,而板状面理是原层理基础上继承发展。

**石英粉砂岩** 粉砂状结构,块状构造。粉砂成分:石英60%～65%、斜长石2%、硅质岩屑5%～10%、白云母1%,呈次棱角状,较均匀分布;填隙物成分:粘土矿物10%、隐晶石英8%～10%、方解石5%～8%。粘土矿物、隐晶石英混合在一起将粉砂成分胶结在一起,使粉砂成分呈悬浮状态,反映稳定水流的沉积环境。

**细晶灰岩** 细晶结构,层状构造。主要成分方解石90%、白云石5%～10%。方解石呈它形细晶颗粒,平行定向分布,方解石基底中出现白云石化现象,白云石交代方解石。

**砂岩** 风化面为浅黄色,新鲜面为灰色,中细粒变晶结构,中薄层状构造,碎屑物主要为长石20%、石英75%,磨圆度中等,为次棱角—椭圆状,分选一般。杂基5%,以细砂质、粘土质为主。

**钠长绿泥阳起片岩** 粒状鳞片纤柱状变晶结构,显微片状构造。颗粒大小0.03～0.1mm,部分0.3～0.6mm。矿物成分主要有阳起石35%、绿泥石25%～35%、钠更长石20%～25%、黝帘石+绿帘石10%～15%、石英2%～3%、黑云母1%。岩石遭受强烈的热液变质和蚀变作用,造成原岩结构和矿物组合消失殆尽。原生矿物斜长石已蚀变为粒状钠更长石,呈不规则显微粒状,残留于岩体中,原暗色矿物蚀变和变质形成大量的纤柱状阳起石和鳞片状绿泥石等,帘石由斜长石蚀变而成,加之变形作用使主要矿物平行定向排列,构成显微片状构造。

**中细晶大理岩**　变余中细晶结构，块状构造。颗粒大小 0.1～0.15mm，矿物成分为方解石 95%、石英 2%～3%、白云母 1%～2%。由于变质作用，方解石显示重结晶，由于变质应力作用，矿物显示平行定向排列。

**细晶含白云质灰岩**　细晶结构，层纹状构造，颗粒大小 0.05～0.1mm。矿物成分主要为方解石 87%、白云石 5%～8%、石英 2%～3%、泥质 1%～2%。在均匀的基底中，白云石、石英和少量泥质等杂质显示聚集的条纹，大致平行相间出现。

**细粒岩屑石英杂砂岩**　细粒砂状结构，块状构造。颗粒大小 0.15～0.25mm。砂屑成分：石英 60%、硅质岩屑 10%、泥板岩屑 5%～8%。填隙物成分：铁泥质杂基 20%。砂屑分选性较好，形态多为棱角状和次棱角状，滚圆度差，反映成分和结构成熟度不高。岩石形成于重力流和密度流快速堆积的环境下。

**硅质岩**　隐晶状结构，块状构造。矿物成分：隐晶石英 90%、碳泥质 5%～10%、颗粒小于 0.001mm。

### （三）外来岩块

**中细粒白云质灰岩**　灰色，中细晶结构，块状构造。主要矿物成分：方解石 70%左右、白云石 25%左右、泥质 1%～2%、褐铁矿 1%左右、石英 1%左右。主要矿物方解石呈半自形—自形中细晶粒状，大小 0.25～0.5mm，为中晶，约占含量的 50%～60%，其余为 0.06～0.2mm，细晶粒状，分布不均匀。岩石具明显的白云石化现象，即白云石交代方解石形成它形细晶粒状，大小多在 0.06～0.1mm，交代现象表现不均匀，时多时少。局部含褐铁矿粉末状质点。

**粗晶大理岩**　灰白色，粗晶结构，块状构造。主要成分为方解石 99%，含少量石英（小于 1%）、白云母（小于 1%）。受变质作用影响，原生方解石发生明显的重结晶，加粗加大，粒径大小 0.6～1mm，少数 1.5～2mm，晶体多呈自形晶，较洁净，晶体间互相呈折线状紧密镶嵌接触，均匀分布，形成块状构造。所含杂质甚少，故呈灰白色。

温泉沟群（$S_1W^d$）之千枚岩夹粉砂质板岩岩石学特征见第一章地层部分。

## 四、弧岩浆杂岩岩石化学、地球化学特征

混杂带由侵入杂岩、火山熔岩、火山碎屑岩、海相碎屑岩和外来岩块构成，碎屑岩、外来岩块的岩石地球化学特征在相应的地层中均有描述。本节只对带内岩浆岩岩石化学、地球化学特征进行分析。火山弧岩石化学特征见表 3-63。

**表 3-63　麻扎构造混杂岩带火山弧岩石化学特征表**　（%）

| 岩石名称 | 样品号 | $SiO_2$ | $Al_2O_3$ | $Fe_2O_3$ | FeO | CaO | MgO | MnO | $TiO_2$ | $P_2O_5$ | $K_2O$ | $Na_2O$ | $CO_2$ | $H_2O^+$ | $H_2O^-$ | Σ | 里特曼指数（σ） |
|---|---|---|---|---|---|---|---|---|---|---|---|---|---|---|---|---|---|
| 强蚀变辉绿岩 | D1030/5 | 46.57 | 17.40 | 3.49 | 6.41 | 6.60 | 4.73 | 0.08 | 0.85 | 0.15 | 1.26 | 2.99 | 3.49 | 3.90 | 0.72 | 99.35 | 5.06 |
| 蚀变辉绿岩 | D1030/8 | 52.07 | 17.46 | 3.24 | 5.58 | 6.39 | 5.02 | 0.08 | 0.95 | 0.20 | 1.34 | 3.54 | 1.49 | 1.44 | 0.46 | 99.88 | 2.63 |
| 蚀变辉绿玢岩 | D1029/7 | 52.92 | 18.42 | 3.51 | 3.94 | 5.35 | 3.38 | 0.08 | 0.90 | 0.31 | 0.40 | 4.58 | 2.88 | 2.71 | 0.74 | 100.60 | 2.50 |
| 蚀变角闪闪长岩 | D1031/1 | 50.58 | 19.14 | 2.62 | 5.86 | 6.30 | 3.79 | 0.07 | 1.00 | 0.36 | 1.65 | 3.91 | 1.44 | 2.59 | 0.63 | 100.59 | 4.08 |
| 蚀变石英辉长岩 | D1030/1 | 54.40 | 16.64 | 2.77 | 4.62 | 5.32 | 5.02 | 0.07 | 0.45 | 0.09 | 0.89 | 2.82 | 2.75 | 3.48 | 0.53 | 100.36 | 1.21 |

**续表 3-63** (%)

| 岩石名称 | 样品号 | $SiO_2$ | $Al_2O_3$ | $Fe_2O_3$ | FeO | CaO | MgO | MnO | $TiO_2$ | $P_2O_5$ | $K_2O$ | $Na_2O$ | $CO_2$ | $H_2O^+$ | $H_2O^-$ | Σ | 里特曼指数(σ) |
|---|---|---|---|---|---|---|---|---|---|---|---|---|---|---|---|---|---|
| 蚀变玄武岩 | D534/6′ | 50.99 | 17.89 | 5.46 | 4.19 | 6.88 | 3.46 | 0.16 | 1.4 | 0.36 | 1.82 | 2.93 | 1.61 | 1.90 | 0.22 | 99.74 | 2.82 |
| 蚀变安山岩 | D534/7′ | 56.01 | 19.95 | 3.14 | 3.72 | 7.22 | 1.93 | 0.11 | 0.45 | 0.30 | 1.30 | 2.69 | 0.97 | 1.69 | 0.33 | 100.22 | 1.22 |
| 蚀变安山岩 | D534/8′ | 55.88 | 15.37 | 6.52 | 2.43 | 2.98 | 2.39 | 0.08 | 0.60 | 0.12 | 0.15 | 6.03 | 3.85 | 2.20 | 0.27 | 99.14 | 2.97 |
| 石英闪长玢岩 | D534/10′ | 72.13 | 13.60 | 1.81 | 0.68 | 1.42 | 0.53 | 0.04 | 0.15 | 0.03 | 3.57 | 2.62 | 1.22 | 1.66 | 0.27 | 99.99 | 1.39 |
| 细粒二长花岗岩 | D1030/10 | 73.24 | 13.37 | 0.61 | 1.79 | 0.94 | 0.41 | 0.01 | 0.15 | 0.01 | 4.12 | 3.99 | 0.75 | 0.83 | 0.35 | 100.77 | 2.18 |
| 中粒二长花岗岩 | D534/7 | 72.59 | 13.60 | 0.61 | 2.23 | 1.01 | 0.79 | 0.02 | 0.15 | 0.05 | 3.80 | 3.85 | 0.51 | 0.90 | 0.22 | 100.58 | 1.98 |
| 中粒二长花岗岩 | D502/1 | 73.72 | 12.59 | 1.54 | 0.90 | 1.37 | 1.37 | 0.02 | 0.10 | 0.03 | 3.32 | 3.14 | 0.9 | 1.09 | 0.26 | 100.45 | 1.29 |
| 粗面流纹质玻屑凝灰岩 | D1029/1-3 | 73.76 | 12.13 | 1.91 | 0.87 | 0.34 | 0.33 | 0.08 | 1.30 | 0.01 | 4.78 | 3.12 | 0.25 | 0.49 | 0.18 | 99.65 | 2.03 |
| 流纹质含砾岩屑晶屑凝灰岩 | D1029/1-4 | 73.80 | 12.91 | 1.54 | 0.73 | 0.98 | 0.49 | 0.01 | 0.05 | 0.01 | 4.38 | 1.75 | 0.88 | 1.92 | 0.62 | 100.15 | 1.22 |

依据岩石化学特征，可以将(岩浆)弧杂岩分为基性岩、中性岩和酸性岩。

## (一)基性岩

包括蚀变辉绿岩、蚀变辉绿玢岩、蚀变角闪闪长岩和蚀变玄武岩。

岩石 $SiO_2$ 含量在 46.57%～52.92%之间。具高 $Al_2O_3$(17.4%～19.14%)，相对高 $Fe_2O_3^*$(7.89%～10.61%)、CaO(5.35%～6.88%)、MgO(3.38%～5.02%)，低 $K_2O$(0.4%～1.82%)等特点，$Na_2O$ 含量高于 $K_2O$ 含量。

岩石样品里特曼指数($\sigma$)大部分处于 1.8～3.3 之间，为钙碱性；只有两个样品 $\sigma$ 大于 3.3，而小于 9，为碱(碱钙)性。

在硅-碱关系(欧文，1971)图上投影(图 3-145)，岩石样品基本落在亚碱性系列一侧及亚碱性与碱性系列的分界线上；进一步在 A-F-M 图解中投影(图 3-146)，样品落在钙碱性系列范围内。

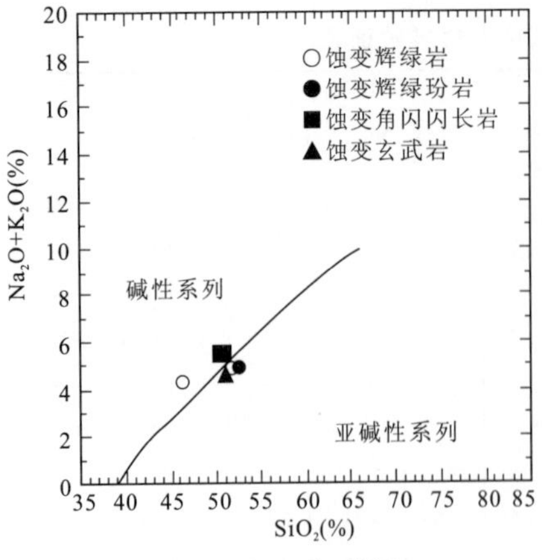


图 3-145 硅-碱图

(欧文，1971)

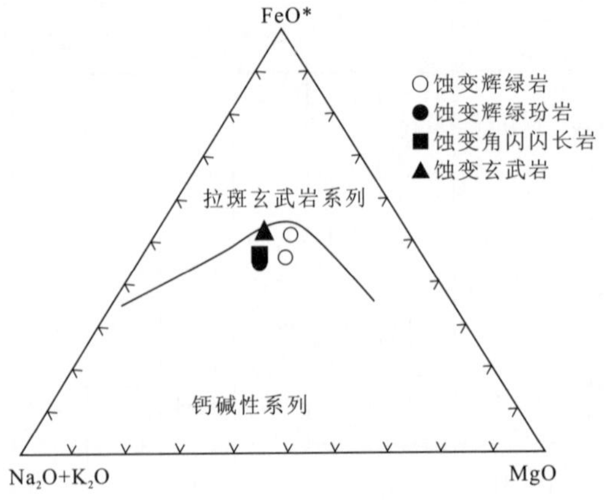


图 3-146 A-F-M 图解

从表 3－64 中可以看出，岩石稀土元素总量较低，主要集中在 81.54～95.71 之间，个别达 162.47。$(La/Yb)_N$＝2.5～6.9，轻稀土富集而重稀土亏损。$(La/Sm)_N$＝1.63～2.42，$(Gd/Yb)_N$＝1.07～1.92，说明轻稀土分馏明显，而重稀土分馏不明显。δEu 值在 0.62～1.33 之间，偏离 1 不远，Eu 轻微亏损，也有轻微富集，大多数样品 δEu 值大于 0.7，说明岩浆来源于上地幔或下地壳；稀土配分模式图（图 3－147）上总体呈现出左高右低的斜线，其中轻稀土为陡直的斜线，重稀土为平坦的曲线，说明轻稀土富集，分馏程度高，而重稀土相对亏损，分馏程度低。蚀变辉绿岩、蚀变玄武岩略显 Eu 亏损。

大离子亲石元素 Sr、Ba 明显富集，高场强元素 Nb、Ta、Zr、Hf 略富集，高出地幔丰度值几十倍（表 3－65）。具岛弧火山岩微量元素特点。

微量元素蛛网图（图 3－148）中，各岩石样品表现出基本一致的曲线形态，表明它具有相近的来源。图中反映出，岩石富集大离子亲石元素 Ba、Sr 和放射性生热元素 Th。

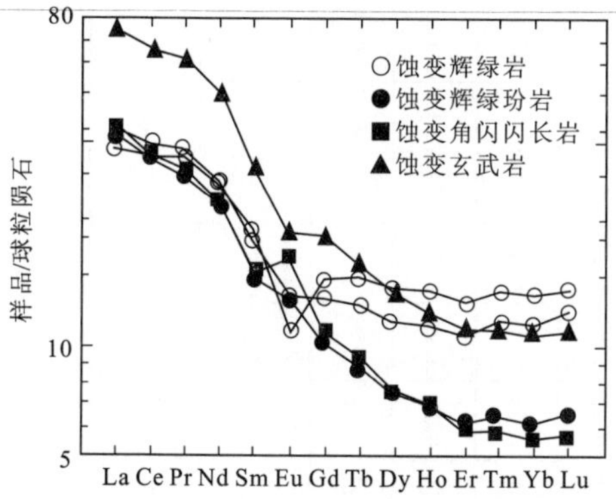


图 3－147 稀土配分模式图

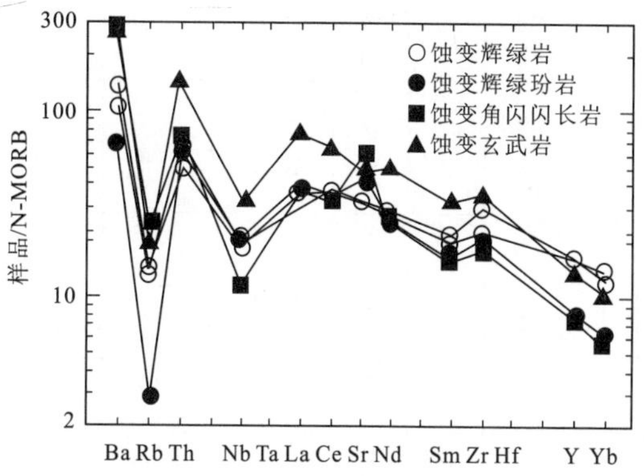


图 3－148 微量元素蛛网图

（二）中性岩

包括蚀变石英辉长岩、蚀变安山岩。$SiO_2$ 含量在 54.4%～56.01%之间，岩石高 $Al_2O_3$（15.37%～19.95%），高 CaO（2.98%～7.22%）、低钾 $K_2O$（0.15%～1.3%）。相对于基性岩，岩石低 $Fe_2O_3^*$（7.27%～7.99%）、MgO（1.93%～5.02%）。

两个样品里特曼指数（σ）小于 1.8，为钙性；一个样品里特曼指数（σ）介于 1.8～3.3 之间，为钙碱性。在硅-碱关系（欧文，1971）图上投影（图 3－149），岩石样品基本落在亚碱性系列一侧；进一步在 A－F－M 图解中投影（图 3－150），蚀变石英辉长岩分布在钙碱性系列范围内，蚀变安山岩分布在钙碱性系列与拉斑系列分界线上。

从表 3－64 中可以看出，岩石稀土元素总量较低，主要集中在 $73.39\times10^{-6}$～$75.2\times10^{-6}$之间，个别达 $131.48\times10^{-6}$。$(La/Yb)_N$＝3.84～9.35，轻稀土富集而重稀土亏损。$(La/Sm)_N$＝2.29～2.77，$(Gd/Yb)_N$＝1.15～2.09，说明轻重稀土均有一定分馏，相对轻稀土分馏较好。δEu 值在 0.81～0.94之间，说明 Eu 有轻微亏损，δEu＞0.7，岩浆来源于下地壳；稀土配分模式图（图 3－151）上总体呈现出左高右低的斜线，其中轻稀土为陡直的斜线，重稀土为平坦的曲线，说明轻稀土富集，分馏程度高，而重稀土相对亏损，分馏程度低。Eu 略显负异常。

**表 3-64　麻扎构造混杂岩带火山弧稀土元素特征表**

| 岩石名称 | 样品号 | 稀土元素含量($\times10^{-6}$) | | | | | | | | | | | | | | | | | 特征参数值 | | | |
|---|---|---|---|---|---|---|---|---|---|---|---|---|---|---|---|---|---|---|---|---|---|---|
| | | La | Ce | Pr | Nd | Sm | Eu | Gd | Tb | Dy | Ho | Er | Tm | Yb | Lu | ∑REE | ∑LREE | ∑HREE | δEu | $(La/Yb)_N$ | $(La/Sm)_N$ | $(Gd/Yb)_N$ |
| 强蚀变辉绿岩 | D1030/5 | 14.23 | 34.3 | 4.76 | 20.0 | 4.44 | 1.16 | 4.16 | 0.75 | 4.49 | 0.97 | 2.68 | 0.42 | 2.87 | 0.48 | 95.71 | 78.89 | 16.82 | 0.82 | 3.27 | 1.95 | 1.16 |
| 蚀变辉绿岩 | D1030/8 | 13.13 | 31.8 | 4.6 | 19.8 | 4.89 | 0.97 | 4.64 | 0.91 | 5.48 | 1.20 | 3.29 | 0.51 | 3.46 | 0.55 | 95.23 | 75.19 | 20.04 | 0.62 | 2.50 | 1.63 | 1.07 |
| 蚀变辉绿玢岩 | D1029/7 | 14.10 | 31.1 | 4.04 | 17.1 | 3.54 | 1.19 | 3.09 | 0.51 | 2.80 | 0.58 | 1.52 | 0.23 | 1.49 | 0.25 | 81.54 | 71.07 | 10.47 | 1.08 | 6.24 | 2.42 | 1.66 |
| 蚀变角闪闪长岩 | D1031/1 | 14.35 | 30.3 | 4.07 | 17.5 | 3.65 | 1.52 | 3.28 | 0.52 | 2.84 | 0.58 | 1.46 | 0.21 | 1.37 | 0.22 | 81.87 | 71.39 | 10.48 | 1.33 | 6.90 | 2.39 | 1.92 |
| 蚀变石英辉长岩 | D1030/1 | 12.45 | 27.2 | 3.69 | 15.2 | 3.33 | 0.85 | 3.08 | 0.57 | 3.33 | 0.72 | 1.97 | 0.31 | 2.15 | 0.35 | 75.20 | 62.72 | 12.48 | 0.81 | 3.84 | 2.29 | 1.15 |
| 蚀变玄武岩 | D534/6′ | 27.86 | 62.3 | 8.43 | 35.2 | 7.18 | 1.75 | 6.15 | 0.98 | 5.32 | 1.05 | 2.76 | 0.40 | 2.67 | 0.42 | 162.47 | 142.72 | 19.75 | 0.79 | 6.88 | 2.36 | 1.84 |
| 蚀变安山岩 | D534/7′ | 23.04 | 51.0 | 6.60 | 27.6 | 5.51 | 1.57 | 4.77 | 0.78 | 4.27 | 0.87 | 2.32 | 0.36 | 2.40 | 0.39 | 131.48 | 115.32 | 16.16 | 0.92 | 6.32 | 2.54 | 1.59 |
| 蚀变安山岩 | D534/8′ | 13.79 | 29.2 | 3.70 | 15.1 | 3.03 | 0.87 | 2.54 | 0.39 | 2.07 | 0.40 | 1.03 | 0.15 | 0.97 | 0.15 | 73.39 | 65.69 | 7.70 | 0.94 | 9.35 | 2.77 | 2.09 |
| 石英闪长玢岩 | D534/10 | 38.21 | 69.4 | 7.61 | 24.5 | 3.69 | 0.60 | 3.22 | 0.45 | 2.40 | 0.49 | 1.40 | 0.23 | 1.64 | 0.28 | 154.12 | 144.01 | 10.11 | 0.53 | 15.34 | 6.30 | 1.57 |
| 细粒二长花岗岩 | D1030/10 | 62.79 | 128. | 13.00 | 43.1 | 6.09 | 0.52 | 5.35 | 0.72 | 3.74 | 0.76 | 2.10 | 0.32 | 2.24 | 0.37 | 269.2 | 253.60 | 15.60 | 0.27 | 18.46 | 6.27 | 1.91 |
| 中粒二长花岗岩 | D534/7 | 28.54 | 52.4 | 5.71 | 19.0 | 2.92 | 0.64 | 2.58 | 0.38 | 2.06 | 0.43 | 1.26 | 0.20 | 1.46 | 0.25 | 117.83 | 109.21 | 8.62 | 0.81 | 12.88 | 7.58 | 1.42 |
| 中粒二长花岗岩 | D502/1 | 25.37 | 51.4 | 5.66 | 20.1 | 4.07 | 0.54 | 3.78 | 0.69 | 4.19 | 0.95 | 2.71 | 0.45 | 3.19 | 0.53 | 123.63 | 107.14 | 16.49 | 0.42 | 5.24 | 3.79 | 0.95 |
| 粗面流纹质玻屑凝灰岩 | D1029/1-3 | 32.89 | 63.9 | 7.46 | 26.5 | 4.77 | 0.83 | 4.31 | 0.69 | 3.91 | 0.82 | 2.25 | 0.35 | 2.41 | 0.40 | 151.49 | 136.35 | 15.14 | 0.55 | 8.99 | 4.20 | 1.43 |
| 流纹质含砾岩屑晶屑凝灰岩 | D1029/1-4 | 40.27 | 81.3 | 10.50 | 37.9 | 7.13 | 0.19 | 6.17 | 1.00 | 5.40 | 1.11 | 3.06 | 0.49 | 3.32 | 0.54 | 198.41 | 177.32 | 21.09 | 0.09 | 7.99 | 3.44 | 1.49 |

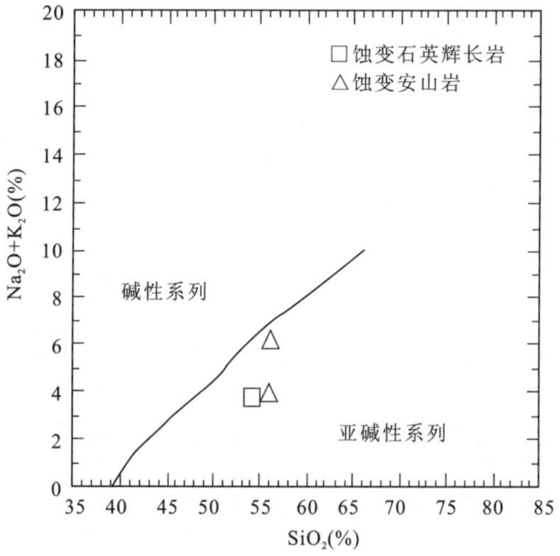


图 3-149 硅-碱图(欧文,1971)

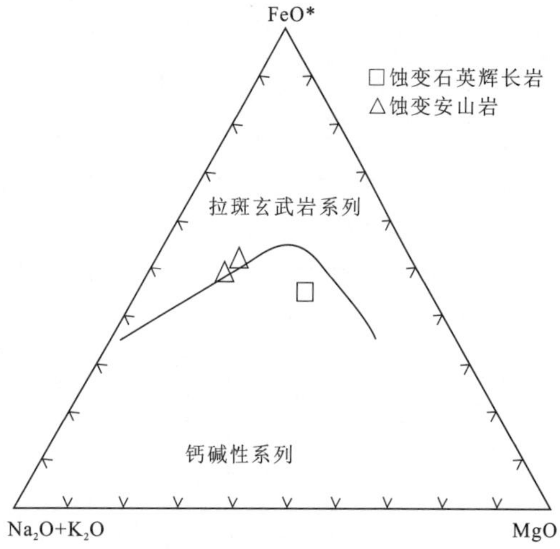


图 3-150 A-F-M 图解

大离子亲石元素 Sr、Ba 明显富集,高场强元素 Nb、Ta、Zr、Hf 略富集,与地壳丰度值相当,均高出地幔丰度值几十倍(表 3-65)。

微量元素蛛网图(图 3-152)中,各岩石样品表现出基本一致的曲线形态,表明它们具有相近的来源。图中反映出,岩石富集大离子亲石元素 Ba、Sr、Ta 和放射性生热元素 Th,大离子亲石元素 Rb 明显亏损。

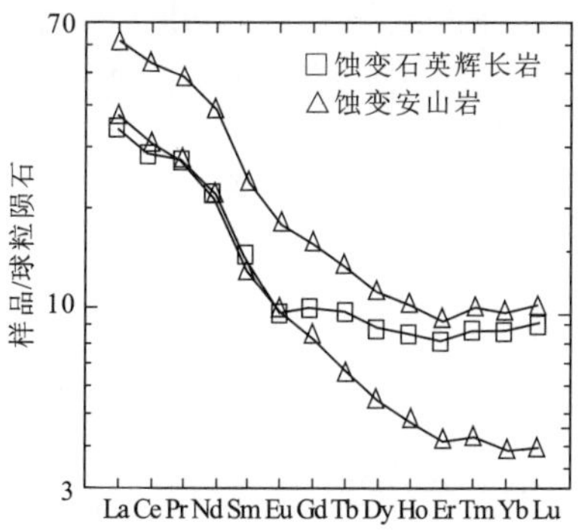


图 3-151 稀土配分模式图

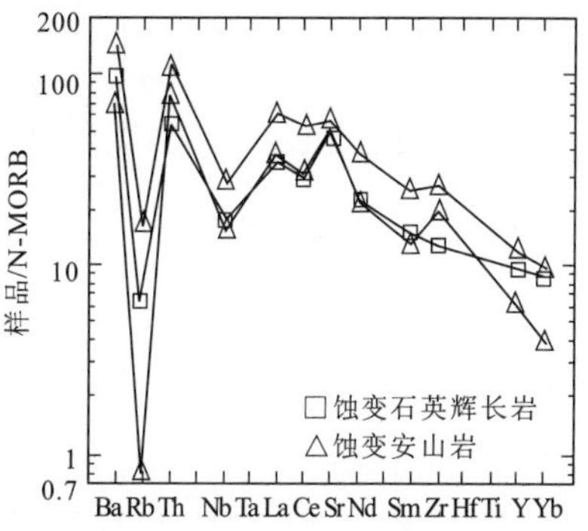


图 3-152 微量元素蛛网图

中性岩和基性岩稀土元素、微量元素有着相似的特征,表明两者有着相似的来源和演化过程。

(三)酸性岩

主要包括石英闪长玢岩、细粒二长花岗岩、中粒二长花岗岩及粗面流纹质玻屑凝灰岩流纹质含砾岩屑晶屑凝灰岩。

岩石 $SiO_2$ 含量较高,在 72.13%~73.8%之间,岩石具低 $Al_2O_3$(12.13%~13.6%)、$Fe_2O_3^*$(2.35%~3.09%)、MgO(0.33%~1.37%)、CaO(0.34%~1.42%),高 $K_2O$(3.32%~4.78%)等特点。有 3 个样品的岩石里特曼指数(σ)小于 1.8,为钙性岩;3 个样品的里特曼指数介于 1.8~3.3 之间,为钙碱性。

在硅-碱图上投影(图 3-153),岩石样品落在亚碱性系列一侧;进一步在 A-F-M 图解中投影(图 3-154),样品全部落在了钙碱性系列范围内。岩石属钙碱性系列。

**表 3－65　麻扎构造混杂岩带火山弧微量元素特征表**

| 岩石名称 | 样品号 | 微量元素(×10⁻⁶) | | | | | | | | | | | | | | | | | | |
|---|---|---|---|---|---|---|---|---|---|---|---|---|---|---|---|---|---|---|---|---|
| | | Ba | Rb | Sr | Y | Zr | Nb | Th | Pb | Ga | Zn | Cu | Ni | V | Cr | Hf | Sc | Ta | Co | U |
| 强蚀变辉绿岩 | D1030/5 | 362.1 | 49.7 | 390 | 36.1 | 120.7 | 6.77 | 2.03 | 12.74 | 19.9 | 106.0 | 30.3 | 12.40 | 296 | 14.4 | 3.37 | 38.4 | 0.45 | 34.7 | 0.57 |
| 蚀变辉绿岩 | D1030/8 | 461.6 | 47.5 | 389 | 35.3 | 168.0 | 7.78 | 2.73 | 21.04 | 19.0 | 112.0 | 18.5 | 6.80 | 185 | 6.0 | 4.44 | 28.9 | 0.51 | 34.2 | 1.03 |
| 蚀变辉绿玢岩 | D1029/7 | 225.2 | 9.3 | 540 | 17.5 | 112.7 | 7.38 | 2.34 | 9.90 | 17.6 | 84.0 | 32.1 | 11.30 | 122 | 22.0 | 2.86 | 13.6 | 0.45 | 26.9 | 0.71 |
| 蚀变角闪闪长岩 | D1031/1 | 974.0 | 83.6 | 745 | 17.4 | 100.9 | 4.18 | 3.22 | 5.87 | 21.6 | 69.7 | 14.4 | 3.60 | 92 | 5.8 | 2.60 | 20.5 | 0.29 | 21.8 | 0.61 |
| 蚀变石英辉长岩 | D1030/1 | 339.3 | 22.4 | 616 | 21.7 | 73.8 | 6.34 | 2.32 | 12.34 | 16.7 | 61.4 | 24.6 | 13.30 | 153 | 27.0 | 2.20 | 25.3 | 0.49 | 37.7 | 1.07 |
| 蚀变玄武岩 | D534/6′ | 943.0 | 67.7 | 557 | 31.7 | 197.0 | 12.10 | 6.50 | 38.63 | 21.5 | 393.0 | 61.0 | 20.80 | 167 | 47.0 | 4.98 | 23.0 | 0.73 | 32.9 | 1.86 |
| 蚀变安山岩 | D534/7′ | 518.0 | 52.4 | 644 | 26.5 | 146.0 | 9.80 | 5.15 | 10.51 | 20.3 | 78 | 28.4 | 4.30 | 55 | 3.8 | 3.90 | 10.2 | 0.63 | 33.2 | 1.45 |
| 蚀变安山岩 | D534/8′ | 262.8 | 2.7 | 587 | 14.3 | 108.6 | 5.54 | 3.45 | 19.58 | 13.9 | 81.0 | 11.4 | 31.00 | 97 | 134.0 | 2.89 | 17.4 | 0.39 | 45.1 | 0.69 |
| 石英闪长玢岩 | D534/10′ | 457.3 | 161.1 | 183 | 20.6 | 137.0 | 20.70 | 16.10 | 19.07 | 15.8 | 26.4 | 1.6 | 1.26 | 8 | 0.8 | 4.24 | 1.0 | 3.56 | 62.0 | 6.55 |
| 细粒二长花岗岩 | D1030/10 | 437.5 | 97.6 | 46 | 24.2 | 199.0 | 9.30 | 17.90 | 12.77 | 12.2 | 16.2 | 4.5 | 1.23 | 7 | 1.5 | 5.40 | 3.5 | 0.91 | 64.0 | 3.12 |
| 中粒二长花岗岩 | D534/7 | 726.0 | 149.3 | 164 | 15.8 | 171.0 | 9.20 | 13.30 | 15.54 | 13.2 | 27.0 | 3.9 | 1.71 | 12 | 1.7 | 4.56 | 2.6 | 0.81 | 92.0 | 1.78 |
| 中粒二长花岗岩 | D502/1 | 480.2 | 158.9 | 172 | 31.1 | 101.4 | 8.03 | 20.10 | 26.44 | 15.2 | 22.5 | 1.6 | 1.22 | 7 | 1.3 | 3.39 | 1.8 | 1.32 | 138.0 | 5.00 |
| 粗面流纹质玻屑凝灰岩 | D1029/1－3 | 879.0 | 145.5 | 123 | 25.4 | 222.0 | 15.20 | 16.60 | 25.87 | 15.6 | 33.8 | 5.9 | 1.12 | 17 | 1.8 | 6.25 | 3.8 | 1.25 | 59.0 | 3.98 |
| 流纹质含砾岩屑晶屑凝灰岩 | D1029/1－4 | 357.5 | 124.4 | 81 | 35.9 | 172.0 | 23.20 | 19.70 | 28.84 | 14.1 | 47.6 | 3.0 | 1.07 | 3 | 7.4 | 5.66 | 2.0 | 1.78 | 41.2 | 3.95 |
| 地壳丰度值(黎彤,1976) | | 390.0 | 78.0 | 480 | 24.0 | 130.0 | 19.00 | 5.80 | 12.00 | 18.0 | 94.0 | 63.0 | 89.00 | 140 | 110.0 | 1.50 | 18.0 | 1.60 | 25.0 | 1.70 |
| 地幔丰度值(Wood,1979) | | 7.6 | 0.9 | 23 | 4.9 | 11.0 | 0.62 | 0.10 | — | — | 53.0 | 26.0 | 2 400 | 59 | 1 020 | 0.35 | — | 0.04 | 105.0 | 0.03 |

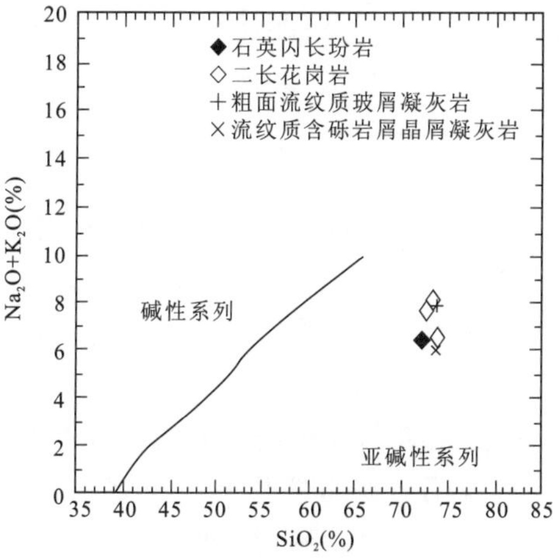


图 3－153　硅-碱图

（欧文，1971）

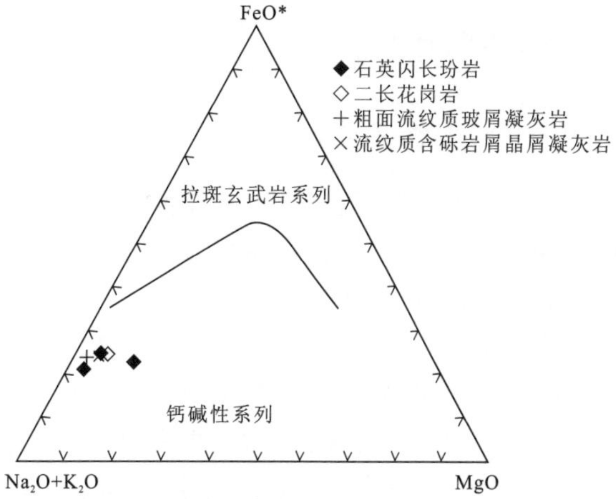


图 3－154　A－F－M 图解

岩石稀土总量较高，达 117.83×$10^{-6}$～269.2×$10^{-6}$，轻稀土总量在 107.14×$10^{-6}$～253.6×$10^{-6}$之间，重稀土总量在 8.62～21.09 之间，轻稀土明显富集，重稀土亏损（表 3－64）。$(La/Yb)_N$＝5.24～18.46，亦反映轻稀土富集而重稀土严重亏损。$(La/Sm)_N$＝3.44～7.58，$(Gd/Yb)_N$＝0.95～1.57，说明轻稀土分馏程度高，而重稀土分馏差。δEu 值在 0.09～0.81 之间，主要集中在 0.3～0.7 之间，Eu 亏损明显，为地壳部分熔融的产物。

稀土配分曲线（图 3－155）右倾，其中轻稀土为陡直的斜线，重稀土为平坦的曲线，表现出轻稀土强烈富集，分馏程度高，而重稀土亏损，分馏程度低，出现明显的铕负异常。反映出岩浆在后期结晶分异程度高的特点。

从表 3－65 及微量元素蛛网图（图 3－156）中可以看出，岩石亏损大离子亲石元素 Sr 和高场强元素 Ta、Hf，微量元素蛛网图中显示出岩石富集放射性生热元素 Th。反映出壳源特点。

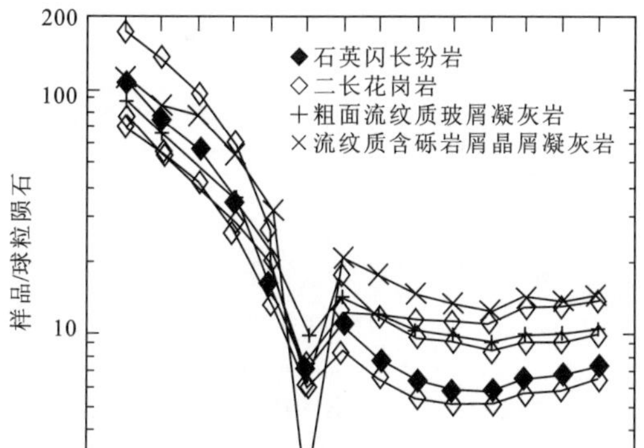


图 3－155　酸性岩稀土配分模式图

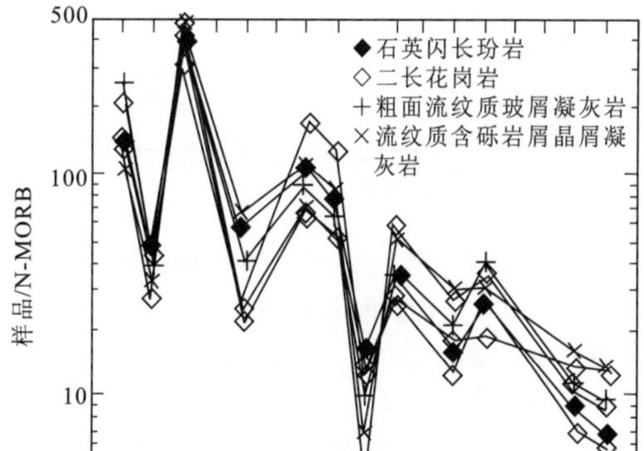


图 3－156　酸性岩微量元素蛛网图

火山岩碎屑岩和二长花岗岩具有相似的稀土配分曲线和微量元素蛛网图，表明它们有相似的来源和演化过程。

## 五、环境分析

### (一)火山弧杂岩

从岩石组合特征上观察,麻扎混杂岩岩浆岩主体以安山岩为主,还可见到从高铝玄武岩到英安岩、流纹岩的完整的钙碱性系列岩石。具岛弧岩石组合特征。从来源讲,有地幔岩或下地壳岩,也有壳源岩浆,显示岛弧特点。稀土元素具有轻稀土富集、铕亏损特点,表明岩浆是在构造环境下,经过分异演化形成。

在Zr/Y-Zr判别图(据Pearce,1982)(图3-157)中,样品主要落在板内玄武岩范围及其附近,一个蚀变辉绿岩投影在洋中脊、板内、岛弧玄武岩界线附近,表明岩浆主要形成于拉张的板内构造环境,有扩张的洋脊玄武岩成分的混入;在$FeO^*-MgO-Al_2O_3$图解(据Pearce,1977)中(图3-158),基性岩全部投影在岛弧、活动大陆边缘玄武岩范围;蚀变安山岩、酸性火山碎屑岩和个别二长花岗岩投影在岛弧、活动大陆边缘与扩张中心洋岛的分界线上;Ti/100-Zr-Y×3判别图上(图3-159),样品大多落在钙碱性火山弧范围;Hf/3-Th-Nb/16判别图解中(图3-160),样品无一例外地投影在岛弧玄武岩范围;在$TiO_2-MnO-P_2O_5$图解(图3-161)中,样品分布较为复杂,有些(中酸性)分布在板内,有些(中酸性)分布在岛弧范围,有些(偏基性岩)分布在洋岛范围,说明深部岩浆在上升运移过程中受到严重混染。

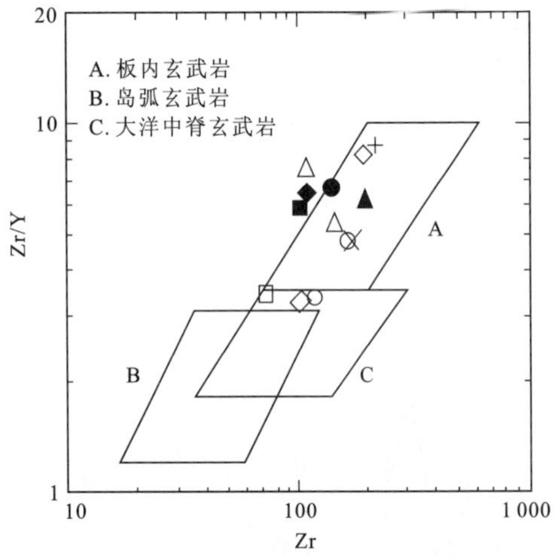


图3-157 Zr/Y-Zr判别图
(据Pearce,1982)
○蚀变辉绿岩;●蚀变辉绿玢岩;■蚀变角闪闪长岩;▲蚀变玄武岩;□蚀变石英辉长岩;△蚀变安山岩;◆石英闪长玢岩;◇二长花岗岩;+粗面流纹质玻屑凝灰岩;×流纹质含砾岩屑晶屑凝灰岩

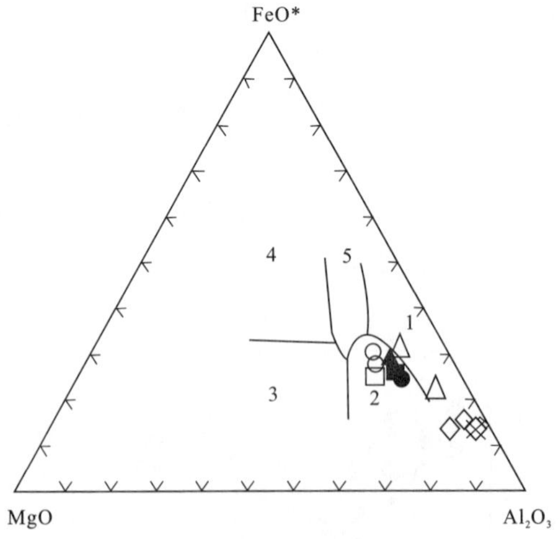


图3-158 $FeO^*-MgO-Al_2O_3$图解
(据Pearce,1977)
1.扩张中心洋岛玄武岩;2.岛弧、活动大陆边缘玄武岩;3.洋脊玄武岩;4.洋岛玄武岩;5.板内玄武岩
○蚀变辉绿岩;●蚀变辉绿玢岩;■蚀变角闪闪长岩;▲蚀变玄武岩;□蚀变石英辉长岩;△蚀变安山岩;◆石英闪长玢岩;◇二长花岗岩;+粗面流纹质玻屑凝灰岩;×流纹质含砾岩屑晶屑凝灰岩

以上分析可以看出,麻扎构造混杂岩带内大量出露的岩浆岩,从岩石组合特征到岩石地球化学特征,均具有岛弧岩石系列特点,故可以认为形成于板块边缘的岛弧构造环境。

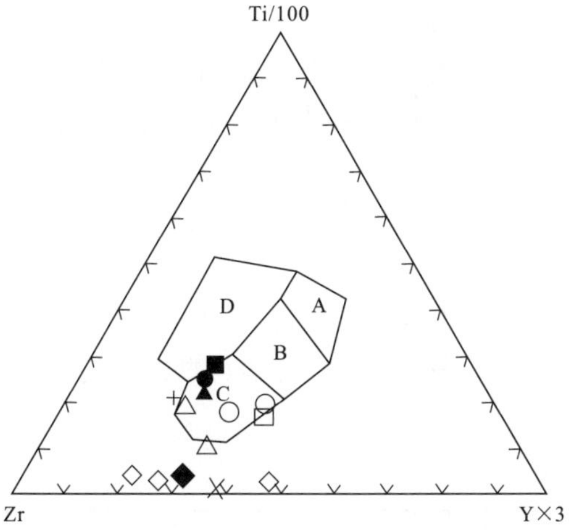


图 3-159　Ti/100-Zr-Y×3 判别图
(据 Pearce,1979)
A. 火山弧玄武岩(低钾);B. 洋中脊玄武岩;
C. 火山弧玄武岩(钙碱性);D. 洋岛、板内玄武岩
○蚀变辉绿岩;●蚀变辉绿玢岩;■蚀变角闪闪长岩;▲蚀变玄武岩;□蚀变石英辉长岩;△蚀变安山岩;◆石英闪长玢岩;◇二长花岗岩;+粗面流纹质玻屑凝灰岩;×流纹质含砾岩屑晶屑凝灰岩

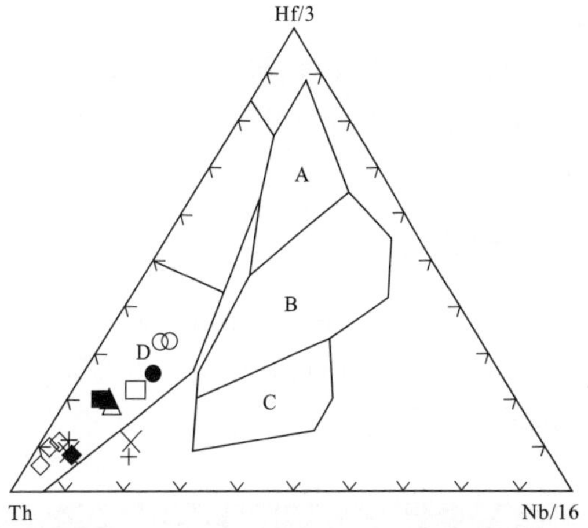


图 3-160　Hf/3-Th-Nb/16 判别图解
(据 Wood,1980)
A. M-MORB;B. P-MORB;C. 板内玄武岩;D. 岛弧玄武岩
○蚀变辉绿岩;●蚀变辉绿玢岩;■蚀变角闪闪长岩;▲蚀变玄武岩;□蚀变石英辉长岩;△蚀变安山岩;◆石英闪长玢岩;◇二长花岗岩;+粗面流纹质玻屑凝灰岩;×流纹质含砾岩屑晶屑凝灰岩

### (二)与弧相关的沉积岩建造

构造混杂带内出露的变砂岩夹绢云母板岩、粉砂质板岩块体($P^{ss}$),变砂岩夹绿片岩、大理岩、灰岩块体($P^{ss+gas}$),紫红色、暗紫色砂岩,粉砂岩,泥岩夹含砾砂岩,安山岩及砾岩(夹硅质岩)块体($T^{cg}$)。从岩石组合特征分析,主要为一套浅变质的细碎屑岩夹砂砾岩、硅质岩,应形成于浅海-半深海相,砾岩中的苔藓虫化石,进一步确定沉积环境为浅海相;这套沉积岩与麻扎岩浆弧在空间上有一定联系,且碎屑岩中夹有大量绿片岩(变质火山岩)和安山岩,由此可以认为这是一套与弧相关的沉积建造。由于后期强烈的构造活动,我们很难恢复其原始的沉积环境,只能根据岩石组合粗略地认为:夹含绿片岩的变砂岩块体($P^{ss+gas}$)和夹含安山岩、砾岩、砂砾岩的紫色砂岩、粉砂岩、泥岩块体($T^{cg}$)可能为弧前或弧后盆地,而变砂岩夹绢云母板岩、粉砂质板岩块体($P^{ss}$)可能为弧后盆地。

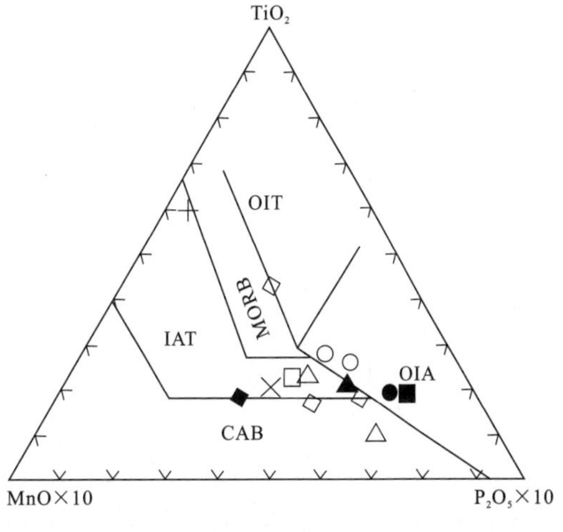


图 3-161　$TiO_2$-MnO×10-$P_2O_5$×10 图解
○蚀变辉绿岩;●蚀变辉绿玢岩;■蚀变角闪闪长岩;▲蚀变玄武岩;□蚀变石英辉长岩;△蚀变安山岩;◆石英闪长玢岩;◇二长花岗岩;+粗面流纹质玻屑凝灰岩;×流纹质含砾岩屑晶屑凝灰岩
OIT. 洋岛拉斑玄武岩;MORB. 洋中脊玄武岩;IAT. 岛弧拉斑玄武岩;CAB. 钙碱性玄武岩;OIA. 洋岛碱性玄武岩

### (三)外来岩块

千枚岩夹粉砂质板岩($S_1W^d$)块体,其特征、岩石组合等与温泉沟群 D 段可以对比,其形成环境

见第一章地层部分。

中细粒白云质灰岩、粗晶大理岩($C^{mb}$)块体，岩石学特征显示，原生方解石发生明显的重结晶，加粗加大，说明岩石发生了强烈的变形变质作用。该岩石在测区其他地方没有出露，为“无根”块体。

## 六、时代

在新藏公路273km处(构造混杂带内)采集到角闪石英闪长岩样品，挑选岩浆锆石(图3-162)利用SHRIMP-Ⅱ进行测年，结果为(338±10)Ma(图3-163、表3-66)，为早石炭世。代表着火山弧形成的年龄。

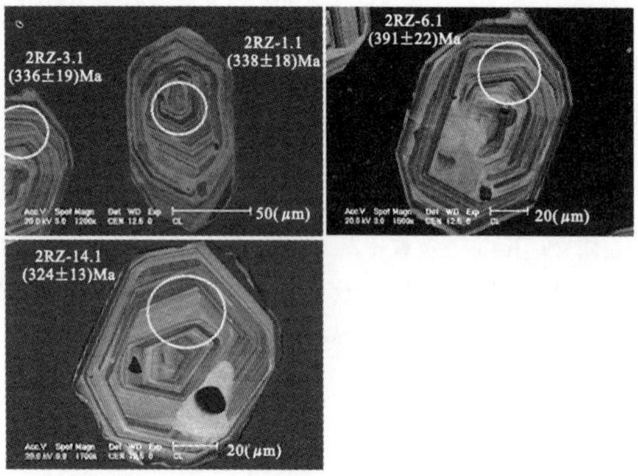


图3-162　石英闪长岩锆石特征

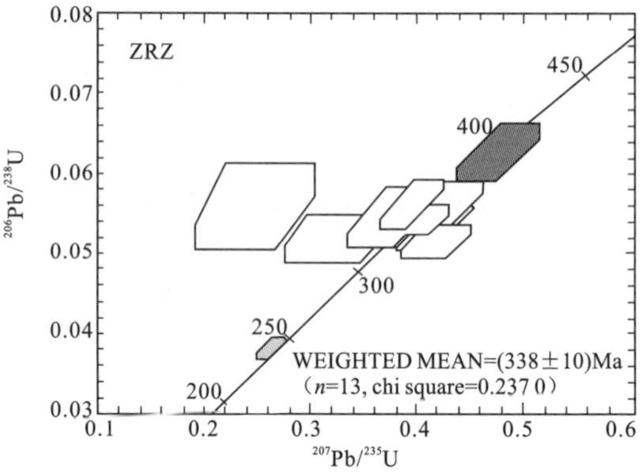


图3-163　石英闪长岩锆石$^{206}Pb/^{238}U-^{207}Pb/^{235}U$谐和图

**表3-66　麻扎构造混杂带中角闪石英闪长岩的锆石SHRIMP-Ⅱ测试结果**

| Labels | U ($\times10^{-6}$) | Th ($\times10^{-6}$) | Th/U | Pb ($\times10^{-6}$) | $^{206}$Pb(%) (Common) | $\frac{^{206}Pb}{^{238}U}$ | $\frac{^{207}Pb}{^{235}U}$ | $\frac{^{207}Pb}{^{206}Pb}$ | AGE $\frac{^{206}Pb}{^{238}U}$ | AGE $\frac{^{207}Pb}{^{235}U}$ | AGE $\frac{^{207}Pb}{^{206}Pb}$ |
|---|---|---|---|---|---|---|---|---|---|---|---|
| 2RZ-1.1 | 408 | 217 | 0.53 | 23 | 0.01 | 0.053 9 | 0.387 | 0.052 2 | 338±18 | 333±23 | 292±121 |
| 2RZ-2.1 | 194 | 75 | 0.39 | 11 | 0.01 | 0.054 5 | 0.384 | 0.051 1 | 342±22 | 330±35 | 245±231 |
| 2RZ-3.1 | 309 | 131 | 0.42 | 17 | 0.02 | 0.053 5 | 0.412 | 0.055 9 | 336±19 | 350±23 | 448±104 |
| 2RZ-5.1 | 294 | 222 | 0.75 | 17 | — | 0.053 5 | 0.417 | 0.056 6 | 336±18 | 354±21 | 475±82 |
| 2RZ-7.1 | 387 | 147 | 0.38 | 21 | 0.01 | 0.053 8 | 0.420 | 0.056 6 | 338±19 | 356±23 | 477±97 |
| 2RZ-8.1 | 289 | 102 | 0.35 | 15 | 0.01 | 0.051 8 | 0.324 | 0.045 5 | 325±18 | 285±38 | 0 |
| 2RZ-9.1 | 526 | 309 | 0.59 | 30 | 0.02 | 0.054 4 | 0.389 | 0.052 0 | 341±23 | 334±26 | 283±118 |
| 2RZ-11.1 | 487 | 197 | 0.40 | 27 | 0.01 | 0.055 8 | 0.426 | 0.055 3 | 350±19 | 360±26 | 425±131 |
| 2RZ-12.1 | 316 | 133 | 0.42 | 17 | 0.01 | 0.054 3 | 0.375 | 0.050 1 | 341±23 | 324±31 | 199±187 |
| 2RZ-13.1 | 350 | 142 | 0.41 | 19 | 0.02 | 0.055 7 | 0.248 | 0.032 3 | 350±33 | 225±46 | 0 |
| 2RZ-14.1 | 446 | 175 | 0.39 | 23 | 0.03 | 0.051 6 | 0.418 | 0.058 8 | 324±13 | 355±24 | 561±143 |
| 2RZ-15.1 | 632 | 470 | 0.74 | 37 | 0.01 | 0.054 1 | 0.410 | 0.055 0 | 339±11 | 349±15 | 413±76 |
| 2RZ-16.1 | 708 | 444 | 0.63 | 42 | 0.01 | 0.056 2 | 0.394 | 0.050 9 | 352±19 | 337±22 | 235±106 |

注：(1)Common$^{206}$Pb(%)指普通铅中的$^{206}$Pb占全铅$^{206}$Pb的百分数；(2)应用实测$^{204}$Pb和Cumming和Richard(1975)的模式铅成分校正普通铅；(3)表中所有误差为1σ；(4)加权平均年龄的误差为2σ。

麻扎构造带内有志留系温泉沟群细碎屑岩岩块；在浅海相细碎屑岩块体中发现了苔藓虫 *Tvhamniscus* cf. *orientalis* Reed(东方灌木苔藓虫)，*Polypora* sp.(多孔苔藓虫)和海百合茎

*Pentagonocgclicus* sp.（星圆茎）。经中国地质科学院古生物室鉴定，时代分别为石炭纪—二叠纪、志留纪—二叠纪、奥陶纪—三叠纪。

混杂带内粗晶大理岩块体中有辉绿岩墙侵入（图 3-144），辉绿岩墙与阿卡孜达坂一带出露的辉绿岩脉可以对比，计文化等（2002）对阿卡孜达坂一带辉绿岩脉进行 K-Ar 同位素测年，结果为 280～273Ma，辉绿岩脉被认为是源于地幔的基性岩浆快速上升到地壳浅部，相对快速地冷却、结晶形成的浅成岩石。它的侵位年龄是弧后扩张时间的反映。构造带之上的沉积盖层是三叠系赛力亚克达坂群。

因此我们可以认为，麻扎构造混杂带内火山弧形成的初始年龄为早石炭世[（338±10）Ma]，发展期为早二叠世（280～273Ma），构造混杂岩带的形成时间为晚二叠世—早三叠世。

# 第四章 变质岩

测区变质岩分布广泛，从下元古界—三叠系地层均有不同程度的变质，变质岩出露面积大约 9 000$km^2$。主要岩石为区域变质岩，少量为动力变质岩、接触变质岩和混合岩。它们分布范围比较有规律，区域变质岩主要分布于铁克里克地层分区埃连卡特岩群、塞拉加兹塔格岩群、博查特塔格组，西昆仑地层区赛图拉岩群、桑株塔格岩群、中元古界（未分）地层、西合休岩组、他龙群、库尔良群，大红柳滩地层分区黄羊岭群、巴颜喀拉山群，甜水海小区布伦阔勒岩群、温泉沟群，神仙湾小区神仙湾群，乔戈里峰地层分区河尾滩群。动力变质岩主要分布于库地结合带、麻扎-康西瓦结合带及区内几个大断裂带。接触变质岩多沿岩体与围岩的外接触带分布。混合岩仅见于西昆仑地层区赛图拉岩群局部。

变质岩岩石分类命名采用贺同兴(1980)《变质岩石学》提出的方案。

## 第一节 区域变质岩

### 一、区域变质岩岩石特征

测区变质岩种类齐全，可分七大类，87 种岩石。它们的特征和分布如下。

(一)变质碎屑岩类

该类岩石主要为变砂岩、变粉砂岩，分布于博查特塔格组、玛列兹肯群、他龙群、库尔良群、温泉沟群、神仙湾群、黄羊岭群、巴颜喀拉山群和河尾滩群。

**变质细粒钙质长石石英杂砂岩** 浅灰色、灰色，变余细粒砂状结构，变余层状构造，颗粒大小 0.1～0.25mm，少数 0.25～0.6mm。砂屑成分：石英 40%～45%、斜长石（主）+钾长石（次）10%～15%、硅质岩屑 1%～2%，填隙物成分：微晶方解石 25%、绢云母 20%～25%，微量矿物：磁铁矿小于 1%，分选磨圆差，颗粒次棱角—棱角状，方解石、绢云母杂基显示定向排列。基底式胶结，杂基支撑。原岩为钙泥质砂岩。

**变质岩屑杂砂岩** 灰色，变余不等粒砂状结沟，块状构造，砂屑大小：0.1～1.5mm 不等。砂屑成分：石英 35%～40%、钾长石+斜长石 10%～15%、泥板岩屑 15%左右、硅质岩屑 8%～10%、石英岩屑 3%～5%，填隙物：黑云母（主）+绢云母（次）15%～20%。砂屑棱角状、次棱角状。分选磨圆差，泥质杂基变为黑云母和绢云母，杂基支撑，接触式胶结、局部基底式胶结。原岩为泥质杂砂岩。

**变质细粒石英杂砂岩** 浅灰色、灰色，变余细粒砂状结构，块状构造，颗粒大小 0.1～0.25mm。砂屑成分：石英 62%左右、白云母 4%～10%，微量矿物：锆石小于 1%、电气石小于 1%，填隙物：绢云母+绿泥石 25%左右。石英变晶粒度略有增大，原棱角不清，白云母晶片弯曲，略显定向排列。填隙物变为绢云母、绿泥石，杂乱分布于碎屑间。杂基支撑，基底式胶结。原岩为杂砂岩。

**变质中细粒石英砂岩** 浅灰色，变余中细粒砂状结构，块状构造，颗粒大小 0.2～0.4mm。

砂屑成分:石英78%~81%、白云母3%~5%、斜长石1%、石英岩屑1%,微量矿物:锆石+电气石<1%。填隙物:绿泥石+绢云母10%~15%、方解石5%~6%。石英稍有结晶,分选中等,磨圆差,次棱角状。填隙物变为绢云母、绿泥石。接触式胶结,颗粒支撑。原岩为含钙泥质砂岩。

**变质细粒长石石英砂岩** 灰色,变余细粒砂状结构,块状构造,颗粒大小0.1~0.15mm。砂屑成分:石英65%~70%、斜长石+钾长石10%~15%、硅质岩屑5%~8%、石英岩屑2%~3%,微量矿物:电气石、锆石、磁铁矿。填隙物:绢云母5%~8%、隐晶石英3%~5%。砂屑稍显重结晶,多为次棱角状—次圆状。分选磨圆中等,粘土矿物变质成绢云母、硅质变质成隐晶石英。孔隙式胶结,颗粒支撑。原岩为岩屑长石石英砂岩。

**变质细粒长石石英杂砂岩** 深灰色,变余细粒砂状结构,块状构造,颗粒大小0.1~0.25mm为主,个别0.3mm。砂屑成分:石英50%~55%、钾长石+斜长石5%~10%、硅质岩屑3%、石英岩屑1%~2%、锆石小于0.5%、白云母小于1%、磁铁矿小于1%。填隙物成分:绢云母+绿泥石20%~35%、隐晶石英3%~5%、粉砂级碎屑5%~10%。砂屑分选中等,磨圆较差。颗粒次棱角状。填隙物:粘土杂基变成绢云母、绿泥石,硅质变成隐晶石英,片状矿物定向排列,基底式胶结,杂基支撑。原岩为杂砂岩。

**变质中细粒砂岩** 浅灰色,变余细粒砂状结构,块状构造,颗粒大小0.1~0.25mm为主,个别0.3mm和0.05~0.08mm。砂屑成分:石英70%左右、硅质岩屑8%~10%、斜长石+钾长石3%~5%、黑云母1%,微量电气石、锆石、磁铁矿。填隙物:绢云母8%~10%、粉砂碎屑3%、方解石2%~3%。砂屑分选磨圆差,填隙物粘土变质为绢云母。接触—孔隙式胶结,颗粒支撑。原岩为复成分砂岩。

**轻变质粗粒砂岩** 浅灰色,变余粗粒砂状结沟,块状构造,颗粒大小0.6~1mm,少数1.5mm。砂屑成分:石英59%~60%、硅质岩屑16%~18%、石英砂岩岩屑3%~4%、泥板岩屑1%~2%、微量矿物电气石+锆石小于1%,填隙物成分:绢云母6%~8%、细粉砂石英8%、白云石1%。石英变质重结晶,少部分显示变晶粒状,大多数仍保留次棱角状。分选中等,磨圆差。填隙物泥质变为绢云母。接触式胶结,颗粒支撑。原岩为杂砂岩。

**变长石砂岩** 灰色,变余细粒砂状结构,块状构造,颗粒大小0.1~0.15mm。砂屑成分石英55%~60%、斜长石(主)+钾长石(次)25%~30%、白云母5%~8%、黑云母2%~3%、磁铁矿1%,填隙物:绿泥石(主)+绢云母(次)5%左右。砂屑变质重结晶,少数残余次棱角状。分选磨圆中等。原填隙物变为绢云母、绿泥石。从残余组构分析,原岩孔隙式胶结,颗粒支撑。原岩为长石杂砂岩。

**变质长石石英粉砂岩** 灰色、浅灰色,变余粉砂状结构,块状构造,颗粒大小0.05~0.1mm,少数0.15~0.2mm。粉砂成分:石英55%~60%、斜长石(主)+钾长石(次)20%~25%、电气石小于0.5%、锆石小于0.5%,填隙物:绢云母+绿泥石15%~20%。长石、石英棱角状—次棱角状。填隙物变质为绢云母、绿泥石。粉砂部分颗粒变晶粒状。片状矿物平行定向排列。原岩为泥质粉砂岩。

**变质石英粉砂岩** 灰色,变余粉砂结构,块状构造,颗粒大小0.01~0.03mm。粉砂成分:石英70%~80%、长石2%~3%、电气石和锆石几粒,填隙物:绢云母10%~20%、黑云母3%~5%。石英粉砂少数呈变晶粒状,多数次棱角状,填隙物粘土成分变质为绢云母和黑云母,黑云母定向排列。粉砂杂基支撑。原岩为泥质粉砂岩。

**变质长石粉砂岩** 灰色,变余粉砂状结构,块状构造,颗粒大小0.05~0.1mm为主,少数0.03mm和大于0.1mm。粉砂成分:石英50%~55%、斜长石(主)+钾长石(次)25%~30%,微量褐铁矿和锆石,填隙物:绿泥石10%~15%、隐晶石英3%~5%、方解石1%。粉砂碎屑轻变质,原棱角和次棱角状仍清楚。分选中等,磨圆差。填隙物硅质和粘土矿物变质为隐晶石英和绿泥石。

原岩为泥质粉砂岩。

**变斑点状绢云石英粉砂岩** 灰色、深灰色变余粉砂显微鳞片变晶结构，平行构造，颗粒大小0.01～0.02mm，斑点1.5～3mm不等。成分：石英40%～45%、绢云母35%左右、白云石10%、电气石0.5%、锆石0.5%。石英变晶粒状，原棱角不清。粘土矿物变质成绢云母。斑点由菱铁矿聚集而成。原岩为泥质粉砂岩。

（二）板岩类

该类岩石主要分布于神仙湾群、黄羊岭群、巴颜喀拉山群、温泉沟群、他龙群、库尔良群。主要岩石如下：

**含碳粘土质板岩** 灰黑色，变余泥质显微鳞片变晶结构，板状构造，颗粒大小0.06～0.1mm。成分：粘土矿物85%～90%、碳质成分5%左右、石英3%～5%。轻变质出现少数鳞片矿物，应力作用矿物平行定向排列，碳质呈条纹状聚集，定向分布。原岩为泥岩。

**斑点状粉砂质板岩** 灰色，变余粉砂显微鳞片变晶结构，板状构造，颗粒大小0.01～0.02mm，斑点0.3～0.5mm。成分：绢云母40%～45%、石英25%～40%、黑云母3%～5%，微量矿物电气石＋锆石小于1%，斑点5%～15%，斑点由绢云母聚集而成。石英粉砂呈细小变晶粒状，粘土矿物变晶成绢云母和黑云母，应力作用平行定向排列。原岩为泥质粉砂岩。

**含钙粉砂质板岩** 灰色，变余粉砂显微鳞片变晶结构，板状构造，颗粒大小0.02～0.05mm。成分：绢云母（主）＋粘土矿物（次）60%左右、石英25%左右、斜长石1%～2%、方解石10%左右、电气石几粒、磁铁矿小于0.5%。部分粘土矿物变为绢云母，应力作用平行定向排列。方解石颗粒它形，分布不均匀，呈薄层聚集，与绢云母、粘土矿物相间排列。原岩为含钙泥质粉砂岩。

**（含）砂质绢云母板岩** 灰色，砂质显微鳞片变晶结构，板状构造，颗粒大小0.03～0.3mm不等。成分：绢云母65%～80%、石英15%～25%、斜长石＋钾长石3%～5%、绿泥石2%～5%、石英岩屑1%～2%、电气石几粒。粘土矿物变质成绢云母和绿泥石，平行定向排列。砂屑石英、长石多呈棱角状。原岩为含砂质泥岩。

**绢云母板岩** 灰色，显微鳞片变晶结构，板状构造，颗粒大小0.01～0.02mm。成分：绢云母75%左右、石英2%～3%、绿泥石1%～2%、褐铁矿小于1%。粘土矿物变质成绢云母鳞片，平行定向排列，形成板理构造。原岩为泥岩。

**斑点状绢云母板岩** 灰色，显微鳞片变晶结构，板状构造、斑点状构造，颗粒大小0.02～0.05mm，斑点0.3～0.5mm。成分：绢云母75%、石英3%～5%、褐铁矿1%、斑点15%～20%。粘土矿物变质重结晶成绢云母鳞片，平行定向排列。斑点圆形、椭圆形，由绢云母聚集而成。原岩为泥岩。

**粉砂泥板岩** 灰色，粉砂泥质结构，定向构造，颗粒大小0.03～0.04mm。成分：粘土矿物61%～65%、碳泥质5%～8%、石英28%～30%、绢云母2%～3%。泥质重结晶成细小鳞片状和毛发状，粘土矿物定向排列，石英粉砂棱角状，均匀分布。原岩为粉砂质泥岩。

**绿泥绢云板岩** 浅灰色，显微鳞片变晶结构，板状构造，颗粒大小0.01～0.02mm。成分：绢云母60%～65%、绿泥石25%～30%、石英3%～5%、铁质1%～2%。粘土矿物变质重结晶生成绢云母和绿泥石，应力作用鳞片状物平行定向排列，另外，绢云母和绿泥石各自呈细条纹聚集，平行相间分布，构成板劈理。石英粉砂不均匀散布岩石中，大小0.01～0.02mm。

（三）千枚岩类

该岩类主要见于温泉沟群和西合休岩组，出露范围比较小，低绿片岩相变质，主要为副变质岩石。

**斑点状绢云千枚岩** 灰色、深灰色，显微鳞片变晶结构、千枚状构造，斑点状构造，斑点大小

0.5～1.2mm。成分:斑点 15%、绢云母 65%～80%、石英 3%～10%。粘土矿物变质为绢云母,平行定向排列。斑点由铁碳酸盐聚集而成,部分斑有旋转。原岩为泥岩。

**绢云石英千枚岩**　灰绿色,显微鳞片粒状变晶结构,千枚状构造,颗粒大小 0.02～0.05mm。成分:石英 50%～60%、绢云母+黑云母(次)30%～45%、铁白云石 1%、氧化铁 1%、锆石小于 0.5%。石英变晶等轴粒状,粘土矿物变质为绢云母和黑云母,受应力作用平行定向排列。原岩为粉砂岩类。

**石英绿泥绢云千枚岩**　浅灰绿色,变余粉砂显微鳞片变晶结构,千枚状构造,颗粒大小 0.06～0.15mm。成分:绢云母 44%～49%、绿泥石 20%～25%、石英 25%、方解石 3%～5%、锆石小于 1%、磁铁矿小于 1%。石英变晶粒状,鳞片状变质矿物绢云母、绿泥石定向排列。原岩为粉砂泥岩类。

**石英绢云千枚岩**　浅灰绿色,显微粒状鳞片变晶结构,千枚状构造,颗粒大小 0.02～0.06mm。成分:绢云母 70%～72%、石英 5%、绿泥石 3%～5%。石英变晶细小粒状,绢云母鳞片平行定向排列。原岩为含粉砂质泥岩。

**含黑云母石英绢云千枚岩**　浅灰绿色,显微粒状鳞片变晶结构,千枚状构造,颗粒大小 0.05～0.15mm。成分:绢云母 62%～64%、石英 28%～30%、黑云母 4%～5%、绿泥石 2%～3%,微量矿物:屑石小于 1%、磁铁矿小于 1%。石英变晶拉长状,长轴平行定向排列。粘土矿物变质成绢云母和黑云母,平行排列,形成千枚状构造。原岩为粉砂质泥岩。

**钠长绢云千枚岩**　浅灰色,显微粒状鳞片变晶结构,千枚状构造,颗粒大小 0.02～0.06mm。成分:绢云母 39%～51%、钠长石 25%～35%、石英 16%～20%、绿泥石 3%～10%,微量矿物:磁铁矿小于 1%、电气石小于 0.5%。钠长石变晶粒状,绢云母、绿泥石变质矿物平行定向排列。原岩为沉凝灰岩。

**含石英长石绢云千枚岩**　浅灰绿色,显微粒状鳞片变晶结构,千枚状构造,颗粒大小0.01～0.02mm。成分:绢云母 60%～64%、石英 15%、钾长石+斜长石 15%～20%、绿泥石 3%～5%,微量矿物:黄铁矿 0.5%、磁铁矿 0.5%。长石石英变质结晶细小晶体与绢云母鳞片平行定向排列。原岩可能为中酸性凝灰岩。

(四)片岩类

该岩类主要分布于埃连卡特岩群、西合休岩组、布伦阔勒岩群、赛图拉岩群、桑珠塔格岩群。主要岩石如下:

**绢云石英片岩**　浅灰色,鳞片粒状变晶结构,片状构造,颗粒大小 0.15～0.3mm。成分:石英 53%～61%、绢云母(主)+白云母(次)28%～30%、绿泥石 2%～7%、黑云母 3%～5%、斜长石 1%～8%,微量矿物:锆石小于 0.5%、金红石小于 0.5%、磁铁矿小于 0.5%。石英等轴粒状变晶,接触紧密。绢云母、白云母和个别黑云母、绿泥石与石英相间聚集,平行排列。受应力作用斜长石沿面理呈“S”形。

**钠长绿泥石英片岩**　灰色,显微鳞片粒状变晶结构,显微片状构造,颗粒大小0.15～0.2mm,少数 0.6～0.8mm。成分:石英 55%、钠长石 15%～18%、绿泥石 18%～20%、白云母5%～7%,微量矿物:锆石小于 0.5%、金红石小于 0.5%、电气石小于 0.5%、磁铁矿小于 0.5%。石英变晶等轴镶嵌粒状。钠长石筛状变晶包有石英。绿泥石、白云母相间聚集平行定向排列。

**钠长钙质片岩**　灰色,斑状变晶结构,基质粒状鳞片变晶结构,片状构造,颗粒大小 0.15～0.3mm,变斑晶 0.6～1.5mm。成分:变斑晶钠长石 12%～15%,基质方解石 30%～35%、黑云母+白云母(少)35%～40%、石英 12%～15%、绿泥石 2%～3%、磁铁矿小于1%。方解石、石英等轴粒状变晶,薄层聚集。钠长石斑晶半自形粒状,部分晶体包有石英。黑云母、白云母鳞片相间聚集,平行排列。原岩为钙质粉砂质泥岩。

**斜长绿泥石英片岩** 灰绿色,鳞片粒状变晶结构,片状构造,颗粒大小0.3～0.5mm。成分:石英45%～47%、斜长石15%～20%、绿泥石20%、黑云母5%～6%、绢云母5%～8%、方解石2%～3%、白云母1%,微量矿物:锆石0.5%、磁铁矿0.5%。早期变质矿物黑云母、绢云母、白云母相间聚集,平行排列。晚期退变质,黑云母退变为绿泥石,斜长石退变为绢云母。原岩为含凝灰质碎屑岩。

**钙质绿泥片岩** 灰绿色,显微粒状鳞片变晶结构,片状构造,颗粒大小0.05～0.15mm。成分:绿泥石40%～42%、方解石25%～26%、钠长石10%～15%、绿帘石8%～10%、黑云母3%～4%、石英1%、绢云母8%～10%,微量矿物:榍石小于1%、磁铁矿1%。变质矿物绿泥石鳞片和粒状方解石、绿帘石平行定向排列,黑云母为构造残余矿物,绢云母为蚀变矿物。原岩为钙泥质沉凝灰岩。

**绢云绿泥片岩** 浅灰绿色,显微鳞片变晶结构,片状构造。成分:绿泥石45%～50%、绢云母45%～48%、斜长石2%～3%、黑云母1%、磁铁矿2%～3%。变质矿物绢云母、绿泥石鳞片相间聚集,平行排列。原岩为含基性凝灰岩。

**阳起片岩** 灰绿色,粒状、纤状变晶结构,片状构造,颗粒大小0.05～0.1mm。成分:阳起石75%～83%、钠长石8%～13%、绿泥石5%～6%、绿帘石5%～6%、石英2%～3%。变质矿物阳起石、绿泥石平行定向排列。出露于西合休岩组,共有两期面理置换。原岩为基性火山岩。

**黝帘透闪片岩** 浅灰绿色,粒状纤状变晶结构,片状构造,颗粒大小0.05～0.15mm。成分:透闪石65%～68%、黝帘石32%～35%。变质矿物透闪石纤状,黝帘石粒状,平行定向排列。原岩为基性火山岩。

**斜长阳起片岩** 浅灰绿色,粒状、纤柱状变晶结构,片状构造,颗粒大小0.3～0.5mm。成分:阳起石46%～49%、斜长石30%～35%、绿泥石8%～10%、绿帘石2%～3%、石英5%～6%、磁铁矿约4%,微量矿物:榍石小于0.5%。斜长石变晶粒状,双晶不清。阳起石半自形纤柱状和纤维状,长径0.6～1mm,绿—浅绿色。阳起石、斜长石相间聚集,平行排列。原岩为中基性火山岩。

**钙质钠长绿泥片岩** 浅灰色,显微粒状鳞片变晶结构,片状构造,颗粒大小0.05～0.1mm。成分:绿泥石35%～40%、钠长石30%～35%、方解石25%、绿帘石1%～2%、石英2%～3%,微量矿物磁铁矿1%。原岩矿物蚀变分解为钠长石和方解石。主要蚀变变晶矿物绿泥石平行定向排列。根据变晶矿物组合及残余钠长石晶体分析,原岩为基性岩类。

**绿帘阳起片岩** 灰绿色,显微粒状纤状变晶结构,片状构造,颗粒大小0.02～0.04mm。成分:阳起石31%～33%、绿帘石28%～30%、钠长石25%、绿泥石3%～15%、方解石1%,微量矿物磁铁矿小于1%。变质矿物阳起石呈纤状、纤维状,与绿帘石、钠长石平行定向排列。原岩为基性岩类。

**钠长透闪片岩** 浅灰色,粒状、纤状变晶结构,片状构造,颗粒大小0.2～0.3mm。成分:透闪石52%～55%、钠长石35%～40%、黑云母1%～2%、绢云母5%～6%,微量矿物:榍石小于0.5%、钛铁矿小于1%、电气石小于0.5%。同构造期变质矿物透闪石纤状,平行排列。钠长石蚀变为绢云母和个别黑云母。

**绿泥阳起钠长片岩** 灰绿色,纤状、粒状变晶结构,片状构造,颗粒大小0.1～0.12mm。成分:钠长石50%～60%、阳起石15%～20%、绿泥石5%～15%、黑云母1%～2%、榍石2%～3%、磁铁矿2%～3%、石英3%～5%。钠长石等轴粒状变晶,紧密接触。阳起石纤维状,绿泥石鳞片状,平行定向排列。

**透闪片岩** 灰色,纤柱状变晶结构,片状构造,颗粒大小:长径1～2mm,部分0.6～1mm。成分:透闪石 91%～94%、绿帘石 5%～8%、磁铁矿小于 1%。透闪石纤维状和细柱状,长径平行排列。变质过程中形成透闪石。

**斜长黑云母片岩**　灰色,粒状变晶结构,片状构造,颗粒大小以 0.1～0.15mm 为主,少数 0.25mm。成分:黑云母 55%～60%、斜长石 20%～25%、石英 15%～20%,微量矿物:磷灰石小于 0.5%、磁铁矿小于 1%、锆石小于 0.5%。长石、石英等轴粒状变晶,变晶长石聚片双晶发育,分布于黑云母间。鳞片状黑云母定向排列,黑云母多色性:Ng 棕红色、Np 浅褐黄色。

**石榴黑云石英片岩**　灰色,鳞片粒状变晶结构、斑状变晶结构,片状构造,颗粒大小:变斑晶 1.5～2mm、基质 0.3～0.5mm。成分:石英 50%～55%、黑云母 25%～30%、斜长石 10%左右、白云母 2%～3%,微量矿物:锆石小于 1%、石榴子石斑晶 3%。石英长石变晶粒状,紧密接触。黑云母鳞片平行定向排列。同构造期变质矿物共生组合:黑云母＋石榴子石＋白云母＋石英＋斜长石。

**石榴斜长黑云石英片岩**　灰色,片状粒状变晶结构、斑状变晶结构,片状构造,颗粒大小:变斑晶 3～4mm,基质以 0.15～0.3mm 为主。成分:石英 48%左右、黑云母 30%～35%、斜长石 20%～25%,微量矿物:锆石、磁铁矿几粒,石榴子石变斑晶 3%。长石、石英等轴粒状变晶,石榴子石变斑晶半自形粒状,具残缕结构,片状矿物平行定向排列,构成片状构造。同构造期变质矿物共生组合:石榴子石＋黑云母＋斜长石＋石英。

**斜长黑云石英片岩**　浅灰色,鳞片粒状变晶结构,微片状构造,颗粒大小 0.15～0.2mm。成分:石英 45%、斜长石 20%～25%、黑云母 25%～30%、白云母 1%～2%、黝帘石 1%～2%,微量矿物:锆石小于 0.5%、磁铁矿小于 0.5%。长石、石英等轴粒状变晶。黑云母、白云母、黝帘石平行定向排列。黑云母多色性:Ng 红褐色、Np 浅褐黄色。

**石榴白云石英片岩**　浅灰色,鳞片粒状变晶结构、斑状变晶结构,片状构造,颗粒大小:变斑晶 2～3mm,基质 0.3～0.5mm。成分:石英 65%～70%、白云母 20%～25%、黑云母 2%～3%、长石 1%,微量矿物:锆石小于 0.5%、石榴子石变斑晶 2%。石英等轴粒状变晶,白云母与黑云母呈条纹聚集,平行排列,石榴子石半自形粒状构成斑晶。同构造期变质矿物共生组合:白云母＋黑云母＋石榴子石＋石英。

**石榴长石云母石英片岩**　浅灰色,鳞片粒状变晶结构、斑状变晶结构,显微片状构造,颗粒大小:变斑晶 2～4mm,为石榴子石,基质 0.12～0.15mm。成分:石英 35%～40%、斜长石 25%左右、白云母 30%～35%、黑云母 1%,微量矿物:磁铁矿小于 1%、石榴子石变斑晶 2%～3%。长石、石英变晶粒状,均匀分布。黑云母鳞片和粒状矿物平行定向排列,石榴子石半自形粒状。晚期发生退变质作用,斜长石发生绢云母化和钙化,黑云母大多退变为白云母。

**斜长白云石英片岩**　浅灰色,鳞片粒状变晶结构,片状构造,颗粒大小 0.2～0.4mm。成分:石英 55%～57%、斜长石 10%～20%、黑云母 2%～3%、白云母 15%～25%、绿泥石 3%～8%、微量矿物:电气石小于 0.5%、磁铁矿小于 0.5%、锆石小于 0.5%。长石、石英变晶粒状,片状矿物与粒状矿物相间聚集,平行排列。

**黑云母片岩**　灰色,显微鳞片变晶结构,片状构造,颗粒大小 0.15～0.2mm。成分:黑云母 60%～65%、石英 25%～30%、绿泥石 5%～6%、绿帘石＋黝帘石 3%～4%。粘土矿物变质为黑云母、绿泥石,平行定向排列。黑云母多色性:Ng 浅绿褐色、Np 浅绿黄色。

**斜长黑云石英片岩**　浅灰色,鳞片粒状变晶结构,片状构造,颗粒大小 0.3～0.7mm。成分:石英 45%～58%、黑云母 25%～35%、斜长石 15%～23%,微量矿物:磷灰石小于 0.5%、锆石小于 0.5%。长石石英变晶粒状,片状黑云母定向排列,黑云母多色性:Ng 褐红色、Np 浅褐黄色。晚期发生退变质,表现为部分黑云母退变为绿泥石。同世代变质矿物组合:黑云母＋斜长石＋石英。

**绢云石英片岩**　灰白色,显微鳞片粒状变晶结构,片状构造,颗粒大小 0.15～0.3mm。成分:石英 54%～65%、绢云母＋白云母 30%～40%、黑云母 3%、石榴子石小于 1%、绿泥石 1%～

3%，微量矿物：锆石小于0.5%、榍石小于0.5%、褐铁矿小于0.5%。石英不等粒变晶粒状。片状矿物平行定向排列，绢云母为退变产物。同世代矿物组合：石榴子石+黑云母+白云母+石英。

**白云石英片岩**　浅灰色，鳞片粒状变晶结构，片状构造，颗粒大小0.15～0.3mm。成分：石英60%、白云母28%～30%、绿泥石3%左右、斜长石5%左右，微量矿物：电气石小于0.5%、锆石小于1%、钛铁矿小于0.5%。石英等轴粒状变晶，紧密接触。白云母、黑云母鳞片平行定向排列。晚期退变质表现为黑云母退变为绿泥石和斜长石蚀变为绢云母。同世代矿物共生组合：白云母+黑云母+斜长石+石英。

**二云石英片岩**　浅灰色，鳞片粒状变晶结构，片状构造，颗粒大小0.3～0.5mm。成分：石英64%～65%、黑云母12%～15%、白云母15%～18%、斜长石4%～5%，微量矿物：锆石小于1%、磁铁矿小于0.5%。石英等轴粒状变晶，镶嵌接触。片状矿物相间聚集，平行排列。斜长石量少，现蚀变为绢云母。同世代矿物组合：黑云母+白云母+石英+斜长石。

**角闪绿泥石英片岩**　灰色，鳞片粒状变晶结构，片状构造，颗粒大小0.15～0.2mm。成分：石英42%～46%、绿泥石22%～25%、角闪石12%～15%、黑云母1%～2%、黝帘石5%～8%、透辉石4%、方解石3%～4%、白云石3%～4%，微量矿物：榍石小于1%。石英等轴粒状变晶，均匀分布。同构造期变质矿物角闪石、黝帘石、方解石、透辉石和残余的黑云母分布不均匀。晚期退变质表现为黑云母退变为绿泥石，绿泥石平行排列。同世代矿物组合：角闪石+透辉石+方解石+黝帘石+石英+黑云母。

**长石黑云石英片岩**　灰色，鳞片粒状变晶结构，片状构造，颗粒大小0.3～0.6mm。成分：石英36%～38%、黑云母32%～34%、斜长石12%～15%、钾长石5%～6%、透闪石6%～8%、白云母3%～4%，微量矿物：电气石0.5%、锆石0.5%。长石石英变晶粒状，均匀分布。黑云母鳞片状与透闪石平行定向排列。同世代变质矿物组合：斜长石+钾长石+石英+黑云母+透闪石+白云母。

**黑云角闪石英片岩**　灰色，鳞片粒状变晶结构，片状构造，颗粒大小0.2～0.3mm。成分：石英40%～42%、角闪石26%～28%、黑云母15%～17%、斜长石12%～14%、钾长石2%～3%，微量矿物：榍石1%。长英质矿物等轴粒状变晶，均匀分布，黑云母鳞片状，角闪石柱状，浅绿色，长径0.6～1.5mm，平行定向排列。

**斜长二云石英片岩**　浅灰色，鳞片粒状变晶结构，片状构造，颗粒大小0.5～1mm。成分：石英47%～49%、黑云母22%～24%、斜长石18%～20%、白云母8%～10%，微量矿物：磁铁矿小于1%、锆石小于0.5%。长石石英变晶粒状，紧密接触，大致定向分布。黑云母鳞片平行定向排列，黑云母多色性：Ng褐色、Np浅褐黄色。白云母为晚期变质形成。同世代变质矿物组合：黑云母+斜长石+石英。

**斜长角闪片岩**　该类岩石有两种，一种是灰色，粒状纤柱状变晶结构，平行构造，颗粒大小0.15～0.2mm，长径0.3～0.6mm。成分：角闪石59%～65%、斜长石30%～40%、黑云母8%～10%，微量矿物：磁铁矿1%、褐铁矿小于1%。斜长石变晶粒状，角闪石纤柱状，平行排列。黑云母鳞片状。同世代矿物组合：普通角闪石+黑云母+斜长石。另一种是灰绿色，柱状粒状变晶结构，平行构造，颗粒大小：长径0.2～0.5mm及0.8～1.2mm。成分：角闪石45%～50%、斜长石35%～40%、石英10%、黑云母1%～2%、石榴子石1%，微量矿物：磁铁矿1%、磷灰石小于0.5%。角闪石变晶柱状，长轴定向排列。长石石英粒状变晶，成带状富集。石榴子石半自形粒状。同世代矿物组合：黑云母+角闪石+石榴子石+斜长石+石英。

**角闪片岩**　灰色，纤柱状变晶结构，片状构造，颗粒长径0.15～0.4mm。成分：角闪石85%、石英5%、斜长石3%～5%、黑云母小于1%、磁铁矿1%。角闪石变晶纤柱状，长轴方向定向排列。

### (五)片麻岩类

该类岩石主要出露于西昆仑中元古界(未分)、赛图拉岩群，原岩主要为泥质—长英质碎屑岩系列，集中分布于赛图拉北、库地南、土外提亚依拉克及帕合甫一带及喀喇昆仑的布伦阔勒岩群。出露范围较小，变质深，角闪岩相变质。

**角闪二长片麻岩**　浅灰色，鳞片粒状变晶结构，片麻状构造，颗粒大小 0.4～1mm。成分：钾长石 30%～35%、斜长石 20%～27%、石英 25%～28%、角闪石 10%～12%、黑云母 5%～6%，微量矿物：榍石小于 1%、锆石小于 0.5%。长英质矿物等轴粒状，紧密接触，钾长石晶体洁净，具格子双晶。角闪石、黑云母相间聚集，平行排列。斜长石有绢云母化。

**黑云斜长片麻岩**　灰色，鳞片粒状变晶结构，片麻状构造，颗粒大小 0.3～0.6mm。成分：石英 49%、斜长石 25%～28%、黑云母 22%～25%，微量矿物：磁铁矿小于 1%。长石石英等轴粒状变晶，分布不均匀。黑云母鳞片相间聚集，断续平行排列，形成片麻理，黑云母多色性：Ng 褐红色、Np 浅褐黄色。斜长石部分退变为绿帘石。

**黑云二长片麻岩**　灰色，片状、粒状变晶结构，片麻状构造，颗粒大小以 0.6～0.6mm 为主，少数 1mm。成分：石英 45%～50%、斜长石(主)＋钾长石(次)30%～35%、黑云母 15%～20%、微量矿物：锆石小于 0.5%、磷灰石小于 0.5%。石英斜长石变晶粒状，同变质期黑云母鳞片状，平行断续排列，黑云母多色性：Ng 褐红色、Np 浅褐黄色。晚于主变质期形成的钾长石包裹黑云母和交代斜长石，具格子双晶，系微斜长石。偶见退变质绿泥石。同变质期矿物组合：黑云母＋斜长石＋石英。

**二云斜长片麻岩**　灰色，片状、粒状变晶结构，片麻状构造，颗粒大小 0.2～0.5mm。成分：石英 35%～40%、斜长石 25%、黑云母 25%～30%、白云母 5%～7%、矽线石 1%、钾长石 1%～2%，微量矿物：磷灰石小于 0.5%、锆石小于 0.5%。长英质矿物变晶粒状，黑云母、白云母鳞片状，平行排列。矽线石、钾长石粒状。

**角闪斜长片麻岩**　浅灰色，柱粒状变晶结构，片麻状构造，颗粒大小 0.3～0.5mm。成分：斜长石 66%、角闪石 25%、石英 3%～4%、钾长石 3%～4%，微量矿物：绿帘石 1%、榍石小于 0.5%、褐帘石小于 1%。斜长石等轴粒状变晶，镶嵌接触，晶体洁净。角闪石柱状，浅绿色，长轴方向断续平行排列。

**黑云角闪二长片麻岩**　灰色，片柱状、粒状变晶结构，片麻状构造，颗粒大小 0.6～1mm。成分：斜长石 25%～30%、钾长石 20%左右、角闪石 30%～35%、黑云母 8%～10%、石英 8%～10%，微量矿物：榍石小于 1%、锆石小于 0.5%、磷灰石小于 0.5%。斜长石等轴粒状变晶，镶嵌接触。角闪石柱状，黑云母片状相间聚集平行排列。后期交代形成钾长石，钾长石为条纹长石和微斜长石。同世代变质矿物组合：角闪石＋黑云母＋斜长石＋石英。

(六)粒岩类

该岩类见于西合休岩组、赛图拉岩群、桑珠塔格岩群、布伦阔勒岩群、中元古界(未分)地层中，岩石类型如下：

**斜长浅粒岩**　灰色、浅灰色，粒状变晶结构，平行构造，颗粒大小 0.15～0.2mm。成分：斜长石 26%～38%、石英 45%～51%、绿帘石小于 6%、绿泥石 14%～18%、绢云母 4%～5%、白云母 3%～5%，微量矿物：褐铁矿小于 1%、黄铁矿小于 0.5%。长石石英等轴变晶粒状，紧密接触，与云母、绿泥石平行定向排列。晚期斜长石退变为绢云母。原岩为长石杂砂岩类。

**钠长石英粒岩**　浅灰色，鳞片粒状变晶结构，块状构造，颗粒大小 0.15～0.3mm，少数0.6～1mm。成分：石英 59%～61%、钠长石 15%～18%、白云母 12%～15%、方解石 8%～10%，微量矿物：锆石小于 0.5%、褐铁矿小于 0.5%、电气石小于 0.5%。石英等轴粒状变晶，紧密接触。钠长石它形粒状，具筛状变晶结构，内包有石英。

**石英岩**　灰色，显微粒状变晶结构，平行构造，颗粒大小 0.01～0.05mm。成分：石英 86%、绿泥石 8%～10%、斜长石 3%～4%，微量矿物：锆石小于 1%、电气石小于 0.5%。石英变质重结晶，显微粒状。粘土矿物变质成绿泥石。原岩为粉砂岩类。

**绿泥钠长变粒岩**　灰色，显微鳞片粒状变晶结构，平行构造，颗粒大小 0.25～0.5mm。成分：钠长石 45%～47%、绿泥石 22%～25%、石英 13%～15%、方解石 5%～8%、绢云母 5%～7%，微量矿物：榍石小于 0.5%、磁铁矿小于 0.5%。钠长石等轴粒状变晶，具筛状变晶结构。绿泥石、方解石、绢云母平行定向排列。

**钠长浅粒岩**　浅灰绿色，粒状变晶结构，块状构造，颗粒大小 0.15～0.2mm，0.3～0.6mm 不等。成分：钠长石 45%～54%、石英 22%～35%、白云母 8%～10%、绿泥石 5%～10%，微量矿物：电气石小于 0.5%、锆石小于 0.5%、磁铁矿小于 0.5%。石英等轴粒状变晶，大小 0.15～0.2mm。钠长石等轴粒状变晶，粒径 0.3～0.6mm，具筛状变晶结构，它形粒状，偶见卡式双晶。白云母、绿泥石稍显定向排列。

**含石榴子石长石浅粒岩**　灰白色，等轴粒状变晶结构，平行构造，颗粒大小 0.15～0.2mm。成分：石英 60%～65%、斜长石 20%左右、钾长石 3%～5%、白云母 8%～10%、黑云母 1%～2%、石榴子石 1%，微量矿物：锆石小于 0.5%、磁铁矿小于 1%。长英质矿物等轴粒状变晶，白云母、黑云母鳞片平行定向排列。同构造期石榴子石半自形粒状。同世代变质矿物共生组合：黑云母＋白云母＋石榴子石＋斜长石＋石英。

**二云二长变粒岩**　灰色，鳞片粒状变晶结构，块状构造，颗粒大小 0.15～0.2mm，个别 0.1mm和 0.3mm。成分：石英 55%～60%、钾长石 10%左右、斜长石 10%～15%、白云母 8%、黑云母 8%～10%，微量矿物：磁铁矿小于 1%、金红石小于 0.5%、锆石小于 0.5%。长英质矿物变晶粒状，紧密接触。黑云母多色性：Ng 褐红色、Np 浅褐黄色。片状矿物无定向排列。晚期斜长石发生绢云母化，但仍保留斜长石外形。

**黑云斜长变粒岩**　灰色，鳞片粒状变晶结构，块状构造，颗粒大小 0.05～0.1mm。成分：石英 40%～45%、黑云母 20%～25%、斜长石 30%～35%，微量矿物：电气石小于 0.5%、锆石小于 0.5%、磁铁矿小于 1%。长英质矿物等轴粒状变晶。黑云母多色性：Ng 红褐色、Np 浅褐黄色，稍显定向排列。斜长石洁净，为钠更长石。部分黑云母发生退变成绿泥石。

**斜长角闪变粒岩**　灰绿色，柱状、粒状变晶结构，块状构造，颗粒大小 0.06～0.15mm，少部分 0.2～0.3mm。成分：石英 20%～25%、斜长石 25%～30%、角闪石 35%～40%、黑云母 3%～5%、绿帘石＋黝帘石 5%～8%，微量矿物：榍石小于 0.5%、磁铁矿小于 0.5%、磷灰石小于 0.5%。长英质矿物等轴粒状变晶，分布不均匀。角闪石柱状粒状，浅绿色，绿帘石不规则粒状。

**矽线石榴斜长浅粒岩**　浅灰色，针状、粒状变晶结构，平行构造，颗粒大小 0.5～0.6mm。成分：石英 51%～55%、斜长石 30%～35%、矽线石 3%～4%、石榴子石 4%～5%、黑云母 1%～2%、白云母 1%～2%、钾长石 1%，微量矿物：磁铁矿小于 1%、锆石小于 0.5%。长英质矿物等轴粒状，紧密接触。矽线石针状、纤柱状，石榴子石它形粒状，云母鳞片状，钾长石为残余矿物。斜长石发生强绢云母化。同世代变质矿物组合：矽线石＋石榴子石＋黑云母＋白云母＋斜长石＋石英。

**斜长变粒岩**　浅灰色，鳞片粒状变晶结构，块状构造，颗粒大小 0.3～0.5mm。成分：石英 44%～46%、斜长石 35%～40%、钾长石 5%～6%、绿泥石 15%～18%，微量矿物：磁铁矿小于 1%、锆石小于 0.5%。长石石英等轴粒状变晶，紧密接触，均匀分布。黑云母退变为绿泥石，斜长石绢云母化。同构造期变质矿物组合：黑云母＋斜长石＋钾长石＋石英。

**石榴黑云斜长变粒岩**　灰色，鳞片粒状变晶结构，块状构造，颗粒大小 0.5～0.6mm。成分：斜长石 55%～58%、石英 15%～18%、黑云母 15%～18%、角闪石 2%～3%、石榴子石 3%、绿泥石 3%～5%，微量矿物：锆石小于 0.5%、电气石小于 0.5%、磁铁矿小于 0.5%。斜长石石英等轴粒状变晶，紧密接触，斜长石双晶发育。同变质期形成黑云母鳞片状，黑云母多色性：Ng 褐红色、Np 浅褐色。石榴子石它形粒状，角闪石浅绿色。晚期变质黑云母退变为绿泥石。同构造期变质矿物组合：石榴子石＋黑云母＋角闪石＋斜长石＋石英。

**透闪钾长变粒岩**　浅灰色，柱状、粒状变晶结构，平行构造，颗粒大小 0.3～0.6mm。成分：钾长石 32%～34%、透闪石 28%～30%、石英 30%～32%、斜长石 6%～7%，微量矿物：榍石小于 15%。长英质矿物等轴粒状变晶，紧密接触，均匀分布。钾长石具格子双晶，透闪石柱状，长径 0.7～1.5mm，平行排列。

**二云石英粒岩**　浅灰白色，鳞片粒状变晶结构，块状构造，颗粒大小 0.2～0.5mm。成分：石英 70%～71%、黑云母 10%～12%、白云母 13%～14%、钾长石 2%～3%、斜长石 1%～2%，微量矿物：电气石小于 0.5%。石英等轴粒状变晶，黑云母、白云母鳞片状，无定向排列。

**黑云二长变粒岩**　浅灰色，鳞片粒状变晶结构，块状构造，颗粒大小以 0.2～0.3mm 为主，少数 0.5～0.6mm。成分：斜长石 35%～36%、钾长石 16%～17%、石英 33%～35%、黑云母 10%～12%、角闪石 2%，微量矿物：磁铁矿小于 1%、褐铁矿小于 0.5%、磷灰石小于 0.5%。长石石英等轴粒状变晶，黑云母鳞片状。

**角闪斜长变粒岩**　灰色，粒状变晶结构，块状构造，颗粒大小 0.1～0.15mm。成分：斜长石 59%～61%、石英 12%～15%、角闪石 15%～18%、黑云母(变为绿泥石)6%～10%，微量矿物：锆石小于 0.5%、磁铁矿小于 0.5%。斜长石不等粒状变晶，黑云母、角闪石定向排列。晚期发生退变质作用，黑云母变为绿泥石，仅保留黑云母假象，角闪石边向绿泥石变化，斜长石轻绢云母化。

**二长浅粒岩**　浅灰色，粒状变晶结构，块状构造，颗粒大小 0.5～0.6mm。成分：斜长石 53%～56%、钾长石 25%～30%、石英 12%～15%、黑云母 3%～4%、白云母 1%，微量矿物：锆石小于 0.5%。长石等轴粒状变晶，镶嵌接触。黑云母鳞片状，杂乱排列，黑云母多色性：Ng 褐红色、Np 浅褐黄色。钾长石具格子双晶，系微斜长石。

（七）钙镁碳酸岩类

该类岩石出露于西昆仑地层区长城系赛图拉岩群、桑株塔格岩群、中元古界(未分)地层、博查特塔格组、早古生代裂谷带、温泉沟群、麻扎混杂岩带、神仙湾群。主要岩石类型如下：

**中细晶白云石大理岩**　灰白色，中细晶变晶结构，块状构造，颗粒大小 0.2～0.25mm 及 0.3～0.5mm，少数 0.6～1mm，其中 0.2～0.25mm 颗粒级占 60%。成分：白云石 82%～84%、方解石 8%～10%、镁橄榄石 5%～6%、蛇纹石 1%、磁铁矿小于 1%、尖晶石 1%。白云石变晶自形—半自形镶嵌粒状。方解石粒状。镁橄榄石交代变质，半自形粒状，橄榄石蚀变为蛇纹石，局部残留方解石晶体与镁橄榄石赋存在一起。

**粗晶白云石大理岩**　浅灰白色，粗晶结构，块状构造，颗粒大小 1.5～2mm。成分：白云石大于 99%，磁铁矿小于 1%。白云石变晶自形—半自形状，晶体洁净，紧密接触。

**大理岩**　灰白色、浅灰白色，粗晶结构，块状构造，颗粒大小 0.5～1mm。成分：方解石大于 84%、斜长石 5%～8%、透闪石 3%、石英约为 2%，微量矿物：褐铁矿小于 0.5%、磁铁矿小于 0.5%、磷灰石小于 0.5%。方解石变晶半自形—它形，晶体间曲线紧密接触。透闪石自形柱状。

**细晶灰岩**　浅灰色，细晶结构，块状构造，颗粒大小 0.15～0.25mm。成分：方解石大于 98%、泥质 1%、铁质小于 0.5%。方解石重结晶，颗粒呈半自形粒状。

**中晶灰岩**　浅灰色、灰色，中晶结构，层状构造，颗粒 0.3～0.5mm。成分：方解石 94%、石英 1%～2%、白云母 1%、泥质 2%～3%。方解石变质重结晶，半自形—自形晶体，折线紧密接触，大致定向排列。

## 二、区域变质岩主要变质岩原岩恢复

区域变质岩原岩除原岩结构特征明显的泥板岩、变砂岩、大理岩、石英岩不作原岩恢复外，重点对片岩类、片麻岩类、角闪岩类、粒岩类等按地质单位分别从地质、岩石(层)组合、矿物成分、结构构造、岩石化学、地球化学、微量元素、稀土等方面进行恢复,具体恢复工作和结果见第二章地层中的相关部分。

## 三、主要变质体变质带变质相系和变质作用类型

### (一)区域变质岩变质地质单元划分

依据变质地质体地质特征、分布情况,结合区域构造背景划分为铁克里克、西昆仑北、西昆仑南、巴颜喀拉、喀喇昆仑、乔戈里(藏滇)6个变质地区,涉及近20个地质单位,跨吕梁、晋宁、加里东、华力西-印支、燕山5个变质时期,其特征见第五章中的有关部分。

测区内主要通过泥质—长英质碎屑岩和变质基性火山岩主变质期变质矿物共生组合,再结合区域资料对比分析变质温压条件,按不同变质时代和地层区分别介绍。

### (二)主要变质地质单元变质温压估测

#### 1. 古元古代

铁克里克变质地区

变质矿物组合:白云母+黑云母+石英;石榴子石+黑云母+白云母+石英。变质温度$T$=400~575℃、$p$=0.2~1.0GPa。高绿片岩相-低角闪岩相。

喀喇昆仑变质地区

变质矿物组合:黑云母+白云母+斜长石+石英;石榴子石+白云母+黑云母+石英+斜长石。变质温度$T$=400~575℃、$p$=0.2~1.0GPa。低角闪岩相变质。

#### 2. 新元古代

铁克里克变质地区

变质矿物组合:绢云母+绿泥石+石英;绿泥石+斜长石+石英。变质温度$T$=300~500℃、$p$=0.2~1.0GPa。低绿片岩相变质。

西昆仑变质地区

变质矿物组合:黑云母+白云母+斜长石+石英;黑云母+绿泥石+绿帘石+黝帘石+石英;石榴子石+黑云母+斜长石+白云母+石英;黑云母+角闪石+斜长石;石榴子石+黑云母+斜长石+石英;黑云母+白云母+钾长石+斜长石+石英。变质温度$T$=400~575℃、$p$=0.2~1.0GPa。高绿片岩相-低角闪岩相变质。

喀喇昆仑变质地区

变质矿物组合:黑云母+斜长石+石英;石榴子石+黑云母+斜长石+白云母+石英;黑云母+角闪石+斜长石。变质温度$T$=400~575℃、$p$=0.2~0.6GPa。低角闪岩相变质。

布伦阔勒岩群在(塔吐鲁沟幅)十字石榴白云石英片岩和石榴黑云石英片岩通过石榴子石—黑云母矿物对Mg分配系数确定变质温度,D541/4十字石榴白云石英片岩石榴石晶体作一个剖面,由中心向外沿长轴测得8个点,捕虏晶1点,边部黑云母1点。D542/11石榴黑云石英片岩中黑云母俘虏晶和靠近的石榴子石各打1点(内部两处),边部石榴子石和外部的云母各打1点。重量百分数分析结果(表4-1)和离子数(表4-2),将结果投于共存的石榴子石—黑云母之间Mg分配等温线图(图4-1),十字石榴白云石英片岩得到580℃,石榴黑云石英片岩得到520℃,由于这两个样品采于布伦阔勒群十字石和石榴子石相带,基本反映布伦阔勒岩群变质温度上限。结合上面通过

变质矿物共生组合分析，布伦阔勒群变质温度为 400～580℃。

**表 4-1 石榴子石、黑云母电子探针分析结果** （$w_B$%）

| 样品号 | 矿物 | MgO | $Al_2O_3$ | $SiO_2$ | $P_2O_5$ | $K_2O$ | CaO | $Cr_2O_3$ | MnO | FeO | $TiO_2$ | $Na_2O$ | Σ |
|---|---|---|---|---|---|---|---|---|---|---|---|---|---|
| D541/4 | Gt | 1.14 | 20.89 | 39.46 | 0.37* | — | 1.39 | — | 8.08 | 28.46 | 1.43 | — | 99.80 |
| | Gt | 1.40 | 21.34 | 37.68 | — | 0.06* | 2.10 | — | 7.89 | 27.94 | — | — | 98.42 |
| | Gt | 1.15 | 20.52 | 37.88 | 0.43 | 0.12* | 2.10* | 0.21* | 7.75 | 27.94 | — | — | 98.09 |
| | Gt | 1.67 | 20.62 | 38.03 | 0.10* | — | 2.32 | 0.13* | 7.67 | 28.58 | — | — | 99.08 |
| | Gt | 1.37 | 20.57 | 38.16 | 0.28* | 0.03* | 2.36 | 0.15* | 6.36 | 29.58 | — | — | 98.86 |
| | Gt | 1.18 | 20.61 | 38.22 | 0.54 | 0.06* | 2.04 | — | 4.97 | 31.19 | — | — | 98.82 |
| | Gt | 1.85 | 20.32 | 38.32 | 0.26* | — | 1.89 | — | 3.24 | 33.01 | — | — | 98.90 |
| | Gt | 1.96 | 20.65 | 38.69 | 0.13* | — | 1.39 | — | 1.31 | 35.72 | — | — | 99.85 |
| | Bi | — | — | 97.49 | 0.62 | — | 0.08* | — | 0.37* | 0.84 | — | — | 99.41 |
| | Bi | 9.60 | 19.92 | 37.82 | 0.54 | 6.99 | — | — | — | 20.14 | — | — | 96.44 |
| D542/11 | Bi | 12.85 | 20.77 | 39.37 | 0.13* | 8.54 | — | — | 0.23* | 13.47 | 1.17 | — | 96.53 |
| | Gt | 3.20 | 21.07 | 38.42 | — | — | 2.14 | — | 2.49 | 30.84 | — | 0.63 | 98.79 |
| | Bi | 13.41 | 19.75 | 39.20 | 0.19* | 8.02 | — | — | — | 12.61 | 1.66 | — | 94.85 |
| | Gt | 3.11 | 21.50 | 39.55 | 0.05* | — | 1.93 | — | 3.00 | 31.61 | 0.06* | — | 100.81 |
| | Gt | 2.46 | 21.39 | 39.17 | 0.14* | — | 2.16 | — | 3.63 | 31.59 | — | — | 100.53 |
| | Bi | 10.49 | 19.44 | 38.34 | 0.19* | 7.93 | — | — | 0.47* | 16.96 | 1.79 | — | 95.61 |

注：≤2 Sigma。

**表 4-2 石榴子石、黑云母电子探针离子分析结果**

| 样品号 | Mg | Al | Si | P | Ca | Mn | Fe | Na | K | Cr | Ti | O |
|---|---|---|---|---|---|---|---|---|---|---|---|---|
| D541/4 | 0.05 | 0.65 | 1.05 | 0.01* | 0.04 | 0.18 | 0.63 | — | — | — | — | 4.00 |
| | 0.06 | 0.68 | 1.02 | — | 0.06 | 0.18 | 0.63 | — | 0.00* | — | — | 4.00 |
| | 0.05 | 0.66 | 1.03 | 0.01* | 0.06 | 0.18 | 0.64 | — | 0.00* | 0.00* | — | 4.00 |
| | 0.07 | 0.66 | 1.03 | 0.00* | 0.07 | 0.17 | 0.65 | — | — | 0.00* | — | 4.00 |
| | 0.06 | 0.65 | 1.03 | 0.01* | 0.07 | 0.15 | 0.67 | — | 0.00* | 0.00* | — | 4.00 |
| | 0.05 | 0.66 | 1.03 | 0.01 | 0.06 | 0.11 | 0.70 | — | 0.00* | — | — | 4.00 |
| | 0.07 | 0.65 | 1.03 | 0.01* | 0.05 | 0.07 | 0.74 | — | — | — | — | 4.00 |
| | 0.08 | 0.65 | 1.03 | 0.00* | 0.04 | 0.03 | 0.80 | — | — | — | — | 4.00 |
| | — | — | 1.98 | 0.01 | 0.00* | 0.01* | 0.01 | — | — | — | — | 4.00 |
| | 0.38 | 0.63 | 1.01 | 0.01 | — | — | 0.45 | — | 0.24 | — | 0.03 | 4.00 |
| D542/11 | 0.50 | 0.64 | 1.03 | 0.00* | — | 0.00* | 0.29 | — | 0.28 | — | 0.02 | 4.00 |
| | 0.13 | 0.66 | 1.03 | — | 0.06 | 0.06 | 0.69 | 0.03 | — | — | — | 4.00 |
| | 0.53 | 0.61 | 1.03 | 0.00* | — | — | 0.28 | — | 0.27 | — | 0.03 | 4.00 |
| | 0.12 | 0.66 | 1.03 | 0.00* | 0.05 | 0.07 | 0.69 | — | — | — | 0.00* | 4.00 |
| | 0.10 | 0.66 | 1.03 | 0.00* | 0.06 | 0.08 | 0.70 | — | — | — | — | 4.00 |
| | 0.42 | 0.61 | 1.03 | 0.00* | — | 0.00* | 0.38 | — | 0.27 | — | 0.04 | 4.00 |

注：≤2 Sigma。

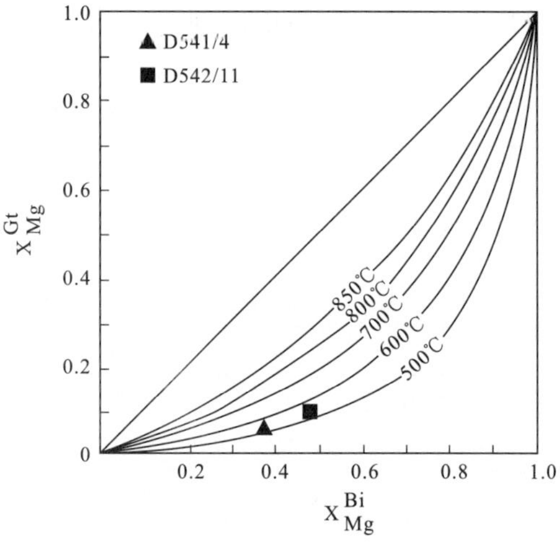


图 4-1 共存的石榴子石—黑云母之间 Mg 等温线图

**3. 早古生代**

西昆仑地层区

变质矿物组合：绢云母＋石英；钠长石＋绿泥石＋白云母＋石英；阳起石＋钠长石＋绿泥石＋绿帘石；绿泥石＋绿帘石＋方解石＋钠长石；绢云母＋绿泥石＋石英。变质温度 $T$=300～500℃、$p$=0.2～1.0GPa。低绿片岩相变质。

**4. 晚古生代—三叠纪**

西昆仑变质地区

变质矿物组合：绢云母＋石英。变质温度 $T$=300～500℃、$p$=0.2～1.0GPa。低绿片岩相变质。

喀喇昆仑变质地区

变质矿物组合：黑云母＋绢云母＋石英；绢云母＋绿泥石＋石英；绢云母＋绿泥石＋石英；绢云母＋石英。变质温度 $T$=300～500℃、$p$=0.2～1.0GPa。低绿片岩相变质。

（三）主要变质地质单元变质带、变质相、变质相系和变质作用类型

**1. 变质矿物组合**

测区变质岩岩石种类较多，变质矿物组合复杂，变质矿物组合以低温—中低温特征变质组合为主，特征变质矿物难见。经统计全区能划分出 53 个矿物组合。

1)以中温—中高温为主的组合

斜长黑云片岩、黑云斜长片麻岩：黑云母＋斜长石＋石英

石榴黑云石英片岩：石榴子石＋黑云母＋斜长石＋白云母＋石英

石榴斜长黑云石英片岩：石榴子石＋黑云母＋斜长石＋石英

石榴白云石英片岩：石榴子石＋白云母＋黑云母＋石英

石榴长石云母石英片岩：石榴子石＋黑云母＋斜长石＋石英

斜长白云石英片岩：白云母＋黑云母＋绿泥石＋石英

黑云母片岩：黑云母＋绿泥石＋绿帘石＋黝帘石＋石英

白云石英片岩：白云母＋黑云母＋石英

二云石英片岩：黑云母＋白云母＋斜长石＋石英

斜长黑云石英片岩：黑云母＋白云母＋黝帘石＋斜长石＋石英

长石黑云石英片岩：黑云母＋斜长石＋钾长石＋透闪石＋白云母＋石英

黑云角闪石英片岩：黑云母＋角闪石＋钾长石＋斜长石＋石英

斜长二云石英片岩：黑云母＋白云母＋斜长石＋石英

角闪绿泥石英片岩：黑云母＋透辉石＋黝帘石＋角闪石＋方解石＋石英

角闪斜长片麻岩：角闪石＋斜长石＋钾长石＋石英

角闪二长片麻岩：角闪石＋黑云母＋钾长石＋斜长石＋石英

黑云二长片麻岩：黑云母＋斜长石＋钾长石＋石英

二云斜长片麻岩：矽线石＋黑云母＋白云母＋钾长石＋石英

含石榴子石长石浅粒岩:石榴子石＋黑云母＋白云母＋斜长石＋钾长石＋石英
矽线石榴斜长浅粒岩:矽线石＋石榴子石＋黑云母＋白云母＋斜长石＋石英
二云石英粒岩、二云二长变粒岩:黑云母＋白云母＋钾长石＋斜长石＋石英
黑云斜长变粒岩:黑云母＋斜长石＋石英
斜长角闪变粒岩:角闪石＋黑云母＋绿帘石＋黝帘石＋斜长石＋石英
斜长变粒岩:黑云母＋斜长石＋钾长石＋石英
石榴黑云斜长变粒岩:石榴子石＋黑云母＋角闪石＋斜长石＋石英
黑云二长变粒岩:黑云母＋角闪石＋钾长石＋斜长石＋石英
角闪斜长变粒岩:黑云母＋角闪石＋斜长石＋石英
透闪钾长变粒岩:透闪石＋钾长石＋斜长石＋石英
斜长角闪岩:黑云母＋角闪石＋斜长石
角闪片岩:角闪石＋斜长石＋石英
斜长角闪岩:石榴子石＋黑云母＋角闪石＋斜长石＋石英

2)以低温—中低温为主的组合
斑点状粉砂质板岩、绢云千枚岩:绢云母＋黑云母＋石英
绢云母板岩、(含)砂质绢云母板岩:绢云母＋绿泥石＋石英
斑点状绢云千枚岩:绢云母＋石英
石英绿泥绢云千枚岩、石英绢云千枚岩:绢云母＋绿泥石＋石英
含石英长石绢云千枚岩:绢云母＋绿泥石＋钾长石＋斜长石＋石英
钠长绢云千枚岩:绢云母＋钠长石＋绿泥石＋石英
含黑云母石英绢云千枚岩:黑云母＋绢云母＋绿泥石＋石英
绢云石英片岩:绢云母＋白云母＋黑云母＋绿泥石＋石英
钠长绿泥石英片岩、钠长浅粒岩:钠长石＋白云母＋绿泥石＋石英
钠长钙质云母片岩:钠长石＋方解石＋黑云母＋白云母＋绿泥石＋石英
斜长浅粒岩:白云母＋绿帘石＋绿泥石＋斜长石＋石英
钠长石英粒岩:钠长石＋白云母＋方解石＋石英
阳起片岩、绿泥阳起钠长片岩:钠长石＋阳起石＋绿帘石＋绿泥石
黝帘透闪片岩:黝帘石＋透闪石
钙质绿泥片岩:绿泥石＋绿帘石＋方解石＋钠长石
斜长阳起片岩:绿泥石＋绿帘石＋阳起石＋斜长石＋石英
钙质钠长绿泥片岩:绿泥石＋绿帘石＋钠长石＋方解石＋石英
绿帘阳起片岩:阳起石＋绿帘石＋钠长石＋绿泥石
钠长透闪片岩:绢云母＋黑云母＋钠长石＋透闪石
绢云绿泥片岩:绢云母＋绿泥石＋斜长石
绿泥钠长变粒岩:钠长石＋绿泥石＋方解石＋石英
钠长浅粒岩:钠长石＋白云母＋绿泥石＋石英

**2. 变质带、变质相和变质相系及分布**

测区变质带、变质相、变质相系及分布见图 4－2 和表 4－3。

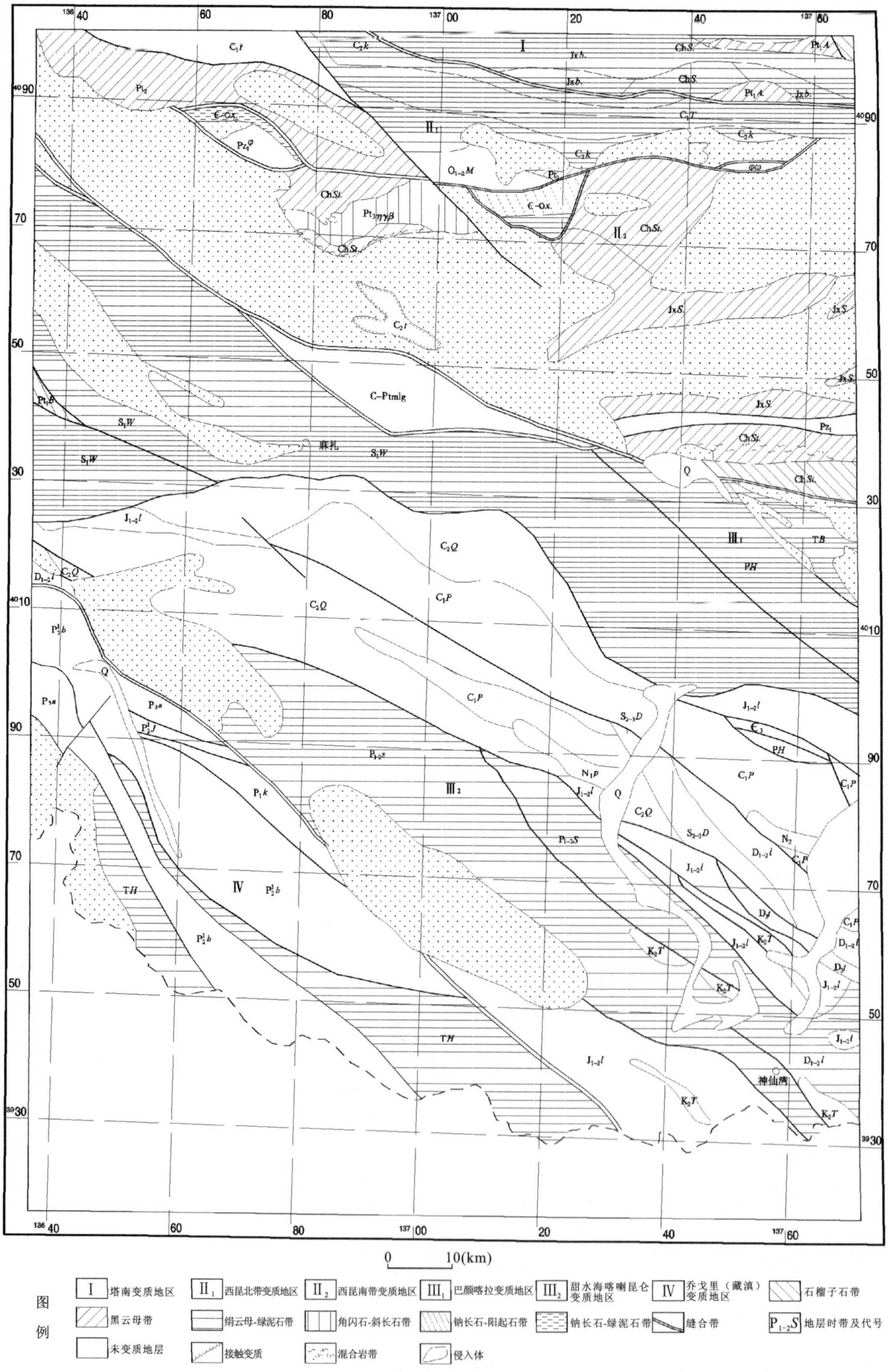
麻扎
神仙湾
0 10(km)
图例
I 塔南变质地区
II₁ 西昆北带变质地区
II₂ 西昆南带变质地区
III₁ 巴颜喀拉变质地区
III₂ 甜水海喀喇昆仑变质地区
IV 乔戈里（藏滇）变质地区
石榴子石带
黑云母带
绢云母-绿泥石带
角闪石-斜长石带
钠长石-阳起石带
钠长石-绿泥石带
缝合带
P1-2S 地层时带及代号
未变质地层
接触变质
混合岩带
侵入体

图 4-2 麻扎幅变质带图

**表 4-3　变质带、变质相和变质相系表**

| 变质岩类 | 典型岩石 | 特征矿物组合 | 变质带 | 变质相 | 变质相系 |
|---|---|---|---|---|---|
| 泥质—长英质变质岩 | 石榴黑云石英片岩 | 石榴子石+黑云母+斜长石+白云母+石英 | 石榴子石带 | 低角闪岩相 | 低-中压相系 |
| | 石榴斜长黑云石英片岩 | 石榴子石+黑云母+斜长石+石英 | | | |
| | 斜长黑云石英片岩 | 黑云母+白云母+黝帘石+斜长石+石英 | | | |
| | 石榴白云石英片岩 | 石榴子石+黑云母+白云母+石英 | | | |
| | 矽线石榴斜长浅粒岩 | 矽线石+石榴子石+黑云母+白云母+斜长石+石英 | | | |
| | 含石榴子石长石浅粒岩 | 石榴子石+黑云母+白云母+斜长石+石英 | | | |
| | 黑云斜长片麻岩 | 黑云母+斜长石+石英 | 斜长石-角闪石带 | 低角闪岩相 | 低-中压相系 |
| | 二云斜长片麻岩 | 矽线石+黑云母+白云母+钾长石+斜长石+石英 | | | |
| 变质老侵入体 | 黑云二长片麻岩 | 黑云母+钾长石+斜长石+石英 | 斜长石-角闪石带 | 低绿片岩相 | 低压相系 |
| | 黑云角闪二长片麻岩 | 黑云母+角闪石+斜长石+钾长石+石英 | | | |
| | 角闪斜长片麻岩 | 角闪石+斜长石+钾长石+石英 | | | |
| 泥质—长英质系列 | 斜长黑云母片岩 | 黑云母+斜长石+石英 | 黑云母带 | 高绿片岩相 | 低压相系 |
| | 斜长白云石英片岩 | 白云母+黑云母+绿泥石+石英 | | | |
| | 斜长白云石英片岩 | 白云母+黑云母+绿泥石+石英 | | | |
| | 黑云母片岩 | 黑云母+绿泥石+绿帘石+石英 | | | |
| | 白云石英片岩 | 黑云母+白云母+石英 | | | |
| | 二云石英片岩 | 黑云母+白云母+斜长石+石英 | | | |
| | 长石黑云石英片岩 | 黑云母+白云母+透闪石+钾长石+斜长石+石英 | | | |
| | 二云二长变粒岩 | 黑云母+白云母+钾长石+斜长石+石英 | | | |
| | 斜长变粒岩 | 黑云母+钾长石+斜长石+石英 | | | |
| | 黑云斜长变粒岩 | 黑云母+斜长石+石英 | | | |
| | 黑云角闪石英片岩 | 角闪石+黑云母+钾长石+斜长石+石英 | 角闪石-斜长石带 | | |
| | 黑云二长变粒岩 | 黑云母+角闪石+钾长石+斜长石+石英 | | | |
| | 角闪斜长变粒岩 | 黑云母+角闪石+斜长石+石英 | | | |
| | 石榴黑云斜长变粒岩 | 石榴子石+黑云母+角闪石+斜长石+石英 | | | |
| | 绢云石英片岩 | 绢云母+白云母+绿泥石+黑云母+石英 | 黑云母带 | 低绿片岩相 | 低-中压相系 |
| | 钠长绿泥石英片岩 | 钠长石+绿泥石+白云母+石英 | | | |
| | 钠长钙质云母片岩 | 钠长石+方解石+黑云母+白云母+绿泥石+石英 | | | |
| | 斜长绿泥石英片岩 | 黑云母+斜长石+石英 | | | |
| | 白云石英片岩 | 白云母+黑云母+绿泥石+斜长石+石英 | | | |
| | 绢云母板岩 | 绢云母+绿泥石+石英 | 绿泥石带 | 低绿片岩相 | 低中压相系 |
| | 斑点状绢云千枚岩 | 绢云母+石英 | | | |
| | 绢云石英千枚岩 | 绢云母+黑云母+石英 | | | |
| | 石英绿泥绢云千枚岩 | 绢云母+绿泥石+石英 | | | |
| | 含黑云母石英绢云千枚岩 | 黑云母+绢云母+绿泥石+石英 | | | |
| | 钠长绢云千枚岩 | 绢云母+绿泥石+钠长石+石英 | | | |
| 基性变质岩 | 斜长角闪岩 | 角闪石+黑云母+斜长石 | 角闪石-斜长石带 | 低角闪岩相 | |
| | 角闪片岩 | 角闪石+斜长石+石英 | | | |
| | 钙质绿泥片岩 | 绿泥石+绿帘石+方解石+钠长石 | 钠长石-绿泥石带 | 低绿片岩相 | |
| | 钙质钠长绿泥片岩 | 绿泥石+绿帘石+方解石+钠长石+石英 | | | |
| | 绢云绿泥片岩 | 绢云母+绿泥石+斜长石 | | | |
| | 绿泥钠长变粒岩 | 绿泥石+钠长石+方解石+石英 | | | |
| | 阳起片岩 | 阳起石+钠长石+绿泥石+绿帘石 | 钠长石-阳起石带 | | |
| | 斜长阳起片岩 | 绿泥石+绿帘石+阳起石+斜长石+石英 | | | |
| | 绿帘阳起片岩 | 绿帘石+绿泥石+阳起石+钠长石 | | | |
| | 绿泥阳起钠长片岩 | 绿泥石+绿帘石+钠长石+阳起石 | | | |

前寒武纪：多出现区域动力热流变质有递增变质带，以后发育低温动力变质或板岩、千枚岩变质。

下元古界：图幅东北角拉木龙沟埃连卡特群石榴十字石片岩，发育石榴子石-十字石带，向东东邻(康西瓦幅)石榴黑云母片岩，向南在博斯腾塔河为黑云石英片岩、白云石英片岩，均发育黑云母带，反映热中心在北部。测区中西部的布伦阔勒岩群在吾鲁特不勒吕克石榴二云片岩、石榴黑云石英片岩，发育石榴石带，测区西邻(塔吐鲁沟幅)布伦阔勒岩群在岔河口十字石榴二云石英片岩、十字石榴白云石英片岩，发育十字石带，反映变质热中心在岔河口一带，向东热流值变低。

晋宁期：塔南地区塞拉加兹塔格岩群、博查特塔格组绢云绿泥石英片岩、含石英绢云绿泥千枚岩，发育绢云母-绿泥石带，而在测区北部变质更浅，反映变质热点在南部；西昆仑层区赛图拉岩群A岩组黑云斜长片麻岩、斜长黑云石英片岩，发育黑云母带＋角闪石-斜长石带；B岩组石榴白云石英片岩、石榴黑云石英片岩，发育石榴子石带；至C岩组黑云母片岩、黑云斜长片麻岩，为黑云母带，形成由南向北的递增变质带。其中C岩组黑云母带还向北跨入中元古界(未分)和桑株塔格岩群中。表明西昆仑地区变质热中心在南部。

加里东期：分布比较局限，沿库地结合带分布，岩石为绢云绿泥石英片岩、钠长绿泥石英片岩、石英绢云千枚岩钠长绢云千枚岩、阳起片岩，为绢云母-绿泥石带＋阳起石带区域低温动力变质。

华力西-印支期：分布范围广，西昆仑地区他龙群、库尔良群粉砂质板岩、绢云母板岩，为绢云母-绿泥石带；北羌塘地区喀喇昆仑地区塔吐鲁沟-甜水海地区温泉沟群绢云母板岩、绿泥绢云板岩，为绢云母-绿泥石带。巴颜喀拉大红柳滩地区黄羊岭群、巴颜喀拉山群斑点状板岩、粉砂质板岩，为绢云母-绿泥石带。变质作用沿北羌塘地块北部边缘发生，而地块内部未见变质。喀喇昆仑地区神仙湾群粉砂质板岩、变砂岩，为绢云母-绿泥石带，变质沿北羌塘地块南缘发生。南羌塘乔戈里峰地区河尾滩群粉砂质板岩，为绢云母-绿泥石带，变质沿南羌塘地块北缘发生。变质作用发生于南羌塘地块和北羌塘地块边部，而往地块内部地层未变质，它们之间是空喀山口结合带。以上华力西-印支期变质均属低温动力或板岩、千枚岩变质。

根据变质矿物组合和特征变质矿物的产出和分布，测区内变质地质体主要发生区域动力热流变质作用和区域低温动力热流变质作用。

### 3. 主要变质地质单元变质地质特征

1)塔里木铁克里克变质地区

塔里木铁克里克变质地区由基底和盖层两部分组成，下元古界埃连卡特群构成基底，长城系以后组成盖层。变质作用分为两期。

第一期发生于古元古代末期区域动力热流变质作用，高绿片岩相-角闪岩相，个别地段可能变质温度较高，变质深。根据矿物组合和结合区域资料综合分析，初步确定变质温压：$T=400\sim575℃$，$p=0.2\sim1.0$GPa。第二期变质作用发生于晋宁期，多见于长城系、蓟县系地层，低绿片岩相。变质温压：$T=300\sim500℃$，$p=0.2\sim1.0$GPa。

2)西昆仑变质地区

由长城系、蓟县系地层变质分两期。

第一期低角闪岩相-高绿片岩相，区域动力热流变质主变质期，有老侵入体侵入长城系地层中，并共同变质。镜下可见新生矿物截切或交代早期矿物。晋宁主变质期，主要共生组合有石榴子石＋黑云母＋斜长石＋石英；矽线石＋石榴子石＋黑云母＋白云母＋斜长石＋石英；黑云母＋角闪石＋钾长石＋石英；黑云母＋斜长石＋石英；黑云母＋钾长石＋斜长石＋石英。变质温度500～640℃，压力为0.2～0.8GPa。在晋宁期变质过程中塔里木地块和西昆仑地块由南向北构成递减变质带。

第二期低绿片岩相变质：长城系、蓟县系地层主变质期形成岩石退变质，长石绢云母化、黑云母退变为绿泥石，白云母退变为绢云母，角闪石退变为绿泥石、帘石，形成温压比第一期要低。

震旦系—石炭系地层

包括西合休岩组、玛列兹肯群、他龙群、库尔良群、提热艾力组。

第一期低绿片岩相，华力西-印支期变质。基性火山岩和泥质岩变质矿物组合主要有阳起石＋钠长石＋绿泥石＋绿帘石；绿泥石＋钠长石＋方解石＋绿帘石＋石英；钠长石＋绿泥石＋白云母＋石英；白云母＋黑云母＋绿泥石＋斜长石＋石英；绢云母＋白云母＋黑云母＋绿泥石＋石英；白云母＋绿泥石＋绿帘石＋斜长石＋石英。变质温度 300～500℃，压力为 0.2～1.0GPa。

第二期低绿片岩相变质作用：所有地层均发生，变质作用于地层中表现较好。发生于华力西-印支期，板块碰撞造山，区域动力热流变质作用，泥质岩变质矿物组合为绢云母＋石英。根据矿物组合特征，结合区域资料分析，变质温度为 300～500℃，压力为 0.2～0.6GPa。

3)甜水海-喀喇昆仑变质地区

主要有布伦阔勒岩群、温泉沟群、河尾滩群、神仙湾群。分为结晶基底、过渡基底和盖层 3 部分。

结晶基地：布伦库勒岩群两次变质，古元古代末区域动力热流变质，角闪岩相-高绿片岩相。根据西侧(塔吐鲁沟幅)石榴子石-黑云母温压计估测温度 520～580℃，区域资料分析变质温度为 400～580℃，压力为 0.2～1.0GPa。印支期，发生低温动力变质，早期变质岩发生退变质。

盖层：主要有温泉沟群、河尾滩群、神仙湾群。低绿片岩相，华力西-印支期变质矿物组合为绢云母＋绿泥石＋石英；黑云母＋绢云母＋绿泥石＋石英；绢云母＋黑云母＋石英；变质温度 300～500℃，压力为 0.2～1.0GPa。

## 第二节　动力变质岩

动力变质岩分布于库地结合带、康西瓦结合带及各边界断裂带中，断层带中动力变质岩多呈狭长带状分布。根据岩石类型划分为压碎岩类、构造角砾岩、糜棱岩类和构造片岩。测区以压碎岩类为主。

### 一、压碎岩类

测区内碎裂岩类主要出露于晚期脆性断裂带中，岩石类型如下：

**碎裂岩化二长花岗岩**　灰白色，碎裂结构、残余细粒半自形粒状结构，块状构造，颗粒大小 0.5～1.5mm。成分：斜长石 35%～38%、钾长石 34%～35%、石英 28%～30%、锆石小于 1%、褐铁矿小于 1%。压应力作用岩石产生碎裂纹，被粉碎长石和蚀变绢云母充填。

**碎粒化斜长浅粒岩**　灰绿色，碎裂结构、粒状变晶结构，块状构造，颗粒大小 0.3～0.6mm。成分：石英 28%～30%、斜长石 35%～37%、钾长石 16%～18%、绿泥石 12%～15%、绢云母 3%～4%、电气石 0.5%、锆石 0.5%。长英质矿物等轴粒状，晚期破碎作用使长英质矿物边缘碎粒化，次生绢云母、绿泥石充填破碎裂隙中。

**纤闪斜长质碎粒岩**　暗绿色，碎粒结构，块状构造，颗粒大小 0.01～0.6mm 及 1～3mm。成分：斜长石 58%～60%、纤闪石 28%～30%、黝帘石＋绿帘石 6%～9%、绿泥石 1%～2%、方解石 1%～2%、榍石小于 0.5%、磁铁矿小于 1%。动力作用使矿物被研碎成粉末状，其余呈大小不等的碎粒物，无定向排列。

**长英质碎粒岩** 灰色，碎粒结构，块状构造，颗粒0.05～0.6mm，个别1mm。碎粒成分：石英40%～44%、钾长石10%～15%，碎粉成分：粘土矿物10%～15%、石英+钾长石30%～35%、绿帘石小于1%。脆性破碎作用，石英、钾长石破碎成大小不等的碎粒状，具波状消光，较大碎粒被更细小的长英质粉末胶结。

**二长花岗质碎斑岩** 浅灰色，碎粒及碎斑结构，块状构造，碎斑2～4mm，碎粒0.15～0.6mm。碎斑成分：钾长石20%～25%、斜长石20%～25%，碎粒成分：钾长石7%～10%、石英30%～35%、斜长石10%左右、绿帘石3%～5%、榍石小于1%、锆石小于0.5%。脆性破裂作用使原岩中矿物破碎成碎斑状，晶体裂纹发育，波状消光明显，钾长石晶体中的条纹弯曲折断。碎粒成分石英全部压碎又重新结晶，分异条带聚集，长石碎粒发生绢云母化和绿帘石化。

## 二、构造角砾岩

**灰质构造角砾岩** 浅灰色，角砾状结构，无定向构造，角砾大小0.5～10cm。角砾成分为灰岩，含量大于40%。角砾之间被方解石、细小碎粉充填。

**花岗质构造角砾岩** 浅肉红色、浅灰白色，角砾状结构，略具定向构造，角砾大小1～15cm。成分：斜长石30%～35%、钾长石30%～35%、石英25%～30%、黑云母5%～8%、磷灰石1%、磁铁矿0.5%、锆石0.5%。角砾之间为压碎的长英质矿物及绢云母、绿泥石充填。

## 三、糜棱岩类

糜棱岩系列主要出露于库地结合带、麻扎-康西瓦结合带和前寒武纪中深变质地层的中深变形层次的变形带中。根据岩石结构构造可以划分为以下几类。

### （一）糜棱岩化岩石

**糜棱岩化灰岩** 浅灰色，细晶结构，条纹状构造，岩石内化石压扁拉长、石英斑旋转。成分：方解石大于90%、石英4%～6%。

**糜棱岩化大理岩** 浅灰色，细晶结构，条纹条带状构造。成分：方解石大于95%。方解石动力变质表现为细粒化和鞘褶皱。粒度差异表现为条纹条带状。

**糜棱岩化斜长二云石英片岩** 浅灰色，鳞片粒状变晶结构、糜棱结构，片状构造。成分：石英57%～58%、黑云母15%～16%、白云母12%～14%、斜长石12%～14%。矿物定向排列，石英呈“$\delta$”形斑、透镜体、无根褶皱发育。

**糜棱岩化黑云二长变粒岩** 浅灰绿色，鳞片粒状变晶结构、初糜棱结构，块状构造，长英质斑旋状变形。成分：斜长石25%～27%、钾长石23%左右、石英33%～35%、黑云母8%～10%、绿泥石6%～8%、榍石1%、磁铁矿1%。

### （二）糜棱岩

该类岩石比糜棱岩化岩石变形更强，测区内出露少，主要岩石有：

**白云石大理岩质糜棱岩** 灰白色，糜棱结构，平行纹层构造，颗粒0.1～0.3mm。成分：白云石90%～92%、透闪石8%～10%。白云石粒化后有发生动态重结晶，平行纹层构造仍保留，剪切变形形成小透镜体发育，方解石动态结晶呈条纹状。

## 四、构造片岩

测区由于特殊的原岩和构造环境，构造片岩发育，它与区域变质岩很难区分，但从两侧地质体变质变形差异和其强片理化发育可以从区域变质岩中划分出来，多为脆韧性变形产物。岩石类型如下：

**含白云石滑石构造片岩**　浅灰白色，变余粒状显微鳞片变晶结构，片状构造。成分：滑石76%～77%、白云石22%～24%、磁铁矿小于1%。原岩经蚀变变成滑石，强应力作用，显示平行定向排列，形成构造片理。

**片状辉长岩**　深灰色，片状构造。成分：斜长石50%～55%、纤闪石45%～50%、磁铁矿小于1%。动力变质过程中造成原岩密集片理发育，长英脉也发育。

**粉砂质构造片岩**　深灰色，鳞片粒状变晶结构，板状构造、片状构造。成分：绢云母20%～25%、粉砂颗粒大于75%。石英构造透镜体、无根褶皱、旋转碎斑发育，砂岩沿片理方向呈长透镜体状。

**绢云石英片岩**　浅灰绿色，鳞片粒状变晶结构，片状构造，颗粒0.15～0.3mm。成分：石英53%左右、绢云母＋白云母(少)28%～30%、黑云母3%～5%、斜长石5%～8%、锆石小于0.5%、金红石小于1%、磁铁矿小于1%。片状矿物与变晶石英相间聚集，平行排列，形成极发育的片状构造，沿片理面斜长石被剪切挤压呈“S”形。

**钠长透闪片岩**　浅灰色，粒状、纤状变晶结构，片状构造，颗粒0.2～0.3mm。成分：透闪石52%～55%、钠长石35%～40%、黑云母1%～2%、绢云母5%～6%、榍石小于1%、电气石小于1%、钛铁矿小于1%。钠长石经应力剪切显示微型“W”形褶皱，晚期面理置换早期面理，纤柱状矿物定向排列，构造片理极发育。

**钙质绿泥黑云母片岩**　灰色，斑状变晶结构，基质显微鳞片变晶结构，片状构造，变斑晶0.5～0.6mm，基质0.05～0.1mm。成分：黑云母33%～37%、绿泥石28%～30%、钠长石18%～20%、石英12%～15%、磁铁矿3%～4%。早期变质形成的片状矿物平行排列，在剪应力作用下形成密集的片理化带，沿劈理面黑云母、绿泥石片径较大。

**阳起片岩**　灰绿色，粒状、纤状变晶结构，片状构造，颗粒0.05～0.1mm。成分：阳起石83%左右、钠长石8%～10%、绿帘石5%～6%、石英2%～3%。早期形成的阳起石、绿帘石平行定向排列，晚期剪切作用产生应变滑劈理，构成密集的片理化带。

## 第三节　接触变质岩

仅分布于侵入岩侵入体外接触带。根据有无流体的参与分为接触变质岩和接触交代变质岩。

### 一、接触变质岩

接触变质岩主要岩石类型如下：

**斑点千枚状石英云母片岩**　灰色，显微粒状鳞片变晶结构，千枚状构造、斑点状构造，斑点0.6～1.2mm不等，基质0.05～0.1mm。成分：黑云母35%～40%、石英25%～30%、红柱石(斑点)15%～20%、白云母5%～10%、绢云母10%左右、铁质小于1%。黑云母、白云母、绢云母平行定向排列，石英等轴粒状，红柱石雏晶斑点状，晶体内包有云母、石英。接触变质形成红柱石斑点。

**变云母石英粉砂岩**　灰色，变余粉砂状结沟，残余层状构造，颗粒0.05～0.1mm。成分：石英80%左右、黑云母＋白云母(少)15%～20%、锆石几粒。热接触变质使石英呈等轴粒状，黑云母、白云母等轴鳞片状。

**角岩化变质不等粒岩屑石英杂砂岩**　深灰色，变余不等粒砂状结沟，块状构造，颗粒0.15～0.25mm、0.3～0.5mm和0.6～1mm不等。砂屑成分：石英60%左右、石英岩屑＋硅质岩屑(少)

10%左右、泥板岩屑 8%～10%、白云母小于 1%、锆石几粒，填隙物成分：黑云母＋绢云母(次) 15%～20%。热接触变质作用使黑云母成堆出现，黑云母呈红褐色。

**角岩化变质长石石英粉砂岩**　灰色，变余粉砂结构，块状构造，颗粒 0.05～0.1mm。砂屑成分：石英 60%～65%、斜长石＋钾长石(次)10%左右、白云母小于 1%、磁铁矿小于 1%、锆石几粒，填隙物成分：黑云母 15%左右、绿泥石＋绢云母(次)5%～8%。碎屑棱角—次棱角状。接触变质，填隙物重结晶成黑云母、绢云母，黑云母红褐色，斑点状聚集。

**角岩化不等粒长石石英砂岩**　灰色，不等粒砂状结沟，块状构造，颗粒 0.15～0.25mm、0.3～0.5mm、0.8～2mm 不等。砂屑成分：石英 20%～25%、斜长石＋钾长石(次)20%～25%、硅质岩屑 15%～18%、火山岩屑 2%左右、侵入岩屑 2%～3%、石英岩屑 5%～8%、锆石小于 0.5%、电气石小于 0.5%，填隙物：黑云母杂基 10%～15%、隐晶石英 3%～5%。砂屑棱角—次棱角状。热接触变质形成黑云母，发生角岩化。

### 二、接触交代变质岩

岩浆侵入围岩中，除由于温度升高引起热变之外，岩浆结晶晚期析出的挥发组分携带各种组分进入围岩，通过交代作用改变了岩石的化学成分，形成新矿物的岩石。测区接触交代变质多发生于围岩是碳酸盐岩和含碳酸盐的岩石中，形成矽卡岩和玉石矿。图幅内接触交代岩石有：

**含透辉大理岩**　浅灰白色，粗晶变晶结构，块状构造，颗粒 1～1.5mm，个别 2mm。成分：方解石 84%～86%、透辉石 12%～15%、镁橄榄石 1%左右、磁铁矿小于 1%。方解石变质重结晶，自形状，透辉石、镁橄榄石不均匀分布。

**蛇纹岩**　浅绿色，纤维状变晶结构，块状构造。成分：蛇纹石 98%左右、透闪石 2%左右。热液变质原生矿物蚀变成蛇纹石和个别透闪石，蛇纹石纤维状。

## 第四节　混合岩

图幅内混合岩出露面积小，仅出露于库地南古老侵入体围岩中和赛图拉、324 道班北一带，与变质地层渐变过渡。按混合岩化程度不同分为混合岩化变质岩和混合岩。

### 一、混合岩化岩石

**混合岩化角闪黑云斜长片麻岩**　浅灰色，鳞片粒状变晶结构，部分交代蚕蚀结构，片麻状构造，颗粒：0.3～0.6mm，少数 1mm(主要为交代形成的钾长石)。成分：斜长石 35%～38%、黑云母 15%左右、角闪石 10%～13%、石英 15%～20%、钾长石 15%～20%、褐帘石小于 0.5%、榍石小于 1%、磷灰石小于 1%、锆石小于 0.5%、磁铁矿小于 0.5%。斜长石、石英和少部分钾长石等轴粒状变晶。部分钾长石(含量 5%～8%)为原岩中的组分变质重结晶，多为条纹长石。黑云母、角闪石相间聚集，平行排列，10%～12%的微斜长石交代斜长石形成交代蚕蚀结构，即钾长石交代现象，微斜长石具格子双晶。

**混合岩化黑云斜长片麻岩**　灰色，鳞片粒状变晶结构，片麻状构造、条带状构造，颗粒：1～1.5mm。成分：斜长石 28%～30%、石英 35%～36%、黑云母 30%～35%、白云母 2%～3%、电气石小于 1%、锆石小于 0.5%。脉体为长英质，脉宽 0.3～2cm，占岩石量的 5%～10%，长英质矿物重结晶。黑云母与长英质矿物相间聚集，平行排列。

## 二、混合岩

**黑云眼球状混合片麻岩** 灰色,交代斑状、交代蚕蚀、交代重结晶结构,眼球状构造、片麻状构造,变斑晶 3～5mm,脉体 0.5～1mm,基体 0.15～0.1mm。脉体成分:钾长石 27%～32%、斜长石 10%～15%、石英 20%～25%,基体成分:斜长石 20%～25%、石英 3%～5%、黑云母 8%～10%、褐帘石小于 1%、锆石小于 0.5%、磷灰石小于 0.5%、磁铁矿小于 0.5%。黑云母鳞片呈不连续的条纹状大致相间分布。脉体含量大于 50%,交代形成斑晶为钾长石,多数呈透镜状、眼球状构造,个别眼球为长石石英集合体,平行片麻理排列。钾长石变斑晶具格子双晶,细微斜长石,交代基体形成交代蚕蚀结构。斜长石、石英脉体矿物具交代重结晶和交代反应结构。

**角闪条痕状混合片麻岩** 浅灰色,粒状变晶结构、交代结构,条痕状构造,颗粒 0.7～1.5mm。脉体成分:钾长石 35%～38%、石英 11%～13%、斜长石大于 15%,残余基体成分:角闪石大于 15%、黑云母 1%～2%、斜长石 8%～10%、石英 10%左右、磷灰石小于 0.5%、褐帘石小于 1%、锆石小于 0.5%。基体 0.15～0.3mm 不等,聚集形成条痕状构造和片麻状构造。脉体交代成因,钾长石为微斜长石,具格子双晶,偶见交代基体形成交代蚕蚀结构,斜长石交代基体形成交代残余结构,石英它形成堆出现。

**黑云条痕状混合片麻岩** 浅灰色,粒状变晶结构、交代结构,条痕状构造、片麻状构造。脉体成分:钾长石 40%～44%、石英 15%左右、斜长石 15%左右,残余基体:黑云母 8%左右、斜长石 8%～10%、石英 8%～10%、锆石小于 0.5%、磷灰石小于 0.5%。残留基体;粒径 0.15～0.6mm 不等,长聚集成斑点或条痕,不均匀分布形成条痕状构造。交代作用形成的脉体粒径 1～2mm,钾长石交代斜长石形成交代蚕蚀结构,具格子双晶。

**长英质黑云眼球状混合岩** 灰色,交代结构,眼球状构造,脉体颗粒 0.7～3mm 为主,个别 4mm,基体颗粒 0.3～0.5mm 为主。脉体成分:微斜长石 15%～20%、石英 3%左右,基体成分:斜长石 30%左右、石英 30%左右、黑云母 15%左右、钾长石 2%～3%,锆石、磷灰石几粒。变质作用形成的黑云斜长片麻岩为基体变质岩。脉体中钾长石具格子双晶,呈交代斑晶沿片麻理平行排列形成眼球状构造,钾长石交代原变质矿物形成交代斑晶、交代蚕蚀、交代蠕虫结构。

# 第五章　地质构造及构造发展史

## 第一节　大地构造位置与深部地质背景

测区位于青藏高原西北缘，占据西昆仑和喀喇昆仑中段，西邻帕米尔山结。跨塔里木板块、秦祁昆中央造山系、巴颜喀拉-北羌塘-三江造山系、冈底斯-喜马拉雅造山系四大构造单元。总的构造线方向呈北西向，西部向帕米尔聚敛，东部向东呈喇叭状撒开(图 5-1)。

图幅及邻区地壳-上地幔具有多尺度结构特点。

如果我们把居里温度(消磁)面以上磁性总体特征当作上地壳结构的反映，在图幅及邻区航磁图上可看到，大致沿阿尔金山系的若羌—于田一线可分为两大块，以东为平静的负磁区，以西是剧烈变化的正磁区(见附件地质图角图)。在正磁区中北东向磁场又被一组北西向磁场所切割，这组北西向磁场在阿塔孜一线东部为北西向强异常区。北西向磁场正好与测区昆仑-喀喇昆仑对应，它从侧面反映了昆仑与塔里木在地质成长中的关系。

从地震测深剖面资料看，塔里木上地壳 5.9～6.0km/s，中地壳上层 6.2～6.3km/s，中地壳下层 6.5～6.7km/s；西昆仑上地壳 6.0～6.1km/s，中地壳上层 6.25km/s，中地壳下层 6.6km/s，下地壳 6.7～6.9km/s，速度结构几乎没有差别，从地震测速结构看，塔里木和西昆仑关系密切。

一般来说，区域重力异常是莫氏面埋藏深度的反映。从不同时期重力异常资料看无一例外都是围绕塔里木西南边界南、东南边界(也就是现代青藏高原的地形边界)形成一条宽大急速陡变梯度带，它跨整个测区，包括西昆仑、喀喇昆仑。莫氏面埋深由塔里木铁克里克一带的50余千米迅速下降至约 70km，呈单面斜坡，比地面地形起伏幅度大了近 3 倍。

## 第二节　构造单元划分

### 一、划分依据

(1)依据板块构造理论，结合大陆造山带研究的新进展，重点反映晚前寒武世以来的板块拼接和盆山耦合过程的基本特征及规律。

(2)地层的发育状况，以及由构成地层的岩石、岩石组合，地层的相互关系等自身特点所反映的大地构造环境和地壳活动性。

(3)侵入岩的发育状况，以及侵入岩岩石、岩石化学和地球化学等自身特点所反映的构造环境和地壳活动性。

(4)地层、岩体的变质变形程度，性质和时代、层次等特征以及成矿性特征。

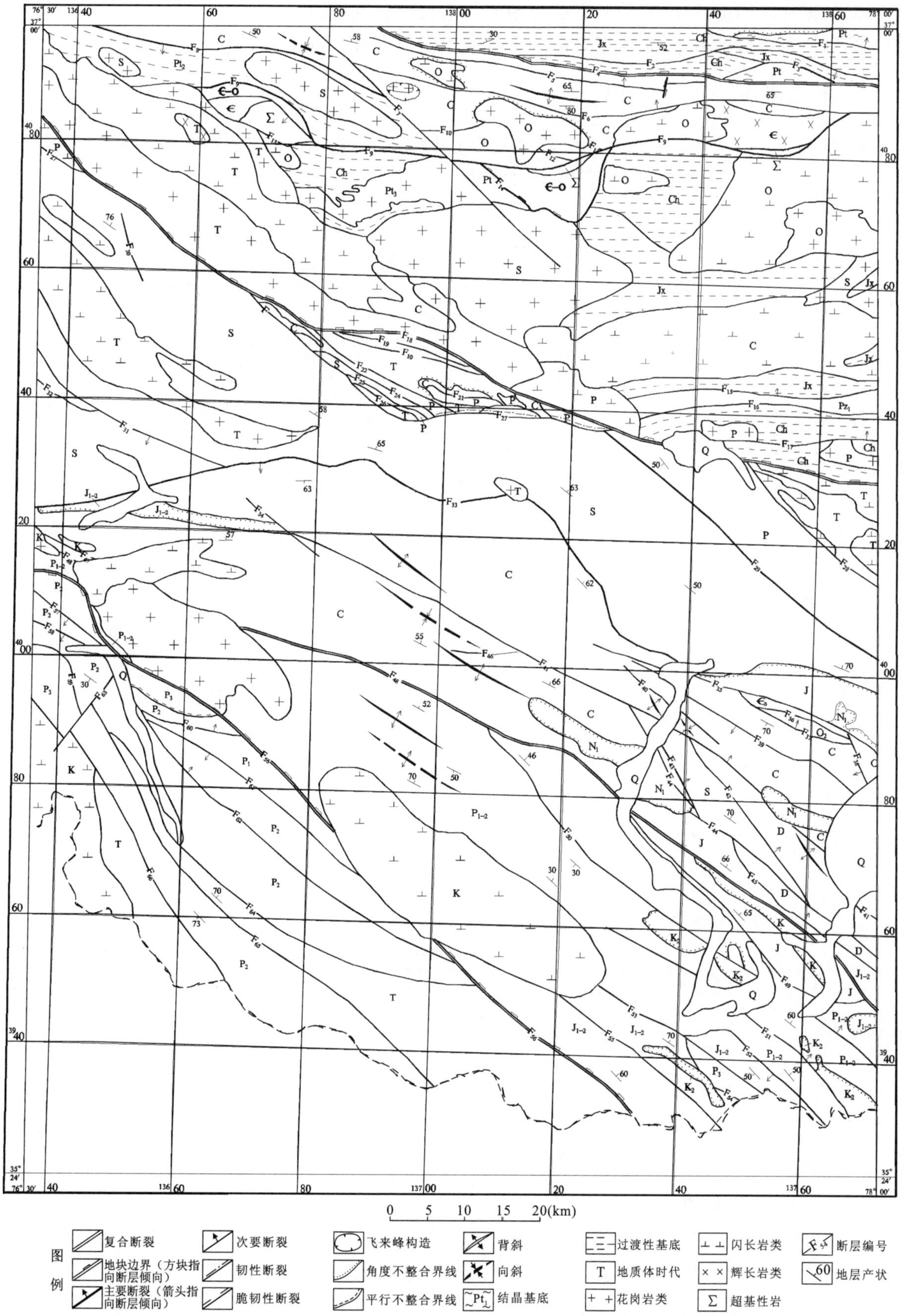
0 5 10 15 20(km)
图例
复合断裂
地块边界（方块指向断层倾向）
主要断裂（箭头指向断层倾向）
次要断裂
韧性断裂
脆韧性断裂
飞来峰构造
角度不整合界线
平行不整合界线
背斜
向斜
结晶基底
过渡性基底
地质体时代
花岗岩类
闪长岩类
辉长岩类
超基性岩
断层编号
地层产状

图 5-1　构造纲要图

(5)依据板块构造学说,充分考虑区域地质构造格架和人们的习惯。

(6)以主期构造为骨干,对主期之前的构造和以后的主要构造给予尽可能地反映。

## 二、单元划分

根据以上6条,工作区构造单元可划分为6个Ⅰ级、4个Ⅱ级、8个Ⅲ级,测区构造单元划分见图5-2和表5-1。构造单元的命名力求能最突出地反映其基本特征和性质。

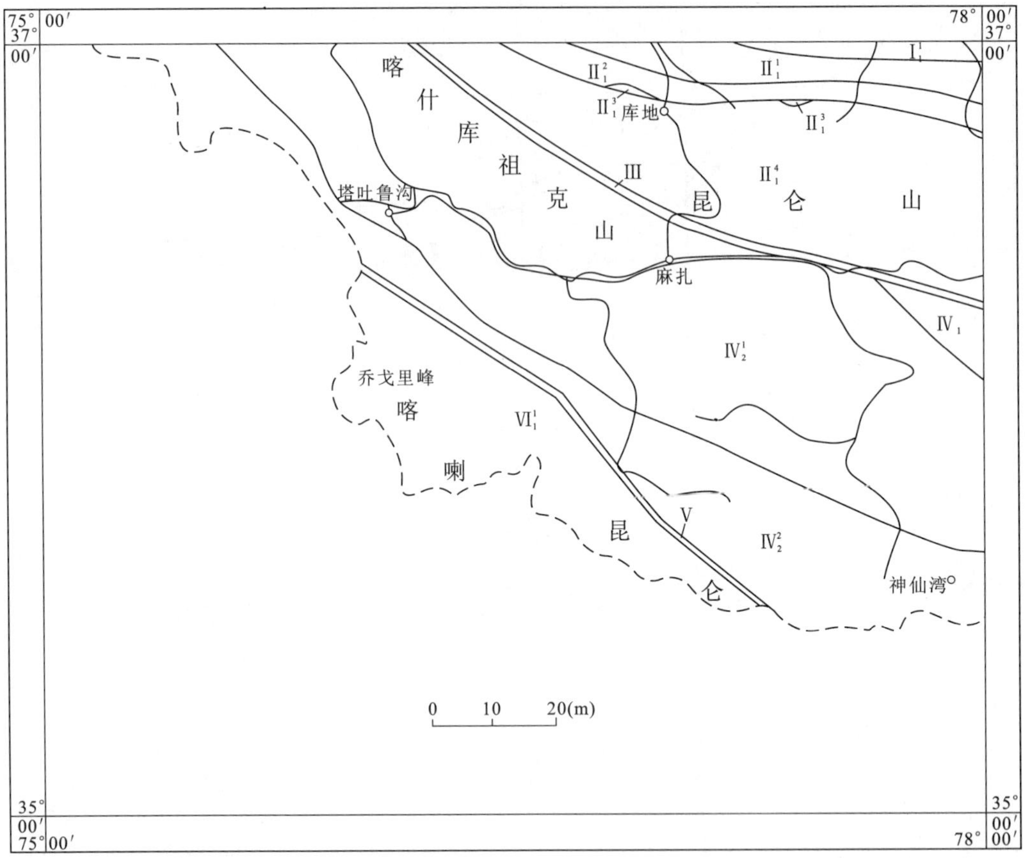


图5-2　全测区构造单元划分图

**表5-1　麻扎幅、神仙湾幅构造单元划分简表**

<table>
<tr><td rowspan="9">特提斯北域</td><td colspan="2">北山-塔里木板块Ⅰ</td><td>铁克里克断隆Ⅰ$_1^1$</td></tr>
<tr><td rowspan="4">秦祁昆中央造山带Ⅱ</td><td rowspan="4">西昆仑造山带Ⅱ$_1$</td><td>库尔良裂陷冲褶带Ⅱ$_1^1$</td></tr>
<tr><td>西昆仑北残余岩浆弧Ⅱ$_1^2$</td></tr>
<tr><td>库地-其曼于特蛇绿构造混杂岩带Ⅱ$_1^3$</td></tr>
<tr><td>西昆仑南古隆起复合岩浆弧Ⅱ$_1^4$</td></tr>
<tr><td colspan="3">麻扎-康西瓦-苏巴什-木孜塔格多重缝合混杂岩带Ⅲ</td></tr>
<tr><td rowspan="3">巴颜喀拉-北羌塘-三江造山带Ⅳ</td><td colspan="2">大红柳滩-巴颜喀拉边缘裂陷造山带Ⅳ$_1$</td></tr>
<tr><td rowspan="2">喀喇昆仑-甜水海-昌都陆块Ⅳ$_2$</td><td>甜水海微陆块Ⅳ$_2^1$</td></tr>
<tr><td>喀喇昆仑边缘构造带Ⅳ$_2^2$</td></tr>
<tr><td colspan="4">乔戈里-空喀山口-龙木错-双湖-澜沧江缝合带Ⅴ</td></tr>
<tr><td>特提斯南域</td><td>冈底斯-喜马拉雅造山系Ⅵ</td><td>藏滇中间陆块Ⅵ$_1$</td><td>南羌塘唐古拉微陆块Ⅵ$_1^1$</td></tr>
</table>

### 三、构造单元简介

塔里木板块与西昆仑造山带的前长城纪结晶基底并无太大的区别，中、新元古代过渡基底差异较大，长城纪和蓟县纪时塔里木板块已逐步趋于稳定，昆仑造山带仍显示了较大的活动性。震旦纪以后，塔里木板块一直为相对稳定的大陆板块，而昆仑造山带却裂解成为秦祁昆中央造山系的一员。三叠纪以来受特提斯强烈改造，至今仍强烈活动。康西瓦-苏巴什-木孜塔格多重结合带为亲塔里木陆块群与亲扬子陆块群的分界线，也是秦祁昆中央造山系与巴颜喀拉-北羌塘-三江造山系的分界线，包含了从新元古代到三叠纪不同性质的洋、海演化历史。空喀山口-乔戈里峰结合带是晚古生代发育起来的洋消失后的洋残留，它是分隔亲扬子陆块群与亲冈瓦纳陆块群的重要界线。南部的南羌塘陆块基底出露零星，晚古生代的沉积和生物组合类似于冈瓦纳大陆。

塔里木板块中、新生代以来周缘隆起带盆地为铁克里克断隆。

考虑到昆北陆块、昆南陆块与塔里木板块的亲缘性以及库地蛇绿构造混杂岩的小洋盆性质，故将三者一并作为昆仑早古生代造山带。其中昆北地块为塔里木板块的南部边缘(南华纪以后卷入昆仑造山带)，为保持与前人构造单元划分的一致性，故将其作为昆仑早古生代造山带的一部分。库地蛇绿混杂岩带为震旦纪开始形成、志留纪消失的一个有限洋盆的残留体。昆南地块主体是早古生代的增生杂岩带。库尔良裂陷冲褶带基底为昆北地块，石炭纪裂解中二叠世褶皱。甜水海微陆块、喀喇昆仑边缘褶皱带属于喀喇昆仑-甜水海-昌都陆块的成员，它和巴颜喀拉-松潘甘孜边缘裂陷造山带同属于巴颜喀拉-北羌塘-三江造山系不同等级成分。巴颜喀拉-松潘甘孜-甘孜边缘裂陷造山带为甜水海微陆块与昆仑陆块之间的深水盆地，晚三叠世褶皱成陆。甜水海陆块具有微陆块性质，前寒武纪基底类似于塔里木，早古生代以后的沉积类似于扬子，中晚三叠世与南北盆地一起褶皱成陆。喀喇昆仑褶皱带早中二叠世为甜水海陆块南部的活动边缘，晚二叠世、早中三叠世为残留海(洋)，晚三叠世与北部两个构造单元一起褶皱成陆。

整个研究区总体上代表了一个大洋在消减过程中的增生边缘，该大洋从原特提斯、古特提斯、特提斯既有继承性，又有突变性长期演化，而它的多岛洋(陆壳性质和洋岛性质)特点比较完整地记录了这种复杂演化，清楚地具有自北而南的方向性。多岛洋特点也就决定了造山带内部的蛇绿岩不可能代表一个完整、巨大的大洋板块。测区连为一体整体运动是在早中生代，早中生代的构造体制对前期构造有显著的破坏，但早期构造的格局仍可识别。

## 第三节　不同时期主要构造单元变形特征

### 一、前南华纪基底构造变形

#### (一)古元古代结晶基底变形特征

图区结晶基底仅出露于塔里木南缘铁克里克断隆，组成结晶基地的埃连卡特岩群零星出露于图区北侧，该地层单元变形强烈，变质达低角闪岩相-高角闪岩相，其上被长城系塞拉加兹塔格群角度不整合覆盖。保留在该套地层中的构造根据其相互叠加关系可识别出两期变形作用。

早期变形形迹由于强烈置换作用而很少保存，主要表现为强烈的面理置换作用，使矿物定向排列，形成微片理($S_1$)，彻底置换了原始的沉积层理，使沉积岩向变质岩转变。该期变形是在深部构造层次剪切流变作用下，形成的透入性微片理构造(图版Ⅳ-7)。

第二期变形主要表现为以微片理($S_1$)或脉体为变形面的紧闭同斜褶皱、无根褶皱、肠状褶皱或顺层掩卧褶皱，并伴有不同程度的面理置换，具有顺层韧性剪切变形特征，由于后强烈的构造置换，褶皱形迹保存很少。该期变形是在深部构造层次剪切流变褶皱作用下，以片理、微片麻理($S_1$)为变形面形成的紧闭同斜褶皱，并伴有深熔长英质条带(混合岩化脉体)产出。伴随该期变形也发育比较强烈的构造置换而产出区域片理、微片麻理。

根据区域片麻理的发育特征，基底中二期变形均属于深部构造层次，其主导变形机制是流动变形。肖序常在克里阳一带赫罗斯坦岩群中古老变质侵入体中获得(2 977±140)Ma 的岩浆结晶年龄和(2 067±130)Ma 的变质年龄，后者可能代表了大体同时的变形时代。

## (二)中新元古代过渡基底构造变形特征

图区过渡性基底出露于塔里木板块、西昆仑北带以及西昆仑南带 3 个构造单元，不同构造单元所处的构造位置不同，变质程度、变形层次、样式不同，变形的序列也难以对比。下面分别描述 3 个不同构造单元过渡基底构造变形特征。

### 1. 塔里木板块过渡基底构造

塔里木南缘过渡型基底由长城纪的塞拉加兹塔格岩群、蓟县纪的博查特塔格组组成。二者低绿片岩相变质测区北部可见塞拉加兹塔格岩群与古元古代侵入体角度不整合接触，说明由长城系、蓟县系组成的过渡基底与古元古代的地层具有很大的区别。但它与博查特塔格组平行不整合，二者同属低绿片岩相变质，反映塔里木南缘在长城纪以后没有卷入造山带，而是经历了长时间的稳定发展阶段，才出现了变形。依据浅变质地层内部微片理发育情况、变形特征，结合岩相学的资料以及矿物的穿插关系，该期变形在不同地层单元、不同岩性的构造变形特征迥然。塞拉加兹塔格岩群主要表现为内部的微片理化($S_1$)，微观上以黑云母、白云母、绢云母等片状矿物相间聚集形成平行相间排列的透入性微片理构造($S_1$)为特征，早期的碎屑沉积、火山沉积构造几乎被完全置换，只在局部地方保留有溢流相火山岩的结构。博查特塔格组主要以显示顺层韧性剪切变形为特征，强变形带与弱变形域相间产出。强变形带内粉砂岩与灰岩夹(互)层状产出时，粉砂岩强烈片理化，而灰岩则形成构造透镜体、石香肠以及无根钩状褶皱；以灰岩为主的岩石常常形成同斜紧闭褶皱，以及条纹条带状构造(强烈剪切变形后经重结晶作用形成)。弱变形域中，在灰岩与砾岩中均发育有大型同斜褶皱，其褶皱形态比较开阔，规模较大，一般宽约 200～300m，轴面直立—向南陡倾，两翼厚度与转折端厚度差异不大，两翼近似对称，轴面劈理不发育。从褶皱样式以及同变质矿物组合判断，该期构造具有中—中浅构造层次的变形特征。

### 2. 西昆仑北带过渡基底构造

西昆仑北带过渡基底由中元古代变质地层组成。区域上，包括两套岩性组合，下部岩段以斜长角闪片岩、黑云斜长片麻岩、黑云斜长片岩、红柱石黑云石英片岩、石英片岩、二云石英片岩、斜长石英岩、磁铁石英岩夹大理岩；上部岩段为大理岩、滑石大理岩、透闪石大理岩。总体具高绿片岩相-低角闪岩相变质矿物组合特征，变形较强烈，原岩为碎屑岩—碳酸盐岩夹中基性火山岩建造。

测区内主要由黑云斜长石英片岩、二云石英片岩夹少量层状、透镜状大理岩组成，呈构造岩片夹持在晚古生代一些克沟火山岩与库地蛇绿构造混杂岩带之间，由于后期构造作用以及岩浆侵蚀，其总体构造面貌不全，从其片理发育情况、变形特征，结合岩相学的资料以及矿物的穿插关系，可识别出二期构造。

早期变形形迹由于强烈置换作用而很少保存，主要表现为强烈的面理置换作用，使矿物定向排列，形成微片理($S_1$)，彻底置换了原始的沉积层理，使沉积岩向变质岩转变。伴随透入性片理的形成，平行片理发育断续条带状长英质脉体，反映该期变形是在深部构造层次剪切流变作用下形成的透入性微片理构造并伴有深熔作用。

第二期变形以强变形带与弱变形域相间为特征。在西合休以南可识别出两个强变形带和3个弱变形域，强变形带一般宽度50～200m，带内石英细脉发育而且平行片理产出，石英细脉与片理发生强烈的顺层剪切作用，形成旋转碎斑系、无根钩状褶皱（图5-3）、鞘褶皱等；弱变形域内主要表现为以微片理（$S_1$）或脉体为变形面的紧闭同斜褶皱、无根褶皱、肠状褶皱或顺层掩卧褶皱（图版Ⅱ-4），并伴有不同程度的面理置换，具有顺层韧性剪切变形特征。由于后强烈的构造置换，褶皱形迹保存很少。该期变形是在深部构造层次剪切流变褶皱作用下，以片理、微片麻理（$S_1$）为变形面形成的紧闭同斜褶皱，并伴有深熔长英质条带（混合岩化脉体）产出。伴随该期变形也发育比较强烈的构造置换而产出区域片理、微片麻理。总体显示中深层次以压扁和剪切为主导变形机制的特点。

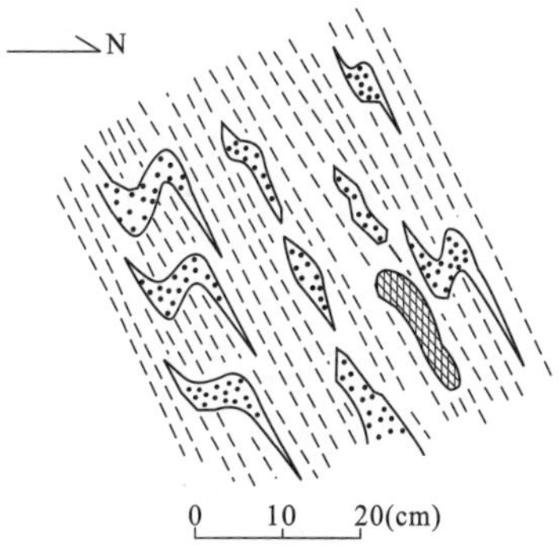

图5-3 昆北过渡基底强变形带露头素描

因此，西昆仑北带无论是原岩建造、变质程度，还是变形样式均与塔里木板块过渡基底有着显著的区别。

### 3. 西昆仑南带过渡基底构造

西昆仑南带过渡基底由长城纪的赛图拉岩群以及蓟县纪的桑珠塔格岩群组成。其变质程度、变形样式与西昆仑北带褶皱基底具有相似性。总体构造特征是变形强烈，地层多呈构造岩片状，其内部面理置换彻底，韧性剪切带发育。

依据变质地层内部残留的变形特征，结合岩相学的资料，根据矿物的穿插关系，可见有两期变质形成的不同世代矿物组合，综合变形样式特征分析，可初步划分为3个序次，即主造山期前、主造山期和主造山期后变形。变形具有中深层次的特征。

1）主造山期前变形（$D_1$）

过渡基底中早期变形形迹由于强烈置换作用而很少保存，主要表现为强烈的面理置换作用，使矿物定向排列，形成微片麻理（$S_1$）。导致古老侵入岩由块状向片麻状构造转变，岩石由沉积岩向变质岩开始转变。该期变形是在深部构造层次剪切流变作用下，形成的透入性微片麻理构造。

2）主造山期变形（$D_2$）

第二期变形主要表现为以微片麻理（$S_1$）为变形面的紧闭同斜褶皱、无根褶皱、肠状褶皱（图版Ⅱ-1至图版Ⅱ-3）或顺层掩卧褶皱（图5-4），并伴有不同程度的面理置换，具有顺层韧性剪切变形特征，使早期形成的基性岩脉卷入，超镁铁质岩石发生透镜化（图5-5），分异的长英质脉体形成无根褶皱和旋转碎斑，古老侵入体之间以及侵入体与副变质地层之间的接触面更加复杂，形成似层状构造。由于后期强烈的构造置换，褶皱形迹保存很少。该期变形是在深部构造层次剪切流变褶皱作用下，以微片麻理（$S_1$）为变形面形成的紧闭同斜褶皱，并伴有深熔长英质条带（混合岩化脉体）产出。伴随该期变形也发育比较强烈的构造置换而产出区域片麻理（$S_2$）。

3）主造山期后变形（$D_3$）

第三期变形主要表现为以片麻理（$S_2$）为变形面形成规模较大的褶皱构造，褶皱宽度一般大于300m，褶皱轴面近于直立，两翼基本对称，转折端形态比较复杂，两翼和转折端厚度相近，轴面劈理不发育。局部地方，早期片麻理与绢云母等新生矿物形成的露头尺度非透入性新生面理形成S-C组构（图5-6）。该期变形属于中部构造层次的变形产物。

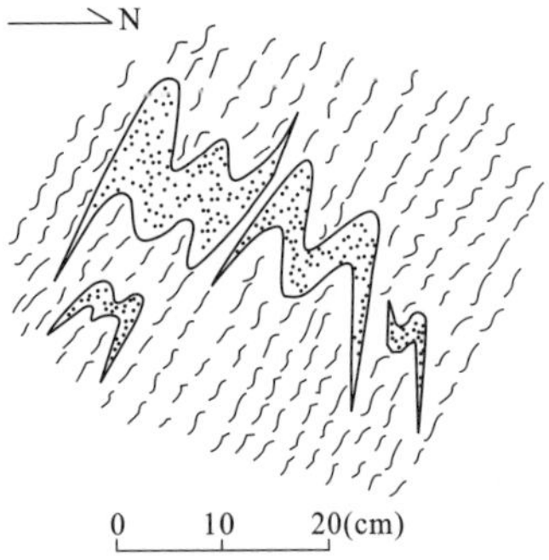


图 5-4　昆南过渡基底片麻岩中“M”形褶皱

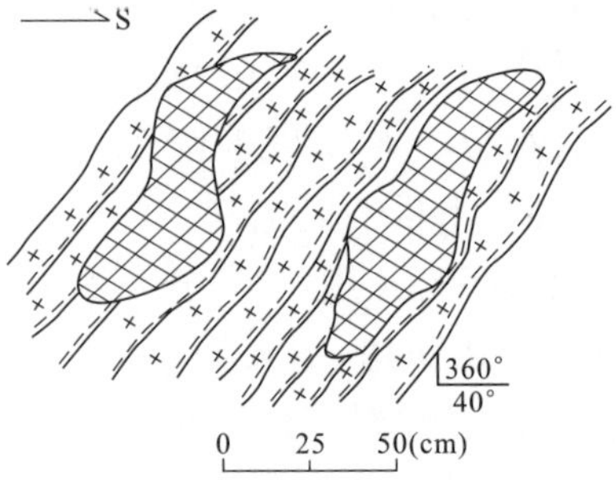


图 5-5　昆南过渡基底片麻岩中基性岩透镜体

## 二、南华纪至早古生代原特提斯构造变形

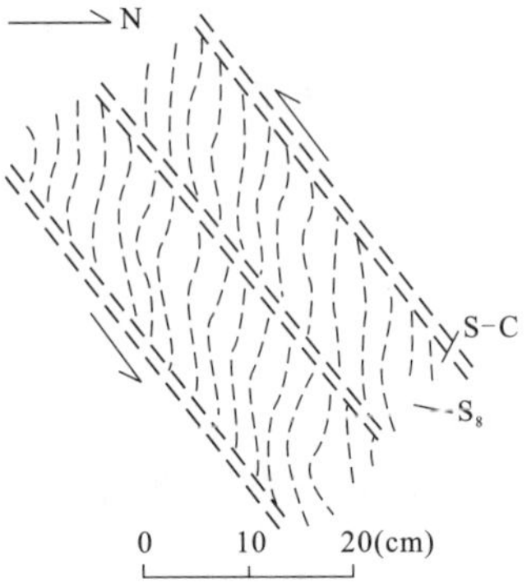


图 5-6　昆南带长城系地层中的 S-C 组构

原特提斯构造层由库地蛇绿岩、西合休岩组和玛列兹肯群(与库地蛇绿岩紧密共生)、西昆仑南带的早古生代火山沉积变质体以及麻扎-康西瓦断裂带以南的温泉沟群组成。图区北部较多地保留了原特提斯洋演化有关的构造,但只是晚期阶段与库地-其曼于特小洋盆俯冲、消减乃至昆北和昆南地块发生碰撞作用所形成的挤压、走滑机制下的构造系统,早期发育的伸展构造除在基底地层中侵入的已绿片岩相变质的基性岩脉外,其他构造形迹已无法辨认。原特提斯构造属中层次,在不同性质的岩片之间构造变形以断裂为主,韧性剪切带、糜棱岩带常宽达十余米至数十余米,构造面复杂,不同部位产状变化大,但总体具有北部边界向南倾,南部向北倾的特点,走向与现在昆仑山脉平行,构造变形形迹有旋转碎斑、S-C 构造、极其细密的构造分异条纹条带,以及这些条纹条带的进一步褶皱、错断和分泌细脉的进一步剪切、断裂和旋转等,多反映构造运动为向北倾的逆冲性质;在乌鲁吾斯塘上游较大的岩片内部褶皱构造比较发育,常以微片理面为褶皱面形成比较宽缓的、规模较大的褶皱构造,褶皱宽度一般大于 500m,褶皱轴面近于直立,两翼基本对称,转折端形态比较复杂,两翼和转折端厚度相近,轴面劈理不发育。在剖面上形成上宽下窄的楔状构造,平面上则为不同级别的岩片构造斜向拼接,这种岩片叠置构造是以库地蛇绿混杂岩带为中心,形成宽度在50m～10km不等的强剪切变形带。所有卷入的地质体均被强烈改造、置换,产生与糜棱岩带近于一致的区域性构造面理,糜棱面上可见与其走向近于垂直的矿物生长线理。

### (一)库地蛇绿混杂岩带

库地蛇绿混杂岩带(见第三章第三节)北为 $F_9$ 韧性断裂,南为 $F_{13}$-$F_{14}$ 韧性断层所限,总体呈构造透镜状近东西向延伸。在库地北、乌鲁吾斯塘上游宽度接近 10km,由一组不同级别相组合的网状韧性断裂系统围限,将不同单元的蛇绿岩和混入岩块分隔成片状、透镜状碎块,已不存在连续完整的蛇绿岩剖面(图 5-7),除不孜完沟的变质橄榄岩、堆晶岩外,其他单元的蛇绿岩块体均已不同程度的糜棱岩化。窄处不足 50m,表现为强韧性剪切变形带,发育旋转碎斑、S-C 构造、极其细密的构造分异条纹条带等(图版Ⅴ-1)。在乌鲁吾斯塘上游与蛇绿岩紧密共生的出露面积较大的西合休岩组阳起石片岩中,先期形成微片理,而后发生面理置换,形成应变滑劈理和显微褶皱等,最后,以片理面发生褶皱形成比较宽缓、规模较大的褶皱构造(图 5-8)。在零星存在的早古生代玛列兹肯群中,原生的层理构造近南北走向,与强烈变形带的构造面理大角度相交,呈弱的变形域残存在构造混杂岩带中。

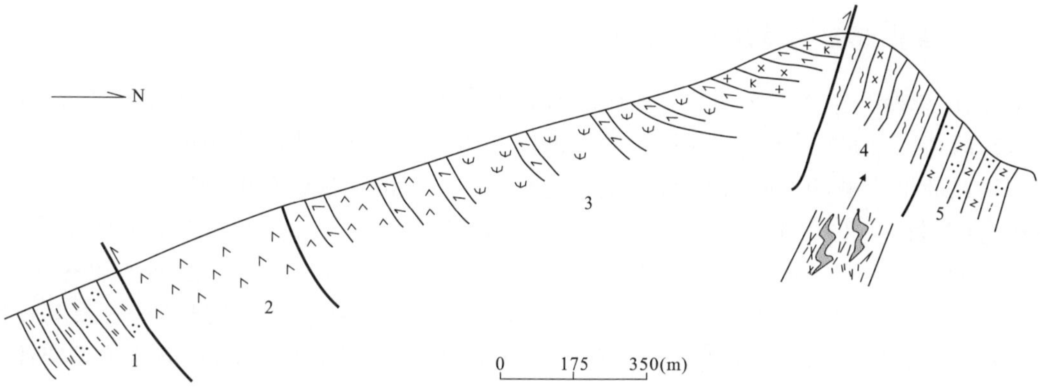


图 5－7　库地蛇绿构造混杂岩构造剖面图

1.二云石英片岩；2.变质橄榄岩；3.堆晶岩；4.片理化玄武岩；5.斜长黑云石英片岩

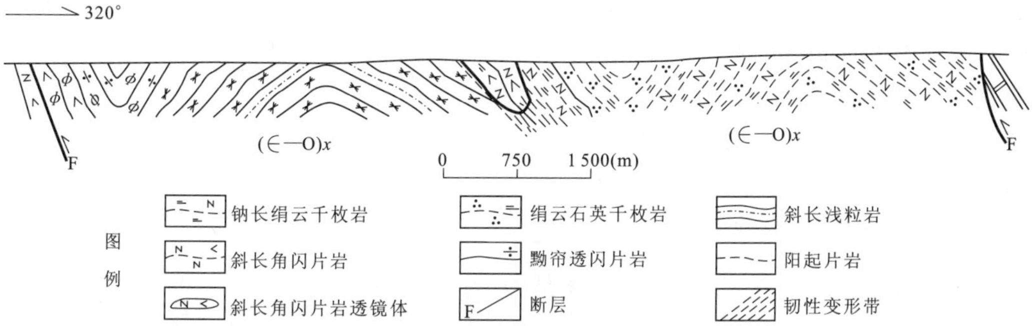


图 5－8　新疆叶城县乌鲁吾斯塘河上游西合休岩组褶皱构造剖面图

库地北黑云石英片岩中的单矿物黑云母、角闪石（同构造）$^{40}Ar-^{39}Ar$ 同位素坪年龄和等时线主要显示 440～403Ma，反映该期构造形成于早古生代晚期。

## （二）早古生代火山-沉积变质地层

在西昆仑南带南部边缘具有岛弧性质的早古生代火山-沉积变质体位于蓟县系和长城系变质地层之间，与南（$F_{16}$）、北（$F_{15}$）均为断层接触，内部构造并不复杂（图 5－9），主要是一组稳定向北倾斜的片理和局部糜棱面理，二者产状相同。由于其原岩沉积结构不发育以及变质变形作用，原始的沉积层序不清楚。

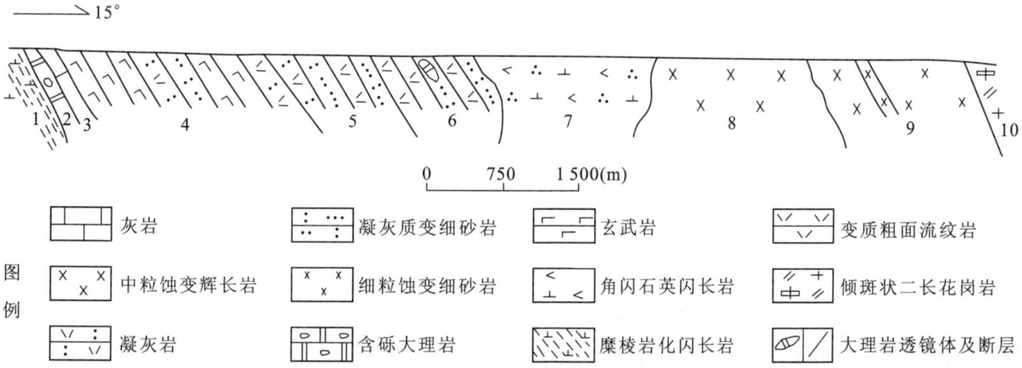


图 5－9　新疆皮山县赛图拉-无依别克早古生代构造剖面图

### (三)早古生代沉积变质地层

位于麻扎-康西瓦构造带南侧的志留纪温泉沟群是喀喇昆仑区唯一保留早古生代原特提斯期构造变形的载体，与南侧石炭系地层以低角度断层接触($F_{33}$)，与北侧麻扎构造混杂岩带、二叠系黄羊岭群分别以断层接触($F_{18}$、$F_{27}$、$F_{29}$)，总体北北西向展布。由于该岩石单位岩性单一，常形成密集的板理构造(图版Ⅴ-2)，因此不易识别不同期次的构造叠加现象。从野外露头的观察看，可发现两种不同环境中的变形遗迹。其一是麻扎达坂南侧的温泉沟群C组中，以层间剪切褶皱为主，形成不对称的小型等厚褶皱(图版Ⅴ-3)，指示上层(南)的相对上冲作用。褶皱的样式及其伴生的层间劈理构造不发育等特点显示为弯曲滑动的主导变形机制，为中构造层次，可能属于早期伸展作用的产物。其二是麻扎达拉沟的面理置换构造(图5-10)，其原始层理构造总体形成轴向近东西向的紧闭褶皱构造，褶皱规模不大，一般小于40m，其轴面劈理构造异常发育，形成正、反扇形相间的密集劈理置换原始的层理构造。该构造显然为挤压环境中纵弯褶皱变形的产物，该处的劈理构造虽然发育，但从总体特征来看，仅体现于应变局部化带，应为中浅构造层次变形。

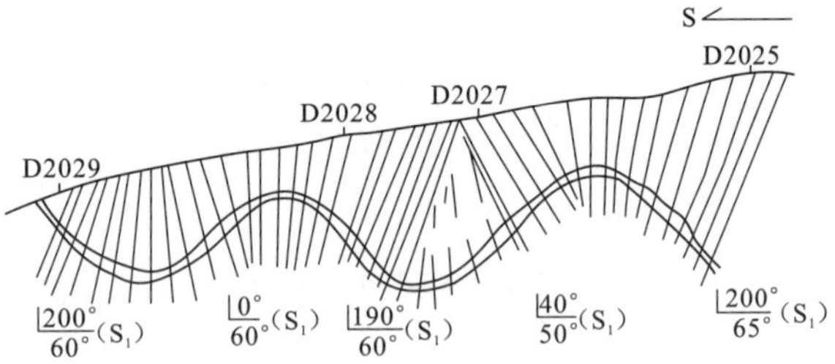

图5-10　温泉沟群褶皱构造素描图

## 三、晚古生代至三叠纪古特提斯-特提斯构造变形

晚古生代到早中生代的古特提斯-特提斯洋演化是喀喇昆仑区地质的主期构造，该期构造奠定了喀喇昆仑的基本地质、构造面貌。此外，该期构造广泛影响到康西瓦带北部的西昆仑区以及更北部的塔里木地区，该期构造早期的伸展格局主要由在西昆仑地区深水盆地与浅水台地相间的沉积古地理格局所间接体现，同时期的伸展构造形迹则很少保留。而广泛发育晚期的挤压背景下的构造系统，属中浅层次，除局部地段外，均为韧脆性变形。变形特点在不同构造单元、不同构造部位构造样式，构造面倾向有所不同，总体是断裂与褶皱构造同等发育，构造面主要是片理和糜棱面理。

### (一)库尔良晚古生代褶皱带

本构造带出露的地质体有石炭系的他龙群、库尔良群、依莎克群火山岩以及呈构造窗或飞来峰形式存在的早古生代侵入体、蓟县系地层残片等，分别以$F_4$和$F_8$、$F_{10}$与铁克里克断隆与西昆仑北带前震旦纪变质地层断层接触，呈狭长带状近东西向延伸。该带构造以断裂构造与褶皱构造同等发育为特征，在东部乌鲁吾斯塘变形形式主要是向南倾的褶皱冲断构造。褶皱主要为原生层理形成的$C_{1k}$、$C_{1t}$复杂等厚褶皱(图5-11)，褶皱轴面劈理不发育，反映中部构造层次的变形特征。断裂由于多为晚期断裂所追踪改造，以脆性为主，产状多向南陡倾，现在表现为以逆冲为主兼具走滑，主要断裂有$F_4$、$F_5$、$F_6$、$F_8$等，另外$F_{10}$、$F_{11}$也是该期构造的产物。在西部哈拉斯坦河以西西合休一带则主要为依莎克群火山岩形成向斜褶皱构造。

### (二)麻扎-康西瓦构造混杂岩带

麻扎-康西瓦构造混杂岩带由晚古生代的岛弧岩浆杂岩、与弧关系密切的沉积建造以及构造混入其中的异地晚三叠世沉积、变质体组成，各岩石组合之间均以不同层次的断裂相接触，从北向南依次为$F_{18}$(北部边界)、$F_{19}$—$F_{26}$和$F_{27}$(南部边界)。从伸展期的辉绿岩墙群，到俯冲期的岩浆杂岩，石炭纪、二叠纪的灰岩岩块以及与弧相关的火山-沉积，系统展现了该区从晚古生代早期

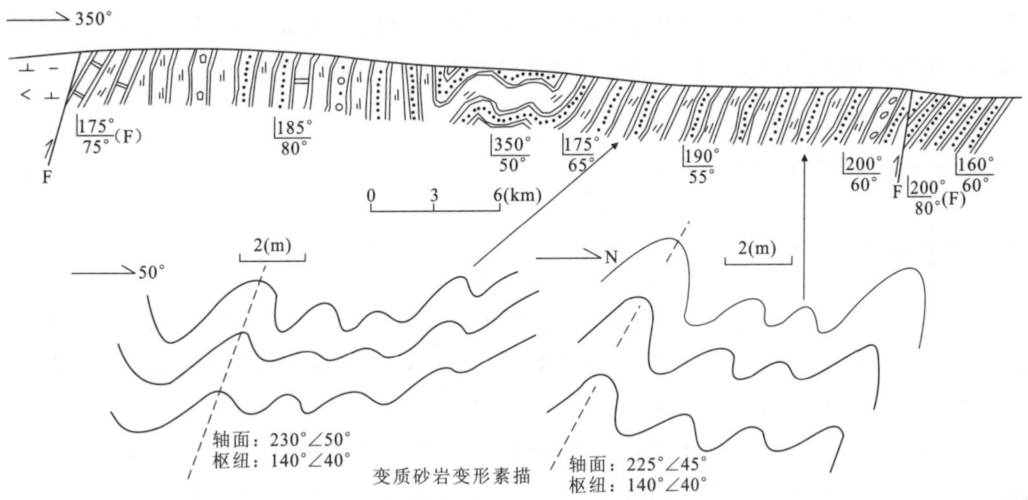


图 5－11　库尔良晚古生代构造剖面图

的裂解环境到早三叠世的俯冲过程。根据岩石组合及变形、变质特征可进一步分为以下两个三级构造单元。

**1. 晚古生代岛弧火山-沉积建造体**

由大小不等的 8 个块体组成，其岩石组成特征详见本书第三章第四节。总体呈透镜状沿麻扎-康西瓦构造带断续延伸。由于康西瓦构造带被晚期不同时期的脆性、脆韧性断裂构造所追踪和改造(图 5－12)，早期的构造痕迹保留较少。而且残留的构造多为断续延伸的韧性剪切带，保留在新藏公路 273km 北侧沟内的韧性剪切带宽 130m，糜棱面理向南陡倾，其中 S－C 组构、旋转碎斑系发育，指示早期构造为以逆冲运动。除此之外，在同一块体内部，不同岩石之间宽度小于 5m 的剪切变形构造广泛发育(图版Ⅴ－4)，指示在早期拼合过程中的变形遗迹。该期变形主要发育于不同岩石单元之间，而同一岩石单元内部的变形较弱。

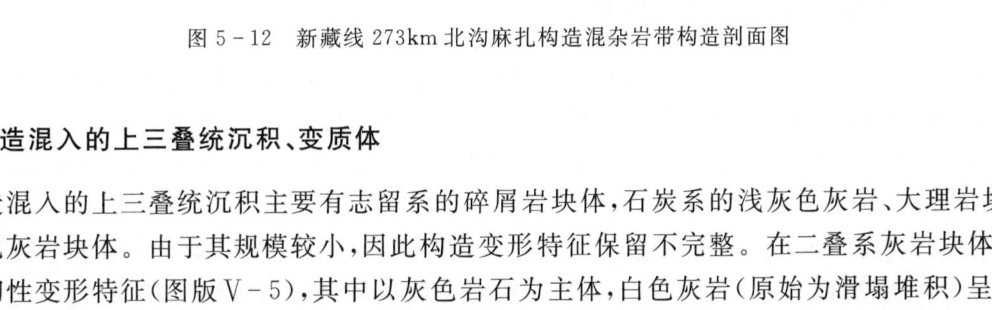


图 5－12　新藏线 273km 北沟麻扎构造混杂岩带构造剖面图

**2. 构造混入的上三叠统沉积、变质体**

构造混入的上三叠统沉积主要有志留系的碎屑岩块体，石炭系的浅灰色灰岩、大理岩块体，二叠系灰色灰岩块体。由于其规模较小，因此构造变形特征保留不完整。在二叠系灰岩块体中见有早期的韧性变形特征(图版Ⅴ－5)，其中以灰色岩石为主体，白色灰岩(原始为滑塌堆积)呈砾状客体均匀分布于主体之中，白色灰岩砾石大者直径 7～10cm，小者不足 1cm，均发生韧脆性的拉长和微破裂作用，长轴定向斜列或形成书斜构造，显示剪切成因。石炭纪的灰白色灰岩块体很小，而且晚期脆性断裂作用，早期的构造形迹没有保留。志留纪的碎屑岩内部构造并不复杂，主要是一组稳定向南倾斜的片理和局部糜棱面理，二者产状相同。由于其原岩沉积结构不发育以及变质变形作用，原始的沉积层序不清楚。

### （三）晚古生代—早中生代造山带

#### 1. 巴颜喀拉印支期褶皱带

北侧为麻扎-康西瓦断裂带（$F_{18}$），南侧为大红柳滩断裂（$F_{19}$），呈三角形尖灭于测区东部赛图拉以南，主要由二叠系黄羊岭群和三叠系巴颜喀拉山群组成，二者同以断层（$F_{28}$）接触（没有见到基底）。该褶皱带向东接巴颜喀拉褶皱带。

研究区由于出露面积小，总体构造面貌不清楚。组成该构造单元的主体巴颜喀拉山群与黄羊岭群低绿片岩相变质，同变质过程形成了透入性区域轴面劈理和脆韧性剪切带，对 $S_0$ 发生较强烈的置换改造，但多数地区二者在野外均能区别。从残留的小尺度的顺层紧闭褶皱和较为广泛的板劈理构造发育特征分析，该期构造的形成环境属于中部构造层次。

#### 2. 甜水海地块

北侧为大红柳滩断裂（$F_{29}$）、麻扎-康西瓦混杂岩带南缘断裂（$F_{27}$）、北缘断裂（$F_{28}$），南侧为喀喇昆仑断裂（$F_{48}$），北西向延伸，向东在黑石北湖一带尖灭。区域上结晶基底为古元古代中深变质杂岩，缺失蓟县系—震旦系沉积。盖层：下寒武统以细碎屑岩为主，上寒武统—中奥陶统以碳酸盐和碎屑岩建造为主，缺失上奥陶统；志留系为浅海碎屑岩、碳酸盐岩建造；中上泥盆统不整合覆盖其上，为碳酸盐岩，向上为砂砾岩、砂岩夹煤线；石炭纪早期为稳定沉积的碳酸盐岩建造，晚期夹有火山岩和火山碎屑岩；二叠系沉积差异明显。测区内该单元未见三叠系沉积。

其晚古生代到早中生代构造层主要由石炭系地层组成，零星见有中上泥盆统沉积。虽然该构造单元与南北两侧的巴颜喀拉褶皱带和喀喇昆仑褶皱带一同经历了晚古生代—早中生代的构造变形，但是由于所处的构造位置不同，其变形特征差异明显。主要差异是，基本没有经历变质作用，变形作用与两侧相比明显弱。

该区的构造以褶皱构造为主，断裂构造由于晚期的脆性断裂所改造而不易识别。褶皱主要为轴面近直立的宽缓等厚褶皱，其两翼对称，轴面劈理不发育。褶皱宽度一般在 500～800m，长度3～5km。背、向斜平行间列。显示近南北向的挤压主应力方向，同时反映其为中浅层次的变形环境。

该单元中一条主要的断裂为 $F_{33}$ 断裂，总体北西西向蛇状延伸，断裂总体南倾，倾角变化很大。其上下盘地层具有迥异的变质、变形特征，下盘温泉沟群发生绿片岩相变质，上盘基本未变质。早期具拆离性质，晚期为逆冲性质。

#### 3. 喀喇昆仑晚古生代-印支期褶皱带

北侧为喀喇昆仑断裂，南侧以乔戈里峰-空喀山口结合带与南羌塘陆块断层接触，为一向西收敛向东撒开的楔状，北西向延伸。图区主体由二叠系的神仙湾群深水沉积岩石组成，在东侧邻区大量发育三叠系的深水沉积建造，二者均发生低绿片岩相变质。从构造变形的样式分析，可识别出两期构造形迹（图 5－13）。

早期的构造仅仅保留在以下方面：面理置换作用不强的细碎屑岩中，以原生面理为变形面的层间顶厚褶皱；在碎屑岩夹灰岩的岩石中，灰岩形成复杂的层间流动褶皱构造；碎屑岩中的薄层硅质岩为标志层形成鞘褶皱。以上可能是在早期伸展体制下中部构造层次的产物。

晚期构造显然是收缩体制下的挤压变形，以发育透入性区域轴面劈理和脆韧性剪切带为特征，

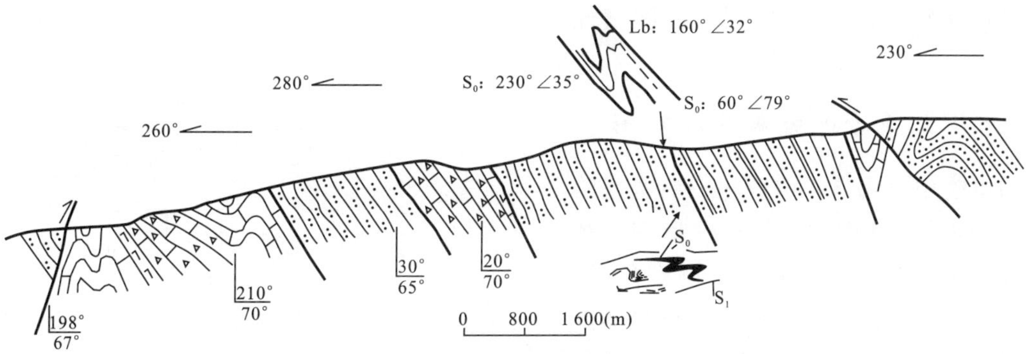


图 5－13 叶尔羌河上游神仙湾群印支期构造

对 $S_0$ 发生较强烈的置换改造，但多数地区二者在野外仍然能够区别。此外，不同力学性质的岩石变形特征差异较大。强变形带中，在以细碎屑岩为主、岩性差异不大的岩石中以板劈理的广泛发育为主，残留早期原生面理为变形面的层间顶厚褶皱，其中的面理置换作用比较强烈，原生层理构造不易识别。在钙质砂岩中形成密集的板劈理构造置换原生构造（图版Ⅴ－6），层理构造能够识别。以碎屑岩为主夹薄层硅质岩的岩石中，硅质岩石形成层间紧闭褶皱（图版Ⅴ－7）。在弱变形域内形成比较宽缓的褶皱构造，其中褶皱轴面劈理间隔发育。在变形强度介于二者之间的以薄层灰岩为主的岩石中形成大体对称的紧闭褶皱（图版Ⅴ－8），褶皱宽度一般小于 20m，其中轴面劈理构造发育，但是与原生层理构造野外易于识别。

### （四）空喀山口－乔戈里峰结合带（$F_{56}$）

该带构成了南部加温达坂群被动边缘型沉积（碳酸盐岩台地）与北部神仙湾群活动边缘型沉积的重要边界。前者含有大量的冷水型动物化石，具有冈瓦纳相沉积特点；后者含典型的暖水性动物化石，具有扬子型沉积特征。结合带本身为后期著名的喀喇昆仑右行走滑断裂所追踪、改造，其本身的洋壳建造不但消失殆尽，早期的变形痕迹也保留零星。其中在阿格拉达坂北侧早中二叠世碎屑岩沉积中的砾石发生明显的拉长，其长宽比达到 5∶1，运动学特征指示北盘的上冲作用。此外在强烈变形砾岩北侧的灰岩形成一系列轴面向南陡倾的褶皱构造，褶皱为顶厚褶皱，其轴面劈理间隔发育。从砾石的韧性变形以及褶皱轴面的劈理发育情况看，该期变形是中部构造层次变形的产物。以上是该带早期构造变形在测区内的残留。晚期的脆性断裂构造发育在该变形带的南侧，为一宽约 30m 的碎裂岩化带，其产状 200°∠56°，运动学特征显示向北的逆冲性质。

### （五）南羌塘陆块

南羌塘陆块晚古生代—早中生代构造层由二叠系碳酸盐岩、三叠系浅海相碎屑岩为主的沉积建造组成，下、中、上二叠统均为并行不整合接触（图 5－14），三叠系与下伏二叠系间为断层接触。侏罗系角度不整合于下伏的不同层位之上。晚古生代—早中生代构造主要表现为早期的伸展背景下层间褶皱构造（图 5－15），而挤压体制下的褶、冲构造不发育。同时褶皱构造以等厚褶皱为主，其

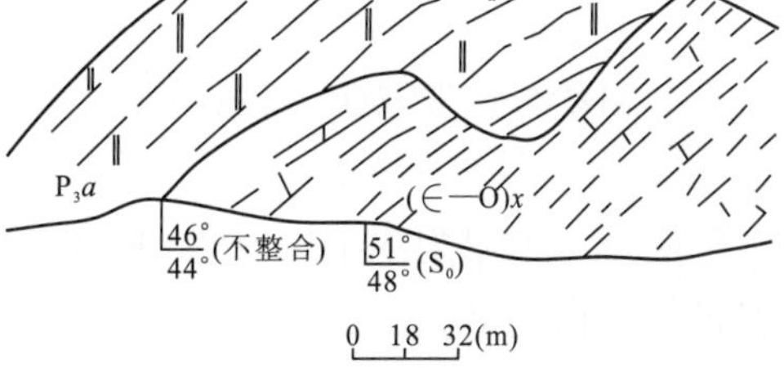


图 5－14 阿格拉达坂组与加温达坂群不整合接触关系素描图

中轴面劈理比较发育，显示中层次的脆韧性变形特征。

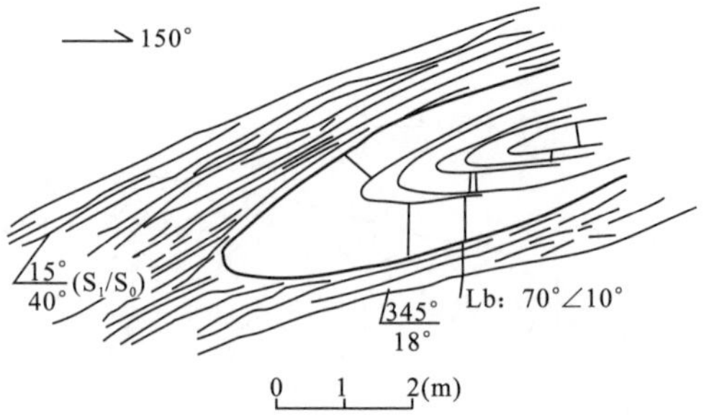


图 5-15　加温达坂群灰岩中顺层褶皱构造素描图

## 四、侏罗纪至古近纪构造域变形

本书中晚中生代是指侏罗纪—白垩纪阶段，该阶段构造活动的主要场所在南部的神仙湾幅以及麻扎幅的南部地区。以麻扎-康西瓦断裂带为界，南部的喀喇昆仑与北部昆仑山南部地区沉积建造和变形特征并不相同。北部赛力亚克达坂的叶尔羌群为陆相含煤建造，为同沉积的拉分断陷盆地所控制。南部喀喇昆仑区也是走滑拉分盆地控制，但是同时期的侏罗纪以下部紫红色砾岩(反映近源、地形起伏大的沉积环境)，向上迅速过渡为海相碳酸盐岩沉积为特征。其北部边缘沉积底面起伏极大，而且碎屑粒度与距离断层的远近呈正相关，反映断裂控制的典型特征。白垩系沉积仅在南部喀喇昆仑区发育，与侏罗系为角度不整合接触。变形特征也差异明显，北部主要为强烈的向南的高角度冲断构造，以南的甜水海地块上则发生前陆褶冲变形。新近纪的河流相沉积角度不整合在下伏不同层位沉积之上。白垩纪以后测区结束了海相沉积的历史，喀喇昆仑山开始整体隆升。

### (一)侏罗纪逆冲推覆构造

侏罗纪的构造总体表现为向南的褶皱逆冲构造，具有从北向南、断面倾角变缓的特征。紧邻康西瓦带北部的侏罗纪叶尔羌群与三叠纪、二叠纪地层以及三叠纪的侵入体间形成高角度的向南的冲断构造，侏罗纪地层内部原始层理构造向北陡倾。断层以脆性逆断层为主，反映浅表层次的构造变形环境。

中部阿克塔河一带侏罗纪地层形成宽缓的向斜构造、南侧向南以中等倾角逆冲于寒武纪灰岩之上($F_{35}$，图 5-16)，同样表现为脆性变形特点。

南部的神仙湾一带则断层面倾向北，倾角陡缓间隔形成推覆构造(图 5-17)，侏罗纪地层内部形成轴面向北陡倾的不对称褶皱，褶皱轴面劈理不发育，反映一种较浅层次的脆韧性变形特征。

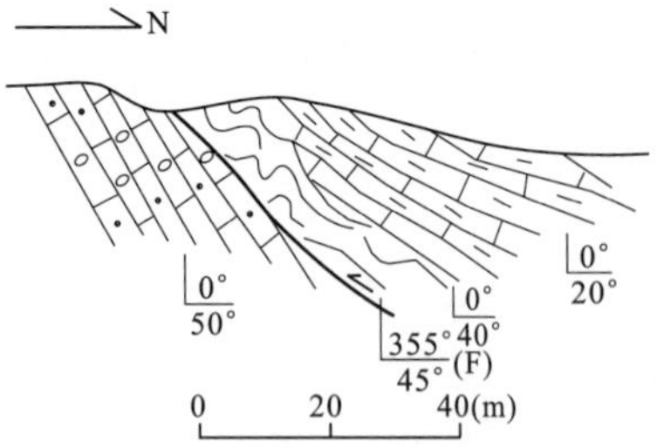


图 5-16　阿克塔河南断层($F_{35}$)素描图

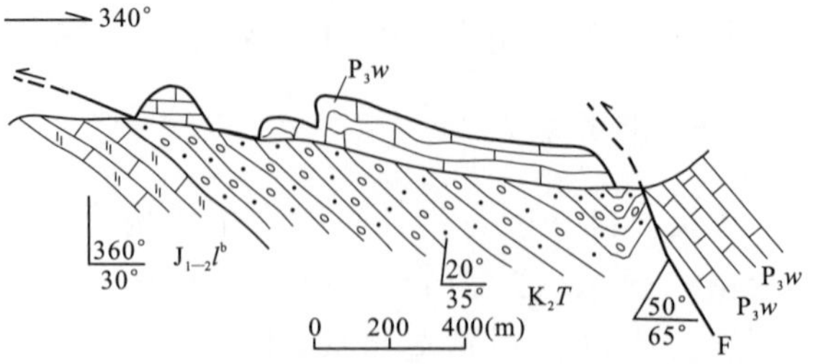


图 5-17　叶城县叶尔羌河上游中生代推覆构造

根据发生变形的地层为下中侏罗统、上白垩统地层角度不整合于其之上分析，该期构造形成时代为晚侏罗世—早白垩世。

### (二)白垩纪褶冲构造

测区白垩纪地层出露零星，其构造面貌并不清楚，神仙湾以西的叶尔羌河上游的白垩系内部表现为很开阔的褶皱构造，但是侏罗纪的地层向南逆冲于白垩纪地层之上（图 5－18），因此白垩纪构造可能与侏罗纪构造具有类似的特点。神仙湾以西地区大量分布的白垩纪中酸性侵入岩也是该期构造的重要方面。

该区缺少古近系沉积，新近系地层与下伏地层具有不同的变形特征以及角度不整合关系，反映该期构造形成于晚白垩世末期—古近纪。

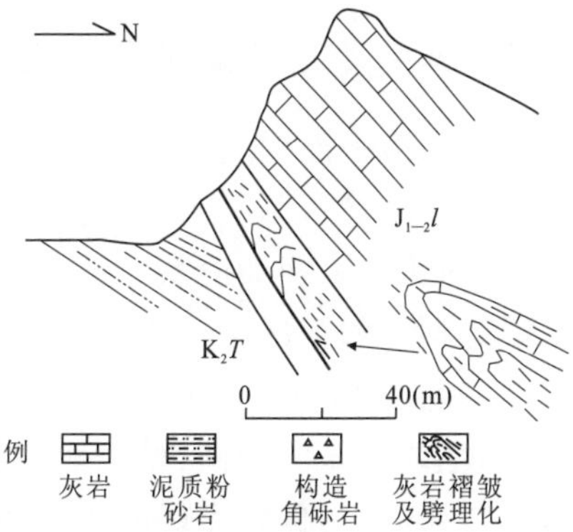


图 5－18　岔河口朱罗纪地层与白垩纪地层间逆冲断裂素描图

## 五、高原地貌的变迁与青藏高原隆升的关系

新生界岩相分布及地貌格局是高原隆升的结果，高原夷平面、河流阶地、冰碛及冰碛物是高原不同形成历史阶段的“残留”，因此通过对上述“残留”的原始形成环境、时代、现在分布高度研究，可以恢复一个地区的隆升历史，对比各个地区的隆升历史，可以反映高原隆升在东西、南北方向的异同——隆升规律，进而为探讨高原隆升提供依据。

### （一）高原夷平面的分布

从现有的地貌资料分析，图区内存在两级夷平面（图 5－19）。

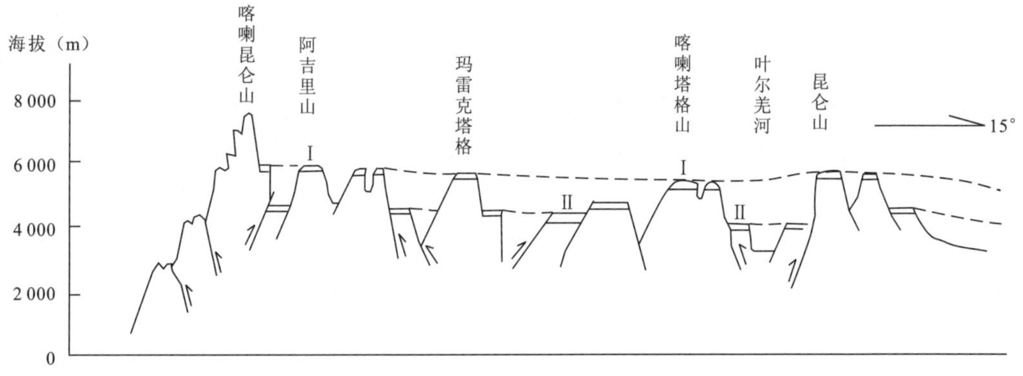


图 5－19　研究区夷平面分布特征示意图

#### 1. 老夷平面（Ⅰ级面）

即山顶面，是最高一级夷平面，一般分布在各大山系的顶部，保存面积较小，有些成为现代平顶冰川和古冰帽的发育中心。其现在高度在昆仑山区海拔约为 5 900m，喀喇昆仑山区为 6 000m，靠近喀喇昆仑山主脊可达 6 300m，为现代冰川覆盖区，从外貌上较难分辨。此夷平面可与图区东部的古里雅冰帽下的夷平面对比，可视为高原隆升之前青藏地区原始准平原地面的遗存，可以作为高原隆升的起始点。

夷平面形成环境及时间：据崔之久、潘保田等人的研究，高原山顶面切削最新地层为古近纪地层，时间上应晚于古近纪早期，即形成于 20Ma 前的渐新世末，高度不超过 500m。从图区内新生代地层出露的情况看，仅仅缺失古近纪地层，与其研究结果有较好的吻合。推断古近纪晚期，在渐新世热带气候条件下，湿润、水流充沛，以河流侵蚀为主导，使古近纪地层完全遭受剥蚀，从中新统地层发育的夷平面应是准平原。夷平面是外营力长期剥蚀的结果，它们的形成需要 10Ma 的构造稳定期。因而可将 500m 高度作为高原隆升的起点。

**2. 较老夷平面(Ⅱ级面,亦即主夷平面)**

区域上该夷平面构成高原及其山地的主体,分布较广。该夷平面现在的海拔为 5 250m 左右,具有随高原总地势自西向东、自南向北缓慢降低,利用遥感、古地磁资料较易分辨。据现有资料分析,它南北向跨越了两大山系。虽经不同程度的分割破坏,但其高度仍较稳定。

从野外调查的情况结合遥感资料分析,喀喇昆仑山北部的神仙湾叶尔羌河的叶苏河交叉一带,新近纪 $N_1p$ 河流相地层之上存在的平台即可确定为该夷平面。此夷平面的面积约 29.38km$^2$,坡面较为平缓,呈北北东向缓倾,整个地面坡度约 3.5°,边缘地区可达 8°～9°。由于该区域遭受构造运动较多且复杂,因而保存完好的夷平面较少,大多分布在神仙湾以北平缓的山丘顶面,鱼跃石及卡帕浪沟一带保存较完好;图区内西北部昆仑山的库浪那古河一带也有分布。推断该夷平面形成时为高温气候,并有较多的降水,为亚热带湿润并兼有干旱是合适的,因此认为该夷平面为准平原和山麓剥蚀平原组成的联合夷平面。

Budel 就德干高原研究结果认为,可以在地球任何纬度和高度找到中新统夷平面,直到亚极地。虽然横跨高原的夷平面是由不同流域的分段夷平过程彼此联合而成,也可能最终并未联通,但却系同属一个夷平面。从宏观方面来看,青藏高原南邻印度洋,北接塔里木盆地,因此其南侧的侵蚀基准面是印度洋,北侧的侵蚀基准面为塔里木盆地。塔里木盆地现在的海拔为 800m 以下。据《新疆维吾尔自治区区域地质志》,中新世期间喀喇昆仑地区尚有残海,因此具山麓剥蚀面性质的主夷平面的高度也绝不应很高,应当在 500～1 000m 之间。

李柄元等关于可可西里地区的海拔 4 900～5 200m 的 41 个火山熔岩方山平坦顶面同位素测年数据都在 24.55～6.95Ma(9.9～6.95Ma 有 17 个),反映火山活动时间相近,都在中新世早期,形成于 9.9～6.95Ma;同样西昆仑山内的阿什库勒火山群取得了 15 个火山熔岩的同位素年龄中最大的年龄值为 2.8Ma,这些火山地貌都分布于夷平面解体后形成的山间盆地内。以此推论夷平面至少在 3Ma 之前形成。近年来李吉均院士在西昆仑地区对夷平面进行了研究,从夷平面削平的最新火山岩的 K－Ar 年龄为 7Ma,并被形成于约 3.6Ma 的昆仑山垭口断陷盆地所错断;同样对藏东南芒康地区海拔 4 400m 的主夷平面上浮的玄武岩测得 K－Ar 年龄为 3.4Ma 和 3.8Ma,这可能是青藏高原夷平面解体变形的标志,是夷平面形成的真正上限。

(二)河流阶地与剥蚀面的地貌特点

图区内河流众多,各条河流两岸形成的阶地亦较发育,但由于河谷两岸较陡立,沟谷狭窄,区内老阶地保存完整的较少。库地以北哈拉斯坦河阶地顶面高程约 3 800m,克勒清河上游阶地顶面海拔为 4 180m,叶尔羌河的叶苏河交叉处阶地顶面海拔为 4 600m,神仙湾东部的沙特巴克兰沙河阶地的最上部高程为 5 320m,如果将其连成一个整体,可以认为是一个完整剥蚀面的起点高程。

在阿格勒达坂沟,可见到较完整的Ⅷ级阶地(图版Ⅳ－4),最高一级阶地顶部的海拔约3 880m,为厚薄不一的山麓洪积砾石层覆盖。该阶地中,最高一级阶地高出河床 120m,中更新统乌苏群($Qp^2W$)累计厚度 116m,比上更新统新疆群($Qp^3X$ 累计厚度 50.6m)多出 65.4m,两套地层均以冲洪积为主,但是物源不同,新疆群的沉积砾石成分远较乌苏群的复杂,沉积厚度也不同,反映出不同时代沉积速率的不同。

从叶苏河交叉处剥蚀面和夷平面的高程来看,前者较后者低 650m。说明较老夷平面形成后,高原有相当长时间的稳定期。剥蚀面和各级阶地的形成指示了其后高原隆升的主要事件。

(三)高原隆升阶段及隆升规律

通过两级夷平面以及第四纪河流阶地、冰碛的分布特征分析,认为新生代青藏高原经历了 3 期隆升两次夷平，最强烈的隆升发生在第四纪初上新世末，并把第四纪高原隆升划分为3个阶段。

第一次隆升，发生在中新世早期(约25～17Ma)。图区内的中新世陆相地层$N_1p$即于此阶段形成。从相关地层形成的沉积构造来看，帕卡布拉克组($N_1p$)地层由较多的砾岩、砂砾岩、含砾砂岩、细砂岩和含钙细砂岩组成的韵律，缺少泥级，说明沉积速率较快，也同时说明高原隆升速率较快。

其后进入较长时间的相对稳定期，山地遭受长时间剥蚀，在合适的气候条件下，辅以不同气候条件下的风化和多种营力的搬运，形成较老的夷平面(Ⅱ级面)，即主夷平面。

第二次隆升的时间大约发生在13～8Ma期间，随着高原的强烈隆起，气候条件转为干旱，寒冷，降水逐渐减少，主夷平面全面解体，隆升速率进一步加快。

第三次隆升，发生在第四纪早更新世，从3Ma至今，青藏高原进入全面隆升期。目前意义上的青藏高原，源于第三次高原的隆升过程。本次隆升分为3个阶段。

早更新世，高原继承了新近纪山区的强烈隆升，盆地相对下沉的格局。随着昆仑山-喀喇昆仑山的强烈隆起，塔里木盆地出现了同时代的沉降，沉积了巨厚的西域组砾岩，为一套快速堆积的山麓相磨拉石建造。资料显示，塔里木盆地的南缘沉降幅度大于北缘。在图区外北部盆地南缘边部的叶城县柯克亚乡，可见到大量的西域组砾岩出露。古近纪地层向北东向倾斜，角度达25°，直接印证了昆仑山的隆升。区域上西域组地层沉积的厚度可达3 000多米。由于本区山地高度未达到发育冰川的高度，气候湿润，降水丰富，为亚热带气候，因而未发育冰川。

中更新世早期，高原进入了加速隆升的时期，是昆仑山-喀喇昆仑山地区最大的冰川作用时期，即乔戈里冰期。冰川的形成和发育主要取决于气候和地形条件。寒冷的气候和降水的多少，是产生冰川的主要条件，而耸入雪圈的山地面积和海拔是冰川发育的地形条件，决定着冰川的规模和其他特征。此时两大山系已达到了相当大的高度。冰川的规模，要较现代冰川面积大数倍，发育冰帽冰川、网状的半覆盖式山谷冰川或山麓冰川，喀喇昆仑山北坡沿主山脊的克勒青河，为一条半覆盖式网状山谷冰川，冰川从上源胜利达坂向西北延伸，沿途接纳10多条大小支冰川，至中游又与图区外部西侧的规模宏大的乔戈里冰川相遇，在下又接布拉尔杜冰川群和一些支冰川，最后与塔吐鲁沟冰川群相汇合进入叶尔羌河干流，长度接近200km，但冰川分布仍然是分散的，以各高山为中心的山地冰川，冰舌末端在高原内部下伸较高，而在高原边缘下伸较低，远没有达到各山地之间冰川互相衔接覆盖整个地区的程度。本次冰期，昆仑山的冰碛物多分布在上槽谷，喀喇昆仑山克勒青河上游则多分布在中槽谷中，厚度达数十米。

本次冰期之后，进入克勒清河-乔戈里间冰期，气候变暖，冰川消失，昆仑山南坡湖泊成群；北坡因气候湿润，雨水多，山区河流下切，形成多级河谷阶地，山麓外古老洪积扇被侵蚀成最高台地。

在昆仑山与喀喇昆仑山之间的叶尔羌河，形成多级冲洪积阶地，即乌苏群($Qp^2W$)地层，高出河床100m，该地层区域上的洪积层厚度甚至超过了冲积层的厚度，塔里木盆地周边山麓地带，组成高阶地及残存老洪积平原，高出河床10～100m，厚度达200m，表明河流遭受了强烈的下切作用。

中更新世晚期，即克勒青河冰期，高原继续隆升，形成的冰川规模较乔戈里冰期要小，是昆仑山-喀喇昆仑山地区第二大冰川作用时期。此外，冰川多为树枝状山谷冰川或山麓冰川，冰舌末端多至4 000～4 600m。中更新世的两次冰川性质，均属海洋性冰川，但西昆仑已趋向亚大陆性冰川，冰碛物保存较完整，多分布于下槽谷外围。

此后，进入克勒青河-苏盖提江间冰期，气候转暖，冰川消失，山麓带河流下切，形成中级阶地，时代为晚更新世。

此阶段河流两侧堆积的中级阶地，构成了分布广泛的新疆群($Qp^3X$)冲洪积地层，最大的特点是砾石相与粘土相的直接过渡，与乌苏群之间存在较大沉积间断。喀拉喀什河、叶尔羌河等均有分布。

据统计分析，该群的沉积厚度远远小于乌苏群的厚度，说明此阶段河流的下切作用要小于中更新世，高原隆升的速率也有所放缓。

晚更新世时，由于青藏高原继续隆升，昆仑山-喀喇昆仑山地区的高度已超过 4 800m，快接近现代高度。高原的隆起，改变了高原及邻近地区的大气环流形势，喜马拉雅山已成为南亚暖湿气流难以逾越的障碍，使高原内部及北邻地区降水锐减，气候干旱，环境恶化。由于巨大的海拔高度和全球性气候的再度变冷，昆仑山-喀喇昆仑山地区进入了苏盖提江冰期。

在此阶段，冰川作用较克勒青河冰期规模进一步减小，但较现代冰川规模要大，冰川性质为大陆性冰川，冰碛物分布在下槽谷。此后约距今 1 万年前，气候转暖，高原进入全新世冰后期冰川退缩期。

这是一个干热时期，干旱化趋势更加强烈，主要反映在冰川后退、水系变化和高原湖面急剧下降。河流下蚀作用加强。

距今 4 000 年前，进入全新世新冰期，高原上升至现代高度，由于气候变冷，冰川扩张，并向下推进，本区进入全新世晚期的新冰期。

新冰期的终碛有 2～3 列，一般据现代冰川冰舌末端 1～3km。但由于高原内原气候继续干旱，环境进一步恶化，而西昆仑冰川性质已过渡为极大陆性冰川。16—19 世纪是现代小冰期，冰川规模比现代冰川稍大一些，一般在冰舌前端形成有 2～3 列终碛垄，反映了现代冰川从 16 世纪以来的变化情况。

以上虽然没有给出高原隆升的具体数据，但是不难看出，其隆升的速率总体具有随着时间的推移而加快的特点。此外，高原不同部位现今的海拔高度差异显著，也说明高原的隆升存在着空间上的差异性。

## 第四节　断裂构造

### 一、总体特征

新生代形成了举世闻名的青藏高原，本区处于青藏高原的西北缘。新生代构造运动强烈，构造方式主要是断裂，其断裂形迹主要是追踪早期已有断层，新生的断层甚少。前新生代的特别是晚古生代多块体拼接过程中形成的众多规模、性质不同的断裂系统，对后期的构造有着极大的限制和影响，同时新生代的构造对早期的构造起着改造作用。

测区所处的西昆仑新生代的构造几何样式总体表现为一系列向南凸出的弧形断裂系统，而相邻东和西部的东昆仑、帕米尔地区均表现为向北凸出的弧形构造。这种强烈的构造样式的转换决定了研究区特殊的构造运动学特征。其运动学特征的特殊性突出表现在既有逆冲-走滑，又有伸展-剪切的复杂构造系统。

### 二、主要断裂构造

麻扎幅、神仙湾幅新生代断裂构造主要追踪早期已有断裂，断裂走向主要以北西向和北西西向为主。断裂性质在北部主要以逆冲为主，其次为走滑断层和正断层；在中部赛力亚克达坂一带主要为走滑性质，在南部神仙湾则以走滑为主兼有向南或向北的高角度仰冲。其中主要断裂构造特征见表 5-1。主要断裂在剖面上的组合样式是以康西瓦构造带南沿断裂 $F_{27}$ 为中心具有南北大体对称的组合；北部依次为(从北向南)$F_4$、$F_6$、$F_9$ 和 $F_{18}$，形成南倾、向北冲的断裂组合；南部依次为 $F_{33}$、

$F_{41}$、$F_{50}$、$F_{51}$和$F_{56}$，主体形成北倾、南冲的断裂组合，主要为北倾而向南逆冲断裂组合；总体组合样式具有正扇形的特点。

以上断裂的形成，主要是追踪早期已有断裂，因此其构造面形态除了受后期断裂性质决定外，还与早期构造面的产状有很大关系。此外断裂是地壳的表部构造形式，其形态和力学性质是由深部地壳结构和区域应力场共同决定，因此表部构造与深部结构有着一定的对应关系。测区浅部断裂构造组合形式与深部结构的对应关系见图5-20。

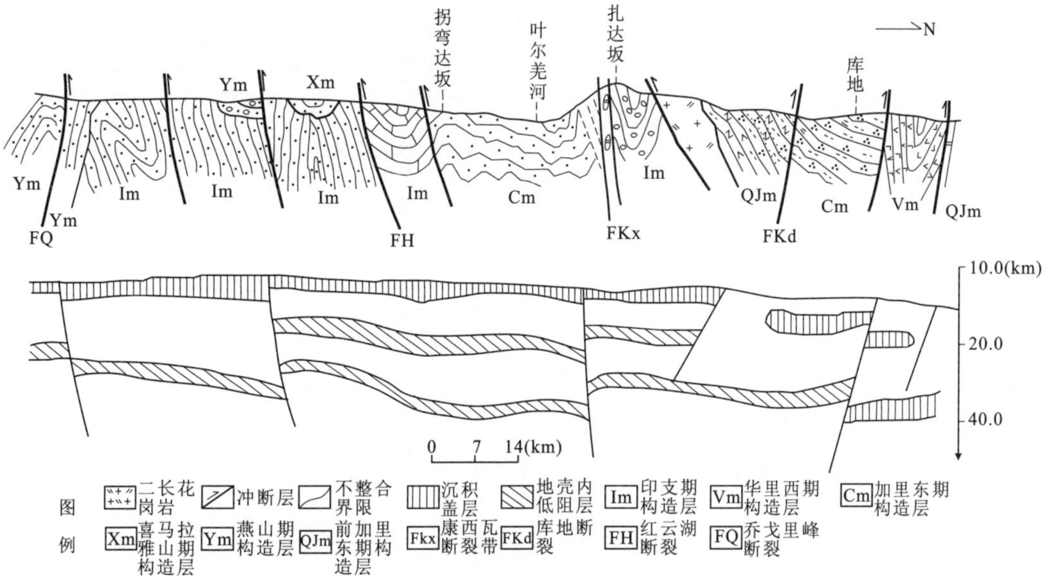


图5-20　麻扎幅、神仙湾幅断裂构造组合与深部地壳结构图

断裂活动时限：据地震资料显示，沿康西瓦—麻扎一线，20世纪50年代还发生过地震，说明这些断裂依然在活动。其下限，根据前人在南部狮泉河地区的扎西岗村获得的与断层有关的花岗岩的冷却年龄（分别是18～11.3Ma和11.3Ma至今，Searle等，1998），以及孙世群、王道轩等（1998年）在西北部喀拉库里湖边获得同断裂角闪石拉伸线理的同位素年龄（6.80～6.69Ma），反映该期构造具有从南向北变新的规律。是否暗示印度板块向北挤压，应力向北逐渐传递的过程。

此外需要强调断裂或断裂组合有喀喇昆仑右行走滑断裂系以及哈拉斯坦河右行走滑断裂。

### 1. 喀喇昆仑断裂组合

在以往所有的地质图上，西昆仑西部的一个突出的长达1 000km的走滑断裂便是喀喇昆仑断裂，与阿尔金断裂在平面上形成一个巨型的共轭断裂组合。本次工作，发现它是由数条断裂呈反"Z"形首尾相连形成的断裂组合。

该断裂系在图区内总体呈北西向延伸，长度大于120km，在测区的喀喇昆仑山一带主要继承、追踪了早期的空喀山口-乔戈里峰结合带的遗迹（$F_{56}$），此外在其南、北部还有大致平行排列的6条断裂（$F_{55}$、$F_{61}$、$F_{62}$、$F_{64}$、$F_{65}$、$F_{66}$）。它们地貌上常形成河谷，遥感影像上线状特征清楚。断裂向南西或北东陡倾，其上的断层擦痕产状，根据主断裂与次级断裂的空间几何关系、主断面上的擦痕阶步判断，断层为以右行走滑为主，兼有逆冲挤压特征。断层平面上呈弧形，因此多数断层也是追踪早期的构造面理，总体以右行走滑运动为主。

### 2. 哈拉斯坦河断裂

该断裂的具体特征见表5-2中的$F_7$。其西南侧发育晚石炭世的一些克沟组火山岩，缺少下部早石炭世他龙群、库尔良群碎屑岩，而其东北部发育下石炭统他龙群、库尔良群的碎屑岩、碳酸盐岩建造，缺少上部层位的火山岩组合，因此哈拉斯坦河断裂可能在早石炭世已经形成，并且控制了其两侧的沉积。新生代断裂继承、改造了早期构造的遗迹而呈北西向延伸，为右行走滑兼具逆冲性质。

**表 5－2　麻扎幅主要断裂系统**

| 名称及编号 | 走向 | 断面(带)产状 | 位移方向 | 断裂规模 | | 断层带特征 | 性质 | 与岩浆作用和矿产的关系 |
|---|---|---|---|---|---|---|---|---|
| | | | | 长(km) | 宽(m) | | | |
| $F_1$ | 95°～110° | 25°～35°∠60°～75° | 北盘向北正-东北滑落 | 24.5 | 10～15 | 早期为一右行正滑韧性剪切带，宽 10～15m，由绿灰色千糜岩和灰白色灰质糜棱岩构成，可见串珠状的剪切方解石透镜体和剪切褶皱沿糜棱面理发育，剪切褶皱枢纽产状近水平。<br>晚期发育一脆性正断层，破碎带宽约 10m，有 3 个近于平行的次断层构成。断层带内发育与主断面呈锐夹角的次级斜列剪节理。断层三角面和线状遥感影像清晰 | 早期右行正滑韧性与晚期脆性正断层构成的复合断层带 | |
| $F_2$ | 110°～130° | 200°～190°∠60°～72° | 南盘向北逆冲 | 72 | 100～120 | 断裂呈弧形弯曲，两侧的岩性截然不同，南盘为强片理化黑云母片岩，北盘为碎裂状白云岩。破碎带为 100m 宽的黑云母片岩片理化带 | 为一脆性逆冲断层 | |
| $F_4$ 柯岗断裂 | 95°～110° | 185°～200°∠35°～40° | 南盘向南西向滑落 | 75.2 | 168～150 | 为柯岗断裂西段的一部分，为塔里木-北山地层大区与秦祁昆地层大区的边界，呈波状延伸。断面向北陡倾，沿断裂两侧岩石破碎，北盘为长城系黑云母片岩，南盘为中下石炭统碎屑岩-灰岩建造。遥感影像线状构造清晰 | 为压扭性逆断层 | |
| $F_5$ | 95°～110° | 25°～30°∠70°～75° | 北盘向南西向逆冲 | 85.6 | 140～155 | 断层北盘地层有明显错断现象，发育直立的断层劈理，断层两侧地层、岩性截然不同，南盘为下统石炭他隆群大理岩岩块，北盘为上石炭统库尔良群粉砂质板岩。白云岩非常破碎，断层被后期近南北向左行平移断层错断。断层三角面即遥感线性构造影像清晰 | 高角度逆冲兼走滑性质断层 | 部分地段沿断裂带有辉长岩侵入 |
| $F_6$ | 105°～110° | 205°～195°∠70°～80° | 南盘向北东方向上冲 | 72.5 | 5～170 | 断带呈波状延伸，两侧地层岩性差异大，产状不协调，南侧的粉砂岩有炭化现象，劈理发育，有轻微蚀变，北侧为砾岩、砂岩，产状陡倾。断层带空间上延伸稳定，断层三角面和线状遥感影像清晰 | 逆冲挤压断层 | 部分地段有辉长岩侵入 |
| $F_7$ | 135°～145° | 35°～40°∠48°～55° | 北盘向南西向上冲 | 53.8 | 10～15 | 断层带延伸稳定，两侧地层岩性差异大，内部可见断层角砾，岩石变形强烈。断层三角面和线状遥感影像清晰 | 右行走滑逆冲断层 | |
| $F_8$ | 110°～120° | 225°～200°∠70°～60° | 南盘向北逆冲 | 34.2 | 25～30 | 断层带两侧岩性截然不同，北侧的玄武岩可见强片理化，有花岗岩脉顺断层走向侵入。断带内有构造角砾岩出现，长轴略具定向性；南盘长城系老基底地层多见网状裂隙。有一系列次级断裂发育，线状遥感影像清晰 | 高角度逆冲脆性断层 | 花岗岩脉侵入 |
| $F_9$ | 105°～110° | 188°～206°∠70°～60° | 北盘向南逆冲 | 78.1 | 20～30 | 断层带呈波状延伸，其两侧岩性差异大，产状相反，南盘黑云母片岩产状与北侧岩体节理相交，劈理发育。断面陡倾，可见断层擦痕等。断层三角面及线状影像清晰 | 高角度逆冲脆性断层 | 有辉长岩侵入 |
| $F_{15}$ | 95°～100° | 320°～330°∠70°～75° | 方向不明 | 40 | 5～10 | 断带两侧附近岩石破碎，早期为韧性断裂，晚期为走滑断层，一侧断层壁发育长英质透镜体，有明显的擦痕，两侧岩性不同，均有强烈蚀变，断层三角面纵向延伸较长 | 走滑断层 | |

**续表 5－2**

| 名称及编号 | 走向 | 断面(带)产状 | 位移方向 | 断裂规模 | | 断层带特征 | 性质 | 与岩浆作用和矿产的关系 |
|---|---|---|---|---|---|---|---|---|
| | | | | 长(km) | 宽(m) | | | |
| $F_{16}$ | 85°～100° | 355°～5°∠60°～65° | 北盘向南逆冲 | 38.75 | ＞10 | 早期为一韧性断裂，为糜棱岩化闪长岩构成。晚期为脆性断层，断带两侧岩性差异大，北盘岩石发育褶皱，挤压、变形强烈，岩石呈浅变质或未变质；南盘岩石变质程度深，为高绿片岩相-低角闪岩相。线状遥感影像特征清晰 | 逆断层 | 局部有花岗岩侵入 |
| $F_{17}$ | 95°～100° | 190°～195°∠60°～65° | 南盘向下滑落 | 25.04 | 3～15 | 断带内岩石破碎严重，岩石劈理发育，变形强烈，断带一侧有泉眼呈线状分布，泉水上涌、细流，断层三角面、断层崖清晰 | 小型正断层 | |
| $F_{18}$ 康西瓦断裂 | 110°～125° | 20°～30°∠70°～80° | 北盘向南逆冲 | 149.38 | 30～350 | 为深大断裂，是划分秦祁昆地层大区与巴颜喀拉-北羌塘地层大区的重要分界断裂，区域上跨度大，呈弧形延伸，发育系列同向次级断裂。沿断裂带发育蛇绿岩带，在重力异常图上有明显的重力梯级。对两侧沉积建造、岩浆活动、变质作用及矿产分布有控制作用。新生代以来仍有较强的活动性。遥感影像线状特征明显 | 压扭性质 | 断裂两侧分布多处金属矿床 |
| $F_{28}$ 大红柳滩 | 110°～120° | 210°～225°∠70°～85° | 南盘向北逆冲，北盘向右滑动 | 28.75 | 10～65 | 区域上规模大，图区内规模较小，为大红柳滩-可可西里-金沙江缝合带断裂的西延段，走向上与康西瓦断裂斜向相交，断带岩石破碎严重，变形强烈，为一深大断裂，后期又切割了岩体。断层三角面及遥感影像线状特征明显 | 右行走滑兼逆冲断层 | 近断带处有金属矿床分布 |
| $F_{29}$ | 120°～130° | 40°～50°∠40°～52° | 南盘向左滑动 | 56.88 | 7～90 | 该断裂一侧与康西瓦断裂斜切，断层两侧岩性差异大，且产状相交，断裂带内充填30～90m 厚度的断层泥及断层角砾，岩石破碎，风化强烈，断谷、断崖较多，遥感线性影像特征清晰 | 右行走滑断裂 | 酸性花岗岩侵入 |
| $F_{31}$ | 110°～122° | 20°～45°∠60°～66° | 不明 | 35.02 | 30～55 | 断裂带呈弧形分布，两侧岩性差异大，且产状相反，岩石变形、变质特征不同，沿断裂带有泉水出露，形成时代较新。地貌及断层遥感线性特征明显 | 走滑性质 | |
| $F_{33}$ | 70°～140° | 145°～117°∠20°～43° | 南盘向北逆冲 | 114.38 | 5～10 | 断裂带呈弧形向南东方向波状延伸，规模大，主断面劈理密集，两侧岩石均破碎，岩相差异大，变质相带亦不同。遥感线性影像特征明显 | 低角度逆冲断层 | 局部发育黄铁矿脉 |
| $F_{35}$ | 100°～105° | 15°～25°∠40°～65° | 北盘向南逆冲 | 50.02 | ＞20 | 断裂带延伸方向同区域构造方向一致，两侧岩性差异大，近断带处岩石破碎，北盘岩石强劈理化，具糜棱岩化，岩石变形强，可见石英矿物的定向拉长。断层线性影像特征明显 | 逆冲断层 | |
| $F_{39}$ | 112°～115° | 15°～25°∠40°～65° | 南盘向北逆冲 | 41.88 | 5～10 | 断层两侧岩性不同，产状相对，断层面平直、陡立，断带内岩石破碎，碎裂化严重，近断裂处岩石褶皱发育，强劈理化。断层线状影像清晰 | 逆冲兼走滑断层 | 局部有花岗岩顺断层侵入 |
| $F_{41}$ | 110°～120° | 25°～33°∠21°～40° | 北盘向南逆冲 | 99.38 | 20～30 | 断带延伸方向同区域断裂方向一致，断层岩以碎裂岩为主，两侧岩石强劈理化，断裂面产状平缓。断层线状影像特征清晰 | 脆性双重逆冲断裂 | |
| $F_{42}$ | 130°～140° | 20°～25°∠60°～65° | 北盘向南逆冲 | 32.50 | 20～30 | 断带内发育断层角砾岩，两侧岩性差异大，倾向瞬间变化大，岩石变形强烈，地貌上呈正突起。断层线性影像特征明显 | 逆冲断层 | |

**续表 5-2**

| 名称及编号 | 走向 | 断面(带)产状 | 位移方向 | 断裂规模 | | 断层带特征 | 性质 | 与岩浆作用和矿产的关系 |
|---|---|---|---|---|---|---|---|---|
| | | | | 长(km) | 宽(m) | | | |
| $F_{45}$ | 110°～122° | 20°～45°∠60°～66° | 北盘向南逆冲 | 32.50 | 2～8 | 断层带规模小，延伸方向同区域构造方向一致，两侧岩性差异大，产状不同，断层带可见断层角砾岩，岩石破碎，断层崖清晰。遥感线性影像特征明显 | 小型逆冲断层 | |
| $F_{48}$ | 120°～128° | 20°～35°∠50°～60° | 北东盘向南西逆冲 | 120.63 | 680～800 | 区域上为一条重要深大断裂，延伸方向同区域构造一致，规模大、稳定。为甜水海地层小区和神仙湾地层小区的划分界限，断面倾向北东，倾角一般50°～60°，局部达80°，断带北东侧地层为古生界，褶皱紧闭呈线状，不对称；南西侧中生代地层褶皱则为宽缓、短轴、对称。断带两侧岩性差异大，带内充填有北东盘的岩块，其中多见挤压褶皱构造，轴面近平行断层。该断层遥感影像线性特征明显 | 复合性断裂 | 晚期有黑云二长花岗岩侵入 |
| $F_{49}$ | 120°～130° | 20°～45°∠50°～60° | 北东盘向南西逆冲 | 48.13 | 10～20 | 断裂带两侧岩性差异大，北盘地层中的劈理、小褶皱发育，断带内为构造角砾岩，断层崖清楚，延伸稳定，规模小 | 小型逆断层 | |
| $F_{50}$ | 115°～120° | 13°～26°∠48°～58° | 北东盘向南西逆冲 | 58.13 | 10～100 | 断层斜向上与$F_{48}$相交，走向与区域构造方向一致，断层两侧岩性差异大，北盘岩石为浅变质，并发育小褶皱及劈理；另一侧为正常沉积地层。断带内充填角砾状灰岩等，岩石破碎，可见牵引条块，断层崖清楚，延伸稳定，遥感线性影像特征明显，影纹、色调明显不同 | 逆断层 | |
| $F_{51}$ | 125°～135° | 30°～45°∠46°～62° | 北东盘向南西逆冲 | 48.14 | 10～15 | 断层两侧出露岩性不连续，岩石倾向突然改变，断面平直，为脆性断层，区域上延伸不远，断层带内有石英脉充填，规模小。遥感线性影像特征清晰 | 小型逆断层 | |
| $F_{52}$ | 118°～126° | 200°～210°∠55°～62° | 南西盘向北西逆冲 | 26.88 | 3～8 | 断层规模小，一侧封闭于$F_{53}$，两侧岩性差异大，一侧为粉砂质板岩，为变质岩，另一侧为正常沉积的石英砂岩，产状相反，断带内岩石破碎，充填断层角砾岩。断层遥感线性影像特征清晰 | 小型逆断层 | |
| $F_{53}$ | 115°～122° | 20°～25°∠45°～65° | 北东盘向南西逆冲 | 31.25 | 5～15 | 规模较小，走向与区域构造方向一致，两侧岩性截然不同，南盘中岩石强劈理化，断层西端由于闪长岩侵入而截断，断层三角面清楚，地貌及遥感线性影像特征明显 | 逆断层 | |
| $F_{55}$ | 125°～135° | 15°～22°∠52°～72° | 北盘向北东方向滑落 | 32.50 | 12～22 | 断裂延伸方向为北西—南东，规模中等，两层地层差异大，断带内岩石破碎，有微弱褐铁矿化，可见擦痕、阶步，下盘岩石劈理发育，晚期被侵入的闪长岩截断，地貌及遥感线性影像特征明显 | 脆性正断层 | |
| $F_{56}$空喀山口断裂 | 140°～150° | 20°～30°∠60°～68° | 北盘向下滑落 | 127.50 | 60～120 | 区域上为空喀山口断裂的西延部分，是划分巴颜喀拉-北羌塘地层大区和滇藏地层大区的地块边界，其规模大，延伸远，为一条重要的深大断裂。断裂切割褶皱轴线，断带面倾向北东，可见宽达数百米的糜棱岩带，断层三角面、断谷及断层崖清楚，延伸稳定，后期有闪长岩体侵入。地貌及遥感线性影像特征明显 | 压性 | 后期有闪长岩体侵入 |
| $F_{61}$ | 120°～125° | 175°～210°∠50°～70° | 南西盘向北东逆冲 | 41.88 | 18～25 | 断裂带南盘近断层处，岩石片理极为发育，岩石产状突变，可见强劈理化及牵引褶曲，沿断裂分布串珠状规模不等的泉流，断层崖明显，遥感线性影像特征清晰 | 高角度逆冲断裂 | |

续表 5-2

| 名称及编号 | 走向 | 断面(带)产状 | 位移方向 | 断裂规模 | | 断层带特征 | 性质 | 与岩浆作用和矿产的关系 |
|---|---|---|---|---|---|---|---|---|
| | | | | 长(km) | 宽(m) | | | |
| $F_{62}$ | 120°～130° | 20°～30°∠60°～68° | 北东盘向南西逆冲 | 63.75 | 23～56 | 遥感解译断层,线性影像特征明显,断裂带附近影调粗糙,色调深浅不一,该断裂呈圆弧形弯曲 | 高角度逆冲断层 | |
| $F_{64}$ | 113°～122° | 195°～225°∠75°～81° | 北东盘向右滑动 | 72.5 | 30～40 | 断层带呈弧形分布,延伸方向与区域总构造方向一致,两侧岩石变形强烈,断层带截切了北盘的轴面倾向北东的歪斜褶皱,断层壁可见擦痕,地貌为陡崖,地貌及遥感线性影像特征清晰 | 逆冲兼右行走滑断层 | |
| $F_{65}$ | 120°～128° | 200°～220°∠68°～80° | 南盘向北逆冲 | 81.25 | 40～50 | 断裂两侧岩性差异大,北盘岩石破碎,断带内擦痕、阶步明显,南盘岩石表现为碎裂化,延伸稳定,与总构造方向平行,地貌及遥感线性影像特征明显 | 高角度逆冲断层 | |
| $F_{66}$ | 132°～140° | 45°～50°∠50°～65° | 北盘向南上冲 | 52.5 | 40～55 | 断层带岩石破碎,变形强烈,延伸稳定,两侧地层岩石组合不同,产状相反,规模较小。地貌及遥感线性影像特征明显 | 高角度逆冲断层 | |

## 第五节　地质演化

测区跨塔里木板块、秦祁昆中央造山系、巴颜喀拉-北羌塘-三江造山系和冈底斯-喜马拉雅造山系,它的演化历史可以说浓缩了特提斯洋演化,秦祁昆中央造山系、巴颜喀拉-北羌塘-三江造山系形成过程,也是中国大陆在西部如何统一的过程。近 20 亿年的历史中可粗略划分为三大构造阶段,7 个演化时期。三大构造演化阶段是前南华纪基底形成演化阶段、南华纪至中三叠世板块构造机制演化阶段、晚三叠世以来的板内演化阶段。7 个演化时期包括吕梁期($Pt_1$)、四堡-晋宁期(Ch—Qb)、震旦-加里东期(Nh—S)、华力西期(D—$P_2$)、华力西-印支期($P_3$—$T_2$)、印支-燕山期($T_3$—E)、喜马拉雅期(N 以来)。

### 一、前南华纪基底形成演化阶段

进入元古宙以后,相对刚性的岩石圈已经形成,地球的表部出现了板块构造机制。这一阶段的地质构造演化可分为古元古代和中新元古代两个阶段。

(一)古元古代及新太古代

**1. 建造特征和变质改造**

测区古元古代演化主要涉及塔里木南缘铁克里克断隆上的赫罗斯坦岩群、埃连卡特岩群,甜水海陆块上的布伦阔勒岩群,以及二者之间的关系。区域资料显示埃连卡特岩群、布伦阔勒岩群在变质岩石学方面存在明显的差异;以埃连卡特岩群为代表的北部基底实际上为塔里木地块南部边缘的一部分,具有固结较早、以碎屑岩为主的特点;而以布伦阔勒岩群为代表的南部基底岩性差异很大,岩石组成复杂,在测区塔吐鲁沟一带主要为角闪岩相变质的碎屑岩夹少量大理岩,在西邻塔什库尔干县一带有大量的镁铁质—超镁铁质岩石。

**2. 时代线索**

前人在测区北部侵入于赫罗斯坦岩群的阿卡孜碱长花岗岩中获得 2 200Ma 的同位素年龄,肖序常在克里阳一带赫罗斯坦岩群的古老变质侵入体中获得(2 977±140)Ma的岩浆结晶年龄和(2 067±130)Ma的变质年龄，这些线索显示北部基底岩系赫罗斯坦岩群、埃连卡特岩群的形成年龄早于2 067Ma。其中古老变质侵入体的岩浆结晶年龄代表了新太古代时期的热事件，可能指示该区陆核形成的时期；古元古代的碱性花岗岩侵位年龄以及变质年龄似乎与该阶段薄陆壳的形成有关。

南部基底布伦阔勒岩群的形成时代主要依据前苏联人在西南帕米尔与布伦阔岩群相当的地层中得到2 700～2 130Ma的(U－Pb，Rr－Sr)等时线年龄。除此之外，目前没有可靠的依据。

(二)长城纪—青白口纪

**1. 建造特征和变质改造**

铁克里克断隆的长城系塞拉加兹塔格岩群、蓟县系博查特塔格群，西昆仑北带的中元古界(未分)，西昆仑南带的长城系赛图拉岩群、蓟县系桑株塔格岩群。测区及邻区资料显示，中、新元古代塔里木、西昆仑、甜水海的建造类型和变质改造特征存在明显的差异。塔里木南缘的塞拉加兹塔格岩群为细碧-角斑岩建造，蓟县系以碎屑岩为主夹碳酸盐岩，低绿片岩相变质。西昆仑北带的中元古界以碎屑岩为主夹碳酸盐岩和中酸性火山岩建造；南带的长城系为碎屑岩，蓟县系为石英岩、大理岩，具有稳定的沉积建造。西昆仑北带和南带虽然建造特征有所差异，但是均为高绿片岩相-角闪岩相变质。缺失青白口系—震旦系地层。低绿片岩相变质。

**2. 主要热事件**

目前在西昆仑于田县幅阿拉玛斯岩群斜长角闪岩，其Sm－Nd一致曲线年龄为1 012Ma，Nd初始值为8.6，说明其直接来源于亏损地幔，具蛇绿岩特点。张传林等人在库地南的片麻状花岗岩中得到(815±5.7)Ma的单颗粒锆石SHRIMP年龄。此外，肖序常等人在克里阳一带的赫罗斯坦群中也得到了(823±11)Ma的锆石SHRIMP变质年龄。这些零星资料显示，西昆仑在8亿年左右经历了一次重要的热事件。这与陆松年等人得出的青藏高原北部新元古代早期汇聚的地质时间介于1.0～0.8Ga之间，且与多数集中在0.9Ga左右的结论比较相近，与扬子陆块上的晋宁运动时间也极为相近。测区沿西昆仑北带与南带之间汇聚作用。除上述热事件外，西昆仑新元古代碰撞花岗岩、库地—西合休一带的片麻岩和片岩中零星出露镁铁质—超镁铁质岩石构造透镜体，以及于田县幅南部具蛇绿岩性质的斜长角闪岩等可能都是该阶段古洋壳的残留体。该类构造残留体与围岩的变质变形特征完全一致。

以上资料显示，长城纪—青白口纪测区可能经历了一次完整的威尔逊旋回。长城系塞拉加兹塔格岩群火山岩建造代表伸展裂解作用开始，西昆仑北带的中元古界、西昆仑南带赛图拉岩群的碎屑岩夹碳酸盐岩和中酸性火山岩是裂解期与俯冲期的构造拼贴体，而蓟县系石英岩夹大理岩建造是被动边缘的稳定沉积。西昆仑南、北带的高绿片岩相变质、南带新元古代片麻状二长花岗岩及变质岩中的超镁铁质岩石包体，以及上述载体中的早期变形遗迹都应该是该构造旋回晚期俯冲碰撞的产物，并最终统一成为Rodinia超大陆的一部分。

## 二、南华纪至中三叠世板块构造机制演化阶段

(一)原特提斯地质演化

南华纪—早古生代为原特提斯地质演化阶段，在测区北部的昆仑山一带为主构造期，具奠基作用。

**1. 南华纪—寒武纪:伸展阶段**

1)南华纪—早震旦世:裂谷阶段

陆松年等人的研究表明,新元古代晚期大约在 800Ma,在中国古陆块上出现了裂解,形成以初始裂谷、基性岩墙群、A 型花岗岩和双峰式火山岩为代表的一系列地质记录。测区北部克里阳一带发现青白口系丝路群发育辉绿岩岩墙,并为南华系超覆(马世鹏等,1989),这期岩墙事件代表最初的裂解作用。南华系恰克马克力克组具正常海向冰海沉积过渡特征,而于田县幅阿拉叫依岩群(南华系)为深水型相含冰水沉积和基性火山成分,具被动边缘性质。说明塔里木板块南缘在晚南华世已裂解产生了规模较大的深海槽。

2)晚震旦世—早寒武世:扩张阶段

测区内肖序常等在不孜完沟蛇绿岩中的辉长岩获得(512±4)Ma 单矿物锆石 SHRIMP 年龄,本项目在不孜完沟的变质橄榄岩中获得的(502±13)Ma 的锆石 SHRIMP 年龄,东部于田县幅北部的其曼于特一带的基性火山岩 Rb - Sr 年龄值为(608±31)Ma,在南部苏巴什一带的柳什塔格洋岛玄武岩 Rb - Sr 年龄值为(563±31)Ma,这些资料比较充分地说明震旦纪西昆仑已发生了显著的扩张作用,而且形成了库地-其曼于特、康西瓦-苏巴什南北两个相关的小洋盆,其间被昆南地块分隔。洋盆的扩张可能一直持续到晚寒武世。区域上,从祁连山、阿尔金、库地-其曼于特乃至康西瓦-苏巴什都存在这一时期的扩张作用,因此它们可能是统一伸展构造背景下的产物。也就是说,在该时期几个小洋盆之间不存在从属关系(即主洋盆的消减引发的沟、弧、盆系统)。麻扎幅北部的帕合甫辉长岩和色拉阿特辉绿岩也是该阶段的产物。

**2. 晚寒武世—志留纪:俯冲-局部碰撞阶段**

晚寒武世到志留纪,原特提斯洋发生了强烈的俯冲和局部碰撞。

库地-其曼于特洋在库地一带表现为向北俯冲,形成库地北、128 岩体他龙、达里亚等俯冲型花岗岩。东部于田县幅表现为向南俯冲,在昆南地块上形成含基性火山岩岛弧建造,同时使俯冲型石英闪长岩、英云闪长岩、二长花岗岩大规模侵入。被石英闪长岩所肢解的辉长岩和闪长岩时代为晚寒武世,即洋壳的俯冲、消减作用可能始于晚寒武世。至晚奥陶世,库地-其曼于特洋盆已消失,大规模碰撞型二长花岗岩、花岗闪长岩侵入并侵吞蛇绿混杂岩。志留纪,进一步发生逆冲叠覆造山,形成后碰撞性质的偏碱性的钾长花岗岩(壳源)、英云闪长岩(幔源)。该时期西合休岩组碎屑岩夹基性—中性火山岩代表俯冲汇聚过程中的活动沉积,玛列兹肯群代表俯冲-碰撞中前陆盆地沉积。沿库地—其曼于特一线发生碰撞造山的标志,还有库地两侧发育有代表去山根作用的皇斑岩脉(405Ma),以及晚泥盆世奇自拉夫组红色磨拉石建造。

康西瓦-苏巴什洋盆俯冲时代与库地-其曼于特洋盆相当,但保存的物质记录不多。测区内残留有甜水海陆块北部(被动)边缘斜坡相志留系温泉沟群,西昆仑南带具岛弧性质的早古生代火山沉积体系以及奥陶纪—志留纪俯冲-碰撞性花岗岩。与洋盆相关的建造有东部于田县幅柳什塔格洋岛玄武岩,与洋盆消减相关的是侵入于该玄武岩中的早奥陶世俯冲型英云闪长岩,说明早奥陶世柳什塔格玄武岩已拼接于昆南地块,同时也反映康西瓦-苏巴什洋盆向北俯冲于昆南(相当于东昆中带)地块之下。此外,发育于苏巴什蛇绿混杂岩带中陆壳碎块上的硫磺达坂-双雁山石英闪长岩、英云闪长岩时代为志留纪(伯力克幅,Rb - Sr 年龄值为 429Ma),具俯冲性质,说明该洋盆至志留纪仍在俯冲。在西昆仑发生汇聚变质热事件是 500～400Ma。

在康西瓦—苏巴什一线发育规模较小的线状排列的片麻状花岗岩,其单颗粒锆石 U - Pb 年龄值为 452～430Ma,该线的俯冲作用更加强烈,是主要的俯冲消减带。

## (二)古特提斯-特提斯地质演化

晚古生代—早中生代为古特提斯洋-特提斯洋地质演化阶段,基本奠定了神仙湾幅的构造格架,同时强烈改造了昆仑山区的构造面貌。晚古生代在原特提斯的基础上发生了一次非常明显的开与合。

### 1. 泥盆纪—早二叠世:伸展扩张阶段

早古生代末,测区南部为康西瓦-苏巴什早古生代残留盆地,北部为塔里木板块,中部,即现在的昆仑山位置为早古生代碰撞造山带。泥盆纪格局发生改变。昆北地块至晚泥盆世沉积了陆相紫红色奇自拉夫组磨拉石建造。

石炭纪伸展作用加剧,昆北形成他龙群、库尔良群的碎屑岩局部夹火山岩沉积,早石炭世西昆仑裂解进一步加剧,形成依莎克群巨厚的基性火山岩。昆南地块上形成了提热艾力组陆缘斜坡相沉积。至早二叠世随着北部两个盆地的扩张成型与南部具有冈瓦纳型沉积的南羌塘陆块的北移及其间洋盆的缩小,测区形成了3个不同性质的盆地夹两个陆块的构造格局,北部为库尔良-阿羌裂谷盆地,中部为康西瓦-苏巴什有限洋盆,南部是乔戈里峰-空喀山口洋盆,三者之间是西昆仑陆块和甜水海陆块。该时期西昆仑陆块上分布壳、幔浆混花岗岩以及大量的基性岩墙群(同位素年龄为283Ma)。通过对比分析,北部裂谷盆地具有西部裂陷早、规模较大(大规模的石炭纪基性火山岩、局部地方出现了蛇绿岩-奥依塔格),向东裂陷时间晚、规模较小(二叠纪的火山岩-阿羌火山岩)的特征。中部,康西瓦-苏巴什洋盆测区没有保留,但是东部于田县幅、伯力克幅苏巴什一带有大量的晚古生代(放射虫化石)蛇绿岩残片。南部空喀山口-乔戈里峰洋盆的规模比较大,洋盆南侧加温达坂组含大量典型冷水相动物化石和冰水沉积地层(空喀山口组),而北侧仅有零星的冷水相化石和冰水沉积。

### 2. 中二叠世:消减挤压阶段

晚古生代由扩张作用到闭合作用的转折时期是中二叠世,这一阶段康西瓦-苏巴什洋盆向北侧俯冲消减,测区内形成麻扎构造岩浆弧,造就了石炭纪—二叠纪复杂的沉积、火山体系,并使昆南地块再度成为岩浆弧,形成了带状排列的二叠纪的中酸性侵入体,最终的结果是在麻扎北部形成了三叠系塞力亚克达坂群山间磨拉石沉积不整合于二叠纪火山弧上。这一阶段最完整的地质记录保存在东部的伯力克幅,从北向南依次为撒克斯库勒弧后沉积体系(蛇绿岩、相变剧烈的微小陆块沉积和复杂的生物组合)、卡拉勒塔什群和阿克苏群弧前增生楔,以及其上的山间盆地性质的三叠系阿塔木帕下组红色磨拉石建造。

北部的库尔良-阿羌裂谷随着南部洋盆的消减造成麻扎弧与西昆仑陆块的弧-陆碰撞而由伸展转化为挤压体制(在局部地方发育为具有弧后盆地的特征)并迅速消减,在中二叠世晚期该盆地褶冲变形进而关闭。测区内缺少晚二叠世的沉积,但是在测区北部的上二叠统达里约尔组为陆相沉积,而其下的中二叠统棋盘组为海相沉积。此外,在于田县幅的该裂谷残留海盆中也沉积了上二叠统苏克塔亚克组砾岩、砂岩及灰岩。

南部的空喀山口-乔戈里峰洋盆也发生了明显向北的消减作用,甜水海陆块南部石炭系为典型的台地相沉积(帕斯群、恰提尔群),早中二叠世变为深水活动型陆缘沉积(神仙湾岩群),其中沉积混杂的玄武岩具有大洋中脊玄武岩的地球化学特征。发育在西昆仑的中晚二叠世之间的角度不整合,甜水海陆块(温泉山组与神仙湾岩群之间)、南羌塘陆块上的平行不整合(阿格拉达坂组与加温达坂组之间)以及塔里木上晚二叠世为陆相沉积等诸多现象分析,西昆仑在中二叠世的这次汇聚作用是强烈和有深远影响的地质事件。

### 3. 早中生代特提斯地质演化

早中生代为特提斯演化阶段。晚二叠世以后，特提斯系统构造体制再次发生重大转变，两支残留洋，北部沿康西瓦—郭扎错北—巴颜喀拉，南部是乔戈里峰—空喀山口，早三叠世出现了显著的拉张作用，例如东昆仑的甘孜、理塘蛇绿岩带，巴颜喀拉山群向北越过东昆仑山形成共和盆地也是这种构造背景的产物。残留的北支洋构造尖灭于麻扎幅东部的赛图拉以南，三叠系巴颜喀拉山群为深水沉积。南支在西部红山湖以西由于后期构造叠复作用已经面目全非，测区紧邻的岔路口幅三叠系河尾滩群依然保留了含放射虫硅质岩的深水相沉积。

这一引张作用持续的时间很短、很快，两个残留盆地在接受3个陆源（西昆仑、甜水海、南羌塘）碎屑逐步充填的同时受冈瓦纳大陆向北漂移的板块挤压作用再次发生俯冲和右旋斜冲性质的褶冲变形，三叠纪末盆地完全消失。

这种陆内俯冲作用主要发生在康西瓦—苏巴什一线，最为突出的产物为中酸性侵入岩。早期的具有Ⅰ型特征和晚期具有S型特征的花岗岩（早期库库朗达坂的黑云石英闪长岩、斜依拉达坂的黑云母花岗闪长岩、家吉哇西的英云闪长岩和二长花岗岩，晚期的麻扎黑云二长花岗岩、色日可达坂板状黑云二长花岗岩、精尼克盖曼二长白岗岩）均沿康西瓦结合带两侧线状展布。缺失晚三叠世到早侏罗世的沉积，侏罗纪与下伏地层之间的区域角度不整合。

## 三、晚三叠世以来板内演化阶段

### （一）侏罗纪—古近纪地质演化

侏罗纪以后测区结束了洋盆发展历史，先后成为班公湖-怒江洋以及雅鲁藏布江洋（前者关闭后）北侧的陆表海。古近纪的历史不清楚，新近纪开始了陆相沉积。

侏罗纪沉积以陆相开始，迅速过渡为海相沉积，沉积盆地受基底断裂（同沉积断裂）控制。

区内及东西邻区的前侏罗纪地层中广泛发育基性岩脉，标志着伸展作用的开始，陆相沉积迅速向海相沉积转换标志着伸展作用下沉积盆地的发展。测区的东、西邻区海相沉积中夹有大量的基性火山岩，代表着盆地的进一步成熟。缺少晚侏罗世的沉积，以及中白垩世的不整合代表着侏罗纪地质演化的结束。考虑到南部的班公湖-怒江洋形成于三叠纪—侏罗纪，闭合于晚侏罗世—早白垩世的事实，研究区侏罗纪的沉积显然是该洋伸展阶段在其北部的沉积响应，同时研究区没有该时期的中酸性侵入体，暗示着洋盆的消减方向可能是向南的。

白垩纪的发展历史与侏罗纪类似，都表现为早期陆相迅速过渡为海相。但是盆地的规模与侏罗纪相比要小得多，其一是沉积范围小，其二仅有少量火山岩夹层（神仙湾西部一带）。另一个重要的差异是，该区发育有大量80～60Ma的俯冲型花岗岩（乔戈里峰英云闪长岩，阿格勒达坂石英闪长岩、英云闪长岩和二长花岗岩，四湖沟的花岗闪长岩和二长花岗岩等）反映南部的雅鲁藏布江洋盆主要是向北俯冲消减的，同时也暗示研究区的晚白垩世沉积盆地是在挤压走滑背景下的产物。这也是区别于侏罗纪沉积的重要方面。

古近纪以后整个测区结束了海相沉积的历史，昆仑山、喀喇昆仑山开始差异隆起。

### （二）昆仑山的隆升

青藏高原的形成和演化目前已有多种认识，提出了一些模式，如双地壳说、逆冲叠瓦说、碰撞挤压说、均衡调整说和热动力隆升说等。不论何种模式，大多数研究者较为一致的看法是青藏高原的形成是与印度板块向北俯冲和欧亚板块的碰撞有关，且这种俯冲已被最新喜马拉雅深部地震测深资料所验证。引起争论的是当两大陆碰撞时，印度次大陆包括地壳和深部的物质是以何种形式加入到青藏高原内部的，青藏高原隆升是印度板块直接挤压的结果，还是后期其他的作用力形成的。

**1. 青藏高原特点**

要讨论青藏高原的隆升，以下 3 个方面的因素必须考虑。

1）青藏高原的组成

整个青藏高原是由大小不同、形成时代有异的微陆块体群以蛇绿混杂岩带、混杂岩带、深大断裂带等拼贴而成。由于大量的源自于下地壳乃至地幔的深大断裂、大量的规模较小的陆块的存在，为在印度板块与欧亚板块碰撞过程中欧亚板块内部的多种变形、俯冲叠置和应力释放提供了物质基础。

2）青藏高原北部的隆升时间、方向、幅度规律

开始隆升的时间，西昆仑山是在早中侏罗世结束海相沉积的历史，喀喇昆仑山（南部）是在古近纪结束海相沉积，隆升成陆。前者远远早于印度板块与欧亚大陆碰撞的时间，后者似乎与两个大陆的碰撞时间相吻合。隆升的幅度，昆仑山及喀喇昆仑山现在的高度总体高于内部，此外高原不同部位地质历史上的隆升速率不等。另外与其相关的现象还有高原隆升过程中的主要变形发生于边缘地带，内部变形甚微；昆仑山、喀喇昆仑山乃至整个青藏高原隆升过程中的运动方向向北，说明高原隆升的主要构造动力来自于南部冈瓦纳大陆裂解及碎裂板（地）块向欧亚大陆的俯冲碰合。

3）青藏高原特殊的地壳结构和深部物理性质

青藏高原特殊的地壳结构和力学性质表现在以下几个方面：地球物理资料表明，青藏高原的地壳厚度可达 50～70km，远比其他地区地壳厚度大得多，但其地幔岩石圈较薄，因此厚壳薄幔是青藏高原岩石圈的总体特征。另一个显著的特征是，岩石圈的力学性质（热状态）不同，天然地震资料显示，青藏高原存在 3 种不同类型的岩石圈，帕米尔型冷岩石圈、念青唐古拉型中间岩石圈以及羌塘型热的岩石圈。

与深部结构相关的另一个特征是：地球物理资料显示，印度板块向高原之下俯冲的范围不超过雅鲁藏布江缝合带，也不存在塔里木板块向昆仑山的俯冲。

**2. 青藏高原隆升机制的讨论**

对于青藏高原如此大的地壳厚度是如何形成的，又是什么样的力使得青藏高原的地壳在近期整体隆升这一普遍关注的问题，我们在充分考虑以上 3 个方面因素的前提下，结合前人的观点，认为主要有下列几方面因素决定了高原巨厚地壳的形成和近期的整体快速隆升。

（1）在印度板块向欧亚板块的长期持续挤压和受塔里木刚性地块的阻挡的大的构造背景下，由于高原内部大小不同、形成时代有异的微陆块体群，以蛇绿混杂岩带、混杂岩带、深大断裂带的存在使大陆地壳缩短、增厚，可以更加自由和容易。首先，南北向的挤压作用可以通过下地壳的横向缩短和垂向加厚，以及上地壳物质的逆冲叠置来实现高原地壳的加厚。其次，由于高原内部众多的微陆块存在，为微陆块之间的多种俯冲形式、俯冲方向提供了基础，单个俯冲之间不需要很大的距离也能实现高原地壳垂向叠置加厚的结果。同时俯冲方向的多样性也是新生代火山岩主要成带分布特征，时代多样性的内在原因。众多的深大断裂造成的另一个结果是导致地幔、下地壳的热量容易寻找向上运移的通道，而使地壳受热而塑性增强，从而使其通过横向缩短达到垂向加厚的效果。也是由于众多的先期断裂构造的存在，为后期高原隆升过程中物质的垂向、横向溢出提供了条件，研究区最主要的走滑断裂系——喀喇昆仑右行走滑断裂即是继承了早期的空喀山口-乔戈里峰结合带。

众多微陆块间的有限俯冲叠置（包括印度板块的俯冲）、下地壳通过塑性变形、上地壳通过逆冲叠置作用应该是青藏高原地壳加厚的原因之一。其另一效应即是引起高原的构造抬升（肖序

常、李廷栋等，1988），它是青藏高原形成初期的主要作用方式，而且在现今的高原周边依然起着重要的作用。

（2）高原山根的重力均衡补偿是高原近期快速隆升的一个主要原因。肖序常、李廷栋等（1988）曾指出，青藏高原的隆升可能经历了构造抬升阶段和均衡抬升阶段。始新世晚期—更新世初期主要为构造抬升阶段。各板块之间的差异运动引起强烈的挤压作用产生一系列冲掩断裂、推覆构造和塑性褶皱，使地壳大规模缩短、加厚，高原缓慢抬升，上地幔大幅度沉陷，形成宽而深的“高原山根”。更新世中期至现代，主要为均衡抬升阶段。更新世中期以来，随着高原整体漂移速度的变慢和各板块之间漂移速度的减小，产生了应力松弛，挤压作用大为减弱，在山根作用下产生了强烈的均衡调整，引起高原整体大幅度的快速隆升。李光岑、袁学诚（1988）认为，在印度板块与西藏板块未碰撞前，隆升速度缓慢，隆升和动力来源主要是异常地幔的浮力。两板块碰撞后，地壳急剧加厚，高原快速隆升，促使隆升的主要动力是重力均衡。

（3）存在于高原内部的热源是高原近期快速隆升的重要原因。崔军文等（1999）指出，青藏高原存在有 4 个不同深度的热动力源：可可西里-巴颜喀拉区深度为 200～360km 的地幔底辟或热柱；青藏腹地深度 100～120km 的岩石圈-软流圈界面上隆；由于壳幔穿插或地幔物质上涌导致冈底斯区深度 55～70km 的深部界面上隆；南北向纵贯青藏高原平均深度 15～20km、平均厚度 5～10km 的壳内拆离层和局部熔融层。他认为青藏高原的隆升主要是由于上述不同界面内部存在的热源所引起。许志琴等（1996）对青藏高原北部可可西里地区新生代碱性火山活动的研究，认为是由地幔底辟引起，提出了青藏高原腹地隆升的主要原因与大陆内部深部热驱动-地幔底辟有关。但是，上述地幔底辟如何能够穿透高原巨厚地壳而到达地表也是有问题的，所以火山岩的形成更可能有下述原因。航磁异常所反映的上地壳底部的热源与地震、大地电磁测深所反映的地壳内存在的低速和低阻层相当，也有可能显示的是高原内部的层间剪切破碎带，是由于印度板块挤压使高原地壳不同层位向北移动速度不一的结果。这一破碎带的存在为深部岩浆和热流的上升提供了良好的通道。另外，还存在有这样的一种可能性，印度板块向欧亚板块俯冲挤压时，印度板块的壳幔物质不是齐头并进插入青藏高原壳幔中的，有的地方伸入较远，有的地方可能受阻，插入有限。印度板块至今仍然在向北挤压，所以航磁深部负磁异常带同样有可能是印度板块壳幔物质在这里向高原内部纵深插入的结果，同样会造成地壳热流的增加和带动高原的整体隆升。

所以，青藏高原的形成和演化可能经历了三叠纪—白垩纪前的各地块相互拼合、古近纪—新近纪早期的构造抬升，以及新近纪晚期至第四纪的受热和重力均衡整体隆升 3 个阶段。构造抬升现今在高原周缘依然起着重要的作用，它是引起高原隆升存在东西、南北差异的主要原因；受热和重力均衡作用是高原整体隆升的主导因素。

# 第六章　结束语

麻扎、神仙湾、塔吐鲁沟及斯卡杜四幅 1∶25 万区调联测项目组组建于 2002 年 4 月，同时开始着手收集工作区及相关地区的地质、矿产、地理、环境、人文等前人成果和资料。2002 年 5 月底赴野外开始实地调查工作。2003 年基本完成了区内野外面积性填图和剖面测制工作，2004 年进行了少量野外补充、检查后，全面转入资料综合整理和报告编写。和同期开展的其他项目一起于 2002 年 12 月在西安地质矿产研究所通过项目总体设计评审，被评为良好(88 分)，2004 年 5 月 27 至 6 月 5 日，国土资源部中国地质调查局委托中国地质调查局西北项目管理办公室对项目进行了野外资料验收，本图幅获优秀(91 分)。

## 第一节　取得的主要成果

(1)该项目在充分收集、研究前人资料的基础上，针对图幅内存在的主要地质问题，进行了认真的调查研究，全面地完成了任务设计的各项任务。

(2)厘定了测区岩石地层单位，建立了地层系统，部分地层划分到段；采集了大量显生宙生物化石，为确定地层时代提供了充分的依据。

(3)建立了四期、两区和 5 个构造-岩浆岩带，即以康西瓦结合带为界，其北为西昆仑加里东期、华力西期、印支期复合构造-岩浆岩带；其南为喀喇昆仑印支期、燕山期复合构造-岩浆岩带，并具有从北向南由老变新的规律。

(4)对长期争论的库地蛇绿岩的时代，采用锆石 SHRIMP 测年，获得(502±13)Ma 的年龄；对麻扎-康西瓦混杂岩带进行了深入解剖，研究了它的物质组成、岩石学特征和形成时间；对乔戈里峰-空喀山口结合带进行了调研，研究了它的物质组成和断裂系统及沿构造部位右行走滑特征，较好地解决了图区的重大地质问题。

(5)建立了测区构造格架，厘定了造山带结构及组成，探讨了测区构造演化史。

## 第二节　存在的问题及今后工作建议

(1)在库地蛇绿岩北侧的西合休岩组，为一套含中酸性火山岩的碎屑沉积建造，其绿片岩相变质，与昆北带的中元古界地层、昆南带的赛图拉岩群在岩石组合及变质程度均存在明显的差异，故此将其置于寒武系—奥陶系。但是缺乏形成时代的依据，今后的研究应注意寻找保存较好的火山岩，开展同位素测年研究，确定其形成时代，为早古生代的原特提斯洋演化提供依据。

(2)将麻扎-康西瓦构造混杂岩带的分隔历史下延,主要依据其南北两侧的地层建造组成、变质变形特征以及东侧苏巴什一带存在震旦纪洋岛型玄武岩、志留纪俯冲型花岗岩。除此之外,缺乏其他更直接的证据。此外,该构造混杂岩带在原特提斯洋向古特提斯洋转化过程中的性质等问题依然没有解决。

(3)建议以后在本地区开展工作,要注意补采前寒武系及库地蛇绿岩带中的辉绿岩同位素年龄样品,为该地区的地质构造演化提供依据。

# 参考文献


成都矿产地质研究所. 1∶150万青藏高原及邻区地质图[M]. 北京:地质出版社,1997

崔文军,等. 阿尔金断裂系[M]. 北京:地质出版社,1997

崔之久,高全州,刘耕年,等. 夷平面、古岩溶与青藏高原隆升[J]. 中国科学,1996,26(4):378～386

崔之久,李德文,伍永秋,等. 关于夷平面[J]科学通报,1998,43(17):1 794～1 804

丁道桂,等. 西昆仑造山带与盆地[M]. 北京:地质出版社,1996

方爱民,李继亮,侯泉林,等. 西昆仑库地西北依沙克群首次发现放射虫化石[J]. 地质科学,1998,33(3):384

高秉璋,等. 花岗岩类区1∶5万区域地质填图方法指南[M]. 武汉:中国地质大学出版社,1991

韩愈菁. 变质作用 $p-T-t$ 轨迹[M]. 武汉:中国地质大学出版社,1993

郝杰,刘小汉,方爱民,等. 西昆仑"库地蛇绿岩"的解体及有关问题的讨论[J]. 自然科学进展,2003,13(10):1 116～1 120

姜春发,等. 昆仑开合构造[M]. 北京:地质出版社,1992

姜春发,等. 中央造山带开合构造[M]. 北京:地质出版社,2000

李炳元,潘保田,高红山. 可可西里东部地区的夷平面与火山作用[J]. 第四纪研究,2002,22(5):397～405

李昌年. 火成岩微量元素岩石学[M]. 武汉:中国地质大学出版社,1992

李长安,殷鸿福,于庆文,等. 东昆仑山构造隆升与水系演化及其发展趋势[J]. 科学通报,1999,44(2):211～214

李吉均,方小敏,潘保田,等. 新生代晚期青藏高原强烈隆起及其对周边环境的影响[J]. 第四纪研究,2001,21(5):381～391

李吉均,文世宣,张青松,等. 青藏高原隆起的时代、幅度和形式的探讨[J]. 中国科学,1979(6):608～616

李永安,等. 中国新疆西南部喀喇昆仑羌塘地块及康西瓦构造带构造演化[M]. 乌鲁木齐:新疆科技卫生出版社,1995

刘石华,匡文龙,刘继顺,等. 西昆仑北带蛇绿岩的地球化学特征及其大地构造意义[J]. 世界地质,2002,21(4):332～339

刘训,等. 塔里木板块周缘的沉积-构造环境[M]. 乌鲁木齐:新疆科技卫生出版社,1997

刘肇昌. 板块构造学说[M]. 成都:四川科学技术出版社,1985

潘桂棠,等. 东特提斯组成与地质演化[M]. 北京:地质出版社,2000

潘裕生,等. 喀喇昆仑山-昆仑山地区地质演化[M]. 北京:科学出版社,2000

潘裕生. 西昆仑山构造特征与演化[J]. 地质科学,1990(3):224～232

任纪舜,等. 中国及邻区大地构造图及说明书[M]. 北京:地质出版社,1997

荣辉,等. 高等地球化学[M]. 北京:科学出版社,2000

施雅风,郑本兴,李世杰,等. 青藏高原中东部最大冰期时代高度与气候环境探讨[J]. 冰川冻土,1995,17(2):97～112

孙海田,等. 西昆仑金属成矿省概论[M]. 北京:地质出版社,2003

孙鸿烈,等. 喀喇昆仑山-昆仑山地区地质演化[M]. 北京:科学出版社,2000

滕志宏,等. 塔里木盆地及周缘地区上第三系—第四系地层及晚新生代构造期次划分[M]. 西安:西北大学出版社,1994

王国灿,吴艳玲,向树元,等. 东昆仑东段第四纪成山作用过程与地貌变迁[J]. 地球科学,2003,28(6):583～592

王晓霞,王涛,卢欣祥,等. 北秦岭老君山、秦岭梁环斑结构花岗岩岩浆混合的岩相学证据及其意义[J]. 地质通报,2002,21(8～9):523～529

王元龙,李向东,毕华,等. 西昆仑库地蛇绿岩的地质特征及其形成环境[J]. 长春地质学院学报,1997,27(3):304～309

王志洪,李继亮,侯泉林,等. 西昆仑库地蛇绿岩地质、地球化学及其成因研究[J],地质科学,2000,35(2):151～160

文世宣,等. 喀喇昆仑山-昆仑山地区古生物[M]. 北京:科学出版社,1998

西藏地质矿产局. 西藏自治区区域地质志[M]. 北京:地质出版社,1993

西藏地质矿产局. 西藏自治区岩石地层[M]. 武汉:中国地质大学出版社,1997

肖庆辉,等. 花岗岩研究思维与方法[M]. 北京:地质出版社,2002

肖序常,王军,苏犁,等. 再论西昆仑库地蛇绿岩及其构造意义[J]. 地质通报,2003(10):22～10

肖序常,王军. 青藏高原构造演化及隆升的简要评述[J]. 地质论评,1988,44(4):373～381

校培喜. 阿尔金山中段苏吾什杰岩体(群)地质特征[J]. 西北地质,2003,36(3):14～23

新疆地质矿产局.新疆维吾尔自治区岩石地层[M].武汉:中国地质大学出版社,1999
新疆地质矿产局.新疆维吾尔自治区区域地质志[M].北京:地质出版社,1993
新疆矿产地质研究所,新疆第一区调大队.新疆古生界(上、下册)[M].乌鲁木齐:新疆人民出版社,1990
许清华.大地构造及沉积作用[M].北京:地质出版社,1985
尹集祥.青藏高原及邻区冈瓦纳相地层地质学[M].北京:地质出版社,1997
中国科学院地球化学研究所.高等地球化学[M].北京:科学出版社,2000
中国科学院青藏高原科学考察队.青藏高原的时代、幅度和形式问题[M].北京:科学出版社,1981
中国科学院青藏高原综合科学考察队.喀喇昆仑山-昆仑山地区冰川与环境.[M].北京:科学出版社,1998
中国科学院青藏高原综合科学考察队.喀喇昆仑山-昆仑山地区自然地理[M].北京:科学出版社 1999
钟大赉,丁林.青藏高原的隆起过程及其机制探讨[J].中国科学,1996,26(4):289～295
Sengor A M. 板块构造与造山运动——特提斯例析[M].丁晓,等译.上海:复旦大学出版社,1992

# 图版说明及图版

## 图　版　Ⅰ

1. 凹形珠角石：*Actinoceras concavum* Endo.　×0.7　时代：$O_2$
2. 中华莲形菊石(未定种)：*Sinoceitites* sp.　×1　时代：$P_3$
3. 灌木珊瑚(未定种)：*Thamnopora* sp.　×2　时代：$D_2$
4. 单通道蜓未定种 *Monodiexodina* sp.　时代：$P_2^1$
5. 松希瓦格蜓不确定种 *Chalaroschwagerina* sp.　时代：$P_1$
6. 截始拟纺锤蜓 *Eoparafusulina truncata*(Chen).　时代：$P_1$
7. 普通松希瓦格蜓 *Chalaroschwagerina vulgaris* (Schellwien).　时代：$P_1$
8. 拉长拟纺锤蜓相似种 *Parafusulina* cf. *producta* Han.　时代：$P_2^1$

## 图　版　Ⅱ

1. 赛图拉岩群中的变形石英脉
2. 博斯腾塔河埃连卡特岩群中石榴子石片岩
3. 赛图拉岩群中的变性特征
4. 昆北地块 $Pt_2$ 片岩中平卧褶皱
5. 神仙湾西侧神仙湾岩群 B 岩组中的变砂岩形成的褶皱
6. 石炭系提热艾力组砂岩中的紧闭褶皱
7. 峡南桥叶尔羌群石英砂岩中的交错层理
8. 龙山组($J_{1-2}l$)不整合于神仙湾岩群($P_{1-2}S$)之上

## 图　版　Ⅲ

1. 依莎克群杏仁状玄武岩
2. 依莎克群火山碎屑复理石韵律层
3. 帕斯群碎屑岩中的遗迹化石(虫迹)
4. 帕斯群碎屑岩中双向波痕构造
5. 一些克沟组碎屑岩段与火山岩段整合关系
6. 神仙湾岩群变砂岩中的鞘褶皱
7. 库地南片麻状花岗岩中的旋斑构造
8. 胜利桥浆混花岗岩中的捕虏体

## 图　版　Ⅳ

1. 麻扎沟北第四系 $Q^3$ 与 $Q^4$ 宏观特征
2. 博斯腾塔河上游冰川“U”形谷及冰碛物
3. 神仙湾岩群 A 岩组中的角砾状灰岩
4. 阿格勒达坂沟河流阶地

5.乔戈里峰尕舍罗鲁姆冰河冰塔奇观
6.花岗岩中的环斑构造
7.塔里木古元古代埃连卡特岩群片理构造
8.昆南地块赛图拉岩群片麻岩中流动构造

## 图 版 Ⅴ

1.库地蛇绿岩带中基性火山岩韧性剪切变形
2.麻扎达坂温泉沟群中板理构造
3.麻扎达坂温泉沟群顺层褶皱构造
4.麻扎构造混杂岩带早期韧性断裂构造
5.麻扎构造带二叠纪灰岩块体韧性变形
6.神仙湾组面理置换构造
7.神仙湾组砂岩中顺层褶皱构造
8.神仙湾组灰岩中褶皱构造

## 图 版 Ⅵ

1.测区解译程度划分图
2.叉河口环形构造影像图
3.断裂与褶皱关系影像图

图版Ⅰ

图版Ⅱ

图版Ⅲ

# 图版Ⅳ

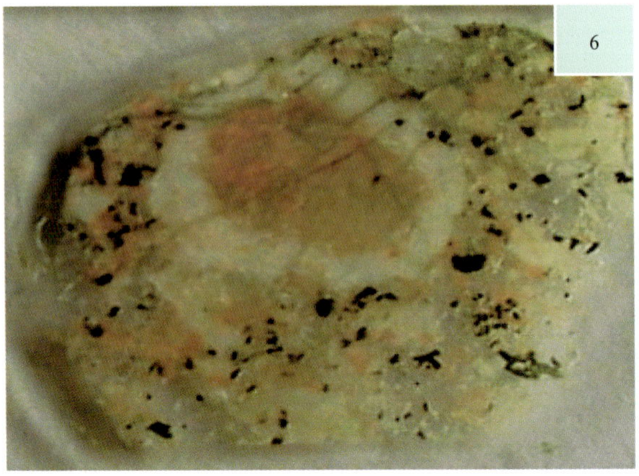

## 图版Ⅴ

# 图版Ⅵ

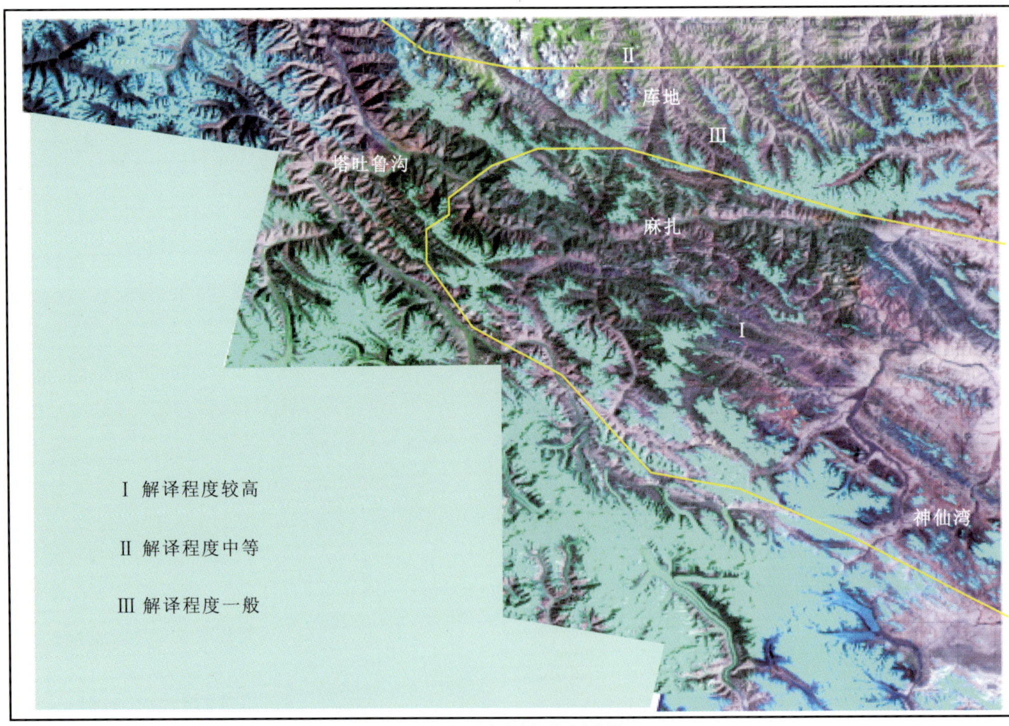


1. 测区解译程度划分图

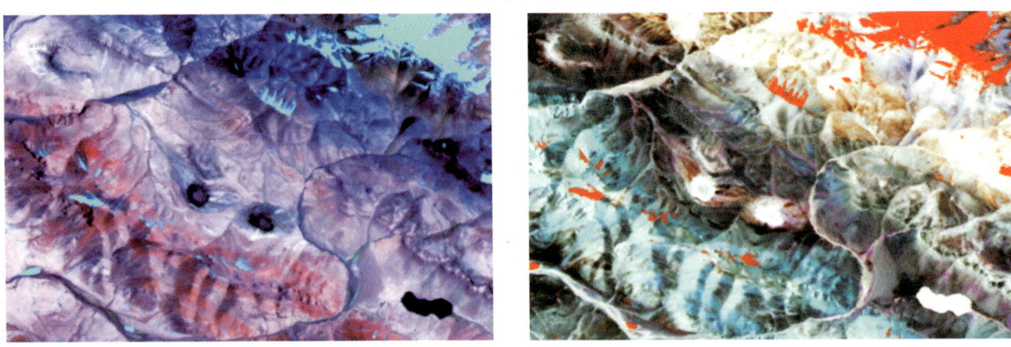

2. 叉河口环形构造影像图

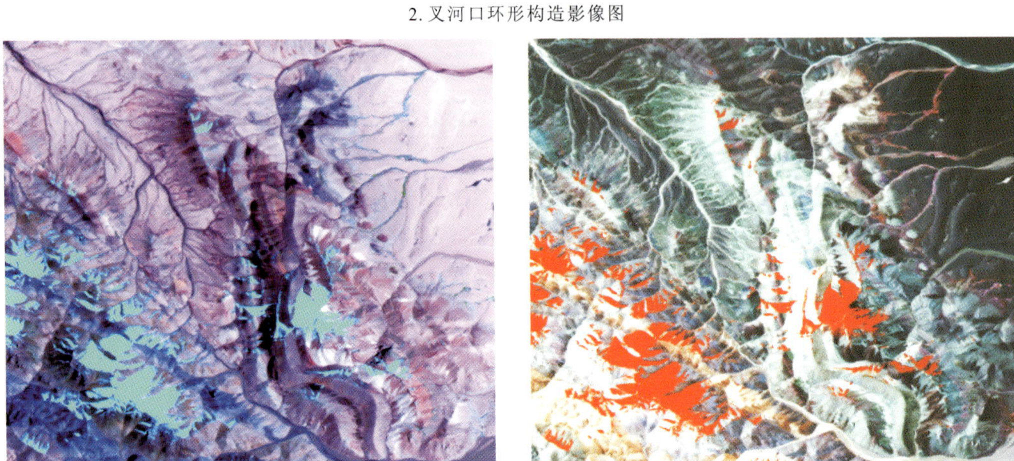

3. 断裂与褶皱关系影像图